U0213301

国家出版基金项目
NATIONAL PUBLICATION FOUNDATION

"十二五"
国家重点图书
出版规划项目

HANDBOOK OF CONSTRUCTION MACHINERY

工程机械手册

LIFTING MACHINERY FOR
CONSTRUCTION

工程起重机械

主编 高顺德
副主编 王欣 张氢

清华大学出版社
北京

内 容 简 介

本书分为 3 篇、共 7 章,内容涵盖工程起重机械 7 种产品,以及工程起重机械设备选型与安装维护等内容。本书针对广大建筑工程、吊装安装工程专业工作者对工程起重机械设备选型、应用和维护管理的需要,重点阐述产品的基本结构与工作原理、主要技术性能参数、选型计算与应用案例、安全规范与故障排除方法等内容。

本书内容与相关的起重机设计手册、设计规范等书籍有一定的互补性,可为广大建筑工程、吊装安装工程用户全面了解和正确选用工程起重机械设备提供技术指导,为各类建筑工程、吊装安装工程设备经营投资者提供有效帮助,也可供建筑工程、吊装安装工程规划设计、工艺设计、产品设计、使用与维护等专业技术人员和相关大专院校师生学习、参考使用。

图书在版编目(CIP)数据

工程机械手册. 工程起重机械/高顺德主编. —北京:清华大学出版社,2018
ISBN 978-7-302-49608-3

Ⅰ. ①工… Ⅱ. ①高… Ⅲ. ①工程机械—技术手册 ②起重机械—技术手册 Ⅳ. ①TH2-62
②TH21-62

中国版本图书馆 CIP 数据核字(2018)第 028739 号

责任编辑:冯　昕　刘远星
封面设计:傅瑞学
责任校对:王淑云
责任印制:李红英

出版发行:清华大学出版社
　　　网　　　址:http://www.tup.com.cn,http://www.wqbook.com
　　　地　　　址:北京清华大学学研大厦 A 座　　　　　　邮　　编:100084
　　　社 总 机:010-62770175　　　　　　　　　　　　　邮　　购:010-62786544
　　　投稿与读者服务:010-62776969,c-service@tup.tsinghua.edu.cn
　　　质量反馈:010-62772015,zhiliang@tup.tsinghua.edu.cn
印 装 者:北京雅昌艺术印刷有限公司
经　　销:全国新华书店
开　　本:185mm×260mm　　印张:36.25　　彩插:16　　插页:4　　字　　数:944 千字
版　　次:2018 年 7 月第 1 版　　　　　　　　　　　　印　　次:2018 年 7 月第 1 次印刷
定　　价:268.00 元

产品编号:055437-01

《工程机械手册》编写委员会名单

主　编　石来德

副主编　（按姓氏笔画排序）

王安麟　龙国键　何周雄　何清华　宓为建

赵丁选　赵静一　高顺德　陶德馨　黄兴华

编　委　（按姓氏笔画排序）

王　欣　司癸卯　巩明德　朱建新　朱福民

任化杰　严云福　李万莉　吴斌兴　邱　江

何　旺　张　云　张　氢　张剑敏　张德文

林　坚　周日平　倪　涛　郭　锐　郭传新

龚国芳　盛金良　董达善　谢为贤　雒泽华

《工程机械手册——工程起重机械》编委会

主编：

高顺德　大连理工大学

副主编：

王　欣　大连理工大学

张　氢　同济大学

委员（按姓氏笔画排序）：

王建军　徐州建机工程机械有限公司

卢毅非　四川长江工程起重机有限责任公司

史先信　徐州重型机械有限公司

刘金江　上海三一科技研究院

宋世军　山东建筑大学

张宗山　河南卫特汽车起重机有限公司

张建军　中联重科工程起重机公司

李建友　国家工程机械质量监督检验中心

李晓飞　国家工程机械质量监督检验中心

陈卫东　徐工机械建设机械分公司

单增海　徐州重型机械有限公司

苗　明　大连理工大学

郑夕健　沈阳建筑大学

徐胜春　徐州万都机械科技有限公司

高一平　中联重科工程起重机公司

曹旭阳　大连理工大学

程　磊　徐州徐工随车起重机有限公司

蔡福海　常州机电职业技术学院

滕儒民　大连理工大学

潘志毅　大连理工大学

《工程机械手册——工程起重机械》编写人员

第1篇　建筑起重机

第1章　潘志毅　米成宏　王　欣

第2篇　流动式起重机

第2章　滕儒民　张正得　朱亚夫

第3章　滕儒民　张正得　涂凌志

第4章　王　欣　孙　丽　黎伟福

第5章　曹旭阳　程　磊

第6章　蔡福海　原徐成　朱建康

第3篇　提升设备

第7章　王建军　崔德刚　徐胜春

总序

PREFACE

土石方工程、流动起重装卸工程、人货升降输送工程和各种建筑工程综合机械化施工，以及同上述相关的工业生产过程的机械化作业所需的机械设备统称工程机械。

工程机械的应用范围极广，大致涉及如下领域：

（1）交通运输（包括公路、铁路、桥梁、港口、机场）基础设施建设；

（2）能源领域（包括煤炭、石油、天然气、火电、水电、核电、输气管线）工程建设；

（3）原材料领域（包括黑色金属矿山、有色金属矿山、建材矿山、化工原料矿山）工程建设；

（4）农林基础设施（包括农田土壤改良、农田水利、农村筑养路、新农村建设与改造、林木采育与集材）建设；

（5）水利工程（包括江河堤坝建筑、湖河改造、防洪工程、河道清淤）建设；

（6）城市工程（包括城市道路、地铁工程、楼宇建设、工业和商业设施）建设；

（7）环境保护工程（包括园林绿化、垃圾清扫、储运与处理、污水收集及处理、大气污染防治）建设；

（8）大型工业运输车辆；

（9）建筑用电梯、扶梯及工业用货梯；

（10）国防工程建设等。

工程机械行业的发展历程大致可分为5个阶段。

第1阶段：萌芽时期（1949年以前）。工程机械最早应用于抗日战争时期滇缅公路建设。

第2阶段：工程机械创业时期（1949—1960年）。我国实施第一个和第二个五年计划

156项工程建设，需要大量工程机械，国内筹建了一批以维修为主、少量生产的工程机械中小型企业，但未形成独立的行业，没有建立专业化的工程机械制造厂，没有统一管理和规划，高等学校也未设立真正意义上的工程机械专业或学科，未建立研发的科研机构，各主管部委虽然建立了一些管理机构，但分散且规模很小。全行业此期间职工人数仅21772人，总产值2.8亿元人民币，生产企业仅20余家。

第3阶段：工程机械行业形成时期（1961—1978年）。成立了全国统一的工程机械行业管理机构：国务院和中央军委决定在第一机械工业部成立工程机械工业局（五局），并于1961年4月24日正式成立，由此对工程机械行业的发展进行统一规划，形成了独立的制造体系；建立了一批专业生产厂；高等学校建立了工程机械专业，培养相应的人才；建立了独立的研究所，制定全行业的标准化和技术情报交流体系。此时全国工程机械专业厂和兼并厂达380多个，固定资产35亿元人民币，工业总产值18.8亿元人民币，毛利润4.6亿元人民币，职工人数达34万人。

第4阶段：全面发展时期（1979—1997年）。这一时期，工程机械管理机构经过几次大变动，主要生产厂下放至各省、市、地区管理，全行业固定资产总额210亿元人民币，净值140亿元人民币。全行业有1008个厂家，销售总额350亿元人民币，其中1000万元销售额以上的厂家301家，总产值311.6亿元人民币，销售额331亿元人民币，利润14亿元人民币，税收31.3亿元人民币。

第5阶段：快速发展时期（1999—2012

年）。此阶段工程机械行业发展很快，成绩显著。全国有 1400 多家厂商，主机厂 710 家，11 个企业进入世界工程机械 50 强，30 多家企业上市 A 股和 H 股；销售总额已超过美国、德国、日本，位居世界第一。产值从 1999 年的 389 亿元人民币发展到 2010 年的 4367 亿元人民币，2012 年总产值近 5000 亿元人民币。进出口贸易有了很大进展，进出口贸易总额由 2001 年的 22.39 亿美元上升到 2010 年的 187.4 亿美元，增长 8.37 倍。其中，进口总额由 15.5 亿美元上升至 84 亿美元，增长 5.42 倍；出口总额由 6.89 亿美元增长到 103.4 亿美元，增长 15 倍。尽管由于我国经济结构的调整，近几年总产值有所下降，但出口仍然大幅上升，2015 年达到近 200 亿美元。我国工程机械出口至全世界 200 多个国家和地区，成为世界上工程机械生产大国。这期间工程机械的科技进步得到加强，工程机械的重型装备已经能够自主研发，如 1200～1600t 级全地面起重机、3600t 级履带式起重机、12t 级装载机、46t 级内燃机平衡重叉车、540 马力的推土机、直径 15m 地铁建设用的盾构机、900t 高铁建设用的提梁机、运梁车、架桥机先后问世。获奖增多，2010 年获机械工业科技进步奖 24 项，2011 年获机械工业科技进步奖 21 项；不少项目和产品获得国家科技进步奖，如静力压桩机、混凝土泵送技术、G50 装载机、1200t 全地面起重机、3600t 级履带起重机、隧道施工中盾构机、喷浆机器人、液压顶升装置、1200t 桥式起重机等都先后获得国家奖。国家也很重视工程机械研发机构的创立和建设，先后建立了国家技术中心 18 家，国家重点实验室 4 个，多项大型工程机械列入国家重大装备制造发展领域，智能化工程机械列入国家科技规划先进制造领域。当然，我国只是工程机械产业大国，还不是强国，还需加倍努力，变"大"为"强"。

由于工程机械行业前些年的快速发展，一方面使我国工程机械自给率由 2010 年的 82.7％提升到 2015 年的 92.6％，另一方面也使我国工程机械的现存保有量大幅增加。为使现有工程机械处于良好运转状态，发挥其效益，我们针对用户，组织编写了一套 10 卷《工程机械手册》，以便工程机械用户合理选购工程机械、安全高效使用工程机械。各卷《工程机械手册》均按统一格式撰写，每种工程机械均按概述，分类，典型产品结构、组成和工作原理，常用产品的技术性能表、选用原则和选用计算，安全使用、维护保养，常见故障和排除方法等六大部分撰写。

本次 10 卷分别是：桩工机械、混凝土机械与砂浆机械、港口机械、工程起重机械、挖掘机械、铲土运输机械、隧道机械、环卫与环保机械、路面与压实机械以及基础件。由于工程机械快速发展，已经形成了 18 大类、122 个组别、569 个品种、3000 多个基本型号的产品，在完成本次 10 卷的撰写工作后，将再次组织其他机种的后续撰写工作。

由于工程机械新产品的更新换代很快，新品种不断涌现，加之我们技术水平和业务水平有限，将不可避免地出现遗漏、不足乃至错误，敬请读者在使用中给我们提出补充和修改意见，我们将会在修订中逐步完善。

《工程机械手册》编委会

2017 年 2 月 28 日

前 言

FOREWORD

工程起重机械是一类用于建筑、建设工程中的物料搬运机械,主要包括塔式起重机、汽车起重机、全地面起重机、履带起重机、随车起重机、轮胎起重机及施工升降机等,面向石油化工、水利水电、风电核电、海洋工程、港口码头、市政、交通运输等建设工程领域。

进入 21 世纪以来,经过 10 余年的蓬勃快速发展,国内工程起重机械在产品系列、功能、技术水平等方面都取得了长足的进步与发展,很多生产企业如雨后春笋般涌现。但随着当前经济与市场的稳步持续发展,目前已形成了相对稳定的企业新格局。产品也正由数字化、智能化、宜人化、节能与环保、巨型化和微型化、减量化、轻量化等技术发展阶段,向高性能、多功能、高可靠性、人性化、环境适应性、能源多样性以及机器人工程机械方向发展。国外企业与产品仍处于国际领先优势,产品一如既往地精益求精,也是国内产品发展的重要目标。

随着科技技术的发展,国内外企业的产品种类更加多样化,产品功能与特点更加丰富,这为产品使用企业提供了更多样的选择及更广泛的应用。面对众多国内外产品,它们的特点如何,产品间又存在怎样的差异,使用企业如何快速准确地选择所需产品等,都要求使用企业对产品有更深刻的了解,并对其功能特点有一定的认识。为此,本书首先概述产品的功能、发展历程与发展趋势,其次详解工作原理与组成,并详述技术性能,随后提供选型与计算方法,最后阐述安全使用规程、维护保养及常见故障处理方法等。这对我国工程机械行业的发展和从业人员技术水平的提升有积极的作用。

本书编委会由中国工程机械学会工程起重机械分会成立,编写小组由大连理工大学组建。编写成员除编委外,还包括企业人员与高校研究生。企业的参编人员为本书提供了丰富的企业资料,并参与了企业产品编写与审阅工作,感谢大连益利亚工程机械有限公司的王鑫、宋晓光、王盼盼、徐伟等,马尼托瓦克起重设备(中国)有限公司的崔坚,住友重机株式会社的郑武,中联重科股份有限公司工程起重机分公司的涂凌志、燕丽等,徐州重型机械有限公司的张正得、朱亚夫,山河智能装备股份有限公司的刘灿伦,抚挖重工机械股份有限公司的罗琰峰与张剑,合肥神马重工有限公司的姜忠宝,郑州新大方重工科技有限公司的李纲、孟瑞艳,徐工集团徐工机械建设机械分公司的米成宏,徐州徐工随车起重机有限公司的徐宝凤等。高校研究生为本书收集和整理资料,感谢刘晓永、李玉鑫、方国强、付俊华、孙新、胡伟楠、奚艳红、梁吉飞、赵哲、董想等。书稿最后由编委及部分专家审阅,反馈了宝贵建议与意见,这对本书出版前消除差错、汲取多方面的编写建议、尽可能提高书稿质量起到了十分重要的作用。

工程起重机械的进步不会停歇,历史的进程也必然会推动工程起重机械产品在设计、制造和科学研究等方面取得更新成果。本书在编写过程中,为了全面、客观地反映当前工程起重机械的产品技术与发展,参考了国内外专家与学者的著述,引用了高校、科研院所的技术文献,以及企业与产品的资料。但由于编者的水平有限,书中难免会出现疏漏和错误,恳请谅解,望读者在使用过程中提出宝贵意见。我们将会在修订中逐步完善。

如果本书能成为产品使用企业及人员的参考书,将是全体编者最大的意愿与欣慰。

主　编
2017 年 10 月

目 录

CONTENTS

第1篇

建筑起重机

第1章

塔式起重机

1.1 概述

1.1.1 定义与功能

塔式起重机(tower crane,以下简称塔机),是一种臂架位于基本垂直的塔身的顶部、由动力驱动的回转臂架型起重机。塔机作业空间大,早期主要用于房屋建筑施工中物料的垂直和水平输送及建筑构件的安装。目前,塔机广泛应用于现代工业与民用建筑施工,以及水利水电、冶金、石油、化工、火电、核电、风力发电、港口和桥梁等行业大型建设工程的施工和吊装。塔机对于加快施工进度、缩短工期和降低工程造价起着重要的作用。

1.1.2 发展历程与沿革

塔机起源于欧洲。据记载,1900年欧洲颁发了第一项有关建筑用塔机的专利。1905年出现了塔身固定的装有臂架的起重机,第一台原始塔机出现于1912—1913年,1923年制成第一台近代塔机的原型样机,1941年,有关塔机的第一个标准——德国工业标准 DIN 8670公布。

第二次世界大战后的欧洲重建刺激了建筑机械的发展,塔机得到了飞速的发展。作为塔机发源地的欧洲,当时的塔机发展代表了世界最高技术水平。在这一时期,经济刚刚恢复,建设规模还较小,建筑物的高度不大,轨行式、下回转的动臂塔机占统治地位,其中最为流行的是德国利勃海尔(Liebherr)和佩纳(Peiner)公司制造的动臂塔机。

20世纪50年代,随着经济的发展和高层建筑的增加,出现了自升式动臂塔机,多为内爬式,借助绳轮系统或液压顶升系统使套架与塔机能交替伸缩实现内爬自升。

20世纪50年代末60年代初又发展了附着式自升塔机,塔机独立于地面基础上,横向与建筑物拉结,利用爬升套架和顶升机械使塔身自升。这种自升塔机装拆方便,司机视野开阔,应用越来越广泛。

20世纪60年代,欧洲塔机产量猛增,塔机行业处于历史上的鼎盛时期。20世纪60年代末期,法国波坦(Potain)公司制造的一种上回转、小车变幅式塔机取代了传统动臂塔机的地位,大中型塔机中动臂式塔机的市场份额从近70%降到70年代的10%。此后,上回转、小车变幅塔机在世界各国占据了统治地位。

20世纪70年代出现了一些在历史上占有重要地位的塔机。例如,1978年,丹麦柯尔(Kroll)公司的 K-10000 塔机成为世界上最大的产品,起重力矩达到10000t·m,在44m幅度处的最大起重量达 240t,其最大工作幅度达 100m,相应的起重量为 94.5t。1977 年,瑞典的林登(Linden)公司制造了世界上第一台平头塔机 Linden 8000。

20 世纪 80 年代,欧洲塔机行业进入低谷,一些实力单薄的小型企业停产或倒闭,仅留下少数有实力的大型企业。90 年代开始,欧洲塔机行业缓慢复苏,生产塔机的国家有德国、法国、英国、意大利、俄罗斯、西班牙、瑞典、丹麦等。当时的主要厂家有法国的波坦,德国的利勃海尔、佩纳、沃尔夫(Wolff),意大利的康曼地(Comedil),丹麦的柯尔和西班牙的科曼萨(Comansa)。

从新中国成立初期到 20 世纪 70 年代,国内的塔机行业经历了仿制、自主设计研发、产品形成批量生产等几个时期。

国内独立生产塔机始于 20 世纪 50 年代。1954 年,当时的抚顺重型机械厂仿制了第一台塔机——TQ2-6 型塔机,后来相继在上海建筑机械厂和哈尔滨工程机械厂生产。1958 年,为满足电站建设的需要,参照德国和苏联的样机,设计制造了 15t 和 25t 上回转塔帽式塔机。真正属于自己研发,形成批量生产,并大规模使用的是红旗Ⅱ-16 型塔机。这是一种整体托运、自身架设、不能带载变幅的动臂式塔机。红旗Ⅱ-16 型塔机是我国最早自行设计的下回转式塔机。

60 年代末之前,中国塔机主要处于仿制阶段,产品基本以下回转式为主。塔机的主要生产厂有抚顺重型机械厂、哈尔滨工程机械厂、太原重型机械厂、北京市建筑工程机械厂、四川建筑机械厂、沈阳建筑机械厂、徐州重型机械厂等 10 家企业。

20 世纪 70 年代,中国塔机不再简单模仿国外的产品,全面进入自主设计和生产时代,产品包括快速安装式和内爬式。至 20 世纪 70 年代末,我国已拥有 20 多家专业生产塔机的企业,塔机年产量已接近 1000 台。

1979 年,中国塔机的行业组织在北京成立。随着改革开放的不断深入,行业组织性质发生了转变,新的组织则由建设机械协会建筑起重机械专业委员会取代,由长沙建设机械研究院担任秘书长单位。至此,中国的塔机行业形成。

1984 年,由建设部机械局主持了与利勃海尔、佩纳和波坦等国外公司的技术交流和考察谈判,最终与波坦达成协议,引进了波坦的 GTMR360B、TOPKIT FO/23B、FO/23B 和 H3/36B 共四种型号的塔机,包括资料和技术培训,并在北京设立联合引进办公室,由北京市建筑工程机械厂、沈阳建筑机械厂和四川建筑机械厂负责生产主机。1986 年,三家企业陆续完成了样机试制,通过波坦公司验收,开始批量生产,迅速进入国内重点工程。这次塔机技术的引进彻底改变了我国塔机技术落后面貌,对塔机行业的发展具有重大的推动作用。

由于塔机技术的成功引进,20 世纪 80 年代到 90 年代,中国塔机行业得到较快的发展,不但产品形成了系列,而且型谱日趋完善。进入 90 年代,随着改革开放的不断深入,城镇化的快速发展,以及经济环境的不断改善,建筑物高度不断增高,对塔机的需求也提出了更高的要求。经济发达地区建筑物的标高不断被打破,对塔机的高度不断提出挑战。为了适应市场的需求,塔机生产企业纷纷加大研发能力,不断有塔机新产品问世,产品技术水平显著提高。在这一时期,中国塔机开始销往境外,例如东南亚和中国香港等地。

进入到 21 世纪,随着新能源建设的加快,大型超高建设项目的增加,国内塔机业发生了显著变化,各种形式的塔机产品型谱日益完善。核电、风电建设等重大工程纳入到国家重点发展规划中,对大型动臂塔机和平头塔机的需求快速上升,这也逐渐成为企业的利润增长点。

1.1.3 国内外发展趋势

近年来,随着塔机技术的发展,塔机型号规格不断完善,性能和质量不断提高。塔机除满足其安全、可靠、高效的基本性能外,越来越趋向于智能和绿色。

1. 设计方法精确化

计算机技术的深化发展,改变了塔机的设计理念。有限元技术、疲劳分析、动力学仿真分析的广泛应用,使塔机的设计计算、受力分析更精确,塔机零部件结构设计更加合理。一些实力强大的塔机生产企业具备超强的设计能力,并利用优势,开发出各类专用的塔机设计软件,使塔机设计进一步向最优化的方向推进,有效地提高了塔机产品的安全性、可靠性及节能效果,同时大大缩短产品的开发周期,提升了竞争能力。

2. 零部件模块化

模块化的设计通过增加少量的制造成本,不仅可以提高产量和质量,降低管理成本,还相应地降低了用户的购置成本。模块化设计是塔机发展的必然趋势,国际上许多的塔机生产企业如利勃海尔、波坦、特雷克斯(Terex)、沃尔夫等都是模块化设计的典范。

3. 控制智能化

随着数字化、集成化、智能化技术的高速发展,高可靠、低能耗、微型化、集成化的各种液压、机械及电气元件在塔机上得到普遍应用,使传动和控制系统体积小、质量轻、结构紧凑。在控制手段上,无级调速、安全监控、远程维护、故障自动诊断等广泛应用,实现了塔机操作过程的自动控制、自动显示与记录、远距离遥控等,保证了塔机的安全使用和实时监控,减少了控制的故障点,提高了塔机的可靠性,大幅提升了塔机行业的管理水平。

4. 制造绿色化

国外生产企业在设计时就充分考虑零部件的通用性、模块化,因此零部件集约化程度高,适合批量化生产。批量化零部件从原材料前处理、下料、焊接、机加工、装配到涂装都采用生产流水线,这样既提高了材料的利用率、零部件通用性、产品的质量和美观性,又便于管理、减少污染、节约成本。这种生产流水线将不断推广普及。

1.2 分类

塔机的分类如下:

(1) 按组装方式,可以分为部件组装和自行架设(不用辅助设备快速架设)两种类型。

(2) 按变幅方式,可以分为小车变幅(图1-1)、动臂变幅(图1-3)和折臂式三种。

(3) 按回转部位,可以分为上回转和下回转两种。上回转塔机(图1-1)的回转支承装设在塔身顶部,还可分为塔帽回转式、塔顶回转式、转柱式和上回转平台式。下回转塔机(图1-2)的回转装置设在塔身下部,当塔机回转时,塔身以上的转台、平衡重、起重臂等一起转动。

(4) 按臂架类型,可以分为水平臂架(图1-1)、动臂臂架(图1-3)、弯折臂架、伸缩臂架和铰接臂架等。

(5) 按支承方式,可以分为固定式和移动式。固定式塔机(图1-2(b))可以分为高度不变式和自升式。自升式塔机(图1-3(b)、(c))依靠自身的专门装置,增、减塔身标准节或整体自行爬升。移动式塔机(图1-2(a))还可分为轨道式、轮胎式、汽车式、履带式。

(6) 按爬升方式,可以分为附着式和内爬式。附着式塔机采用附着装置按一定间隔将塔身锚固在建筑物上。内爬式塔机设置在建筑物内部(如电梯井和楼梯间等),或外挂式内爬(外挂在建筑物的一侧),通过支承在结构物上的专用爬升机构,使整机能随着建筑物高度增加而升高。

(7) 按安装方式,可分为非快装式和快装式。

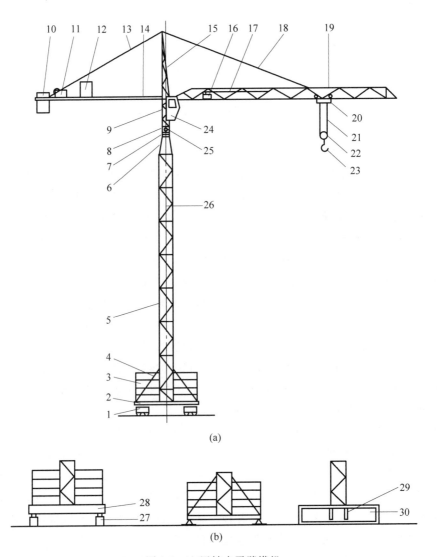

图 1-1　上回转水平臂塔机

（a）移动式；（b）固定式

1—行走台车；2—底架；3—压重；4—塔身撑杆；5—塔身；6—回转支承座；
7—回转支承；8—回转平台；9—回转塔身节；10—平衡重；11—起升机构；
12—电控柜；13—平衡臂拉索；14—平衡臂；15—塔顶；16—小车变幅机构；
17—小车变幅钢丝绳；18—臂架拉索；19—水平起重臂；20—小车；21—起升
钢丝绳；22—起升滑轮组；23—吊钩；24—操纵室；25—回转机构；26—回转
中心；27—支脚；28—固定底架；29—地脚螺栓；30—基础

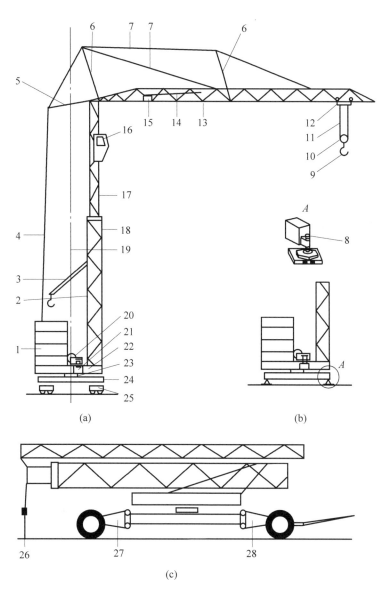

图 1-2　下回转水平臂塔机

（a）移动式；（b）固定式；（c）公路拖运式

1—平衡重；2—架设钢丝绳；3—平衡重安装装置；4—拉索；5—平衡撑架；6—臂架撑杆；7—臂架拉索；8—螺旋千斤顶；9—吊钩；10—起升滑轮组；11—起升钢丝绳；12—变幅小车；13—水平起重臂；14—小车变幅钢丝绳；15—小车变幅机构；16—操纵室；17—伸缩塔身；18—外塔身；19—回转中心；20—起升机构；21—回转机构；22—回转平台；23—回转支承；24—底架；25—行走台车；26—拖行指示灯；27—后桥；28—前桥/转向桥

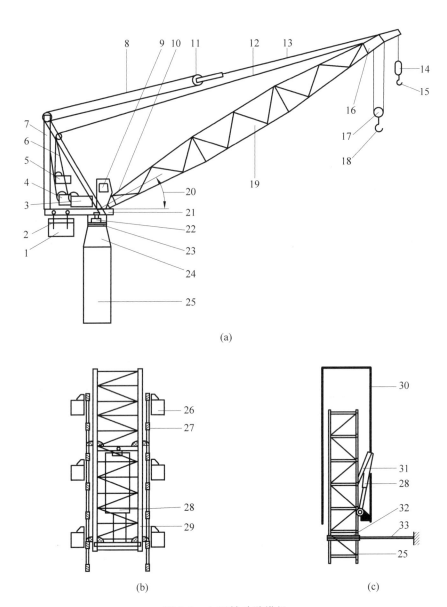

(a)

(b)   (c)

图 1-3 上回转动臂塔机

（a）动臂塔机；（b）内爬升；（c）外爬升

1—平衡重；2—平衡重小车；3—起升机构；4—动臂变幅机构；5—副起升机构；6—起升钢丝绳；7—人字架；8—动臂变幅钢丝绳；9—操纵室；10—臂根；11—变幅滑轮组；12—副起升钢丝绳；13—臂架拉索；14—副起升滑轮组；15—副钩；16—臂头；17—起升滑轮组；18—吊钩；19—动臂臂架；20—臂架仰角；21—回转平台；22—回转机构；23—回转支承；24—回转支承座；25—塔身；26—爬升框架；27—爬升梯；28—爬升装置；29—爬升塔节；30—爬升套架；31—支承靴；32—附着框架；33—附着构件

1.3 工作原理及组成

1.3.1 工作原理

塔机装有用于载荷起升和下降的装置,同时装有通过变幅(动臂变幅或水平变幅)、回转和整机行走使载荷移动的装置。塔机可以固定安装,也可以移动或爬升。特定塔机一般根据施工需要完成部分或全部动作。塔机能靠近建筑物,幅度利用率可达全幅度的80%。相比之下,普通履带和轮胎起重机幅度利用率不超过50%,随着建筑物高度的增加还会急剧减少。因此,塔机在建筑施工中幅度利用率比其他类型起重机高,在高层工业和民用建筑施工中优势明显。此外,塔机可以采用顶升加节或内爬升的方式随着建筑物同步升高,具有起升高度高的特点。

1.3.2 结构组成

塔机由金属结构、工作机构、驱动控制系统及附属部件等组成。

(1)金属结构是塔机的骨架,承受塔机自重和各类工作载荷,一般由塔身、塔头或塔帽、起重臂、平衡臂、回转平台、底架、台车、套架和爬升节等主要部件组成。由于构造上的差异或不同的应用需求,塔机的个别部件会有所增减。

(2)工作机构是为实现塔机不同的机械运动而设置的,包括起升机构、变幅机构、回转机构、运行机构和顶升机构等。起升机构实现重物的上升与下降。变幅机构改变吊钩和重物的幅度位置。回转机构使起重臂作360°回转,改变吊钩和重物在工作平面内的位置。运行机构使整机移动,改变作业地点。顶升机构用来改变塔机的作业高度。

(3)驱动控制系统用于控制各工作机构的正常运行,包括电气系统、液压系统和安全保护装置以及相关的零配件。

(4)附属部件由配重与压重、基础与轨道、拖运装置、附着装置、内爬框架、排绳与拖绳装置、检修装置等部分组成。这些附属部件会因塔机类型和用途的不同而配置。

图1-1列举了上回转水平臂塔机的组成,图1-2列举了下回转水平臂塔机的组成,图1-3列举了上回转动臂塔机的组成。

1. 起重臂

起重臂按照结构形式可分为桁架压杆式和桁架水平式两种。桁架压杆式臂架利用固定在臂架端部的变幅钢丝绳改变臂架倾角实现臂架俯仰,多用于动臂式塔机和快装塔机。桁架水平式臂架多用于塔帽式塔机和平头式塔机,利用变幅小车沿臂架弦杆的移动实现变幅。

1)桁架压杆式臂架

桁架压杆式臂架亦称俯仰变幅式臂架(图1-4)。通过变幅机构进行俯仰,能够避开回转中所遇到的障碍并增大起升高度。臂架截面一般为矩形或三角形,腹杆体系为三角形斜腹杆体系或是带竖杆的三角形腹杆体系。桁架压杆式臂架在起升平面可看作两端铰支梁,在回转平面可看作悬臂梁。为便于运输、安装、拼接和拆卸,臂架中间部分可以制成若干段标准节,各段用销轴或螺栓连接。起重臂的端部和根部需要加强,通常采用钢板加强。

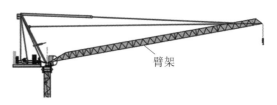

臂架

图1-4 桁架压杆式臂架

2)桁架水平式臂架

桁架水平式臂架亦称小车变幅式臂架,是一种兼受压弯作用或仅受弯矩作用的水平臂架。重物可通过变幅小车沿臂架全长进行水平移动,能够平稳准确地进行吊装就位。桁架水平式臂架型式一般有四种:单吊点水平臂架、双吊点水平臂架、平头塔机水平臂架和快装塔机水平臂架,如图1-5所示。其中,双吊点水平臂架又可分为普通双吊点水平臂架、双吊点带撑杆分段水平臂架和双吊点带撑杆整体水平臂架。

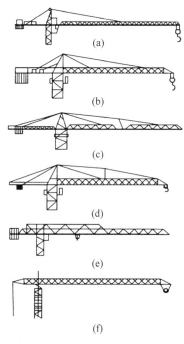

图 1-5　桁架水平式臂架

（a）单吊点水平臂架；（b）双吊点水平臂架；（c）双吊点带撑杆分段水平臂架；（d）双吊点带撑杆整体水平臂架；（e）平头塔机水平臂架；（f）快装塔机水平臂架

塔机臂架的截面形式有三种：三角形截面、倒三角形截面和矩形截面。小车变幅式塔机和中小型动臂塔机的臂架多采用三角形截面。矩形截面具有良好的抗扭性能，承载能力强，因此多用于重型动臂塔机。

臂架截面尺寸与臂架承载能力、臂架构造、塔顶高度和拉杆结构等因素有关。臂架截面高度主要受最大起重量和拉杆吊点外悬臂长度的影响。臂架截面宽度主要与臂架全长有关，臂架越长，截面宽度应越宽。上弦杆截面积随截面高度增大适当减小，一定程度上可减轻臂架自重。但过度增加臂架截面高度，腹杆加长所增加的重量会削弱甚至抵消上弦杆的减重效果。增大臂架宽度可改善臂架下弦杆受力状况，臂架自重也可能由于下弦杆截面积减少而有所减轻。需要指出的是，过度增加

截面宽度可能导致一定负面影响，如小车运行条件恶化等。

易产生事故的臂架缺陷有以下方面：

（1）起重臂的臂节之间通常采用销轴连接。重物在水平臂架上变幅移动时，销轴与臂架销孔之间发生反复挤压摩擦，时间久了容易造成销孔间隙增大，使销轴固定失效，销轴产生轴向位移脱离销孔造成安全事故。因此，应加强对销轴、销孔磨损和销轴固定装置的检查。

（2）若起重臂拉杆连接板使用有缺陷的材料，则连接板与拉杆焊缝集中处容易开裂，时间久了易断裂造成起重臂坠落事故。

（3）未经计算论证，使用者盲目接长起重臂容易造成事故。接长起重臂后塔机主要结构受力均发生变化，因此应由原设计单位审核认可。

（4）拉杆吊点前端连接耳板与上弦杆的焊接应予以重视。起重臂起吊额定载荷时，该处受力较大，如果焊接质量差，极易脱焊或拉断，造成折臂事故。

2. 塔身

塔身支承塔机上部结构和重物重量，并将载荷传至底架、行走台车或塔机基础。

按照塔身工作情况，塔身可分为不转动的塔身和转动的塔身。

1）不转动的塔身

上回转塔机采用不转动的塔身。这种塔身固定在下部支承结构上，下部支承结构是在轨道上移动的门架或固定在基础上的支架。塔帽、起重臂和平衡臂等上部结构通过回转支承围绕塔身中心转动，如图 1-6 所示。塔身除了承受轴向力外，还承受很大不平衡弯矩。为了减小塔身弯矩和维持整机稳定性，需在平衡臂上放置合理重量的平衡重。塔身的受力情况随着起重臂的方位不同而变化。对于正方形截面的桁架式塔身，当起重臂处于塔身正方形截面的对角线位置时，塔身主弦杆受力最大。

图 1-6　不转动的塔身

2）转动的塔身

快装式塔机采用转动的塔身,起重臂直接铰接于塔顶。平衡配重及回转机构配置在下部回转平台,重心低、稳定性好。工作时,塔身与臂架一起回转,塔身各构件受力状态基本不变,塔身受力情况良好。

塔机的塔身是由型钢或钢管连接而成的空间桁架结构,截面多为矩形。根据安装和运输的要求,塔身设计成一定长度的标准节,安装时用销轴或螺栓连接。标准节腹杆体系的布置会影响塔身的扭转刚度,根据应用场合的不同常用的腹杆体系有五种,如图 1-7 所示。其中,图 1-7(a)适用于轻型塔机,图 1-7(b)、(c)、(d)适用于中型塔机,图 1-7(d)、(e)适用于重型塔机。

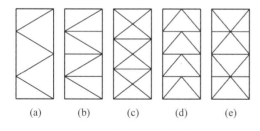

<table>
<tr><td>(a)</td><td>(b)</td><td>(c)</td><td>(d)</td><td>(e)</td></tr>
</table>

图 1-7　塔身的腹杆体系

标准节按照装配类型可以分为整体式和片式两种。整体式标准节为焊接而成的整体式结构。片式标准节一般是由焊接而成的四片或多片结构组成,各片结构之间采用铰制孔高强度螺栓连接。片式标准节能够有效降低运输费用,节约产品使用成本,但增加了现场安装和拆卸的难度。

标准节使用中应注意:①加强型标准节与普通标准节的安装位置不同,一般安装在塔身底部,应做上标记以防混淆使用;②安装标准节时,不允许用撑、拉和加热等不正当方法强迫安装;③标准节之间对接时,四根主弦杆端面应平整,相互紧密接触;④防止在搬运装卸过程中变形;⑤同一规格标准节可以互换,不能互换的标准节不准使用。

标准节出现下列情况,应予以报废:①标准节腐蚀深度达到原厚度的 10％;②失稳或损坏的标准节经修复后,检测其结构应力高于原计算应力;③标准节焊缝出现裂纹;④发生永久变形和损坏。

一些情况下,水平变幅式塔机回转平台与塔顶间设置一个回转塔身节(又称过渡节),这也是塔身的一部分,如图 1-8 所示。操纵室一般安装在回转塔身节的旁边。与不设回转塔身节相比,操纵室位于水平臂下方,司机视线不会被水平臂遮挡,可以更加清楚地观测变幅小车的位置,有助于作业安全,符合人性化。回转塔身节应用于塔帽式塔机时,上部弦杆承受较大压力,设计时应做加强。

图 1-8　回转塔身节

3. 平衡臂与平衡重

1）平衡臂

上回转塔机大都需要配备平衡臂,其末端挂有平衡重,以满足平衡重的力臂要求。除平衡重外,平衡臂上可放置起升机构、俯仰变幅机构和电气柜等。平衡臂具有以下几种结构形式：

（1）平面框架式平衡臂，由两根槽钢纵梁或由槽钢焊成的箱形截面组合梁和系杆构成，如图1-9（a）所示。框架上平面铺有走道板，走道板两旁设有防护栏杆。这种平衡臂结构简单，加工方便。

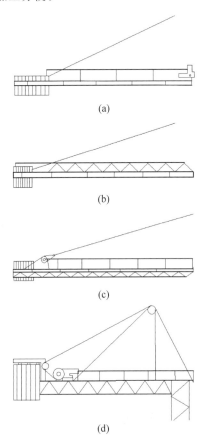

图1-9　平衡臂

（a）平面框架式平衡臂；（b）三角形截面桁架式平衡臂；（c）倒三角形截面桁架式平衡臂；（d）矩形截面桁架式平衡臂

（2）三角形截面桁架式平衡臂，分为三角形截面和倒三角形截面两种形式，如图1-9（b）、（c）所示。这种平衡臂的构造与起重臂结构构造相似，十分轻巧，适用于较长的平衡臂。

（3）矩形截面桁架式平衡臂，其根部与转台上的回转塔身节连接成一体，一般适用于中、大型塔机，如图1-9（d）所示。

平衡臂在使用中应注意：

（1）新机验收时检查平衡臂是否有下垂现象。

（2）不同的起重臂长度，平衡重与起重臂之间安装先后顺序不同，各平衡块的重量不同，安装位置也不同。安装平衡块时，要严格按照使用说明书上规定的先后顺序及安装位置进行安装。

（3）平衡重安装后应固定，禁止用砂袋或其他不能固定的重物替代平衡块。

（4）禁止在平衡臂上随意设置挡风的广告牌。

（5）平衡臂上应设置吊环，便于吊装。

（6）为便于在城市建筑密集的地区使用，应选用较短的平衡臂。

平衡臂结构形式的选用原则是：自重轻，加工制造简单，造型美观，与起重臂匹配得体。臂长不超过50m、起重力矩不超过1600kN·m的自升塔机采用平面框架式平衡臂较为适宜；重型和超重型自升塔机可采用倒三角形或矩形截面桁架结构的平衡臂。

平衡臂长度与平衡重用量成反比例关系。长平衡臂可以适当减少平衡重用量以减轻塔身上部的垂直荷载。短平衡臂便于塔机在狭窄的空间里进行安装架设和拆卸，不易受邻近建筑物的干扰，适合在城市建筑密集地区作业。平衡臂长度的选用可参照表1-1。

表1-1　平衡臂长度的选用

起重臂长度/m	平衡臂与起重臂的长度比
40～50	0.15～0.22
55～60	0.2～0.25
50～60	0.25～0.35
60～80	0.3～0.6

塔机生产厂家在塔机的平衡臂上安装厂名和注册商标图案等铭牌，可以发挥广告宣传作用。由于其增加了塔机的迎风面积，这些标牌形成了挂在平衡臂上的挡风板。当风垂直吹向起重臂和平衡臂时，作用于平衡臂挡风板

上的风载荷会对塔身结构产生影响。工作工况下，挡风板受到风载荷的作用，塔身弯矩增加，扭矩减少。非工作工况下，应确保起重臂在大风作用下能迅速转至顺风方向。根据经验，对于 $45\sim50\mathrm{m}$ 长起重臂、$11\sim12\mathrm{m}$ 长平衡臂的塔机，平衡臂挡风板尺寸控制在 $3.5\sim4\mathrm{m}^2$ 为宜，即长为 $4\sim5\mathrm{m}$，高 $0.7\sim1\mathrm{m}$。

2）平衡重

平衡重可用钢筋混凝土或铸铁制成，也可以采用钢板。钢筋混凝土平衡重构造简单，可就地浇制，无须转场运输，但体积较大，迎风面积大，容易缺损。铸铁和钢板平衡重体积小，迎风面积较小，有利于减少风载荷的不利影响，但构造较复杂，制造难度大。平衡重应按厂方提供图纸上的技术要求进行配筋，设置吊环，浇筑混凝土，待达到强度后进行称重，并在混凝土块上标明实际重量，误差不超过实际重量的 1%。

上回转塔机应按照塔身受载最小的原则确定平衡重质量，下回转塔机应根据抗倾覆稳定性条件确定平衡重质量。

平衡重可分为固定式和移动式两种。移动式平衡重能够有效改善塔身受载，但增加了结构设计与控制难度，以及设备安装、维护的复杂程度。移动式平衡重一般采用钢丝绳、四连杆和动力驱动等方式实现。

（1）钢丝绳移动式平衡重。平衡重放置于专用小车，如图 1-10 所示。当起重臂上仰时，

牵引钢丝绳被放松，平衡重和小车靠自重沿倾斜轨道滑向塔身；当起重臂俯降时，通过导向滑轮拉伸上部牵引钢丝绳，使平衡重和小车沿轨道向远离塔身方向滑动。

（2）四连杆移动式平衡重。有两种实现方式，连杆和摇杆都位于平衡臂上端的称为上摆式连杆机构，如图 1-11（a）所示；连杆和摇杆都位于平衡臂下端的称为下摆式连杆机构，如图 1-11（b）所示。上摆式连杆机构是由起重臂、连杆、摇杆和平衡臂组成的四连杆机构。在起重臂上铰接一连杆 CD，连杆的另一端与摇杆 DE 铰接，摇杆中部与平衡臂铰接于 A，另一端连接平衡重。起重臂为主动连架杆，摇杆为从动连架杆，平衡臂为机架。当起重臂上仰时，连杆 CD 推动摇杆 DE 绕固定铰点 A 转动，带动平衡重向塔身方向移动；当起重臂下俯

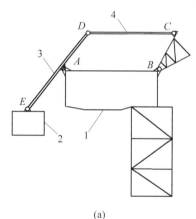

(a)

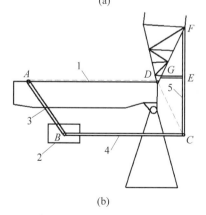

(b)

图 1-11　四连杆移动平衡重机构

（a）上摆式连杆机构；（b）下摆式连杆机构

1—平衡臂；2—平衡重；3—摇杆；4，5—连杆

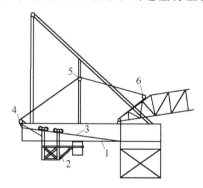

图 1-10　钢丝绳移动平衡重机构

1—平衡臂；2—专用小车；3—倾斜轨道；

4，5，6—导向滑轮

时,连杆 CD 拉动摇杆 DE 绕铰点 A 转动,带动平衡重向远离塔身方向移动。随着臂架俯仰角度的增大,摇杆带动平衡重随铰点转动。摇杆角度由锐角逐渐过渡为钝角,连杆的受力由拉力变为压力。因此,通过合理的设计,该机构可以代替动臂塔机的防后倾装置。下摆式连杆机构的工作原理与上摆式连杆机构基本相同。

(3)动力驱动移动式平衡重。除了以上方式,还可以采用增加一个辅助动力驱动机构来实现平衡重的移动。丹麦柯尔公司 K-10000 塔机采用了这种方式。其平衡重变幅卷扬机采用液压传动方式,由继电器实现控制。但控制系统比较复杂,容易发生故障。

4．塔顶

自升式塔机塔身向上延伸的顶端是塔顶,又称塔帽或塔尖。塔顶主要用来承受起重臂钢丝绳与平衡臂钢丝绳传来的上部载荷,通过转台传递给塔身结构。塔顶按照结构形式可以分为截锥柱式、斜撑式和人字架式,如图 1-12 所示。前两种应用于小车变幅式塔机,第三种应用于俯仰变幅式塔机。

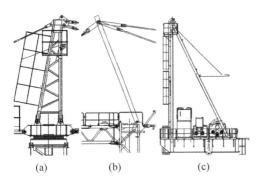

图 1-12　塔顶
(a)截锥柱式;(b)斜撑式;(c)人字架式

1)截锥柱式塔顶

截锥柱式塔顶本质上是一个转柱,根据工作角度可分为直立截锥柱式塔顶、前倾截锥柱式塔顶和后倾截锥柱式塔顶。主弦杆一般选用无缝钢管。采用截锥柱式塔顶时,塔机平衡臂可采用平面桁架结构。

2)斜撑式塔顶

斜撑式塔顶由一个平面型钢焊接桁架和

两根定位系杆组成,构造简单,自重较轻,加工容易,拆装运输便利。采用斜撑式塔顶时,塔机平衡臂应采用空间桁架结构。

3)人字架式塔顶

人字架式塔顶在动臂塔机上得到广泛应用,主要由前撑杆、后拉杆和顶部滑轮组三部分组成。前撑杆受压,后拉杆受拉。

5．回转平台

按照塔机回转位置的不同,回转平台可以分为上回转平台和下回转平台。上回转塔机采用上回转平台,下回转塔机采用下回转平台。

上回转平台是塔机的重要承载构件,主要由上支座、回转支承和下支座组成,上支座通过回转支承与下支座连接,如图 1-13 所示。上回转平台多为由型钢和钢板焊接而成的工字形截面环梁结构,它支承着塔顶结构和回转塔身节,并通过回转支承将上部荷载传给塔身结构。转台设有一台或两台回转机构。对于不设回转塔身节的自升塔机,在转台的前后侧分别设有安装起重臂和平衡臂用的耳板。

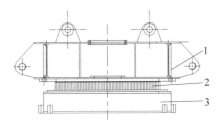

图 1-13　上回转平台
1—上支座;2—回转支承;3—下支座

下回转平台主要由上支座、回转支承、底部支架和配重等组成,如图 1-14 所示。除支承塔身结构外,下回转平台还用以装设起升机构、变幅机构和回转机构等。下回转平台的尾部回转半径通常取为起重臂长度的 15%～25%,最大值不超过轨距的 70%～90%。

6．固定基础和底架结构

塔机固定基础一般分以下几种。

1)方形承台式基础

中大型塔机通常采用这种形式。固定塔

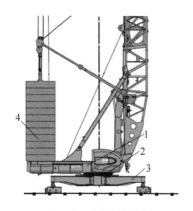

图 1-14 下回转平台

1—上支座；2—回转支承；3—底部支架；4—配重

机时一般将四只地脚螺栓埋设于基础内。地脚螺栓的作用是把塔机和基础连接为一体。这种基础形式受力情况较好，可现场制作，但制作费用高，不能重复使用，如图 1-15 所示。

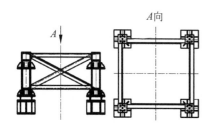

图 1-15 方形承台式基础

地脚螺栓在基础内只受拉力。因此，埋设地脚螺栓时，只需保证不被拉脱或断裂即可。地脚螺栓在基础内埋设一般有两种形式，如图 1-16 所示。

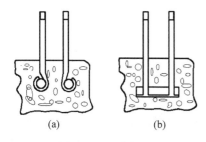

图 1-16 地脚螺栓

2）十字梁条形基础

埋设于基础内的地脚螺栓将基础与塔机底架固定于一体。这种基础形式用料省，安装精度低，施工工艺简单，如图 1-17 所示。

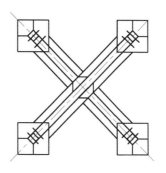

图 1-17 十字梁条形基础

3）分块式基础

一些装有强底架结构形式的塔机采用这种形式，即将底架的四角分别安装在四个独立的钢筋混凝土基础上，如图 1-18 所示。

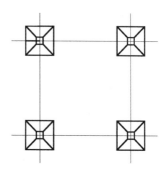

图 1-18 分块式基础

上回转自升式塔机的底架结构由底架、塔身基础节和撑杆等组成，如图 1-19 所示。底架一般采用十字形结构，由一根整梁和两根半梁用螺栓连接而成。基础节位于十字梁的中心位置，用螺栓与底梁连接，上端与塔身标准节相连。撑杆一般采用无缝钢管，两端分别与塔身和底架的四角连接，形成空间结构，增加塔身稳定性。使用时底架结构上应添加压重块。

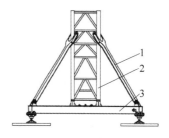

图 1-19 底架结构

1—底架；2—塔身基础节；3—撑杆

7. 附着装置

附着装置可增加塔身稳定性,提升作业高度。附着装置由锚固环和附着杆组成。锚固环由型钢、钢板拼焊成方形截面,用连接板与塔身腹杆相连,并与塔身主弦杆卡固。附着杆有多种布置形式,一般采用三根拉杆,如图 1-20(a)所示,或四根拉杆,如图 1-20(b)所示。一般情况下,普通塔机的高度超过一定数值时应设有附着装置,在设置第一道附着装置后,塔身每隔一段距离需加设一道附着装置。具体数值取决于塔身结构,经过计算后确定。附着杆的受力大小取决于锚固点以上塔身的载荷以及附着装置的尺寸形式。对于三拉杆附着装置,塔身承受水平力 F_x、F_y 及扭矩 M,三根拉杆为轴心受力构件。根据平面力矩方程,可求得各杆件内力。对于四拉杆附着装置,杆系是超静定结构,可以用力法方程求解。

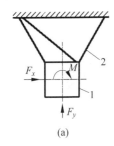 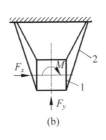

图 1-20　附着装置受力简图
(a)三拉杆附着装置;(b)四拉杆附着装置
1—锚固环;2—附着杆

8. 外爬顶升系统

外爬式塔机能够随建筑物升高而升高,对高层建筑物适应性强。按顶升方式的不同,外爬式塔机的顶升系统可分为下顶升、中间顶升和上顶升三种,如图 1-21 所示。下顶升是由下向上插入标准节,操作人员可在下部操作,但缺点是顶升力大。中间顶升是由塔身一侧引入标准节。上顶升是由上向下插入标准节,可用于俯仰变幅的动臂自升塔机。目前广泛采用中间顶升。中间顶升利用顶升套架和液压顶升机构顶起转台以上的结构,在顶升套架内部形成加装塔身标准节所需要的空间。塔身标准节经引进横梁进入顶升套架后与下部塔

身连接。

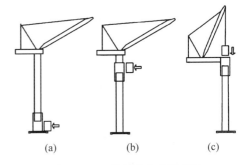

图 1-21　三种顶升方式示意图
(a)下顶升;(b)中间顶升;(c)上顶升

按照顶升液压缸的布置,顶升系统可分为中央顶升和侧顶升两种,目前广泛采用侧顶升。侧顶升是将顶升液压缸设在套架的一侧或两侧。顶升时,活塞杆伸出,通过顶升横梁支承在焊接于塔身主弦杆的专用踏步块上。液压缸上端铰接在顶升套架横梁上,随着液压缸活塞杆的逐步外伸,塔机上部被顶起。需要注意的是,标准节上的踏步块间距应视活塞杆有效行程而定。

侧顶升又可以分为单侧顶升和双侧顶升。中小型塔机一般采用单侧顶升,主要由套架结构、顶升液压缸、顶升横梁和引进装置等部分组成,如图 1-22 所示。顶升套架的主要功能是将塔机下支座及以上部分顶起,为标准节的引进预留足够的空间。在套架的一侧安装顶升横梁和顶升液压缸,套架和塔身之间由滚轮机构连接。塔机爬升时,滚轮沿塔身滚动,套架相对塔身产生向上位移。

大型动臂塔机上部结构质量大,为了提高安全性能,一般采用双侧顶升,即在套架两侧分别安装一个顶升液压缸。顶升时,套架只承受垂直载荷,相对传统的单侧顶升稳定性更好,但需要通过液压系统保持两个液压缸的同步伸缩。一种大型动臂塔机的爬升结构由引进装置、套架结构、顶升液压缸和顶升围框四部分组成,如图 1-23 所示。顶升围框内侧装有四个爬爪。塔机爬升时,爬爪既可以卡在塔身的踏步上,支承爬升套架及上部重量,也能够自动翻转,越过踏步。顶升液压缸缸筒与套架

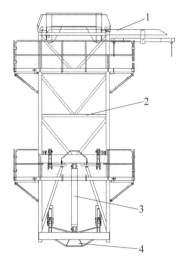

图1-22　单侧顶升的顶升套架
1—引进装置；2—套架结构；3—顶升液压缸；
4—顶升横梁

上的顶升横梁连接，活塞杆通过销轴与顶升围框连接。顶升套架可以采用片式组合结构，由四组片式结构和两个顶升横梁装配而成，通过螺栓进行连接。片式套架拆卸后占用空间小，便于运输。

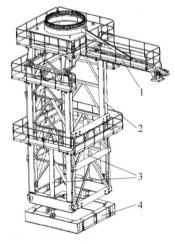

图1-23　大型动臂塔机外爬结构
1—引进装置；2—套架结构；3—顶升液压缸；
4—顶升围框

引进装置的主要功能是实现塔身标准节的自引进，包括引进横梁、拉杆、平台栏杆、引进小车和标准节吊具等。标准节引进时，需由起重臂将标准节吊至引进横梁末端。引进装

置按结构形式分为上悬单轨式和下悬双轨式。上悬单轨式引进装置利用引进小车吊运标准节进入顶升套架，如图1-24所示。

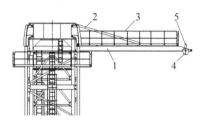

图1-24　上悬单轨式引进装置
1—引进横梁；2—拉杆；3—平台栏杆；
4—引进小车；5—标准节吊具

下悬双轨式引进装置设计成悬挑平台，塔身标准节放置在四轮小车上或在标准节底部安装四个轮子，小车用手摇卷扬机牵引进入顶升套架内部空间，如图1-25所示。

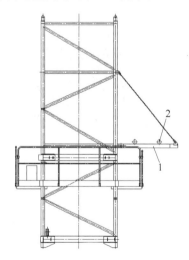

图1-25　下悬双轨式引进装置
1—悬挑平台；2—轮子

9. 内爬顶升系统

内爬式塔机是一种安装在建筑物内部电梯井或楼梯间里的塔机，能随着建筑物的增高而逐层向上爬升。内爬式塔机具有如下优点：①塔机安装在建筑物内部，不占用施工场地，适合于狭窄的作业场所；②无须铺设轨道基础，施工准备简单，费用节省；③只需少量塔身标准节；④无须多道锚固装置和复杂的附着作业；⑤一次投资省，台班费用少，建筑楼层越

高,经济效益越显著。

内爬式塔机在高层建筑和超高层建筑施工中广泛使用。与外爬式塔机不同,地面安装结束后,塔身高度不再改变。内爬顶升系统通常分为绳轮爬升系统和液压爬升系统两大类,目前多采用液压爬升系统,一般具有侧顶式液压爬升系统和活塞杆向下伸出式中心顶升液压爬升系统两种形式。

(1)侧顶式液压爬升系统。特点是液压爬升机构设置在靠近楼板开口,位于塔身的一侧,如图1-26所示。

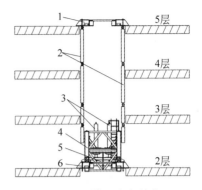

图 1-27　塔机内爬结构
1—上围框;2—爬带;3—顶升液压缸;
4—顶升节;5—顶升横梁;6—下围框

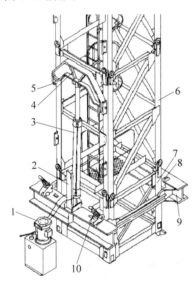

图 1-26　侧顶式液压爬升系统
1—液压系统;2—液压支架;3—液压缸;
4—顶升横梁;5—顶升爬爪;6—标准节;
7—加强节;8—支承销;9—爬升框架;
10—导向楔紧装置

(2)活塞杆向下伸出式中心顶升液压爬升系统。一种大型塔机内爬系统结构主要由顶升节、顶升横梁、顶升围框、顶升液压缸和爬带五部分组成,其结构组成如图1-27所示。

顶升节是内爬顶升系统的关键结构件,其外缘尺寸、主弦杆尺寸与塔身结构一致,一端固定在固定基础或围框上,另外一端与塔身连接。顶升节主弦杆中下部设有四个爬爪,爬爪可以卡在围框上以限制塔机在垂直方向的移动。顶升节中上部需另设置两个爬爪,用于塔机的爬升。为使爬爪能自动翻转越过踏步,爬

爪的重心应在其轴孔的后下方,必要时可添加配平块。

顶升横梁是两端带有爬爪的箱形梁,此处爬爪只用于塔机爬升时的换步,不可用于塔机作业时的支承。顶升横梁与顶升液压缸连接,塔机爬升过程中,顶升横梁爬爪卡在爬带上,起到对塔身的临时支承作用。

内爬式塔机应至少设置三个围框以循环交替使用,完成塔机爬升。下围框固定于建筑物底梁上,由两个半框组合而成。上围框固定于爬带顶部。

爬带悬挂于上围框的耳板处,其作用是作为塔机爬升时的"梯子"。爬带具有1m、2m、4m等多个系列,可根据需要组合成不同长度。

内爬式塔机爬升作业时,应注意以下几点:

(1)根据建筑结构特点及楼板开孔的大小准备合适的爬升框架。

(2)围框应备有三套,按爬升工艺分别置于不同楼层并固定妥当。

(3)爬升前,应按照塔机技术说明书中有关规定,水平臂吊起配重物后将变幅小车移动到指定位置或动臂吊起配重物后俯仰到指定角度,使塔机转台以上部分处于平衡状态,即配平。

(4)爬升前,起重臂应回转到0°方向,爬升过程中禁止转臂。

(5)风力超过6级时,不得进行爬升作业。

（6）爬升前应调好导向装置滚轮与塔身主弦杆之间的间隙。

（7）遇有故障及异常情况应立即停机检查。故障未经排除，不得继续爬升。

（8）塔机爬升到指定楼层后，应立即拔出塔身底座的支承梁或支腿，并通过爬升框架固定在楼板上，以承受塔机上部传来的垂直荷载。

（9）爬升结束后，应立即顶紧导向装置或用楔块塞紧以承受水平荷载。

（10）凡置有爬升框架的楼层，各层楼板下面均应以支柱临时加固，放置内爬式塔机底座支承梁的楼层下方两层楼板均应设置支柱临时加固。

（11）每次爬升完毕后，楼板上遗留的开孔应立即用钢筋混凝土封闭，才可在另一楼层高度上进行吊装施工。

1.3.3　机构组成

塔机工作机构包括起升机构、变幅机构、回转机构、运行机构和顶升机构。

1. 起升机构

起升机构用于实现重物的升降，通常由电动机、联轴器、制动器、减速机、卷筒、钢丝绳、导向滑轮、滑轮组和吊钩等组成，如图1-28所示。电动机通过联轴器、制动器和减速机相连，带动卷筒将缠绕在其上的钢丝绳卷进或放出。钢丝绳经过导向滑轮和滑轮组控制重物的起升或下降。当电动机停止工作时，制动器将制动轮刹住。制动器应是常闭式的，且与电动机连锁，以保证起升机构正常工作。

1）分类

按照组成布置形式的不同，起升机构可分为以下几类：

（1）π形布置，如图1-28所示。电动机轴线与卷筒轴线平行，适用于中小型塔机。减速机多为普通圆柱齿轮减速机，成本低。卷筒直径受减速机中心距限制，对于大容绳量的起升机构，卷筒只能做得小而长，导致钢丝绳间回弹力和偏摆角大，易乱绳。绕绳半径小会造成钢丝绳弯曲应力大，易发生疲劳断裂。

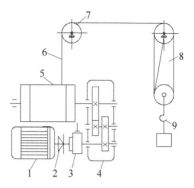

图1-28　塔机起升机构

1—电动机；2—联轴器；3—制动器；4—减速机；5—卷筒；6—钢丝绳；7—导向滑轮；8—滑轮组；9—吊钩

（2）L形布置，如图1-29所示。电动机轴线和卷筒轴线垂直，卷筒不受电动机的干涉，可以加大直径尺寸。电动机、制动器和减速机位于卷筒的同一侧，在卷筒对中布置时，平衡臂单边受载较大。此外，采用的螺旋齿轮减速机成本较高。

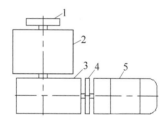

图1-29　L形布置

1—轴承座；2—卷筒；3—减速机；4—制动器；5—电动机

（3）U形布置，如图1-30所示。带制动器电动机通过螺旋齿轮减速机带动差动卷筒旋转，适用于大功率塔机。这种对称布置形式避免了卷筒干涉，变速平稳，可靠性好。螺旋齿轮和行星差动机构的制造、装配比较复杂，成本较高。

（4）一字形布置，如图1-31所示。电动机轴线和卷筒轴线共线，适用于下回转塔机。制动器、减速机和电动机分别布置于卷筒两端，重量比较对称，卷筒不受干涉，可以做得大而短。减速机既可采用行星轮，也可采用圆柱齿轮。

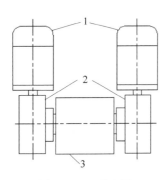

图 1-30　U 形布置
1—带制动器电动机；2—螺旋齿轮减速机；
3—差动卷筒

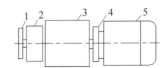

图 1-31　一字形布置
1—制动器；2—减速机；3—卷筒；
4—轴承座；5—电动机

按照调速方式的不同,起升机构可分为以下几类:

(1) 多速电动机变极调速起升机构。改变电动机的极对数实现对整个机构高、中、低三挡速度的转换,以满足轻载高速、重载低速的工作要求,具有调速比大、构造简单和操作方便的优点。起、制动和换挡电流较大,适用于中小型塔机。

(2) 涡流制动绕线转子电动机调速起升机构。切换转子串接电阻以控制不同挡级的起升、下降速度,具有调速范围大、工作平稳和就位准确的优点,不足之处是电动机成本较高。目前起重量 8~12t 的起升机构多采用这种调速方式。

(3) 变频无级调速起升机构。改变电动机定子供电频率进行调速,具有软起动、软停止、运行平稳和安装就位准确的特点,可有效降低机械传动冲击和改善钢结构的承载性能。但成本较高,适用于大型塔机。

2) 影响因素

起升机构通常受以下因素的影响:

(1) 滑轮组倍率。载荷一定时,滑轮组倍率越大,钢丝绳拉力越小,卷筒转速越高,传动比越小,结构越紧凑。绕绳量的增加使钢丝绳和卷筒长度增加。同时,滑轮数目增多加剧了钢丝绳磨损,降低了钢丝绳使用寿命。

(2) 卷筒直径。卷筒转速一定时,卷筒直径越大,转矩和传动比越大,整个机构越庞大。一般情况下,卷筒直径应尽量选取最小许用值。但在较大起升高度时,应采取相反措施,即增加卷筒直径以限制长度。

2. 变幅机构

变幅机构用来改变塔机作业幅度以扩大工作范围,按变幅方式可分为小车变幅机构和俯仰变幅机构。

小车变幅机构以变幅小车沿臂架轨道的移动实现变幅,与同级别俯仰变幅机构相比,具有安装就位方便、重物水平变幅和幅度利用率高等优点,但起重臂承受弯矩较大。按调速方式的不同,小车变幅机构分为变极调速和变频无级调速两类。前者多采用双速笼型电动机,如 4/8 极双速电动机,低速 25m/min,高速可达 50m/min,缺点是小电动机增加速度挡次困难,适用于中低速变幅的塔机。后者变幅功率、电流和惯性力小,安装就位迅速、准确,适用于较高变幅速度的塔机。

变幅小车通常由车架、行走轮和钢丝绳承托轮等组成。根据框架布置方式的不同,变幅小车可分为三角形框架式和矩形框架式两类,如图 1-32 所示。前者构造简单、自重轻,广泛应用于中小型塔机。后者加工较容易,杆件较多,结构强度大,适用于中大型塔机。

根据倍率变换方式的不同,变幅小车可分为单小车变倍率和双小车变倍率两种形式。

采用单小车变倍率时,变幅小车的吊钩滑轮组由上部活动滑轮和下部双滑轮吊钩组构成。当上部活动滑轮通过自身锁紧装置紧固于变幅小车时,塔机使用下部双滑轮吊钩组以 2 倍率进行工作,如图 1-33(a) 所示。当由 2 倍率变 4 倍率时,下部双滑轮吊钩组向上升起至变幅小车处,与上部活动滑轮以销轴连接,塔机实现 4 倍率作业,如图 1-33(b) 所示。

采用双小车变倍率时,变幅小车由主、副小

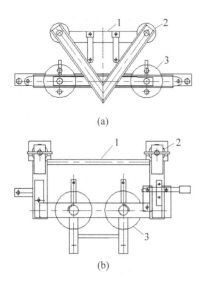

（a）

（b）

图 1-32　变幅小车

（a）三角形框架式；（b）矩形框架式

1—车架；2—行走轮；3—钢丝绳承托轮

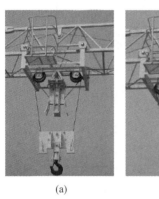
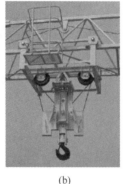

（a）　　　　　　（b）

图 1-33　单小车变倍率方式

（a）变倍率前；（b）变倍率后

车构成。2 倍率作业时，副小车停留在臂架根部，主小车配一套滑轮吊钩作业，如图 1-34（a）所示。当由 2 倍率变 4 倍率时，主小车与副小车联挂形成双小车。同时，将两套吊钩滑轮组落至地面并用销轴连接成一体，如图 1-34（b）所示。组合后的吊钩滑轮系统可实现 4 倍率作业。

俯仰变幅机构通过臂架的俯仰摆动实现变幅。按照起重臂和驱动装置间传动件结构形式的不同，俯仰变幅机构可分为挠性变幅和刚性变幅两类。挠性变幅通过钢丝绳滑轮组

（a）　　　　　　（b）

图 1-34　双小车变倍率方式

（a）变倍率前；（b）变倍率后

改变臂架仰角，通常由电动机、联轴器、制动器、卷筒、钢丝绳和滑轮组等组成。刚性变幅通过液压缸进行变幅，通常由电动机、液压泵、油箱、阀和液压缸等组成。目前，俯仰变幅机构多为挠性变幅机构。与同级别小车变幅机构相比，挠性变幅机构具有起升高度大、安装拆卸方便和臂架结构受力状态好，以及避免与周围建筑发生干涉等优点。但是，挠性变幅机构的幅度有效利用率较低，变幅速度不均匀，变幅功率大，变幅过程中重物难以实现水平移动。

3. 回转机构

塔机的回转机构使起重臂绕塔机回转中心作 360° 的回转，改变吊钩在工作平面的位置，扩大塔机的作业范围。塔机回转机构由回转支承和回转驱动装置两部分组成。

回转支承相当于一个既承受正压力又承受弯矩的大平面轴承，为塔机回转部分提供牢固的支承并将回转部分的载荷传递给固定部分。回转支承一般由齿圈、座圈、滚动体、隔离块、连接螺栓和密封条等组成。滚动轴承式回转支承具有结构紧凑，可同时承受垂直力、水平力和倾覆力矩的优点，在塔机中广泛应用。常用的滚动轴承式回转支承按滚动体形状和排列方式可分为单排四点接触球式回转支承（图 1-35）、双排球式回转支承、单排交叉滚柱式回转支承和三排滚柱式回转支承等类型。前三种回转支承适用于中小型塔机，三排滚柱式回转支承适用于大型塔机。

图 1-35　单排四点接触球式回转支承

回转驱动装置通常安装于塔机回转部分，为回转上支座及以上结构的回转提供动力。按照调速方式的不同，回转驱动装置可分为绕线电动机加液力耦合器调速、涡流制动绕线电动机调速和变频无级调速等类型。

（1）绕线电动机加液力耦合器调速的回转驱动装置通常由立式电动机、液力耦合器、盘式制动器、行星齿轮减速机和回转小齿轮等组成，如图 1-36 所示。电动机经液力耦合器、盘式制动器和行星齿轮减速机带动小齿轮与回转支承啮合，实现回转运动。液力耦合器主要由固定在主动轴上的泵轮和固定在从动轴上的蜗轮组成，吸收电动机和负载的扭振冲击，有效减小电动机负荷，延长设备使用寿命。起、制动平稳，冲击小，适用于中小型塔机。

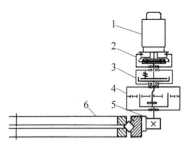

图 1-36　绕线电动机加液力耦合器调速
1—立式电动机；2—液力耦合器；3—盘式制动器；
4—行星齿轮减速机；5—小齿轮；6—回转支承

（2）涡流制动绕线电动机驱动的回转驱动装置通常由涡流调速电动机、液力耦合器、制动器、行星齿轮减速机和小齿轮等组成。回转过程中冲击小，调速范围大，就位性能比类型（1）稍好。但成本较高，适用于中大型塔机。

（3）变频无级调速的回转驱动装置通常由带制动器的笼型电动机、变频器、行星减速机和小齿轮等组成。起、制动平稳，安装就位准确，成本较高，适用于中大型塔机。

4．运行机构

运行机构是指在专门铺设的轨道上运行的机构，用以支承塔机自身重量和起升载荷并驱动塔机水平运行。图 1-37 是目前塔机常用的运行机构，融减速机、电动机和制动器于一体的三合一减速机直接驱动主动轮，主动轮通过车架带动从动轮转动，进而驱动整机运行。车架上设有平衡梁，可以将整机载荷均匀传给车轮以降低轮压。此外，通常在车架端部设置缓冲器起缓冲保护作用。这种驱动形式不需要设置传动装置，避免了塔机底架刚性的影响。实际使用中可采用单边、双边或对角等布置方式以适应不同轨道的要求。

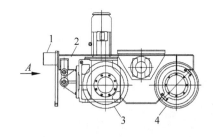

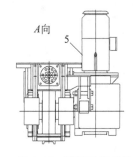

图 1-37　塔机运行机构
1—缓冲器；2—车架；3—主动轮；4—从动轮；
5—三合一减速机

5．顶升机构

顶升机构用于实现塔机的升降。根据传动方式的不同，顶升机构可分为绳轮顶升机构、链轮顶升机构、齿条顶升机构、丝杠顶升机构和液压顶升机构等类型。液压顶升机构通过电动机驱动液压泵将电能转化为液压能，驱动液压缸下支座以上部分与塔身标准节脱开，实现塔身的升高或降低，具有构造简单、工作平稳、操纵方便和爬升速度快等优点。因此，自升式塔机广泛采用液压顶升机构。顶升机构的顶升力按被顶升部件的总重力和顶升过程中相对移动部件间的摩擦阻力计算。近似计算时,摩擦阻力取为被顶升部件总重力的 0.1～0.2。顶升时的计算风压规定为 100Pa。顶升速度宜取 0.005～0.013m/s,大型塔机取低值。

1.3.4　电气控制系统

塔机电气控制系统是指挥系统,是塔机的神经中枢。其性能与质量直接决定一台塔机的性能和品牌。据统计,塔机运行中的故障 70% 以上出于电气控制系统。

塔机电气控制系统在工作过程中担负着控制、传动、照明及各种安全保护和报警工作。塔机的工作特点如下:断续工作,频繁起动、制动;运行过程中有明显的振动和冲击;有时会过负荷;工作环境多灰尘,环境温度变化范围大。这些工作特点对电气控制系统的要求集中体现在 GB/T 5031—2008《塔式起重机》和GB5144—2006《塔式起重机安全规程》等国家标准中。电气控制系统一般技术要求如下:

(1) 无特殊要求的塔机,应采用 380V、50Hz 的三相交流电源,电动机和电器上允许的电压波动范围不超过±10%。

(2) 电气设备元件应根据使用环境不同来选择干热(TA)型或湿热(TH)型,并符合工作类型及工作制的要求。

(3) 电气系统中应有可靠的自动保护装置。

(4) 主电路和控制电路对地绝缘电阻不得小于 0.5MΩ,起重机主体、电动机底座、所有的电气设备的金属外壳和导线的金属护管应可靠接地,接地电阻不大于 4Ω,重复接地不大于 10Ω。

(5) 电气连接应接触良好,防止振动松脱。导线线束应用卡子固定,以防摆动。

(6) 电气柜应有门锁,门内应有原理图或布线图、操作提示和警告标志等。

1. 塔机起重用电动机

塔机大部分为电力拖动,属于交流传动系统。它常用绕线转子异步电动机和笼型转子异步电动机驱动。塔机各工作机构驱动用电动机应具备以下特性:①能适应频繁、短时工作制的要求;②起动转矩大;③起动容易,起动电流小;④过载能力大;⑤适应露天、恶劣天气作业环境。塔机主要工作机构驱动用电动机首选 YZR 和 YZ 系列起重、冶金用异步电动机。辅助机构可选用 YZ 系列和 Y 系列通用电动机。为适应起重机调速需要,简化调速控制系统,塔机上还经常用到多速电动机和涡流制动电动机。

YZR 和 YZ 系列异步电动机是目前塔机上广泛应用的基本机型。YZR 系列是绕线转子电动机,YZ 系列是笼型转子电动机,基准工作制都是 S3 40%。同步转速分 1000r/min、750r/min 和 600r/min 三种。容量为 132kW 以下的电动机中,定子绕组均为 Y 型连接,其余为 D 型连接。多速电动机是在定子的一套绕组中,通过改变连接方式变更级数和同步转速来调速,有双速、三速和四速之分,其级数比有 4/16、4/24、6/16、8/20、4/8/24 几种。电动机中高速指同步转速为 750～1500r/min,低速为同步转速 250～375r/min。由于起重用多速电动机定子绕组多采用恒转矩调速方案,不同级数时输出转矩基本相同,故转速高时输出功率大,反之输出功率小。

2. 电动机调速类型及方式

电动机调速方案主要包括转子回路串可变电阻调速、涡流制动调速、自励动力制动调速、变级调速和变频调速。前三种方案适用于绕线转子异步电动机拖动系统,后两种用于笼型转子异步电动机拖动系统。塔机工作机构采用的调速系统特点及应用范围见表 1-2。

在各类调速控制方案中,绕线转子串可变电阻和三速电动机的驱动方案,是目前小型塔机起升机构普遍采用的控制方案,该调速系统具有价格低,操作、控制、维护、保养简单的特点,可适应小型塔机控制需要。不足之处是前者效率较低,调速范围小,在空载或轻载情况下,几乎没有调速效果;而后者起动电流大,在换级过程中电流冲击、机械冲击都比较大;绕

表 1-2　塔机常用调速系统特点及应用范围

序号	调速方案	调速范围	使用范围	技术特点	维护要求	系统价格
1	绕线转子电动机串可变电阻驱动	1：3	各类机构广泛应用	效率低,简单	低	低
2	绕线转子电动机带涡流制动器驱动	1：8～1：10	各类机构广泛应用	电流与机械冲击均不大,比较简单	稍高	稍高
3	双电动机起动	1：40	起升机构	可在运动过程中调速,无级加速、减速	低	低
4	三速电动机驱动	1：6～1：12	中、小塔机起升机构	冲击电流大,机械冲击大,简单	低	低
5	双速电动机驱动	1：4～1：6	小车牵引机构	冲击电流大,机械冲击大,简单	低	低
6	变频调速电动机驱动	无级	各种机构	调速范围宽,基本无冲击	高	高
7	直流电动机驱动	无级	各种机构	平稳,调速范围宽,基本无冲击,复杂	高	高

线转子电动机带涡流制动器的驱动是另一种常见驱动系统,由于采用转子串电阻加涡流制动调速,起动冲击电流小,起动平稳,使用范围广,不足之处是系统调速范围仍然不够宽,轻载时效率低。在这个方案中,为了拓宽调速范围,可以在减速机上设置两、三挡电磁换挡的电磁离合器;双电动机驱动方案在塔机起升机构应用较多,它拓宽了调速范围,基本可做到无级加、减速,工作平稳。变频调速系统属于无级调速,运动平稳无冲击,是当前塔机起升机构技术进步的趋势,系统价格较高,制造、调试、维护、保养等方面技术要求较高;直流调速系统是传动的无级变速方案,系统运行稳定、无冲击,但系统价格高,且电动机拖动控制的维护保养技术难度大,因此交流变频调速系统正在大量取代直流调速系统。另外还有交、直流机组和液压驱动的系统,应用较少。

3. 电力拖动系统起动与制动

电力拖动系统中,起动和制动方法多种多样。起动方法有降压起动、定子串电阻起动、转子串电阻起动、涡流制动器降速起动、频敏变阻器起动等;制动方法有电磁铁抱闸制动、液力推杆制动、盘式制动、锥形转子制动、电磁制动、能耗制动等。塔机中,选什么方式,要根

据塔机机构的工作特点来定。

1) 塔机起升机构

塔机起升机构要保证重物吊在空中能随时起动上升和下降,下降时又要准确制动不溜车。所以降压起动不能用,只能靠增加转子的阻抗。笼型电动机用合金铸铝,绕线电动机外加电阻和涡流制动器。当然如果用了变频器,起动的转速问题也就同时解决了,加速度也不会大,电流冲击和惯性冲击都很小。这也是变频的突出优点。起升机构的制动,只有液力推杆制动是最可靠的制动,其他制动方式都不太合适。盘式制动虽然很紧凑,但在起升机构中经不起那种强力制动的磨损,使用寿命短,需要经常更换摩擦片。在起升机构中不推荐使用。

2) 塔机回转机构

塔机回转机构的起动和制动特别要防止惯性冲击,因此特性要柔和,速度和加速度都要小。回转机构功率又不大,因此用串电阻起动较合适,带上涡流制动器效果更好。小塔机回转,也可用双速笼型电动机低速起动。当然将变频调速用于回转也是很好的办法。回转制动,一般在操作过程中不容许急剧的回转制动,只容许柔和的制动。所以回转机构常用涡流制动器,不管是起动和制动,它都不支持快加

速和快降速。对回转机构很合适。小塔机回转，由于要考虑降低成本问题，不用涡流制动器，而是可以在停车时绕组通入直流，实现能耗制动。但这种直流电必须要延迟短时间后，再自动切除，以免影响正常使用。塔机回转机构中，还有一个盘式的电磁制动器，它是常开式的，只有通电时才制动，这实际上是个定位装置，不是正常运转的制动装置。

3）小车牵引机构

小车的行走速度不高，惯性也不大。电动机功率不大，起动、制动问题都好解决。起动时一般不必采取特别的措施，制动时也不必太急。否则会使重物摆动过大。常用的盘式制动、锥形转子制动和蜗轮蜗杆自锁能耗制动都可以。

4）大车行走机构

大车行走时惯性力很大，行走速度不高，电动机功率也不大。所以电流冲击不会大。起动时要解决的问题是特性要柔和，采取的方法是加液力耦合器。在可能条件下也可以采取电动机软特性起动。大车制动，同样严禁急速制动，可以用盘式电磁制动器降压制动，也可以用蜗轮蜗杆自锁能耗制动。

塔机的起动、制动和机构的调速往往是不可分割的。调速很好的系统，起动和制动也比较容易实施。低速下起动和制动较为容易。故机构性能的好坏，关键仍然是调速方法的选择，需要根据性能和成本综合考虑。

1.3.5　安全保护装置

安全保护装置是防止塔机发生机械事故的必要措施，主要包括起重量限制器、力矩限制器、行程限位装置、小车断绳保护装置、小车防坠落装置和顶升防脱装置，以及动臂塔机需安装的防后倾装置等。此外，塔机安全监控系统也是十分重要的安全保护装置。

1. 起重量限制器

起重量限制器用以限制重物重量。当吊物重量达到最大起重量的90%时，声光报警装置发出断续的报警信号，提醒塔机操作人员注意。当起重量大于相应挡位额定值且小于额

定值的110%时，切断上升方向电源并发出连续的声光报警，但允许机构下降。如设有起重量显示装置，其数值误差应不大于实际值的±5%。塔机常用起重量限制器有机械式和电子式两种，如图1-38所示。

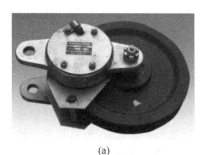

(a)

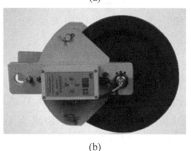

(b)

图1-38　起重量限制器
（a）机械式；（b）电子式

2. 力矩限制器

力矩限制器用于限制塔机起重力矩。当起重力矩大于相应幅度额定值并小于额定值的110%时，切断上升和幅度增大方向的电源并发出连续的声光报警，但机构可作下降和减小幅度方向的运动。如设有力矩显示器，其数值误差应不大于实际值的±5%。对于小车变幅式塔机，当小车向外运行且起重力矩达到额定值的80%时，变幅速度应自动转换为不大于40m/min的运行速度。力矩限制器控制定码变幅的触点和控制定幅变码的触点应分别设置和调整。

3. 行程限位装置

塔机行程限位装置通常包括起升高度限位器、回转限位器、运行限位器和幅度限位器等。

起升高度限位器用以限制重物起升高度。当吊钩装置顶部升至距起重臂或变幅小车车

架下端的距离为 800mm 时,应立即停止起升运动,但机构可以有下降动作。对于不能实现重物平移的动臂塔机,起升高度限位器还应同时切断机构向外变幅控制回路的电源。当钢丝绳松弛可能造成卷筒乱绳或反卷时,塔机应设置下极限位置限位器。在吊钩不能再下降或卷筒上的钢丝绳只剩 3 圈时应能立即停止下降运动。

回转处不设集电器供电的塔机应设置正反两个方向的回转限位器,开关动作时臂架旋转角度应不大于±540°。塔机回转机构在非工作状态应处于常开状态,可以自由旋转。塔机遭遇大风时能够自动转至风载荷小的角度。具有自锁功能的回转机构应安装安全极限力矩联轴器。

轨道式塔机的运行机构应在每个运行方向设置运行限位器,包括限位开关、缓冲器和终端止挡。运行限位器应保证开关动作后塔机停车时其端部距缓冲器最小距离为 1m。

动臂塔机应设置臂架低位置和高位置幅度限位装置。在臂架到达相应的极限位置时,停止臂架继续向极限方向变幅。小车变幅塔机应设置小车行程限位开关和终端缓冲装置。限位开关应保证小车停车时其端部距缓冲装置最小距离为 200mm。

4. 小车断绳保护装置

小车变幅绳发生断裂后,若小车失控滑向臂头端部,极易造成塔机超载引发的整机倾覆或臂架折断事故。为防止小车变幅绳断裂,塔机应装设小车断绳保护装置,如图 1-39 所示。小车断绳保护装置由重锤卡块、支承板和销轴

组成,重锤卡块通过销轴与固定在小车架的支承板铰接。小车正常运行时变幅绳张紧,重锤卡块在变幅绳支承下处于水平状态。当变幅绳折断时,重锤卡块在重力的作用下自动翻转成垂直状态。受到起重臂底部腹杆的阻挡,小车不能沿着起重臂轨道向前或向后滑行。每台变幅小车应设有两个小车断绳保护装置,分设于小车两端。

5. 小车防坠落装置

为防止变幅小车因过度磨损或材料缺陷而断轴下坠,塔机应安装小车防坠落装置,如图 1-40 所示。在小车上焊接 4 个悬挂装置,小车正常运行时,这 4 个悬挂装置位于起重臂轨道的上方。当小车轮轴折断时,悬挂装置搁置于起重臂轨道,阻止小车坠落。

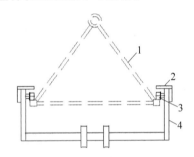

图 1-40　小车防坠落装置
1—起重臂;2—悬挂装置;3—小车滚轮;4—变幅小车

6. 顶升防脱装置

据统计,塔机在顶升与拆卸过程中发生的事故占塔机总事故的比例较大。顶升装置从塔身支承中脱出是造成事故的主要原因之一。因此,自升式塔机应安装顶升防脱装置。目前常用的顶升防脱装置可分为以下几类:

(1) 如图 1-41 所示,在顶升横梁下底板靠近顶升耳板处各焊接一角钢,分别在顶升耳板和角钢相对应位置钻孔。塔机顶升或降节时,

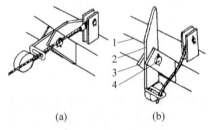

图 1-39　小车断绳保护装置
(a) 断绳前;(b) 断绳后
1—小车架;2—重锤卡块;3—支承板;4—销轴

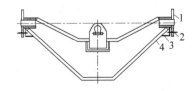

图 1-41　顶升防脱装置(一)
1—顶升耳板;2—安全销轴;3—角钢;4—顶升横梁下底板

在顶升横梁端部的销轴顶住顶升耳板后,将安全销轴插入顶升耳板和角钢的孔中以达到防脱的目的。这种防脱装置操作方便,效果较理想,适用于传统塔机顶升装置的改造。

(2)如图1-42所示,顶升耳板制成图示形状。将无缝钢管焊接于顶升横梁下底板适当位置,通过筋板加强。将销轴装入无缝钢管,扳动手柄可使其在无缝钢管中滑动。塔机顶升和降节时,当顶升支座顶紧顶升耳板后,扳动手柄使销轴卡在顶升耳板下部以锁住顶升横梁,从而达到防脱的目的。这种防脱装置改造方便,操作便捷,效果较理想。

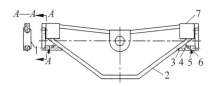

图 1-42　顶升防脱装置(二)

1—顶升耳板;2—顶升横梁下底板;3—无缝钢管;

4—筋板;5—手柄;6—销轴;7—顶升支座

(3)如图1-43所示,顶升耳板制成图示形状。平时顶升横梁销轴被拉回,并将撑杆放在里侧卡槽。塔机顶升或降节时,当顶升横梁顶紧顶升耳板后,拉动销轴将其插入顶升耳板,并将撑杆从内侧卡槽转置于外侧卡槽以锁住销轴。这种防脱装置防脱效果理想,操作时稍有些繁琐。

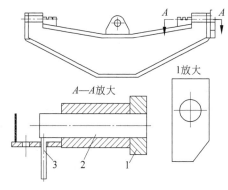

图 1-43　顶升防脱装置(三)

1—顶升耳板;2—顶升横梁销轴;3—撑杆

(4)如图1-44所示,在传统的挂靴下部对应顶升踏步的下缘位置钻一个安全销插入孔。

顶升时当顶升挂靴挂在顶升踏步后,插入安全销以锁住挂靴,从而达到防脱的目的。这种方案的特点是在不改变原结构的基础上稍加改动即可实现,防脱效果理想,操作方便。

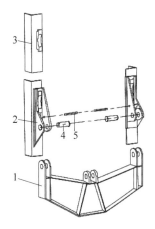

图 1-44　顶升防脱装置(四)

1—顶升横梁;2—挂靴;3—顶升踏步;

4—销轴;5—安全销

7. 防后倾装置

动臂塔机变幅系统多为挠性变幅系统。由于挠性变幅系统的弹性作用,当臂架处于较小幅度突然卸载时,极易导致臂架后倾,发生整机倾覆事故。因此,动臂塔机应设置防后倾装置。一般在动臂塔机起重臂底节适当处设置碰块,在人字架安装防后倾装置。臂架发生后倾时,防后倾装置与碰块接触,吸收碰撞冲击能量并阻止臂架进一步上仰,如图1-45所示。目前,动臂塔机防后倾装置可分为弹簧式、油气式和液压式三种。

图 1-45　防后倾装置

(1)弹簧式防后倾装置结构简单,布置方便。但弹性缓冲吸收动能有限,有一定的反弹现象,易造成较大的振动。

(2) 油气式防后倾装置是一个由液压缸、阻尼阀和蓄能器组成的独立装置,能够较好地吸收冲击能量,臂架振动小,安装长度短,适用于狭小空间。

(3) 液压式防后倾装置的内部采用液压缓冲器取代弹簧缓冲器,能较好地吸收臂架能量,减振效果明显,实现了匀减速缓冲和压缩后不反弹。但结构复杂,制造和维护成本较高,适用于臂架自重大、工作级别高的大型动臂塔机。

8. 塔机安全监控系统

塔机事故的原因可分为设备因素和人为因素。设备因素包括设计缺陷、质量缺陷、制动装置制动力矩不够、驱动装置损坏、操作控制系统失灵、相关连锁保护装置失灵以及相关安全保护装置失灵等。人为因素包括超期使用、超载、超员、无证驾驶、违规操作、安装不规范和维修保养不到位等。

近年来,塔机安全生产形势十分严峻,施工队伍和管理技术水平参差不齐,部分作业人员存在侥幸心理,超载起吊、野蛮施工、长时间超负荷作业和擅自拆损安全保护装置等违规现象频繁,机毁人亡的重大安全事故时有发生,造成人员伤亡与巨大财产损失,其中由于违章操作和超载引发的事故占70%以上。

塔机安全监控系统将起重机现场监控、预警报警和远程监控统一于同一个管理平台,可对起重机实施安全监控和危险动作限制,及时预警起重机危险,制约违规操作,可以有效预警和预防安全事故的发生,其主要功能如下:

(1) 设备运行参数采集和显示。采用传感器实时采集起重量、幅度、起升高度、回转角度、倾斜角度和现场风速等多项安全作业指标数据,通过显示屏实时显示当前工作参数,遇到危险时声光报警,使操作人员直观掌握设备工作状态。图 1-46 为设备显示屏。

(2) 运行数据存储。起重设备全工作参数记录,工作状态分类存储,可以通过 GPRS 无线通信网络传回监控管理平台,实现远程监管查询。图 1-47 为设备主机。

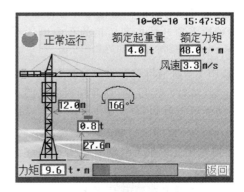

图 1-46　设备显示屏
注:图中力矩单位 t·m 为非法定计量单位,
1t·m＝10kN·m。

图 1-47　设备主机

(3) 远程实时全方位监控。监控系统对起重设备各安全作业指标进行监控,对危险动作进行预警、报警和限制,同时将设备运行数据传回远程监控管理平台。基于 Google Earth 技术实现对现场作业设备安全运行可视化远程监控,其监控界面举例如图 1-48 所示。

(4) 区域防碰撞监控报警。预防塔机与建筑物发生碰撞,规避塔机机群作业时的相互碰撞,使操作人员直观掌控周边干涉物的运行情况。其操作界面如图 1-49 所示。

(5) 信息化管理。采用网页登录访问方式进行远程监控、设备管理、信息查询和发布等。监控管理平台根据登录用户的权限,实现分区域、设备归属单位管理,满足不同管理群体的需求。

(6) 短信报警。设备故障、违规操作发生时,系统自动触发手机短信报警功能,向相关责任人员发送手机短信,告知相关信息。

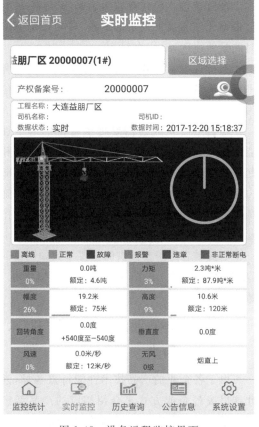

图 1-48　设备远程监控界面

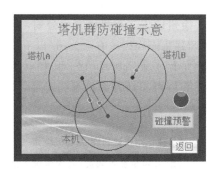

图 1-49　防碰撞监控操作界面

1.4　技术性能

1.4.1　产品型号命名方式

塔机型号编制标准最早采用《建筑机械与设备产品型号编制方法（ZB J04008—88）》。此后，该标准被《建筑机械与设备产品分类及型号（JG/T 5093—1997）》替代。根据国家住建部公告（第 181 号），该标准于 2013 年 10 月 12

日废止。目前尚未查到相关新标准。塔机型号编制一般有如下几种方法。

（1）按照《建筑机械与设备产品分类及型号（JG/T 5093—1997）》规定，塔机型号编制如下：

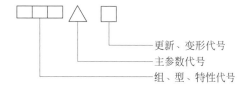

常用的组、型、特性代号有：

QTZ——上回转自升式塔机；

QTA——下回转自升式塔机；

QTK——快装式塔机；

QTD——动臂式塔机。

主参数代号采用额定起重力矩来表示。例如，额定起重力矩为 40t·m 的 F 型上回转自升式塔机的产品型号为 QTZ40F。

（2）以 TC 开头的编制法。用字母组合 TC（Tower Crane 的首字母）代替组、型代号，省略特性代号，以最大幅度（单位为 m）和该幅度下的额定起升载荷（单位为 kN）两个基本参数代号代替主参数代号。例如，TC5613（又可称为 QTZ80）表示塔机最大幅度为 56m，此时额定起升载荷为 13kN。

（3）个性化编制法。有的企业采用个性化的标识字母代替组、型和特性代号。以 XGTL1600 型塔机为例，XG 为企业标识，TL 表示动臂塔机，1600 表示额定起重力矩为 1600t·m。再如 NTP4513，NTP 为注册品牌代号，4513 表示最大幅度为 45m，此时额定起升载荷为 13kN。

1.4.2　性能参数

塔机的主要性能参数如下。

最大起重力矩：最大额定起重量与其在设计中确定的各种组合臂长中所能达到的最大工作幅度的乘积，用 M 表示。起重力矩综合了起重量与幅度两个因素，比较全面地反映了塔机的起重能力，单位为 t·m[①]。

---

① 有的厂家生产的机型用 t·m 表示力矩。为了防止给用户选型时造成误解，本手册中沿用厂家的习惯。

幅度：空载时，回转中心线至吊钩中心垂线的水平距离，表示起重机不移动时的工作范围，用 R 表示。一般用最大（小）幅度作为塔机独立、运行、外爬附着或内爬状态时的性能参数，单位为 m。

起升高度：对于小车变幅塔机，空载、塔身处于最大高度，吊钩处于最小幅度处，吊钩支承面对塔机基准面的允许最大垂直距离，用 H 表示。对于动臂变幅塔机，起升高度分为最大幅度时起升高度和最小幅度时起升高度，单位为 m。

额定起重量：规定幅度时的最大起升能力，包括重物、取物装置（吊钩和抓斗）的质量，用 Q 表示，单位为 t 或 kg。

起重机质量：含平衡重、固定基础（或压重）的整机质量，单位为 t。

尾部回转半径：回转中心至平衡重或平衡臂端部的最大距离，单位为 m。

起升速度：起吊各稳定运行速度挡对应的最大额定起重量时，吊钩上升过程中稳定运动状态下的上升速度，单位为 m/min。

小车变幅速度：对于小车变幅塔机，起吊最大幅度的额定起重量、风速小于 3m/s 时，小车稳定运行的速度，单位为 m/min。

回转速度：塔机在最大额定起重力矩载荷状态、风速小于 3m/s、吊钩位于最大高度时的稳定回转速度，单位为 m/min。

慢降速度：起升滑轮组为最小倍率、吊有该倍率允许的最大额定起重量、吊钩稳定下降时的最低速度，单位为 m/min。

运行速度：空载、风速小于 3m/s、起重臂平行于轨道方向时塔机稳定运行的速度，单位为 m/min。

塔机生产企业还需要提供塔机的起重性能曲线和起重性能表。塔机起重性能曲线和起重性能表示不同臂长、不同幅度的起重能力，这是由结构强度和整机稳定性决定的。施工过程中，不应超出塔机起重性能范围进行作业，否则极易造成安全事故。

塔机制造商需要提供的主要参数如图 1-50（小车变幅塔机）和图 1-51（动臂变幅塔机）所示。

1.4.3 各企业的产品型谱与技术特点

由于各企业的产品技术性能特点各异，因此这里按各企业方式来介绍相应的产品型谱与技术特点，并简要说明各企业产品的发展历程。

1. 徐州建机工程机械有限公司

徐州建机工程机械有限公司（以下简称徐州建机）是徐工集团所属子公司，拥有塔帽式塔机、平头塔机和动臂塔机系列产品，产品型谱见表 1-3～表 1-5。

表 1-3　徐州建机塔帽式塔机型谱

主要型号	最大起重量×幅度 /(t×m)	最大幅度×起重量 /(m×t)
QTZ80	6×13.9	60×1.0
XGT100	8×14.0	60×1.3
XGT125	8×15.7	65×1.3
XGT160	10×15.8	70×1.7
XGT200	16×13.5	70×2.2
XGT280	16×16.3	70×3.0
XGT500	25×16.0	80×4.0
XGT1200	63×15.0	80×10.5

表 1-4　徐州建机平头塔机型谱

主要型号	最大起重量×幅度 /(t×m)	最大幅度×起重量 /(m×t)
XGTT100	6×16.9	60×1.3
XGTT125	8×14.0	65×1.3
XGTT200	10×15.4	70×1.5
XGTT250	12×15.1	70×2.0
XCP330	16×14.5	75×2.5
XGTT360	16×15.5	80×2.0
XGTT560	25×14.6	80×3.3
XGTT1200	63×14.7	80×10.5

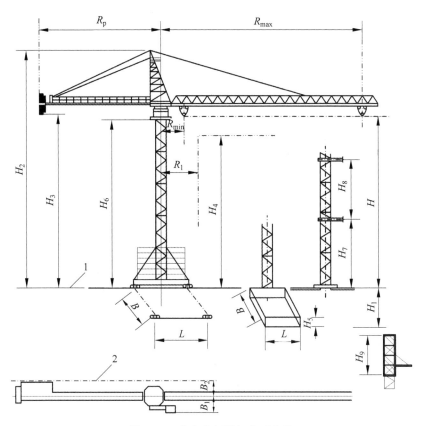

图 1-50　小车变幅塔机主要参数

1—基准面；2—建筑物界线；R_p—尾部回转半径；R_{max}—最大幅度；R_{min}—最小幅度；R_1—塔身中心到障碍物的最小距离；H—基准面以上吊钩最大起升高度；H_1—基准面以下吊钩最大下降高度；H_2—塔顶顶部距基准面的最大垂直距离；H_3—尾部以下净高；H_4—障碍物的最大高度；H_5—基础深度；H_6—最大独立塔身高度；H_7—第一附着高度；H_8—附着间距；H_9—爬升架高度；B—轨距，或基础宽度；B_1—操纵室侧边的最小间隙；B_2—操纵室对侧的最小间隙；L—轴距，或基础长度

表 1-5　徐州建机动臂塔机型谱

主要型号	最大起重量×幅度 /(t×m)	最大幅度×起重量 /(m×t)
XGTL80	6.8×15.0	40×1.5
XGTL120	8×18.7	50×1.6
XGTL160	10×18.7	50×2.0
XGTL180	12×20.4	55×2.2
XGTL260	20×16.5	60×2.5
XGTL500	25×20.0	60×4.8
XGTL750	50×14.0	60×6.0
XGTL1600	100×6.0	76×6.0

徐州建机塔机产品配置专有传动机构，具有重载低速，轻载高速，起、制动平稳等特点。整机多处采用人性化快装式结构设计，使得产品拆装便捷、高效。采用上引进加节方式，方便顶升加节。配置专有的一体式塔机控制器，具有远程定位、监测、控制、锁机等功能，可实现物联网式管理。可配置集成化的区域防碰撞系统，保证塔机作业的安全性。专有的闭环式控制技术，可使控制系统工作稳定、可靠。可配置固定式、底架压重式、行走式、内爬式等多种固定方式，有较强的工况适应能力。起重臂的组合多样化。750t·m以上塔机还可选配电动力和燃油动力两种动力方式。

2.中联重科建筑起重机械分公司

中联重科建筑起重机械分公司（以下简称中联）的产品型谱见表1-6～表1-8。

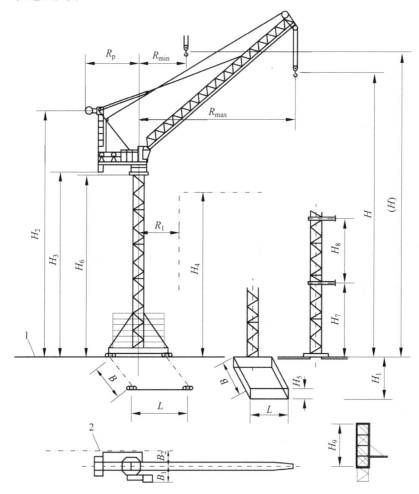

图 1-51 动臂变幅塔机主要参数

1—基准面；2—建筑物界线；R_p—尾部回转半径；R_{max}—最大幅度；R_{min}—最小幅度；R_1—塔身中心到障碍物的最小距离；H—基准面以上吊钩最大起升高度；(H)—最小幅度时基准面以上吊钩最大起升高度；H_1—基准面以下吊钩最大下降高度；H_2—塔顶顶部距基准面的最大垂直距离；H_3—尾部以下净高；H_4—障碍物的最大高度；H_5—基础深度；H_6—最大独立塔身高度；H_7—第一附着高度；H_8—附着间距；H_9—爬升架高度；B—轨距，或基础宽度；B_1—操纵室侧边的最小间隙；B_2—操纵室对侧的最小间隙；L—轴距，或基础长度

<table>
表 1-6 中联塔帽式塔机型谱

主要型号	最大起重量×幅度 /(t×m)	最大幅度×起重量 /(m×t)
TC5013-4C	2×41.4	50×1.3
TC5610A-6A	6×15.7	56×1.0
TC6012A-6A	6×18.9	60×1.2
TC6513-6F	6×22.7	65×1.3
TC7013-10E	10×18.7	70×1.3
TC7525-16D	16×19.4	75×2.5
TC8039-25	25×19.4	80×3.9
D800	42×19.2	80×5.8
D1100	63×17.5	80×9.8
D1400	82×42.2	70×20.0
</table>

表 1-7 中联平头塔机型谱

主要型号	最大起重量×幅度 /(t×m)	最大幅度×起重量 /(m×t)
T6013-6F	6×19.5	60×1.3
T7520-16D	16×20.4	75×2.0
T8030-25	25×19.7	80×3.0
T630	32×23.2	80×4.8

表 1-8 中联动臂塔机型谱

主要型号	最大起重量×幅度 /(t×m)	最大幅度×起重量 /(m×t)
L160-10D	10×24.6	55×2.2
L250-16	16×18.3	60×3.0

续表

主要型号	最大起重量×幅度 /(t×m)	最大幅度×起重量 /(m×t)
L400-25	25×20.5	60×4.71
L500-32	32×20.9	60×6.0
L630-50	50×16.0	60×9.5
LH800-63	63×19.8	60×11.6

续表

主要型号	最大起重量×幅度 /(t×m)	最大幅度×起重量 /(m×t)
C7052	25×19.7	70×5.2
M600	27.73×25.0	70×7.5
M900	32×28.7	70×11.0
M1200	64×19.5	80×10.5
M1500	80×22.8	80×15.0
M2400	100×22.8	70×26.4

表1-10　四川建机平头塔机型谱

主要型号	最大起重量×幅度 /(t×m)	最大幅度×起重量 /(m×t)
P360	12×30.0	44×7.6
P6015	10×11.6	60×1.5
P7015	8×16.8	70×1.5
P8030	25×17.3	80×4.2

表1-11　四川建机动臂塔机型谱

主要型号	最大起重量×幅度 /(t×m)	最大幅度×起重量 /(m×t)
D60	3×21.5	10×0.8
D90	6×19.1	40×1.5
D120	8×18.6	45×2.2
D160	10×15.0	55×1.8
D230	22.2×12.0	55×2.3
D320	20×14.5	55×2.5
D360	21.7×20.0	60×3.1

塔帽式塔机方面,自2010年以来,中联陆续推出新品30余款。其中,D5200型是当时全球最大的上回转塔机。D1250型是当时全球最长臂架的塔机。

平头塔机方面,自2011年中联买断德国JOST全系列平头塔机技术以来,技术水平上了一个新的台阶,具有模块化程度高、一体化操纵室、可调重量吊钩等技术特点。2014年推出的T3000型成为当时全球最大平头塔机。

动臂式塔机方面,2012年中联陆续推出了LH800型、L630型、L250型和L160型新品,其中,LH800型采用全液压驱动,满足了供电不足区域的工况要求,且运用先进的电液比例控制技术使控制功能更加灵活;采用专用车载控制器,提高了可靠性和安全性,实现了电子、机械双重力矩保护;可伸缩的引进系统节约了空间。

3．四川建机机械（集团）股份有限公司

四川建机机械(集团)股份有限公司(以下简称四川建机)生产有M系列和C系列塔帽式塔机、P系列平头塔机和D系列动臂式塔机,产品型谱见表1-9～表1-11。其中C系列塔帽式塔机吸收了法国波坦公司的H3/36B塔机技术,塔身为片式结构,装拆方便,具有轨道行走式、固定式、附着式和内爬式多种使用类型。

表1-9　四川建机塔帽式塔机型谱

主要型号	最大起重量×幅度 /(t×m)	最大幅度×起重量 /(m×t)
C5010	4×15.2	50×1.0
C6010	8×12.3	60×1.0
C6013	6×17.7	60×1.3
C6018	10×15.0	60×1.8
C7030	12×20.4	70×3.0
C7036	16×18.8	70×3.6

4．沈阳三洋建筑机械有限公司

该公司早期研制的红旗-16型塔机是国内第一台自主研发的产品。国内第一台变频调速平头塔机也诞生于此公司,型号为R70/27。所研制的M100/75型也是当时国内最大塔机。目前主要产品有K系列的K30/21型、K30/30型、K40/21型、K50/50型等塔机,FL25/30型动臂式塔机,以及M125/75型、S1500K60型、S2200型等大型塔机。

5．抚顺永茂建筑机械有限公司

抚顺永茂建筑机械有限公司(以下简称永茂建机)生产有塔帽式塔机、平头塔机和动臂塔机,产品型谱见表1-12～表1-14。其中,塔帽式塔机的起重臂与平衡臂截面尺寸相对较小,臂架拉杆安装方法也简单、安全。

表 1-12　永茂建机塔帽式塔机型谱

主要型号	最大起重量/t	尖端载荷/t	臂长/m
ST60/15	10	1.5	60
ST65/28	10	2.9	65
ST70/27	16	2.7	70
ST70/30	12	3.0	70
ST70/32	12	3.4	70
ST80/75	50	8.3	80
ST80/116	40/50	11.6	80
ST80/23	64	28.3	80

表 1-13　永茂建机平头塔机型谱

主要型号	最大起重量×幅度 /(t×m)	最大幅度×起重量 /(m×t)
STT293	18×18.5	72×4.7
STT553	24×14.0	80×3.6
STT1330	62×40.6	80×12.0
STT2630	120×22.7	80×26.3

表 1-14　永茂建机动臂塔机型谱

主要型号	最大起重量×幅度 /(t×m)	最大幅度×起重量 /(m×t)
STL660C	32×22.8	60×6.1
STL1000	50×20.0	60×6.5
STL2400C	100×24.5	80×13.0

6. 中昇建机(南京)重工有限公司

中昇建机(南京)重工有限公司(以下简称中昇建机)的平头塔机和动臂塔机产品型谱见表 1-15 和表 1-16。

表 1-15　中昇建机平头塔机型谱

主要型号	最大起重量×幅度 /(t×m)	最大幅度×起重量 /(m×t)
ZSC250	12×21.0	60×3.6.0
ZSC300	16×19.0	70×3.0
ZSC400A	20×22.5	70×5.0
ZSC600	30×21.0	70×7.0
ZSC1400	60×23.0	80×14.6
ZSC2000B	100×20.2	80×22.0
ZSC2200	120×18.7	80×24.0
ZSC3200	160×20.0	70×42.0
ZSC5200	260×20.0	70×68.0

表 1-16　中昇建机动臂塔机型谱

主要型号	最大起重量×幅度 /(t×m)	最大幅度×起重量 /(m×t)
ZSL260	18×15.2	40×4.4
ZSL200	20×12.0	40×3.2
ZSL500	32×15.4	60×2.1
ZSL650	32×19.0	60×4.9
ZSL750	50×15.0	60×5.0
ZSL1000	50×21.0	80×9.5
ZSL1500	64×22.6	65×12.3
ZSL1700	80×20.8	65×14.0
ZSL2000	100×19.7	65×17.0
ZSL2700	100×26.0	65×27.5
ZSL3200	100×31.3	65×35.3

7. 浙江虎霸建设机械有限公司

浙江虎霸建设机械有限公司(以下简称浙江虎霸)自主研发的塔帽式塔机、平头式塔机和动臂式塔机四十余种,主要产品型谱见表 1-17。

表 1-17　浙江虎霸主要产品型谱

主要型号		最大起重量×幅度 /(t×m)	最大幅度×起重量 /(m×t)
塔帽式塔机	H7015	10×15.2	70×1.5
	H7030	12×22.6	70×3.0
	H7533	12×23.6	75×3.3
	H7053	25×17.0	70×5.3
	H8060	40×15.2	80×6.0
	H8085	60×14.9	80×8.5
	H80116	50×21.3	80×11.6
	H80166	64×23.4	80×16.6
平头式塔机	T7015	10×15.2	70×1.5
	T7022	12×15.7	70×2.2
	T7527	18×14.3	75×2.7
	T8036	25×14.7	80×3.6
	T8080	50×16.2	80×8.0
	T80200	80×24.7	80×20.0
动臂式塔机	D260	16×17.3	55×2.2

浙江虎霸塔机的主要产品均配置全变频传动机构,具有重载低速,轻载高速,起、制动平稳,零速抱闸等特点;可以使用毫米级的速

度精度定位载荷。配置有塔机安全监控系统，可实现黑闸子功能（工作循环记录）、运行区域限制功能、远程监控功能。配置有塔机故障诊断系统，可实现塔机远程故障诊断、报警提示与记录、历史故障记录与查询功能。可配置固定式、压重式、行走式、内爬式等多种固定方式，同时可配置不同的塔身组合来实现不同的独立高度，有较强的工况适应能力。

8. 山东大汉建设机械股份有限公司

山东大汉建设机械股份有限公司（以下简称大汉建机）是大汉集团所属子公司，拥有塔帽式塔机、平头塔机和动臂塔机系列，产品型谱见表 1-18 和表 1-19。

表 1-18　大汉建机塔帽式塔机型谱

主要型号	最大起重量×幅度 /(t×m)	最大幅度×起重量 /(m×t)
QTZ63	5×16.2	50×1.3
QTZ80	6×14.6	60×1.0
QTZ100	8×13.9	60×1.3
QTZ125	10×12.7	60×1.5
QTZ160	10×16.6	60×2.4
QTZ200	10×16.0	65×2.0
QTZ250	12×21.4	70×3.2

表 1-19　大汉建机平头塔机型谱

主要型号	最大起重量×幅度 /(t×m)	最大幅度×起重量 /(m×t)
QTZ80	6×14.7	55×1.2
QTZ100	8×14.1	60×1.3
QTZ125	10×12.8	60×1.5
QTZ160	10×11.7	70×1.5
QTZ315	16×14.9	75×2.5
QTP500	20×15.8	85×2.2

大汉建机的塔机产品配置专有传动机构，工作速度快而平稳，起升机构可实现重载低速、轻载高速；小车变幅机构起、停平稳；回转机构采用行星减速机，使塔机就位准确，便于安全作业。

大型号产品机构采用变频调速，起、制动平稳可靠，就位迅速准确；起升机构采用大直径卷筒，排绳性能优良，卷筒两侧挡边装有挡

绳杆装置，能有效防止轻载时钢丝绳易从卷筒脱出的问题；起升速度高，最大可达 200m/min。回转支承采用双排球式，采用先进生产工艺，运行更平滑。操纵室中的联动台及座椅系统是基于人体工学设计的，座椅前后上下可以自由调节，提高了操作的舒适性；具有可视化参数显示仪，协助司机监视塔机状态，通过自动化设置避免超载、超力矩和超幅度现象。

9. 科曼萨建设机械（杭州）有限公司

科曼萨建设机械（杭州）有限公司（以下简称科曼萨）的型谱见表 1-20。该公司的塔机遵循模块化设计，具有部件标准化、互换性强等特点；采用紧凑型设计方法，使整机尺寸小、安装便捷；实现适应性设计，使产品耐受性好，能适应高温、低温、酸雨、台风等恶劣气候。

表 1-20　科曼萨平头塔机型谱

产品参数	最大起重量 /t	最大幅度×起重量 /(m×t)
10CM140	8	60×1.9
21CM210	18	64×2.5
21CM290	18	74×2.7
21CM440	18	80×3.0
21CM550	24	80×4.0

10. 法福克公司

法福克（Favelle Favco）公司是澳大利亚的动臂塔机生产商，1962 年开始生产动臂塔机。1964 年，推出了一种 100t·m 以上的动臂塔机，该机型由柴油机驱动并由钢丝绳控制配重的移动。1966 年，又突破性地开发出了一种起重量可达 45t 的大型自升式动臂塔机 STD2700，该塔机是大型自升式动臂塔机的鼻祖。其动臂塔机型谱见表 1-21。

表 1-21　Favelle Favco 动臂塔机型谱

产品参数	最大起重量 /t	最大幅度×起重量 /(m×t)
M440D	50	65×2.7
M600D	50	70×3.0
M760D	64	70×4.4
M900D	64	70×6.3
M1280D	100	80×13.0

11. 马尼托瓦克·波坦公司

波坦公司已被 Manitowoc(马尼托瓦克)公司收购,塔机涵盖了塔帽式、平头式、动臂式、快装式等形式,产品型谱见表 1-22～表 1-24。塔帽式塔机分为 MC、MD 两种形式,其中 MC 系列又称为城市塔机。与塔帽式塔机相对应,平头塔机分为 MCT、MDT 两种形式。公司在新技术应用上不断创新,如波坦塔机的太空舱操纵室,使操作者的视野更开阔。

表 1-22　马尼托瓦克塔帽式塔机型谱

主要型号	最大起重量×幅度 /(t×m)	最大幅度×起重量 /(m×t)
MD509 M20	20×24.9	80×3.7
MD569	25×25.1	80×5.8
MD679 M40	40×18.0	80×5.1
MD1100	50×21.1	80×10.0
MD2200	64×31.2	80×23.5
MD3200	80×37.0	85×26.0

表 1-23　马尼托瓦克平头塔机型谱

主要型号	最大起重量×幅度 /(t×m)	最大幅度×起重量 /(m×t)
MCT 78	5×15.2	51×1.1
MDT 189	8×24.5	60×1.8
MDT259J12	12×21.7	65×2.9
MDT389L16	16×26.0	75×3.3

表 1-24　马尼托瓦克动臂塔机型谱

主要型号	最大起重量×幅度 /(t×m)	最大幅度×起重量 /(m×t)
MR90C	8×18.1	45×1.6
MR160C	10×22.0	50×2.4
MR225A	14×18.8	55×2.2
MR295H16C	16×23.4	60×2.8
MR295H20	20×19.2	60×2.7
MR418	24×20.0	60×5.0
MR608	32×22.6	60×9.0

12. 利勃海尔公司

利勃海尔生产的塔机有快装式、移动式、塔帽式、平头式、动臂式等。

塔帽式塔机产品型谱见表 1-25,采用模块化概念,安装有电子监控系统。新品塔机扩展了模块化系统,配备新型操纵室,并采用快换固定件,可以连接到同系列的任何产品上,通用性强,在有无操纵室的情况下均可正常操作塔机。所选用的电动机具有变频调速功能,满足各机构不同工作速度的要求。HC 系列塔机的起升高度高,臂架长度大,可达 100m。

表 1-25　利勃海尔塔帽式塔机型谱

主要型号	最大起重量×幅度 /(t×m)	最大幅度×起重量 /(m×t)
200ECH10	60×2.4	10×18.4
280ECH12	75×2.5	12×26.4
280ECH16	70×3.1	16×20.2
3150HC60	80×32.0	60×53.0
550ECH20	81.5×3.5	20×35.6
630ECH40	81.4×5.4	40×18.0
1000ECH50	81.4×10.0	50×21.6
4000HC100	96×22.5	100×36.3

平头塔机产品型谱见表 1-26。塔机总高度小,因而对于某些特殊施工现场具有优势,例如机场、高压线下方,以及群塔式工作区域重叠的建筑工地等。

表 1-26　利勃海尔平头塔机型谱

主要型号	最大起重量×幅度 /(t×m)	最大幅度×起重量 /(m×t)
71ECB5	5×16.9	50×1.0
110ECB6	6×22.2	55×1.5
150ECB8	8×22.5	60×1.5
202ECB10	10×22.9	65×2.2
250ECB	12×25.7	70×2.3
380ECB16	16×26.2	75×3.4
1000ECB100	100×11.0	46.5×9.6
1000ECB125	125×9.0	36.5×19.4

动臂塔机产品型谱见表 1-27。塔机回转半径小,并且即使在停机时,臂架位置也可以从 15°俯仰到 70°,适用于群塔作业的小型建筑工地。

表 1-27 利勃海尔动臂塔机型谱

主要型号	最大起重量×幅度 /(t×m)	最大幅度×起重量 /(m×t)
180HCL8/16	55×2.6	16×20.0
280HCL12/24	60×3.2	24×20.2
280HCL16/28	60×3.0	28×17.0
357HCL18/32	60×4.1	32×18.2
542HCL18/36	65×4.3	36×20.8
710HCL25/50	65×7.6	50×21.4

快装式塔机起重量为 1.5～8.0t,采用桁架结构,副臂长度和吊钩高度可以调节,并且安装与移动简单,只需要很小的安装空间,通过快速爬升装置,自动完成整机从行驶状态到作业状态的转化。除起重臂水平工作位置外,还可实现 45°的臂架避障位置及 30°的臂架工作位置。

13. 特雷克斯公司

特雷克斯公司 1998 年收购了德国佩纳和意大利康曼地两家塔机公司,开始进入塔机行业。经营规模仅次于利勃海尔公司和波坦公司。塔机产品主要涉及塔帽式 SK 系列 4 款、平头式 CTT 系列 21 款、快装式 CBL 系列 10 款及动臂式 CTL 系列 13 款。其中,CTT 系列平头塔机集两家公司之所长,采用佩纳的卷扬机构、电气系统和塔身节,上部采用康曼地的平头结构及操纵室。

1.4.4 塔机产品技术性能

塔机产品的技术性能参数按塔帽式塔机、平头塔机和动臂塔机来说明,各企业的产品不分先后顺序。

1. 塔帽式塔机产品技术性能

塔帽式塔机按最大幅度由小到大排序,分别列举了最大幅度 50～60m、60～70m、80m、80m 以上的系列产品技术性能,见表 1-28～表 1-31。

表 1-28 最大幅度 50～60m 的塔帽式塔机产品技术性能

产品型号 技术参数	四川建机 C5010	中联 TC5013-4C	大汉建机 QTZ63	四川建机 D5200	中联 TC5610A-6A
最大幅度×起重量/(m×t)	50×1.0	50×1.3	50×1.3	50×89.4	56×1.0
最大起重量×幅度/(t×m)	4×15.188	2×41.4	5×16.2	240×22.15	6×15.74
最小工作幅度/m	2.9	2.5	3.0	9.0	2.5
水平臂长度/m	30～50	30～50	50	40～50	31～56
独立/附着高度/m	39/?①	34.9/140	38/140	90.2/208.1	40.5/220
尾部回转半径/m	11.88	12.0	11.8	32.0	12.3
起升速度/(m/min)	0～94	0～32.5	0～60	0～240	0～80
小车变幅速度/(m/min)	0～40	0～40	40/20	0～20	0～50
回转速度/(r/min)	0～0.7	0～0.6	0～0.6	0～0.4	0～0.65
运行速度/(m/min)	0～25				0～25
起升机构电动机功率/kW	18.5	15	18/18/5	2×186	24
变幅机构电动机功率/kW		2.4	2.4/1.5	18.5	3.3
回转机构电动机功率/kW	4.4×2	5.5	5.5	18.5×4	7.5
运行机构电动机功率/kW	3.4×2				5.2×2

① 问号表示此数据未查到。下同。

表 1-29 最大幅度 60～70m 的塔帽式塔机产品技术性能

产品型号 技术参数	徐州建机 QTZ80	四川建机 C6010	大汉建机 QTZ80	中联 TC6012A-6A	徐州建机 XGT100
最大幅度×起重量/(m×t)	60×1.0	60×1.0	60×1.0	60×1.2	60×1.3
最大起重量×幅度/(t×m)	6×13.89	8×12.3	6×14.6	6×18.9	8×13.97
最小工作幅度/m	2.5	2.9	3	2.5	2.5

续表

产品型号 技术参数	徐州建机 QTZ80	四川建机 C6010	大汉建机 QTZ80	中联 TC6012A-6A	徐州建机 XGT100
水平臂长度/m	61.22	40～60	60	30～60	61.25
独立/附着高度/m	40/180	45.8/?	45/200	40.5/216.9	40.5/219.7
尾部回转半径/m	12.37	13.11	13.98	12.3	13.6
起升速度/(m/min)	0～80	0～100	0～80	0～80	0～80
小车变幅速度/(m/min)	50/25	0～58	40/20	0～50	50
回转速度/(r/min)	0～0.6	0～0.7	0～0.6	0～0.6	0～0.6
运行速度/(m/min)	0～25	0～25		0～25	0～25
起升机构电机功率/kW	5.4	45	24/24/5.4	24	30
变幅机构电机功率/kW	3.3	5	3.3/2.2	3.3	5
回转机构电机功率/kW	3.7×2	5.5×2	3.7×2	4×2	3.7×2
运行机构电机功率/kW	5.2×2	3.4×4		5.2×2	5.2×2

产品型号 技术参数	四川建机 C6013	大汉建机 QTZ100	大汉建机 QTZ125	四川建机 C6018	大汉建机 QTZ160
最大幅度×起重量/(m×t)	60×1.3	60×1.3	60×1.5	60×1.8	60×2.4
最大起重量×幅度/(t×m)	6×17.7	8×13.9	10×12.7	10×15	10×16.6
最小工作幅度/m	2.9	3.0	3.0	3.0	3.0
水平臂长度/m	40～60	60	60	30～60	60
独立/附着高度/m	59.1/?	46/214	45/200		59.7/227.7
尾部回转半径/m	14.5	13.98	13.98		14.5
起升速度/(m/min)	0～80	0～80	0～80	0～100	0～90
小车变幅速度/(m/min)	0～58	40/20	60/30/8.4	0～58	0～63
回转速度/(r/min)	0～0.7	0～0.6	0～0.6	0～0.7	0～0.7
运行速度/(m/min)	0～25			0～25	
起升机构电动机功率/kW	24	24/24/5.4	37/37	51.5	45
变幅机构电动机功率/kW		3.3/2.2	5/3.7/1.1	5	5.5
回转机构电动机功率/kW	5.5×4	3.7×2	5.5×2	5.5×2	5.5×2
运行机构电动机功率/kW	3.4×2			3.4×4	

产品型号 技术参数	利勃海尔 200ECH10	中联 TC6513-6F	徐州建机 XGT125	大汉建机 QTZ200
最大幅度×起重量/(m×t)	60×2.4	65×1.3	65×1.3	65×2.0
最大起重量×幅度/(t×m)	10×18.4	6×22.7	8×15.67	10×16.0
最小工作幅度/m	2.4	2.5	2.5	3.0
水平臂长度/m	40～60	35～65	66.25	60
独立/附着高度/m	68.1/?	45/207	46/220	59.7/227.7
尾部回转半径/m	14.5	13.6	13.88	14.5
起升速度/(m/min)	0～140	0～80	0～80	0～90
小车变幅速度/(m/min)	0～100	0～55	0～50	0～63
回转速度/(r/min)	0～0.8	0～0.7	0～0.65	0～0.7
运行速度/(m/min)	0～25	0～25	0～25	
起升机构电动机功率/kW	65	25	30	45
变幅机构电动机功率/kW	5.5	4	4	5.5
回转机构电动机功率/kW	7.5×2	7.5×2	5.5×2	5.5×2
运行机构电动机功率/kW	7.5×2	5.2×2	4×4	

产品型号 技术参数	中联 TC7013-10E	浙江虎霸 H7015	浙江虎霸 H7030	浙江虎霸 H7533	浙江虎霸 H7053	徐州建机 XGT160
最大幅度×起重量/(m×t)	70×1.3	70×1.5	70×3.0	75×3.3	70×5.3	70×1.7
最大起重量×幅度/(t×m)	10×18.7	10×15.2	12×22.61	12×23.6	25×17	10×15.8
最小工作幅度/m	2.5	2.5	3.3	3.9	3.9	3.6
水平臂长度/m	30~70	40~70	40~70	40~75	40~70	71.5
独立/附着高度/m	46/200	52/241	51.7/261.7	52/261	73/240	60/201
尾部回转半径/m	14.8	16.1	21.6	22.8	24	15.2
起升速度/(m/min)	0~100	0~80	0~90	0~90	0~90	0~80
小车变幅速度/(m/min)	0~55	0~63	0~63	0~65	0~65	0~58
回转速度/(r/min)	0~0.6	0~0.7	0~0.7	0~0.7	0~0.7	0~0.68
运行速度/(m/min)	0~25	0~25	0~25	0~25	0~25	0~25
起升机构电动机功率/kW	60	37	55	55	90	45
变幅机构电动机功率/kW	5.5	4	5	7.5	11	4
回转机构电动机功率/kW		7.5×2	7.5×2	7.5×2	11×2	7.5×2
运行机构电动机功率/kW	5.2×2	3.4×4	3.4×4	3.4×4	5.2×6	4×4

产品型号 技术参数	四川建机 M600	四川建机 M900	中联 D1400	四川建机 M2400	中联 TC7525-16D	利勃海尔 280ECH12
最大幅度×起重量/(m×t)	70×7.5	70×11	70×20	70×26.4	75×2.5	75×2.5
最大起重量×幅度/(t×m)	27.73×25	32×28.7	82×42.2	100×22.8	16×19.4	12×26.4
最小工作幅度/m	5.7	5.0	6.5	7.0	3.75	2.6
水平臂长度/m	50~70	40~70	40~80	40~70	40~75	40~75
独立/附着高度/m	104.46/?	104.7/?	80/199.7	104.62	51.3/240.3	86.7/?
尾部回转半径/m	25.4	24.0	23.0	28.2	21.0	22.7
起升速度/(m/min)	0~60	0~70	0~90	0~52	0~75	0~266
小车变幅速度/(m/min)	0~65	0~65	0~50	0~64	0~100	0~120
回转速度/(r/min)	0~0.7	0~0.55	0~0.6	0~0.55	0~0.6	0~0.7
运行速度/(m/min)	0~34	0~34	0~15	0~16	0~25	0~25
起升机构电动机功率/kW	110	160	132	220	60	110
变幅机构电动机功率/kW	18.5	18.5	18.5	45	11	7.5
回转机构电动机功率/kW	9×3	18.5×3	18.5×3	18.5×6		7.5×2
运行机构电动机功率/kW	3.4×8	3.4×12	11×4	3.4×2	5.2×4	7.5×4

产品型号 技术参数	徐州建机 XGT200	徐州建机 XGT280	四川建机 C7030	利勃海尔 280ECH16	四川建机 C7036	四川建机 C7052
最大幅度×起重量/(m×t)	70×2.2	70×3.0	70×3.0	70×3.1	70×3.6	70×5.2
最大起重量×幅度/(t×m)	16×13.5	16×16.34	12×20.4	16×20.2	16×18.83	25×19.65
最小工作幅度/m	3.0	3.9	3.3	2.6	3.3	5.7
水平臂长度/m	71.77	71.73	40~70	40~70	40~70	40~70
独立/附着高度/m	51.7/180	51.7/198.7	83.68/?	86.6/?	83.93/?	78.83/?
尾部回转半径/m	19.36	21.5	21.2	22.7	21.41	25.4
起升速度/(m/min)	0~80	0~80	0~88	0~243	0~96	0~60
小车变幅速度/(m/min)	0~65	0~65	0~44	0~95	0~44	0~65
回转速度/(r/min)	0~0.7	0~0.7	0~0.7	0~0.7	0~0.7	0~0.7

续表

产品型号 技术参数	徐州建机 XGT200	徐州建机 XGT280	四川建机 C7030	利勃海尔 280ECH16	四川建机 C7036	四川建机 C7052
运行速度/(m/min)	0～25	0～25	0～25	0～25	0～25	0～32
起升机构电动机功率/kW	65	65	55	110	90	90
变幅机构电动机功率/kW	7.5	7.5	5.5	10.5	5.5	18.5
回转机构电动机功率/kW	9×2	9×2	9×2	7.5×2	9×2	9×2
运行机构电动机功率/kW	4×4	4×4	3.4×4	7.5×4	3.4×4	5.2×8

表 1-30　最大幅度 80m 的塔帽式塔机产品技术性能

产品型号 技术参数	马尼托瓦克 MD509M20	中联 TC8039-25	徐州建机 XGT500	马尼托瓦克 MD 679 M40	中联 D800	马尼托瓦克 MD 569
最大幅度×起重量/(m×t)	80×3.7	80×3.9	80×4.0	80×5.1	80×5.8	80×5.8
最大起重量×幅度/(t×m)	20×24.9	25×19.41	25×15.7	40×18	42×19.17	25×25.1
最小工作幅度/m	2.7	3.5	4.5	3.9	5.4	2.7
水平臂长度/m	35～80	35～80	81.5	35～80	40～80	35～80
独立/附着高度/m		81/275	79/278.3		75/257.4	
尾部回转半径/m	24.28	25.0	25.8	23.77	23.1	27.77
起升速度/(m/min)	0～245.5	0～80	0～90	0～162	0～75	0～192
小车变幅速度/(m/min)	0～110	0～100	0～62	0～100	0～50	0～110
回转速度/(r/min)	0～0.9	0～0.7	0～0.6	0～0.7	0～0.6	0～0.9
运行速度/(m/min)		0～25	0～17		0～25	
起升机构电动机功率/kW	110	63	110	200	132	110
变幅机构电动机功率/kW	7.4	11	15	11	18.5	7.4
回转机构电动机功率/kW	7.5×3		9×3	7.5×3		7.5×3
运行机构电动机功率/kW		5.2×6	5.2×6		5.2×4	

产品型号 技术参数	浙江虎霸 H8060	四川建机 M900	浙江虎霸 H8085	中联 D1100	马尼托瓦克 MD 1100
最大幅度×起重量/(m×t)	80×6.0	80×6.1	80×8.5	80×9.8	80×10
最大起重量×幅度/(t×m)	40×15.2	25×28.22	60×14.9	63×17.46	50×21.1
最小工作幅度/m	5.3	5.0	5.7	6.5	5.7
水平臂长度/m	40～80	60～80	40～80	40～80	40～80
独立/附着高度/m	72.8/300.8	103.8/?	73.9/319.9	90.5/210.5	98.9/?
尾部回转半径/m	24.3	24.0	24	23.1	24.3
起升速度/(m/min)	0～120	0～75	0～80	0～75	0～122
小车变幅速度/(m/min)	0～50	0～65	0～50	0～50	0～115
回转速度/(r/min)	0～0.6	0～0.7	0～0.6	0～0.6	0～0.6
运行速度/(m/min)		0～34		0～15	
起升机构电动机功率/kW	135	110	135	132	200
变幅机构电动机功率/kW	18.5	18.5	18.5	18.5	18.5
回转机构电动机功率/kW	11×3	18.5×3	11×3	18.5×3	18.5×2
运行机构电动机功率/kW		3.4×12		11×4	

续表

技术参数 / 产品型号	徐州建机 XGT1200	四川建机 M1200	浙江虎霸 H80116	四川建机 M1500
最大幅度×起重量/(m×t)	80×10.5	80×10.5	80×11.6	80×15
最大起重量×幅度/(t×m)	63×14.7	64×19.51	50×21.3	80×22.83
最小工作幅度/m	7.0	6.2	5.7	6.5
水平臂长度/m	82.5	50~80	40~80	60~80
独立/附着高度/m	94/225	96.02/?	74.3/290.9	104.46/?
尾部回转半径/m	28.2/23.2	24.0	24.3	28.29
起升速度/(m/min)	0~84	0~52	0~64	0~80
小车变幅速度/(m/min)	0~50	0~65	0~32	0~65
回转速度/(r/min)	0~0.6	0~0.55	0~0.6	0~0.55
运行速度/(m/min)	0~16	0~34		0~34
起升机构电动机功率/kW	90	200/220	160	220
变幅机构电动机功率/kW	24	24	22	24
回转机构电动机功率/kW	18.5×3	18.5×3	11×4	18.5×4
运行机构电动机功率/kW	11×8	3.4×12		3.4×16

技术参数 / 产品型号	浙江虎霸 H80166	马尼托瓦克 MD2200	利勃海尔 3150HC60
最大幅度×起重量/(m×t)	80×16.6	80×23.5	80×32
最大起重量×幅度/(t×m)	64×23.4	64×31.2	60×53
最小工作幅度/m	6.5	5.7	5.5
水平臂长度/m	40~80	40~80	50.7~80
独立/附着高度/m	98.6/313.2	104.5/?	73.8/?
尾部回转半径/m	28	28	36.1
起升速度/(m/min)	0~68	0~107	0~94
小车变幅速度/(m/min)	0~32	0~115	0~100
回转速度/(r/min)	0~0.6	0~0.6	0~0.6
运行速度/(m/min)			0~25
起升机构电动机功率/kW	160	200	110
变幅机构电动机功率/kW	22	18.5	37
回转机构电动机功率/kW	11×4	11×4	15×6
运行机构电动机功率/kW			22×4

表1-31 最大幅度80m以上的塔帽式塔机产品技术性能

技术参数 / 产品型号	利勃海尔 550ECH20	利勃海尔 630ECH40	利勃海尔 1000ECH50	马尼托瓦克 MD3200	利勃海尔 4000HC100
最大幅度×起重量/(m×t)	81.5×3.5	81.4×5.4	81.4×10	85×26	96×22.5
最大起重量×幅度/(t×m)	20×35.6	40×18	50×21.6	80×37	100×36.3
最小工作幅度/m	3.0	4.3	5.1	5.7	7.5
水平臂长度/m	41.5~81.5	36~81.4	35~81.4	50~85	60~96
独立/附着高度/m	86.9/?	80/?	80.7/?	104.5/?	67.6/?
尾部回转半径/m	27.5	28.2	27.0	32	37.0
起升速度/(m/min)	0~194	0~194	0~154	0~107	0~136

续表

技术参数 \ 产品型号	利勃海尔 550ECH20	利勃海尔 630ECH40	利勃海尔 1000ECH50	马尼托瓦克 MD3200	利勃海尔 4000HC100
小车变幅速度/(m/min)	0～95	0～70	0～70	0～115	0～60
回转速度/(r/min)	0～0.6	0～0.6	0～0.6	0～0.6	0～0.5
运行速度/(m/min)	0～25	0～25	0～25		0～25
起升机构电动机功率/kW	110	110	110	200	340
变幅机构电动机功率/kW	10.5	11	18.5	18.5	37
回转机构电动机功率/kW	7.5×3	11×2	11×3	11×6	15×6
运行机构电动机功率/kW	7.5×4	7.5×4	7.5×6		22×4

2. 平头塔机产品技术性能

平头塔机按最大幅度由小到大排序,分别列举了最大幅度 60m 以下、60～70m、70～80m、80m 及以上的系列产品技术性能,见表 1-32～表 1-35。

表 1-32 最大幅度 60m 以下的平头塔机产品技术性能

技术参数 \ 产品型号	利勃海尔 1000ECB125	四川建机 P360	利勃海尔 1000ECB100	利勃海尔 71EC-B5	马尼托瓦克 MCT 78	利勃海尔 110EC-B6
最大幅度×起重量/(m×t)	36.5×19.35	44×7.6	46.5×9.6	50×1	51×1.05	55×1.5
最大起重量×幅度/(t×m)	125×9	12×30	100×11	5×16.9	5×15.2	6×22.2
最小工作幅度/m	5.4	3.5	5.4	2.4	2.05	2.5
水平臂长度/m	31.5～36.5	30～44	31.5～46.5	20～50	20～51	20～55
独立/附着高度/m	94.8/?	89.35/?	72.2/?	45.4/?		53.6/?
尾部回转半径/m	17.6	20.4	17.6	12.26	13.7	13.5
起升速度/(m/min)	0～4	0～88	0～11	0～25	0～82	0～62
小车变幅速度/(m/min)	0～100	0～58	0～100	0～63	0～63	0～80
回转速度/(r/min)	0～0.6	0～0.7	0～0.6	0～0.8	0～0.8	0～0.8
运行速度/(m/min)		0～32		0～25	0～25	0～25
起升机构电动机功率/kW	110	55	110	24	18	22
变幅机构电动机功率/kW	30	5	30	3	3.7	5.4
回转机构电动机功率/kW	2×11	2×9	2×11	5	4	7.5
运行机构电动机功率/kW		5.2×8		4×2	5.2×2	2.2×4

表 1-33 最大幅度 60～70m 的平头塔机产品技术性能

技术参数 \ 产品型号	大汉建机 QTZ80	利勃海尔 110EC-B6	徐州建机 XGTT100	中联 T6013-6F	大汉建机 QTZ100
最大幅度×起重量/(m×t)	55×1.2	55×1.5	60×1.3	60×1.3	60×1.3
最大起重量×幅度/(t×m)	6×14.7	6×22.2	6×16.9	6×19.5	8×14.1
最小工作幅度/m	3.0	2.5	2.3	2.5	3.0
水平臂长度/m	55	20～55	61.75	30～60	60
独立/附着高度/m	44/200	53.6/?	45/216	45/215.8	44/200
尾部回转半径/m	12.1	13.5	14.72	13.4	15.57
起升速度/(m/min)	0～80	0～62	0～80	0～80	0～80
小车变幅速度/(m/min)	40/20	0～80	50/25	0～50	40/20

续表

技术参数 \ 产品型号	大汉建机 QTZ80	利勃海尔 110EC-B6	徐州建机 XGTT100	中联 T6013-6F	大汉建机 QTZ100
回转速度/(r/min)	0~0.6	0~0.8	0~0.6	0~0.6	0~0.6
运行速度/(m/min)		0~25	0~25	0~25	
起升机构电动机功率/kW	24/24/5.4	22	24	24/25	30/30
变幅机构电动机功率/kW	3.3/2.2	5.4	3.3	3.3/3	3.3/2.2
回转机构电动机功率/kW	3.7×2	7.5	3.7×2	4×2	3.7×2
运行机构电动机功率/kW		2.2×4	5.2×2	5.2×2	

技术参数 \ 产品型号	四川建机 P6015	大汉建机 QTZ125	利勃海尔 150EC-B8	马尼托瓦克 MDT 189	中昇建机 ZSC250
最大幅度×起重量/(m×t)	60×1.5	60×1.5	60×1.5	60×1.8	60×3.6
最大起重量×幅度/(t×m)	10×11.59	10×12.8	8×22.5	8×24.5	12×21
最小工作幅度/m	3.0	3.0	2.6	2.1	2.5
水平臂长度/m	35~61.3	60	24.4~60	20~60	40~60
独立/附着高度/m	62.13/?	44/200	67.5/?	46.9/206.9	
尾部回转半径/m	15	15.57	13.1	17.16	
起升速度/(m/min)	0~19.5	0~80	0~24	0~121	0~80
小车变幅速度/(m/min)	0~58	60/30/8.4	0~100	0~100	0~60
回转速度/(r/min)	0~0.7	0~0.6	0~0.8	0~0.8	0~0.6
运行速度/(m/min)	0~25		0~25		0~12
起升机构电动机功率/kW	45	37/37	37	37	75
变幅机构电动机功率/kW	5	5/3.7/1.1	5.5	4	18.5
回转机构电动机功率/kW	5.5×2	5.5×2	7.5	4×2	18.5
运行机构电动机功率/kW	3.4×4		7.5×2		22

技术参数 \ 产品型号	徐州建机 XGTT125	大汉建机 QTZ125	马尼托瓦克 MDT 219 J10	利勃海尔 202EC-B10	马尼托瓦克 MDT259J12
最大幅度×起重量/(m×t)	65×1.3	65×1.3	65×1.9	65×2.2	65×2.9
最大起重量×幅度/(t×m)	8×14.0	10×12.6	10×21.4	10×22.9	12×21.7
最小工作幅度/m	2.6	3.0	2.3	2.6	2.4
水平臂长度/m	66.68	65	25~65	24.7~65	25~65
独立/附着高度/m	60/201	60/200	41.8/196.8	68/?	
尾部回转半径/m	16.18	15.57	17.2	17.6	17.9
起升速度/(m/min)	0~80	0~80	0~101	0~19	0~116
小车变幅速度/(m/min)	0~50	60/30/8.4	0~100	0~100	0~120
回转速度/(r/min)	0~0.7	0~0.6	0~0.8	0~0.8	0~0.8
运行速度/(m/min)	0~25			0~25	
起升机构电动机功率/kW	30	37/37	37	37	55
变幅机构电动机功率/kW	4	5/3.7/1.1	5.5	5.5	5.5
回转机构电动机功率/kW	5.5×2	5.5×2	5.5×2	7.5×2	5.5×2
运行机构电动机功率/kW	4×4			7.5×2	

表 1-34 最大幅度 70～80m 的平头塔机产品技术性能

产品型号 / 技术参数	徐州建机 XGTT200	四川建机 P7015	浙江虎霸 T7015	大汉建机 QTZ160	徐州建机 XGTT250
最大幅度×起重量/(m×t)	70×1.5	70×1.5	70×1.5	70×1.5	70×2.0
最大起重量×幅度/(t×m)	10×15.43	8×16.79	10×15.2	10×11.73	12×15.1
最小工作幅度/m	2.6	2.6	2.5	3.0	3.0
水平臂长度/m	71.68	40	35～70	70	71.5
独立/附着高度/m	60/201	65.2/?	52/241	60/195	60/201
尾部回转半径/m	16.8	19	17.9	15.7	17.535
起升速度/(m/min)	0～80	0～18.75	0～80	0～90	0～90
小车变幅速度/(m/min)	0～58	0～58	0～63	0～58	0～63
回转速度/(r/min)	0～0.68	0～0.7	0～0.7	0～0.8	0～0.66
运行速度/(m/min)	0～25	0～25	0～25		0～25
起升机构电动机功率/kW	45	30	37	45	55
变幅机构电动机功率/kW	4	5	4	5.5	5.5
回转机构电动机功率/kW	7.5×2	5.5×2	7.5×2	5.5×2	7.5×2
运行机构电动机功率/kW	4×4	3.4×4	3.4×4		4×4

产品型号 / 技术参数	浙江虎霸 T7022	利勃海尔 250EC-B	大汉建机 QTZ315	中昇建机 ZSC300	浙江虎霸 T7527
最大幅度×起重量/(m×t)	70×2.2	70×2.25	75×2.5	70×3	75×2.7
最大起重量×幅度/(t×m)	12×15.7	12×25.7	16×14.9	16×19	18×14.3
最小工作幅度/m	3.3	2.6	3.0	2.5	3.5
水平臂长度/m	40～70	24.4～70	75	50～70	40～75
独立/附着高度/m	51.7/315.7	87.2/?	52.5/220.5		60/237
尾部回转半径/m	18.9	17.7	21.5		22.2
起升速度/(m/min)	0～90	0～27	0～90	0～80	0～90
小车变幅速度/(m/min)	0～63	0～120	0～65	0～60	0～65
回转速度/(r/min)	0～0.7	0～0.7	0～0.7	0～0.6	0～0.7
运行速度/(m/min)	0～25	0～25		0～12	0～25
起升机构电动机功率/kW	55	65	75	75	75
变幅机构电动机功率/kW	5	7.5	7.5	18.5	7.5
回转机构电动机功率/kW	7.5×2	7.5×2	7.5×2	18.5	7.5×2
运行机构电动机功率/kW	3.4×4	7.5×4		22	3.4×4

产品型号 / 技术参数	中昇建机 ZSC400A	中昇建机 ZSC600	中昇建机 ZSC3200	中昇建机 ZSC5200	永茂建机 STT293
最大幅度×起重量/(m×t)	70×5	70×7	70×42	70×68	72×4.7
最大起重量×幅度/(t×m)	20×22.5	30×21	160×20	260×20	18×18.5
最小工作幅度/m	2.5	2.5	4.0	6.0	
水平臂长度/m	50～70	50～70	50～70	50～70	30.9～74.9
独立/附着高度/m					79.3/400
尾部回转半径/m					20.2
起升速度/(m/min)	0～80	0～80	0～25	0～25	0～160
小车变幅速度/(m/min)	0～60	0～60	0～30	0～25	0～69
回转速度/(r/min)	0～0.6	0～0.6	0～0.3	0～0.3	0～0.8

续表

技术参数 ＼ 产品型号	中昇建机 ZSC400A	中昇建机 ZSC600	中昇建机 ZSC3200	中昇建机 ZSC5200	永茂建机 STT293
运行速度/(m/min)	0～12	0～12			0～25
起升机构电动机功率/kW	90	110	200	300	75
变幅机构电动机功率/kW	22	30	75	90	7.5
回转机构电动机功率/kW	22	22	75	90	10.5×2
运行机构电动机功率/kW	22	30			5.2×4

技术参数 ＼ 产品型号	中联 T7520-16D	徐州建机 XCP330	马尼托瓦克 MDT389L16	利勃海尔 380ECB16
最大幅度×起重量/(m×t)	75×2.0	75×2.5	75×3.3	75×3.4
最大起重量×幅度/(t×m)	16×20.4	16×14.5	16×26	16×26.2
最小工作幅度/m	3.5	3.5	2.5	2.9
水平臂长度/m	30～75	76.27	30～75	30～75
独立/附着高度/m	60/216	52.5/220		88.9/?
尾部回转半径/m	17.5	21.25	21.7	24.7
起升速度/(m/min)	0～75	0～90	0～116.5	0～20
小车变幅速度/(m/min)	0～100	0～65	0～100	0～95
回转速度/(r/min)	0～0.6	0～0.7	0～0.8	0～0.8
运行速度/(m/min)	0～25	0～25		0～25
起升机构电动机功率/kW	60	75	75	65
变幅机构电动机功率/kW	11	7.5	4	10.5
回转机构电动机功率/kW		9×2	7.5×2	7.5×2
运行机构电动机功率/kW	5.2×4	4×4		7.5×4

表 1-35　最大幅度 60m 以下的平头塔机产品技术性能

技术参数 ＼ 产品型号	徐州建机 XGTT360	中联 T8030-25	徐州建机 XGTT560	永茂建机 STT553	浙江虎霸 T8036	四川建机 P8030
最大幅度×起重量/(m×t)	80×2.0	80×3.0	80×3.3	80×3.55	80×3.6	80×4.2
最大起重量×幅度/(t×m)	16×15.5	25×19.7	25×14.6	24×13.97	25×14.7	25×17.3
最小工作幅度/m	3.0	3.5	3.5		3.5	5.7
水平臂长度/m	81	40～80	81.94	41～81	40～80	50～81.5
独立/附着高度/m	55.5/220	78.5/266.6	74/278	67.6/400	73/240	81.72/?
尾部回转半径/m	22.2/18.36	24.1	24.77	24.2	25.3	24.5
起升速度/(m/min)	0～80	0～80	0～70	0～160	0～75	0～18.7
小车变幅速度/(m/min)	0～65	0～100	0～60	0～65	0～65	0～65
回转速度/(r/min)	0～0.65	0～0.7	0～0.6	0～0.8	0～0.7	0～0.7
运行速度/(m/min)	0～25	0～25	0～17	0～25		0～32
起升机构电动机功率/kW	65	63	90	90	90	110
变幅机构电动机功率/kW	7.5	11	15	11	11	18.5
回转机构电动机功率/kW	7.5×3		9×3		7.5×3	9×3
运行机构电动机功率/kW	5.2×4	5.2×6	5.2×6	5.2×6		5.2×8

续表

产品型号 技术参数	中联 T630	浙江虎霸 T8080	徐州建机 XGTT1200	永茂建机 STT1330	中昇建机 ZSC1400	浙江虎霸 T80200
最大幅度×起重量/(m×t)	80×4.8	80×8.0	80×10.5	80×12	80×14.6	80×20.0
最大起重量×幅度/(t×m)	32×23.2	50×16.2	63×14.7	62×40.57	60×23	80×24.7
最小工作幅度/m	4.0	4.1	7.0		3.0	3.5
水平臂长度/m	40~80	40~80	82.5	38.3~83.3	50~80	40~80
独立/附着高度/m	77.8/300	72.8/300.8	94/225	61.4/160		63/300
尾部回转半径/m	28	28.2	28.2	26.2		25.2
起升速度/(m/min)	0~90	0~64	0~84	0~72	0~40	0~60
小车变幅速度/(m/min)	0~50	0~32	0~50	0~25	0~45	0~38
回转速度/(r/min)	0~0.6	0~0.6	0~0.6	0~0.4	0~0.6	0~0.3
运行速度/(m/min)	0~25		0~16	0~15	0~12	
起升机构电动机功率/kW	110	160	90	166	132	160
变幅机构电动机功率/kW	11	18.5	24	24	45	30
回转机构电动机功率/kW	18.5×3	11×3	18.5×3	15×2	30	15×4
运行机构电动机功率/kW	5.2×6		11×8	7.5×2	45	

产品型号 技术参数	中昇建机 ZSC2000B	中昇建机 ZSC2200	永茂建机 STT2630	大汉建机 QTP500	永茂建机 STT3330
最大幅度×起重量/(m×t)	80×22	80×24	80×26.3	85×2.2	90×23
最大起重量×幅度/(t×m)	100×20.2	120×18.7	120×22.73	20×15.78	160×22.08
最小工作幅度/m	4.0	4.0		3.0	
水平臂长度/m	60~80	60~80	51.5~83.5	85	48~85
独立/附着高度/m			61.3/170	73/263.4	61.3/150
尾部回转半径/m			25.4	28.11	31.4
起升速度/(m/min)	0~40	0~30	0~70	0~85.9	0~35
小车变幅速度/(m/min)	0~40	0~40	0~35	0~58.9	0~40
回转速度/(r/min)	0~0.4	0~0.4	0~0.3	0~0.84	0~0.3
运行速度/(m/min)	0~12				
起升机构电动机功率/kW	132	132	166	75	166
变幅机构电动机功率/kW	53	55	55	11	55
回转机构电动机功率/kW	53	55		11×4	
运行机构电动机功率/kW	75				

3. 动臂塔机产品技术性能

动臂塔机按最大起重量由小到大排序,分别列举了 10t 以下、10~20t、20~30t、30~50t、50t 及以上的系列产品技术性能,见表 1-36~表 1-40。

表 1-36　10t 以下的动臂塔机产品技术性能

产品型号 技术参数	四川建机 D60	四川建机 D90	徐州建机 XGTL80	马尼托瓦克 MR90C	四川建机 D120	徐州建机 XGTL120
最大起重量×幅度/(t×m)	3×21.5	6×19.1	6.8×15	8×18.1	8×18.6	8×18.74
最大幅度×起重量/(m×t)	10×0.8	40×1.5	40×1.5	45×1.6	45×2.2	50×1.6
最小工作幅度/m	5.0	3.9	2.175	2.5	3.5	1.86
水平臂长度/m	35~40	35~40	42.51	30~45	30~45	53.87

续表

产品型号 / 技术参数	四川建机 D60	四川建机 D90	徐州建机 XGTL80	马尼托瓦克 MR90C	四川建机 D120	徐州建机 XGTL120
独立/附着高度/m	37.48/?	37.59/?	39.7/135.7	59.5/159.5	51.88/?	47.5/134.5
尾部回转半径/m	7.62	7.62	6.0	7.0	7.0	7.0
起升速度/(m/min)	0~80	0~80	0~77	0~118	0~100	0~80
变幅时间/min (变幅角度范围)	2.0 (10°~84.4°)	2.0 (10°~86°)	2.8 (15°~84°)	1.4 (10°~87°)	2.0 (15°~83°)	3.0 (15°~84°)
回转速度/(r/min)	0~0.7	0~0.7	0~0.6	0~0.8	0~0.7	0~0.6
运行速度/(m/min)	0~25	0~25	0~25	0~32		0~25
起升机构电动机功率/kW	24	24	22	37	45	30
变幅机构电动机功率/kW	17	17	22	37	45	30
回转机构电动机功率/kW	6	4.4×2	5.5	5.5×2	5.5×2	5.5×2
运行机构电动机功率/kW	3.4×4	3.4×4	5.2×2	5.2×4	3.4×4	5.2×2

表 1-37 10~20t 的动臂塔机产品技术性能

产品型号 / 技术参数	四川建机 D160	徐州建机 XGTL160	马尼托瓦克 MR160C	中联 L160-10D	徐州建机 XGTL180	浙江虎霸 D260
最大起重量×幅度/(t×m)	10×15	10×18.73	10×22	10×24.6	12×20.45	16×17.3
最大幅度×起重量/(m×t)	55×1.8	50×2.0	50×2.4	55×2.2	55×2.2	55×2.2
最小工作幅度/m	3.5	1.86	2.6	3.3	1.53	5.0
水平臂长度/m	30~55	53.87	30~50	30~55	61.255	30~55
独立/附着高度/m	52.05/?	47.5/155.5	57.5/137.5	44.6/185.6	48.1/126.15	42.56/162.56
尾部回转半径/m	8.35	7.15	8.0	7.5	8.0	8.6
起升速度/(m/min)	0~100	0~80	0~188	0~90	0~90	0~90
变幅时间/min (变幅角度范围)	2.0 (15°~84.5°)	2.5 (15°~84°)	2.0 (10°~86°)	2.7 (15°~84.5°)	3.0 (15°~84°)	2.6 (15°~86°)
回转速度/(r/min)	0~0.7	0~0.6	0~0.8	0~0.7	0~0.7	0~0.7
运行速度/(m/min)	0~32	0~25	0~32		0~25	0~25
起升机构电动机功率/kW	55	45	75	45	55	75
变幅机构电动机功率/kW	45	37	55	30	37	45
回转机构电动机功率/kW	5.5×2	5.5×2	2×4		7.5×2	7.5×2
运行机构电动机功率/kW	5.2×8	4×4	5.2×6		4×4	3.4×4

产品型号 / 技术参数	马尼托瓦克 MR225A	中联 L250-16	利勃海尔 180HCL8/16	马尼托瓦克 MR295H16C	中晟建机 ZSL260
最大起重量×幅度/(t×m)	14×18.8	16×18.3	16×20.0	16×23.4	18×15.2
最大幅度×起重量/(m×t)	55×2.15	60×3	55×2.6	60×2.8	40×4.4
最小工作幅度/m	2.6	3.38	3.0	2.9	3.0
水平臂长度/m	30~55	30~60	30~55	30~60	30~40
独立/附着高度/m	52.5/157.5	49.1/180.35	70.7/?	52.5/207.5	
尾部回转半径/m	8.0	7.75	7.2	8.3	
起升速度/(m/min)	0~139	0~90	0~366	0~248	0~110
变幅时间/min (变幅角度范围)	2 (10°~86°)	2.2 (15°~84.5°)	1.2	1.67 (15°~86°)	3.0 (20°~85°)

续表

技术参数＼产品型号	马尼托瓦克 MR225A	中联 L250-16	利勃海尔 180HCL8/16	马尼托瓦克 MR295H16C	中晟建机 ZSL260
回转速度/(r/min)	0～0.7	0～0.53	0～0.7	0～0.8	0～0.6
运行速度/(m/min)	0～27			0～32	
起升机构电动机功率/kW	75	75	110	110	
变幅机构电动机功率/kW	55	45	65	75	
回转机构电动机功率/kW	5.5×2		7.5×2	7.5×2	
运行机构电动机功率/kW	5.5×4			5.2×6	

表 1-38 20～30t 的动臂塔机产品技术性能

技术参数＼产品型号	中晟建机 ZSL200	四川建机 D320	徐州建机 XGTL260	马尼托瓦克 MR295H20
最大起重量×幅度/(t×m)	20×12	20×14.5	20×16.5	20×19.2
最大幅度×起重量/(m×t)	40×3.2	55×2.5	60×2.5	60×2.7
最小工作幅度/m	3.0	3.5	2.9	2.9
水平臂长度/m	30～40	30～55	62.15	30～60
独立/附着高度/m		43.2/?	47.6/266.6	52.5/207.5
尾部回转半径/m		7.2	7.6	8.3
起升速度/(m/min)	0～55	0～100	0～90	0～248
变幅时间/min	2.5	2.8	3	1.67
（变幅角度范围）	(20°～85°)	(15°～87.7°)	(15°～85°)	(15°～86°)
回转速度/(r/min)	0～0.6	0～0.7	0～0.7	0～0.8
运行速度/(m/min)			0～25	0～32
起升机构电动机功率/kW		110	75	110
变幅机构电动机功率/kW		90	45	75
回转机构电动机功率/kW			9×2	7.5×2
运行机构电动机功率/kW			4×4	5.2×6

技术参数＼产品型号	四川建机 D360	四川建机 D230	永茂建机 STL420	马尼托瓦克 MR418
最大起重量×幅度/(t×m)	21.7×20	22.2×12	24×19.4	24×20
最大幅度×起重量/(m×t)	60×3.1	55×2.3	60×4.9	60×5
最小工作幅度/m	3.5	3.5	2.88	3.7
水平臂长度/m	30～60	30～55	30～60	30～60
独立/附着高度/m	43.2/?	54.16/?	72.4/390	62.3/207.3
尾部回转半径/m	8.2	8.545	8.5	9.5
起升速度/(m/min)	0～80	0～98	0～160	0～254
变幅时间/min	3	2.2	3	1.25
（变幅角度范围）	(15°～85°)	(16.5°～87.5°)	(15°～85°)	(15°～86°)
回转速度/(r/min)	0～0.7	0～0.7	0～0.8	0～0.9
运行速度/(m/min)		0～32	0～250	0～32
起升机构电动机功率/kW		90	90	200
变幅机构电动机功率/kW		45	90	110
回转机构电动机功率/kW				2×5.5
运行机构电动机功率/kW		8×5.2	4×5.2	6×5.2

续表

产品型号 技术参数	利勃海尔 280HCL12/24	徐州建机 XGTL500	中联 L400-25	利勃海尔 280HCL16/28
最大起重量×幅度/(t×m)	24×20.2	25×20	25×20.5	28×17.0
最大幅度×起重量/(m×t)	60×3.2	60×4.8	60×4.71	60×3
最小工作幅度/m	3.4	3.7	3.8	3.4
水平臂长度/m	18~60	62	29.9~60	30~68
独立/附着高度/m	64.9/?	56.2/199	45.95/205.55	64.9/?
尾部回转半径/m	7.5	8.5	8.5	7.5
起升速度/(m/min)	0~260	0~100	0~94	0~194
变幅时间/min (变幅角度范围)	1.7	3.8 (15°~85°)	3 (15°~85°)	1.7
回转速度/(r/min)	0~0.7	0~0.6	0~0.72	0~0.7
运行速度/(m/min)		0~17		
起升机构电动机功率/kW	110	90	90	110
变幅机构电动机功率/kW	110	90	60	110
回转机构电动机功率/kW	7.5×2	11×2	7.5×3	
运行机构电动机功率/kW		5.2×6		

表 1-39 30~50t 的动臂塔机产品技术性能

产品型号 技术参数	中联 L500-32	马尼托瓦克 MR608	永茂建机 STL660C	利勃海尔 542HCL18/36
最大起重量×幅度/(t×m)	32×20.9	32×22.6	32×22.8	36×20.8
最大幅度×起重量/(m×t)	60×6	60×9	60×6.1	65×4.3
最小工作幅度/m	4.6	3.4	3.53	3.5
水平臂长度/m	30~60	30~60	30~60	30~65
独立/附着高度/m	51.65/222.65	62.3/207.3	60.4/500	58.3/?
尾部回转半径/m	8.8	10.0	8.5	7.5
起升速度/(m/min)	0~90	0~204	0~150	0~213
变幅时间/min (变幅角度范围)	3.8 (15°~87°)	2 (15°~86°)	2 (15°~83°)	1.8
回转速度/(r/min)	0~0.62	0~1.0	0~0.66	0~0.6
运行速度/(m/min)			0~150	
起升机构电动机功率/kW	110	200		160
变幅机构电动机功率/kW	75	110		110
回转机构电动机功率/kW	5.5×3	7.5×3		11×2
运行机构电动机功率/kW			7.5×4	

表 1-40 50t 及以上的动臂塔机产品技术性能

产品型号 技术参数	Favelle Favco M440D	徐州建机 XGTL750	法福克 M600D	中晟建机 ZSL750	中联 L630-50	永茂建机 STL1000
最大起重量×幅度/(t×m)	50×10	50×14	50×15	50×15	50×16	50×20
最大幅度×起重量/(m×t)	65×2.7	60×6.0	70×3	60×5	60×9.5	60×6.5
最小工作幅度/m	3	4.0	3.3	5.0	3.6	3.77

续表

产品型号 / 技术参数	Favelle Favco M440D	徐州建机 XGTL750	法福克 M600D	中晟建机 ZSL750	中联 L630-50	永茂建机 STL1000
水平臂长度/m		63		45~60	30~60	30~60
独立/附着高度/m		52/196		54/108.5	51.65/222.65	48.4/500
尾部回转半径/m	8.2	9.0	8.2	15.0	9.4	10.4
起升速度/(m/min)	0~160	0~120	0~160	0~100	0~80	0~120
变幅时间/min（变幅角度范围）	1.5	3.2 (15°~85°)	1.5	3 (20°~85°)	3 (15°~85°)	2 (15°~85°)
回转速度/(r/min)	0~0.8	0~0.6	0~0.8	0~0.6	0~0.61	0~0.8
运行速度/(m/min)	0~18	0~16	0~18			0~15
起升机构电动机功率/kW					160	160×2
变幅机构电动机功率/kW					90	160
回转机构电动机功率/kW					7.5×3	11×2
运行机构电动机功率/kW						7.5×4

产品型号 / 技术参数	中晟建机 ZSL1000	利勃海尔 710HCL25/50	中联 LH800-63	法福克 M760D	法福克 M900D	利勃海尔 710HCL32/64
最大起重量×幅度/(t×m)	50×21	50×21.4	63×19.8	64×10	64×15	64×16.4
最大幅度×起重量/(m×t)	80×9.5	65×7.6	60×11.56	70×4.4	70×6.3	65×7.2
最小工作幅度/m	3.0	4.0	4.7	3.3	3.3	4.0
水平臂长度/m	50~80	30~65	35~60			30~65
独立/附着高度/m	60/113.5	60.5/?	51.45/222.45			60.5
尾部回转半径/m	16.0	7.9	8.9	8.88	8.88	7.9
起升速度/(m/min)	0~80	0~238	0~130	0~160	0~150	0~194
变幅时间/min（变幅角度范围）	0~45	2.9	2.2 (15°~84.5°)	1.5	2	2.9
回转速度/(r/min)	0~0.5	0~0.6	0~0.7	0~0.8	0~0.7	0~0.6
运行速度/(m/min)				0~18	0~18	
起升机构电动机功率/kW		110×2				110×2
变幅机构电动机功率/kW		160				160
回转机构电动机功率/kW		11×2				11×2
运行机构电动机功率/kW						

产品型号 / 技术参数	中晟建机 ZSL1500	中晟建机 ZSL1700	徐州建机 XGTL1600	中晟建机 ZSL2000
最大起重量×幅度/(t×m)	64×22.6	80×20.8	100×6	100×19.7
最大幅度×起重量/(m×t)	65×12.3	65×14	76×6	65×17
最小工作幅度/m	5.5	5.5	4.0	5.5
水平臂长度/m	50~65	50~65	78	50~65
独立/附着高度/m			63.2/196	60/113.5
尾部回转半径/m			10.0	20.0
起升速度/(m/min)	0~110	0~110	0~60	0~110
变幅时间/min	2.5	2.5	3.5	2.5
（变幅角度范围）	(20°~85°)	(20°~85°)	(15°~85°)	(20°~85°)
回转速度/(r/min)	0~0.6	0~0.7	0~0.6	0~0.7

续表

技术参数 \ 产品型号	中晟建机 ZSL1500	中晟建机 ZSL1700	徐州建机 XGTL1600	中晟建机 ZSL2000
运行速度/(m/min)			0～16	
起升机构电动机功率/kW				
变幅机构电动机功率/kW				
回转机构电动机功率/kW				
运行机构电动机功率/kW				

技术参数 \ 产品型号	永茂建机 STL2400C	法福克 M1280D	中晟建机 ZSL2700	中晟建机 ZSL3200
最大起重量×幅度/(t×m)	100×24.5	100×25	100×26	100×31.3
最大幅度×起重量/(m×t)	80×13	80×13	65×27.5	65×35.3
最小工作幅度/m	4.7	4.6	6.5	6.5
水平臂长度/m	35～80		50～65	50～65
独立/附着高度/m	56.3/400		60/123.5	60/112.9
尾部回转半径/m	11.25	11.4	26.0	31.8
起升速度/(m/min)	0～110	0～110	0～110	0～100
变幅时间/min（变幅角度范围）	2 (15°～85°)	2	2.5 (20°～85°)	2.5 (20°～85°)
回转速度/(r/min)	0～0.75	0～0.75	0～0.7	0～0.7
运行速度/(m/min)				
起升机构电动机功率/kW				
变幅机构电动机功率/kW				
回转机构电动机功率/kW				
运行机构电动机功率/kW				

1.5 选型原则与计算

不同的地区、建筑公司、建筑规模和工程需求对塔机的要求差别很大，正确选型塔机对合理、有效地完成工程任务具有重要意义。塔机的典型形式有塔帽式、平头式、动臂式和快装式等四种。

1.5.1 市场上常见的塔机形式

以下是市场常见的几种塔机形式，包括一些特殊形式，不同于规范中的塔机分类，主要从市场选型和应用角度论述。

1. 塔帽式塔机

塔帽式塔机（简称塔帽塔机）是一种广泛采用的具有塔帽、吊杆和水平臂架等结构的塔机。根据吊点数量及吊杆结构的不同，塔帽塔机分为单吊点水平臂架式、双吊点水平臂架式、双吊点带撑杆分段水平臂架式和双吊点带撑杆整体水平臂架式，如图1-52所示。

单吊点式塔机的臂架为静定结构，便于计算。但其悬臂端较长，产生的弯矩大，臂架截面尺寸和自重大，多用于小型塔机。目前幅度在40m以下的臂架一般采用单吊点式构造，幅度在40m以上的臂架一般采用双吊点式构造。

采用双吊点形式可使得臂架悬臂端的长度减小，大幅减少了臂架弦杆的截面尺寸，减轻了臂架重量。与同等起重性能的单吊点水平臂架相比，自重可减轻5%～10%。但是，臂架的力学模型为超静定结构，计算难度增加。同时，外撑杆与臂架夹角较小，臂架轴向受力大。臂架长期承受交变载荷，薄弱环节容易疲劳破坏。桁架水平式臂架拉索吊点可以设在下弦处，也可设在上弦处。目前多采用上弦吊

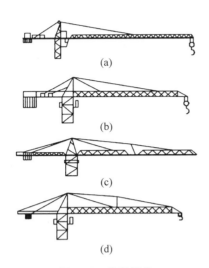

图 1-52 塔帽塔机

(a) 单吊点水平臂架式；(b) 双吊点水平臂架式；
(c) 双吊点带撑杆分段水平臂架式；(d) 双吊点带撑杆整体水平臂架式

点、三角形截面臂架，下弦杆上平面和外侧面作为小车运行轨道。

D5200-240 塔机（见图 1-53）是典型的双吊点塔帽式塔机，最大起重能力 240t，起升高度 210m，额定起重力矩为 5200t·m，是目前全球最大的水平臂上回转自升塔机。该机为中铁大桥局集团定制生产，成功应用于马鞍山长江大桥钢铁节段起吊拼装施工。

图 1-53 D5200-240 塔机

当幅度超过 70m 以上时，为了增大外拉杆与臂架间的夹角，改善臂架受力状况，臂架一般采用双吊点带撑杆的形式。这种形式的臂架有两种：双吊点带撑杆分段水平臂架和双吊点带撑杆整体水平臂架。前者水平臂架分为两段，两段臂架与撑杆铰接在一起，属于静定结构；后者采用整体臂架，撑杆铰接于臂架适当位置，属于一次超静定结构。

德国利勃海尔公司生产的大幅度塔机采用双吊点带撑杆分段水平臂架的形式，如图 1-54 所示。

图 1-54 双吊点带撑杆分段水平臂架

K-10000 型塔机是典型的双吊点带撑杆整体水平臂塔机，如图 1-55 所示。该产品由丹麦柯尔公司生产，属水平臂下回转式起重机，可以行走。该塔机采用固定平衡重和两个移动平衡重，配有一套变幅机构和两个变幅小车，并配有两个起升机构。使用一个起升机构在 82m 作业幅度内最大起重量 120t，同时使用两个起升机构，在 44～52m 内可起吊 200～240t 重物。在塔机上部还装有一台 K-L355 型辅助塔机，作业幅度为 65m，起升高度 126m，最大起重量 20t。

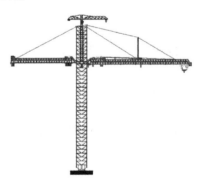

图 1-55 K-10000 塔机

2. 动臂式塔机

动臂式塔机（简称动臂塔机）是指起重臂与塔身铰接，利用起重臂的俯仰实现变幅的塔机。动臂塔机臂架受力状态良好，自重轻；尾部回转半径小；臂架俯仰幅度大，一般可达 15°～85°。相对于水平臂塔机，动臂塔机起重臂的大仰角相当于增加了塔身的高度，有效扩展的工作范围是以起重臂长度为半径的半球体空间。因此，与同规格其他类型塔机相比，动臂塔机在塔身高度相同时具有起升高度较大的优势。但传统动臂塔机的幅度有效利用率低，变幅速度不均匀，重物变幅移动时功率消耗大，适用于工业厂房中重、大构件的吊装，作业空间狭窄的施工场所及群塔作业。

XGTL1600 动臂塔机（图 1-56）是典型的大型动臂塔机，最大起重能力 100t，最大起升高度 700m，额定起重力矩 1600t·m，工作幅度为 4～76m，单绳起升速度达 110m/min。

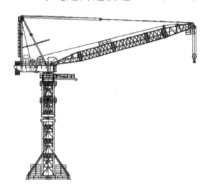

图 1-56　XGTL1600 动臂塔机

3．平头式塔机

平头式塔机（简称平头塔机）是一种臂架与塔身为 T 形结构形式的上回转塔机，其显著特征是起重臂与平衡臂连成一体，无塔帽与拉杆，上部结构形状呈水平且均为刚性结构，如图 1-57 所示。

图 1-57　平头塔机

平头塔机的优点如下：

（1）大大降低了装拆塔机对所需辅助起重机起重能力的要求，便于施工现场受限条件下的塔机拆装。塔帽塔机安装起重臂时应在地面上先将臂架、拉杆等全部连接好再进行整体吊装，需要大型号的辅助起重机。平头塔机的臂架可以在空中逐节装拆，相比之下，对辅助起重机的要求大大降低，节省了拆装费用。

（2）适合对高度有特殊要求或群塔交叉作业的场合。平头塔机没有塔帽，吊钩的有效高度大大提高，空间利用率高，适用于对高度有特殊要求或群塔的场合，如机场旁的施工，隧道内、厂房内的施工，高压线下的施工等。

（3）适合对幅度变化有要求的施工场合。平头塔机臂节特殊的连接方式及没有塔帽、拉杆，使其起重臂的逐节拆装非常简易、安全，施工过程中如需要改变起重臂的长度，不用拆下整个起重臂，直接在空中就可以完成臂节的加减。

（4）起重臂钢结构寿命长、安全性高。平头塔机臂架截面尺寸通常比同级别普通塔机大，刚度较大。无论工作状态还是非工作状态，平头塔机起重臂和平衡臂上、下主弦杆受力状态保持不变，上弦杆主要受拉，下弦杆主要受压，无交变应力的影响。

（5）设计成本低。平头塔机的设计省去了塔帽、拉杆的设计和计算，且起重臂的计算工况少、力学模型简单，计算量大大降低，计算结果接近实际值。

（6）起重臂的适用性好、利用率高。平头塔机起重臂的设计便于实现模块化，同系列不同级别平头塔机的起重臂节可以互为利用，较大型号平头塔机的端部臂节可以用作较小塔机的中间或根部节，从而充分发挥起重臂的灵活性和适应性，提高利用率。

平头塔机起重臂和平衡臂的质量比同级别的普通塔机重 5%～15%，外形尺寸大，对转场运输不利。对于幅度大、起重量大的平头塔机来说，起重臂的自重明显增加，削弱了平头塔机的起重能力。因此，500t·m 以上级别平头塔机的设计优点将会逐渐丧失。

4．快装式塔机

快装式塔机（简称快装塔机）是一种下回转、快速自行架设及整体拖运的低层建筑用塔机，如图1-58所示。快装塔机的最大特点是安装架设和拆卸便捷、迅速，在不借助外部起重设备的情况下通常2～3h完成安装架设或拆卸过程。司机可以在接近地面的操纵室内操作，避免了高空作业的风险。

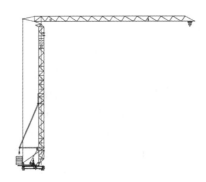

图1-58　快装塔机

按塔身结构形式，快装塔机的塔身分为箱形伸缩臂式、箱形折叠臂式和桁架套架式等，如图1-59所示。塔身为箱形伸缩臂式的塔机，安装时内塔身从外塔身中伸出；箱形折叠臂式

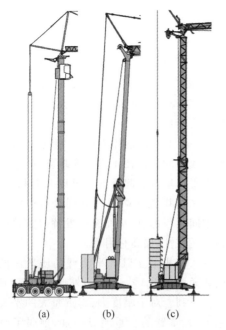

图1-59　快装塔机塔身类型

（a）箱形伸缩臂式；（b）箱形折叠臂式；（c）桁架套架式

塔身的上、下两节塔身为铰接，安装时伸直；塔身为桁架套架式的塔机，桁架塔身自重较轻，安装时内塔身同样从外塔身中伸出。

快装塔机采用整体拖运方式，转场运输方便，运输费用低。整体拖运受尺寸限制，一般情况下，整体拖运长度不应超过16m，高度不应超过4m，宽度不应超过2.5m。也可自行，底盘类似于汽车起重机底盘。正是由于拖运式自行的原因，快装塔机的起重量和幅度均不能设计太大。

1.5.2　特殊场合使用的塔机

1．折曲臂式塔机

澳托·凯塞尔（Otto Kaiser）于20世纪60年代发明了折曲臂式塔机（简称折曲臂塔机），如图1-60所示。其最大特点是臂架由两节臂组成，可以折曲并进行俯仰变幅。折曲臂塔机融合了小车变幅塔机和动臂变幅塔机的设计优点，可实现轻载使用小车变幅，重载使用动臂变幅。当两节臂均处于水平状态时，工作幅度达到最大。在不安装额外塔身节的情况下，当两节臂折弯成90°时，俯仰臂架垂直接高塔身，可有效提高起升高度。这种设计特点尤其适用于冷却塔和电视塔等特殊建筑物的施工。

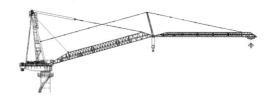

图1-60　折曲臂塔机

2．双臂塔机

双臂塔机的最大特点是不设平衡臂，采用双起重臂对称布置，如图1-61所示。两臂架可同时作业，作业效率较传统塔机提高了近1倍，特别适用于输电铁塔等对称结构进行吊装作业的场合。建设中、大型输电铁塔时，双臂架塔机应采用带拉杆臂架，建设小型输电铁塔时可采用平头臂架。双臂架塔机拆卸时，起升机构可将双臂架上拉90°后通过铁塔顶部卸下，不需要空中解体臂架。

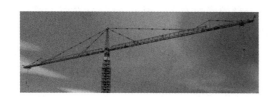

图 1-61　双臂塔机

3. 液压缸变幅动臂塔机

液压缸变幅动臂塔机以臂架下方的液压缸为驱动进行变幅，是属于刚性变幅的一种塔机，如图 1-62 所示。液压缸变幅动臂塔机的起重臂与平衡臂铰接，平衡重可移动，减少了尾部回转半径和不平衡弯矩对塔身的影响。最大幅度起吊相同载荷时，塔身所受最大弯矩及弯矩变化量最小，有效减小了塔身截面和自重。空载时，塔身所受弯矩在最小工作幅度处达到最小值。

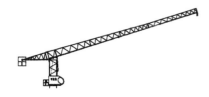

图 1-62　液压缸变幅动臂塔机

液压缸变幅动臂塔机最大的特点是在非作业工况时可将起重臂升起到几乎垂直的程度，有效克服了传统动臂塔机幅度利用率低的缺点，适用于狭小空间或对塔机工作幅度有严格要求的施工场所。液压缸变幅动臂塔机的起重性能低于同级别的平头塔机和传统动臂塔机。

1.5.3　塔机的选用原则

影响塔机选用的关键因素有：
（1）建筑物的体型和平面设计。
（2）建筑层数、层高和建筑总高度。
（3）建筑工程实物量。
（4）建筑构件、制品、材料和设备搬运量。
（5）建筑工期、施工节奏、施工流水段的划分以及施工进度的安排。
（6）建筑基地及周围施工环境条件（如近旁有无已建成或正在施工的高层建筑，是否面

临繁华通街，场内交通条件，有无妨碍塔机安装的障碍物等）。
（7）本单位资源条件（有无财力购进大型设备，有无熟悉管理和使用大型设备的人员）。
（8）当时塔机供应条件以及对经济效益指标的要求等。

1）塔机起重参数满足需要

塔机起重参数主要包括幅度、起重量和起重力矩。最大幅度的计算有以下几类：

（1）轨道式塔机的最大幅度计算公式如下，如图 1-63 所示。

$$L_0 = A + B + \Delta l \qquad (1\text{-}1)$$

式中，L_0——塔机最大幅度，m。
　　　A——由轨道基础中心线至建筑物外墙皮的距离（包括外脚手架宽度及安全操作距离），m。对于下回转塔机应为转台尾部回转半径加 $0.7\sim1.0$m。
　　　B——建筑物进深，m。
　　　Δl——特殊施工需要预留的安全操作距离（$1.5\sim2$m）。

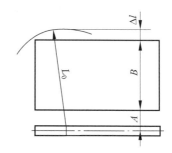

图 1-63　轨道式塔机最大幅度计算简图

（2）附着式塔机的最大幅度计算公式如下，如图 1-64 所示。

$$L_0 = \sqrt{\left(\frac{F_0}{2}\right)^2 + (B + S)^2} \qquad (1\text{-}2)$$

式中，F_0——塔机施工面计算长度，可按实际情况取 $60\sim80$m；
　　　S——自塔机中心至建筑物外墙皮的距离，一般为 $4.5\sim6$m，可据实际情况需要估定。

（3）内爬式塔机的最大幅度计算公式如

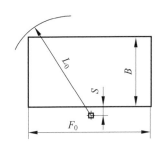

图 1-64　附着式塔机最大幅度计算简图

下,如图 1-65 所示。

$$L_0 \geqslant \sqrt{\left(\frac{F_0}{2}\right)^2 + (B - S_1)^2} \qquad (1\text{-}3)$$

式中,S_1——自塔机中心至建筑物外墙皮的距离,m。

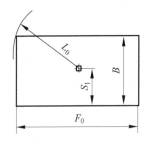

图 1-65　内爬式塔机的最大幅度计算简图

对于钢筋混凝土高层及超高层建筑,最大幅度时的额定起重量是选择塔机的关键。若是全装配式大板建筑,最大幅度起重量应以最大外墙板重量为依据。若是现浇钢筋混凝土建筑,则应按最大混凝土料斗容量确定所要求的最大幅度起重量,一般取为 1.5～2.5t。对于钢结构高层及超高层建筑,塔机的最大起重量是关键参数,应以最重构件的重量为准。如果塔机起重覆盖面不能满足施工需要,则可以考虑更换塔机型号或者增加塔机数量。

2) 塔机起升高度满足需要

塔机的起升高度包括塔机吊钩与吊索钢丝绳的长度、起吊重物的自身高度、重物下安全操作距离、施工楼层防护脚手架高度和建筑物总高度。如果现场实际高度超过了塔机的自由高度,应按要求对塔机进行附着锚固。

3) 塔机生产效率满足需要

塔机的生产效率与起升速度、回转速度和变幅速度等有关,也与现场施工组织及施工操作人员的素质有关。从机械选择方面来讲,工作速度快、调速平稳的塔机是首选。塔机使用过程中发现缺陷后不易更换,所以在选择塔机前应充分了解塔机工作速度等参数以满足生产效率的要求。

塔机选型前生产效率的估算应从建筑物的高度、建筑面积和装量等方面着手,各取其平均值,然后与塔机的工作速度换算,再加上人工装卸时间得出平均起吊一次所需时间,估算出一个工作台班能完成多少吊次。再从本工程所需吊装的物料吨位与塔机吊装能力估算出所需吊次。工作台班数与塔机安装日期数的乘积与总吊次比较,如果不能满足总吊次要求,可以考虑重新选型或是增加塔机。在进行分析时,应从施工图、施工平面布置图中的物料堆放场地、塔机安装位置、施工组织方法以及施工分段划分等环节入手,计算工程中需吊装物料的数量,还要考虑施工料具的数量和施工材料料具装卸、倒运拆除等方面的内容。

4) 选择塔机方案符合经济效益需要

塔机的选型是否符合经济效益需要,主要是看哪一方案既能投资少,又满足施工需要,产生更好的经济效益,或者是投资相对多而带来的经济效益更多。例如选择自购或者租赁,看机械折旧和维修的费用与租费的比较等。如果工程工期长,并且经营情况好,工程完成后还有后续的工程,则可以考虑购买新塔机。如果工期不太长,没有后续工程,则应考虑采取租赁方式。

塔机的高度、幅度和起重量的选择也十分重要。如增加了幅度或起重量,塔机的购买费用或租金相对增加。但幅度增加能减轻施工现场水平倒运的人工和其他机械费用,起重量的增加能减少吊运次数,减少工期。所以适当地增加起重机的起重能力,可以起到提高施工经济效益的效果,即适当地增加投入会得到更大的产出。

1.5.4　塔机选型的技术要求

塔机选型时要考虑以下因素:

(1) 起升、回转机构调速方案是否先进。

这主要看起升或回转调速时引起的惯性冲击和电流冲击的大小,调速时切换电流是否大于作业所能承受的峰值电流要求,调速是否平稳。

(2)起重能力是否能够达到规定要求。许多塔机的型号相同,但具体技术参数差别很大。各生产厂在型号标注上不统一,有的突出最大工作幅度参数,有的突出最大幅度下额定起重量,还有的突出单绳最大拉力等,同型号产品之间一般不具有可比性。用户在选购时,除了要关注所标注的参数,还要了解塔机在基本臂长时的额定起重量是否达到它所在系列的规定值。

(3)独立高度是否合适。这是塔机选型的一个重要依据。

(4)最大工作幅度和最小工作幅度误差是否在规定范围内。

(5)起吊重物后塔身变形量是否符合规定。如因载荷引起的结构件变形量过大,将影响结构稳定性。塔身变形量一般采用静态刚性考核。静态刚性是指塔机在额定载荷作用下,塔身在起重臂连接处铰点的水平静位移值应不大于 $1.34H/100$(H 为起重臂臂根铰点至塔机基准面的垂直距离)。

(6)自重系数、能耗系数以及作业安全系数是否优化。

(7)各安全装置是否齐全、灵敏可靠。

1.6　安全使用

1.6.1　安全使用标准与规范

塔机安全使用标准与规范见表1-41。

表 1-41　塔机安全使用标准与规范

标准编号	标准名称
GB/T 5031—2008	塔式起重机
GB 5144—2006	塔式起重机安全规程
GB/T 20304—2006	塔式起重机　稳定性要求
GB/T 26471—2011	塔式起重机　安装与拆卸规则
JGJ/T 189—2009	建筑起重机械安全评估技术规程

续表

标准编号	标准名称
JGJ 196—2010	建筑施工塔式起重机安装、使用、拆卸安全技术规程
TSG Q7004—2006	塔式起重机形式试验细则

1.6.2　拆装与运输

1. 塔机拆装方案

根据塔机使用的最大起升高度、起重臂长度和平衡重重量,以及塔帽、底架、回转转台、平衡臂和起重臂五大件重量及外形尺寸,选定拆装时使用的辅助起重机,并编制需用的运输车辆及其他机具、工具、吊具和钢丝绳等详细清单。

根据现场条件进行场地作业区布置:

(1)确定塔机的行车运输路线。

(2)确定塔机解体运入现场时的堆放位置,选择堆放位置时尽量靠近基础,便于就位安装,避免在场内二次搬运。

(3)起重臂一般分节运输,现场拼装。由于起重臂占用场地大,因此应保证起重臂拼装位置。

(4)选定电源箱位置。

(5)划定拆装作业时的警戒区,并设立警戒标志。

拟定拆装工艺:

(1)列出各部件拆装程序表。

(2)列出安装、顶升、附着锚固、整机安装完毕后的具体技术要求。

(3)编制主要部件安装操作工艺。根据每个部件重量、外形尺寸及安装高度,选定安装时汽车起重机的位置、使用臂长、起升高度、回转半径和起重量,以及钢丝绳的绑扎点位置、长度等参数。详细说明从起吊到就位安装的各个操作步骤。

根据拆装工艺中所设置的工作岗位,定职责、定人员。拆装作业班组中应配有信号工、起重工、钳工、电工和专业拆装工等。

制定安全措施。除一般安全要求外,针对本次拆装中遇到的安全方面问题提出具体措施,明确拆装安全负责人、现场拆装安全监督员。拆装技术方案拟定后,由技术主管批准,进行交底后执行。

2. 中小型附着式塔机的安装与拆卸

1) 立塔

(1) 预埋基脚。严格按基础设计要求进行混凝土基础施工,完成底层钢筋敷设后进行塔机基脚的预埋工作。完成预埋后用水平仪检测四个基脚的水平误差,或用经纬仪检查塔节四根角钢处的垂直度误差,水平误差或垂直度误差均应小于1%。

(2) 安装塔身总成。安装基础节和标准节,并进行垂直度检验。在塔身上安装顶升套架、操作平台和液压泵站等。

(3) 安装回转平台和操纵室总成。

(4) 安装塔帽总成。在地面拼接塔帽和平台栏杆,然后立起塔帽后吊装塔帽总成。

(5) 安装平衡臂总成。

① 拼接平衡臂、平台栏杆和起升机构等。

② 放置平衡臂拉杆于平台。

③ 吊装平衡臂,安装平衡臂销轴。

④ 使平衡臂倾斜适当角度,安装平衡臂拉杆,穿好销轴。

(6) 安装第一块平衡重并锁固。

(7) 安装起重臂总成。

① 在地面拼装起重臂、拉杆、变幅滑轮组和变幅小车。

② 按使用说明书提供的吊点穿好吊索,在地面试吊,确认起重臂平衡和吊索穿挂可靠。

③ 接通起升机构电源,确认运转正常。

④ 吊装起重臂,穿好起重臂销轴。起吊前应在臂架两端捆挂缆风麻绳,控制其在空中的摆动。

⑤ 安装拉杆,穿好拉杆销轴。

(8) 安装其余平衡重并锁固。

(9) 穿绕变幅与起升钢丝绳。

2) 顶升加节

顶升加节在立塔完毕需升高至初始安装高度或是在工程施工中途需增加塔机高度时进行。

(1) 检查顶升套架、顶升横梁、导轨、液压泵站和液压缸等是否安装就位且状态良好。尤其应检查顶升套架中各导向轮转动是否灵活、与塔身的间隙是否均匀、液压油是否变质、各液压阀的操纵是否灵活、仪表显示是否正常等。安装顶升吊钩和引进小车。

(2) 配平。

① 将臂架回转至正对顶升套架上引入标准节的缺口并锁固,调节起重臂变幅小车至使用说明书中规定的位置,保持塔机处于初步配平状态。

② 用顶升吊钩和引进小车吊起第一节标准节,将其放在引进导轨上。

③ 退出转台与塔身鱼尾板连接销,操纵液压缸向上顶升,直到转台支脚刚刚离开鱼尾板,微调变幅小车至塔机配平状态。可通过检查滚轮与塔身间距确定,或通过液压泵站压力表上所示的顶升所需最小压力予以核实。

(3) 顶升一节塔身标准节,一般重复2~3次顶升液压缸反复动作。

① 伸出与顶升横梁相连的顶升液压缸活塞杆,顶起塔机。

② 用顶升套架上的锁紧棘爪将顶起的塔机部件放在塔身踏步上。

③ 松开锁定销、收回活塞杆、提起顶升横梁,将顶升横梁与上方的一对标准节踏步相连。

(4) 加节。

① 顶起的塔机部分用棘爪支承在塔身最后一个标准节的顶升踏步上,此时活塞杆几乎全部伸出,在整个过程中,套架上的导轮不能超出塔身的固定部分。

② 将标准节推向塔身,引入套架;将液压系统操纵杆推向"起升"位置,使棘爪脱离顶升踏步,操纵控制杆使棘爪脱离塔身。

③ 将液压系统操纵杆推向"下降"位置,使标准节插入鱼尾板,锁定标准节。

④ 连接标准节扶梯;从新加入的标准节上松开引进小车,将其推出套架,准备起吊第二个标准节。

(5) 在导轨上吊挂第二个标准节。

① 将液压系统操纵杆推向"下降"位置,直

到转台支脚与最后一个标准节的鱼尾板相连。

②将转台与塔身节连接；起吊已安装好通道的第二个标准节，推到引进小车上并提升到导轮上进入下一个加节循环。

（6）结束顶升。

①安装完最后一个标准节后，加装转台通道平台。

②标准节下部与塔身相连接，上部与转台相连接。

③检查各部分的连接件是否紧固牢靠，切断顶升系统电源，使塔机恢复正常工作状态。

（7）安装附着装置。

①建筑物施工至适宜高度时，实施附着装置预埋件的预埋。

②搭设好附着装置安装工作台架，将构件吊运就位。

③安装单位依照设计图和产品说明书要求完成安装。对各处构件安装情况、焊接质量、安全销及连接件的防松等项检验合格后，塔机方可继续投入使用。

3）降塔

（1）安装套架附件，液压缸活塞杆几乎全部伸出，顶升横梁支承在标准节踏步上；安装顶升吊钩，将引进小车挂在导轨上，并固定在要拆卸的标准节上。

（2）配平。

（3）拆卸塔身标准节。

①退出待拆卸的标准节与下面一个标准节间的锁销和销轴，拆开扶梯。

②继续向上顶升，直到待拆卸的标准节与下面一个标准节的鱼尾板脱开。

③将套架上的棘爪或止动靴支承在塔身顶升踏步上；将吊钩架和标准节推出套架。

（4）下降塔机。

①将顶升横梁支承在塔身顶升踏步上，松开套架上的棘爪或止动靴，操作液压缸活塞杆降低塔机。

②将套架上的棘爪或止动靴支承在塔身顶升踏步上。

③松开顶升横梁并伸出液压缸活塞杆，使顶升横梁到达下一个塔身顶升踏步上。

④重复以上动作2~3次，使转台支脚落到下一个待拆卸的标准节上方。

（5）标准节降至地面。

①将转台支脚插入下方标准节鱼尾板内，并在四个角上插入安全销，落下配重物。

②将加节钩固定在吊钩架上，将标准节降至地面，提起吊钩架重新挂在导轨上与下一个待拆卸的标准节相连。

③重新提起配平重物重复（3）~（5）的过程，直至塔身拆卸完毕。

（6）拆除附着装置。附着装置拆除后，下一道附着上方（或塔机基础上方）塔身的无附着高度不能超出塔机"使用说明书"中的规定。

（7）降塔后的收尾工作。拆除液压系统并降到地面；用销轴将转台与塔身基础节连接好；拆卸顶升附件，必要时拆下导轨。

4）拆塔

（1）拆除起升和变幅钢丝绳。

（2）使用辅助起重机拆下平衡重，直到平衡臂上只留一块平衡重。

（3）拆卸起重臂。

①辅助起重机就位并按事先确定的吊点挂好吊索钢丝绳，将起升钢丝绳穿绕过变幅滑轮组。

②用辅助起重机稍吊起臂架使拉杆放松，再用起升机构张紧滑轮组，拆下塔帽连杆和小连杆。

③放松起升钢丝绳，将拉杆放入臂架上弦杆上的拉杆支架内，放好滑轮组，必要时用绳索将滑轮组捆绑固定。

④松开起升钢丝绳，辅助起重机稍松钩将臂架放平，在臂架两端拴好缆风麻绳，准备卸下臂架。

⑤卸出臂架销，将臂架平稳吊卸至地面。

⑥将臂架分解，分段运输。

（4）拆卸最后一块平衡重。

（5）拆卸平衡臂。

①将吊索钢丝绳挂在平衡臂吊装点上，微吊起平衡臂放松拉杆。

②拉紧张紧器钢丝绳，拆卸塔帽连杆横

梁,抽出销轴后,放松张紧器将拉杆放到平衡臂上。

③ 提起从塔帽到平衡臂的通道,拴好缆风麻绳,拆下平衡臂销轴,将平衡臂吊卸至地面。

(6) 逐次拆卸塔帽、转台、塔身基础节和套架。

3. 大型内爬式动臂塔机的安装与拆卸

1) 立塔

(1) 安装基础节。混凝土基础完成后安装塔机基础节。塔身节垂直度误差、水平误差和垂直度误差均应小于1‰。应考虑基础节踏步的安装方位,以方便拆塔。

(2) 安装标准节。将标准节安装在基础节上,用螺栓进行紧固。

(3) 安装爬升架。

① 在地面组装爬升架。

② 将爬升架吊起套装在标准节外面,爬升架装有液压缸的面与标准节踏步面一致,爬升架爬爪撑在基础节踏步上。

(4) 安装回转总成。

① 在地面组装上支座、下支座、回转支承、回转机构和平台等。

② 将回转总成吊起安装到塔身上,用螺栓将回转总成的下支座和塔身紧固好。

(5) 安装塔顶。在地面组装塔顶,吊起后将塔顶与上支座连接,穿好销轴。

(6) 安装平衡臂。

① 在地面组装平衡臂、护栏、扶手和起升机构等。

② 将平衡臂吊起,与回转上支座连接,穿好销轴。

(7) 安装平衡重。平衡臂安装好以后,吊起一块平衡重放在平衡臂根部。

(8) 安装操纵室。在地面将操纵室的各电气设备检查好后,将操纵室吊起与上支座平台连接,穿好销轴及安全销。

(9) 安装起重臂。

① 在地面组装起重臂、起重臂拉杆、变幅机构和载重小车。

② 用辅助起重机将起重臂总成平稳提升,保持臂架的水平位置,与上支座连接,穿好销轴。

③ 继续提升起重臂,使起重臂头部稍微抬起。

(10) 安装起重臂拉杆。

① 起重臂连接完毕后,穿绕起升钢丝绳。

② 起动起升机构,将起重臂长拉杆连接板连接到塔顶相应拉板上,穿好销轴。

③ 将起重臂缓慢放下,使拉杆处于拉紧状态。

(11) 安装剩余的平衡重。

2) 顶升加节

(1) 顶升前的准备。

① 检查顶升套架、顶升横梁、导轨和液压缸等是否安装就位且状态良好。

② 放松电缆,使其长度略大于总的爬升高度,检查并保证电缆不被其他物件挂住。

(2) 配平。将起重臂旋转至引入塔身标准节方向,按照安装操作手册配平方法进行塔机配平。可以通过检验回转下支座塔身的主弦与标准节的主弦是否在一条垂线上,调整起重臂俯仰角度找到准确配平位置。

(3) 顶升加节。

① 塔机停止工作,起重臂吊运塔身标准节至引进横梁末端,然后回转到0°位置,塔机预配平。此时爬升套架与下支座连接,爬爪悬在踏步以上,与踏步不干涉,液压缸行程为0。

② 顶升液压缸伸长,使爬爪卡在塔身踏步上。

③ 拧开塔身与下支座连接螺栓,液压缸伸长,使引进标准节能够放入套架。

④ 引进小车运送标准节至套架,液压缸回缩,用螺栓连接好引进标准节和塔身,引进小车运行至套架外。

⑤ 液压缸再次回缩,用螺栓连接好下支座和引进标准节。

⑥ 液压缸缩回,爬爪自动翻转绕过踏步,回到初始状态①。顶升加节流程图如图1-66所示。

(4) 到达内爬顶升规定的独立高度后,结束顶升。确认塔身各连接处高强螺栓紧固,拆

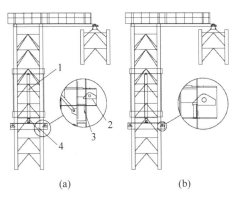

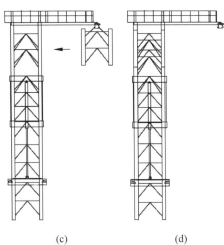

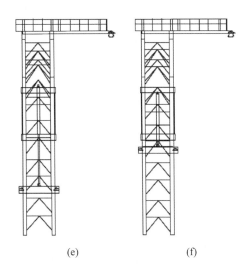

(e)　　　　　　　(f)

图 1-66　顶升加节流程

1—液压缸；2—爬爪；3—踏步；4—围框

除外爬顶升套架，使塔机恢复工作状态。

3）内爬爬升

（1）塔机停止作业，臂架回转至0°位置，锁

定回转运动，塔机配平。下横梁爬爪悬于卡块之上，顶升节爬爪卡在围框上。

（2）顶升液压缸伸长，使下横梁爬爪卡在卡块上，确认爬爪与卡块接触良好。

（3）液压缸继续伸长，下横梁支承塔身，顶升节爬爪离开围框，塔身缓慢上升，上横梁爬爪自动越过爬带，悬于卡块之上，此时顶升液压缸达到最大行程。

（4）液压缸回缩，使上横梁爬爪卡在爬带卡块上，确认爬爪与卡块接触良好。

（5）液压缸回缩至最小行程，下横梁爬爪越过卡块，回到初始位置（1）。

内爬顶升作业流程图如图1-67所示。

4）拆塔

（1）用塔机将屋面吊吊到楼房顶面并安装好。

（2）将平衡臂转到屋面吊的工作区，利用屋面吊逐块拆除平衡重。

（3）将塔机回转180°，使起重臂靠近屋面吊，拆除起重臂。

（4）依次用屋面吊将平衡臂、起升机构、塔帽、操纵室、回转机构、回转上支座、回转支承和回转下支座逐项卸至地面。

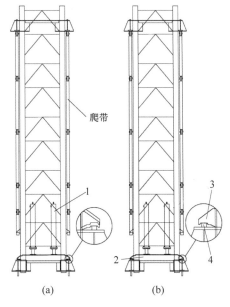

图 1-67　内爬顶升作业流程

1—液压缸；2—顶升横梁；3—爬爪；4—卡块

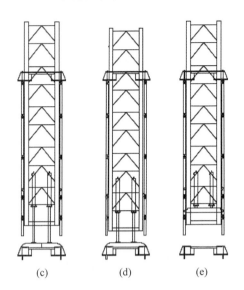

(c)　　　　　(d)　　　　　(e)

图 1-67(续)

(5) 起动内爬装置的液压系统,使塔身上升一个标准节,并将其拆除。如此反复,直至所有标准节拆除完毕。

(6) 拆除爬梯和框架,送至地面。

(7) 拆除屋面吊本身。全部解体屋面吊,利用升降机将各部件逐一送到地面。

1.6.3　安全使用规程

(1) 塔机司机应经过培训,考核合格并持有操作证后才准予操作。

(2) 司机接班时,应检查制动器、吊钩、钢丝绳和安全装置。发现性能不正常时,应在操作前排除。

(3) 开车前,应鸣铃或报警。操作中接近人时,也应给予持续铃声或报警。

(4) 操作应按指挥信号进行。一旦听到紧急停车信号,不论是何人发出的,都应立即执行。起重指挥人员发出的指挥信号应明确、符合标准。动作信号应在所有人员退到安全位置后发出。

(5) 确认塔机上或周围无人时,才可以闭合主电源。闭合主电源前,应使所有的控制器手柄置于零位。如果电源断路装置上加锁或有标牌,应由有关人员解除后方可闭合电源。

(6) 工作中突然断电时,应将所有的控制器手柄扳回零位;在重新工作前,应检查塔机动作是否正常。

(7) 司机对塔机进行维修保养时,应切断主电源,并挂上标志牌或加锁;带电修理时,应佩戴绝缘手套,穿绝缘鞋,使用带绝缘手柄的工具,并有人监护。

(8) 有下列情况之一时,司机不应进行吊装:

① 超载或重物质量不清楚时不吊。

② 信号不明确时不吊。

③ 捆绑、吊挂不牢或不平衡可能引起滑动时不吊。

④ 被吊物有人或浮置物时不吊。

⑤ 结构或零部件有影响安全工作的缺陷或损伤,如制动器或安全装置失灵、吊钩螺母结构装置损坏、钢丝绳损伤达到报废标准时不吊。

⑥ 遇有拉力不清楚的埋置物时不吊。

⑦ 斜拉重物时不吊。

⑧ 工作场地昏暗,无法看清场地,被吊物情况和指挥信号不明时不吊。

⑨ 重物棱角处于捆绑钢丝绳之间未加衬垫时不吊。

⑩ 散状材料堆放过满时不吊。

(9) 塔机运行时,不得利用限位开关停车。除特殊紧急情况外,不得打反车制动。

(10) 不得在有载荷情况下调整起升和变幅机构的制动器。

(11) 塔机作业时不得进行检查和维修。

(12) 臂架下严禁站人,重物不得从人头顶通过。

(13) 在没有障碍物的线路上运行时,重物(吊具)底面应离地面2m以上;有障碍物需要跨越时,重物底面应高出障碍物顶面0.5m以上。

(14) 重物接近或达到额定起重量时,吊运前应检查制动器,并用小高度、短行程试吊,再平稳起吊。

(15) 吊运有害液体或易燃、易爆物品时,应先进行小高度、短行程试吊。

(16) 塔机工作时,臂架、吊具、辅具、钢丝绳和重物等与输电线的最小距离不应小于规定的安全距离。

(17) 重物起落速度要均匀,非特殊情况不得紧急制动和急速下降。

（18）重物不得在空中悬停时间过长。

（19）吊重物回转时，动作要平稳，不得突然制动。

（20）回转时，重物重量若接近额定起重量，重物距地面的高度不应太高，一般在 0.5m 左右。

（21）电气设备的金属外壳应接地。

此外，未作特殊声明时，塔机应能在以下条件下安全正常使用：

（1）工作环境温度 $-20 \sim +40$ ℃。

（2）安装架设时塔机顶部风速不大于 12m/s，工作状态时塔机顶部风速不大于 20m/s，非工作状态时风压按 GB/T 13752—2017《塔式起重机设计规范》规定。

（3）无易燃和易爆气体、粉尘等非危险场所。

（4）海拔高度 1000m 以下。

（5）工作电源符合 GB 5226.2—2002《机械安全 机械电气设备 第 32 部分：起重机械技术条件》中 4.3 的规定。

（6）塔机基础符合产品使用说明书的规定。

（7）使用工作级别不高于产品使用说明书的规定。

1.6.4　塔机安全评估

塔机安全评估是为判断塔机使用安全度是否合格所进行的一种活动。超过使用年限的塔机应进行安全评估。塔机使用年限见表 1-42。

表 1-42　塔机使用年限

公称起重力矩 M/(t·m)	使用年限/年
$M<63$	10
$63 \leqslant M<125$	15
$M \geqslant 125$	20

塔机安全评估应对塔机的设计制造、使用保养情况和钢结构的磨损、锈蚀、裂纹和变形等损伤进行检测，并对整机安全性能进行载荷试验。塔机安全评估应以重要结构件、电气系统和安全装置等为主要内容，检测点的选择应涵盖以下部位：

（1）起重臂主弦杆、塔身主弦杆、塔帽根部、塔顶连接拉杆座、平衡臂连接处、回转支承连接处和目测可疑处等重要结构件关键受力部位。

（2）高应力与低疲劳寿命区。

（3）存在明显应力集中的部位。

（4）外观有可见裂纹、严重锈蚀、磨损和变形等部位。

（5）钢结构承受交变载荷、高应力区的焊接部位和热影响区域等。

塔机安全评估宜采取目测、影像记录、厚度测量、形位偏差测量和载荷试验等方法进行。目测用于全面检查钢结构的表面锈蚀、磨损、裂纹和变形等情况，对发现的缺陷作出标记以便进一步检测评估。影像记录即用照相机或摄像机拍摄设备的整机外貌、重要结构件承受交变载荷部位和目测发现的缺陷区域。厚度测量即利用超声波、测厚仪或游标卡尺等工具对构件的实际厚度进行测量。形位偏差测量即通过直线规、经纬仪等器具进行直线度等形位偏差的测量。载荷试验用以检验整机在安装调试后达到的性能状态，包括对结构静刚度、主要零部件的承载能力、机构的运转性能、控制系统的操作性能和各安全装置的工作有效性等方面。

1.6.5　维修与保养

塔机的维修与保养工作，直接关系到起重机的寿命、工作效率和安全生产，是司机责任范围内的一个重要工作，绝不可轻视。塔机的日常检查维护工作主要包括交接班检查、加注润滑油、预检、预修和排除临时故障等。

1. 交接班检查和维护

（1）交接班时，当班人员应认真负责地向接班者介绍当班工作情况，交接班人员应共同做好检查维护工作。下班时，若无人接班，当班人员应写好交接班记录。

（2）连续工作的起重机，每班应有 15～20min 的交接班检查维护时间。不连续工作的起重机，检查维护工作应在工作前进行。

（3）为了防止漏检，交接班检查应按一定的顺序进行，形成惯例，主要检查内容有：①检查销轴连接板、卡板、开口销、螺母是否完好，有无松脱，发现问题及时更换；②检查钢丝绳在卷筒上的缠绕情况，有无跳槽、重叠、乱绳情况，绳尾压板螺栓是否有松脱或缺少现象；

③紧固好各机械联轴器、销轴、机座、电动机的螺栓;④检查配电箱、电路接线端子、控制器主触头是否良好;⑤检查调试各安全装置,工作性能是否正常;⑥检查连接螺栓、螺母是否有松动现象,有无变形过大现象;⑦检查制动器松紧情况是否合适,如不正常应进行调试;⑧检查各机构的减速机,是否有漏油、渗油现象,发现问题及时排除。

2.定期检查和维护

定期检查保养是指机械在运转一定时间后,为消除不正常状态,恢复良好的工作条件所进行的一种预防性的维护保养,其中包括季节变换保养。

定期检查有周检、月检和半年检等。用户单位可根据自己的具体情况,由司机、设备员等组成临时检查小组进行检查。各种定期检查的具体内容有以下几方面。

(1)周检内容:①接触器、控制器触头的接触和腐蚀情况;②制动器闸带的磨损情况;③联轴器上的连接销、键的连接及螺钉的紧固情况;④使用半年以上的钢丝绳磨损情况;⑤钢结构件关键部位的连接情况,有无塑性变形或开裂现象。

(2)月检内容:①电动机、减速机、轴承支座等与底座螺钉紧固情况。电动机集电环碳刷磨损情况;②钢丝绳压板螺钉的紧固情况,使用三个月以上的钢丝绳磨损情况及润滑情况等;③各管口处导线绝缘层的磨损情况;④各限位开关转轴的润滑防水情况;⑤各减速机及润滑油的油质、油量;⑥小车臂架下弦杆导轨的磨损情况。

(3)半年检内容:①电气系统的控制器、电阻器及接线座、接线螺钉的紧固情况,要逐个检查紧固;②检查电气设备绝缘情况;③机械部分的维修与保养,须对各机构的制动器、各机构的运转情况、各部件连接螺栓的紧固情况、各部位的钢丝绳等进行检查,发生故障应及时排除,检查各机构的连接螺栓、焊缝和构件的工作情况,定时紧固和上油漆。

1.6.6 常见故障及其处理

塔机在使用中出现故障时应立刻停止作业,查明故障部位,判断其产生的原因,并采取相应的措施及时进行排除,如果置之不理,往往会酿成严重事故。塔机常见故障分析与处理办法见表1-43。

表1-43 塔机常见故障分析与处理办法

故障部分	故障类型	故障分析	处理办法
机械故障	钢丝绳磨损太快或经常跳出滑轮	滑轮或导向滚轮不转或磨成深槽 滑轮槽与钢丝绳直径不符 滑轮偏斜或出现位移	修复或更换 更换合格的钢丝绳 调整滑轮位置
	减速机振动、联轴器弹性胶圈磨损快	电动机与减速机两轴不同心 固定或连接螺栓松动	调整两轴的同轴度 紧固螺栓
	制动器失灵,或发热、冒烟	制动片粘有油污或间隙过大 制动片与制动轮之间间隙过小 液压推动器不动作,制动器不脱离	清除油污,调整间隙 调整间隙 拆卸清洗并检查修复
	回转支承装置回转时有跳动和异响,或转速快慢不均	小齿轮与大齿轮啮合不良 滚道表面有裂纹或凹坑 缺少润滑脂	修复或更换 修复滚道 添加润滑脂
	行走轮轮缘严重磨损	轨距过大或过小 行走轴承磨损,与轴的间隙过大	调整轨距 修补轴或更换轴承
	安全装置工作失灵	弹簧脱落或损坏 行程开关损坏 线路接错或短路	修复或更换 修复或更换 检修
	液力耦合器温升过高	机械故障引起工作载荷过重 油液不洁,油量过多或过少	检修 更换新油或按规定增减油量

续表

故障部分	故障类型	故障分析	处理办法
电气故障	电动机温升高、有异响	电动机缺相运行	正确接线
		定子绕组有故障	检查后排除
		轴承缺油或磨损	加油或更换轴承
		定子、转子互相摩擦	使定子、转子有适当的间隙
	电动机输出功率小，达不到全速	线路电压太低	停止工作
		制动器未完全松开	调整制动器
		转子或定子回路接触不良	检查转子或定子回路
	滑环磨损过快	弹簧压得太紧	放松弹簧
		滑环表面不光滑	研磨滑环
	接触器有噪声	短路环损坏	修复
		磁铁系统歪斜	校正磁铁系统
	制动电磁铁过热或有噪声	衔铁表面太脏	清除积尘并涂抹薄层机油
		电磁铁缺相运行	接好三相电源
		硅钢片未压紧	压紧硅钢片
顶升故障	活塞杆既不能缩进也不能伸出	液压泵损坏	更换
		液压油油面太低	添足液压油
		液压油温度太高或太稀	更换液压油,或冷却降温
		管路接错	重新连接
	活塞杆伸缩时抖动	油路内存有空气	排除空气
		液压泵起动不良	检修或更换液压泵
	压力不足或完全无压力	油管中存有空气	排除空气
		工作部分有泄漏	检修或更换
		压力表失灵	更换
		换向阀失灵	更换
		溢流阀开启压力调得过低	重新调整
	油温过高	安全阀性能不好	更换
		油箱散热不良	加大油箱,增大散热面积
		管道阻力过大	检修或更换
		液压油不符合标准	用标准的液压油
	活塞杆伸出速度过于缓慢	液压油太稠	更换标准的液压油
		液压油凝结	加温解冻
		液压缸内有泄漏	更换油封或液压缸

参 考 文 献

[1] 顾迪民.工程起重机[M].2 版.北京:中国建筑工业出版社,1988.

[2] 范俊祥.塔式起重机[M].北京:中国建材工业出版社,2004.

[3] 刘佩衡.塔式起重机使用手册[M].北京:机械工业出版社,2002.

[4] 孙在鲁.塔式起重机应用技术[M].北京:中国建材工业出版社,2003.

[5] 施立生.建筑用塔式起重机技术与管理[M].合肥:安徽科学技术出版社,2008.

[6] 徐格宁.机械装备金属结构设计[M].2 版.北京:机械工业出版社,2009.

[7] 罗文龙,李守林.国家标准 GB/T5031—2008《塔式起重机》解读[J].建筑机械化,2009(11):39-40.

[8] 顾迪民.GB/T 3811—2008 与 GB/T 13752—1992 之比较分析——总则和结构部分[C].中国工程机械学会工程起重机分会第 12 届年会会刊,2012:7-20.

[9] 李春明,皮彦忠.塔式起重机设计中易忽视的三个安全问题[J].林业科技情报,2010,42(2):63-65.

[10] 高顺德,崔丹丹,滕儒民.动臂塔式起重机起重性能曲线研究[J].建筑机械,2011(3):98-101.

[11] 高顺德,张乐,王真.基于可用度的塔机顶升液压系统维修策略研究[J].建筑机械化,2014(5):53-56.

[12] 喻乐康.中国塔式起重机发展的些许思考[J].建筑机械技术与管理,2013(2):27-29.

[13] 喻乐康.国际塔式起重机发展新态势[J].建设机械技术与管理,2013(2):21-26.

[14] 喻乐康.中大型塔式起重机起升机构的调速方式[J].产品技术,2004(7):61-63.

[15] 郑夕健,于扬,张国忠.基于 PLC 的塔式起重机安全监控系统设计[J].机电产品开发与创新,2007,20(5):143-147.

[16] 王积永,宋世军,张青.塔式起重机平衡重的确定及起升特性的调整[J].工程机械,2000(2):22-31.

[17] 曲大勇.塔式起重机顶升横梁防脱方案[J].建筑机械,2010(03):104-105.

[18] 许福新.高层建筑施工中塔式起重机的选型与应用[J].建筑机械化,2007(8):44-46.

[19] 蔺建国.动臂塔机在国外的发展与应用[J].建筑机械,2001(11):31-33.

[20] 张兵,潘志毅,王欣.大型动臂塔式起重机爬升系统研究[J].建筑机械,2014(2):77-81.

[21] 冯强.基于平头塔式起重机起重臂动态性能的多目标优化[D].成都:西南交通大学,2008.

[22] 马遂长,等.塔式起重机使用中常见问题及解答(一)~(五)[J].建筑机械化,2004(4)~2004(7).

[23] 朱森林.塔式起重机的安全使用(一)~(八)[J].工程机械与维修,2008(5)~ 2009(3).

[24] 高强,蔺建国.平头塔式起重机的发展及应用(一)[J].建筑机械化,2003(01):15-17.

[25] 高强,蔺建国.平头塔式起重机的发展及应用(二)[J].建筑机械化,2003(02):22-24.

[26] 刘大宝,孙积凯,刘发东.双吊点塔式起重机起重力矩曲线的确定[J].青岛建筑工程学院学报,2000,21(03):45-48.

第2篇

流动式起重机

第2章

汽车起重机

2.1 概述

2.1.1 定义与功能

汽车起重机(truck-mounted crane 或 truck crane)是安装在普通汽车底盘或专用汽车底盘上的一种起重机,其行驶驾驶室与起重操纵室分开设置,臂架系统分为箱形伸缩臂架和桁架式臂架两种。这类起重机轴荷、外形尺寸、总重和行驶速度等满足公路行驶规范,可以在公路上行驶,转场方便,被广泛应用于工程建设之中。

2.1.2 发展历程与沿革

在世界流动式起重机家族中,目前主要有汽车起重机、全地面起重机、轮胎式起重机、履带起重机等数个门类。从国际市场销量上看,汽车起重机所占份额最大,全地面起重机次之。可以说,汽车起重机已成为工程建设中广泛应用的起重设备。近十年来,随着中国经济的不断发展、基础设施建设和大型项目的不断上马,我国汽车起重机行业获得了空前的发展,也受到了人们越来越多的关注。目前我国正以前所未有的速度参与到全球化国际竞争中,进入国际市场对汽车起重机的要求越来越高。

1. 国内汽车起重机的发展概况

国内汽车起重机行业自 20 世纪五六十年代开始建立,而后逐步发展壮大,如今已经形成了相当大的规模。期间经历了几个发展阶段:1957—1966 年主要是生产 5t 机械式汽车起重机;70 年代引进苏联技术,发展了 12t 以下液压汽车起重机;80 年代引进日本技术,采用进口底盘和关键液压件自行设计和生产出 16t 以上液压汽车起重机;90 年代引进德国的先进技术,相继生产出更大吨位的汽车起重机和全地面起重机。

随后,国内汽车起重机开始逐渐自主创新,并取得了长足发展,与国外产品的差距也在不断缩小。目前国内新一代的汽车起重机产品,起重作业的操作方式,大多应用先导比例控制,具有良好的微调性能和精控性能,操作力小。通过先导比例手柄实现比例输送多种负荷的无级调速,有效防止起重作业时的二次下滑现象,极大地提高了起重作业的安全性、可靠性和作业效率。

国内汽车起重机的主要生产企业有徐工集团徐州重型机械股份有限公司(以下简称徐工重型)、中联重科股份有限公司(以下简称中联)、三一重工有限公司(以下简称三一)。

2. 国外汽车起重机的发展概况

1890 年,英国的 Coles 公司研制出以铁路板车为底盘,采用垂直式蒸汽锅炉为动力的起重机,拥有数吨的起重能力,可依靠轨道行驶,这是当时移动式起重机的典型结构。

1918年，Coles公司采用Tilling-Stevens汽车底盘制造出第一台电动机驱动的汽车起重机，从目前的资料看，这应该是世界上最早的汽车起重机。

第一次世界大战后，随着汽车产量迅速增长，汽车式底盘逐渐应用于各类工程机械。欧洲和美国相继出现了一批制造汽车起重机的厂商。第二次世界大战爆发后，军工需求进一步刺激了汽车起重机的发展。如Coles公司根据英国皇家空军的需求，研制了采用6×4越野底盘的6t军用起重机。

1945年"二战"结束，战后重建工程使得汽车起重机和履带起重机取代了缆索起重机。此时的起重机，传动装置仍以机械传动为主，少部分采用液压助力装置，结构部分由铆接变为焊接，并开始使用高强度钢材。此外制定了钢丝绳的技术标准，实现规格化批量生产。种种变化使得汽车起重机的性能和可靠性显著改善。

"二战"后，由于欧洲受到战争重创，美国占据了世界起重机市场的主导地位，主要厂商有哈尼施菲格（P&H）、劳伦（Lorain）、马尼托瓦克（Manitowoc）、林克贝尔（Link Belt）、科林（Koehring）、比塞洛斯（Bucyrus-Erie）、格鲁夫（GROVE）等。20世纪60年代，美国在移动式起重机市场已经确立了世界霸主地位。欧洲也不甘落后，1963年，英国Coles公司推出100t级汽车起重机，为当时世界之最。1971年，Coles推出的Colossus L6000型汽车起重机，最大起重能力达到250t。该机只生产了1台，采用6轴底盘，桁架臂长66m，可竖立起来做塔机使用。1973年Coles推出使用箱型伸缩臂的LH1000型汽车起重机。

同期，日本从美国引进了汽车起重机技术，开始生产中小吨位的起重机。1955年，多田野（Tadano）公司生产了日本第一台液压汽车起重机，起重量为15t。1969年，日本的加藤（Kato）公司推出了当时亚洲最大的75tNK-750Jumbo型汽车起重机。

20世纪70年代以后，世界起重机市场发生了急剧变化。欧洲的移动起重机制造商除了英国Coles外，还有德国哥特瓦尔德（Gottwald）、利勃海尔（Liebherr）、克虏伯（KRUPP）、法恩（FAUN），法国PPM，西班牙LUNA等。Coles公司因经营不善于1980年宣告破产，1984年被美国格鲁夫兼并。

欧美汽车起重机多数以通用卡车底盘为主进行改装，主要吨位集中在100t以下。

2.1.3 国内外发展趋势

汽车起重机在流动起重机中发展最早，应用也最为广泛，因此国内外生产企业也很多，表2-1列举了国内外主要生产企业。

表2-1 国内外主要汽车起重机制造企业

国家	企业名称	
	中文名称	英文名称
德国	利勃海尔	Liebherr
美国	特雷克斯	Terex
	马尼托瓦克	Manitowoc
	林克贝尔特	Link-Belt
日本	多田野	Tadano
	加藤	Kato
中国	徐工集团	XCMG
	中联	Zoomlion
	三一	Sany
	四川长起①	Changjiang
	安徽柳工②	Liugong
	泰安东岳③	Dongyue
	福田雷萨④	Loxa
	河南森源奔马⑤	—

① 四川长江工程起重机有限责任公司，简称四川长起。
② 安徽柳工起重机有限公司，简称安徽柳工。
③ 泰安东岳重工有限公司，简称泰安东岳。
④ 福田雷萨起重机股份有限公司，简称福田雷萨。
⑤ 河南森源奔马专用汽车有限公司，简称河南森源奔马。

汽车起重机的起重量多数集中在50t级以下，大吨位的汽车起重机多数为专用汽车底盘，考虑到公路行驶桥荷限制、行驶操纵性以及作业灵活性等，超大吨位的汽车起重机开发受到了限制，目前国内最大吨位为220t。欧美如俄罗斯等多采用通用底盘加副车架改装作为汽车起重机底盘，而在国内多采用专用汽车起重机底盘。目前国内起重机公司大部分可以自己制作底盘，同时也有专门的生产厂家，如一汽解放专用车和重汽五岳专用车等。

汽车起重机的发展趋势是市场需求所致，下面对目前各家产品的特点进行总结。

1. 力求绿色环保节能

更清洁的排放是一直追求的目标。国内的排放标准逐年提高，目前已达到欧洲五阶段标准。

在新能源的使用上各个公司也投入了大量研发力量。例如徐工集团已经率先开发出采用清洁能源天然气（LNG）发动机的汽车起重机，如图2-1所示的XCT55汽车起重机。LNG是很好的清洁燃料，有利于保护环境，减少城市污染。经过深冷过程，天然气中的硫成分以固体形式析出、分离，比其他燃料更清洁，燃烧时温室气体排放量更低，是一种"绿色"的能源。LNG在公交车上的应用已经比较普遍和成熟，目前正在向其他行业推广。

图 2-1　徐工 XCT55 汽车起重机

从环保的另一个角度来说，就是低噪声。目前，对整机的降噪已经作为一个课题，从动力源发动机开始，在各个环节展开分析研究。是否更"安静"已经逐渐成为产品优劣的衡量标准。

能量回收，是节能的另一种体现。汽车起重机在行走制动、回转制动、向下变幅、伸缩和重物下放等动作中均需消耗能量，因此要充分研究各个动作的工况特点，进行能量的有效回收，这也是目前的研究热点。徐工的XCT55产品采用了能量回收系统，可有效回收整机行驶时的动能及卷扬起升和变幅下落的势能，并将回收能量应用在起步加速、爬坡、制动过程中，进而降低了整机油耗。

为节能环保，使内燃机一直在最优状态下运行，也是近期的研究方向。例如采用混合动力技术，就可以按平均需用的功率来确定内燃机的最大功率，当内燃机功率不足时，由电池来补充；负荷少时，多余的功率可用来给电池充电，保证内燃机在高效率状态下运行，此时油耗低、污染少。另外，有了电池，可以十分方便地回收制动时、下坡时、怠速时的能量。在繁华市区，可关停内燃机，由电池单独驱动，实现"零排放"。图 2-2 所示的三一重工STC750S混合动力汽车起重机就应用了此项技术，采用了高性能蓄电池组和高效率变频电动机。

图 2-2　STC750S 混合动力汽车起重机

2. 采用精细化和人性化设计

目前的汽车起重机整体设计，从造型开始，到视觉与交互设计，再到操控的宜人性设计，无一不是围绕着以人为主体进行的更精细和更人性化的设计。

首先,在外观设计上,由方正传统、经济的造型逐渐体现出锐利、科技与精致,在图 2-3 中,由左下角到右上角可大致看出发展趋势。现在的工程机械,已经不再是单纯满足功能需求,而是精雕细琢的艺术品。为此很多公司在工业设计方面不惜重金,开始打造企业独有的风格与品牌,同时最大限度地迎合客户需求,以求视觉冲击感和操控舒适感。

其次,在汽车起重机的整体功能设计要求上,对于下车高速行驶的驾驶操控性,以及吊装作业的操作方便性都给予了大量考虑。操作手柄、按钮根据人体工程学尽力达到触手可及;为增加视野,全景驾驶室得以充分考虑;应客户需求,部分上车驾驶室可以进行俯仰。驾驶室布局更加合理,在音响、温度调节以及隔噪等方面都尽力提升品质,有的甚至在行驶驾驶室中设置了卧铺。现在的专用车已经不再只是满足功能上的需求,而真切地体现出以人为本的设计理念。通过图 2-4 可以看出内饰的精致与舒适宜人。

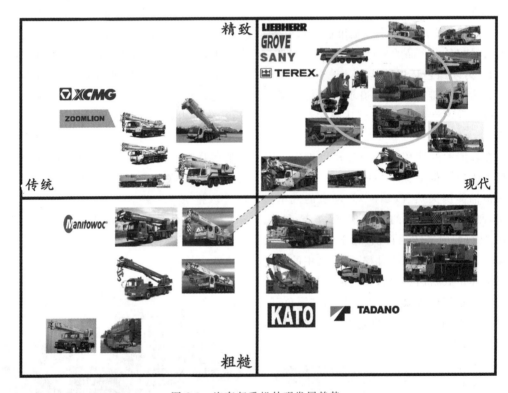

图 2-3 汽车起重机外观发展趋势

图 2-4 某型产品下车行驶驾驶室

3. 新工艺与新材料的采用,使得起重机整机质量越来越轻

箱形伸缩臂汽车起重机上的伸缩臂是主要受力构件,其截面形式目前主要采用矩形、六边形、多边形、U 形和椭圆形等,形式较多,在图 2-5 中列举了常见的三种截面形式。对于薄壁受力构件,薄壁稳定性是决定起重臂强度的关键,尤其是随着高强度钢的出现,这种现象更为突出,因此选择适当的截面形式至关重要。对于多边形甚至椭圆形截面,如何成形并

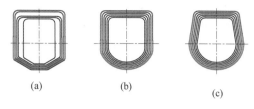

图 2-5　三种常见截面形式
(a) 六边形；(b) U 形；(c) 椭圆形

保证精度一直是难点，不仅成本高，且折弯精度难以保证。大型折弯机的出现以及在工艺上的突破，使得中等吨位以上起重机采用六边形或 U 形截面的起重臂越来越普遍，制作成本

大大降低，同时相比于矩形四块板的焊接也减少了焊接工作量。

汽车起重机的桥荷要求是一个硬性指标，所以如果质量轻，不仅意味着节能，而且降低成本，还可以在有限的底盘承载能力下设计出更大起重能力的起重机。采用更高强度的材料，是解决此问题的一个有效途径。随着技术的发展，高强材料不断出现，继屈服强度 1100MPa 的最高强度材料之后，又出现了屈服强度达到 1300MPa 的高强钢。下面以 SSAB 的产品 Weldox 为例，将这两种材料的机械性能列于表 2-2。

表 2-2　SSAB 两种材料机械性能列表

材料种类	厚度/mm	最小屈服强度/MPa	最小抗拉强度/MPa	延伸率/%	硬度/HBW
Weldox1100	4.0～4.9	1100	1250～1550	8	425～475
	5.0～40.0	1100	1250～1550	10	425～475
Weldox1300	4.0～10.0	1300	1400～1700	8	425～475

4．起重臂采用新型伸缩机构

随着用户对吊装高度和作业幅度的需求增加，长臂长汽车起重机的需求市场不断提升。但是由于汽车起重机是在公路上行驶的，整车长度受到限制，要增加臂长，就需要增加汽车起重机的伸缩臂节数，这样便促进了对伸缩机构的研究。现在广泛采用的伸缩机构为液压缸加绳排的形式，或仅仅采用多级液压缸形式，主要在五节伸缩臂以下采用。随着臂节的增多，出现了一种新的伸缩机构——单杠插销机构，其原理如图 2-6 所示。单缸插销布置细节各个厂家有所区别，但原理大致相同。这种结构克服了液压缸加绳排机构的空间限制，可以轻松地在六节及以上伸缩臂中采用，这得益于制造工艺以及控制水平的不断提升。

5．电液控制系统中基础零部件可靠性不断提升，智能化程度不断提高

汽车起重机在使用过程中电气元件以及液压元件的故障率远远高于结构件。近些年

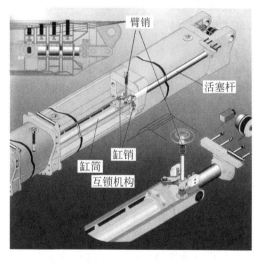

图 2-6　利勃海尔某型起重机单缸插销
原理示意图

随着国内外制造厂商的产品品质的逐渐提升，元件的可靠性正大大提高。在系统设计上，尤其是控制方面，电控系统逐渐代替了液控系统，成为主导，使得操作更加轻松。根据吊装作业方案，汽车起重机中的控制智能化与可视

化也大大提升,这项功能往往和力矩限制系统相结合,既保证了安全,又给出了最优的控制策略。另外,顺应时代的发展趋势,互联网技术也逐步应用到汽车起重机中,并且正在逐渐完善,建立的远程控制与信息服务平台可以进行数据的搜集和评估,不间断监控设备的运行状态以获得大数据的积累,从而更新完善新一代的汽车起重机。

2.2 分类

汽车起重机按起重量可以分为轻型汽车起重机(起重量在 5t 以下)、中型汽车起重机(起重量在 5~15t)、重型汽车起重机(起重量在 15~50t)和超重型汽车起重机(起重量在 50t 以上)。近年来根据市场需求及技术发展,汽车起重机的起重量也有提高的趋势,目前国内最大汽车起重机的最大起重量已达到 220t。

按传动形式,可分为机械传动、电力传动和液压传动三种。机械传动汽车起重机,由发动机经汽车变速器、分动箱、传动轴驱动齿轮等机构,再带动转台,驱动起升卷扬和变幅卷扬。电力传动汽车起重机,由发动机带动发电机,供电给转台、起升和变幅卷扬所用的电动机,完成起重作业。液压传动汽车起重机,由汽车的发动机经变速器驱动液压泵,用液体传递能量,驱动液压马达和液压缸,再带动转台、卷扬和臂架等,完成货物的空间位移。由于液压传动比其他传动形式具有结构紧凑、操纵轻便灵活、动作平稳且微动性好等优点,加之液压技术不断地发展和完美,所以,液压传动汽车起重机在世界各国得到了迅速的发展和广泛的应用。

按起重机臂架在水平面内的转动范围,可分为全回转式和非全回转式两种。前者可在 360°内任意转动,而后者的转台转角小于 270°。

按臂架结构形式,可分为折叠式、伸缩式和桁架式三种。折叠式汽车起重机的臂架分成几段,各段彼此铰接连接,不工作时各段可以叠合在一起,主要用于轻型汽车起重机。伸缩式汽车起重机的臂架由几节伸缩臂互相套装而成,伸缩臂在主臂或上一节伸缩臂内可以伸缩,用以改变臂架的工作长度。箱形伸缩臂式汽车起重机是目前汽车起重机的主流。桁架式臂架组装成整体式全金属格构结构,主要用于重型或超重型汽车起重机。

按控制方式,可分为液控和电控两种类型。

按总体结构,可分为普通操纵室式、可升降操纵室式、高操纵室塔架式等汽车起重机。

按支腿形式,可分为蛙式支腿、X 形支腿和 H 形支腿。蛙式支腿的跨距较小,仅适用于较小吨位的起重机;X 形支腿容易产生滑移,也很少采用;H 形支腿可实现较大跨距,对整机的稳定有明显的优越性,所以中国生产的液压汽车起重机多采用 H 形支腿。

2.3 工作原理及组成

2.3.1 工作原理

汽车起重机工作时,下车支腿展开并作用于坚实地面,方可以进行起重作业。臂架系统随上车转台回转,箱形伸缩臂汽车起重机(见图 2-7)通过变幅液压缸调整臂架系统的变幅角度,伸缩液压缸进行臂架伸缩调整臂架长度(在变幅平面内伸缩臂受力可看做悬臂梁);桁架臂汽车起重机(见图 2-8)通过变幅绳牵引机构调整臂架变幅角度(在变幅平面内桁架臂受力可看做简支梁)。汽车起重机通过吊钩升降、上车回转以及变幅等动作实现物体的升降和位置转移。

汽车起重机操作使用方便,适用于流动性较大的施工单位或临时分散的工地、露天装卸作业以及租赁行业使用。汽车起重机具有如

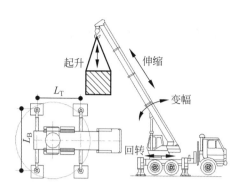

图 2-7 箱形伸缩臂汽车起重机作业示意图

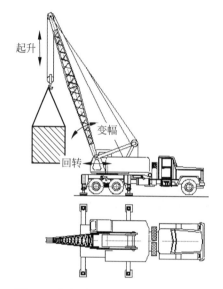

图 2-8 桁架臂汽车起重机作业示意图

下优点：

（1）采用通用或专用汽车底盘，性能等同于同样整车总重的载重汽车，符合公路车辆的技术要求，可在各类公路上行驶，因而灵活机动，能快速转移。

（2）采用液压传动，传动平稳，操纵省力，吊装速度快、效率高。

（3）伸缩臂汽车起重机无需臂架系统拆装或组对，效率高。

相对而言，汽车起重机也具有如下缺点：

（1）吊重时必须使用支腿，不能吊载行驶，也不适合在松软或泥泞的场地上工作。

（2）通用汽车底盘或专用汽车底盘转弯半径相对较大，越野性能差。

（3）箱形伸缩臂汽车起重机臂架自重相对大，影响起重量，然而桁架臂汽车起重机，起重臂虽然较轻，但是需要组对和拆装，相比效率较低。

（4）对维修的要求较高。

2.3.2 结构组成

汽车起重机结构包含上车和下车两大部分。上车结构主要包括臂架（主臂、副臂）、转台；下车结构主要是底盘、固定支腿箱和活动支腿。底盘形式分为两类：一种是通用底盘＋副车架；另外一种是专用底盘。

1. 臂架结构的组成

汽车起重机的臂架系统一般包括主臂和副臂两部分。

1）主臂

主臂主要有两种类型：一种是由型材和管材焊接而成的桁架结构臂架；另一种是箱形结构伸缩臂。随着汽车起重机的发展，现在大部分的汽车起重机主臂都是箱形结构，只有少部分是桁架结构。因此这里，主要介绍箱形结构的伸缩臂汽车起重机。

箱形伸缩臂架的截面形式如 2.1.3 节所述，有多种形式，较多采用的有矩形、六边形、多边形、U 形和椭圆形。按照上面叙述的顺序从左至右，随着截面形式的变化，抵抗薄壳失稳的能力逐渐提高，但是加工难度和制作费用也随之提高。虽然作为时下流行多采用 U 形截面，但是对于不同吨位，U 形也不是最合适的选择。因为对于外廓尺寸总体高度和宽度相同的截面，U 形截面的抗弯模量并不比矩形好。因此在不是由于薄壳稳定性决定起重性能的条件下，盲目采用过于复杂的截面，不仅成本高，而且不能充分发挥出结构特性，并不是最经济的做法。截面尺寸的大小，一方面取决于强度计算结果，在有些情况下还取决于伸缩机构的外形尺寸。

伸缩臂各臂筒间通过滑块进行接触，滑块

在臂头与臂尾均有布置,滑块的布置位置和滑块的形状可以缓解在搭接处的受力分布。另外一个决定滑块受力的主要因素就是臂节间的搭接长度,尤其是当臂架全伸的时候,存在一个较优的最小搭接长度值。有的书上对此最小长度给出了建议,可以作为参考,但是仍然要进行强度的计算分析和校核。虽然对滑块处的接触应力进行精确计算与评定目前仍是难点,但由于臂架承载失效多发生在滑块挤压处,因此精确的分析计算是非常必要的。臂架伸缩过程中与滑块间的滑动摩擦阻力直接决定着伸缩机构的受力,因此滑块的摩擦因数要尽可能低。滑块材质有采用铜等金属材料的,但目前主要采用的是尼龙滑块。尽可能降低滑块与臂架间的摩擦阻力一直是制造商的一大需求。目前有的厂家采用聚甲醛制造滑块,它也是一种较好的材料。该材料摩擦因数低,动摩擦因数与静摩擦因数相同,自润滑耐磨损性能优异,有"塑料中的金属"之称。总之,滑块材料各有优劣,可根据特定需求进行选择。

如图 2-9 给出了一种六边形五节臂结构

图。起重臂可以通过结构力学的方法进行计算,但是随着截面形状和受力状态的复杂化,对于长臂长的工况需要进行几何非线性分析求解,故结构力学解析计算方法很难完成,目前多采用有限元计算方法。图 2-10 所示为某型汽车起重机主臂全伸状态下某一工况有限元计算分析后的应力云图。

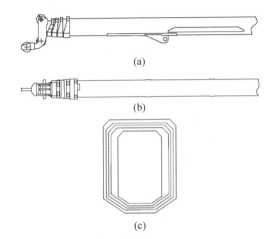

图 2-9　某型汽车起重机六边形主臂结构图
(a) 五节箱形伸缩臂主臂结构主视图;(b) 五节箱形伸缩臂主臂结构俯视图;(c) 六边形箱形伸缩臂截面图

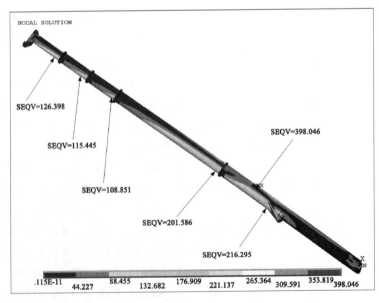

图 2-10　某型汽车起重机主臂全伸工况有限元分析

2）副臂

汽车起重机副臂的作用是当主臂的高度不能满足需要时，可以在主臂的末端连接副臂，以达到往高处提升物体的目的。副臂的起重量一般不大。通常 25t 以下的起重机为一级副臂（如图 2-11 所示），25t 以上的起重机有两级乃至于三级副臂（图 2-12 就是一种伸缩式的两节副臂）。副臂既可存放在主臂侧面（如图 2-11 和图 2-12 所示），也可存放在主臂腹部。存放在主臂侧面的副臂为桁架式，此时如是两节，则又分为展开式和拉出式两种。展开式多为三角形截面；拉出式为矩形截面，里面的副臂为箱形结构。桁架式副臂由钢管焊接而成，在分析过程中可以将杆件简化为二力杆，通过结构力学进行分析，但是如果考虑在主弦杆与腹杆焊接处弯矩的传递，结构力学将很难求出。图 2-13 给出了一种用有限元方法计算时的应力云图分布。腹置的副臂以日本加藤的产品为代表，其特点是展开时不占起重机侧面的空间，非常适合狭长场地的副臂安装作业，且质量轻，截面形式为对称的槽形梁，如图 2-14 所示。图 2-15 给出了这种构造的有限元计算分析云图。另外，有些汽车起重机在副臂的构造上也进行了创新，以达到作业的灵活性，形式较多，这里仅列出两种，如图 2-16（a）、（b）所示。

图 2-11　某 25t 汽车起重机单节桁架形式副臂结构图

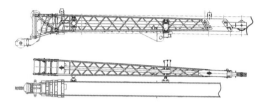

图 2-12　某型汽车起重机两节伸缩形式副臂结构图

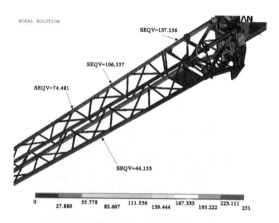

图 2-13　某型汽车起重机桁架式副臂有限元应力云图

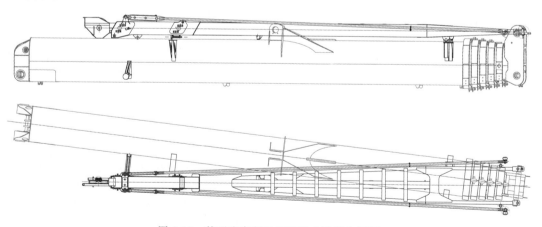

图 2-14　某型汽车起重机腹置式副臂布置图

2. 转台结构的组成与布局

转台是汽车起重机承载的重要连接部件，它通过回转支承，连接在底盘车架的回转座圈上，通过回转机构可以实现 360°回转。转台作

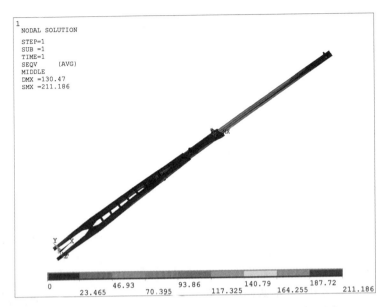

图 2-15　某型汽车起重机箱形副臂有限元计算应力云图

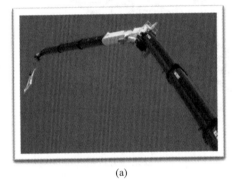

(a)

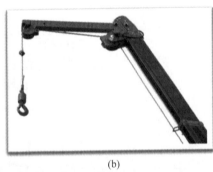

(b)

图 2-16　汽车起重机副臂结构形式示例
（a）副臂形式 1；（b）副臂形式 2

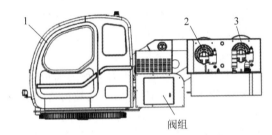

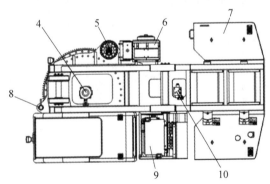

图 2-17　某型汽车起重机转台布置图
1—上车操纵室；2—主起升机构；3—副起升机构；4—中心回转接头；5—回转减速机；6—空调外挂机；7—配重；8—转台锁销；9—液压油散热器；10—伸缩切换阀

为一个承上启下的结构，起重臂、上车操纵室、起升机构、回转机构、变幅机构、配重等均与其直接相连。如图 2-17 给出了某型起重机转台布置图。

转台钢结构一般选用矩形钢管等和钢板焊接形式，设计时要尽量使焊缝少、材料利用率高，力求成本低。要根据受力方向进行合理的加强、加固,保证转台刚性足够,使回转稳定性优越。转台的主体结构有整体式的,也有的分成前后段焊接而成,这样方便加工,但是分段结构如何减小焊接变形非常关键。图2-18(a)、(b)是某80t汽车起重机转台布置结构图。

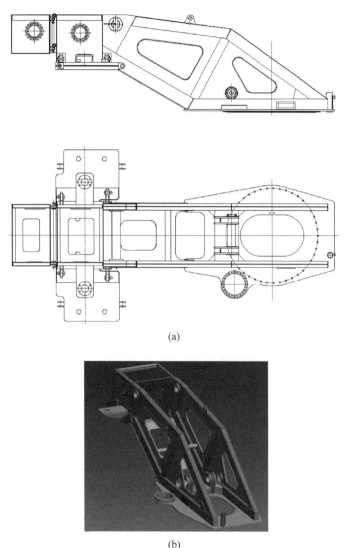

(a)

(b)

图 2-18　某 80t 汽车起重机转台结构图

(a) 转台二维装配图;(b) 转台三维结构

在转台钢结构上有主臂根铰点与变幅液压缸铰点孔,主、副卷扬机的安装孔,以及安装回转机构和回转支承的螺栓孔,这些尺寸均需要有良好的尺寸定位和加工精度保证,同时要刚度好,避免轴孔受力变形。由于转台结构由空间板或型钢焊接而成,因此在受力分析时采用有限元法较为合适。图 2-19 所示为某 80t 汽车起重机转台结构某一工况下的有限元分析应力云图。

转台的刚度设计最为关键。由于各种钢材的弹性模量差别不大,所以选择转台材料时并不是强度越高越合适,高强度材料除焊接困难外,价格也较高,因此在材料选择上需要综合考虑各种因素。

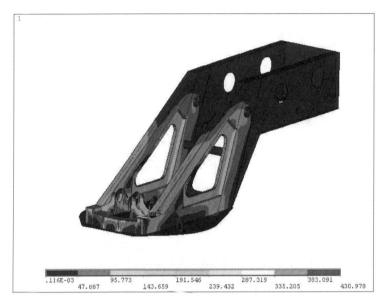

.116E-03   95.773   191.546   287.319   383.091
    47.887   143.659   239.432   335.205   430.978

图 2-19   某 80t 汽车起重机转台结构应力分布云图

3. 底盘结构的组成

1) 底盘类型

汽车起重机底盘按总体性能可分为通用汽车底盘和专用汽车底盘两种。

通用汽车底盘指通用汽车的二类底盘。由于原汽车车架的强度和刚度不能满足起重机在起重作业时的要求,故需要在原汽车底盘上增设带有固定支腿和回转支承连接的副车架以实现对上车的支承,所以整个起重机的重心较高,质量也较大,从而导致整机性能下降。但通用底盘的价格较低,维修方便,在中小吨位的汽车起重机上比较常用。

专用的汽车底盘是按起重机要求专门设计制造的。专用底盘与通用底盘的主要区别在于车架。前者是专用的能安装回转支承的车架,不仅承载能力大,而且具有极强的抗扭曲功能。专用底盘轴距较长,车架刚性好,其驾驶室的布置有三种形式:一是正置驾驶室(与通用汽车一样),如图 2-20(a)所示;二是侧置的偏头式驾驶室,如图 2-20(b)所示;三是前悬下沉式驾驶室,如图 2-20(c)所示。在行驶状态,正置平头驾驶室的汽车起重机,臂架放置在驾驶室上面,所以整车重心较高;侧置偏头式驾驶室的汽车起重机臂架位于驾驶室侧方,整机重心大大降低,但驾驶室视野不好;前悬下沉式驾驶室的汽车起重机臂架虽然置于驾驶室上方,但位置不高,故起重机重心低,其驾驶室悬挂在前桥前面,使车身较长,适合使用较长臂架,且乘坐舒适、视野开阔,不足之处在于前桥轴荷大,同时使车身增长,接近角减小,通过性稍差。

2) 底盘组成

汽车底盘部分由四大系统组成,即传动系、转向系、制动系和行驶系,如图 2-21 所示。

汽车传动系是位于汽车发动机与驱动车轮之间的动力传递装置。按结构和传动介质不同,可分为机械传动、液力-机械传动、液力传动和电力传动等类型。传动系的组成取决于发动机形式和性能、汽车总体结构、行驶系及传动系本身的结构形式等。传动系的作用是:可进行减速增矩、变速变矩、倒车,必要时可中断传动系统的动力传递并具有差速功能。

转向系是通过对左、右转向车轮不同转角之间的合理匹配来保证汽车能沿着设想轨迹运行的机构。转向系按转向能源不同可分为机械转向系和动力助力转向系。

制动系能保证汽车在高速行驶或者转向

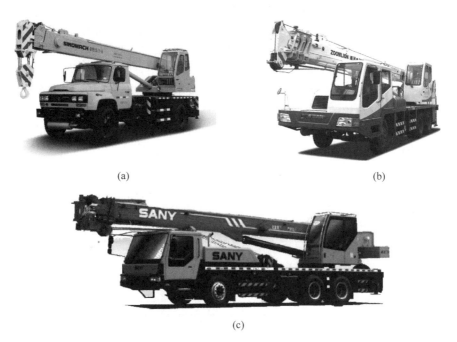

图 2-20 驾驶室布置形式

（a）正置驾驶室；（b）侧置的偏头式驾驶室；（c）前悬下沉式驾驶室

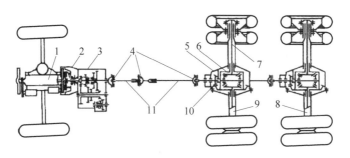

图 2-21 汽车底盘基本构造

1—发动机；2—离合器；3—变速箱；4—万向节；5—后桥壳；6—差速器；
7—半轴；8—后桥；9—中桥；10—主减速机；11—传动轴

时的安全,可以强制使行驶的汽车减速或者停车,另外可以使已经停车的汽车在原地驻留不动。制动系按照能源分类有人力、动力、辅助和伺服制动系四种类型。

行驶系由车架、悬架、车桥和车轮组成,可以接受传动系统传来的发动机转矩并产生驱动力;承受汽车的总重量,传递并承受路面作用于车轮上的各个方向的反力及转矩;缓冲减振,保证汽车行驶的平顺性;与转向系统协调配合,控制汽车的行驶方向。

3）底盘选用

汽车起重机选用通用底盘时,要根据通用载重汽车的承载能力和最大总质量来选择。为了保持原车轴荷的合理分配,在总布置时可通过改变上车三铰点位置及配重的重量和距回转中心的位置来调整。

当选用专用底盘时,按起重机总质量和底盘的桥荷确定桥数,按发动机扭矩选择传动系各总成。专用底盘的变速箱、传动轴、主传动器和桥箱一般都选用现有的通用汽车底盘部件。汽车起重机的桥荷受到道路、桥梁标准的限制。在一般双桥起重机底盘中，若前、后桥都是单胎，则前、后桥荷各为总重的50%；若后桥为双胎，则后桥荷约为70%的总重。在三桥汽车底盘中，双胎后双桥总载荷约为2×40%的总重，这不仅与轮胎数目有关，也与转向桥的轴荷有关，具体问题需要进行具体分析。专用底盘的主要受力构件为车架，车架结构一般为箱形、全焊接式，前部为断面边梁式冲压铆接结构，后部为等直断面箱形焊接结构，主要承受弯扭作用，在设计上要保证其具有足够的刚度和强度。由于固定支腿箱也直接与车架焊接成为一体，所以车架结构除了要满足吊载时的静强度要求，还要满足疲劳强度要求。图2-22所示为一种专用汽车起重机底盘车架结构图。

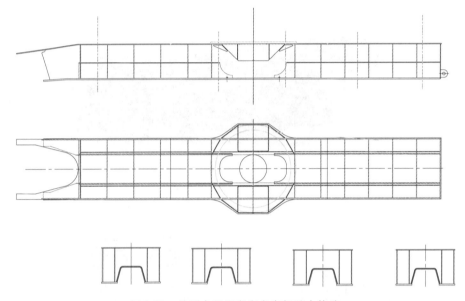

图 2-22 某型专用汽车底盘车架基本构造

由于车架结构采用纵横板焊接而成，并且截面也不规则，为了简化计算，往往将其看做梁，但是这种简化存在较大误差，目前多采用有限元法进行计算分析。图2-23所示为某100t汽车起重机车架结构一个工况的计算结果应力云图。在分析过程中可以取分离体进行计算，但是为了使结果更加准确，可以将支腿与车架作为一个整体进行分析。关于计算分析的工况，既要充分考虑起重臂作业方位的影响，也要分别针对最大起重力矩和最大起升载荷两种受力状态进行。车架的刚度也可以在计算过程中得到，其数值直接影响支腿的抬腿量。刚度低则变形加大，即使强度满足要求，但变形带来的抬腿过大，或在起重臂作业过程中下车扭转角过大，会影响整机的稳定性，因此合适的车架刚度至关重要。

目前国内能生产汽车专用底盘的企业主要有：徐州工程机械集团有限公司（徐工）、中联重科、四川长江工程起重机有限责任公司（长起）、广西柳工集团有限公司（柳工）、三一集团有限公司、中国重汽集团泰安五岳专用汽车有限公司（重汽五岳）、一汽解放专用车有限公司、东风汽车集团股份有限公司等。

汽车起重机的动力来源于发动机，主要发动机厂家有：道依茨一汽（大连）柴油机有限公司、广西玉柴机器集团、东风康明斯发动机有限公司、上海柴油机股份有限公司、潍柴动力股份有限公司、一汽解放汽车有限公司无锡柴油机厂等。

4. 支腿结构

汽车起重机的支腿形式常见的有H形、蛙形、辐射式、摆腿式等。目前汽车起重机主要

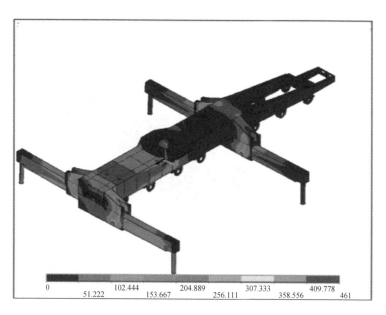

图 2-23　某 100t 汽车起重机车架结构应力云图

采用 H 形支腿，其主要特点是受力明确，易于调平，支腿横向跨距可以做得较大。下面主要介绍 H 形支腿的结构。

　　H 形支腿由固定支腿箱与活动支腿箱组成。固定支腿箱与车架焊接成一整体，活动支腿可以在其中自由伸缩。活动支腿一般为单级，但有时为了加大支腿的横向跨距，以便起重机获得较大的稳定力矩，便做成双级或多级伸缩活动支腿，一般 50t 以上的汽车起重机多数采用双级活动支腿，如图 2-24 所示。活动支腿全缩时，由固定销锁定，防止长途行驶时滑出。对于 360°全回转汽车起重机，在底盘驾驶室下面常设有第五支腿，使用第五支腿时，起重作业可无区域限制。

　　支腿结构的受力是比较明确的，如果假设支腿放置于平整且坚实的地面，最大支腿压力可以根据公式计算得出，这里不再赘述。活动支腿与固定支腿箱或者多级支腿相互间搭接处的挤压力计算是难点，同时其刚度也直接影响车架的上平面扭转角度，因此支腿刚度必须认真核算。图 2-25 所示为某 75t 汽车起重机将支腿作为分离体的应力计算分析云图，此种计算也可以同时得出支腿的受力变形量。

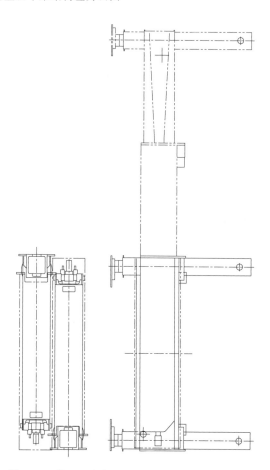

图 2-24　某 75t 汽车起重机支腿箱及双级支腿结构

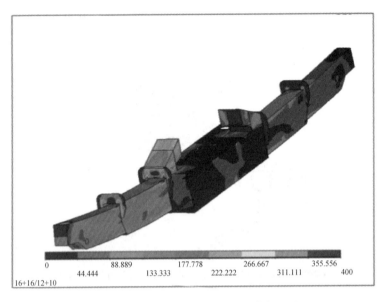

| 0 | | 88.889 | | 177.778 | | 266.667 | | 355.556 | |
| | 44.444 | | 133.333 | | 222.222 | | 311.111 | | 400 |

16+16/12+10

图 2-25　支腿箱及支腿结构应力分布云图

2.3.3　机构组成

汽车起重机的机构包含主臂伸缩机构、起升机构、变幅机构、回转机构和支腿伸缩机构。

1. 主臂伸缩机构

汽车起重机箱形伸缩臂的伸缩都是由液压缸来驱动的。液压缸一端与基本臂相连接,其他各节臂的伸缩,则是通过液压缸伸缩直接推动或通过其他机构推动。如何尽量降低起重臂的总重量,除了尽可能提高起重臂材料的强度级别和设计更合理的箱形起重臂截面外,设计和采用先进的伸缩机构也是重要途径之一。目前应用最广泛的伸缩机构主要有两大类:液压缸加绳排式伸缩机构和单缸插销式伸缩机构。

1)液压缸加绳排式伸缩机构

液压缸加绳排式伸缩机构形式的优点是:①可以保证起重臂伸缩过程连续;②臂长变化容易,操作方便;③伸缩时间短,控制简单,技术成熟。缺点是:①机构体积较大。由于需要在臂间走绳,臂架截面变化大,因此对末端截面减少大,当伸缩臂节数做到六节以上时如仍用上述的伸缩形式,则其截面将会做得很大,影响起重性能。②不能满足大吨位、多节臂的发展需要,故只适合于五节臂以下的中小吨位汽车起重机。

液压缸加绳排式伸缩机构的主要形式如下:

(1)顺序伸缩机构:各节臂以一定的先后次序逐节伸缩。

(2)同步伸缩机构:各节臂以相同的相对速度进行伸缩。

(3)独立伸缩机构:各节臂能独立进行伸缩。

(4)组合伸缩机构:当伸缩臂超过三节时,可以同时采用以上所列的任意两种伸缩方式进行伸缩。

伸缩机构由伸臂液压缸或伸臂液压缸加拉索组成。图 2-26 给出了一种同步伸缩机构组成示意图。

如图 2-26 所示,同步伸出的工作原理如下:当伸缩液压缸的无杆腔进油时,伸缩液压缸的缸筒前伸。通过液压缸缸筒上的绞点轴带动二节臂伸出,实现二节臂与伸缩液压缸同步伸出。三节臂的伸臂绳一端固定在三节臂尾端的自动平衡架上,另一端通过伸缩液压缸头部连接架上的滑轮固定在一节臂尾端拉索固定座上。当二节臂与伸缩液压缸同步伸出时,在滑轮的作用下,三节臂的伸臂绳带动三节臂

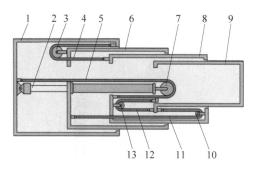

图 2-26　同步伸缩机构

1—一节臂；2—伸缩液压缸；3—三节臂缩臂滑轮；
4—三节臂缩臂绳；5—三节臂伸臂绳；6—二节臂；
7—三节臂伸臂滑轮；8—三节臂；9—四节臂；
10—四节臂伸臂滑轮；11—四节臂伸臂绳；12—四
节臂缩臂绳；13—四节臂缩臂滑轮

以液压缸 2 倍的速度伸出，从而实现二、三节臂同步伸出。四节臂伸臂绳的一端固定在四节臂尾端的铰接轴上，通过三节臂头部的滑轮，将绳的另一端固定在二节臂尾端。在二、三节臂同步伸出的同时，四节臂伸臂绳带动四节臂以三节臂伸出速度的 2 倍伸出，即实现三、四节臂同步伸出，从而实现二、三、四节臂同步伸出。

同步回缩的工作原理如下：当伸缩液压缸有杆腔进油时，伸缩液压缸的缸筒回缩。通过液压缸缸筒的绞点轴带动二节臂同步回缩，三节臂缩臂绳的一端固定在三节臂尾端，通过二节臂尾端滑轮缩臂轮，将另一端固定在一节臂头部上方的连接架上。在二节臂回缩的同时，通过二节臂尾端缩臂轮带动三节臂以二节臂 2 倍的回缩速度回缩，即实现二、三节臂同步回缩。四节臂缩臂绳的一端固定在四节臂的尾端，通过三节臂尾端缩臂轮将另一端固定在二节臂头部上方的连接架上。在三节臂回缩的同时，三节臂尾端缩臂轮带动四节臂以三节臂 2 倍的回缩速度回缩，即实现三、四节臂同步回缩，从而实现二、三、四节臂同步回缩。

液压缸加拉索的伸缩形式也往往混合使用。图 2-27 所示为一种五节臂伸缩原理图，在这种伸缩结构中共有两个液压缸，其中Ⅰ号液压缸的作用是将相连的二节臂推出，实现顺序伸缩；Ⅱ号液压缸的主要作用是实现二、三、四和五臂的同步伸缩，伸缩原理如前所述。

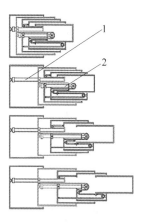

图 2-27　五节臂主臂伸缩机构工作原理

1—Ⅰ号液压缸；2—Ⅱ号液压缸

2）单缸插销式伸缩机构

单缸插销式伸缩机构由单个液压缸、互锁的缸销和臂销、液压缸长度传感器、缸销和臂销检测开关、接触开关等组成。单缸插销式起重臂具有如下特点：

（1）内置式互锁系统可以确保某一节伸缩臂和伸缩液压缸互相锁定后才能释放该节臂和其他节臂的连接。

（2）自动伸缩臂系统能够控制伸缩臂迅速伸缩到设定的长度，具有很好的灵活性。可以根据工作需要预选臂架的最佳组合。臂架伸缩可选用自动或手动方式，其中自动伸缩更加节省时间。伸缩方式的多样性保证了臂架的高性能，臂架系统受力更合理，在中长臂时起重性能更加优越。

（3）采用数据总线技术，所有的重要电气元件如长度传感器、检测开关、电比例手柄的信号等都通过数据总线进行传输。

上述技术的采用使整个起重臂具有吊重能力强、作业幅度大、可靠性高、操作简便、高效、安全、舒适等优点。

目前单缸插销机构虽然在工作总体原理上有共性的特点，但是具体形式却多种多样。根据受力以及机构布置需求，缸销有两个的，大吨位的也有四个的，单侧各一对。臂销有的布置在起重臂顶部，也有的将其放在两侧与缸销同侧布置。缸销和臂销间的安全互锁是关键，互锁的目的是确保缸销和臂销不能同时缩回，否则会出现缸销和臂销同时失去对臂节的连接作用，导致臂节脱离，受到重力作用而下滑。互锁的形式分为机械互锁、电气互锁和液压互锁。

下面介绍两种典型的单缸插销机构。图 2-28 所示为一种单缸插销伸缩机构内部构造图，图 2-29 所示为其外观三维图。这种插销机构是臂销置于顶部，缸销置于两侧的机械互锁插销形式。

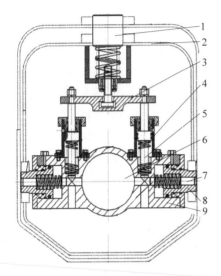

图 2-28　顶部单臂销双侧各单缸插销伸缩
机构内部构造

1—臂销；2—臂节；3—拉板；4—垂直液压缸；
5—垂直互锁销；6—伸缩液压缸；7—水平互锁
销；8—缸销；9—水平液压缸

图 2-29　顶部单臂销双侧各单缸插销伸缩
机构三维外观图

除臂销置于顶部外，也有将臂销与缸销同时置于两侧的，如图 2-30 所示。其互锁形式也

是采用机械互锁。机械互锁方式可靠性好，应用较广。

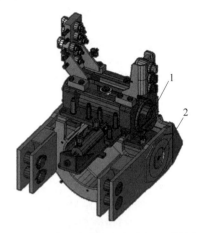

图 2-30　缸销和臂销两侧各布置一伸缩机构

1—插拔臂销装置；2—缸销

单缸插销式伸缩机构多用于五节臂以上的伸缩臂。图 2-31 所示为某型 80t 六节臂单缸插销伸缩臂架结构，可以看出其结构紧凑。但是从臂架俯视图上看，它仅有四个销孔，因此伸缩臂只能在有臂销孔的位置才能锁住。

单缸插销机构相对于传统液压缸绳排的伸缩机构具有如下优点：

（1）可以显著降低起重臂的重量，增加起重臂的节数和长度，显著提高起重臂的起重性能。

（2）臂架重量轻，对整机稳定性影响小。

（3）承载能力大，压力分布更合理。

（4）液压缸不承受作业载荷。

（5）臂节截面变化小，臂架由此带来的强度削弱小，大大提高了起重性能。

（6）伸缩机构内部的互锁系统可以确保起重作业安全、可靠。

缺点如下：

（1）离散的臂架伸缩长度无法实现无级伸缩。

（2）不易调整臂架长度。

（3）改变伸缩臂长度时较慢，效率相对较低。

2．起升机构

起升机构一般由驱动装置、钢丝绳卷绕系统、取物装置和安全保护装置等组成。驱动装置包括减速机、制动器、马达等部件；钢丝绳卷

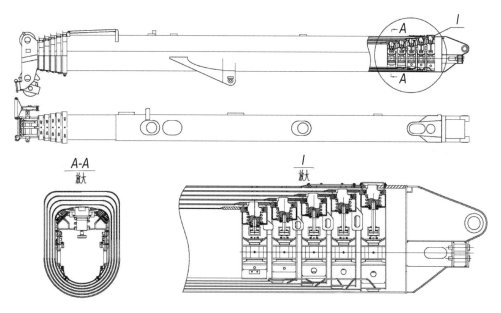

图 2-31 某型 80t 六节臂单缸插销伸缩臂架结构

绕系统包括钢丝绳、卷筒、定滑轮组及动滑轮组(与吊钩做成一体)等;取物装置有吊钩、抓斗、电磁吸盘、吊具、挂环等多种形式;安全保护装置包括平衡阀、起升高度限位器、三圈过放装置、力矩限制器等。

起升机构的驱动形式有内燃机驱动、电动机驱动和液压驱动三种。

液压驱动的起升机构,是由发动机带动液压泵,将工作油输入执行机构(液压马达)使机构动作,通过控制输入执行机构的液体流量实现调速。液压驱动的优点是传动比大,可以实现大范围的无级调速;机构紧凑,重量轻;运转平稳;操作平稳、方便;过载保护性好。缺点是液压传动元件的制造精度要求高,液体容易泄漏。

液压驱动有两种驱动形式:

(1)高速液压马达驱动。这种形式在液压起重机中应用最为广泛。其特点是工作可靠、成本低、寿命长、效率高、微动性好;可以采用批量生产的减速机与之配套,元器件便于采购。

(2)低速大扭矩液压马达驱动。低速大扭矩液压马达转速低,输出扭矩大,一般不需要减速传动装置,简化了机构。

图 2-32(a)、(b)给出了某型汽车起重机液

压马达、减速机和卷筒等一体的起升机构,安装在转台后部。这里需要说明的是主、副卷扬机的布置位置,有的主卷扬机靠后,有的则主

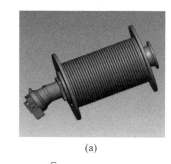

(a)

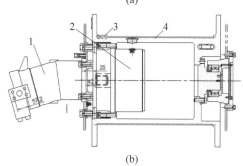

(b)

图 2-32 马达＋内嵌式减速机＋卷筒构成的
起升机构

(a)三维图;(b)二维图

1—变量马达;2—减速机;3—钢丝绳;4—卷筒

卷扬机靠前,这两种方式虽然差异不大,但却各有优劣。图2-33为主、副卷扬机布置图,所示结构的主卷扬机置于后方。

图2-33　某型25t汽车起重机主、
副卷扬机布置图

1）起升液压马达的种类

马达有定量与变量之分。目前起升马达多采用变量马达,其能根据载荷的大小自动调节排量,轻载高速,重载低速,工作效率较高。当系统压力达到压力控制设定值时,马达斜盘摆到较大的摆角,在恒压下产生较大的扭矩。

2）起升机构卷扬机和减速机

减速机形式:普通轮系、行星轮系与摆线针轮减速机。

卷筒形式:螺旋槽与变形绳槽(Lebus绳槽)。

制动器:常用的有片式制动、带式制动与蹄式制动。

3）钢丝绳

一般采用抗扭钢丝绳。

固定方式:钢丝绳通过楔块连接在卷筒体或卷筒侧挡板外的楔形套里,另一端则与楔块一道嵌入楔套,外加绳夹,然后用楔套连接在臂架头部或吊钩上。

安全系数:起重机用钢丝绳的安全系数可以根据工作强度级别在设计规范中查表获得。

钢丝绳的旋向,对于右上出绳的钢丝绳,选左旋。

4）吊钩

主吊钩,多倍率;副吊钩,单倍率。

在汽车起重机行驶前,应将吊钩用吊环与车架上的小钩连接,然后用压板固定。设计主臂行驶状态下的前悬时也要考虑吊钩位置,如果前悬过短,在短距离行驶的时候吊钩并不需要固定,这样吊钩很容易与下车驾驶室相碰,因此这个细节在设计时需要给予考虑。图2-34所示为某25t汽车起重机臂头处的主、副钩位置。

图2-34　某25t汽车起重机主、副钩布置
1—主钩;2—副钩

3. 变幅机构

用来改变吊钩和重物幅度的机构称为变幅机构。现代起重机的变幅是通过一个(见图2-35)或两个双作用液压缸(见图2-36)的伸缩,达到吊钩中心与回转中心的水平距离(即幅度)发生变化的。通过一个液压缸实现变幅,称为单缸变幅;通过两个液压缸实现变幅,称为双缸变幅。液压缸变幅机构的特点是结构简单紧凑、动作平稳和易于布置。

图2-35　前置单缸变幅机构

图 2-36　双缸变幅

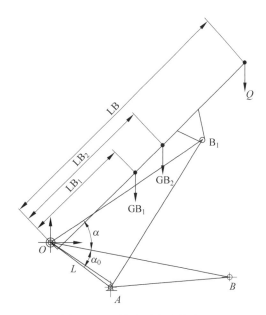

图 2-37　三铰点受力计算分析

变幅缸有两种布置方式：①前置；②后置。

前置式的特点：变幅推力小，可以采用小直径液压缸，既能降低制造成本，又能提高起落臂的速度；臂架悬臂部分短，臂架受力有利；臂架下方有效空间小。

后置式的特点：液压缸后移，对起重机稳定性有利；臂架下方有效空间大；需要变幅推力大；臂架悬臂部分长，臂架受力状况恶化。

现在汽车起重机中普遍采用前置式液压缸变幅，而且只要能够采用单缸变幅的，则尽可能采用单液压缸。这是因为双缸虽然可以减小液压缸直径，但在液压控制上不如单缸容易，不易保证两缸同步伸缩，特别是布置在臂架两侧的变幅液压缸，且存在风险，如其中一个液压缸发生故障时不易被发现。

在汽车起重机的设计环节，三铰点的位置确定至关重要。这里所说的"三铰点"是指变幅液压缸与主臂的铰点、主臂与转台的铰点和变幅液压缸与转台的铰点。图 2-37 所示为变幅液压缸上铰点、液压缸下铰点和主臂的根铰点受力计算分析。

三铰点的位置决定整车的布置，尤其是对上车重心位置起到关键作用。目前有很多文献对其布置进行优化分析，除了保证重心合理布置外，还以液压变幅缸在伸缩过程中受力波动尽可能小作为优化目标。此外，液压缸的伸出比是否合理也至关重要，否则会造成液压缸无法设计制作或设计出的液压缸死行程过大。

4．回转机构

回转机构由回转支承和回转驱动装置组成，其工作过程是：将上车操纵先导手柄（或操纵拉杆）扳到转台回转位置时，液压油通过下车管路、中心回转接头、上车管路、上车主阀后，输送给回转减速机的动力元件——液压马达。液压马达驱动回转减速机回转，减速机输出端的小齿轮与回转支承的内齿圈相啮合，驱动回转支承内圈转动。由于回转支承内圈是用螺栓固定在底盘坐圈上的，无法转动，因此安装在转台底板上的回转减速机连同转台一起回转，即实现转台 360°回转运动。对于回转机构内部无法布置的情况，也可采用外啮合回转支承，尤其对于大吨位的回转机构。

液压驱动有以下几种形式：

（1）高速液压马达通过蜗轮减速机或行星减速机驱动。为了使回转运动能在任意位置平稳、无冲击地停止，在液压回路上加装有回转缓冲阀。

（2）低速大扭矩液压马达驱动。该马达每转排量非常大，输出轴的输出转速很小，可以省去减速机或减少减速机的速比，使机构紧凑。但这种马达成本高，回转平稳性和可靠性不如高速液压马达。

由于上述原因，加之可以采用机构紧凑、传动比大的行星传动或蜗轮传动，高速液压马达在起重机回转机构中得到广泛使用。图2-38和图2-39所示为汽车起重机上比较常见的回转机构形式。当然，随着起重机吨位的加大，回转阻力矩也会增加，在这种情况下，有的回转机构采用了两个或多个机构进行驱动，如图2-40所示。此时机构占用的空间比较大，一般采用外啮合形式。

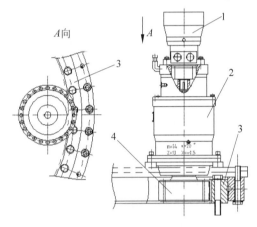

图 2-38　回转机构布置（内啮合）

1—回转马达；2—回转减速机；
3—回转支承；4—回转小齿轮

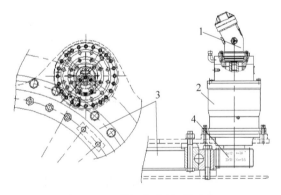

图 2-39　回转机构布置（外啮合）

1—回转马达；2—回转减速机；
3—回转支承；4—回转小齿轮

回转用液压马达一般为定量柱塞马达；回转用减速机采用摆线针轮与行星轮系；回转制动器采用片式制动与蹄式制动；回转支承种类

较多，包括四点球、交叉滚柱等，啮合方式分为内啮合与外啮合。

5. 支腿伸缩机构

汽车起重机支腿常见的有单级支腿和双级支腿。其伸缩机构形式和伸缩臂的伸缩机构类似，但由于支腿的水平液压缸伸缩受力较

图 2-40　双回转外啮合回转机构

小，因此机构设计时所考虑的力的因素不多，关键是满足工艺或安装要求。然而支腿的垂直液压缸受力较大，需要校核最大支腿压力下的强度以及需要与液压系统的要求相对应。图2-41所示为某型汽车起重机单级支腿伸缩机构简图。因为只有一级活动支腿，所以只靠单液压缸即可完成伸缩。

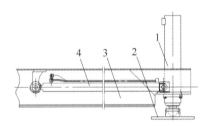

图 2-41　单级支腿伸缩机构简图

1—支腿垂直液压缸；2—支脚盘；
3—活动支腿；4—支腿水平液压缸

图2-42给出了一种双级支腿的伸缩机构布置图，其伸缩原理为液压缸加绳排的同步伸缩，如图2-43所示。

2.3.4　动力系统

汽车起重机动力来源有两种形式：一种是只有底盘发动机，吊装作业动力通过下车发动机取力装置获得；另外一种是同时具有底盘发动机和上车专门用于吊装作业的独立发动机。

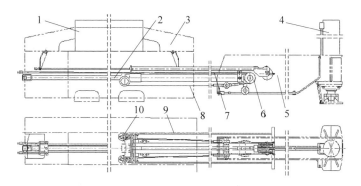

图 2-42　某型汽车起重机双级支腿伸缩机构简图

1—车架；2—支腿水平液压缸；3—固定支腿箱；4—支腿垂直液压缸；5—二级活动支腿；6—二级活动支腿伸腿滑轮；7—二级活动支腿伸腿绳；8—二级活动支腿缩腿绳；9—二级活动支腿；10—二级活动支腿缩腿滑轮

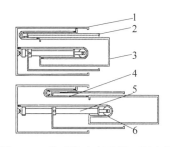

图 2-43　某型汽车起重机双级支腿
伸缩机构原理

1—固定支腿箱；2——级活动支腿；3—二级活
动支腿；4—二级活动支腿缩腿绳；5—支腿水
平液压缸；6—二级活动支腿伸腿绳

底盘发动机取力时，采用取力器。取力器是一种齿轮传动装置，其主要功用是取出变速器传递的动力，或直接将发动机的功率通过法兰和传动轴传递到被驱动的工作机构上。按取力装置的取力形式可分为发动机取力和离合器取力两大类。通常取力装置安装在变速器的动力输出侧孔上，它有各种不同的形状和大小。汽车起重机取力器一般与底盘的变速箱相接，对于越野汽车起重机，也可以与分动箱相接，分别称为变速箱取力或分动箱取力。

此外，取力器与液压泵的连接一般通过传动轴，也有直接通过连接套的。通过传动轴连接的须考虑传动夹角（当量夹角理论上是 0° 最好，但是很难达到，因此要根据传动需要控制在合理范围），通过连接套连接的须不让液压泵受到大的轴向力。

从独立发动机取力时，液压泵通过扭力减

振器与发动机的飞轮直接相连。此时，发动机的动力通过其飞轮直接传给液压泵。

底盘发动机取力的优点是底盘与上车共用一个动力源，减轻了整机重量。且由于减少了一个发动机，从而降低了制造成本。但是由于底盘发动机的功率一般较大，而起重部分的所需功率较小，因此先前此技术一般用于中、小吨位的汽车起重机上。否则由于功率差异过大，浪费能源。但随着电控发动机技术的不断提高，大功率发动机小功率输出同样节能，单发动机起重机吨位已经不受限制。图 2-44 给出了底盘发动机的取力过程。

上车独立发动机取力，虽然增加了一个发动机，使其重量及制造成本相应较高，但是采用上车独立发动机后，在吊装作业过程中油耗大大降低，使用成本可大幅下降。因此，目前 100t 以上起重机的上车大都采用独立发动机。

图 2-44　底盘发动机取力动力传递过程

根据所需功率以及排放标准，需要合理选择柴油发动机。有关柴油发动机的工作原理与组成，柴油发动机的排放与改进以及发动机控制技术发展可以参见 4.3.4 节。

2.3.5　液压系统

汽车起重机液压系统由上车液压系统和

下车液压系统两部分组成。目前中小吨位的汽车起重机通常采用开式液压系统,而大吨位汽车起重机由于对性能和控制要求的提高,多采用闭式液压系统,尤其对于大型全地面起重机和履带起重机,闭式系统应用较多。本书以开式系统为例,对汽车起重机液压系统的组成进行说明。图 2-45 所示为 QY25 汽车起重机液压系统框图。

液压系统的作用是将液压泵输出的液压油通过操纵阀,供给起重机各个动作的执行元件及保障起重机能可靠安全工作的辅助元件,如蓄能器、平衡阀等,从而实现起重机的回转、伸缩、变幅、升降及支腿等动作。

上车液压系统一般由起升、回转、变幅和臂架伸缩四个主回路组成。起升液压系统要求能够达到规定的提升能力和提升速度,工作平稳,在重物下降时,能防止由于载荷的自重导致超速降落,并能保证载荷在空中停留后再次起升时不下滑。回转液压系统的要求是回转平稳,通过自由滑转功能实现吊重自动对

中,从而有效地防止起吊时侧载的产生。变幅液压系统的要求是能带动负载变幅,变幅动作稳定可靠,并且在落臂时要有限速措施。臂架作业时,伸缩液压缸不能动作,空载作业时,伸缩液压缸的动作不能超速,要有限速措施。

下车液压系统主要是支腿油路,液压支腿在起重机工作时支承整机和外载荷重量,要求安全可靠,作业时不能发生支腿自缩现象。为了提高效率和整机调平要求,既可同时伸缩又可单独伸缩。

液压操纵控制系统主要有三种形式:机械式是汽车起重机最简单、最广泛使用的一种操纵方式,成本低,控制精度较差;液压比例操纵系统使操作性能和控制精度得到了很大的提高,但仍然受到操作人员水平的限制;而最有发展前途的是电液比例操纵系统,其微动性能好,并可借助计算机技术和可编程技术,为汽车起重机向智能化发展提供了基础。图 2-46和图 2-47 分别给出了机械式和液压比例操纵型主阀的外形图。

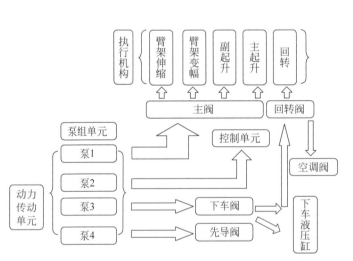

图 2-45　QY25 汽车起重机液压系统框图

图 2-46　机械式操纵型主阀

图 2-47　液压比例操纵型主阀

汽车起重机的液压系统并非完全相同,对于不同的机型,其使用工况和要求不同,液压系统也会有所差别。下面以 QY25 汽车起重机的液压系统为例,介绍其传动形式和工作原理。

QY25 液压系统的油泵为 63/50/32 三联

泵,如图 2-48 所示。63 和 50 双泵合流为起升、变幅、伸缩供油。32 泵优先为下车支腿操作阀供油,当下车支腿阀在中位,支腿不需进行动作时,该泵为回转机构及先导控制阀块供油。整车的液压系统同样可分为下车液压系统和

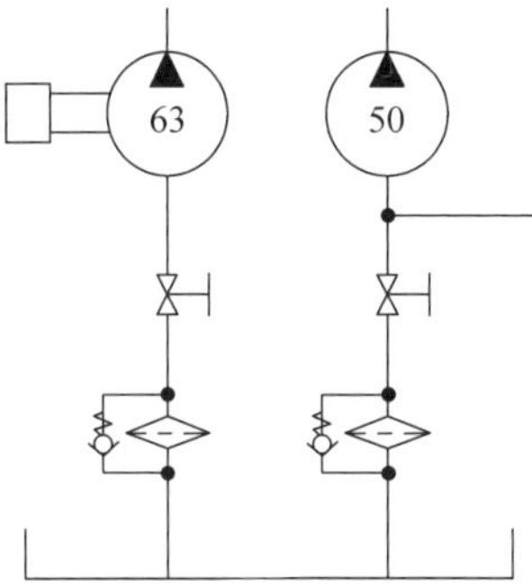

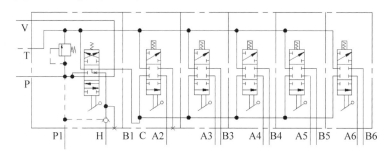

图 2-48　QY25 液压系统三联泵

上车液压系统。

1. 下车液压系统

下车液压系统的主要作用是通过六联多

路阀组控制支腿的伸缩动作。多路阀组的工作原理如图 2-49 所示。

如图 2-49 所示，从左到右，第 1 片为总控制阀，第 2～6 片为选择阀，分别选择控制水平或者垂直位置（操作杆上抬为垂直，下压为水平）支腿液压缸。操作第 1 片阀，可以实现水平（垂直）液压缸的伸出与缩回（上抬为缩回，下压为伸出）。支腿操作既可联动，也可单独操作，实现动作的微调。多路阀中安全阀的作用是限制供油泵的最高压力，对系统起保护作用。在图 2-50 中最后一个缸设有压力传感器，限制第五支腿的伸出最高压力，保护底盘大梁，防止其受力过大而变形损坏。

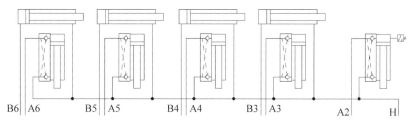

图 2-49　QY25 下车液压系统六联多路阀组工作原理

图 2-50　支腿液压缸

当总控阀在中位时，油路通过 V 口向上车回转机构供油。

在垂直液压缸上装有双向液压锁，其作用是防止行驶时由于重力作用导致活塞杆伸出以及在作业时液压缸回缩。

2. 上车液压系统

上车液压系统由五联多路阀实现对主、副卷扬机构，变幅机构，伸缩机构与回转机构的控制，如图 2-51 所示。控制顺序从左到右依次为主起升、副起升、变幅、伸缩、回转。多路阀中设有安全阀溢流阀，防止因油压过高而对系

统造成破坏。

多路阀的 P2、P3 油口接泵 63、50 出油口。泵 32 出口油路经下车多路阀后进入 P1 油口。Y 油口输出为控制油路。T2、T3 油口接回油箱。

3. 控制油路

图 2-52 所示为控制油路的原理图。控制油由上车多路阀的 Y 口输出，进入控制油路。通过操纵手柄对油液流向进行分配，从而实现对各机构的控制。如图中所示，电磁阀 Y1 决定控制油路是否起作用，Y1 得电，系统正常工

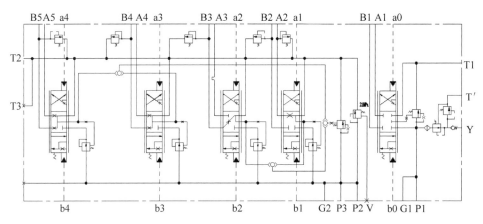

图 2-51　上车液压系统多路阀

作。a0、b0 控制回转机构换向阀,a1、b1 控制伸缩机构换向阀,a2、b2 控制变幅机构换向阀,a3、b3 控制副起升机构换向阀片,a4、b4 控制主起升机构换向阀。电磁阀 Y3、Y5 断电时左手柄控制 a1、b1 伸缩机构,当 Y3、Y5 通电时切换到控制 a3、b3 副起升机构。

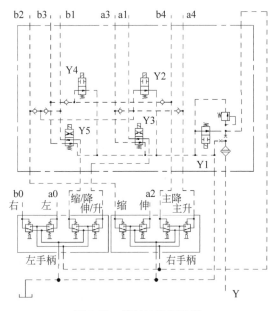

图 2-52　控制油路原理图

4.回转油路

回转油路原理如图 2-53 所示。

操纵左手柄使 b0 口输出液压油,控制上车多路阀 A1 油口出油,驱动马达向左旋转。同理,操纵左手柄使 a0 口输出液压油,控制上车多路阀 B1 油口出油,可驱动马达向右旋转。

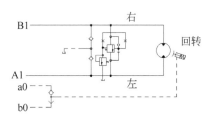

图 2-53　回转油路原理图

无论 b0 或者 a0 油口输出液压油,均通过梭阀至回转减速机制动器油口,打开制动器。在回转马达两侧油路安装有缓冲阀,避免起动和停止过程中的冲击。回转缓冲阀在制动停止时还可为马达补油,防止马达回转吸空以延缓马达的制动时间,起到回转缓冲作用。

5.伸缩油路

伸缩油路原理图如图 2-54 所示。

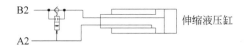

图 2-54　伸缩油路原理图

电磁阀 Y5、Y3 失电,操纵左手柄使 a1 口输出液压油,控制上车多路阀 B2 油口出油,驱动液压缸伸出。反之,操纵左手柄使 b1 口输出液压油,控制上车多路阀 A2 油口出油,驱动液压缸缩回,回油一侧安装平衡阀,防止缩臂时失控。

6.变幅油路

变幅油路原理图如图 2-55 所示。

操纵右手柄使 a2 口输出液压油,控制上车

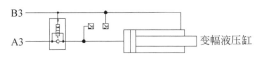

图 2-55　变幅油路原理图

多路阀 A3 油口出油，驱动变幅液压缸伸出。反之，操纵右手柄使 b2 口输出液压油，控制上车多路阀 B3 油口出油，驱动变幅液压缸缩回。在无杆腔一侧安装有平衡阀，防止变幅液压缸缩回时失控。另外在有杆腔和无杆腔均有压力传感器，给力矩限制器提供压力信号。

7. 主起升油路

主起升油路原理图如图 2-56 所示。

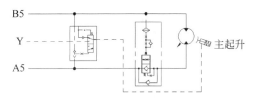

图 2-56　主起升油路原理图

在马达起升侧安装有平衡阀，起升时油液通过平衡阀中的单向阀至马达油口，驱动马达旋转，实现重物的起升。下降时高压油打开平衡阀中的顺序阀，通过顺序阀回油。其作用是防止负载在重力作用下失速，起平衡限速的作用。起升减速机上安装有常闭式制动器。马达工作时，主油路的高压油会打开换向阀，使控制油进入制动器，从而打开制动器。

8. 副起升油路

副起升油路原理图如图 2-57 所示。其原理与主起升油路相同。

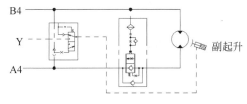

图 2-57　副起升油路原理图

2.3.6　电气控制系统

汽车起重机电气控制系统是确保起重机正常、安全工作必须设置的系统。起重机的安全作业主要靠电气系统来实现，电气系统是起重机最重要的组成部分之一。电气系统主要由各类照明灯、信号灯、行程开关、接近开关、传感器、继电器、电磁换向阀等组成。汽车起重机的电气控制系统主要分为上车电气控制系统和底盘电气控制系统。

1. 上车电气控制系统

汽车起重机的上车电气系统主要包括力矩限制器、高度限位器、三圈保护器、压力传感器、长度传感器、角度传感器、导电环、操纵室电器等。

1）力矩限制器

力矩限制器是汽车起重机作业的核心装置，由主控制器、显示器、各类传感器、报警指示灯和 GPS 远程监控模块组成。系统通过压力、长度和角度传感器，以及其他状态监测器，实时采集起重机的工作状态参数，经过处理后精确判断起重机是否处于安全工作范围之内，并在显示器上用汉字/图形直观真实地显示出起重机的实际工况参数：臂长、工作角度、工况、倍率、额定起重量、实际起重量、幅度、力矩百分比。图 2-58 所示为力矩限制器系统结构图。

图 2-58　力矩限制器系统结构图

当起重机力矩大于等于额定力矩的 95% 时，力矩限制器便发出预警信号；当达到额定力矩的 105% 时，发出报警信号并通过起重机控制机构，快速切断起重机向危险方向的动作，使得起重机只能向安全方向动作；当吊钩上升至限定高度时，发出报警信号，快速切断卷扬收绳动作。所有的保护动作可通过检修开关进行关闭，部分动作保护可通过强制开关进行关闭。

目前力矩限制器的发展已达到了很高的水平，其精度已超过5%，很多已达到1%，是十分重要可靠的安全装置。国家要求16t以上的起重机必须装备力矩限制器，这也是对产品的一个重要保护措施。

主要生产汽车起重机力矩限制器的厂家有：徐州赫思曼电子有限公司、长沙华德科技开发有限公司、长沙弘安科技有限公司等，分别为徐州工程机械集团有限公司、三一集团有限公司、中联重科股份有限公司等供应力矩限制器。图2-59所示为其中两种产品的照片。

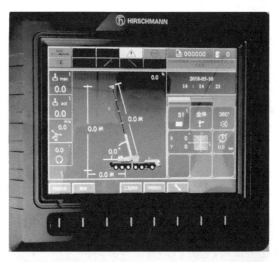

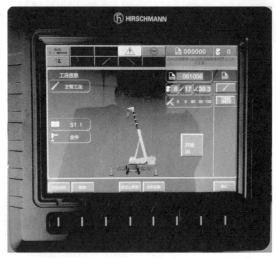

图 2-59　徐州赫思曼生产的力矩限制器

2）高度限位器

为了防止在起重机作业时吊钩上升过高与臂架头部滑轮相撞，系统设置了高度限位器，如图2-60所示。当吊钩上升托起限位器重锤时，过卷开关动作，过卷报警指示灯亮，蜂鸣器鸣叫。同时发出的过卷信号使卷扬上升电磁阀卸荷，吊钩的上升运动被切断。此时可以操纵吊钩下降，当吊钩下降到脱离限位器重锤时，蜂鸣器停止鸣叫，过卷报警指示灯灭。

3）三圈保护器

如图2-61所示，当起重机臂架全伸、小幅度吊钩落地时，卷扬钢丝绳有可能过放。钢丝

图 2-60　高度限位器

绳在卷筒上剩余少于三圈时,保护器动作,同时过放信号使卷扬下降电磁阀卸荷,吊钩下降的运动被切断,落钩工况自动停止,过放报警灯点亮。

图 2-61　GL-190 三圈保护器

4)压力传感器

压力传感器主要检测液压缸的压力,根据起重机设计规范与算法模型需要,力矩限制器需要采用两个压力传感器分别检测液压缸压力,压力传感器的性能直接影响到力矩限制器的性能。图 2-62 给出了一种压力传感器以及在实际应用中的图片。

图 2-62　压力传感器

5)长度传感器

长度传感器是采用拉线弹簧及多圈点位器等组成的电位器式位移传感器。它将主臂长度的变化量转换成对应的电信号,安装于起重机伸缩臂主臂侧面,测长电缆的一端安装在伸缩臂的主臂头部,臂架伸缩的同时传感器卷盘同步转动,即可获得臂架伸缩长度信号,如图 2-63 所示。

图 2-63　安装于臂架上的拉线盒及长度传感器

6)角度传感器

角度传感器由角位移传感器和摆锤组成。主臂对地的角度通过摆锤带动角位移传感器旋转来测定,输出相应的电压值。角度传感器一般装在变幅臂架侧面,检测臂架的变幅角度,并将采集的信号通过电缆线传输到力矩限制器及其他终端设备上使用。

7)导电环

导电环安装在起重机回转中心上,用于起重机上、下之间电源与电信号的相互传递。导体表面采取镀银处理,可靠性高、使用寿命长。

8)操纵室电器

控制面板如图 2-64 所示,可以集中显示操纵和安全工况。

2.底盘电气控制系统

汽车起重机的底盘电气控制系统主要包括驾驶室电气系统、发动机、变速器电气系统和侧标志灯、尾灯电气系统。

1)驾驶室电气系统

对于底盘电气系统来说,驾驶室电气就是一个神经中枢,主要包括仪表及报警装置、开关装置、照明装置及信号装置,以及继电器、保险装置、空调暖风装置等。

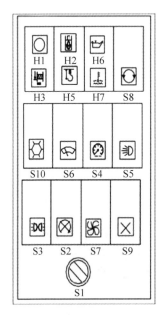

图 2-64　控制面板

H1—控制电源指示灯；H2—液压油回油管路污染报警灯；H3—卷扬过放指示灯；H5—高度限位指示灯；H6—油压报警指示灯；H7—水温报警指示灯；S1—钥匙开关；S2—发动机停机开关；S3—示廓灯开关；S4—仪表灯开关；S5—工作灯开关；S6—前方雨刷开关；S7—风扇开关；S8—主令开关；S9—强制开关；S10—油冷器开关

（1）仪表及报警装置

为了使驾驶员能够随时掌握汽车及各系统的工作情况，在汽车驾驶室的仪表板上装有各种指示仪表及各种报警装置。

车速里程表：车速里程表由指示汽车行驶速度的车速表和记录汽车所行驶过距离的里程计组成，二者的信号取自变速箱输出端传感器。车速表上的指针指示值为车辆行驶速度（km/h），下部跳号数值为车辆累计行驶里程。

机油压力表及机油低压报警装置：机油压力表是在发动机工作时指示发动机润滑系主油道中机油压力大小的仪表，包括油压指示表和油压传感器两部分。机油低压报警装置在发动机润滑系统主油道中的机油压力低于正常值时，向驾驶员发出警报信号。机油低压报警装置由装在仪表板上的机油低压报警灯和装在发动机主油道上的油压传感器组成。

燃油表及燃油低油面报警装置：燃油表用以指示汽车燃油箱内的存油量。燃油表由燃油面指示表和油面高度传感器组成。燃油低油面报警装置的作用是在燃油箱内的燃油量少于某一规定值时立即发亮报警，以引起驾驶员的注意。

水温表及水温报警灯：水温表的功用是指示发动机气缸盖水套内冷却液的工作温度。水温报警灯能在冷却液温度升高到接近沸点时发亮，以引起驾驶员的注意。

发动机转速表：转速表由指示发动机转速的转速表和记录发动机累计运转时间的时间计组成，二者的信号取自飞轮壳转速传感器。转速表上的指示值为发动机转速（r/min），下部跳号数值为发动机累计运转小时数。

电压表：电压表用来指示电瓶电压的大小。当钥匙开关处于 ON 的位置时，该表开始工作。

（2）开关装置

为了驾驶员方便及保证汽车行驶安全，在驾驶室内装有各种操纵开关，用以控制汽车上所有用电设备的接通和停止。对开关的要求是坚固耐用、安全可靠、操作方便、性能稳定。

点火开关：点火开关是汽车电路中最重要的开关，是各条电路分支的控制枢纽，是多挡多接线柱开关。其主要功能是：锁住转向盘转向轴（LOCK），接通点火仪表指示灯（ON 或 IG）、起动（ST）挡、附件挡（ACC 主要是收放机专用）。其中起动挡控制发动机起动，在操作时必须用手克服弹簧力，扳住钥匙，一松手就弹回 ON 挡，不能自行定位，其他挡位均可自行定位。

组合开关：多功能组合开关将照明开关（前照明开关、变光开关）、信号（转向、超车）开关、雨刮器/洗涤器开关、排气制动开关等组合为一体，安装在便于驾驶员操纵的转向柱上。

翘板开关组合——除了组合开关外，在驾驶室仪表台上设计了翘板开关组合，用以控制蓄电池电源、取力操纵、雾灯、空调等的开启和关闭等。

（3）照明装置及信号装置

为了保证汽车行驶安全和工作可靠，在现

代汽车上装有各种照明装置和信号装置,用以照明道路,标示车辆宽度,照明驾驶室内部及仪表指示和夜间检修等。此外,在转弯、制动和倒车等工况下汽车还应发出光信号和音响信号。

① 装在车身外部的照明装置

前大灯:前大灯是汽车在夜间行驶时照明前方道路的灯具,它能发出远光和近光两种光束。远光在无对方来车的道路上,汽车以较高速度行驶时使用。远光应保证在车前 100m 或更远的路上得到明亮而均匀的照明。近光灯则在会车时和市区明亮的道路上行驶时使用。会车时,为了避免使迎面来车的驾驶员目眩而发生危险,前大灯应该可以将强的远光转变成光度较弱而且光束下倾的近光。前大灯可分为二灯式和四灯式两种。前者是在汽车前端左右各装一个前大灯;后者是在汽车前端左右各装两个前大灯。

前小灯:前小灯主要用于在夜间会车行驶时,使对方能判断本车的外廓宽度,故又称示宽灯。前小灯也可供近距离照明用。很多公共汽车在车身顶部装有一个或两个标高灯,若有两个,则同时兼起示宽作用。

后灯:后灯的玻璃是红色的,便于后车驾驶员判断前车的位置而与之保持一定距离,以免当前车突然制动时发生碰撞。后灯一般兼作照明汽车牌照的牌照灯。有的汽车牌照灯是单装的,它应保证夜间在车后 20m 处能看清牌照号码。

雾灯:经常在多雾地区行驶的汽车还应在前部安装光色为黄色的雾灯。

② 装在车内部的照明装置

照明灯:车身内部的照明灯特别要求造型美观,光线柔和悦目。

工作灯:为满足夜间在路上检修汽车的需要,车上还应备有带足够长灯线的工作灯,使用时临时将其插头接入专用的插座中,该插座在熔断器盒上。

仪表板照明灯:驾驶室的仪表板上有仪表板照明灯,为蓝色背光,LED 灯。

③ 转向信号灯及转向信号闪光器

转向信号灯:转向信号灯分装在车身前端和后端的左右两侧。驾驶员在转向之前,根据将向左转弯或向右转弯,相应地开亮左侧或右侧的转向信号灯,以提醒交通警察、行人和其他汽车上的驾驶员。

转向信号闪光器:为引起对方注意,在转向信号灯电路中装有转向信号闪光器,借以使转向信号灯光发生闪烁。闪烁式转向信号灯可以单独设置,也可以与前小灯合成一体。

2)发动机

(1)发动机电气系统

发动机(柴油机)电气系统包括发电机、起动机、传感器、熄火电磁铁(或熄火电磁阀)及油门开关等。进口汽车及国内欧Ⅲ发动机普遍采用了 ECM 电子控制发动机点火喷油、起动等,这里不作叙述。

(2)发电机

汽车上虽然有蓄电池作为电源,但由于蓄电池的存电能力非常有限,只能在起动汽车或汽车发动机不工作时为汽车提供电能,而不能长时间为汽车供电,因此蓄电池只能作为汽车的辅助电源。

在汽车上,发电机是汽车的主要能源,其功用是在发动机正常运转时,向所有用电设备(起动机除外)供电,同时给蓄电池充电。

目前汽车普遍采用三相交流发电机,内部带有二极管整流电路,将交流电整流为直流电,同时交流发电机配装有电压调节器。电压调节器对发电机的输出电压进行控制,使其保持基本恒定,以满足汽车用电的需求。

(3)起动机

要使发动机从静止状态过渡到工作状态,必须使用外力转动发动机的曲轴,使气缸内吸入(或形成)可燃混合气并燃烧膨胀,工作循环才能自动进行。起动机的功用是将蓄电池的电能转换为机械能,再通过传动机构使发动机转动。

起动机由以下三个部分组成:

① 直流串激式电动机,其作用是产生转矩。

② 传动机构(或称啮合机构),其作用是在

发动机起动时,使发动机驱动齿轮啮入飞轮齿环,将起动机转矩传给发动机曲轴;而在发动机起动后,使驱动齿轮打滑与飞轮齿环自动脱开。

③ 控制装置(即开关),用来接通和切断起动机与蓄电池之间的电路。

(4) 传感器

为了便于驾驶员随时了解发动机的运行状况,在驾驶室里设置了发动机机油压力表和发动机水温表及压力过低、水温过高报警指示灯,对应的传感器安装在发动机上。

机油压力传感器:安装在发动机主油道上,用来检测和显示发动机主油道的机油压力大小,以防发生因缺少机油而造成拉缸、烧瓦等重大故障。

水温传感器:安装在发动机气缸盖或缸体的水套上,用来检测和显示发动机水套中冷却液的工作温度,以防因冷却液温度过高而使发动机过热。

另外,目前轿车和一些卡车上采用了电子控制喷油发动机,其传感器除上述几种之外,还包括曲轴位置传感器、进气压力传感器等,利用传感器感应来控制发动机喷油时间。

3) 变速器电气系统

变速器电气系统包括空挡开关、倒挡开关、超速传感器、里程表传感器等,自动变速器包括 ECU、电磁阀等,驾驶员在驾驶室里采用电子开关就可以控制换挡。有时变速器还附带了取力器,在取力器上采用了取力传感器。

空挡开关:当变速箱置于空挡时,空挡开关接通。一般情况下,空挡开关是作为发动机起动保护用,即变速箱只能在空挡位置时发动机才能起动,这样可以减小发动机起动负载,防止起动时产生意外情况。

倒挡开关:当变速箱置于倒挡时,倒挡开关接通,这时车辆尾部的倒车灯点亮,同时倒车蜂鸣器间歇鸣叫或有语音提示,提醒后部的车辆或行人注意。

里程表传感器:里程表传感器安装在变速箱输出轴连接的蜗轮蜗杆上,由里程表附带,用来检测车辆的行驶速度。它利用霍尔原理感应,把信号传输给车速里程表,以便于驾驶员了解和控制车辆行驶速度。

4) 侧标志灯、尾灯电气系统

(1) 侧标志灯电气系统

侧标志灯安装在起重机左右两侧,在开启小灯时,该灯点亮,以便于对方从侧面看到车辆,防止发生危险。它与侧回复反射器合成一体。侧回复反射器是通过外来光源照射后的反射光,向位于光源附近的观察者表明车辆存在的装置。

(2) 尾灯电气系统

尾灯电气系统包括制动灯、位置灯、倒车灯、后转向信号灯、后雾灯及牌照灯及后回复反射器。

制动灯:制动灯是驾驶员在踩制动踏板时,警告后部车辆的驾驶员及行人注意车辆减速的装置。它们分装在车辆尾部的左右两侧,一般与位置灯组合在一起,也可以与倒车灯、后转向信号灯、后雾灯组合在一起。

倒车灯:倒车灯是驾驶员在倒车时,警告后部车辆的驾驶员及行人注意车辆倒退的装置。倒车灯可以分装在车辆尾部的左右两侧,一个或两个均可,一般与倒车蜂鸣器同时使用。倒车灯可以单独设置,也可以与其他灯组合在一起。

后转向信号灯:同前转向信号灯功能一样,后转向信号灯分装在车辆尾部的左右两侧,既可以单独设置,也可以与其他灯组合在一起。组合在一起时,转向信号灯装在最外侧。

后雾灯:后雾灯是在雾天、驾驶员视线模糊下开启,提醒车辆后部的车辆驾驶员及行人注意前面车辆的装置。后雾灯开启时,位置灯同时点亮。后雾灯可以单独设置,也可以与其他灯组合在一起,分装在车辆尾部的左右两侧,一个或两个均可。当只有一个后雾灯时,必须设置在车辆尾部的左侧。

牌照灯:牌照灯装在牌照板上方,起照明作用。开启位置灯时,牌照灯点亮,其位置依牌照板位置设定。

2.4 技术性能

2.4.1 产品型号命名方式

由于汽车起重机产品的特殊性,各大厂家通常采用自己的命名方式。图 2-65 所介绍的是一种比较常用的命名方式。

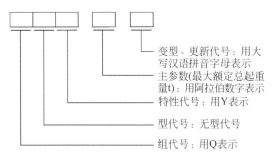

变型、更新代号:用大写汉语拼音字母表示
主参数(最大额定总起重量t):用阿拉伯数字表示
特性代号:用Y表示
型代号:无型代号
组代号:用Q表示

图 2-65 汽车起重机常用产品型号编制方法

标记示例:QY25A 表示最大额定总起重量为 25t 的液压传动汽车起重机,其变形、更新代号为 A。

2.4.2 性能参数

1. 起重量

起重机起吊重物的质量称为起重量,通常以 Q 表示,单位为 kg 或 t。汽车起重机的起重量是由设备结构强度、机构工作能力和整机稳定性三方面决定的。

额定总起重量:汽车起重机在各种工况和规定的使用条件下所允许起吊的最大总起重量,是指臂架头部以下的所有质量,包括吊钩组、臂架头部到吊钩动滑轮间的钢丝绳质量,吊索具质量和被吊物质量。

最大额定总起重量:汽车起重机在最短主臂、最小幅度下,所能起吊的额定总起重量,通常以此作为起重机的名义起重量。

2. 幅度

起重机的吊钩中心到回转中心的水平距离称为幅度。通常标定起重机幅度是指在额定起重量下,起重机回转中心轴线至吊钩中心的水平距离,并用此值表示幅度,以 R 表示,单位为 m。表 2-3 列出了某 25t 汽车起重机不带活动配重情况下的各额定起重量,其中粗实线以上部分是由结构强度或机构工作能力决定的起重性能,粗实线以下部分是由整机稳定性决定的起重性能。由起重性能表也可以看出,不同臂长和不同幅度下,起重量是变化的。

表 2-3 25t 级汽车起重机起重性能举例   t

臂长/m 幅度/m	10.2	13.75	17.3	20.85	24.4	27.95	31.5
3	25	17.5	—	—	—	—	—
3.5	20.6	17.5	12.2	9.5	—	—	—
4	18	17.5	12.2	9.5	—	—	—
4.5	16.3	15.8	12.2	9.5	7.5	—	—
5	14.5	14.4	12.2	9.5	7.5	—	—
5.5	13.5	13.2	12.2	9.5	7.5	7	—
6	12.3	12.2	11.3	9.2	7.5	7	5.1
6.5	11.2	11	10.5	8.8	7.5	7	5.1
7	10.2	10	9.8	8.5	7.2	7	5.1
7.5	9.4	9.2	9.1	8.1	6.8	6.7	5.1
8	8.6	8.4	8.1	7.8	6.6	6.4	5.1
8.5	8	7.9	7.3	7	6.3	6.1	5
9	—	7.1	6.6	6.4	6	5.8	4.8
10	—	5.9	5.4	5.3	5.4	5	4.4

续表

臂长/m 幅度/m	10.2	13.75	17.3	20.85	24.4	27.95	31.5
12	—	4	3.8	3.8	3.9	3.6	3.7
14	—	—	2.7	2.8	2.9	2.7	2.8
16	—	—	—	2	2.1	2	2
18	—	—	—	1.4	1.6	1.5	1.6
20	—	—	—	—	1.1	1.1	1.2
22	—	—	—	—	0.8	0.8	0.9
24	—	—	—	—	—	0.6	0.7
26	—	—	—	—	—	0.4	0.5
28	—	—	—	—	—	—	0.3
29	—	—	—	—	—	—	0.2

3. 起重力矩

起重力矩是指起重量载荷与相应的工作幅度的乘积,以 M 表示,$M = Q \times g \times R$,单位 N·m,其中,g 取 9.8N/kg。最大起重力矩是指作业时起重力矩的最大值,也称为该起重机的额定起重力矩。因为起重力矩是综合了起重量与幅度两个因素的参数,所以,起重力矩能够比较全面和确切地体现起重机的起重能力,尤其对于大吨位起重机来说,额定起重量仅仅是名义起重量,而额定起重力矩对于评价起重机的起吊能力更有实际意义。

4. 支腿跨距

汽车起重机为了增加中大幅度时由稳定性决定的起重能力,而设计了活动支腿以增加起重时的稳定力矩。支腿跨距分为纵向跨距和横向跨距,如图 2-7 所示。

支腿纵向跨距(L_T):起重机停放在水平路面上,支腿处于全放状态,分别过同侧前、后支腿座中心,并垂直于起重机纵向轴线的两垂面之间的距离,单位为 m。

支腿横向跨距(L_B):支腿处于全放状态,在过两侧支腿座中心,并垂直于起重机纵向轴线的垂面,左、右两支腿座中心之间的距离,单位为 m。

5. 起升高度

起升高度是指地面到吊钩钩口中心的距离。额定起升高度是指满载时,吊钩上升到最高极限位置时自吊钩钩口中心至地面的距离,以 H 表示,单位为 m。

汽车起重机随车提供的资料中有起升高度和工作幅度之间的关系曲线,如图 2-66 所示。

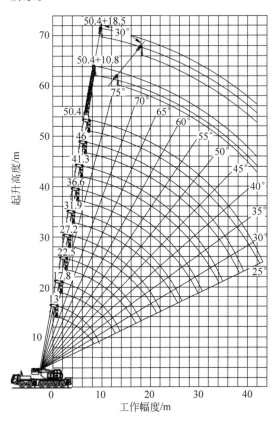

图 2-66 汽车起重机的工作幅度与起升高度

2.4.3　各企业的产品型谱

国内外具有较大规模的公司的产品型谱见表2-4。生产厂家有国内的徐工、中联、三一，德国的利勃海尔，美国的特雷克斯，日本的多田野等。国内汽车起重机近年发展迅猛，产品型号种类较多，产品起重量范围主要涵盖8～220t。轻型汽车起重机虽然也有一些企业生产，但是多被随车起重机所代替。不同厂家生产的汽车起重机各有独自的特点，下面对几大代表性企业的代表性产品及技术特点作一介绍（各企业的排序不分先后）。

表 2-4　国内外代表性公司的产品型谱　　　　　　　t

公 司 简 称	最大额定起重量
徐工	8,12,16,20,25,35,50,55,70,75,80,90,100,130,160,220
中联	12,16,20,25,35,55,70,80,100,130,220
三一	12,16,20,25,50,75,80,90,100,125,220
北起多田野[②]	25,35,55,75
四川长起	8,12,16,20,25,36,55,70
泰安东岳	8,8.5,10,12,20,25,55
安徽柳工	8,12,16,20,25,55,75
福田雷萨	20,25,50,80
河南奔马[②]	5,6,8,16,25
河南卫特[③]	10,25
湖南厚德[④]	55,80
利勃海尔	45,60
特雷克斯	25,36,36.3,40,54.4,55,60,70,72.6,80,100
多田野	40,65,70
加藤	4.9,7,20,25,50,100,120,160,360,500
神钢[⑤]	18,16.5,20,22,23,25,30,35,36.3,40,44.1,45,50,65,70,140,150,200,210

① 北起多田野(北京)起重机有限公司，简称北起多田野。
② 河南奔马股份有限公司，简称河南奔马。
③ 河南卫特汽车起重机有限公司，简称河南卫特。
④ 湖南厚德重工机械有限公司，简称湖南厚德。
⑤ 神钢(Kobelco)起重机有限公司，简称神钢。

2.4.4　各产品技术性能

下面根据起重量的大小，对汽车起重机的技术性能特点进行说明。

1. 轻型汽车起重机

轻型汽车起重机是起重量在5t以下的产品。目前5t以下的汽车起重机多数被随车起重机所代替，然而在特殊场合，尤其是为了满足城乡建设的发展需求，一些企业也开发了成本较低的小吨位汽车起重机，其底盘多为自制或安装于二桥的轻型卡车之上，有的甚至安装于农用车辆产品之上。在臂架的设计上为了追求吊装高度，减小整车长度，在5t的产品上有的采用了八节箱形伸缩臂结构。

该类起重机尺寸相对较小，作业更为灵活，成本低，适用环境多。

2. 中型汽车起重机

中型汽车起重机的起重量在5～15t，其主要技术性能见表2-5和表2-6。

对于中型汽车起重机，臂架通常选用三节伸缩臂架，但为了追求吊装高度，有些产品也开发了四节或四节以上的伸缩臂结构。臂架截面通常为四边形或六边形，近年也有采用多边形截面的，该类结构承载能力强、侧向刚度大、端部挠度小。起重臂材料通常选用Q345B，但是由于高强度钢采购价格趋于合理，目前对于要求较高的场合也选用高强度钢板制作臂架，自重轻，承载能力强，大幅提高了作业性能。

液压系统采用双泵合流技术，工作效率高；设有各种平衡阀、溢流阀等安全阀，以防油路过载及油管破裂而引起的事故发生，确保各执行机构工作安全可靠。部分产品还采用负载敏感液压系统，根据操控要求，提供相应的压力和流量，避免了高压溢流，降低了系统能耗。在控制方式上中型吨位汽车起重机多采用液控系统。

对于中型汽车起重机的底盘，多数采用二桥的通用底盘，如图2-67所示。但为充分发挥起重机性能，对于某些产品也可选用二桥的专用车底盘，如图2-68所示。

图 2-67　QY8B.5型汽车起重机整机外形

图 2-68　QY10型汽车起重机整机外形

中型汽车起重机产品的技术参数见表2-5。

表 2-5　中型汽车起重机产品技术参数

技 术 参 数	徐工 QY8B.5	四川长起 TTC008A-Ⅴ	安徽柳工 QY8E	泰安东岳 GT831	泰安东岳 GT8C4C
最大额定起重量/t	8	8	8	8	8.5
最大额定起重力矩/(t·m)	25	24	24.5		
主臂最大长度/m	19	19.38	17.2		
主臂最大起升高度/m	19.1	19.5	18.1	18.1	25.4
主副臂最大组合长度/m	25.5	22.5	23.2		
主副臂最大组合起升高度/m	26.1	22.93	24.1	23.9	
最大单绳起升速度/(m/min)	110		135.2	105	105
回转速度/(r/min)	0～2.5	0～3	0～3	0～3	0～3
行驶速度/(km/h)	0～75		0～85	0～85	0～74
起重臂全伸时间/s	35	26	27		
起重臂全缩时间/s		18			
总质量/t	10.490	9.935	10.135	10.445	11.980
爬坡能力/%	30		28	28	24
接近角/(°)	29				
离去角/(°)	11				
最小离地间隙/mm	260				
外形尺寸(长×宽×高) (mm×mm×mm)	9450×2400 ×3180	8440×2440 ×3080	8875×2364 ×3190	8200×3300 ×3350	
支腿跨距(纵向×横向)/ (mm×mm)	3825×4180	4000×3600		4200×3900	4200×4005
发动机输出功率/kW			105	103	106
额定转速/(r/min)			2500	2500	3200

续表

技术参数	泰安东岳 GT1031	河南奔马 QY8	河南卫特 QY10	加藤 NK-75-Ⅴ	加藤 NK-75M-Ⅴ
最大额定起重量/t	10	8	10	7	4.9
最大额定起重力矩/(t·m)		37	57	195	186
主臂最大长度/m		23	25.1	21.5	21.5
主臂最大起升高度/m	19.9	23.5	25.4	21.8	21.8
主副臂最大组合长度/m		29.2	31.6		
主副臂最大组合起升高度/m	25.8	30	31.9		
最大单绳起升速度/(m/min)	105	120	122		
回转速度/(r/min)	0～3	0～2.5	0～2.6	0～2.5	0～2.5
行驶速度/(km/h)	0～74	0～83	0～90		
起重臂全伸时间/s			46	40	40
起重臂全缩时间/s				40	40
总质量/t	11.375	10.425	13.505	7.95	7.99
爬坡能力/%	24	35	35		
接近角/(°)			26		
离去角/(°)			13		
最小离地间隙/mm			313		
外形尺寸(长×宽×高)/ (mm×mm×mm)	9240×2480 ×3280	9970×2340 ×3180	9860×2480 ×3124	7750×2220 ×3220	7760×2220 ×3210
支腿跨距(纵向×横向)/ (mm×mm)	4200×3900	4180×4400	4600×4900	4400×?①	4400×?
发动机输出功率/kW	106	85	118	125	152
额定转速/(r/min)	2500	3200	2600	3000	3000

技术参数	徐工 QY12B.5I	三一 STC120C	四川长起 TTC012A-Ⅵ
最大额定起重量/t	12	12	12
最大额定起重力矩/(t·m)	47	48	39
主臂最大长度/m	29.5	30	
主臂最大起升高度/m	29.7	30.5	31.4
主副臂最大组合长度/m	36.5		
主副臂最大组合起升高度/m	37.1		
最大单绳起升速度/(m/min)	110	105	85
回转速度/(r/min)	0～2.6	0～2	0～3.5
行驶速度/(km/h)	0～80	0～75	0～90
起重臂全伸时间/s	80	65	45
起重臂全缩时间/s		50	45
总质量/t	16	16	
爬坡能力/%	40	30	41
接近角/(°)	20	18	
离去角/(°)	12	11	
最小离地间隙/mm	270	260	
外形尺寸(长×宽×高)/ (mm×mm×mm)	10860×2500×3130	11189×2500×3560	101450×2490×3330
支腿跨距(纵向×横向)/ (mm×mm)	4250×5200	5540×4850	4800×4180
发动机输出功率/kW	170	162	100
额定转速/(r/min)	220	2500	2600

① 问号表示此数据未查到。下同。

表 2-6　重型汽车起重机(15~20t)技术参数

技 术 参 数	徐工 QY16G.5	三一 STC160C	河南奔马 QY16	神钢 T180B
最大额定起重量/t	16	16	16	16.5
最大额定起重力矩/(t·m)	72	73	71	50
主臂最大长度/m	31	32	30.8	24.0
主臂最大起升高度/m	31.1	32.5	31.1	
主副臂最大组合长度/m	39.15	40		30.7
主副臂最大组合起升高度/m	39.4	40.5	38	
最大单绳起升速度/(m/min)	125	105		84
回转速度/(r/min)	0~2.6	0~2.1		0~3.0
行驶速度/(km/h)	0~80	0~80	0~70	0~70
起重臂全伸时间/s	80	65		67
起重臂全缩时间/s		50		53
总质量/t	16	23.6	24.0	19.72
爬坡能力/%	35	40	28	30
接近角/(°)	20	32.4		
离去角/(°)	12	17		
最小离地间隙/mm	275	260		
外形尺寸(长×宽×高)/(mm×mm×mm)	10860×2500 ×3130	12000×2500 ×3640	12600×2500 ×3400	11065×2490 ×3200
支腿跨距(纵向×横向)/(mm×mm)	4250×5200	5000×49800	3740×4080	4600×5000
发动机输出功率/kW		180	162	
额定转速/(r/min)		2300	2500	2300

技 术 参 数	徐工 XCT20L4	三一 STC200C5	三一 STC200S	泰安东岳 GT2043
最大额定起重量/t	20	20	20	20
最大额定起重力矩/(t·m)	95.7	88	90	
主臂最大长度/m	34.5	33	33.5	
主臂最大起升高度/m		33.5	34	33.2
主副臂最大组合长度/m	42.8	41	41.5	
主副臂最大组合起升高度/m		41.5	42	42.2
最大单绳起升速度/(m/min)	135	110	120	130
回转速度/(r/min)	0~3.0	0~2.4	0~2.2	0~2.2
行驶速度/(km/h)	0~80	0~80	0~80	0~75
起重臂全伸时间/s	50	60	55	
起重臂全缩时间/s		40	45	
总质量/t	26.02	26.4	26.4	27.45
爬坡能力/%	45	35	38	26
接近角/(°)	19	18	19	
离去角/(°)	13	11	13	
最小离地间隙/mm	261	220	220	
外形尺寸(长×宽×高)/(mm×mm×mm)	12535×2500 ×3420			11930×2490 ×3500
支腿跨距(纵向×横向)/(mm×mm)	5230×6160			6000×5050
发动机输出功率/kW	192	192	176	
额定转速/(r/min)	23000	2300	2300	

续表

技 术 参 数	福田雷萨 FTC20K4-Ⅱ	加藤 NK-200H-Ⅴ	神钢 220TC	神钢 T220A
最大额定起重量/t	20	20	20	20
最大额定起重力矩/(t·m)	88	75	54	60
主臂最大长度/m	33	31	24.38	26.2
主臂最大起升高度/m	33.3	30.8		
主副臂最大组合长度/m	41.3	39	30.48	33.5
主副臂最大组合起升高度/m	41.3	39.2		
最大单绳起升速度/(m/min)	130		48	83
回转速度/(r/min)	0～2.3	0～2.6	0～4.0	3.0
行驶速度/(km/h)	0～73	0～70	0～69	0～71
起重臂全伸时间/s	45			88
起重臂全缩时间/s	60			60
总质量/t	26.4	23.59	19.8	20.37
爬坡能力/%	40	34	29	29
接近角/(°)	17			
离去角/(°)	13			
最小离地间隙/mm	235			
外形尺寸(长×宽×高)/ (mm×mm×mm)	12430×2500 ×3400	11930×2490 ×3300	8690×2490 ×3470	11950×2490 ×2420
支腿跨距(纵向×横向)/ (mm×mm)	6000×5100	6100×?	8690×2490	4600×5650
发动机输出功率/kW	192			
额定转速/(r/min)	2200		1660	2300

表 2-7　重型汽车起重机(21～30t)产品技术参数

技 术 参 数	徐工 XCT25L5	中联 QY25	三一 STC250	三一 STC250S	三一 STC-250H- CMYK
最大额定起重量/t	25	25	25	25	25
最大额定起重力矩/(t·m)	113	108	98	105	100
主臂最大长度/m	42	40	33.5	40.5	39.5
主臂最大起升高度/m	42.3	40.5	40	41	40
主副臂最大组合长度/m	51	48	41.5	48.5	47.5
主副臂最大组合起升高度/m	49.8	48.5	42	49	48
最大单绳起升速度/(m/min)	135	120	120	130	120
回转速度/(r/min)	0～2.5	0～2.2	0～2	0～2.2	0～2
行驶速度/(km/h)	0～90	0～78	0～80	0～89	0～80
起重臂全伸时间/s	80		70	100	105
起重臂全缩时间/s			50	100	120
总质量/t	33	32.4	30	32.4	31.8
爬坡能力/%	45	37	38	40	38
接近角/(°)	12		17	20	17
离去角/(°)	14		12	13	12
最小离地间隙/mm	260		220	220	220

续表

技 术 参 数	徐工 XCT25L5	中联 QY25	三一 STC250	三一 STC250S	三一 STC-250H-CMYK
外形尺寸(长×宽×高)/(mm×mm×mm)	12870×2550×3470	12900×2500×3465	12750×2500×3550	12850×2500×3650	12700×2500×3550
支腿跨距(纵向×横向)/(mm×mm)	5950×6400	5360×6100	6200×5300	6200×5300	6200×5300
发动机输出功率/kW		199		220	
额定转速/(r/min)		2200		2300	

技 术 参 数	安徽柳工 TC250A5	北起多田野 GT-250E	四川长起 TTC025G1-Ⅱ	泰安东岳 GT2542
最大额定起重量/t	25	25	25	25
最大额定起重力矩/(t·m)	114	88	100	
主臂最大长度/m	41	32.2	40	
主臂最大起升高度/m	41		40	34
主副臂最大组合长度/m	49.8		48.3	
主副臂最大组合起升高度/m	49.6		49.2	42.4
最大单绳起升速度/(m/min)	130	118	125	138
回转速度/(r/min)				
行驶速度/(km/h)	0~80	0~72		0~70
起重臂全伸时间/s		104	90	
起重臂全缩时间/s		104	90	
总质量/t	32.7	28.6	32.9	30.4
爬坡能力/%	40	37		29
接近角/(°)		20		
离去角/(°)		12		
最小离地间隙/mm				
外形尺寸(长×宽×高)/(mm×mm×mm)	12760×2490×3500	11950×2490×3495	12660×2500×3450	12540×2500×3635
支腿跨距(纵向×横向)/(mm×mm)	5600×6200	6100×5100	6100×5030	6000×5180
发动机输出功率/kW	210	206		195
额定转速/(r/min)	2200	2100		2300

技 术 参 数	泰安东岳 GT2543	泰安东岳 GT2553	福田雷萨 FTC25K5-Ⅱ	福田雷萨 FTC25K4-Ⅱ
最大额定起重量/t	25	25	25	25
最大额定起重力矩/(t·m)			98	101
主臂最大长度/m			39.5	34
主臂最大起升高度/m	34	40.2	39.37	33.77
主副臂最大组合长度/m			47.8	42.3
主副臂最大组合起升高度/m	42.4	49	48.58	42.4
最大单绳起升速度/(m/min)				
回转速度/(r/min)	0~2.5	0~2.5	0~2.5	0~2.5

续表

技 术 参 数	泰安东岳 GT2543	泰安东岳 GT2553	福田雷萨 FTC25K5-Ⅱ	福田雷萨 FTC25K4-Ⅱ
行驶速度/(km/h)	0～75	0～75	0～85	0～82
起重臂全伸时间/s			95	50
起重臂全缩时间/s			126	70
总质量/t	29.9	32.3	33	30
爬坡能力/%	26	26	32	40
接近角/(°)			18	17.5
离去角/(°)			12	12
最小离地间隙/mm			255	236
外形尺寸(长×宽×高)/(mm×mm×mm)	12540×2500 ×3635	12740×2500 ×3610	12560×2500 ×3480	12850×2500 ×3480
支腿跨距(纵向×横向)/(mm×mm)	6000×5180	6500×5410	6000×5300	6000×5300
发动机输出功率/kW	198	198	213	213
额定转速/(r/min)	2500	2500	2200	2200

技 术 参 数	河南奔马 QY25	河南卫特 QY25	特雷克斯 Toplift 25	加藤 NK-250-Ⅴ	神钢 330TC
最大额定起重量/t	25	25	25	25	30
最大额定起重力矩/(t·m)	102	105	100	97	82
主臂最大长度/m	39.4	40	40	33	42.6
主臂最大起升高度/m	39.5	40.15	42	32.8	45.5
主副臂最大组合长度/m	47.4	48	48.3	47.5	33.5
主副臂最大组合起升高度/m	47.5	48.6	50	47.3	
最大单绳起升速度/(m/min)					
回转速度/(r/min)	0～2.2	0～2.1	0～2.4	0～2.6	0～5.1
行驶速度/(km/h)	0～70		0～85	0～70	0～64
起重臂全伸时间/s		120			
起重臂全缩时间/s					
总质量/t	32.490	32.5		28.36	28.3
爬坡能力/%	40	30	38	39	22
接近角/(°)		12	18.5		
离去角/(°)		11	13.9		
最小离地间隙/mm		260	252		
外形尺寸(长×宽×高)/(mm×mm×mm)	12700×2500 ×3350	12700×2500 ×3394	12660×2500 ×3450	12480×2490 ×3400	9740×2490 ×5020
支腿跨距(纵向×横向)/(mm×mm)	5360×610	6100×5400			9740×2490
发动机输出功率/kW	198		210		
额定转速/(r/min)	2500	216	2500		1800

技 术 参 数	神钢 T220	神钢 T250	神钢 T280	神钢 T330
最大额定起重量/t	22	23	25	30
最大额定起重力矩/(t·m)	60	69	70	84
主臂最大长度/m	34.0	38.5	31	31.5
主臂最大起升高度/m	34	38.5	38.5	45.5
主副臂最大组合长度/m				

续表

技 术 参 数	神钢 T220	神钢 T250	神钢 T280	神钢 T330
主副臂最大组合起升高度/m				
最大单绳起升速度/(m/min)	88	94	100	100
回转速度/(r/min)	0~2.1	0~3.1	0~3	0~3.1
行驶速度/(km/h)	0~70	0~70	0~71	0~64
起重臂全伸时间/s	65	100	100	115
起重臂全缩时间/s	60	100	100	115
总质量/t	20.1	23.2	23.3	28.4
爬坡能力/%	28	25	25	36
接近角/(°)				
离去角/(°)				
最小离地间隙/mm				
外形尺寸(长×宽×高)/ (mm×mm×mm)	11950×2490 ×2420	11990×2490 ×3250	11890×2490 ×3200	12550×2490 ×3700
支腿跨距(纵向×横向)/ (mm×mm)	4600×5650	4600×570	4770×12000	5250×12300
发动机输出功率/kW				
额定转速/(r/min)	2300	2300	2300	2300

表 2-8　重型汽车起重机(31~40t)产品技术参数

技 术 参 数	徐工 XCT35	安徽柳工 QY35F	四川长起 TTC036G1-Ⅱ	特雷克斯 Toplift 36	特雷克斯 T 340-1
最大额定起重量/t	35	35	36	36	36.3
最大额定起重力矩/(t·m)	145.8	112	126	40	104
主臂最大长度/m	42	38	41	41	28.6
主臂最大起升高度/m	41	38.05	40.72	43	30.2
主副臂最大组合长度/m	58		54.5	54.5	41.8
主副臂最大组合起升高度/m	56.8	46.5	54.68	55	44.8
最大单绳起升速度/(m/min)		86.4	107	107	147.5
回转速度/(r/min)	0~2.5	0~2.5	0~2.1	0~2.1	0~2.5
行驶速度/(km/h)	0~90	0~70			0~96
起重臂全伸时间/s	80	122	89		
起重臂全缩时间/s	90		94		
总质量/t	35	35.8	37.49		21.365
爬坡能力/%	42	24			64
接近角/(°)	12			16.3	26
离去角/(°)	13.5			13.7	14.5
最小离地间隙/mm	260			265	
外形尺寸(长×宽×高)/ (mm×mm×mm)	13070×2750 ×3540	13090×2500 ×3634	13140×2500 ×3410	13140×2500 ×3410	11900×2400 ×3500
支腿跨距(纵向×横向)/ (mm×mm)	7000×5975	5400×6600	6100×5300	5300×6100	5400×6000
发动机输出功率/kW		213		228	224
额定转速/(r/min)		2300		2100	2000

续表

技 术 参 数	特雷克斯 T 340-1XL	特雷克斯 TC40L	神钢 435TC	神钢 9035TC	神钢 T400A
最大额定起重量/t	36.3	40	35	35	35
最大额定起重力矩/(t·m)	109	108	128	130	105
主臂最大长度/m	32	37.4	67.06	51.82	48.5
主臂最大起升高度/m	33.5	39	51.82	57.91	48.5
主副臂最大组合长度/m	41.8	45.5	36.5		
主副臂最大组合起升高度/m	48.1	47	37.1		
最大单绳起升速度/(m/min)	147.5	115	48	48	95
回转速度/(r/min)	0～2.5	0～2.2	0～5.0	0～3.3	0～2.0
行驶速度/(km/h)	0～96	0～90	0～52	0～65	0～64
起重臂全伸时间/s					
起重臂全缩时间/s					
总质量/t	27.240	33	38.74	37	35.9
爬坡能力/%	64	40	28	29	28.5
接近角/(°)	26	19			
离去角/(°)	14.5	25			
最小离地间隙/mm		376			
外形尺寸(长×宽×高)/ (mm×mm×mm)	11900×2400 ×3500	11330×2550 ×3433	14880×2800 ×3850	12660×3000 ×3910	14740×2560 ×3420
支腿跨距(纵向×横向)/ (mm×mm)	5400×6000	6762×5950	8000×6260	7700×7000	6190×13280
发动机输出功率/kW	224	235			
额定转速/(r/min)	2000	1900	1900		1800

技 术 参 数	神钢 T400	神钢 T440	多田野 HK－40
最大额定起重量/t	36.3	40	40
最大额定起重力矩/(t·m)	140	140	141
主臂最大长度/m	34.8	38	35.2
主臂最大起升高度/m			37
主副臂最大组合长度/m	48.6	50	44.2
主副臂最大组合起升高度/m			45.5
最大单绳起升速度/(m/min)	90	82	135
回转速度/(r/min)	0～2.0	0～2.1	0～2
行驶速度/(km/h)	0～70	0～74	
起重臂全伸时间/s			105
起重臂全缩时间/s			105
总质量/t	35.56	36.98	32
爬坡能力/%	29	25	
接近角/(°)			
离去角/(°)			
最小离地间隙/mm			
外形尺寸(长×宽×高)/ (mm×mm×mm)	11950×2490×2420	14000×2820×3800	11025×2550×4000
支腿跨距(纵向×横向)/ (mm×mm)	4600×5650	5500×6350	6312×6380
发动机输出功率/kW			239
额定转速/(r/min)	2500	2500	2000

表 2-9　重型汽车起重机(41～50t)产品技术参数

技 术 参 数	徐工 QY50KA	柳工 QY50C	三一 STC500C	三一 STC500S	福田雷萨 FTC50K5-II
最大额定起重量/t	50	55	50	50	50
最大额定起重力矩/(t·m)	201	177	192	205	177
主臂最大长度/m	43.5	42	43.5	43.5	43
主臂最大起升高度/m	44	42	43.2	43.7	43
主副臂最大组合长度/m	59.5	58	59.5	59.5	58.5
主副臂最大组合起升高度/m	54.2	58	59.2	60	58
最大单绳起升速度/(m/min)	130	120	125	125	120
回转速度/(r/min)	0～2	0～2	0～2	0～2	0～2.5
行驶速度/(km/h)	0～85	0～70	0～80	0～83	0～80
起重臂全伸时间/s	90	130	120	100	100
起重臂全缩时间/s			120	120	135
总质量/t	42.2	42.0	41.4	40	41.9
爬坡能力/%	42	30	40	42	40
接近角/(°)	19	10	19		17
离去角/(°)	15		14	15	11
最小离地间隙/mm	327	295	230	295	260
外形尺寸(长×宽×高)/(mm×mm×mm)	13930×2780 ×3630	14055×2800 ×3575	13700×2500 ×3810	13750×2750 ×3750	13700×2800 ×3660
支腿跨距(纵向×横向)/(mm×mm)	6100×7100	5780×7200	7200×6000	7200×6000	6900×5950
发动机输出功率/kW		270	251	251	250
额定转速/(r/min)		2100	2200	2200	2100

技 术 参 数	河南奔马 QY50	利勃海尔 LTF 1045-4.1	利勃海尔 LTF 1045-4.1Kenworth	加藤 NK-500B-V
最大额定起重量/t	50	45	45	50
最大额定起重力矩/(t·m)	203	123	123	153
主臂最大长度/m	42.7	35	35	41.5
主臂最大起升高度/m	43.7	35	35	41
主副臂最大组合长度/m	57.7	44.5	44.5	56.5
主副臂最大组合起升高度/m	58	44	44	56
最大单绳起升速度/(m/min)	130	120	120	9.9
回转速度/(r/min)	0～2.0	0～2.7	0～2.7	0～2
行驶速度/(km/h)	0～72			0～65
总质量/t	42.45	38	37	38.51
爬坡能力/%	40			38
接近角/(°)		21	27	
离去角/(°)		17	22	12
最小离地间隙/mm				
外形尺寸(长×宽×高)/(mm×mm×mm)	13810×2800 ×3620	11393×2550 ×3860	11393×2550 ×3860	13280×2820 ×3500
支腿跨距(纵向×横向)/(mm×mm)	5850×6900	6200×6420	6200×6420	7500×?
发动机输出功率/kW	261	129	129	
额定转速/(r/min)	2100			

续表

技术参数	神钢 9050TC	神钢 T500	神钢 T550
最大额定起重量/t	50	45	50
最大额定起重力矩/(t·m)	185	135	150
主臂最大长度/m	51.82	42	39
主臂最大起升高度/m			
主副臂最大组合长度/m	64	56.5	54
主副臂最大组合起升高度/m			
最大单绳起升速度/(m/min)	49	99	115
回转速度/(r/min)	0～3.0	0～2.1	0～2.1
行驶速度/(km/h)	0～60	0～71	0～71
总质量/t	52	38.51	38.53
爬坡能力/%	38	20.7	28
接近角/(°)			
离去角/(°)			
外形尺寸(长×宽×高)/(mm×mm×mm)	10765×2450×5697	13070×2820×3660	12850×2820×3600
支腿跨距(纵向×横向)/(mm×mm)	5500×6200	5330×7070	5565×13600
发动机输出功率/kW			
额定转速/(r/min)	2000	2300	2300

对于重型汽车起重机,在臂架结构上四节(见图2-69)和五节(见图2-69～图2-72)均是目前主流,但以五节居多。目前多采用多折边或U形截面,伸缩机构采用液压缸加绳排形式。在控制系统选择上既有电控也有液控,可根据价格和操控性能进行合理选择。对于底盘,国内绝大部分采用专用汽车底盘(见图2-73),但国外产品尤其是欧洲汽车起重机多采用通用底盘结构(见图2-74)。

图 2-70　QY20 型汽车起重机整机外形

图 2-69　QY16 型汽车起重机整机外形

图 2-71　QY25 型汽车起重机整机外形

图 2-72　QY35 型汽车起重机整机外形

图 2-74　QY45 型汽车起重机

图 2-73　QY25 型汽车起重机

4. 超重型汽车起重机

超重型汽车起重机的起重量在 50t 及以上,目前现有部分该类产品的主要技术性能见表 2-10～表 2-16。

表 2-10　超重型汽车起重机(51～60t)技术参数

技 术 参 数	徐工 XCT55L5	中联 QY55	安徽柳工 TC550A	四川长起 TTC055G1-Ⅱ
最大额定起重量/t	55	55	55	55
最大额定起重力矩/(t·m)	203.3	205	205	200
主臂最大长度/m	44.5	43	43.4	42
主臂最大起升高度/m	44.5	43.6	44	42.14
主副臂最大组合长度/m	60.5	59	59.4	57
主副臂最大组合起升高度/m	60.3	59.5	60.5	56.8
最大单绳起升速度/(m/min)	130	120	130	110
回转速度/(r/min)	0～2	0～2.2	0～2.2	0～2.01
行驶速度/(km/h)	0～90	0～76	0～78	0～80
起重臂全伸时间/s	80			100
起重臂全缩时间/s				88
总质量/t	42.5	42.0	42.0	41.88
爬坡能力/%	45	40	40	48
接近角/(°)	16			
离去角/(°)	15			
最小离地间隙/mm	303.5			
外形尺寸(长×宽×高)/ (mm×mm×mm)	13980×2550 ×3610	13700×2800 ×3650	13570×2800 ×3664	13655×2800 ×3620
支腿跨距(纵向×横向)/ (mm×mm)	8035×7300	5920×7100	5750×7100	7200×5800
发动机输出功率/kW	268	247	250	242
额定转速/(r/min)	1900	2200	2100	1900

续表

技 术 参 数	泰安东岳 GT55	湖南厚德 HDMC55	北起多田野 GT-550E	利勃海尔 LTF1060-4.1
最大额定起重量/t	55	55	55	60
最大额定起重力矩/(t·m)		250	165	150
主臂最大长度/m	42.1	50	42	40
主臂最大起升高度/m	41.85	50	42	40
主副臂最大组合长度/m		66	57.2	56
主副臂最大组合起升高度/m		65		56
最大单绳起升速度/(m/min)	108	125	143	111
回转速度/(r/min)	0～1.8	0～1.65	0～1.8	0～1.7
行驶速度/(km/h)	0～70	0～78	0～76	
起重臂全伸时间/s		130	132	240
起重臂全缩时间/s			132	240
总质量/t	42.40	42	41.6	42
爬坡能力/%	30	30	45	
接近角/(°)		19	20	21
离去角/(°)		11	14	13
最小离地间隙/mm		270	203	
外形尺寸(长×宽×高)/(mm×mm×mm)	13580×2790×3620	11950×2550×3950	13480×2800×3750	12931×2690×3835
支腿跨距(纵向×横向)/(mm×mm)	7200×5800	7550×7800	6800×5480	6810×6955
发动机输出功率/kW	239	257	257	129
额定转速/(r/min)	2300	2100	2100	

技 术 参 数	特雷克斯 T 560-1	特雷克斯 T C60	特雷克斯 T C60L	特雷克斯 Toplift 55
最大额定起重量/t	54.4	60	60	55
最大额定起重力矩/(t·m)	173	192	190	186
主臂最大长度/m	34	40	44	42
主臂最大起升高度/m	34.7	43	47	44
主副臂最大组合长度/m	50.9	55	59.35	57
主副臂最大组合起升高度/m	52	58	62	57
最大单绳起升速度/(m/min)	162.5	0～115	0～115	0～110
回转速度/(r/min)	0～2.8	0～1.8	0～1.8	0～2.01
行驶速度/(km/h)	0～105	0～90	0～90	0～80
总质量/t	32.58	42.2	42.2	
爬坡能力/%	64	42	42	36
接近角/(°)	25	25	25	18
离去角/(°)	18.9	22	22	11.5
最小离地间隙/mm		376		280
外形尺寸(长×宽×高)/(mm×mm×mm)	13360×2560×3620	11625×2550×3900	11245×2550×3900	13655×2800×3620

续表

技术参数	特雷克斯 T 560-1	特雷克斯 T C60	特雷克斯 T C60L	特雷克斯 Toplift 55
支腿跨距(纵向×横向)/ (mm×mm)	6190×11460	7145×6300	7145×6300	
发动机输出功率/kW	335	265	265	250
额定转速/(r/min)	1800	1900	1900	2200

表 2-11 超重型汽车起重机(61~70t)产品技术参数

技术参数	徐工 QY70K-Ⅰ	柳工 QY70	四川长起 TTC070G1-Ⅱ	特雷克斯 Toplift 70
最大额定起重量/t	70	70	70	70
最大额定起重力矩/(t·m)	230	230	240	240
主臂最大长度/m	44.5		44.5	44.5
主臂最大起升高度/m	44.2	44.8	43.9	46
主副臂最大组合长度/m	59.5		59.5	59.5
主副臂最大组合起升高度/m	59.4	61.5	59.2	60
最大单绳起升速度/(m/min)	130	130	130	130
回转速度/(r/min)	0~2	0~2	0~2	0~2
行驶速度/(km/h)	0~80	0~72		0~80
起重臂全伸时间/s	150	110	130	
起重臂全缩时间/s		50	100	
总质量/t	43	46.5	46	
爬坡能力/%	40	35		39
接近角/(°)	19			20
离去角/(°)	11			12
最小离地间隙/mm	327			300
外形尺寸(长×宽×高)/ (mm×mm×mm)	13930×2800 ×3630	14250×2800 ×3700	14230×2800 ×3650	11635×2800 ×3650
支腿跨距(纵向×横向)/ (mm×mm)	6100×7300	6050×7600	7800×6000	
发动机输出功率/kW		275		275
额定转速/(r/min)				2100
技术参数	**多田野 HK-65**	**多田野 HK-70**	**神钢 670TC**	**神钢 9170TC**
最大额定起重量/t	65	70	70	65
最大额定起重力矩/(t·m)	187	199	256	185
主臂最大长度/m	41	44	54.9	88.4
主臂最大起升高度/m	42	46		
主副臂最大组合长度/m	56.8	60	73.2	109.7
主副臂最大组合起升高度/m	58	61.5		
最大单绳起升速度/(m/min)	130	130		
回转速度/(r/min)	0~2	0~2	0~4.3	0~2.8
行驶速度/(km/h)			55	75

续表

技　术　参　数	多田野 HK-65	多田野 HK-70	神钢 670TC	神钢 9170TC
起重臂全伸时间/s	215	230		
起重臂全缩时间/s		230		
总质量/t	44	54	59.3	
爬坡能力/%			27	41
接近角/(°)				
离去角/(°)				
最小离地间隙/mm				
外形尺寸(长×宽×高)/ (mm×mm×mm)	11853×2550 ×4000	12461×2550 ×4000	12170×3300 ×4000	12160×3490 ×7300
支腿跨距(纵向×横向)/ (mm×mm)	6850×7097	6280×6470	5800×6600	5670×6980
发动机输出功率/kW	260	260		
额定转速/(r/min)	2200	2200	1800	2000

表 2-12　超重型汽车起重机(71～80t)产品技术参数

技　术　参　数	徐工 XCT75	徐工 XCT80	三一 STC750	三一 STC750S	三一 STC750S 混合动力
最大额定起重量/t	75	80	75	75	75
最大额定起重力矩/(t·m)	317.5	300	261	302	302
主臂最大长度/m	48	47.5	45	47	47
主臂最大起升高度/m	48	47.5	45.3	47.3	47.3
主副臂最大组合长度/m	65.5	65	61	64.5	64.5
主副臂最大组合起升高度/m	65	64	61	64.7	64
最大单绳起升速度/(m/min)	145	130	130	130	130
回转速度/(r/min)	0～2	0～1.9	0～2	0～2	0～2
行驶速度/(km/h)	0～90	0～80	0～80	0～82	0～80
起重臂全伸时间/s	110	150	120	100	110
起重臂全缩时间/s		130		1	120
总质量/t	46	50	46	45.47	48
爬坡能力/%	45	40	37	40	40
接近角/(°)	16	17	20	20	20
离去角/(°)	13.5	15.5	12	13	13
最小离地间隙/mm	305	371	230	300	335
外形尺寸(长×宽×高)/ (mm×mm×mm)	14700×2750 ×3910	14770×2800 ×3890		14650×2750 ×3900	14600×2750 ×3900
支腿跨距(纵向×横向)/ (mm×mm)	8450×7900	8075×7900	7600×61800		
发动机输出功率/kW	268	297	276	276	276
额定转速/(r/min)	1900	1900	2200	2200	2200

续表

技 术 参 数	长起 GTC080	中联 QY80	安徽柳工 TC750A	北起多田野 GT-750E
最大额定起重量/t	80	80	75	75
最大额定起重力矩/(t·m)		318	302	225
主臂最大长度/m	54	48	47	44
主臂最大起升高度/m	54.4	48.8	47.5	44
主副臂最大组合长度/m		74.5	64.5	61.7
主副臂最大组合起升高度/m		66~75	65	
最大单绳起升速度/(m/min)		130	130	143
回转速度/(r/min)		0~1.6	0~2.0	0~1.7
行驶速度/(km/h)	0~82	0~80	0~80	0~80
起重臂全伸时间/s				145
起重臂全缩时间/s				145
总质量/t		50.0	46.0	45.9
爬坡能力/%	40	40	40	40
接近角/(°)				23
离去角/(°)				12
最小离地间隙/mm				
外形尺寸(长×宽×高)/(mm×mm×mm)		15000×2850×3850	14630×2800×3780	14050×2790×3680
支腿跨距(纵向×横向)/(mm×mm)		6380×8000	6275×7900	7800×7800
发动机输出功率/kW		276	276	280
额定转速/(r/min)		1900	2200	1900

技 术 参 数	北京福田雷萨 FTC80K5-Ⅱ	湖南厚德 HDMC80	特雷克斯 T 780
最大额定起重量/t	80	80	72.6
最大额定起重力矩/(t·m)	308	260	232
主臂最大长度/m	47.5	50	38.4
主臂最大起升高度/m	47.7	50	40.5
主副臂最大组合长度/m	65	65	55.5
主副臂最大组合起升高度/m	64	63	57.6
最大单绳起升速度/(m/min)	130	130	140.21
回转速度/(r/min)	0~2.0	0~2	0~2.5
行驶速度/(km/h)	0~80	0~55	0~105
起重臂全伸时间/s	130	130	
起重臂全缩时间/s	110		
总质量/t	50	56	38.256
爬坡能力/%	40	40	64
接近角/(°)	19	17	25.2
离去角/(°)	12	14	18.9
最小离地间隙/mm	274	320	380

续表

技术参数	北京福田雷萨 FTC80K5-Ⅱ	湖南厚德 HDMC80	特雷克斯 T 780
外形尺寸(长×宽×高)/(mm×mm×mm)	14880×2800×3850	12660×3000×3910	14740×2560×3420
支腿跨距(纵向×横向)/(mm×mm)	8000×6260	7700×7000	6190×13280
发动机输出功率/kW	276		335
额定转速/(r/min)	1900		1800

表 2-13　超重型汽车起重机(81～100t)技术参数

技术参数	徐工 QY90KA	三一 STC900	徐工 XCT100	三一 STC1000C	加藤 NK-1000
最大额定起重量/t	90	90	100	100	100
最大额定起重力矩/(t·m)	323	367	438	440	312
主臂最大长度/m	54	49.5	61	60	47
主臂最大起升高度/m	54		61.2	60	47.5
主副臂最大组合长度/m	89.7	67.4	79.1	78.1	68
主副臂最大组合起升高度/m	89.7		78	78.1	69
最大单绳起升速度/(m/min)	125	135	130	135	
回转速度/(r/min)	0～2	0～1.93	0～2	0～1.6	
行驶速度/(km/h)	0～80	0～80	0～80	0～85	
起重臂全伸时间/s		210	420	480	
起重臂全缩时间/s		210		500	
总质量/t	53	46	55	54.95	
爬坡能力/%	45	33	45	45	
接近角/(°)	20	21	18	21	
离去角/(°)	16	13	13	18	
最小离地间隙/mm	315		312	310	
外形尺寸(长×宽×高)/(mm×mm×mm)	14700×2800×3900	15420×2600×4000	15295×3000×3820	15396×3000×4000	14400×3000×3800
支腿跨距(纵向×横向)/(mm×mm)	7500×7100	8375×7900	7700×7900	7600×7600	8600×?
发动机输出功率/kW	276	275	316	358	
额定转速/(r/min)	2200	2100	190	2100	2200

表 2-14　超重型汽车起重机(101～150t)技术参数

技术参数	徐工 XCT130	加藤 NK-1200-Ⅴ	神钢 9125TC	加藤 NK-1000
最大额定起重量/t	130	120	140	150
最大额定起重力矩/(t·m)	512	420	465	600
主臂最大长度/m	61		82.3	88.39
主臂最大起升高度/m	60.7	50		
主副臂最大组合长度/m	85.3	76	100.59	100.59

续表

技 术 参 数	徐工 XCT130	加藤 NK-1200-V	神钢 9125TC	加藤 NK-1000
主副臂最大组合起升高度/m	85.3	76		
最大单绳起升速度/(m/min)	130			
回转速度/(r/min)	0~2	0~1.7	0~3.86	0~2.8
行驶速度/(km/h)	0~80	0~60	0~64.8	0~65
起重臂全伸时间/s	420			
起重臂全缩时间/s				
总质量/t	55	37.1	86.5	
爬坡能力/%	45	77	25.6	36
接近角/(°)	18			
离去角/(°)	13			
最小离地间隙/mm	312			
外形尺寸(长×宽×高)/ (mm×mm×mm)	15195×3000 ×3950	16800×3400 ×4050	10020×3370 ×7140	11300×3370 ×7300
支腿跨距(纵向×横向)/ (mm×mm)	7700×7900	9200×?	5390×3370	5840×3370
发动机输出功率/kW	318			
额定转速/(r/min)	1900		2400	2000

表 2-15　超重型汽车起重机(151~220t)产品技术参数

技 术 参 数	徐工 QY160K	徐工 XCT220	三一 STC2200
最大额定起重量/t	160	220	220
最大额定起重力矩/(t·m)	525	682	755
主臂最大长度/m	62	68	68
主臂最大起升高度/m	61.4	67.7	68.5
主副臂最大组合长度/m	90	99.6	104
主副臂最大组合起升高度/m	88.6	96.2	104.5
最大单绳起升速度/(m/min)	110	115	135
回转速度/(r/min)	0~1.3	0~1.8	0~1.5
行驶速度/(km/h)	0~80	0~85	0~80
起重臂全伸时间/s	500	650	600
起重臂全缩时间/s			600
总质量/t	62	62	54.98
爬坡能力/%	40	40	40
接近角/(°)	20	19	18
离去角/(°)	14	13	14
最小离地间隙/mm	300	300	310
外形尺寸(长×宽×高)/ (mm×mm×mm)	15220×3000×3990	15545×3000×3990	16476×3000×4000
腿跨距(纵向×横向)/ (mm×mm)	7800×8000	8300×8500	8200×8500
发动机输出功率/kW	360	360	358
额定转速/(r/min)	1800	1800	2800

续表

技术参数	加藤 NK-1600-V	神钢 6350TC	神钢 9200TC
最大额定起重量/t	160	210	200
最大额定起重力矩/(t·m)	620	1470	900
主臂最大长度/m	50	51.32	97.54
主臂最大起升高度/m	51		
主副臂最大组合长度/m	95		114.82
主副臂最大组合起升高度/m	94		
最大单绳起升速度/(m/min)			
回转速度/(r/min)	0~1.4	0~1.5	0~2.2
行驶速度/(km/h)	0~60	0~75	0~60
起重臂全伸时间/s			
起重臂全缩时间/s			
总质量/t	37.61		
爬坡能力/%	39		24
接近角/(°)			
离去角/(°)			
最小离地间隙/mm			
外形尺寸(长×宽×高)/ (mm×mm×mm)	16250×3400 ×3980	16120×3360 ×4400	12500×2540 ×7600
支腿跨距(纵向×横向)/ (mm×mm)	9200×?	4460×9200	5050×5600
发动机输出功率/kW			
额定转速/(r/min)		2100	2200

表 2-16 超重型汽车起重机(221t 以上)技术参数

技术参数	加藤 NK-3600	加藤 NK-5000
最大额定起重量/t	360	500
最大额定起重力矩/(t·m)	1188	1500
主臂最大长度/m	13~40(4 节)	13.35~22.35(2 节)
主臂最大起升高度/m	40	23.2
主副臂最大组合长度/m	101.5	129.2
主副臂最大组合起升高度/m	101	126
行驶速度/(km/h)	0~60	0~60
总质量/t	44.95	44.95
爬坡能力/%	31	31
外形尺寸(长×宽×高)/(mm×mm×mm)	15910×3400×4100	15545×3400×4200
支腿跨距(纵向×横向)/(mm×mm)	9200×7426	9200×7426
发动机额定功率/(kW)	191/331	191/331
额定转速/(r/min)	1950/2200	1950/2200

对于超重型汽车起重机,起重臂一般采用高强度钢材料,U 形截面或椭圆形截面主臂,优化截面高宽比,减少了吊重时扭转、旁弯等现象。插入式臂头结构,搭接长度进一步提升,起重性能大大提高。紧凑式臂尾结构,提高了起重臂的伸缩比,有效地增加了全伸臂长

度。在车前有液压支腿,配合两侧伸出的液压支腿使得相同吊载下可以实现360°回转工作。专业设计的变幅阀组,有效减少了变幅开启和停止时的抖动和冲击。操作面板人性化设计,按钮、开关、指示灯统一集成到前方操作台面板上,便于观察和操作,提高了整车的舒适性和安全性。对于超重型汽车起重机尤其在控制系统上多采用电控系统,各厂家在极限功率和动力匹配方面均尽力做到极致。为更好地节能,部分产品采用了双发动机。为了更好地分配桥荷,不至于超载,配重采用可拆装的形式。

对于大吨位的汽车起重机随着桥数增多,越野性能、桥荷合理分配及转向的灵活性成为壁垒,因此这也是限制了汽车起重机向更大吨位发展的主要因素。

超重型汽车起重机底盘主要采用专用汽车底盘,如图 2-75 所示的徐工 QY160 型汽车起重机,底盘采用了六桥。

图 2-75　QY160 型汽车起重机

然而对于国外产品,尤其是欧洲国家的部分产品仍采用通用汽车底盘。由于受到底盘的限制,采用通用汽车底盘的起重机往往最大起重量并没有采用专用底盘的产品大。图 2-76 所示为 QY65 型安装于商用卡车底盘之上的汽车起重机。

目前国内的主流产品,50～80t 超重型汽车起重机(见图 2-77～图 2-79)的主臂架通常为五节伸缩臂,伸缩机构为液压缸加绳排的形式。底盘采用四桥。对于超重型汽车起重机,吨位相差不超过 5t 的,仍属于一个级别。例如,起重量为 50t 和 55t 的汽车起重机,最大起

重性能相差 5t,然而对于中长臂的起重性能整体差异并不太大。

图 2-76　QY65 型汽车起重机

图 2-77　QY55 型汽车起重机整机外形

图 2-78　QY75 型汽车起重机整机外形

对于 90～130t 的超重型汽车起重机,伸缩臂多为六节。由于臂节较多,一般采用单缸插销伸缩机构,底盘为五桥的专用汽车底盘。图 2-80～图 2-82 给出了三种型号产品的整机外形图。

图 2-79 QY80 型汽车起重机整机外形

图 2-80 QY90 型汽车起重机整机外形

图 2-81 QY100 型汽车起重机整机外形

图 2-82 QY130 型汽车起重机整机外形

对于目前国内主流产品 160～220t 的超重汽车起重机，伸缩臂多为六节以上，伸缩机构采用单缸插销式结构，臂架截面为 U 形，专用底盘为六桥。图 2-83 和图 2-84 给出了其中两种型号产品的整机外形。

图 2-83 QY160K 型汽车起重机整机外形

图 2-84 QY220 型汽车起重机整机外形

超重型汽车起重机在结构形式上也是不拘一格的。例如日本加藤 NK-3600 型汽车起重机，最大起重量达 360t，最大额定起重力矩达到 1188t·m，如图 2-85 所示。其底盘为六桥，但是吊臂截面为矩形，由于臂节不多，伸缩机构为液压缸加绳排形式。对于 160t 以上产品一般选用六桥底盘，然而图 2-86 所示的 220t 汽车起重机却为五桥。由于臂长的不同，以及导致的整车重量不一样，桥的数量也是变化的。

桁架臂汽车起重机融合了履带起重机和汽车起重机的特点。履带起重机的臂架结构为桁架结构，迎风面积小，承载力强；汽车底盘转场灵活方便。为发挥汽车起重机和履带起重机的共同特点,目前也研发了履带起重机和汽车起重机相结合的产品,采用专用汽车底盘与桁架臂相结合的汽车起重机,尤其在超重型起重机中,应用也较多。

图 2-85　QY360(加藤 NK-3600)型汽车起重机

图 2-86　QY220 型汽车起重机

2.5　选型原则与计算

2.5.1　选型的关键因素

汽车起重机与其他各种工程起重机的工作特点如表 2-17 所示。

根据这些特点可以得出如下结论:

(1)考虑作业性质、作业性能、车辆通过性来选择相应设备,对路面没有特殊要求,施工速度要求较快、施工周期短、转场频繁时可选用

表 2-17　汽车起重机与其他工程起重机的工作特点

类　别	工　作　特　点
汽车起重机	1. 行驶速度高,机动灵活性尚可 2. 采用专用或通用底盘,适宜于公路行驶 3. 作业性能高,结构较简单,价格便宜 4. 吨位区间为 3～300t 5. 作业辅助时间少,作业高度和幅度可随时变换
轮胎起重机	1. 行驶速度较慢,机动灵活性好,整机尺寸小,通过性好 2. 采用特制底盘,可全轮驱动和转向,可越野行驶 3. 作业性能高,结构较复杂,价格稍贵 4. 吨位区间为 5～80t 5. 作业辅助时间少,作业高度和幅度可随时变换
全地面起重机	1. 行驶速度较高,机动灵活性好,行驶舒适性好 2. 采用特制底盘,油气悬挂,可全轮驱动和转向,可越野行驶 3. 作业性能高,结构较复杂,价格高 4. 吨位区间为 5～2000t 5. 作业辅助时间少,作业高度和幅度可随时变换
履带起重机	1. 需要运输设备进行场地转运,需要现场安装,并需要较大的安装空间和起吊设备协同安装 2. 采用履带底盘,可吊重行驶 3. 作业性能最高,结构较简单,价格相对较便宜 4. 吨位区间为 15～4000t 5. 作业辅助时间较长,转场费用高
随车起重机	1. 行驶速度高,机动灵活 2. 将作业装置安装在重型卡车上,集装载、运输、卸载三大功能 3. 作业性能较差,价格较低 4. 吨位区间在 3.2～16t

汽车起重机。

(2)施工时间较长、有较大安装空间时可选用履带起重机,同吨位履带起重机的性能最

高,比其他起重机高1倍或更多。

（3）一般运输公司可选用随车起重机。

2.5.2　选型要领

汽车起重机是按整机工作级别A4设计的,一般用于建筑安装和短时间装卸作业,不适合于长时间装卸作业。如果主要用于货场等固定场合的装卸作业,应缩短连续作业时间,适当停机降温,并缩短维护和保养间隔周期。长时间连续装卸作业会减少汽车起重机的工作寿命。

选型关系到设备的合理利用及其所带来的效益,应根据经济状况及工地要求选择合适吨位的产品。用户在选用起重机之前应仔细考虑经常用到的工况要求,结合当地的设备拥有状况,根据经常所需起重货物的质量和安装位置,选择汽车起重机的最大额定起升质量、起升高度和幅度。选择最大额定起升质量要适中,从安全角度考虑需要有一定的盈余,也不宜过大,过大将造成经济上的压力和设备利用率较低,使汽车起重机的运行成本增高。

在选租起重机之前,要制定合理的吊装方案,根据工作时间确定车型和租用时间,确保安全、经济。

在选购汽车起重机时,当确定了欲购置起重机的起升能力后,要对同类型汽车起重机进行比较全面的多方面比较。同一吨位的产品也存在不同类型,要比较各型号产品的优势和劣势。主要部件的好坏关系到整车的性能,是汽车起重机良好运行的基础。另外,同类型汽车起重机有不同的配置,用户可根据需要选用,当然在选用不同配置时,价格也不尽相同,用户应根据自己的需要进行配置,追求最好的性价比。

2.5.3　吊装方案设计及常见问题

汽车起重机选型是一个综合问题,除了要考虑前面所提到的因素,重要的是要满足使用要求,也就是应该对应于吊装方案,选择一个合适的汽车起重机车型。因为汽车起重机吊装作业过程中不能够带载移动,在方案设计过

程中要进行仔细规划,充分考虑被吊物的重量以及吊装路径所需的吊装高度和幅度要求。现在对于汽车起重机吊装方案设计,已经有专门的设计软件,如大连理工大学开发的专业化吊装仿真软件就可以实现吊装方案的设计。荷兰3D Lift Plan软件也是一款专业化的吊装方案仿真软件,如图2-87所示,它可以对一款汽车起重机的吊装方案进行模拟。此外,很多制造商如利勃海尔起重机公司也提供了一些随车软件,辅助用户制定吊装方案。

图2-87　3D Lift Plan软件吊装方案设计

尽管如此,如果操作不当仍然会发生很多意外事故,一时的疏忽会造成巨大损失。虽然安全规范中清晰地规定了安全准则,可是侥幸心理依然存在,下面列举两种典型事故,作为警示。

1. 超载问题

关掉力矩限制器强行作业的野蛮操作,是目前事故的普遍原因。在大幅度下,力矩过大或斜拉吊载,均容易产生整车倾覆,如图2-88所示。因此,一定要严格按照起重性能进行吊装作业。

2. 支腿的支承问题

汽车起重机必须在打好支腿的情况下作业,且支承在坚实地面,不允许支承于暗沟之上或松软的地面上等。如图2-89就是由于地面松软下陷导致的整车倾覆。

除以上列举的事故外,吊索具选择问题、被吊物绑挂不牢固、外部环境风载荷作用、现场管理指挥问题不明确等,也是产生事故的主要原因。同时,吊装方案的设计也要保证被吊

图 2-88　超载引起的整车倾覆

图 2-89　地面下陷引起的整车倾覆

物的完好无损,这是吊装过程的关键点。

2.6　安全使用

2.6.1　安全使用标准与规范

汽车起重机相关标准较多,既涉及汽车底盘设计严格的要求,又涉及起重设备特殊的设计规定,这里列举部分主要规范,见表2-18。

表 2-18　汽车起重机相关标准与规范

标　准　号	标 准 名 称
GB/T 3811—2008	起重机设计规范
GB 7258—2012	起重机械安全规程
GB/T 6068—2008	汽车起重机和轮胎起重机试验规范
GB/T 6067.1—2010	起重机安全规程
JBT 9738—2000	汽车起重机和轮胎起重机技术要求

续表

标　准　号	标 准 名 称
JBT 10170—2013	流动式起重机起升机构试验规范
GB/T 19924—2005	流动式起重机稳定性的确定
GB/T 1589—2004	道路车辆外廓尺寸、轴荷及质量限值
GB/T 7950—1999	臂架型起重机起重力矩限制器通用技术条件
JB/T 4030.3—2000	汽车起重机和轮胎起重机试验规范　液压系统试验

2.6.2　拆装与运输

为了保证汽车起重机有良好的通过性,符合公路行驶要求,车宽最好不超过2.5m。因此对于35t以下的车型,其车宽基本都控制在2.5m以内。但随着吨位的加大,布置难度加大,车宽很难控制,即使如此,目前最大吨位的汽车起重机最大宽度也控制在3m以内。至于整车高度,均不能超过4m。

一般对于70t及以下产品,附件均随车行驶,长途行驶过程中副臂置于主臂侧面或主臂下方,在需要的时候可拆装。对于80t及以上产品,除副臂可拆装外,还需要进行配重的自装拆,这种情况下转场作业还需要配备相应的卡车运输配重或副臂等。

副臂安装的一般方法可参考图2-90。首先拔下后面的固定尾销(这时副臂只有中销一个固定点),副臂绕中销外展(某些型号产品的副臂推出过程为了减小受力变形,通常设有一个折叠轨道可以打开,使副臂在其上滑开),直至副臂旋转至其前端和主臂头部插销孔对位,然后使连接销安装好。前插销固定好两个,拔掉中插销,继续推动副臂旋转到副臂轴线同主臂轴线相一致,再固定好剩余的两个臂端插销。在这步操作过程中,因为主臂角度低于0°,中销一经拔出,副臂外展时很容易失控导致其突然转到最前方,故副臂展开半径范围内不能有人和物出现,而且需要有绳子拉着副臂慢慢旋转至前方。在有些型号产品的副臂安装过程中,拔掉尾部销轴绕中销旋转时,头部销孔有时不能够一次性和臂架头部的销孔对位,还需要过渡销孔。具体情况可以参考相应机型的操作手册,不可一律对待,这里列举的只是常见结构的操作方法。

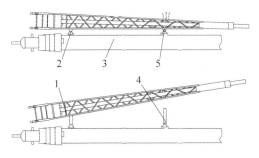

图 2-90　中联某型 80t 汽车起重机
副臂安装结构

1—副臂;2—副臂中部销轴(中销);3—主臂;4—副臂尾部折叠托架导轨;5—副臂尾部销轴(尾销)

对于汽车起重机活动配重的安装,不同厂家方法各异,最常见的方法是采用提升液压缸的形式。这里以中联某型 80t 汽车起重机的配重安装图(见图 2-91)为例进行过程说明。此结构是下悬式自装卸活动组合配重,可根据工况要求进行不同配重组合,组合配重分别为 3t、5.5t、8.5t、11.5t。长途行驶可自带 2.5t 活动配重,短距离可转场自带 2.5t + 3t 活动配重。

图 2-91　中联某型 80t 汽车起重机配重安装结构
1—转台结构;2—固定配重;3—活动配重提升缸

大吨位汽车起重机活动配重的安装过程一般如图 2-92(a)、(b)和(c)所示。

2.6.3　安全使用规程

(1)汽车起重机司机必须经过专业培训,经有关部门考核合格,取得起重机械作业特种

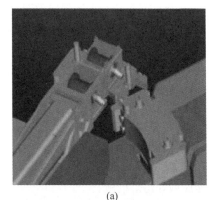

(a)

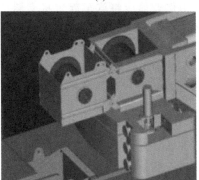

(b)

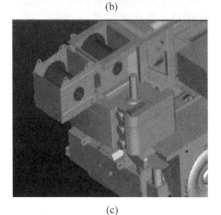

(c)

图 2-92　大吨位起重机活动配重安装过程图
(a)活动配重放于车架中部转台回转对位;(b)安装于转台上的提升缸与活动配重对好位置;(c)提升液压缸提升、固定并锁住活动配重

作业证后方可操作起重机。严禁酒后或身体有不适应症时进行操作。严禁无证人员动用汽车起重机。

(2)应按起重机厂家的规定及时对起重机进行维护和保养,定期检验,保证车辆始终处于完好状态。

（3）必须按起重特性表所规定的起重量及作业半径进行操作，严禁超负荷作业。起吊物件时不能超过厂家规定的风速。

（4）汽车起重机停放的地面应平整坚实，应与沟渠、基坑保持安全距离。

（5）行驶前，必须收回臂杆、吊钩及支腿。行驶时保持中速，避免紧急制动。通过铁路道口和不平道路时，必须减速慢行。下坡时严禁空挡滑行，倒车时必须有人监护。冬季行走时，路面应做好防滑措施。

（6）作业前应将汽车起重机支腿全部伸出。对于松软或承压能力不够的地面，撑脚下必须垫枕木。调整支腿使机体达到水平要求。

（7）调整支腿作业必须在无荷载时进行，将已经伸出的臂杆缩回并转至正前方或正后方，作业中严禁扳动支腿操纵阀。

（8）汽车起重机工作前，必须检查起重机各部件是否齐全完好并符合安全规定，起重机起动后应空载运转，检查各操作装置、制动器、液压装置和安全装置等各部件工作是否正常和灵敏可靠。严禁机件带病运行。作业前应检查起重机回转范围内有无障碍物。

（9）当场地比较松软时，必须进行试吊（吊重离地高度不大于 30cm），检查起重机各支腿有无松动或下陷，在确认正常的情况下方可继续起吊。

（10）在起吊较重物件时，应先将重物吊离地面 10cm 左右，检查起重机的稳定性和制动器等是否灵活和有效，在确认正常的情况下方可继续起吊。

（11）起重机在进行满负荷或接近满负荷起吊时，禁止同时进行两种或两种以上的操作动作。起重臂的左、右旋转角度都不能超过 45°并严禁斜吊、拉吊和快速起落。严禁带重负荷伸长臂杆。

（12）在夜间使用起重机时，在作业场所要有足够的照明设备和畅通的吊运通道，并且应与附近的设备、建筑物保持一定的安全距离，使其在运行时不致发生碰撞。

（13）操作起重机需缓慢匀速进行，只有特殊情况下才可进行紧急操作。

（14）两台起重机同时起吊一件重物时，必须有专人统一指挥。两车的升降速度要保持相等，其物件的重量不得超过两车所允许的起重量总和的 75%。绑扎吊索时要注意负荷的分配，每车分担的负荷不能超过所允许的最大起重量的 80%。

（15）起重机在工作时，被吊物应尽量避免在驾驶室上方通过。作业区域、起重臂下、吊钩和被吊物下面严禁任何人站立、工作或通行。负荷在空中时司机不准离开驾驶室。

（16）起重机在带电线路附近工作时，应与带电线路保持一定的安全距离。在最大回转半径范围内，允许与输电线路的最近距离见表 2-19。在雾天工作时，安全距离还应适当放大。

表 2-19　允许与输电线路的最近距离

输电线路电压 /kV	允许与输电线路的最近距离 /m
<1	1.5
1～20	2
35～110	4
154	5
220	6

（17）起重机工作时，吊钩与滑轮之间要保持一定的距离，防止卷扬过限把钢丝绳拉断或起重臂后翻。起重机卷筒上的钢丝绳在工作时不可全部放尽，至少保留三圈以上。

（18）起重机在工作时，不准进行检修和调整机件。严禁无关人员进入驾驶室。

（19）司机与起重工必须密切配合，听从指挥人员的信号指挥。操作前，必须先鸣喇叭，如发现指挥手势不清或错误时，司机有权拒绝执行。工作过程中，司机收到任何人发出的紧急停车信号时必须立即停车，待消除不安全因素后方可继续工作。

（20）严禁作业人员搭乘吊物上下升降，工作中禁止用手触摸钢丝绳和滑轮。

（21）在停工或休息时，不得将吊物悬挂在空中。夜间工作要有足够的照明。

（22）作业中出现支腿沉陷、起重机倾斜等情况时，必须立即放下吊物，经调整、消除不安全因素后方可继续作业。

（23）作业后，伸缩式起重机的臂杆应全部缩回、放妥，并挂好吊钩。各机构的制动器必须制动牢固，操作室和机棚应关门上锁。

（24）严格遵守起重作业"十不吊"安全规定：指挥信号不明不吊；超负荷或物体重量不明不吊；斜拉重物不吊；光线不足、看不清重物不吊；重物下站人不吊；重物埋在地下不吊；重物紧固不牢，绳打结、绳不齐不吊；棱刃物体没有衬垫措施不吊；重物越人头上不吊；安全装置失灵不吊。

（25）作业难度较大的吊装作业，必须由有关人员先做好施工方案，在作业过程中派专人观察，确保起重机安全工作。

2.6.4　维护与保养

1．维护与保养的位置

良好的日常保养和定期检查习惯，有助于确保作业的安全性，维持设备良好的服役状态，及早发现问题，减少事故发生。如果发现任何异常，应立刻采取解决措施。整机的主要维护与保养位置如图2-93所示。

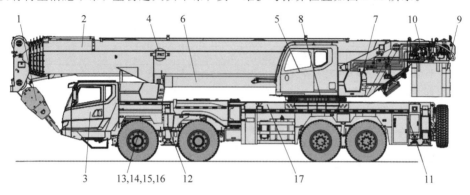

图2-93　汽车起重机的主要维护与保养位置

1—吊具、索具；2—起重臂；3—驾驶室及空调装置；4—安全装置；5—操纵室及其翻转机构；6—变幅液压缸；7—转台；8—回转机构；9—平衡重及其挂接机构；10—起升机构；11—后活动支腿；12—前活动支腿；13—传动系统；14—行驶系统；15—转向系统；16—制动系统；17—车架

2．维护与保养的项目

起重机在交付使用之前已经根据相关标准要求进行了检测和调试，但在使用过程中，可能会出现偏差，主要原因是由磨损、腐蚀、环境变化、外力破坏和使用情况的变化而产生的。因此，起重机应根据使用情况的变化和工作环境的变化，从起重机交付日期算起，至少每年由有经验的专业技术人员进行一次检查。具体可参考GB/T 3811—2008、GB 6067.1—2010和GB 6067.5—2014等标准。如果产品销往其他国家或地区，应符合当地的相关标准要求。

起重机的复检通常是目测检查，由专业工程师/专业技术人员检查起重机及部件的使用情况。这种检测可以及时发现起重机的安全隐患，从而避免事故发生。专业技术人员发现任何隐患后，必须备案、维修后再检查。

1）日常维护与保养项目（表2-20）

2）定期维护与保养项目

整车及作业部分首次检查和保养时间为出厂后的两个月，行驶部分首次检查和保养时间为车辆行驶1500km或发动机工作后100h。

检查结果应记录在"汽车起重机维护与保养手册"检查记录表中，以便掌握设备保养和维护的时间，使设备发挥最大作用。具体的维修项目如表2-21～表2-26所示。

表 2-20 日常维护与保养

序号	检查项目	备注
1	目测检查起重机,各处应无积油、积水,无垃圾、杂物、遗漏工具等	
2	目测各安全装置,应固定可靠、无破损	
3	检查起重机灭火器和急救箱是否完好	
4	目测检查起重机标识、标牌及安全警示标志,应清晰、无缺失	
5	目测检查各机构操纵手柄,应灵活、无卡阻,挡位手感明确,零位锁有效	
6	目测检查供电电源及电源开关、照明装置及信号装置、仪表显示及雨刮等,应工作正常	
7	目测检查起重机各系统,应无漏水、漏气、漏油、漏电现象,确保各系统管路无松动、无扭曲、无破损、无老化	冬季需检查气动管路及元件防冻情况
8	目测检查发动机冷却液、尿素溶液、燃油、润滑脂等油液是否充足	
9	空气滤清器集尘杯排尘,储气筒、燃油滤清器放水	
10	目测检查气动座椅、喇叭等元件,功能应正常;控制阀、安全阀等阀类零件,作用正常、安全可靠	
11	制动系统功能应正常、可靠	
12	目测检查吊具、索具及其连接部件,应无破损、连接可靠,所有钢丝绳在滑轮和卷筒上缠绕正常、无错位	
13	检查结构件有无明显变形、油漆炸皮、裂纹	若发现,应找专业人员处理
14	检查各连接处的销轴和弹簧卡有无缺失、损坏,一旦发现缺失或损坏应立即补齐或更换	如若丢失,应更换同等型号的零部件
15	检查角度传感器及连杆机构是否松动	
16	检查在路面水平、悬架处于中位、转向盘打正时的每个转向轮是否处于直线行驶状态	
17	检查驾驶室显示屏上是否有转向故障或报警现象	
18	检测轮胎气压是否符合要求,轮胎凹槽应无杂物	

表 2-21 整机的定期维护与保养项目

序号	检查项目		检查方法、内容及要求	处置方式	检查周期							备注
					首次	日常	周	月	季	半年	年	
1	技术文件	随机文件	检查随行图纸、使用说明书、出厂合格证,应完整	整改完善							○	
2		检查记录	检查以往的检查记录,应完整,无未处理的缺陷	整改完善							○	
3		维护记录	检查以往的维护记录,应完整,无未验证的维护	整改完善							○	
4		其他档案	检查设备安装、改造、维修、注册登记等其他档案,应完整	整改完善							○	

续表

序号	检查项目		检查方法、内容及要求	处置方式	检查周期							备注
					首次	日常	周	月	季	半年	年	
5	整机	作业环境	目测检查起重机作业环境,应无影响作业安全的因素	按企业管理制度和操作规程处理	○	○	○	○	○	○	○	
6		外观	目测检查起重机各处,应无垃圾、杂物、遗漏工具等	清洁	○	○	○	○	○	○	○	
7			目测检查起重机各处,应无积油、积水,无渗漏	清洁	○	○	○	○	○	○	○	
8			目测检查起重机各部分表面,应无严重的锈蚀、脱漆、损伤等缺陷	防腐/修理						○	○	
9	金属结构	吊臂、转台、车架、支腿、平衡重及连接装置、桁架臂、机构支座等	目测检查起重机各(承载)部位金属结构的锈蚀、裂纹和塑性变形,应符合 GB 6067.1—2010 中 3.9 的规定	防腐/修理/更换	○					○	○	
10		结构焊缝	目测检查主要受力结构件外露焊缝,应无可见的裂纹	修理	○				○	○	○	
11	连接件	平衡重、行驶系统、主要受力结构件及安全装置的连接件	目测检查平衡重、变速器、分动箱、主要受力结构件及安全装置的连接铰轴、连接板和螺栓,应无缺损、无松动,有预紧力矩规定的应符合要求	调整/更换	○				○	○	○	
12		起升、回转、变幅等机构、制动装置的连接件	目测检查起升减速机、卷筒、回转支承、回转减速机、变幅液压缸、制动器、联轴器等机构部件的连接螺栓,应无缺损,无松动,保证规定的力矩要求,连接安全可靠	调整/更换	○				○	○	○	
13		动力、液压、气动、电气系统的连接件	目测检查发动机、泵、马达、阀类、中心回转接头、电动机、电控箱等部件的连接螺栓,应无缺损、松动	调整/更换	○				○	○	○	

表 2-22 安全装置的定期维护与保养项目

序号	检查项目	检查方法、内容及要求	处置方式	检查周期							备注
				首次	日常	周	月	季	半年	年	
1	起重力矩限制器	通过功能试验检查起重力矩限制器,应固定可靠、功能有效	调整/更换							○	
2	起重量限制器	通过功能试验检查起重量限制器,应固定可靠、功能有效	调整/更换							○	
3	起升高度限位器	通过功能试验检查起升高度限位器,应固定可靠、功能有效	调整/更换						○	○	○	

序号	检查项目	检查方法、内容及要求	处置方式	检查周期							备注
				首次	日常	周	月	季	半年	年	
4	钢丝绳过放保护装置(三圈保护器)	通过功能试验检查钢丝绳过放保护装置,应功能有效	调整					○	○	○	
5	幅度指示器	目测检查指示装置,应无变形、无损坏、功能有效	修理/更换		○	○	○	○	○	○	
6	水平仪	目测检查水平仪,应无损坏、功能有效	修理/更换		○	○	○	○	○	○	
7	调平锁定装置	通过空载试验检查锁定装置,锁定作用应有效	修理							○	
8	风速仪及风速报警器	目测检查风速仪及风速报警器,应正常工作	调整/更换							○	
9	作业盲区监视装置	通过功能试验检查作业盲区监视装置,应无损坏、功能有效	修理/更换				○	○	○	○	
10	急停开关	触动紧急停止开关,起重机应立即停机。急停开关不应自动复位。手动复位后再重新起动,起重机应能恢复正常运行	修理/更换						○	○	
11	垂直支腿回缩锁定装置	目测检查锁定装置,应无变形、无缺损、无松动,锁定作用有效	修理/更换				○	○	○	○	
12	回转锁定装置	目测检查锁定装置,应无变形、无缺损、无松动	紧固/更换					○	○	○	
13	回转限位	通过功能试验检查回转限位,应固定可靠、功能有效	紧固/更换			○	○	○	○	○	
14	平衡重锁定装置	目测检查锁定装置,应无变形、无缺损、无松动,锁定作用有效	修理/更换				○	○	○	○	
15	作业报警装置(声光报警装置)	通过功能试验检查声光报警装置,应工作正常	调整/更换				○	○	○	○	
16	接地保护	目测检查接地装置,应完好,功能有效	修理/更换					○	○	○	
17	电气保护装置	目测检查短路、失压、零位、过流等电气保护装置,应无缺损	更换							○	
18	电气控制连锁保护装置	通过功能试验检查转速、限位、压力、温度、行程、角度等电气控制连锁保护装置,应工作正常	修理/更换					○	○	○	
19	防护罩、防雨罩	目测检查各旋转部位的防护罩及防雨罩,应牢固、齐全、无破损	紧固/修理						○	○	
20	标识和警示标志	目测检查起重机铭牌、吨位牌、安全警示标志,应清晰、无缺失	清洁/更换		○	○	○	○	○	○	
21	梯子、护栏、平台、走道	目测检查梯子、平台、走道、护栏,应完好且牢固	紧固/修理						○	○	
22	消防器材	目测检查消防器材,存放位置应正确,灭火器在有效期内	调整/更换						○	○	

表 2-23 电气液压控制系统的定期维护与保养项目

序号	检查项目		检查方法、内容及要求	处置方式	首次	日常	周	月	季	半年	年	备注
1	电气系统	供电电源	目测检查供电电源,应工作正常	维护		○	○	○	○	○	○	
2		控制装置	目测检查各按钮,应灵活有效,操纵杆下部绝缘保护应无破损	修理/更换			○	○	○	○	○	
3			目测检查各机构操纵手柄,应灵活、无卡阻,挡位手感明确,零位锁有效	调整/更换			○	○	○	○	○	
4			目测检查遥控装置及手动电源开关外壳,应无破损,控制按钮应标识清晰、正确,功能正常	修理/更换			○	○	○	○	○	
5		总电源开关	目测检查总电源开关,应功能正常	调整/更换		○	○	○	○	○	○	
6			目测检查控制柜门开关,应灵活且门锁可靠	调整/更换				○	○	○	○	
7		控制柜/台及电气设施	目测检查控制柜内电气线路及元器件,应无过热、烧焦、融化痕迹;元器件应无外表破损;罩壳应无掉落	更换					○	○	○	
8			目测检查电气连接及接地,应可靠,线缆无严重龟裂、破损	调整/更换					○	○	○	
9			目测检查各段线路,线标应清晰,接线无松动	清洁/紧固							○	
10			通过功能试验检查线路,应无过热;检查绝缘电阻、接地电阻,应符合要求	修理/更换							○	
11			通过功能试验检查各接线柱、接触器、继电器,应接触良好	调整/更换					○	○	○	
12		通信	通过功能试验检查主机与中央控制室的通信,应畅通	维护		○	○	○	○			
13		照明、信号	目测检查照明、信号装置,应无缺损	修理/更换					○			
14	液压系统	系统	目测检查液压系统,应工作正常,无异响、过热等现象	维护		○	○	○	○	○	○	
15		管路	目测检查液压系统管路,应无破损、无泄漏、无松动、无扭曲、无老化	修理/更换	○	○	○	○	○	○	○	
16		油料	目测检查液压油箱液位	补给					○	○	○	
17			液压油检查参照 JB/T9737—2013 的规定	滤清/更换	○					○	○	
18			更换液压油								○	
19		滤清器	检查保养吸油、回油滤清器和空气滤清器,更换滤芯	清洗/更换	○						○	
20		液压油箱	液压油箱内部应清洁;液位计无破损、显示正常	清洗/更换	○						○	
21		散热器	通过试验检查散热装置,应工作正常	修理/更换					○	○	○	
22		蓄能器	检查蓄能器气压		○					○	○	

表 2-24　动力系统的定期维护与保养项目

序号	检查项目	检查方法、内容及要求	处置方式	检查周期							备注
				首次	日常	周	月	季	半年	年	
1	发动机系统	严格按照发动机维修手册要求检查和保养	维护	根据发动机维修手册							
2		目测检查发动机系统,应无漏水、漏气、漏油、漏电现象	清洁/维护	○	○	○	○	○	○	○	
3		通过空载试验检查发动机,运转应平稳、无异常,监视仪表显示正常;检查发动机电气系统,应无异常及异味	维护	○	○	○	○	○	○	○	
4	管路	目测检查发动机进气和排气管路、燃油管路及连接件,确保无松动、无扭曲、无破损、无堵塞	修理/调整	○	○	○	○	○	○	○	
5	油液	目测检查发动机机油液位,应符合要求	补给	○	○	○	○	○	○	○	同时换滤芯
6		目测检查机油使用状况	更换	○					○	○	
7		目测检查发动机冷却液、尿素溶液、燃油的液位,应符合要求	补给	○	○	○	○	○	○	○	
8		检查散热器冷却液,应清洁,无沉淀物	及时清除其中沉淀物;冷却液定期更换,更换时应放尽旧液,冷却系统清洗干净后换新液							○	
9	滤清器	检查燃油滤清器和机油滤清器,应清洁,滤芯无破损	清洗/更换	○					○	○	
10		检查空气滤清器的集尘杯,应清洁	清洁	○				○	○	○	
11		目测检查空气滤清器压差指示器是否符合要求	空气滤清器负压指示器显示时,清洁空气滤清器主滤芯,主滤芯清洁2次后或当空气滤清器主滤芯损坏时,进行更换	○			○	○	○	○	
12	燃油箱	检查燃油箱内部,应清洁	清洗/更换	○					○	○	
13	散热器	通过试验检查散热装置,应工作正常	修理/更换						○	○	
14		检查散热器,应清洁	散热器清洗/反转除尘	○	○	○	○	○	○	○	
15	后处理	检查尿素泵气压,应符合要求	调整	○					○	○	
16	其他	检查皮带张紧度,应符合要求	调整	○			○		○		

表 2-25　行驶部分的定期维护与保养项目

序号	检查项目	检查方法、内容及要求	处置方式	检查周期 首次	日常	例行	一级	二级	三级	四级	备注
1	传动系统	目测检查变速器、分动箱润滑油油面,应符合要求	补给				○				季度
2		检查变速器、分动箱润滑油使用状况,应正常	更换	○				○			
3		检查变速器、分动箱透气塞(空气滤清器),应通畅、无堵塞	清洁/维护					○			
4		检查传动轴润滑情况,保证润滑油嘴加满但不溢出	维护	○		○	○	○	○	○	
5		目测检查传动轴、联轴器的工作、连接和磨损情况,应无缺损、无松动,运行中无异响和异常振动	维护/调整	○		○					
6	行驶系统	通过空载试验检查行走机构,应无异常声响、无振动	维护	○		○	○	○	○	○	
7		目测检查驱动桥、从动桥轮毂及轮毂轴承间隙,确保轮毂无缺损、无严重变形或裂纹	专业维护						○	○	
8		检查从动轴轮毂润滑脂,应符合要求	更换	○					○	○	
9		检查驱动轴主减速机和轮边减速机液面,应符合要求	补给	○				○			
10		检查驱动轴主减速机和轮边减速机润滑油,应符合要求	更换						○	○	
11		检查驱动轴通气装置,应符合要求	清洁/维护				○	○	○	○	
12		通过目测和行驶试验检查悬架的工作情况,运行中应无异响和异常振动	调整				○				
13		检测轮胎气压,应符合要求	调整	○	○	○	○	○	○	○	
14		目测检查车轮上螺栓的紧固情况,车轮轮缘、踏面的磨损、变形应符合 GB 6067.1—2010 中 4.2.7 的规定	调整/更换				○				
15		四轮定位	专业调整					○			
16		检查制动蹄摩擦片厚度,制动器间隙,应符合要求	专业维护						○	○	
17		清洁车轮制动器	维护						○	○	

续表

序号	检查项目	检查方法、内容及要求	处置方式	首次	日常	例行	一级	二级	三级	四级	备注
18	制动系统	通过空载试验检查气动系统，压力应正常，仪表应在有效期内并指示正常	修理/更换		○	○	○	○	○	○	
19		检查气动系统密封性，管路元件及接头应无破损、无扭曲、无松动、无老化	修理/更换	○			○	○	○	○	
20		检查气动座椅、喇叭等元件，功能应正常；检查控制阀、安全阀等阀类，其作用应正常、安全可靠	修理/更换	○			○	○	○	○	
21		检查手制动、脚制动、气室，功能应正常、可靠	修理/更换	○			○	○	○	○	
22		储气筒放水	维护	○	○	○	○	○	○	○	
23		检查干燥器功能和干燥剂是否正常	更换					○	○	○	
24		检查及调整调压阀输出压力	专业维护					○	○	○	
25	转向系统	测试和调整前轮定位	调整	○							
26		检查转向系统的功能	调整						○	○	
27		检查和调整转向机、摇臂、拉杆螺栓、螺母的锁固和转向系的间隙，应符合要求	调整/维护	○						○	
28		检查转向节、转向摇臂、转向拉杆等铰点的润滑情况	维护					○	○	○	

表 2-26　作业部分的定期维护与保养项目

序号	检查项目	检查方法、内容及要求	处置方式	首次	日常	周	月	季	半年	年	备注
1	机构	起升机构	通过空载试验检查起升机构，应无异常声响、无振动，运行平稳	维护	○		○	○	○	○	○	
2		变幅机构	通过空载试验检查变幅机构，应无异常声响、无振动，运行平稳	维护	○		○	○	○	○	○	
3		回转机构	通过空载试验检查回转机构，应无异常声响、无振动	维护	○		○	○	○	○	○	
4		伸缩机构	通过空载试验检查伸缩机构，应无异常声响、无振动	维护	○		○	○	○	○	○	
5		配重挂接结构	通过空载试验检查液压缸，应伸、缩自如，运行正常	维护	○		○	○	○	○	○	
6		支腿伸缩机构	通过空载试验检查伸缩机构，应无异常声响、无振动	维护	○		○	○	○	○	○	

续表

序号	检查项目	检查方法、内容及要求	处置方式	首次	日常	周	月	季	半年	年	备注
7	吊钩	检查吊钩焊缝及吊钩结构,应无影响安全的磨损及变形且应无异响	修理/更换	○			○	○	○	○	
8		目测检查吊钩销轴,应无松动、无脱出,轴端固定装置应安全有效	紧固/修理/更换	○			○	○	○	○	
9		目测检查吊钩闭锁装置、吊钩螺母防松装置,抬起后应能弹回原位	调整/修理/更换	○			○	○	○	○	
10		检查锻造吊钩表面的裂纹、变形、磨损、腐蚀情况,应符合 GB/T10051.3—2010 第 3.2 条的规定	修理/更换	○				○	○	○	
11		目测检查起重横梁结构,应无裂纹和塑性变形	修理/更换	○				○	○	○	
12		目测检查吊钩其他零部件,应无损坏	修理/更换	○	○	○	○	○	○	○	
13	钢丝绳	按照 GB/T 5972—2016 规定的方法检查钢丝绳,并应符合其要求	更换	○			○				
14		目测检查钢丝绳,应无明显的机械损伤	修理/更换	○	○	○	○	○	○	○	
15		目测检查卷筒及滑轮上的钢丝绳,应无跳槽或脱槽等现象	紧固/调整	○	○	○	○	○	○	○	
16		目测检查钢丝绳端部固定和连接情况,应满足 GB 6067.1—2010 第 4.2.1.5 条的要求。	紧固/调整	○	○	○	○	○	○	○	
17		钢丝绳润滑(每半个月)	维护	○		○	○				
18		目测检查钢丝绳表面,不应有明显露出的断丝、变形、挤压	更换	○			○	○	○	○	
19	卷筒	目测检查卷筒,应符合 GB 6067.1—2010 中 4.2.4.5 的规定,卷筒挡边无变形	更换	○				○	○	○	
20	滑轮	目测检查滑轮,应符合 GB 6067.1—2010 中 4.2.5 的规定	修理/更换	○				○	○	○	
21		目测检查滑轮,应转动灵活	润滑/调整	○				○	○	○	
22		目测检查滑轮防脱绳装置,应安全有效	修理/更换	○				○	○	○	
23		目测检查各转动、摆动点的润滑情况,应满足相应要求	润滑/调整	○			○	○	○	○	
24	制动器	空载试验检查制动器,应灵敏可靠、工作正常	维护	○			○	○	○	○	
25		可 360°回转时,检查非工作状态制动器,分离应可靠	调整	○			○	○	○	○	
26		目测检查制动器,应符合 GB6067.1—2010 中 4.2.6.7 的有关规定	更换	○			○	○	○	○	

序号	检查项目		检查方法、内容及要求	处置方式	首次	日常	周	月	季	半年	年	备注
27	关键部件	联轴器	目测检查联轴器,应无缺损、无松动、无漏油,运行中无异常振动和异常响声	紧固/调整/修理/更换	○	○	○	○	○	○	○	
28		减速机	目测检查运转中的减速机,应无异响、无异常振动、无漏油和过热现象	紧固/修理	○			○	○	○	○	
29			目测检查油位,应在要求范围内	加油	○			○	○	○	○	
30			更换减速机润滑油	更换							○	
31		开式齿轮	目测检查回转机构轮齿的塑性变形、裂纹、折断;齿面的剥落、点蚀、胶合,齿根的磨损情况,应符合 GB 6067.1—2010 中 4.2.8 的规定	更换						○	○	
32			检查开式齿轮的啮合间隙	专业调整							○	
33			润滑开式齿轮齿面		○		○	○	○	○	○	
34			目测检查齿轮装配情况,应无松动,传动时无异响	调整/紧固	○			○	○	○	○	
35		排绳装置	目测检查排绳装置,应工作正常,滑移无卡阻,螺栓无松动	调整/紧固	○			○	○	○	○	
36		托绳装置	目测检查托绳装置,应工作正常,运行平稳,托绳有效	调整	○				○	○	○	
37		轴承	目测检查轴承,应无异响、无异常温升	更换	○				○	○	○	
38		驾驶室和操纵室	目测检查驾驶室连接部位,应无脱焊、松动和裂纹	紧固/修理	○			○	○	○	○	
39			目测检查驾驶室,应无裸露的带电体,室内地面应绝缘良好	修理/更换	○		○	○	○	○	○	
40			目测检查驾驶室的门、窗、玻璃、雨刮器、防护栏及门锁,应无缺损;门、窗、玻璃应清洁、视线清晰	清洁/更换	○		○	○	○	○	○	
41			目测检查移动驾驶室的悬挂装置,应安全可靠	紧固/修理	○			○	○	○	○	
42	空调系统	空调系统	目测检查操纵室的空调,工作应正常	维护	○	○	○	○	○	○	○	
43			目测空调系统管路及接头,应无漏水、无油迹,冷凝器片应无损伤,应清洁、无堵塞		○	○	○	○	○	○		

3) 特殊检查项目

(1) 检查条件说明。起重机械本身或外界条件发生变化时,以及停用后再次启用前宜进行特殊检查。特殊检查在发生下列情况后进行。

当起重机机械下列因素发生变化时:

① 安全装置;

② 额定载荷;

③ 机构;

④ 主要受力结构件;

⑤ 控制柜和控制系统;

⑥ 动力源;

⑦ 钢丝绳或起重用短环链;

⑧ 起重吊具;

⑨ 底盘、基座和支承结构。

当外界环境发生下列变化,超出设备正常环境条件时:

① 极端天气(如暴风雨等);

② 地震;

③ 基础(含起重机轨道);

④ 火灾、水灾;

⑤ 超载、挂舱、急停、撞击等非正常运行情况。

(2)检查指南。起重机本身或外界条件发生变化时,检查范围应与变化或损害的程度相适应;起重机发生事故后,应根据事故的具体情况确定检查项目;起重机停用后再次投入使用前,检查项目应根据各种起重机的特性进行确定。

本身或外界条件发生变化的起重机和发生事故大修后的起重机,在初次使用之前应进行带载试验。试验前先进行目测检查和空载试验。

大修是指需要拆卸或更新主要受力结构部件,亦包括对机构或控制系统进行整体修理,但大修后起重机的性能参数与技术指标不应变更。目测检查、空载试验和试验的内容应按 GB/T 6068—2008 中的规定进行。试验应由有资格的人员进行。试验后,起重机的力矩限制器装置应重新标定,并达到规定的要求。

(3)特殊检查项目

特殊检查项目参见表 2-27。

表 2-27 特殊检查项目

序号	特殊检查的条件	检查项目	检查方法、内容及要求	处置方式
1	安全防护装置形式或规格改变	安全防护装置	针对被改变的金属结构,其检查方法、内容及要求应按定期维护与保养项目的相应规定执行	按定期维护与保养项目的相应规定执行
2	额定载荷改变	机构、金属结构	通过静载试验、动载试验检查起重机各项性能,应满足使用要求	加固机构和金属结构/减小起重机性能参数
3	主要受力结构件截面特性或材质改变	金属结构	针对被改变的金属结构,其检查方法、内容及要求应按定期维护与保养项目的相应规定执行	按定期维护与保养项目的相应规定执行
4			通过静载试验检查被改变的金属结构,应满足设计要求	加固金属结构
5	起升机构形式或规格改变	起升机构	针对被改变的机构或其零部件,其检查方法、内容及要求应按定期维护与保养项目的相应规定执行	按定期维护与保养项目的相应规定执行
6			通过动载试验检查起重机各项性能应满足设计要求	更换起升机构/减小起重机性能参数
7	控制系统形式或规格改变	控制系统	针对被改变的控制系统或其元件,其检查方法、内容及要求应按定期维护与保养项目的相应规定执行	按定期维护与保养项目的相应规定执行
8			通过功能试验检查起重机的控制性能,应满足设计要求	按定期维护与保养项目的相应规定执行

续表

序号	特殊检查的条件	检查项目	检查方法、内容及要求	处置方式
9	动力源形式或规格改变	动力源	针对被改变的动力源或其元件,其检查方法、内容及要求应按定期维护与保养项目的相应规定执行	按定期维护与保养项目的相应规定执行
10	钢丝绳性能改变	钢丝绳	目测检查钢丝绳与卷筒、滑轮的匹配情况,并满足 GB/T 5972—2016 的相应要求	按定期维护与保养项目的相应规定执行
11	固定吊具改变	机构、金属结构	通过静载试验、动载试验检查起重机各项性能,应满足使用要求	加固机构和金属结构/减小起重机性能参数
12	海浪或水灾侵袭	机械零部件、电控系统	针对被海浪或水灾侵袭的机械零部件、电控系统,其检查方法、内容及要求应按定期维护与保养项目的相应规定执行	按定期维护与保养项目的相应规定执行
13	风速超出设计范围	风速仪、抗风防滑装置、金属结构	针对风速仪、抗风防滑装置、受风载的金属结构,其检查方法、内容及要求应按定期维护与保养项目相应规定执行	按定期维护与保养项目的相应规定执行
14	地震烈度超出设计范围	定期维护与保养项目的所有年检项目	按定期维护与保养项目的年检规定执行	按定期维护与保养项目的相应规定执行
15			通过功能试验、载荷试验、静载试验、动载试验检查起重机各项性能,应满足设计要求	按定期维护与保养项目的相应规定执行
16	超载	机构、金属结构	针对受影响的机构及金属结构,其检查方法、内容及要求应按定期维护与保养项目的相应规定执行	按定期维护与保养项目的相应规定执行
17			通过静载试验、动载试验检查起重机各项性能,应满足设计要求	修复机构和金属结构
18	安全制动器动作对机构造成非正常冲击的急停	起升机构	通过载荷试验检查起升机构及其零部件的各项性能,应满足使用要求	按定期维护与保养项目的相应规定执行
19	撞击事故	主要受力结构件、各机构	目测检查主要受力结构件、各机构,应完好;通过功能试验、载荷试验、动载试验检查起重机各项性能,应满足使用要求	按定期维护与保养项目的相应规定执行
20	火灾	主要受力结构件、各机构、电控系统	通过目测、功能试验或/和载荷试验检查受火灾影响的项目,应符合定期维护与保养项目的相应要求	按定期维护与保养项目的相应规定执行
21	设备停用一年及以上再次投入使用前	定期维护与保养项目的所有年检项目	按定期维护与保养项目的年检规定执行	按定期维护与保养项目的相应规定执行

3．润滑

1）润滑工况

起重机润滑工作开始前应对起重机进行清洁。对于具体标明了需要润滑的起重机的活动部件应经常润滑。应检查润滑系统是否能正常地输送润滑剂。应按照手册建议，注意润滑点和润滑周期，保持润滑剂的油位和使用的润滑剂的型号。

在润滑时，应使机器处于静止状态以提供保护，所有的控制器处于关闭位置，确保一切作业特性不会由制动器或其他的无意动作而引发，除非装备有自动或遥控润滑装置。此外还要注意以下几点：

（1）吊臂收存到吊臂支架上的状态下，如果吊臂变幅液压缸活塞杆一部分露出时，应对露出的部分每月涂抹一次润滑脂。

（2）对二至六节臂滑块经过的外表面涂抹润滑油脂时，首先把吊臂按照保养工况中设定的组合方式伸缩，其次把吊臂下降到负变幅角度，最后分别对各节吊臂涂抹润滑油脂。

2）润滑指导

本起重机润滑部位如图 2-94 和表 2-28 所示。为了更好地提高作业效率，延长起重机的作业寿命，请按期对规定部位加注润滑脂。

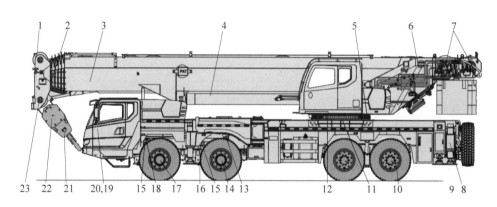

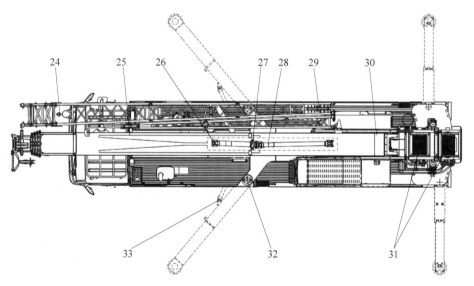

图 2-94　润滑部位

表 2-28　润滑操作表

序号	润滑位置	润滑周期	润滑脂牌号	润滑方法
1	吊臂头部滑轮	每周或使用前	2# 锂基润滑脂	油枪注油
2	吊臂头部滑块	每周	2# 锂基润滑脂	涂抹
3	二至五节臂滑块经过的外表面	每周	2# 锂基润滑脂	涂抹
4	变幅缸上下铰点	每周	2# 锂基润滑脂	油枪注油
5	回转机构小齿轮齿面	每周	2# 锂基润滑脂	涂抹
6	吊臂后铰点	每周	2# 锂基润滑脂	油枪注油
7	主副起升轴承座	每周	2# 锂基润滑脂	油枪注油
8	支腿调节滑块	每月	2# 锂基润滑脂	涂抹
9	支腿导轨上下表面	每月	2# 锂基润滑脂	涂抹
10	前后制动凸轮轴	5000km	2# 锂基润滑脂	油枪注油
11	回转支承啮合齿面	每周	2# 锂基润滑脂	涂抹
12	回转支承轴承滚道	100h	2# 锂基润滑脂	油枪注油
13	转向助力液压缸左右铰点	5000km	2# 锂基润滑脂	油枪注油
14	车桥轮毂轴承	5000km	2# 锂基润滑脂	涂抹
15	转向摇臂轴承	5000km	2# 锂基润滑脂	拆下端盖涂抹
16	推力杆球头	5000km	2# 锂基润滑脂	油枪注油
17	转向节主销及轴承	5000km	2# 锂基润滑脂	油枪注油
18	转向拉杆球头	5000km	2# 锂基润滑脂	油枪注油
19	离合及制动踏板轴	5000km	2# 锂基润滑脂	油枪注油
20	驾驶室车门绞链	5000km	2# 锂基润滑脂	油枪注油
21	吊钩横梁	每周或使用前	2# 锂基润滑脂	油枪注油
22	吊钩滑轮	每周或使用前	2# 锂基润滑脂	油枪注油
23	臂端单滑轮	使用前	2# 锂基润滑脂	油枪注油
24	副臂导向轮	使用前	2# 锂基润滑脂	油枪注油
25	副臂滑轮	使用前	2# 锂基润滑脂	油枪注油
26	传动轴万向节	5000km 或每半年	冬季 0# 锂基润滑脂 夏季 1# 锂基润滑脂	油枪注油
27	传动轴中间支承	5000km 或每半年	冬季 0# 锂基润滑脂 夏季 1# 锂基润滑脂	油枪注油
28	传动轴伸缩花键	5000km 或每半年	冬季 0# 锂基润滑脂 夏季 1# 锂基润滑脂	油枪注油
29	副臂滑轮	使用前	2# 锂基润滑脂	油枪注油
30	吊臂尾部滑块	每周	2# 锂基润滑脂	油枪注油
31	钢丝绳(起升用)	每周	2# 锂基润滑脂	涂抹
32	摆腿铰点	每月	2# 锂基润滑脂	油枪注油
33	摆腿液压缸铰点	每月	2# 锂基润滑脂	油枪注油

2.6.5　机械系统常见故障及其处理

1. 底盘机械系统常见故障的诊断与排除

1) 传动系统常见故障的诊断与排除

(1) 离合器操纵机构。离合器操纵机构的检查与调整主要是离合器分离轴承间隙(踏板自由行程)的检查调整。操纵机构调整的目的就是保证离合器分离轴承的间隙。这一调整必须在保证离合器分离杠杆(压爪)高度符合标准范围的前提下来进行。按照规定,分离轴承间隙为 3~5mm,为保证这一间隙,分离拐臂的上端必须有 6mm 的自由行程,或踏板需有

35～40mm 的自由行程。这一自由行程可由分离拐臂上端调整螺钉进行调整。如果自由行程过小,可将分离拐臂上端向后调整;如果自由行程过大,可将拐臂上端向前调整。调整完毕之后需将锁帽锁紧。

值得指出的是,离合器助力的效果很好,因此在气压较高时,离合器踏板在全行程上都很轻,自由行程和工作行程很难区分,因此这时调整踏板自由行程很难把握准确,往往调整是不准确的。这就是有些车辆离合器分离轴承总是损坏的原因。所以,在检查和调整踏板自由行程时,最好把气压放低一些,使踏板自由行程比较明显,这样调整出来的状态才是很准确的。

离合器主要故障的诊断与排除见表 2-29。

(2) 变速器主要故障的诊断与排除,见表 2-30。

(3) 传动轴主要故障的诊断与排除,见表 2-31。

(4) 取力器主要故障的诊断与排除,见表 2-32。

(5) 驱动桥主要故障的诊断与排除,见表 2-33。

表 2-29　离合器主要故障的诊断与排除

故障	原　因	排　除　方　法
离合器打滑	1. 离合器踏板自由行程太小或无自由行程 2. 离合器压盘过薄或压盘、飞轮变形 3. 压盘弹簧变软或折断 4. 离合器分离杠杆高度调整不当 5. 摩擦片磨损变薄、硬化、腐蚀、铆钉外露或沾有油污 6. 离合器盖、飞轮连接螺栓松动	1. 检查并调整离合器踏板自由行程 2. 检查并更换压盘和飞轮 3. 更换压盘弹簧 4. 检查并调整分离杠杆高度 5. 更换摩擦片或清除油污 6. 检查并紧固连接螺栓
离合器分离不彻底	1. 离合器踏板自由行程过大 2. 分离杠杆变形弯曲,内端面不在同一平面上,个别分离杠杆或调整螺钉折断 3. 从动盘翘曲,铆钉松动,摩擦片开裂、破碎或新的摩擦片过厚 4. 压紧弹簧弹性不一或个别弹簧折断 5. 双片式摩擦片中间压盘限位螺钉调整不当及分离弹簧折断 6. 从动盘毂键槽与变速器第一轴键齿锈蚀,使从动盘移动困难	1. 检查并调整离合器踏板自由行程 2. 检查、修复、更换分离杠杆或调整螺钉 3. 检查、修复、更换摩擦片,在离合器盖与飞轮间增加适当的调整垫片 4. 检查、调整或更换压紧弹簧 5. 检查、调整限位螺钉,更换分离弹簧 6. 检查并清除锈蚀、润滑
离合器抖动	1. 膜片弹簧翘曲 2. 分离轴承阻滞 3. 摩擦片破损或表面硬化 4. 发动机支架固定螺栓松动 5. 从动盘花键严重磨损,变速器第一轴弯曲	1. 检查、校正或更换膜片弹簧 2. 清洗、润滑或更换分离轴承 3. 检查、修复或更换摩擦片 4. 检查并紧固螺栓 5. 检查并换件
离合器发响	1. 离合器分离轴承磨损、过紧或无润滑油 2. 从动盘上铆钉松动 3. 分离杠杆调整不当 4. 分离杠杆或分离轴承的回位弹簧折断、变形或松脱 5. 飞轮螺栓松动 6. 变速器第一轴前轴承磨损或缺油	1. 检查、更换轴承或加注润滑油 2. 检查并重新铆牢 3. 检查并调整分离杠杆器 4. 检查、校正或更换 5. 检查并紧固螺栓 6. 检查、更换轴承或加注润滑油

表 2-30　变速器主要故障的诊断与排除

故障	原　　因	排　除　方　法
变速器脱挡	1. 轮或齿套磨损成锥形 2. 变速器轴承松旷、壳体变形 3. 轴承止推弹性环或齿轮背面的止推垫松动或严重磨损 4. 拨叉弯曲变形或过度磨损 5. 自锁装置失效	1. 检查、调整或更换 2. 检查、校正或更换 3. 检查、紧固或更换 4. 检查、校正或更换 5. 检查、修复或更换
变速器乱挡	1. 变速拨叉弯曲或磨损 2. 换挡轴、拨叉槽、拨头磨损 3. 变速器上盖螺栓松动、折断 4. 互锁装置机件严重磨损(若同时能挂入两个挡位) 5. 气压操纵系统出现故障(高低挡失灵)	1. 检查、校正或更换 2. 检查并更换 3. 检查、紧固螺栓或更换 4. 检查并更换互锁钢球、互锁销等机件 5. 检查、修复并更换
变速器发响	1. 任何挡位都会发出无节奏的响声 2. 除空挡外,任何挡位都会发出无节奏的响声 3. 常啮齿轮正常啮合间隙或啮合印痕被破坏 4. 当变速箱解体后,未按"对齿"的要求装配 5. 啮合不良、传动不平稳 6. 第二轴、中间轴弯曲变形	1. 更换第一轴轴承 2. 更换第二轴轴承 3. 齿轮严重损坏或啮合间隙过大时更换齿轮 4. 按"对齿"的要求重新装配 5. 检查、紧固变速器壳与飞轮壳之间的联接螺栓 6. 更换
变速器换挡困难	1. 换挡叉轴弯曲、端头打毛,叉轴与叉轴孔配合过紧 2. 换挡叉弯扭变形与叉轴不垂直 3. 同步器损坏 4. 互锁装置弹簧弹力过大 5. 车辆长期不用,叉轴缺油,严重锈蚀	1. 修复、校正或更换 2. 修复、校正或更换 3. 更换同步器 4. 更换弹簧 5. 润滑叉轴
变速器过热	1. 加注的齿轮油过多或是严重缺油 2. 机件磨损不正常、轴承配合过紧 3. 长期在低速挡高速行驶 4. 齿轮油的牌号(特别是黏度牌号)错误 5. 变速箱的通风孔阻塞	1. 按规定要求调整齿轮油加注高度 2. 检查、校正或更换 3. 提高驾驶操作水平 4. 更换标准齿轮油 5. 疏通通风孔

表 2-31　传动轴主要故障的诊断与排除

故障	原　　因	排　除　方　法
传动轴发响	1. 万向节十字轴、滚针轴承磨损严重,十字轴轴颈磨出凹槽,十字轴与轴承径向间隙过大 2. 凸缘和轴管焊接时歪斜或传动轴弯曲 3. 传动轴总成各零件磨损造成传动不平衡 4. 传动轴花键键齿和滑动叉键槽磨损 5. 传动轴两端安装位置改变,造成等速传动条件破坏	1. 检查、更换机件(尽可能更换传动轴总成) 2. 更换传动轴总成 3. 更换传动轴总成 4. 更换传动轴总成 5. 按技术要求重新装配
中间支承轴承发响	1. 中间支承轴承座橡胶垫损坏 2. 中间支承的紧固螺栓松动 3. 中间支承轴承总成缺油或损坏	1. 更换橡胶垫 2. 按要求力矩紧固 3. 润滑总成或更换

表 2-32　取力器主要故障的诊断与排除

故　障	原　因	排 除 方 法
液压泵取力传动轴不动并异响	1. 气压不足 2. 气管路堵塞 3. 电磁阀发生故障	1. 加大油门提高气压 2. 检查和更换气管路 3. 更换电磁阀
液压泵取力传动轴不停止工作	1. 压住拨叉的螺母松落 2. 取力器活塞杆上的螺丝松落	1. 拆下取力器气缸座,换上新锁片,紧固螺母 2. 拆下取力器气缸后盖,紧固螺钉

表 2-33　驱动桥主要故障的诊断与排除

故障	原　因	排 除 方 法
漏油	1. 输入轴(主动齿轮轴)油封损坏或磨损,或油封弹簧松弛 2. 轮毂油封漏油:两个轮毂油封安装顺序错误 3. 轴头端盖向外漏油:端盖与行星轮架接触面不密封 4. 桥壳的通风孔向外排油,而轮边减速机经常缺油:半轴油封方向装反或者损坏	1. 将油封外圈及外壳油封座孔清洗干净,在油封外圈处涂抹乐泰 603 固持胶将油封打入油封座孔;应检查桥壳的通气装置(应经常检查) 2. 重新安装轮毂油密封 3. 拆卸后将端盖与星行架端面清理干净,然后在连接表面不间断涂抹乐泰 587 密封胶重新装配 4. 检查半轴油封方向或更换
轮毂发热	1. 轮毂轴承预紧力过大:在保养中没有按照规定要求扭紧轴头花帽,轴头花帽扭紧力矩过大使轴承的预紧力过大所致 2. 轮毂轴承变形或损坏	1. 按规定要求重新装配轮毂 2. 修复或更换
制动鼓发热	1. 制动分室及制动控制气路有故障 2. 制动凸轮轴弯曲变形,轴衬套严重缺油或者制动凸轮轴支架变形错位 3. 制动蹄回位弹簧折断或者松弛 4. 制动摩擦片与制动鼓间隙过小 5. 制动过于频繁	1. 检查和更换气管路 2. 检查、修复及润滑 3. 更换 4. 调整间隙 5. 提倡使用发动机排气制动减速,尽量避免频繁使用行车制动
中央传动异响	1. 齿轮磨损响声持续,而且随车速的提高响声逐渐增大 2. 正常直线行驶时没有明显的噪声,在拐弯时明显产生不正常的声音 3. 更换新主、被动齿轮后产生持续的噪声,而且随车速的提高噪声增大 4. 桥壳变形	1. 检查并修复轴承或传动齿轮 2. 检查差速器齿轮或差速锁啮合套松紧度,修复或更换差速器齿轮 3. 检查主、被动齿轮啮合间隙和齿面接触痕迹是否合格,特别应注意主、被动齿轮是否为配套装配 4. 检查和更换
后轮磨轮胎	1. 轮胎钢圈变形 2. 轮毂轴承松旷 3. 后桥错位	1. 检查、修复或更换 2. 检查、修复或更换 3. 紧固或更换钢板中心螺钉

2)制动系统常见故障的诊断与排除

制动系统主要故障的诊断与排除见表 2-34。

3)动力转向系统常见故障的诊断与排除

动力转向系统主要故障的诊断与排除见表 2-35。

表 2-34　制动系统主要故障的诊断与排除

故　障		原　因	排除方法
气源部分	系统工作压力过高或过低	调压阀的额定压力调整不当	调整调压阀的调整螺栓
	无调压卸荷功能	调压阀调整螺栓旋得太紧或阀体上排气孔被堵塞	调整、清洗
	调压阀关闭压力偏低	调压阀出气口的单向阀损坏或是与阀座间有异物,单向阀锥形弹簧支承端圈跳出,调压阀上盖的通气小孔被堵塞,壳体排气小孔被堵塞	检查、清洗
	调压阀排气口漏气	排气阀密封件损坏或是在阀与阀座之间存有异物	检查、清洗或更换
	系统充气速度慢或不充气	空压机进、排气阀片封闭不严或烧损	拆检更换进、排气阀片
	自动排污阀不工作	阀被油污堵住或排污阀活塞上的密封圈破损漏气	将阀拆卸解体进行清洗或更换密封圈
		控制管线或接头被异物堵塞	检查、清洗
	干燥器不能反冲排气	调压阀故障或排水阀密封件损坏,有异物密封不严	拆检调压阀或清洗、更换密封件
	四回路中某一回路不充气	某一回路卡死或损坏	拆检、清洗
主制动回路	踩制动踏板主制动阀漏气	主制动阀上腔和下腔进气阀与活塞的接触面上有异物或密封破损	拆检、清洗或更换
	不踩制动踏板主制动阀漏气	主制动阀上腔或下腔进气阀和密封件破损,或进气阀杆与壳体之间密封圈破损,或阀与阀座之间有异物	拆检、清洗或更换
	制动"扒紧",制动分室不回位或回位太慢	制动踏板与主制动阀连接杠杆连接过"紧",使制动踏板没有自由行程	检查并调整各连接部位
		主制动阀下腔进气阀密封件与中腔活塞之间被堵塞	拆检、清洗
		前制动回路管线部分被油泥堵塞,前分室弹簧失效	拆检、清洗或更换
		制动机械部分的问题:制动凸轮轴锈蚀、制动凸轮轴弯曲变形等或制动蹄回位弹簧折断	检查、修复或更换
		主制动阀上腔、载荷调节阀、继动阀回气不畅,制动管线部分堵塞	拆检、清洗
		手制动阀漏气或(中)后桥某一弹簧储能制动分室漏气	检查、修复
	前制动效果差	主制动阀上腔与中腔的控制气孔被堵塞	拆检清洗主制动阀

续表

故　障		原　因	排除方法
停车制动与应急制动回路	手制动阀漏气	进气阀与阀座封闭不严,或阀与阀座之间存有异物,或进气阀密封件损坏	更换进气阀密封件
	手制动储气筒充气时间过长	跨接在(中)后制动回路与手制动回路之间的溢流阀有问题	拆检并调整溢流阀
	弹簧储能分室漏气	弹簧储能分室活塞密封圈损坏、拉伤,分室气缸拉伤	在压力机上将制动分室拆检修理
	手制动继动阀漏气	制动阀的进气阀密封件损伤,或阀与阀座之间有异物或杂质	更换进气阀密封件或清洗阀与阀座
		排气阀与活塞封闭不严	检查、更换
	制动不灵	制动蹄片与制动鼓接触面积小于整个面积的70%	修复
		摩擦片不干净、有油污,或不干燥、潮湿	清除油污,干燥摩擦片
	制动跑偏	左、右制动间隙相差较大,造成开始投入制动不同步	调整制动间隙
		左、右车轮的制动力矩不同	调整制动间隙、制动气压等
	轻踩制动时前轮发摆	前轮制动鼓失圆	光磨制动鼓
	在山区行驶时,制动鼓发热	频繁使用行车制动	尽量使用发动机排气制动,减少使用行车制动

表 2-35　动力转向系统主要故障的诊断与排除

故　障		原　因	排除方法
转向沉重	助力泵泵压达不到标准	1. 量控制阀与阀座的啮合面、安全阀钢球封闭不严 2. 安全阀的弹簧失效 3. 叶片泵的腔壁磨损和拉伤 4. 泵轴断裂	1. 通过研磨的方法修复 2. 更换弹簧 3. 更换 4. 更换
	转向机助力油压较低	1. 活塞、缸筒拉伤,或是活塞上密封圈损坏造成活塞两腔相通 2. 活塞圆周面上的各种密封圈、转向螺杆上的密封圈破损	1. 请专业厂家来进行修理 2. 请专业厂家来进行修理
	助力系统缺油,造成系统内有空气		按加油与放气的程序进行排除
	储油罐内回油滤清器堵塞,使助力油循环不畅,造成回油背压增大		清洗或更换回油滤清器
	长时间不保养,使转向立柱和衬套严重缺油、磨损甚至烧蚀		保养、润滑或更换
	转向立柱的平面止推轴承严重磨损或损坏		更换
	两个限位阀的密封圈失效,使活塞两腔相通造成助力失效		更换
	负责密封高压腔一侧的密封件漏损所致,例如转向螺杆密封圈、活塞圆周上油道密封圈		调整或更换
	限位阀上两个O形密封圈失效		更换O形密封圈
	某一方向的限位阀调整不当		调整限位阀

续表

故　障		原　因	排除方法
异响或噪声		机械部分损坏,例如主销与衬套损伤、立柱止推轴承损坏	拆检、修复或更换噪声
		助力系统缺油,造成系统内有空气	按加油与放气的程序进行排除
快速转向沉重		助力泵流量控制阀泄漏、弹簧失效以及泵叶片与腔室表面严重磨损	拆检、修复或更换
转向回位较困难		转向机械部分有故障,如转向节主销与衬套因缺油而烧损,转向横、直拉杆接头因缺油而锈蚀,转向盘与转向机连接的操纵轴万向节缺油或别劲,以及转向机的转向轴扇齿与活塞直齿啮合太紧	拆检、润滑、修复或更换
转向摇晃或跑偏		前轮两边轮胎气压不同	检查、充气
		一边是新轮胎,另一边是旧轮胎,或左、右胎磨损差异较大	轮胎换位或更换
		前钢板错位	检查中心螺栓
		前轮定位偏差较大	重新定位
		转向机内控制转向的螺母偏摆杆初始位置调整不当,使汽车行驶时转向螺母在偏置位置,偏置的滑阀总使活塞某一侧产生高压助力	调整控制转向的螺母偏摆杆初始位置
		转向系统机械传动各机构较松旷	检查、紧固各机构
		前轮钢圈变形	检查、修复或更换
转向机漏油		转向机上盖、侧端盖和转向轴拐臂连接处密封不严	更换新的油封和密封圈
		转向机壳体上有砂眼或裂痕	细小裂痕用乐泰290密封胶堵漏
助力泵漏油		后端盖密封圈破损	更换
		助力泵驱动轴端的油封漏油	更换
部分制动时方向摆动		前制动鼓失圆	检查、修复或更换
		前轮各部位连接松旷	检查、紧固各机构

2. 上车机械系统常见故障的诊断与排除

上车系统故障包括液压系统故障、电气系统故障和机械系统故障三大类。其中,上车机械系统的常见故障有主臂伸缩抖动、主臂变幅抖动、主臂不回缩、支腿伸出严重不同步、支腿伸缩产生异响和抖动等。下面逐个分析故障原因和排除方法。

1) 主臂伸缩抖动

产生原因:①臂架滑块间隙调整不适当。②滑块上缺润滑脂。③伸缩臂绳松动;

排除方法:检查以上三项,按要求调整和涂润滑脂。

2) 主臂变幅抖动

除液压系统故障会产生主臂变幅抖动外,机械故障也可能会引起主臂变幅抖动故障。

主要原因:①连接轴磨损或缺润滑脂。②液压缸上铰接轴承损坏。

排除方法:产生故障后需要逐步检查、修理或更换新件,并加注润滑脂。

3) 主臂不回缩

产生原因:①大臂变形;②伸缩机构故障,如缩臂绳损坏、跳槽、滑轮损坏等。

排除方法:对臂架进行全面检查,有必要时进行维修。

4) 支腿伸出严重不同步

产生原因:固定支腿箱变形。

排除方法:一般通过调整活动支腿与固定支腿的间隙来解决。

5) 支腿伸缩产生异响和抖动

产生原因:固定支腿箱变形。

排除方法：一般通过调整活动支腿与固定支腿的间隙来解决。

2.6.6　液压系统常见故障及其处理

1. 常见故障的诊断与排除

1）支腿收放无动作

产生原因：①车多路阀故障；②泵损坏。

判断方法与步骤：

（1）检查下车多路阀是否出现了故障。

收支腿时候，听下车多路阀中的溢流阀是否有溢流声音，有则为溢流卡死。

排除方法：将溢流阀拆下，解体检查，看锥阀处有无损伤、阀体内有无异物和密封是否损坏，如果锥阀处的油线有损伤，用细砂纸研磨修复。将整个零件用煤油清洗干净后重新装好。安装到多路阀上，观察有无压力和动作。如果修复效果不好，则更换溢流阀。

注意：该过程必须按溢流阀压力调整方法进行，否则会由于压力过高而损坏液压泵。

溢流阀压力值标定方法：先将调整螺栓放松到最小，收或放支腿到极限位继续操作主操纵杆，眼睛观察压力表的压力值，逐渐将调整螺栓缓慢旋入，快到标定值的时候旋入量要小，标定到要求数值后将锁紧螺母锁死。重新验证标定值是否准确。

（2）检查油泵是否损坏。

如果没有溢流的声音，则可能是油泵损坏。将50泵和支腿泵进油管对换，可以进一步确认是否是油泵损坏。

2）垂直支腿下沉

产生原因：液压锁内泄。

排除方法：将液压锁解体检查，清洗修复，或者更换。

3）车无动作

产生原因：①总控电磁阀内泄或卡滞；②制油路溢流阀卡死（液控方式）。

诊断与排除：①对于总控电磁阀内泄或卡滞，将电磁阀拆下，通断电，通过观察阀芯是否灵活来判断是否为电磁阀故障。如果为电磁阀故障，则更换同型号的电磁阀。②对于制油路溢流阀卡死（液控方式），将控制油路溢流阀拆下检查，进行清洗和检查，重新标定压力3MPa，如果无法修复，则更换。

4）起升、落幅没有动作

产生原因：首先确认力矩限制器是否有报警信号，如果没有报警信号，则控制阀块的过载卸荷电磁阀故障（液控）。其次通过手动操纵判断是否为电磁溢流阀故障。

判断方法：将电磁阀从阀块中取出，通电或断电，观察阀芯是否动作，可以判断电磁阀是否卡死。

5）落钩无动作

产生原因：首先确认过放电磁阀（电磁溢流阀）是否通电，如果没有通电，则电磁阀（电磁溢流阀）故障。

6）系统压力建立不起来

产生原因：①多路阀中溢流阀故障；②油泵损坏；③中心回转接头泄漏；④马达损坏（起升）。

判断方法与故障排除：①如果是主阀的溢流阀问题，可以听到溢流声，将溢流阀解体、检查、修理、清洗；②将多联阀中确认是好的一联出油口与怀疑对象出油口对调，可以判断出是否为油泵故障；③将上、下管路短接，可以判断是否为中心回转接头问题；④将马达泄油口打开，可以通过观察泄漏情况判断马达是否损坏。

7）落幅抖动

产生原因：平衡阀故障。

排除方法：拆检修理、清洗或更换新件。

8）变幅、伸缩下沉

产生原因：①平衡阀故障；②液压缸内泄。

判断方法：①将平衡阀进油口和开锁管路打开，如果开锁管路有压力油，则液压缸内泄。否则为平衡阀故障。②将平衡阀解体检查、修复清洗，无效则更换新件。

9）落钩抖动

产生原因：平衡阀故障。

处理方法：将平衡阀解体检查、修复清洗，无效则更换新件。

10）系统工作时有噪声和振动

产生原因：①系统进入空气；②液压油不

足；③管路干涉；④液压元件故障。

处理方法：①如果是系统进入了空气，检查进气部位并予以排除；②如果是液压油不足，检查并加入新油；如果是管路发生了干涉，检查并予以排除；如果是液压元件故障，一般伴有发热现象，找出故障元件并进行更换。

11）液压管路漏油

产生原因：密封损坏、接头体松动以及焊缝漏油。

排除方法：明确故障原因，及时采取措施。

2.6.7 电气控制系统常见故障及其处理

1. 底盘电气控制系统常见故障的诊断与排除

1）蓄电池

蓄电池常见的故障可分为外部故障和内部故障。外部故障主要有外壳裂纹、封口胶干裂、极柱腐蚀或松动等；内部故障主要有起动系统极板硫化、活性物质脱落、极板栅架腐蚀、极板短路、自放电、单格电池极性颠倒等。各种内部故障的故障特征、产生原因和排除方法如表 2-36 所示。

2）起动系统

（1）起动机不转动

故障现象与故障原因：起动时，起动机不转动，无动作迹象，可能出现了以下故障。

① 电源故障。蓄电池严重亏电或极板硫化、短路等，蓄电池极桩与线夹接触不良，起动电路导线连接处松动而接触不良等。

② 起动机故障。换向器与电刷接触不良，激磁绕组或电枢绕组有断路或短路，绝缘电刷搭铁，电磁开关线圈断路、短路、搭铁或其触点烧蚀而接触不良等。

③ 起动继电器故障。起动继电器线圈断路、短路、搭铁或其触点接触不良等。

④ 点火开关故障。点火开关松动或内部接触不良。

⑤ 起动线路故障。起动线路中有断路、导线接触不良或松脱等。

表 2-36　蓄电池内部故障的故障特征、产生原因和排除方法

名　　称	项　　目	说　　明
极板硫化	故障特征	蓄电池极板上生成一层白色粗晶粒的 $PbSO_4$，在充电时不能转化为 PbO_2 和 Pb 的现象称为硫酸铅硬化，简称硫化。硫化的电池放电时，电压急剧降低，过早降至终止电压，电池容量减小。蓄电池充电时单格电压上升很快，电解液温度迅速升高，但密度增加缓慢，过早产生气泡，甚至一充电就有气泡
	故障原因	1. 蓄电池长期充电不足或放电后没有及时充电，导致极板上的 $PbSO_4$ 有一部分溶解于电解液中，环境温度越高，溶解度越大。当环境温度降低时，溶解度减小，溶解的 $PbSO_4$ 就会重新析出，在极板上再次结晶，形成硫化 2. 蓄电池电解液液面过低，使极板上部与空气接触而被氧化，在汽车行驶过程中，电解液上下波动，与极板的氧化物部分接触，会生成大晶粒 $PbSO_4$ 硬化层，使极板上部硫化 3. 长期过量放电或小电流深度放电，使极板深处活性物质的孔隙内生成 $PbSO_4$，平时充电不易恢复 4. 新蓄电池初次充电不彻底，活性物质未得到充分还原 5. 电解液密度过高、成分不纯，外部气温变化剧烈
	排除方法	轻度硫化的蓄电池可用小电流长时间充电的方法予以排除；硫化严重者采用去硫化充电方法消除硫化；硫化特别严重的蓄电池应报废

续表

名 称	项 目	说 明
活性物质脱落	故障特征	这里主要指正极板上的活性物质 PbO_2 的脱落。蓄电池容量减小,充电时从加液孔中可看到有褐色物质,电解液浑浊
	故障原因	1. 蓄电池充电电流过大,电解液温度过高,使活性物质膨胀、松软 2. 蓄电池经常过充电,极板孔隙中逸出大量气体,在极板孔隙中造成压力 3. 经常低温大电流放电使极板弯曲变形 4. 汽车行驶中的颠簸振动
	排除方法	对于活性物质脱落的铅酸蓄电池,若沉积物较少,可清除后继续使用;若沉积物较多,应更换新极板和电解液
极板栅架腐蚀	故障特征	主要是正极板栅架腐蚀,极板呈腐烂状态,活性物质以块状堆积在隔板之间,蓄电池输出容量降低
	故障原因	1. 蓄电池经常过充电,正极板处产生的 O_2 使栅架氧化 2. 电解液密度、温度过高,充电时间过长 3. 电解液不纯
	排除方法	1. 腐蚀较轻的蓄电池,电解液中如果有杂质,应倒出电解液,并反复用蒸馏水清洗,然后加入新的电解液,充电后即可使用 2. 腐蚀较严重的蓄电池,如果是电解液密度过高,可将其调整到规定值,在不充电的情况下继续使用 3. 腐蚀严重的蓄电池,如果栅架断裂、活性物质成块脱落等,则需更换极板
极板短路	故障特征	蓄电池正、负极板直接接触或被其他导电物质搭接成为极板。极板短路的蓄电池充电时充电电压很低或为零,电解液温度迅速升高,密度上升很慢,充电末期气泡很少
	故障原因	1. 隔板破损使正、负极板直接接触 2. 活性物质大量脱落,沉积后将正、负极板连通 3. 极板组弯曲 4. 导电物体落入池内
	排除方法	1. 出现极板短路时,必须将蓄电池拆开检查 2. 更换破损的隔板,消除沉积的活性物质,校正或更换弯曲的极板组等
自放电	故障特征	蓄电池在无负载的状态下,电量自动消失的现象称为自放电。如果充足电的蓄电池在 30 天之内每昼夜容量降低超过 2%,称为故障性自放电
	故障原因	1. 电解液不纯,杂质与极板之间及沉附于极板上的不同杂质之间形成电位差,通过电解液产生局部放电 2. 蓄电池长期存放,硫酸下沉,使极板上、下部产生电位差 3. 蓄电池溢出的电解液堆积在电池盖的表面,使正、负极柱形成通路 4. 极板活性物质脱落,下部沉积物过多使极板短路
	排除方法	1. 自放电较轻的蓄电池,可将其正常放完电后倒出电解液,用蒸馏水反复清洗干净,再加入新电解液,充足电后即可使用 2. 自放电较为严重时,应将蓄电池完全放电,倒出电解液,取出极板组,抽出隔板,用蒸馏水冲洗之后重新组装,加入新的电解液重新充电后使用
单格电池极性颠倒	故障特征	单格电池原来的正极板变成负极板,负极板变成正极板。此时,蓄电池电压迅速下降,不能继续使用
	故障原因	没有及时发现有故障的单格电池(如极板短路、活性物质脱落等),当蓄电池放电时,该单格电池由于容量小,首先放电至零,再继续放电时,其他单格电池的放电电流对它进行充电,使其极性颠倒
	排除方法	对极性颠倒的单格电池应更换新极板

故障诊断方法如下：

① 检查电源。接喇叭或开大灯，如果喇叭声音小或嘶哑，灯光比平时暗淡，说明电源有问题。应先检查蓄电池极桩、线夹与起动电路导线接头处是否有松动，触摸导线连接处是否发热，若某连接处松动或发热，则说明该处接触不良。如果线路连接无问题，则应对蓄电池进行检查。

② 检查起动机。如果判断电源无问题，用螺丝刀将起动机电磁开关上连接蓄电池和起动机导电片的接线柱短接，如果起动机不转，则说明是起动机内部有故障，应拆检起动机；如果起动机空转正常，则进行后面的检查。

③ 检查电磁开关。用螺丝刀将电磁开关上连接起动继电器的接线柱与连接蓄电池的接线柱短接，若起动机不转，则说明起动机电磁开关有故障，应拆检电磁开关；如果起动机空转正常，则说明故障在起动继电器或有关电路上。

④ 检查起动继电器。用螺丝刀将起动继电器上的"电池"和"起动机"两接线柱短接，若起动机转动，则说明起动继电器内部有故障，否则应再作下一步检查。

⑤ 检查空挡开关及线路。将空挡开关上的两个接线柱直接相连，用点火开关起动，若起动机能正常运转，则说明空挡开关没有导通。可检查变速器是否在空挡位置，如果变速器在空挡位置时空挡开关不能导通，则说明故障在空挡开关上，可拆下空挡开关进行检查。

⑥ 检查点火开关及线路。将起动继电器上的"电池"与点火开关用导线直接相连，若起动机能正常运转，则说明故障在起动继电器至点火开关的线路中，可对其进行检修。

（2）起动机起动无力

故障现象与故障原因：起动时，起动机转速明显偏低甚至于停转，可能有如下故障。

① 电源故障。蓄电池亏电或极板硫化短路，起动电源导线连接处接触不良等。

② 起动机故障。换向器与电刷接触不良，电磁开关接触盘和触点接触不良，起动机激磁绕组或电枢绕组有局部短路等。

故障诊断方法：如果出现起动机运转无力，首先检查起动机电源，如果起动机电源无问题，则应拆检起动机。首先检查电磁开关接触盘、换向器与电刷的接触情况，其次检查激磁绕组和电枢绕组。

（3）起动机空转

故障现象与故障原因：接通起动开关后，只有起动机快速旋转而发动机曲轴不转。这种症状表明起动机电路畅通，故障在于起动机的传动装置和飞轮齿圈等处。

故障诊断方法：若在起动机空转的同时伴有齿轮的撞击声，则表明飞轮齿圈牙齿或起动机小齿轮牙齿磨损严重或已损坏，致使不能正确地啮合。

（4）起动机传动装置故障

起动机传动装置故障有：单向啮合器弹簧损坏；单向啮合器滚子磨损严重；单向啮合器套管的花键槽锈蚀。这些故障会阻碍小齿轮的正常移动，造成不能与飞轮齿圈准确啮合等。

有的起动机传动装置采用一级行星齿轮减速装置，其结构紧凑，传动比大，效率高，但在使用中常出现因载荷过大而烧毁卡死的现象。

3）充电系统

（1）接通点火开关，充电指示灯不亮

① 将连接发电机 D＋导线的接插件拔下并搭铁，若充电指示灯仍不亮，则故障为充电指示灯有断路，或充电指示灯本身损坏。此时应检查线路，排除故障。

② 将连接发电机 D＋导线的接插件拔下并搭铁，若充电指示灯点亮，则可能的故障为：

a. 导线与发电机 D＋接线柱接触不良，需重新接好。

b. 发电机电刷损坏或磨损过度，需拆下发电机检测，更换发电机电刷组件。

c. 发电机励磁线圈断路，需拆下发电机检测，更换发电机转子。

（2）接通点火开关，发动机在怠速或更高转速时充电指示灯不灭

① 停止发动机运转,将连接发电机 D+导线的接插件拔下并悬空,接通点火开关,若充电指示灯仍亮,则故障为充电指示灯线路有短路。此时应检查线路,排除故障。

② 将连接发电机 D+导线的接插件拔下并悬空,接通点火开关,若充电指示灯熄灭,则可能的故障有:电压调节器损坏;发电机定子绕组损坏导致发电机不发电;电刷磨损或电刷弹簧损坏导致发电机不发电。

(3) 发电机发电不足(故障现象是用电量大时输出电压降低)

产生原因:①传动皮带打滑;②电刷和滑环接触不良;③整流器短路或断路;④输出导线与发电机的连接接触不良或导线内阻增大,造成压降过大。

维修方法:检查与调整发电机传动带张紧度。发动机熄火后,在曲轴带轮与发电机带轮中间位置,以拇指向下压传动带,最大挠度应小于 5mm。如超过此值,需旋松调整支架上的调整螺栓,张紧传动带后再旋紧螺栓,复查张紧度是否达到规定值,如符合,即以 35N·m 的力矩拧紧调整螺栓。修理或更换损坏的零部件,包括用电缆紧固各导线的连接部位,如接线柱等。

(4) 发电机异响

产生原因:①传动带磨损过松,需更换或张紧;②发电机轴承或电刷损坏,需更换;③转子与定子的铁芯在运转时碰撞,应分解发电机,查找原因。

4) 汽车仪表

汽车常用的仪表有机油压力表、水温表、燃油表、车速里程表、发动机转速表、电压表等。电压表结构简单,很少发现故障。下面介绍的电热式机油压力表、燃油表、电磁式水温表、电子式车速里程表和发动机转速的常见故障及诊断排除方法。

(1) 电热式机油压力表

① 无压力指示。

故障现象:发动机在各种转速时,机油压力表均无压力指示。

故障原因:机油压力表电源线断路;机油压力表内电热线圈烧坏;机油压力表传感器损坏;发动机润滑系统有故障。

故障诊断与排除:接通点火开关,拆下机油压力传感器一端导线,作瞬间搭铁试验。若机油压力表指针立即由 0 向 0.5MPa 方向移动,则说明机油压力表良好。此时,可拆下传感器并装回拆下的导线,将一根无尖头的铁钉塞进传感器油孔内,顶压膜片。如果机油压力表指针走动,则说明传感器良好,发动机润滑系统有故障。反之,为传感器故障。

若传感器一端导线搭铁试验时,机油压力表指针仍不移动,可用试灯一端接机油压力表电源接线柱,另一端作搭铁试验。若试灯不亮,为供电线路断路,说明机油压力表本身或表至传感器的线路有故障。此时,可在润滑压力表的引出接线柱一端搭铁试验,若表针移动正常,说明表至传感器的导线断路。反之,则为表本身损坏。

② 接通点火开关即指示最大压力值。

故障现象:接通点火开关后,发动机尚未起动,机油压力表指针即朝最大压力值方向移动。

故障原因:机油压力表至传感器导线等处搭铁;机油压力传感器内部搭铁。

故障诊断与排除:遇此现象,应立即关闭点火开关,以免压力表烧毁。检查时,可先拆下传感器一端导线,再接通点火开关作试验。若表针不再移动,说明传感器内部短路,应予以更换新表;若表针仍移向最大压力值,则应检查和修理压力表至传感器的导线短路搭铁处。

另外,机油压力表还有指针指示值不准等故障现象,其主要原因在于传感器电阻值与仪表不能匹配,建议维修人员按照生产厂家指定的仪表传感器进行更换、装配。

(2) 燃油表

① 燃油表指针总指示油满。

故障现象:接通点火开关后,不论油箱中存油多少,燃油表指针均指向"1"(油满)。

故障原因:燃油表至传感器的导线断路;传感器内部断路。

故障诊断与排除：接通点火开关，拆下燃油表传感器接线柱导线搭铁试验。如指针回到 0 位，说明传感器内部断路；若仍不回 0 位，可使燃油表引出接线柱搭铁试验。如指针回到 0 位，说明燃油表至传感器的导线断路。

另外，在更换仪表或传感器时，由于国内一汽体系和二汽体系配套不同，燃油表和燃油传感器的技术参数正好相反，如果两个体系混装也会导致该现象。所以建议在更换仪表或传感器时，最好使用生产厂家指定的仪表或传感器。

② 燃油表指针总指示无油。

故障现象：接通点火开关后，不论油箱中存油多少，燃油表指针均指向"0"（无油）。

故障原因：传感器内部搭铁；传感器浮子损坏；燃油表接线极性接反；燃油表电源线断路。

故障诊断与排除：如果新换燃油表即出现此类故障，应首先检查其导线是否接反，然后用试灯检查燃油表电源接线柱上是否有电。若电源线良好，可拆下传感器上导线，若此时指针指向"1"处，说明传感器内部有搭铁处或浮子损坏，应拆检。

（3）电磁式水温表

① 水温表指针不动。

故障现象：接通点火开关后，不论水温怎样变化，水温表指针始终在原位不动。

故障原因：水温表电源线断路；水温表损坏；水温传感器损坏；水温表至传感器的导线断路。

故障诊断与排除：接通点火开关，用一只 2～5W 本车车灯做的试灯一端搭铁，另一端接水温传感器的接线柱。如果水温表指针立即由原位移动作出指示反应，说明水温表良好，传感器损坏。如果水温表指针仍不动，应用试灯一端搭铁，另一端接水温表电源接线柱。如果试灯亮，再把试灯端接在水温表引出接线柱上，另一端仍搭铁。如果水温表指针移动正常，说明水温表良好，故障在水温表至传感器的一段导线断路；如果水温表指针仍不动，则说明水温表损坏。如果试灯不亮，为电源供电线路断路。

② 水温表指示最高温。

故障现象：接通点火开关后，发动机尚未起动或运转不久，水温表指针即移向最高温度处。

故障原因：水温表至传感器的导线某处搭铁；传感器内部搭铁。

故障诊断与排除：接通点火开关，拆下传感器一端导线试验。如果水温表指针回原位，说明传感器内部搭铁，否则仍用拆断法检查水温表至传感器的一段导线是否有搭铁处。

（4）电子式车速里程表

故障现象：汽车在行驶中车速里程表指针不动。

故障原因：传感器故障；仪表故障；线路故障。

故障诊断与排除：拆下里程表传感器及仪表连接线束连接器，用手快速转动传感器的拨叉，在仪表线束端测量传感器的电阻，观察其是否在 0 和 ∞ 之间交替变化。如果交替变化，则说明是仪表故障，应更换新的仪表；如果没有交替变化，就再拆下里程表传感器连接线束连接器，在传感器端测量传感器两端的电阻，观察其是否在 0 和 ∞ 之间交替变化。如果交替变化，则说明是线路故障，应检查该线路；如果没有交替变化，则说明是传感器的故障，更换新的传感器。

（5）发动机转速表

故障现象：发动机正常运转，转速表指针不动。

故障原因：传感器故障；仪表故障；线路故障。

故障诊断与排除：拆下转速传感器，测量传感器的电阻，如果其电阻值不在 350～500Ω 内，则说明是传感器故障，应更换新的传感器；如果电阻值在该范围内，就再拆下转速表连接线束连接器，从线束端测量传感器两端的电阻。如果其电阻值不在 350～500Ω 内，则说明是线路故障，应检查该线路；如果电阻值在该范围内，则说明是转速表的故障，应更换新的转速表。

5）汽车线路

汽车电路常见的故障有开路（断路）、短路、搭铁、接触不良等。

所谓开路（断路）故障，是指线路中本该相连的两点之间断开，电流无法形成回路，使得电气设备无法工作。所谓短路（短接）故障，是指线路中不该相连的两点之间发生接触，电流绕过部分电气元件或电流被导入到其他电路，使得电气设备不能正常工作。搭铁故障也是一种短路故障。所谓接触不良（接触电阻过大），是指由于磨损、脏污等原因，造成线路中的两点之间接触不实，接触电阻超过了允许范围，使得电气设备工作不可靠或性能下降。

（1）汽车电路故障常用诊断与检修的一般流程

在对汽车电路故障进行检修时，通常可以按以下六个步骤进行。

① 听取客户陈述故障情况。详细了解发生故障时的情况和环境，主要包括下列信息：车型、时间、气候条件、路况、海拔、交通状况、系统症状、操作条件、维修经历及购车后是否装了其他附件等。

② 确认故障症状。运转系统，必要时进行路试。确认故障参数，查看车主（用户）所反映的情况是否属实，同时注意观察通电后的种种现象。在动手拆卸或测试之前，应尽量缩小故障产生的范围。如果不能再现故障，可进行故障模拟试验。

③ 分析相关电路原理。在电路图上画出有问题的线路，分析电流由电源到负载再到搭铁的路径，弄清电路的工作原理，如果对电路原理还不太清楚，应仔细看电路说明及相关资料，直至弄清为止。对有问题的相关线路也应加以分析。每个电路图上都给出了共用一个熔断器、一个搭铁和一个开关的相关线路的名称。对于在第①步程序中漏检的相关线路要试一下，如果相关线路工作正常，说明共用部分没问题，故障原因仅限于有问题的这一线路中。如果几条线路同时出故障，原因多在熔断器、电源线或搭铁线。

④ 分析故障原因。汽车电气与电子系统

故障检修的快慢以及成功与否，关键在于故障诊断与检修的程序是否合理，分析是否正确，判断是否准确，方法是否得当，用穷举法对所有可能故障点一一排查是一种最基本的方法，因此，在维修人员头脑中建立起系统分析的维修方法很有必要。一般是按先易后难的次序，对有问题的线路或部件进行逐个排查。

⑤ 进一步具体诊断、修理电路。综合前面几步的分析结果，选择合适的诊断与检修方法进行故障点的排查。检查系统有无机械咬合、接插件松动或线缆损坏，确定涉及哪些线路和元件。修理或更换有故障的线路和元件。

⑥ 验证电路是否恢复正常。在对电路进行一次系统检查后，在所有模式下运转系统，确认系统在所有工况下都能正常运转，没有在诊断或修理过程中造成新的故障。

以上所述为汽车线路故障诊断与检修的一般流程。初学者可以按部就班，培养良好的故障诊断与检修思路。对于具有较丰富理论知识和工作经验的维修人员，实际工作中不必拘泥于流程步骤，可以视实际情况或凭经验略过一些步骤，直达故障点进行检修，从而有效提高工作效率。

另外，现代汽车上微型计算机控制系统越来越多，利用故障诊断仪读取故障代码和数据流进行故障诊断非常快捷，能有效地缩小故障范围，甚至能直接完成故障定位。因此对于微型计算机控制系统故障或相关故障，注意故障诊断仪的优先采用。

（2）汽车线路故障常用的诊断与检修方法

汽车线路故障常用的诊断与检修方法很多，如直观法、检查保险法、试灯法、替换法、刮火法、短路法、模拟法等。下面介绍几种最常用的方法。

① 直观法。直观法是直接观察的方法的简称，它不使用任何仪器、仪表，凭检修者的直观感觉来检查和排除故障。当汽车电控系统的某个部分发生故障时，会出现冒烟、火花、异响、焦臭、高温等异常现象。通过人体的感觉器官，听、摸、闻、看等对汽车电器进行直观检查，进而判断出故障所在的部位。这对于有一

定经验的维修人员来说,不仅可以通过直观检查来发现一些明显的故障,而且还可以发现一些较为复杂的故障,从而大大提高检修速度。

② 检查保险法。当汽车电控系统出现故障时,首先应查看熔断器是否完好,有些故障就是简单的熔断器烧断了或处于保护状态,此时,通过检查熔断器,即能判断故障部位。如汽车在行驶过程中,若某个电器突然停止工作,同时该支路上的熔断器熔断,说明该支路有搭铁故障存在。如果某个系统的熔断器反复烧断,则表明该系统一定有类似搭铁的故障存在,不应只更换熔断器了事。

汽车上常用的电路保护装置有三种:一种是双金属片式电路诊断器(简称断路器);另一种则是普遍应用的熔断器;还有一种是易熔线,装在主电源线和熔断器盒之间,并且位于蓄电池附近,其功用主要是对主电源线进行保护。在采用检查保险法进行诊断与检修汽车电路故障时,必须考虑对断路器和易熔线的检查。

③ 试灯法。用一个汽车灯泡作为临时试灯,检查线束是否开路或短路,电器或电路有无故障等。此方法特别适合于检查不允许直接短路的带有电子元器件的电器。

例如,如果燃油系统不喷油,就可以简单地以试灯法来缩小故障范围。取下喷油器插头,在线束一侧的插头上相应于喷油器线圈的两个端子上接上试灯,打开点火开关,转动发动机,如果试灯随发动机的转动一闪一闪发亮,就表明故障不在控制器及其线束一侧,而集中在喷油器和油路。反之,则认为喷油器得不到喷油指令,故障在控制器及其线束一侧。

在检测汽车电器的断路时,可在被怀疑断路处跨接上试灯,若试灯亮,说明电路有断路,反之则认为电路正常。

使用临时试灯法时应注意试灯的功率不要太大,在测试电子控制器的控制(输出)端子是否有输出及是否有足够的输出时尤其要慎重,防止使控制器超载损坏,如上述用小试灯替代喷油器以测试其控制器信号的例子。

④ 替换法。替换法常用于故障原因比较复杂的情况,能对可能产生的原因逐一进行排除。其具体做法是:用一个已经确认是完好的零部件来替换被认为或怀疑有故障的零部件。若替换后故障消除,说明怀疑成立;否则,装回原件,进行新的替换,直至找到真正的故障部位。

(3) 汽车线路故障常用的诊断与检修注意事项

维修汽车电气系统的首要原则是不要随便更换电线或电器,否则有可能损坏汽车,或因短路、过载而引起火灾。同时还应注意以下事项:

① 拆卸蓄电池时,总是最先拆下负极(一)电缆;装上蓄电池时,总是最后连接负极(一)电缆。拆下或装上蓄电池电缆时,应确保点火开关或其他开关都已断开,否则会导致半导体元器件的损坏。切勿颠倒蓄电池接线柱极性。

② 允许使用欧姆表及万用表的 $R \times 100$ 以下低阻欧姆挡检测小功率晶体管三极管,以免它们因电流过载而损坏。

③ 拆卸和安装元器件时,应切断电源。若无特殊说明,元件引脚距焊点应在 10mm 以上,以免烙铁烫坏元件,且使用恒温或功率小于 75W 的电烙铁。

④ 更换烧坏的熔断器时,应使用相同规格的熔断器。使用比规格容量大的熔断器会导致电器损坏或产生火灾。

⑤ 靠近振动部件(如发动机)的线束部分应用卡子固定,将松弛部分拉紧,以免由于振动造成线束与其他部件接触。

⑥ 不要粗暴地对待电器,也不能随意乱扔。无论好坏器件,都应轻拿轻放,以免使其承受过大冲击。

⑦ 与尖锐边缘磨碰的线束部分应用胶带缠起来,以免损坏。安装固定零件时,应确保线束不要被夹住或被破坏,同时应确保接插头牢固。

⑧ 进行保养时,若温度超过 80℃(如进行焊接时),应先拆下对温度敏感的零部件(如 ECU)。

6) 汽车照明、信号及报警装置

照明及信号系统的常见故障有两类:一是

光源及信号器（喇叭、蜂鸣器、指示灯等）故障；二是供电线路（熔断器、导线、开关、继电器或复合插头）故障。前者，由于电器失去了功能，易于判断检查；后者，则常要根据故障现象进行判断检查。

在熟悉电路的情况下，遇到故障，首先要确定诊断范围，依照汽车电路排故方法，确定故障部位。只有在确定了诊断范围的情况下，才能准确迅速地排除故障。

（1）照明灯系常见故障的诊断与排除

① 前照远光灯（近光灯）不亮。

故障现象：打开灯光开关置远光位置时，前照远光灯（近光灯）不亮。

故障原因：F21熔断器烧毁；灯泡损坏；灯开关失效；插接器插接不良；导线断路；继电器损坏。

故障诊断与排除：

a. 打开熔断器盒盖，将远光灯F21熔断器拔下，检查是否烧毁。如果熔断器已经烧毁，说明是灯泡损坏或远光灯电源输出线路某处短路，或者由灯泡规格不符导致，应检修灯泡及线路。如果熔断器没有烧毁，用试灯法检测到熔断器输入、输出均有电压，则说明远光灯线路某处断路，应检查检修线路。如果检测熔断器输入端无电压，则应进行下一步检查。

b. 拔下组合开关插座，检查驾驶室线端插座上是否有电。如果没电，则说明灯光开关电源线路某处断路或灯光开关熔断器烧毁，应检修线路，更换新熔断器。如果有电，则将驾驶室线束端插座上的绿色电线（近光为蓝白线）与橙色电线直接短路，如果远光灯点亮，则说明组合开关故障，应检修组合开关线路或更换新件；如果远光灯不亮，则说明组合开关至继电器的远光灯控制线路，即绿色电线（近光为蓝/白线）断路，应检修线路，或者组合开关插接器接触不良，应检修插接器连接插片。

② 前照远光灯（近光灯）一侧不亮。

故障现象：打开灯光开关至远光灯位置时，一侧灯亮，另一侧灯不亮。

故障原因：插接器接触不良；导线断路；灯泡损坏。

故障诊断及排除：打开不亮一侧灯的接插件，用试灯法检测驾驶室线束端插座上的白/绿线（近光为白/红线）。如果有电，则说明灯泡损坏，应更换新的灯泡；如果没电，则说明远光继电器至该插座的白/绿线（近光为白/红线）断路，应检修线路。

③ 前照远光灯（近光灯）常亮。

故障现象：灯光开关处于关闭位置，前照远光灯亮。

故障原因：灯光开关失效；继电器烧蚀；绿色电线（近光为蓝/白线）搭铁（灯光开关至继电器的控制电源线）。

故障诊断及排除：

a. 拔下灯光开关插座，若故障消失了，则说明灯光开关失效，应检修灯光开关线路或更换新件；如果故障不消失，进行下一步。

b. 断开熔断器盒黑色插座的绿色电线，若故障消失了，则说明插座的绿色电线（近光为蓝/白线）至灯光开关之间的线路有搭铁故障，应检修该线路。如果故障不消失，再接着往下查。

c. 拔下远光灯继电器，若故障消失了，再插上继电器。如果无响声，则为继电器触点连在一起了，应更换继电器；如果有响声，则为远光灯电源线与常有电部分的电源线短路。

④ 远光超车挡不工作。

故障现象：灯光开关上的远、近灯光开关都正常，但超车挡不工作。

故障原因：变光开关失效（该开关与灯光开关组合在一起）。

故障诊断及排除：检修灯光组合开关线路或更换新件。

（2）信号电路常见故障的诊断与排除

① 转向信号灯都不亮。

故障现象：打开左、右转向信号灯开关，闪光器无响声，信号灯都不工作。

故障原因：转向开关失效；闪光器损坏；F15熔断器烧毁；导线断路，插接器接触不良。

故障诊断及排除：

a. 打开危险报警开关，如果工作了，首先检查转向信号灯开关插座；如仍不工作，按以下方法检查。

b. 在熔断器盒闪光器插座上"L"端试电，如果无电，则说明 F15 熔断器烧毁，应更换新的熔断器；如果有电，则往下查。

c. 在熔断器盒闪光器接地端检查是否发生了搭铁，如果没有搭铁，则说明熔断器盒搭铁线路断路，应检修线路；如果有搭铁，则说明闪光器损坏，应更换新件。

② 单侧转向灯不亮。

故障现象：打开左（或右）转向信号灯开关后，闪光器无响声，但左（或右）转向信号灯工作正常。

故障原因：转向开关失效；闪光器损坏；插座脱落；导线断路。

故障诊断及排除：

a. 打开危险报警开关，如果工作了，则说明转向灯开关至灯泡线路没问题；如果还不工作，接着往下查。

b. 将转向开关插座的紫/绿线（右转向灯为紫/红线）连接试灯，如果闪光器无响声，则说明闪光器至开关之间的线路断路，应检修线路；如果有响声，则说明开关失效，应更换新件。

③ 单侧转向灯闪烁频率快。

故障现象：右（或左）转向灯正常，左（或右）转向灯闪烁频率快。

故障原因：左转向灯灯泡损坏；左转向灯错装了功率小于 21W 的灯泡；插座接触不良；导线断路。

故障诊断与排除：

a. 观察前、后灯泡的工作情况，如果前、后灯都亮，将危险警报开关打开，与右转向灯比较，如果亮度较暗，说明该灯泡功率不够，应换成指定功率的灯泡。

b. 如果左（右）前转向灯不亮，在左（右）转向灯插座紫/绿（右转向灯为紫/红）色线上试电，若无电，则为该线断路，应检修线路；若有电，则说明灯泡损坏，应更换灯泡。此时应注意灯总成座上的搭铁线有无故障。如果前小灯闪烁，转向灯不亮，故障是灯总成线与线束连接插座的黑色搭铁线未插好，应重新插接好搭铁线。

c. 如果左（右）后转向灯不亮，在左（右）后组合灯插座上的紫绿（右转向灯为紫红）色线试电，若无电，则为底盘线束与车身线束插接器绿色插座紫/绿（右转向灯为紫/红）色线未插好；若有电，则为灯泡损坏，应更换灯泡。如果插接良好，则为该线断路，应检修线路。

④ 危险警报信号灯闪烁频率快。

故障现象：左、右转向信号灯闪烁频率都快，打开危险警报开关后，闪烁频率也快。

故障原因：闪光器故障。

故障诊断与排除：如果左、右转向灯闪烁频率快，可打开危险警报开关，如果闪烁频率仍快，说明闪光器有故障，应更换新件。

闪光器的闪烁频率一般设计成和健康人的心跳次数差不多，如果超过 120 次/min 时，人会感觉心烦，使驾驶员比较容易感觉到信号灯有故障。

⑤ 制动灯不亮。

故障现象：踩下制动踏板时，制动正常，但制动灯不亮。

故障原因：F7 熔断器断；制动开关失效；导线断路；插接器插接不良。

故障诊断与排除：

a. 如果喇叭也不工作，为 F7 熔断器断，应更换新件。踩下制动踏板，如果制动继电器无响声，往下查。

b. 将熔断器盒第三排第五个插座上排第一个插孔的棕/粉红色线搭铁，如果继电器无响声，则为继电器故障，应更换新件；如果有响声，则说明制动开关失效或该线断路，应检修线路。

c. 踩下制动踏板，如果制动继电器有响声，灯不亮，则应检查熔断器盒白色插座上的黑/红色线是否脱落。若插接良好，在该孔黑/红色线试电，如果无电，则可能是继电器插片插歪了，消除后继电器应工作正常，但如果仍无电，则熔断器盒线路有故障，应检修熔断器盒线路；如果有电，说明该线断路或两个灯泡都坏了，应检修线路或更换新件。

⑥ 制动灯常亮。

故障现象：未踩制动踏板，制动灯亮。

故障原因：继电器损坏；导线搭铁；制动开关失效；制动灯开关接错。

故障诊断与排除：

a. 拔下制动继电器，如果制动灯仍常亮，则说明制动继电器至灯泡的电源线（黑/红色）和常电线路搭接，应检修该线路。

b. 拔下制动继电器，如果继电器无响声，则说明继电器触点烧蚀闭合；如果有响声，则说明开关及导线有故障，应检修线路或更换开关。

c. 插好继电器，检查制动灯开关是否短路，如果将制动开关电源线（棕/粉红色）拔掉，制动灯不亮，则说明制动灯开关损坏，应更换新件；如果制动灯仍常亮，则说明制动继电器至制动灯开关之间的线路已经搭铁，应检修线路。

⑦ 制动灯熔断器熔断。

故障现象：踩下制动踏板时，制动灯 F7 熔断器熔断。

故障原因：制动继电器线圈短路；导线搭铁；制动灯总成搭铁。

故障诊断与排除：拔下熔断器盒白色插座上的棕/粉红线，用试灯测试该电线，如果试灯较亮，则为该继电器线圈短路，应更换继电器；如果试灯较暗，则继电器正常，故障为制动灯电源线或制动灯总成有搭铁，应检修线路。

⑧ 电喇叭不响。

故障现象：按下喇叭按钮，电喇叭不响。

故障原因：电喇叭损坏；导线断；插接器插接不良；F7 熔断器断；喇叭继电器损坏；喇叭转换开关损坏；组合开关上导线接头开焊；电喇叭按钮接触不良。

故障诊断与排除：

a. 将熔断器盒白色插座的棕/绿黑色线搭铁，如果继电器无响声，则为继电器或 F7 熔断器故障。如果继电器有响声，若电喇叭不响，则为喇叭故障或线路故障；若电喇叭响了，则故障在喇叭转换开关、转向柱上的组合开关和按钮。

b. 按下喇叭按钮，若继电器无响声，将白色插座的棕/绿黑色线搭铁，若继电器仍无响

声，拔下喇叭继电器试电源二孔，如果无电，则为 F7 熔断器断，应更换熔断器；如果有电，则为该继电器坏，应更换新的继电器。若继电器有响声，往下查。

c. 将转换开关置于电喇叭位置，按下喇叭按钮，用试灯检测插座上的黑/白棕色电线是否有电，如果无电，则说明继电器至转换开关之间的线路断路，应检修线路；如果有电，往下查。

d. 如果气喇叭工作，则转换开关和电喇叭电源线路有故障。拔下转换开关的接插件，将插座上的黑/白棕色电线与红/黄白色电线短接，按下喇叭按钮，如果电喇叭工作，则说明转换开关损坏或接插件接触不良，应更换新件；如果电喇叭仍不工作，则说明转换开关至电喇叭之间的电源线断路，应检修线路。

2. 上车电气控制系统常见故障的诊断与排除

下面以 QY25A（华德 ACS-700H 智能控制器）为例，分析上车电气控制系统常见故障原因，并提出解决办法。

1）高度限位器不起作用

（1）熔断器 F8 烧毁，应更换。

（2）卷线盒拉线断线或导线断路，应修理或更换。

（3）过卷开关故障或接地不良，应修理或更换（过卷开关检查方法：用万用表测量 GJ-3 过卷开关是否为拉下断开，托上导通；GJ-1 过卷开关是否为拉下导通，托上断开）。

（4）重锤绳破断，应更换。

（5）过卷卸荷电磁阀故障，应修理或更换。

2）吊重显示超过标准误差

（1）长度、角度未调整或调整不当，吊重未调整或调整不当，应重新调整长度、角度和吊重。

（2）重物的实际重量未核准，应核实重物的重量；智能控制器 ACS-700H 故障，应更换。

3）显示长度传感器故障

（1）长度检测器拉线断，应检查电缆四芯插头，换拉线。

（2）长度检测器电位器调整不当，应重新

进行长度调整。

（3）长度检测器内传动齿轮打滑,应调整齿轮啮合间隙。

（4）电缆及电缆接头短路或断路,应修理或更换。

（5）长度参数设置不当,应与研究院联系处理。

4）误过卷报警

（1）长度检测器拉线电缆芯线与屏蔽线短路或搭铁,应修理或更换。

（2）过卷开关故障接地,应修理或更换。

5）显示压力传感器(P1)信号故障

（1）臂架安放在臂架支架上,起臂后按复位,计算机应显示正常;

（2）电缆及电缆接头短路或断路,应修理或更换 P1 电缆接头。

（3）P1 压力传感器故障,应更换。

第3章

全地面起重机

3.1 概述

3.1.1 定义与功能

全地面起重机(all-terrain crane)是将起重系统安装在特制轮式底盘上的起重设备。这种特制底盘可长距离高速行驶,同时具有油气悬架、多轴转向、蟹行和多轴驱动等特点,对狭小和崎岖不平或泥泞场地具有很好适应性。因此,该类起重机相比于汽车起重机,具有更高的机动性,以及集机械结构、电子通信、液压传动、电气控制于一体的集成性。被广泛用于风电、石油化工、高铁、核电、矿山和市政等大型工程项目。

3.1.2 发展历程与沿革

20世纪70年代末,世界上第一台全地面起重机在德国研制下线,成功开拓了轮式起重机新的领域。然而全地面起重机发展伊始,由于价格高、技术难度大,未能在起重行业推广使用,只是轮式起重机中的"贵族"。但经过50多年的发展,全地面起重机的技术成熟度和产品性能都已达到了很高的水平。目前全地面起重机在大型设备的吊装和城市基础设施建设等方面,逐步取代了大吨位汽车起重机,成为工程机械起重机家族不可或缺的一个组成部分。

世界三大起重机市场之一——欧洲市场中,全地面起重机占主导地位。这跟欧洲国家对于全地面起重机的设计研发投入及重视态度是分不开的。欧洲国家对于全地面起重机研发最早,在多个关键技术的研发,如控制智能化、底盘技术、整机吊载性能优化等方面都处于世界领先水平。全地面起重机约占欧洲起重机行业市场份额的80%。国外某企业经过多年的研发和技术积累,已研制出多桥大吨位全地面起重机,形成了50~1200t各个产品梯队。以日本为主的东亚市场和以美国为主的北美市场,全地面起重机所占比例较小,以中大吨位居多。这同样表明,在大型重物吊装场合,全地面起重机具有得天独厚的优势。

我国对全地面起重机的研究始于20世纪80年代。由于全地面起重机技术复杂,工况多,要求高,加之国外相关技术的封锁,研发工作进展缓慢。在大吨位全地面起重机研发和制造上更是举步维艰。直到2000年,国内起重机厂家仍主要以中小吨位全地面起重机为主。近几年,国内基础设施建设及大型工程项目建设的开展,对起重设施的需求数量增大,全地面起重机以其优异的起重性能,以及移动迅速、操作灵活和可到达性等优点得到了前所未有的发展。国内一些企业抓住机遇,引进技术,在吸收的基础上不断创新。全地面起重机关键技术的突破改变了国内生产全地面起重机的产业结构,提升了我国自主品牌的竞争力,逐渐减小了对国外全地面起重机的依赖程度。2010 年展出了中国首台千吨级全地面起重机 SAC12000、QAY1200、QAY800 也精彩亮相,标志着我国已打破国外 500t 级以上超大吨位全地面起重机的垄断地位,吹响了中国起重军团向大吨位全地面起重机进攻的号角。国内某企业经过八年时间,自主研发与生产了 25～1200t 系列全地面起重机,为国内全地面起重机自主品牌的使用和推广作出了不可磨灭的贡献。2012 上海宝马展上,我国展出了全球最大的全地面起重机 QAY2000,创造了起重能力最大、臂架长度最长、负载行驶能力最强等多项纪录,这是当时全球唯一用伸缩式主臂就能实现 3MW 风机安装的全地面起重机。

图 3-1　中联 2000t 全地面起重机

3.1.3　国内外发展趋势

全地面起重机今后的主要发展趋势,是采用智能集成控制,通过互联网进行远程监测等。随着新材料、新工艺的应用,起重机不断向大吨位发展,设备的轻量化是必然趋势。另外,对环保方面的要求也变得更加严格。

1. 大型化的发展

为了满足风电设备和大型石油化工设备的安装,满足电厂、电站、锅炉、桥梁、高层建筑吊装大型设备和构件制造的需求,大吨位全地面起重机需求增多,虽然产量不大,但价值量和附加值却很大。在设计起重机时,为了合理地布置总体结构、降低自重,要求具有很高的设计水平,对材料选择和加工工艺,以及液压电气配套件的品质均提出了较高要求。千吨级的全地面起重机加工制造能力是一个企业技术水平和实力的体现。目前最大的全地面起重机的起重量已达到 2000t,如图 3-1 所示。

2. 专用化的发展

针对特种工况的需求,国内外多家企业设计出了能够满足特定化需求的全地面起重机。

这类起重机是在现有设计的起重机基本型上,充分发挥结构能力,增加了满足特种工况需求的功能如图 3-2 所示的利勃海尔 1200t 全地面起重机,具有超大作业幅度,最大可达

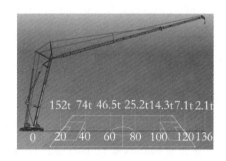

图 3-2　LTM11200 全地面起重机塔臂工况

136m,此时起重量 2.1t,可跨越足球场。

风电设备安装的特点是起升高度较高,可是作业幅度并不大,为满足此类需求,格鲁夫(GROVE)设计出了 GTK1100 型起重机,如图 3-3 所示。

3. 智能化控制技术的发展

将飞速发展的电子技术运用于控制领域,通过可编程控制元件、总线控制技术的成功运用,大幅简化控制系统、提高操纵控制性能和安全性能,使大型起重机产品的操纵变得越来越容易、越来越灵敏,更具人性化。近年来发展迅速的多节吊臂单缸顺序伸缩机构就是在集成控制技术发展成熟的基础上发展起来的,可以显著减轻吊臂自重、提高作业性能。各种带有总线接口的发动机、变速箱、液压阀、油泵、马达等控制和执行元件也较为成熟,成为起重机产品发展的重要支撑。

随着起重机产品吨位的增大,智能化显得越来越重要,主要体现在故障自诊断和自动安全保护功能的不断扩展和提升。由于可编程

图 3-3　GTK1100 型起重机

电控技术的逐渐成熟,这类功能的实现显得越来越容易,起重机与互联网相融合正在改变着传统产业的发展进程。

4. 新结构、新材料和新工艺的发展

全地面起重机不同于汽车起重机,尤其对于大型化的全地面起重机,起重臂结构上有更大的优化空间,长臂长已具有明显的几何非线性特性,吊臂截面多采用 U 形或椭圆形,以充分提高薄壳稳定性。单缸插销式伸缩机构虽然原理类似,但仍不断发展,越来越安全可靠。在臂架整体组合上,结合桁架臂的特点,采用超起构造,越来越大地发挥出材料结构强度的潜力。

底盘的越野及灵活机动性能与全地面悬架设计有着密不可分的联系,近些年来在液压系统和电气系统的匹配控制上越来越朝着精细化方向发展。

高强度钢在全地面起重机上的应用非常普遍,而且有的厂家已经尝试采用碳纤维结构来制造出更强、更轻的起重机。在成本可接受的前提下,特种高强度材料的应用将越来越得到重视。然而特种材料的应用必然会带动相应的加工制造工艺的发展,对特种高强度材料的焊接和折弯成形工艺提出了新的挑战。精益化的发展需要高的性价比,在保证质量的前提下,控制制造成本也是目前的发展要点。

3.2　分类

全地面起重机按吨位大小,可分为小吨位(≤50t)、中吨位(>50t,<300t)、大吨位(≥300t,<1000t)和超大吨位(1000t 及以上)四种。按臂架结构形式,可分为桁架臂式和伸缩臂式两种。

3.3　工作原理及组成

3.3.1　工作原理

全地面起重机主要由上车和下车组成,该类起重机与汽车起重机类似,具有两个操作室:下车操作室为驾驶室,主要负责驾驶操作;上车操作室主要负责起重作业部分的控制。为方便操控,大型全地面起重机部分动作已采用便携式无线遥控操作。诸如德国利勃海尔,美国特雷克斯,日本多田野,国内的徐工、中联、三一等,不同厂家所生产的全地面起重机各有独自的特点。图 3-4 所示为某型 500t 全地面起重机结构示意图。

上车是起重机直接参与作业的部分,主要由起升机构、变幅机构、回转机构、伸缩机构、安全机构和上车操纵机构组成(对于大吨位全地面起重机,上车具有单独的动力系统);下车是起重机的工作基础,主要由底盘、车身、支腿系统、液压系统和电气设备五个基本部分组成,承担着车辆转移及承载上装的功能。

全地面起重机在作业前需要打开活动支腿,建立起重机作业的稳固基础,用以支持起重机的上车作业。上车作业是通过可伸缩的主臂、可 360°回转的转台、可升降的主/副起升机构、可变幅的主臂或塔臂变幅机构单独作业

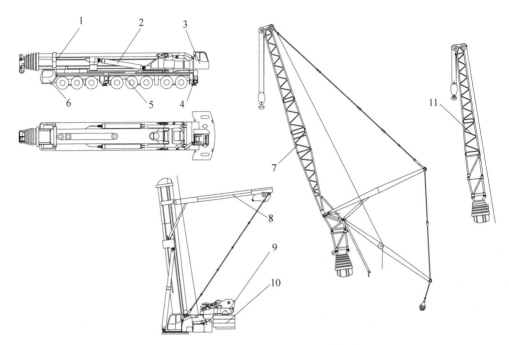

图 3-4　某型 500t 全地面起重机整体结构

1—主臂；2—变幅液压缸；3—上车操纵室；4—后支腿系统；5—全地面底盘；6—前支腿系统；
7—变幅塔臂；8—超起撑杆系统；9—变幅卷扬机构；10—配重；11—固定副臂

或联合作业来完成的。应该按照给定的主/副臂起重性能表或起重性能曲线,正确地选择作业工况,最终实现将液压系统的液动力转化为提升物体的势能,达到吊重作业的目的。

3.3.2　结构组成

全地面起重机由上至下可分为两大承载结构部分,即上车结构(臂架结构、转台结构)与下车结构(车架结构、支腿结构)。由于与汽车起重机相近,类似结构可参见 2.3 节,此处不再赘述。全地面起重机与汽车起重机的底盘部分有差异,同时大吨位全地面起重机工作时具有更多的臂架结构组合。

1. 臂架结构组成

全地面起重机的臂架结构可以分为主臂结构和副臂结构。

主臂结构为薄壁箱形伸缩臂结构。副臂形式按照是否可以变幅又可分为固定副臂与变幅副臂(塔臂),吨位较大的全地面起重机臂架结构还包括了超起结构,每种结构形式具有独特的特点。根据不同的吊装工况来选择不

同的结构形式进行组合能够更充分地发挥结构优势。其中,塔臂工况是较为复杂的工况,兼顾了履带起重机的塔臂工况特点。图 3-5 所示为全地面起重机塔臂工况臂架结构图。

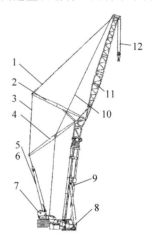

图 3-5　全地面起重机塔臂工况臂架结构图

1—前拉板；2—前撑杆；3—后拉板；4—后撑杆；5—塔臂变幅；6—钢丝绳；7—卷扬机构；8—转台；9—主臂；10—吊载钢丝绳；11—塔式副臂；12—吊钩

以利勃海尔某型全地面起重机为例,臂架系统常用的组合形式如图 3-6 所示,从左到右依次为主臂(T)、主臂+超起装置(TY)、主臂+固定副臂(TF)、主臂+超起装置+主臂延伸节+偏心装置+固定副臂(TYVEF)、主臂+变幅副臂(TN)和主臂+超起装置+主臂延伸节+偏心装置+变幅副臂(TYVEN)。

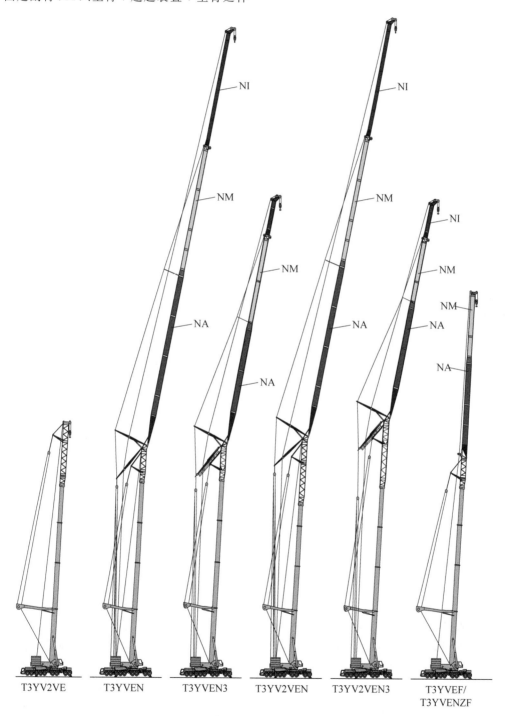

图 3-6　全地面起重机臂架组合作业形式

1) 主臂结构

起重机主臂是上车结构的主体部分,在起重机工作时,主臂要实现伸缩、变幅以保证整车实现相应工况。主臂结构可以参见 2.3.1节,不同之处在于超大吨位全地面起重机为减轻重量,根据受力,往往对变化明显臂节的下盖板沿纵向采用变壁厚薄板拼焊而成。全地面起重机,尤其是大吨位起重机,主臂伸缩机构主要采用单杠插销式结构。

目前全地面起重机的主臂截面形式主要有多折线 U 形截面、U 形截面和椭圆形截面等。不同的主臂截面形式对于起重机的性能影响不同,各起重机生产厂商会兼顾性能与制造成本,根据自身条件和设计需求选择截面形式。

臂头结构又分为贴板式、对接式和插入式三种。

(1)贴板式臂头结构

贴板式臂头结构简单,主要用于小吨位的截面为六边形的起重机,承载能力不如箱形结构。其滑块接触面积小,无上侧滑块,依靠螺纹锁紧。贴板式臂头截面示意图如图 3-7 所示。

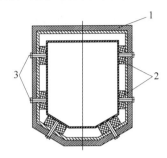

图 3-7　贴板式臂头截面示意图

1—臂头外贴板;2—滑块;3—锁紧螺钉

(2)对接式臂头结构

对接式臂头结构相对复杂,通过采用板加筋形式,使臂头承载能力得到改善,臂头刚度、强度增强。由于臂头与筒体对接操作,存在焊接过程中臂头与筒体自身扭转现象,易导致吊臂产生扭转、抖动、旁弯等。对接式臂头示意图如图 3-8 所示。

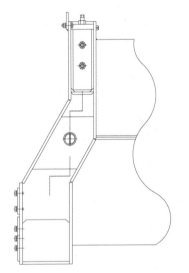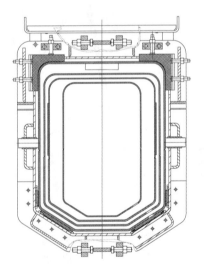

图 3-8　对接式臂头示意图

目前对接式臂头应用的上滑块形式,兼顾了竖直与水平两个方向的控制,且两个方向可以方便地通过螺栓进行调节。下滑块接触面积增大,整体抗扭及承载能力得到加强。下滑块由前面装配挡板固定,装配方便、固定可靠。

(3)插入式臂头结构

插入式臂头采用嵌入式滑块,可有效增加吊臂搭接长度,减小臂架搭接处受力,减少下挠和旁弯,从而提升臂架的承载能力,减轻臂架自重,大大提高了整机的起重性能。插入式臂头结构如图 3-9 所示。

插入式臂头结构下部在立板加筋处采用了封板的箱形结构,使刚度、强度进一步加强。上部立板加筋,满足了刚度及滑块布置的要求。

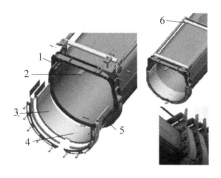

图 3-9　插入式臂头结构

1—头上滑块；2—对中板；3—头下滑块；4—头部铁滑块；5—头侧滑块；6—压绳器

主臂基本臂因为与转台连接，通常有通轴和半轴两种形式，如图 3-10 所示。通轴臂尾结构能有效压缩基本臂尾部在长度方向的尺寸，增加起重臂的有效搭接长度，提高起重臂性能。

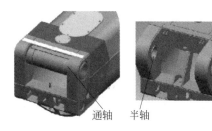

通轴　　半轴

图 3-10　主臂臂尾结构形式示意图

其他臂节的臂尾结构形式常见构造如图 3-11 所示。

图 3-11　臂尾结构形式示意图

1—臂销；2—尾上滑块；3—调整垫片；4—大螺栓；5—爬缸器；6—尾部侧滑块

2）副臂结构

全地面起重机的副臂形式按照是否可以

变幅分为固定副臂和变幅副臂（也称为塔式副臂）两种，如图 3-12 和图 3-13 所示。其结构为由主弦杆和腹杆构成的桁架臂结构，结构件之间的连接多为销轴连接。桁架形式的副臂结构，由于质量轻且承载好，能够大大增加起重机的工作范围，同时以最少的材料获取最大的起重能力，材料的利用效率高。桁架式的副臂结构虽然能够使起重机的工作幅度和起升高度明显提高，但是起重机主臂所受弯矩会使整车的倾翻力矩随之增加。随着副臂结构长度或者带有副臂的结构形式工作幅度的增加，额定起重量会逐渐减小。

图 3-12　固定副臂结构示意图

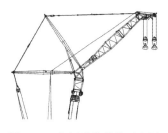

图 3-13　变幅副臂结构示意图

关于副臂的桁架臂制作要求可以参见履带起重机部分（4.3 节）。

2.转台结构组成

转台是起重机承载的重要连接部件，它通过高强度螺栓与回转支承紧固连接，同时回转支承通过高强度螺栓安装在底盘的专用座圈上,通过回转机构驱动保证转台可以实现360°回转。转台为整体式焊接结构,中小吨位全地面起重机的结构可参见2.3节中的有关内容。

大吨位全地面起重机转台除了与上车的起重臂、上车操纵室、起升机构、回转机构、主臂液压缸变幅机构、配重等连接外,还需要考虑臂架组合形式增多后,与变幅拉板、副臂变幅卷扬机构和副起升机构的安装连接,同时转台上也需要安装动力单元,这些变化使转台结构和小吨位起重机在布局上有了明显区别。图3-14所示为某型500t全地面起重机转台结构。

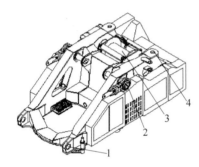

图 3-14　某型 500t 全地面起重机转台结构
1—变幅液压缸下铰点;2—主臂根铰点;
3—主卷扬;4—副卷扬及配重支架连接点

3. 车架结构组成

全地面起重机车架结构由车架前段、车架后段、前固定支腿箱总成、后固定支腿箱总成等拼焊而成。车架是全地面起重机的基础骨架,是全地面起重机三大结构件中的一个重要部件。全地面起重机车架多采用由钢板焊接而成的多箱形薄壳结构,构造复杂。在行驶过程中它不仅承受着起重机的自重载荷,还传递着路面的支承力和冲击力。在不平路面上行驶时,车架在载荷作用下可能产生扭转变形以及在纵向平面内产生弯曲变形,当一边车轮遇到障碍时,还能使整个车架扭曲变形。在吊装工作中,起吊载荷所产生的垂直载荷和倾翻力矩,均作用于车架结构之上,它是整个设备的基础,其强度和刚度对保证整车正常工作具有重要意义。

如图 3-15 示出了某一车型典型车架结构。

说明如下:车架前段为槽形梁结构,由第一横梁、左右前小纵梁、第二横梁、左右纵梁、驾驶室支承、吊臂支架等焊接而成。它在起吊重物时不起直接作用,但由于其上安装固定有驾驶室、发动机系统、转向系统等零部件,车架前段除了要承受各种部件的自重,还要承受转向时的扭转变形等。

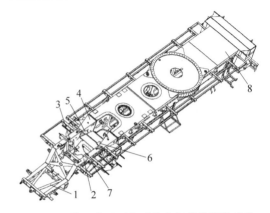

图 3-15　某型全地面起重机车架结构附件名称
1—车架前段;2,3—发动机支座;4—发动机后段;
5,6—组件;7—功能附件支座;8—车架附件

车架后段即车架主体部分,采用薄壳封闭大箱形结构,主要由上盖板、左右腹板、槽形下盖板等组成,承受着起重机的自重、吊重和相应的扭矩。为加强抗扭刚度,中间还加了横向的立板和筋板。为保证回转支承的刚性,连接转台部位的上盖板比上盖板的前、后段略厚,且加设了多块纵向和横向的筋板和斜撑板。

4. 支腿结构组成

中小吨位全地面起重机的支腿结构可参见2.3.2节所述,多为H形支腿,而大吨位全地面起重机多数采用了X形摆动支腿。

X形起重机支腿是安装在车架上可折叠和收放的支承结构,是起重机工作时支承整机的重要部件。该型支腿的支承效果更好,支腿跨距的大小直接影响整车的倾翻稳定性(大吨位全地面起重机的支腿跨距在全伸时候一般超过10m)。在进行支腿设计时主要考虑其强度和起重机工作时的整车倾翻稳定性,同时行驶状态下支腿结构的布局对整车宽度的影响也要考虑。支腿的结构示意图如图3-16所示。

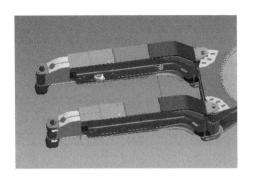

图 3-16　某型全地面起重机 X 形支腿结构

5. 超起结构组成

为了追求更大化的起重能力,充分发挥结构的承载力,可以在标配全地面起重机的基础上,通过增加必要的结构来实现起重能力的提高,这种结构称为超起结构。超起结构是在全地面起重机向长臂长、大吨位发展过程中产生的。一般情况下,最大起重量大于 300 t 的全地面起重机适合配置可供选择的超起装置。图 3-17 所示为徐工 1000t 全地面起重机主臂超起工况工作图。

图 3-17　徐工 QAY1000 型全地面起重机
主臂超起工况
1—主臂前拉索;2—拉索预紧装置;
3—超起撑杆;4—主臂后拉索

超起结构主要由超起撑杆、超起前后拉索(或拉板)和预紧装置组成。根据全地面起重

机臂架系统中各部件间的连接关系,可将不带超起装置的起重臂简化为外伸梁。这种结构在吊载时会产生较大变形,使起重量下降。为解决此问题,在起重臂上增加了超起装置,改变了它的支撑方式,相当于在主臂的臂头添加了弹性约束,大大改善了臂架的受力问题。其受力图如图 3-18 所示。

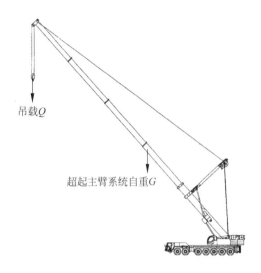

图 3-18　超起主臂系统受力示意图

超起装置作为全地面起重机的关键部件,在提高臂架起重性能上起着至关重要的作用。超起装置一方面能抵消部分吊载对臂头的弯矩,减小对箱形臂架下盖板的应力,降低臂头在变幅平面内和侧向的挠度,同时对提高臂架的侧向稳定性起到了积极的作用,另一方面却增加了臂架的轴向正压力及箱形臂架上盖板的应力。在徐工 QAY1200 型全地面起重机中,超起装置的应用使大臂长状态下挠度减小 $20\%\sim30\%$,起重性能最大提升 400%。

选用超起工况后,起重机在吊载前需要对超起拉索适当进行预紧,才能更好地发挥超起装置的作用。国内外不同厂家生产的大型全地面起重机超起装置大同小异,如特雷克斯的侧支撑超起装置(SSL)、利勃海尔的 Y 形拉索装置、格鲁夫的翅形超起装置等。国内全地面起重机中采用的基本上都是 Y 形拉索超起装置。

超起装置的关键技术在于不同工况下预

紧力大小的匹配。为能够提供合适的预紧力，超起拉索在选择上有单倍率和多倍率之分，多倍率可以在不改变预紧装置扭矩输出的情况下提高预紧力。

　　起重机超起拉索预紧控制方式主要有两种：一是将预定的主臂仰角作为预紧角度，此时控制两侧前拉索张力；另一种是在任意变幅角下控制两侧前拉索长度。两种预紧方式的差别在于所检测的对象不同：一种是通过力传感器检测拉力；另一种是通过旋转编码器检测长度。

　　全地面起重机在预紧过程中收紧拉索的方法主要有三种：张索缸加固张索绳；马达直接带动卷扬机收紧拉索；马达通过一对齿轮传动带动卷扬机收紧拉索。

　　1）张索缸加固张索绳

　　此方法是在利勃海尔的专利中提出的，其结构如图 3-19 所示。工作原理为：主臂在伸缩过程中张索液压缸完全缩回，伸缩到指定位置后，张索液压缸往外伸出同时绞盘卷起，当旋转编码器检测到已到达指定位置时，液压缸和绞盘停止运动。然后绞盘再次展开，直到绞盘齿缘发出正确信号，告知其已到达与臂长相匹配的位置，通过棘爪锁死。最后张索液压缸缩回，通过限位开关监视其到达最终位置。此方法的优点为可以提供较大的预紧力，充分发挥超起装置的作用。

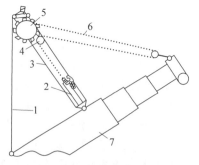

图 3-19　张索缸加固张索绳示意图
1—超起拉板；2—张索液压缸；3—超起撑杆；4—转向滑轮；5—绞盘；6—超起拉索；7—主臂

　　2）马达直接带动卷扬机收紧拉索

　　此方法在国内企业中应用普遍，其结构如图 3-20 所示，此预紧装置位于超起撑杆的末端。工作原理为：主臂伸缩时，张紧卷扬机放开，在限压阀的控制下，拉索一直被拉紧。拉索收紧是通过马达带动卷扬机滚筒旋转实现的，并通过力传感器或旋转编码器来检测拉力或索长。达到要求后，通过定位液压缸末端传动件卡入棘轮中，实现进一步拉紧拉索与锁死卷扬机滚筒。该方法的缺点为由于放置空间有限，所用马达的驱动力较小，提供的预紧力较小，预紧时需要预设主臂仰角或拉索采用多倍率，因此效率受到影响。

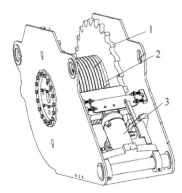

图 3-20　预紧装置示意图
1—棘轮；2—卷扬机；3—定位液压缸

　　3）马达通过一对齿轮传动带动卷扬机收紧拉索

　　此方法与方法 2）的不同之处为马达和卷扬机之间增加了齿轮传动装置，减速齿轮装置可以增加卷扬机的驱动力，即增加预紧力，相对来说更能有效地实现预紧。此预紧机构在特雷克斯的全地面起重机中得到应用。

　　除了上面所提及的适当增加拉索预紧力之外，改变两撑杆的夹角大小、撑杆的长度和拉索前后固定点的位置等，也能够提高超起装置的作用效果。针对这方面的研究已有相关论文，其优化问题也是值得进一步探讨的核心技术。

3.3.3　机构组成

　　全地面起重机主要由起升机构、变幅机构（包含主臂变幅和塔臂变幅）、上车操纵室摆动机构、配重安装机构、回转机构、伸缩机构等组成。

1. 起升机构

在起重机中,用以提升或下降货物的机构称为起升机构,其形式一般为卷扬机(又称卷扬)。起升机构具有安全保护装置,如力矩限制器、起升高度限位器等。

全地面起重机一般为全液压式起重机,液压驱动的起升机构由原动机驱动液压泵,将工作油液输入执行机构(液压马达或液压缸)使机构动作,通过控制输入执行构件的液体流量实现调速。液压驱动的优点是传动比大,可以实现大范围的无级调速。结构紧凑,运转平稳,操作方便,过载保护性好。缺点是液压传动元件的制造精度要求高,液体容易泄漏。目前液压驱动在流动式起重机上广泛应用。

中小吨位全地面起重机起升结构可以参见 2.3 节所述。大吨位全地面起重机起升机构的布置和汽车起重机有些差别,其主卷扬机安装在转台主结构上,副卷扬机可选装并通常安装在可拆卸的卷扬机及配重支架上,最大额定起重量大于 300t 的起重机宜有穿绳装置以方便操作,如图 3-21 所示。

主卷扬机　辅助穿绳卷扬机　起升副卷扬机

图 3-21　某型 400t 全地面起重机卷扬机布置

吊钩和钢丝绳是起重机必不可少的部分,也是起升机构的重要组成部分。全地面起重机对吊钩与钢丝绳的要求如下:

(1)吊钩应设置防脱装置,吊钩总成应设置挡绳装置。

(2)钢丝绳应有标识,注明型号和长度等信息,可用标牌固定在绳端或附近(如卷扬机或绳套上)。

(3)钢丝绳端部应连接可靠。

(4)对于使用中需要经常拆卸的部位,公称抗拉强度小于等于 $1870N/mm^2$ 的钢丝绳可以用楔形绳套等连接方式,大于 $1870N/mm^2$ 时宜采用金属套浇注、压制等连接方式,不能靠钢丝绳变形来进行端部的固定。

吊钩组结构随着滑轮数量的变化略有不同。图 3-22 是某大型全地面起重机吊钩组示意图。用于起升的吊钩组,一台车通常配备多种规格可供选择,例如利勃海尔 500t 全地面起重机配备有 6 种可供选择的吊钩组,不同吊钩组的起升倍率不同,对应着不同的绕绳方式。

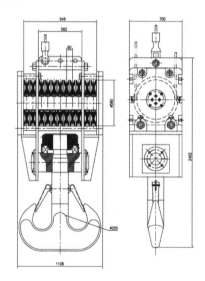

图 3-22　某型全地面起重机 11 片
　　　　滑轮的吊钩组

2. 变幅机构

全地面起重机主臂变幅机构可参见 2.3 节。大吨位全地面起重机中多数采用双缸变幅。

大吨位全地面起重机由于变幅副臂的存在,增加了塔式副臂变幅机构。副臂变幅大致有两类:一类是由变幅液压缸直接驱动达到一定范围内的副臂安装角度,其变幅液压缸的工作原理与主臂变幅机构的工作原理基本相同;

另一类副臂变幅也称为塔臂变幅,此变幅机构不仅承担着工作时的副臂角度变换,还要满足起臂和落臂的要求。这里以1200t全地面起重机的起臂过程为例,进行起臂工况说明。

起臂是起重机将臂架系统举升至所需作业工况位置的过程。全地面起重机根据工况的不同,起臂形式各有不同。主臂工况起臂即主臂变幅至所需角度,再伸缩至所需长度的过程;主臂固定副臂工况与主臂工况起臂类似,均为主臂变幅和主臂伸缩的过程;而变幅副臂工况起臂与前两者存在较大的区别,其起臂过程分为主臂变幅、主臂伸缩和变幅副臂变幅三个过程。

全地面起重机变幅副臂工况起臂属于最危险的工况之一,起臂的成功与否直接关系到能否进行作业,甚至关系到人员安全。起臂一般分三个阶段:主臂变幅阶段;主臂伸缩阶段;变幅副臂变幅阶段。而此三个阶段又是一个连续的过程,所以全地面起重机变幅副臂工况起臂是一个力学模型多变的过程。图3-23为全地面起重机变幅副臂工况起臂结构图,主要构件名称与安装位置如图所示。全地面起重机变幅副臂工况起臂分多种形式,以18~90m的变幅副臂臂长为短臂长,96~126m的变幅副臂臂长为长臂长。变幅副臂工况起臂形式主要包括以下三种:短臂长带辅助撑杆起臂;短臂长不带辅助撑杆起臂;长臂长带辅助撑杆起臂。

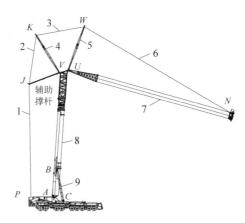

图3-23 全地面起重机变幅副臂工况起臂结构
1—变幅拉板;2—辅助拉板;3—后拉板;4—后撑杆;5—前撑杆;6—前拉板;7—变幅副臂;8—主臂;9—变幅液压缸

1)短臂长变幅副臂工况带辅助撑杆起臂方式概述

(1)短臂长带辅助撑杆起臂方式Ⅰ

1200t全地面起重机带辅助撑杆起臂方式Ⅰ分三个阶段:①主臂从0°变幅到86°。在变幅过程中,当主臂变幅到一定角度时,辅助撑杆开始起支撑作用,如图3-24中起臂状态从(a)到(b)。②主臂伸出至最大长度,如图3-24中起臂状态从(b)到(c)。③变幅拉板拉紧,如图3-24中起臂状态由(c)、(d)到(e),变幅副臂角度变幅到76°。变幅副臂变幅的过程中,当变幅副臂变幅到一定角度后,辅助撑杆不起作用,如图3-24中起臂状态从(d)到(e)。

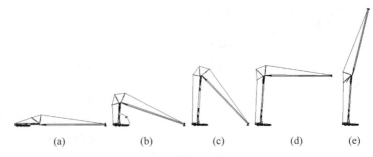

(a)　　　(b)　　　(c)　　　(d)　　　(e)

图3-24 短臂长带辅助撑杆起臂过程Ⅰ

(2)短臂长带辅助撑杆起臂方式Ⅱ

1200t全地面起重机带辅助撑杆起臂形式Ⅱ分三个阶段:①主臂从0°变幅到86°。在变幅过程中,当主臂变幅到一定角度时,辅助撑杆开始起支撑作用,如图3-25中起臂状态从(a)到(b)。②变幅拉板拉紧,变幅副臂变幅到76°。变幅副臂变幅的过程中,当变幅副臂变幅到一定角度后,辅助撑杆不起作用,如图3-25

中起臂状态从（b）到（d）。③主臂伸出至最大长度,如图 3-25 中起臂状态从（d）到（e）。

如上所述,短臂长变幅副臂工况起臂分两种形式:（a）主臂变幅—主臂伸缩—变幅副臂变幅;（b）主臂变幅—变幅副臂变幅—主臂伸缩。

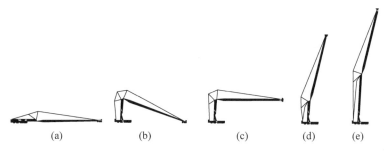

图 3-25　短臂长带辅助撑杆起臂过程Ⅱ

2）短臂长变幅副臂工况不带辅助撑杆起臂方式概述

1200t 全地面起重机不带辅助撑杆起臂分四个阶段:①主臂变幅至一定角度与变幅副臂成 90°,如图 3-26 中起臂状态从（a）到（b）。②主臂不动,变幅拉板拉紧,变幅副臂变幅至与主臂成 10°,如图 3-26 中起臂状态从（b）到（c）。③主臂变幅至 86°,变幅副臂与主臂之间夹角为 10°,如图 3-26 中起臂状态从（c）到（d）。④主臂伸缩至最大长度,如图 3-26 中起臂状态从（d）到（e）。

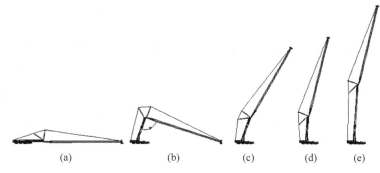

图 3-26　短臂长不带辅助撑杆起臂过程

3）长臂长变幅副臂工况带辅助撑杆起臂方式概述

1200t 全地面起重机长臂长变幅副臂工况（大于 90m）起臂分三个阶段:①主臂变幅至86°。此时当主臂变幅到一定角度时,辅助撑杆开始起支撑作用,如图 3-27 中起臂状态从（a）到（b）;②主臂伸出至最大长度,如图 3-27 中从（b）到（c）。③变幅副臂变幅至与主臂夹角成10°,如图 3-27 中起臂状态从（c）至（f）。在此过程中,变幅副臂变幅到一定角度后,辅助撑杆不再起支撑作用。

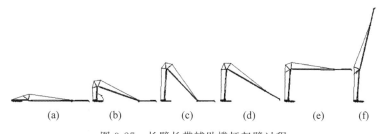

图 3-27　长臂长带辅助撑杆起臂过程

长臂长起臂与短臂长带辅助撑杆起臂的不同之处在于变幅副臂变幅阶段,长臂长由于在前拉板与变幅副臂铰接点外有延伸加长段,所以延伸段尚未脱离地面之前,变幅副臂与延伸段存在一定夹角,随着变幅副臂变幅角度的变化,此夹角也在变化。在延伸段脱离地面的瞬间变幅副臂与延伸段的夹角为零,此后延伸段与变幅副臂一起变幅。

由上所述,短臂长变幅副臂工况带辅助撑杆起臂与不带辅助撑杆起臂的区别在于:①辅助撑杆是否在起臂过程中起作用,即起臂模型中是否安装了辅助撑杆;②两者的起臂过程不一样。

长臂长变幅副臂工况带辅助撑杆起臂与短臂长带辅助撑杆起臂类似,由于长臂长有延伸段,所以在延伸段离地前的变幅阶段起臂模型受力情况与短臂长不同。

在塔臂起臂的过程中,副臂变幅机构起到了至关重要的作用。此外,变幅机构卷扬机的放绳速度量与主臂的伸缩量间要进行良好的配合,在操作过程中需要进行很好的控制。图3-28给出了利勃海尔500t全地面起重机的变幅机构布置图。

图 3-28　利勃海尔 LTM1500 型塔臂变幅
机构布置图

1—塔臂变幅上滑轮组;2—塔臂变幅下滑轮组;
3—变幅卷扬机;4—卷扬机及配重支架;5—配重
提升缸

3. 上车操纵室摆动机构

全地面起重机中小吨位上车操纵室如同汽车起重机固定在转台之上,个别车型可进行俯仰。然而对于大吨位全地面起重机,为了减小整车行驶宽度和提高作业时操作者的舒适性,通常将操纵室安装于可回转和可俯仰的摆臂之上。

图3-29是利勃海尔1200t全地面起重机上车操纵室在作业状态下的工作图。图3-30给出了某型全地面起重机上车操纵室摆臂的三维结构示意图。

图 3-29　利勃海尔 LTM11200 型上车
操纵室布置图

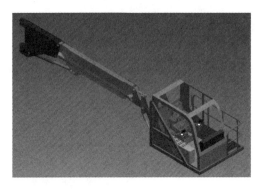

图 3-30　上车操纵室摆臂结构三维图

这种形式的上车操纵室安装摆动机构是目前大部分起重机采用的一种方式,其摆动过程主要由液压缸进行驱动,当然各个厂家也会有各自的特点。

4. 配重安装机构

小吨位全地面起重机的配重不进行拆装,中大吨位全地面起重机由于工况较多,为了满足转场或吊装作业的需要,配重需要进行拆装或更换。通过可拆装配重托架,或将配重块制作成10t或5t一片的形式,然后进行合理组合,是目前常见的配重安装方式。

配重安装机构多采用提升液压缸、提升液

压缸加链条或提升液压缸加钢丝绳的形式。提升液压缸的形式在 2.3 节中也有介绍,在此不再赘述。对于配重托架可拆卸的形式,在对配重托架进行提升安装时,相应的液压管路或电气管线采用快换接头的形式。图 3-31～图 3-33 所示为利勃海尔 500t 全地面起重机的配重安装过程,此配重安装机构采用的是提升液压缸的形式。图 3-34 所示为利勃海尔 1200t 全地面起重机的配重安装机构,采用的是液压缸加钢丝绳的形式。

图 3-33　提升液压缸将卷扬机和配重
支架与转台连接

图 3-31　伸出支腿吊装配重托架就位
1—配重托架;2—提升液压缸

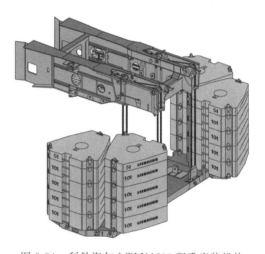

图 3-34　利勃海尔 LTM11200 配重安装机构

5. 回转机构

回转机构的工作过程:将上车操纵手柄扳到转台回转位置时,上车液压系统中的回转控制电磁阀得电,液压油通过恒功率变量泵、回转控制比例电磁阀组后,输送给回转减速机的动力元件液压马达。通过改变回转液压马达的进油(回油)方向,就可以实现转台左转或右转。控制手柄的位移大小对应着输入比例电磁铁的电流信号,可以决定回转控制比例电磁阀的输出流量,从而确定回转机构的回转速度。

图 3-32　将卷扬机和配重支架安装在
提升液压缸上
1—变幅卷扬机;2—提升液压缸;3—卷扬机和配重支架;4—配重模块

关于回转结构形式也可参见 2.3 节。例如,QAY220 型全地面起重机采用两个液压马达分别驱动回转减速机回转,减速机齿轮与回转支承的外齿圈相啮合,驱动回转支承转动。

因此,安装在转台底板上的回转减速机连同转台一起回转,即实现转台360°回转运动。

为确保整机吊重状态回转的平稳性,无回转冲击,在回转马达油路上安装了回转平衡阀,可以使回转运动平稳进行。为提高整机吊重状态回转的微动性能,在液压系统中设置有回转缓冲阀,可以提高在起动与停止回转运动时的平稳性与停位的准确性。另外,由上车回转制动踏板,可以控制回转制动电磁阀的得电,以完成回转制动。

6. 伸缩机构

全地面汽车起重机的伸缩臂结构与汽车起重机类似。需要注意的是,全地面起重机主臂的节数一般较多,多采用单缸插销结构。相关内容可参见2.3节,这里不再赘述。

3.3.4　动力组成

动力系统的功用是使供给的燃油燃烧,将热能转变为机械能,并通过传动系与行驶系驱动起重机行驶。全地面起重机动力系统主要包括下车动力系统与上车动力系统。

1. 下车动力系统

全地面起重机下车动力系统主要包括发动机及悬置、发动机附属子系统(进气系统、排气系统、燃油系统、冷却系统等)和取力装置等部分组成,如图3-35所示。

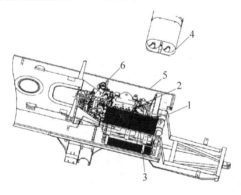

图3-35　QAY220型全地面起重机动力系统
1—发动机及悬置;2—燃油系统;3—进气系统;
4—排气系统;5—冷却系统;6—取力装置

现以单缸柴油机为例简单叙述其基本构造和工作原理,如图3-36和图3-37所示(部分

内容也可参见4.3节)。

图3-36　奔驰OM502LA型柴油发动机

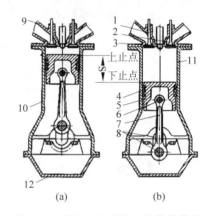

图3-37　单缸四行程柴油机结构简图
(a)活塞在上止点;(b)活塞在下止点
1—进气门;2—排气门;3—喷油器;4—气缸;
5—活塞;6—活塞销;7—连杆;8—曲轴;9—气缸盖;10—气缸体;11—气缸套;12—油底壳

1) 发动机

发动机是将其他形式的能量转变为机械能的一种机械装置。为了保证正常运转和更好地实现能量转换,发动机一般由两个机构和四大系统所组成:曲柄连杆机构;配气机构;燃料供给系统;冷却系统;润滑系统;起动系统。

(1) 机体与曲柄连杆机构

机体是由气缸盖、气缸体、曲轴箱、油底壳等组成的固定件,发动机的运动件和辅助系统都支承和安装在它上面;它又分别是配气机构、冷却和润滑等系统的组成部分。气缸盖、气缸孔内壁还和活塞等共同组成燃烧室,燃油在燃烧室内燃烧,使气体膨胀而推动活塞运动。

曲柄连杆机构包括活塞组件、连杆组件、曲轴飞轮组件等发动机的主要运动件。它的功用是将活塞的往复运动转变为曲轴的旋转运动,并将作用在活塞上的燃气压力转变为扭矩,通过飞轮向外输出。

（2）配气机构与进排气系统

配气机构由气门组件、气门传动组件和气门驱动组件组成。进排气系统由空气滤清器、进排气管与消声器等零部件组成。配气机构与进排气系统亦称配气系统,其功用是按一定要求定时地吸入新鲜空气,并将燃烧后的废气排出机外。

（3）燃料供给系统

燃料供给系统的功用是向发动机气缸内供给燃料。柴油机燃料供给系统一般由柴油箱、输油泵、柴油滤清器、喷油泵、喷油器及调速器等组成。它定时、定量、定压地将燃料喷入燃烧室内。

（4）冷却系统

冷却系统的功用是适当冷却高温机件,以保证发动机工作时温度正常。按所用冷却介质的不同,冷却系统可分为水冷却系统和空气冷却系统两类。水冷却系统主要由散热器、风扇、水泵、气缸体和气缸盖中的冷却水套、节温器等组成。

（5）润滑系统

润滑系统的功用是将润滑油以一定压力连续地送到发动机各运动件的摩擦表面,起减摩、冷却、净化、密封、缓冲及防锈等作用,保证发动机能正常工作,并延长使用寿命。它主要由油底壳、机油泵、机油滤清器、机油散热器以及各种阀门、润滑油道等组成。

（6）起动系统

起动系统的功用是提供外力,以便安全、可靠地使发动机由静止状态转入运转状态。

发动机的选用应满足下列要求：发动机应动力性能良好,运转平稳,怠速稳定,停机装置应灵活有效。单一发动机的上车起重机操纵室应具有发动机的起动、熄火和油门控制装置。发动机应具有良好的起动性能。环境温度在-10℃以上时,应能正常起动;环境温度在-20～-10℃时,采取预热措施后应能顺利起动。

能够制造全地面起重机发动机的主要生产厂家有奔驰、沃尔沃、康明斯等,选用时可根据具体需要,在厂家提供的产品中进行选用。

2）取力装置

取力装置的主要作用是带动附加设备。全地面起重机通过取力装置将发动机与三联齿轮泵相连,为下车液压系统提供动力,如图3-38所示。

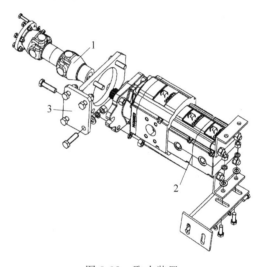

图 3-38　取力装置

1—取力传动轴；2—三联齿轮泵；

3—取力器支架

2. 上车动力系统

上车动力系统如图3-39所示。与传统的起重机动力系统相同,它主要由进气系统、排气系统、燃油系统、冷却系统等组成。上车动力系统具有独立的冷起动系统且更能适应高原环境下的作业工况。目前新型的6轴及以下全地面起重机大多采用单发动机配置,取消了上车动力系统,甚至已有厂家推出了7轴的单发动机型。这样更经济,而且可以降低车重、增加上车的布置空间。而6轴以上车辆目前大多还保留了上车动力系统。上车动力系统与下车动力系统的主要区别如下。

图 3-39　上车动力系

1）排放要求

上车动力系统属于非道路用，可满足目前国家第三阶段机动车污染物排放标准的要求。而底盘属于道路用，排放要求更高，国家第五阶段机动车污染物排放标准的法规也即将实施，底盘动力系统需要独立的后处理系统来满足要求。

2）控制系统

下车变速箱通过控制系统的数据交换与发动机的性能曲线，自动匹配最佳的换挡控制策略；同时还有与整车的数据交换，如发动机巡航功能需要的车辆速度信号。发动机辅助制动与整车制动信号、ABS 信号、车辆制动灯信号的数据交换等配置压缩制动和排气制动作为车辆的辅助制动，使得下车动力控制系统与上车控制系统完全不同。

3）冷却系统

上车动力系统的冷却系统主要是动力系统的自身冷却以及空调系统的冷却。而下车动力系统还需要对变矩器和液力缓速器进行冷却，对冷却能力的要求更高，一般需要配置单独的副水箱。

4）冷起动系统

上车动力系统由于驱动液压系统，而低温下液压系统的阻力较大，所以起动负载大；下车动力系统驱动变速箱，在空挡下起动，起动负载更小一些。

5）制动系统气源

下车动力系统需要配置空气压缩机为整车气压制动提供气源；而上车动力系统不需要。

3.3.5　液压系统

全地面起重机的控制系统主要包括液压系统与电气系统。液压系统可分为上车液压系统和下车液压系统，二者的构造不同，但工作原理相似。

1. 支腿回路

支腿回路主要由换向阀、支腿水平液压缸和垂直液压缸组成。对于 X 形支腿，还有支腿摆动液压缸。垂直液压缸上装有双向液压锁，其作用是防止行驶时由于重力作用使活塞杆伸出以及在作业时液压缸回缩。其液压原理与汽车起重机支腿液压回路类似。

2. 油气悬架回路

作为全地面起重机的关键技术之一，油气悬架系统主要实现多轴平衡、缓冲连接支承、升降和调平、自锁四大功能。

悬架形式目前主要有两种：全轮独立液气悬架；整桥悬架。

1）全轮独立液气悬架

如图 3-40 所示，当一侧车轮遇到障碍时，车轮（点 A）受到一个冲击力 F，摇架绕点 C 顺时针旋转，减振弹簧跟着旋转且被压缩，而另一侧的轮胎由于没有遇到障碍，因而受到影响很小，摇架的摆动也很小，因此整个车辆依然保持平稳，不会出现车辆倾斜现象。使用这种悬架的代表性产品为马尼托瓦克的格鲁夫全地面起重机，如 GMK6300L 型。

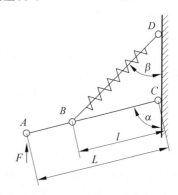

图 3-40　全轮独立液气悬架示意图

全轮独立液气悬架 MEGATRAK™ 起重机底盘是格鲁夫的专利技术（原闻名于世的德

国克虏伯（KRUPP）军工集团的专利技术，1995年格鲁夫收购了克虏伯起重机业务部）。它以优异的越野性能、精确的转向性能、免维护而闻名于世，其简图如图3-41所示。

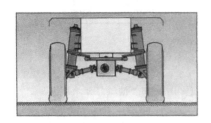

图3-41 全轮独立液气悬架MEGATRAK™简图

全轮独立液气悬架的结构特点如下：

（1）差速箱下无其他结构件，转向拉杆位于驱动轴之上，这样布置加大了离地间隙。

（2）差速箱与车架刚性连接，当液压缸举升车架时，差速箱随之升高，离地间隙增大。

（3）车身重量通过液压缸、三角支架直接传递到轮毂上，驱动轴不受压力，这样就可选用更细的驱动轴，节省重量，用于加强起重能力。

（4）两个驱动半轴相互独立，保证在路面不平时，轮胎时刻与地面接触，而且是面接触，从而降低轮胎磨损和油耗。

采用全轮独立液气悬架系统的格鲁夫起重机底盘，是目前世界上唯一通过德国坦克车试验场越野路面考验的起重机底盘，被行业人士称为跨世纪的新技术。

独立液气悬架系统，无论从行驶的舒适性、操作的稳定性和越野的通过性上均优于其他厂家的整体悬架系统。它具有真正的独立悬架和全轮转向功能，使得起重机在任何情况下，所有的轮胎都能保持与地面接触，应力和重力不会连续不断地在各桥之间转移。这套极其可靠的悬架系统可在驾驶室内控制起重机的底盘起升、下降、前、后和侧向倾斜及自动调平。当悬架系统起动后，随着起重机底盘的起升（170mm）和下降（130mm），底盘（包括车桥）离地间距最大可达625mm，从而能真正地提高起重机穿越障碍的能力。其试验场景如图3-42所示。

图3-42 全轮独立液气悬架系统试验场景

全轮独立液气悬架系统与普通的底盘悬架系统相比，其主要区别在于：

（1）普通的底盘悬架系统采用的是刚性车桥，车桥与底盘分开，当悬架系统起动后，悬架液压缸仅仅是将起重机的底盘提升，却并没有真正提高车桥与地面间的距离，如图3-43所示。

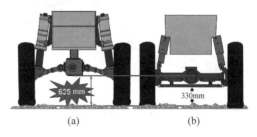

图3-43 全轮独立液气悬架与普通悬架对比图
(a) GROVE全轮独立悬架系统；(b) 普通悬架系统

（2）当路面不平时，全轮独立悬架系统，侧向最大可调整适应15°的倾斜路面；普通的整体悬架系统，最大只能达到9°。

（3）格鲁夫车桥的悬架液压缸采用的是独特的MEGASTRUTTM双外壳保护液压缸，任何外部因素都不易损坏液压缸本体，因而完全适应粗糙的施工场地及恶劣的外部环境，使用寿命长。双外壳保护液压缸如图3-44所示。

2）整桥油气悬架（非独立悬架）

最具代表性的是利勃海尔和德马格的全地面起重机，国内大部分厂家均采用此结构。图3-45所示的某车型底盘，采用了连通式整桥油气悬架，其液压原理如图3-46所示。在车桥两侧载荷变化时液压缸的油液相互补偿，油液在压差的作用下往复地通过阻尼孔和单向阀孔消耗能量，能更有效地衰减振动，使车身很快趋于平稳。

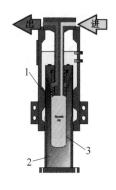

图 3-44　独特的 MEGASTRUTTM 双外壳
　　　　保护液压缸

1—第一层保护筒；2—第二层保护筒；3—活塞杆

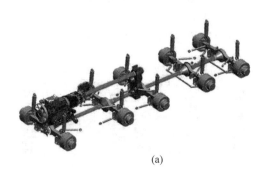

(a)

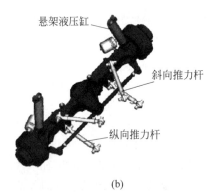

(b)

图 3-45　某型全地面起重机整桥油气悬架

（a）某五桥全地面底盘悬架及动力传递三维图；

（b）单桥油气悬架装置

无论哪种油气悬架结构，与传统板簧悬架相比都具有以下优点：桥荷均布、自动调平、车高调节、刚性闭锁、抗侧倾、重量轻，尤其是其固有特性（非线性刚度特性、非线性阻尼特性）带来的卓越行驶性能。表 3-1 为油气悬架和板簧悬架的性能对比。

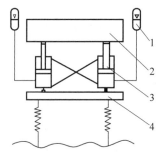

图 3-46　油气悬架液压原理

1—蓄能器；2—悬挂质量；

3—活塞杆；4—非悬挂质量

表 3-1　油气悬架与板簧悬架性能对比

序号	项目	油气悬架	板簧悬架
1	单位重量储能比	大 3.3×10^6 N · cm/N	小 $760 \sim 1150$ N · cm/N
2	重量	轻,比板簧悬架轻50%以上	重
3	非线性刚度特性	有 油液在压缩过程中刚度增大	无
4	非线性阻尼特性	有 有很强的振动衰减性能	无
5	减振性能	强	弱
6	车高调节	有（+150mm）	无
7	刚性闭锁	有 用于带载行驶 如副臂、配重等	无
8	抗侧倾抗点头	强	弱
9	多桥轴荷平衡	有	无

下面以整桥油气悬架为例，说明油气悬架液压回路的构成。

油气液压悬架回路由前桥回路和后桥回路组成，如图 3-47 所示，包括悬架液压缸、模式切换阀组、悬架锁定阀组、前后桥升降阀组、总控电磁阀。

根据全地面起重机不同的工况，实现油气悬架系统不同的工作状态。通过操作悬架选

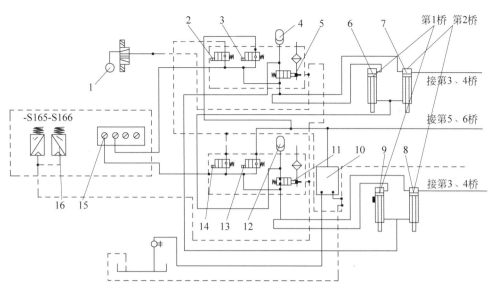

图 3-47　某型全地面起重机油气悬架液压原理

1—气泵；2,14—回油换向阀；3,13—换向阀；4,12—蓄能器；5,11—气动阀；
6~9—油气悬架；10—阀组；15—油压传感器；16—压力继电器

择阀,进行不同悬架方式的组合,可以在驻车状态下,通过前后桥升降阀组来调整车高,调整范围通常可达到±150mm;车辆过涵洞或桥梁时降低车高;车辆过沟壑、崎岖路面时,增大车高,从而提高行驶状态下的通过性能。

在行驶状态下,通过模式切换阀组可以实现多种悬架模式,以满足不同工况需求。图 3-48 为全地面起重机油气悬架的四种常用悬架模式。无论多少桥,一般均分为前后两组,例如一个五桥全地面起重机,以上四种模式应用情况是:交叉连通、完全连通和刚性闭锁模式在前两桥上应用;交叉连通和刚性闭锁模式在后三桥上应用;单侧独立连通模式应用于所有桥,但仅在特殊工况(如单侧升降工况)下使用。

(1) 刚性闭锁模式。当所有的电磁换向阀都失电,处于关闭状态时,蓄能器与液压缸之间的连接油路切断,蓄能器失去作用,每一个液压缸独立支承车重及工作载荷。由于油液的压缩性很小,油气悬架失去弹性作用,使悬架处于刚性状态,在这种条件下可实现带载(包括副臂和配重)低速行驶。

(2) 交叉连通模式。当前、后桥悬架提升

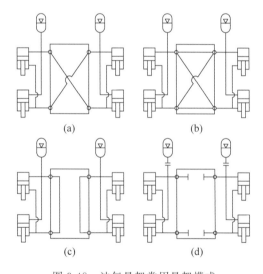

图 3-48　油气悬架常用悬架模式

(a) 交叉连通；(b) 完全连通；(c) 单侧独立连接；
(d) 刚性闭锁

阀组都失电,处于关闭状态时,各桥悬架锁定阀组得电接通,这样前、后桥的单侧两悬架缸无杆腔和有杆腔各自互联,且与各自的蓄能器相连接。同时,模式切换阀组电磁阀接通,前、后桥各自左侧悬架缸的无杆腔、有杆腔分别与右侧悬架缸的有杆腔、无杆腔交叉连通,蓄能器恢复在油气悬架系统中的弹性作用,液压缸

解除刚性状态,在油气悬架系统压缩或拉伸过程中起到阻尼作用。在这种条件下,路面的激励产生的冲击可通过悬架液压缸的液压油传递给存有一定压力气体的蓄能器,从而起到缓冲和吸收振动的作用。此外,该种连接还可减小起重机转弯时的侧倾角,提高侧倾刚度,从而改善起重机的行驶稳定性。

(3) 完全连通模式。当前、后桥悬架提升阀组都失电,处于关闭状态时,各桥悬架锁定阀组得电接通,这样前、后桥的单侧两悬架缸无杆腔和有杆腔各自互联,且与各自的蓄能器相连接。同时,模式切换阀组得电,前、后桥所有液压缸的无杆腔和有杆腔均完全连通。完全连通模式主要用于在施工现场或者非公路行驶时,使车体完全支承在路面上,增加路面附着力。

(4) 整车升降。在悬架锁定阀组接通的前提下,同时接通前、后桥提升阀组可实现车架的整体升高,从而提高整车的通过性能。

(5) 单侧升降。在悬架锁定阀组接通的前提下,同时单独接通前、后桥提升阀组单侧的电磁阀可使该侧的车架升降,而另一侧的车架会有较小幅度地升高或降低。

(6) 整车调平。在最前桥和最后桥悬架液压缸上装有四个测量液压缸长度的传感器,控制器通过传感器信号计算出四个液压缸是否处于同一行程位置,进而调节相应液压缸以达到整车调平的目的。

全地面汽车起重机的传动系统形式分为机械传动、液力-机械传动、液力传动和电力传动等类型。传动系统的结构布置形式取决于起重机的类型、使用条件及要求、总体结构及与其他总成的匹配、发动机与传动系统的结构形式以及生产条件等。传动系统主要由自动变速器、传动轴、万向节、分动箱和桥等构成,这里不进行详细讲解。

3. 转向液压回路

双回路全液压转向系统由各自独立的两个回路组成,可显著提高系统工作的可靠性与灵活性。

组成该系统的元件主要有转向泵、备用泵、换向阀组、单路稳定分流阀、组合阀、检测阀、转向器以及若干对转向液压缸(每桥一左一右两个转向液压缸)。

转向液压回路的几大特点如下:

(1) 具有双保险作用,每一个回路在另一回路发生故障时,都能提供足够的转向力矩去完成转向动作。

(2) 带有备用泵,进一步提高了行驶安全性。当发动机或供油系统发生故障时,备用泵起作用,提供应急转向动作所需的动力,防止短时间内因转向动作失灵而造成事故。

(3) 提供了电检测回路,当转向回路中任一路发生故障时,都有相应的检测电信号通知驾驶员,以便停车检修。

(4) 检测信号和备用泵投入工作均属压力控制,自动化程度高,无须保养、维护、自润滑即可保证高可靠性。

(5) 采用全液压转向,操作灵活、轻便、可靠,大大改善和降低了驾驶员的劳动强度。

转向液压回路与电控系统结合,经程序控制,可实现多种转向模式,这是全地面起重机在转向特性上区别于普通汽车起重机的基本特征。

图 3-49 所示为某五桥全地面起重机的转向模式。现分别说明如下:

(1) 公路行驶模式(见图 3-49(a)):一、二桥主动转向,三、四、五桥辅助转向,辅助转向桥的车轮转角随着速度而变化。

(2) 全轮转向模式(见图 3-49(b)):车轮全绕同一转向瞬心作纯滚动,轮胎磨损小,转弯直径小。

(3) 蟹行模式(见图 3-49(c)):三、四、五桥转向与前两桥相同,可斜向行驶。

(4) 无偏摆转向模式(见图 3-49(d)):三、四、五桥随一桥转向,以免急速转向时出现甩尾现象。

(5) 后桥锁定模式(见图 3-49(e)):前两桥和后三桥的转向相对独立,多应用于一些复杂条件下的转向。

多桥转向技术的难点在于液压转向系统和电控系统的匹配上。在转向过程中,由于所

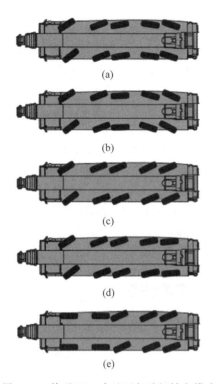

图 3-49 某型 220t 全地面起重机转向模式

（a）公路行驶模式；（b）全轮转向模式；（c）蟹行模式；（d）无偏摆转向模式；（e）后桥锁定模式

有轮子要绕一点转动，转向液压缸的伸缩量要精确到位，这就要求各个转向液压缸的伸缩量必须符合各自程序控制的输出量，否则将引起各个转向机构的内应力，产生多桥滑移和轮胎

磨损等问题，影响整车使用寿命和行车安全。目前，多桥转向技术采用较多的是高性能的变量泵和伺服阀转角负反馈系统，经过控制器快速调节转向液压缸的流量，但对液压系统的计算和电控系统的模型设计提出了更精确的要求。很多制造商的产品通过采用中轴提升非转向桥机构来实现全轮转向和蟹行功能，在一定程度上降低了多桥转向的技术难度，如利勃海尔 LTM 1500 型全地面起重机和徐工 QAY130-QAY200 型系列产品。

4. 上车液压系统回路

全地面起重机上车液压系统主要由主卷扬、副卷扬、主臂变幅、副臂（塔臂）变幅、主臂伸缩、回转和辅助工作油路等基本液压回路组成。

中小吨位全地面起重机的液压系统均采用开式系统。大吨位全地面起重机主副起升机构、塔臂变幅、回转均为闭式泵控系统；主臂变幅、伸缩为开式系统，在控制方式上是泵控＋阀控。压力补偿系统可以实现与负载无关的独立流量分配；比例控制微控性能好，保证了精细化作业要求；主阀组内设二次溢流阀，使重物下降更加平稳。

中大吨位全地面起重机上车具有独立的发动机。以某型 500t 全地面起重机为例，其液压系统原理如图 3-50 所示。

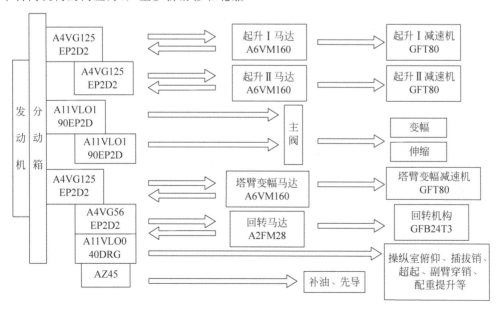

图 3-50 某型 500t 全地面起重机液压系统原理框图

3.3.6 电气控制系统

1. 上车电气控制系统

全地面起重机上车电气控制系统主要由操纵室控制开关及仪表灯、控制箱、传感器、接近开关、电磁阀以及安全保护装置等组成。

1）操纵室控制装置及指示器

为了使驾驶员能够随时掌握全地面起重机上车各系统的工作情况，在操纵室的上车控制台上装有各种指示仪表及各种报警装置。同时，为了驾驶员操纵方便及保证起重机作业安全，在操纵室内装有各种操纵开关，用以控制起重机上车所有用电设备的接通和停止。

2）安全保护装置

安全保护装置的作用是防止全地面起重机发生机械事故，主要包括水平仪、力矩限制器、风力报警系统、起升高度限位开关、卷扬机卷扬限位开关、紧急停机按钮、控制解除按钮、旁路按钮等。

全地面起重机上车控制系统主要包括发动机控制器、发动机预热控制器、主臂伸缩控制器、上车主副控制器等电子控制单元（electric control unit，ECU），实现主臂伸缩控制、变幅控制、转台回转、主副卷扬控制，因此多个 ECU 之间需要互相通信，采用传统方式必然会使整车电路繁杂，线束多，重量大，成本高。为了减少通信设备及线束、插件等元件，减少成本和简化线路，目前均采用控制器局域网络（controller area network，CAN）技术。CAN 总线控制系统的基础是数字信号的传递，各个控制单元和传感器都要将控制和检测信号进行数字化编码，以一定的频率不断地发送到总线上，而执行元件则从总线上各取所需，并把执行情况反馈到总线上。

上车作业控制系统主要用来控制起重机动作和检测起重机状态，由力矩限制器和一些应用程序组成，应用程序包括上车控制系统起动程序、上车作业主程序、臂长组合选择程序、发动机状态检测程序、工况设定程序、吊臂伸缩程序、手动自动伸缩臂切换程序、总线通信状态检测程序、时间设置程序等。

2. 下车电气控制系统

全地面起重机下车电气系统主要由蓄电池、起动机、发电机、照明灯、导线束、各类操纵开关、指示灯、传感器、接近开关组成。

全地面起重机下车控制系统主要由发动机控制单元、自动变速器控制单元、缓速器控制单元、悬架控制单元、辅助转向控制单元、支腿控制单元、ABS 控制单元和主控制器等 ECU 单元，以及下车显示电路、支腿显示面板和传感器、连接电线束等电气元件组成。这些 ECU 单元也通过现代 CAN 数据总线通信，相互传递数据和控制信息。

3.4 技术性能

3.4.1 产品型号命名方式

起重机型号是指按一定的规律赋予每种起重机一个代号，以便于起重机的管理和使用。现国内没有统一的全地面起重机型号命名标准，各厂家根据自己的实际情况进行命名编制。因此推荐按照如下方法对全地面起重机的产品型号进行命名，见图 3-51。

图 3-51 全地面起重机产品型号命名方式

型号编制中的"厂家或品牌代号"举例如下：

XCA——徐工集团；

SAC——三一集团；

QAY——中联重科；

AC——特雷克斯公司；

LTM——利勃海尔公司；

GMK——格鲁夫公司。

"主参数代号"采用额定起重量（t，kN）或起重力矩（t·m）表示。例如，徐工的 XCA450 型全地面起重机中的"450"表示产品的最大起重量是 450t。

"更新、变形代号"一般在末位表示。

3.4.2 性能参数

1. 起重量

1) 额定起重量

额定起重量是指起重机能吊起的重物或物料连同可分吊具质量的总和。对于幅度可变的起重机,则指最小幅度下的最大起重量。

2) 有效起重量

有效起重量是指起重机能吊起的重物或物料的净质量。

3) 总起重量

总起重量是指起重机能吊起的重物或物料,连同可分吊具和长期固定在起重机上的吊具或属具(包括吊钩、滑轮组、起重钢丝绳以及在臂架或起重小车以下的其他起吊物)的质量总和。

4) 最大额定总起重量

最大额定总起重量是指起重机用基本臂作业时处于额定幅度,用支腿进行起吊的最大总起重量,并以此作为起重机的名义起重量。

2. 最大额定起重力矩

最大额定起重力矩是指最大额定总起重量与所允许的最小工作幅度的乘积。

3. 支腿跨距

支腿跨距分为支腿纵向距离和支腿横向距离。

1) 支腿纵向距离

支腿处于全放状态,分别过同侧前、后支腿座中心,并垂直于起重机纵向轴线的两垂面之间的距离称为支腿纵向距离。

2) 支腿横向距离

起重机停放在水平路面上,支腿处于全放状态,在过前、后支腿座中心,并垂直于起重机纵向轴线的垂面上,左、右两支腿座中心之间的距离称为支腿横向距离。

4. 起重高度

1) 起重高度

起重高度是指起重机水平停机面或运行轨道至吊具允许最高位置的垂直距离。

2) 基本臂起升高度

基本臂起升高度是指在空载状态下基本臂处于允许的最大仰角时,起重钩升到最高位置,从钩口中心到支承地面的距离。

3) 最长主臂起升高度

最长主臂(全伸臂)起升高度(见图3-52)是指在空载状态下,最长主臂处于允许的最大仰角时,起重钩升到最高位置,从钩口中心到支承地面的距离。

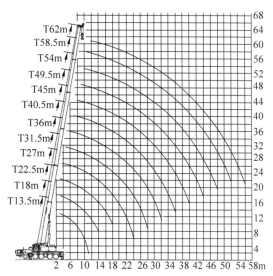

图3-52 第1节基本臂和5节伸缩臂
提升高度曲线

最长主臂(全伸臂)+副臂的起升高度(见图3-53):在空载状态下,最长主臂处于允许的最大仰角时,副臂相对主臂以最小角度安装,起重钩升到最高位置,从钩口中心到支承地面的距离。

5. 工作级别

起重机工作级别是考虑起重量和时间的利用程度以及工作循环次数的工作特性。它是按起重机利用等级(整个设计寿命期内总的工作循环次数)和载荷状态划分的。起重机载荷状态按名义载荷谱系分为轻、中、重、特四级;起重机的利用等级分为U0～U9共十级。起重机工作级别,也就是金属结构的工作级别,按主起升机构确定,分为A1～A8共八级。

3.4.3 各企业的产品型谱

1. 国内企业产品型谱

徐工全地面起重机主要包括XCA系列和QAY系列,其产品型谱见表3-2。

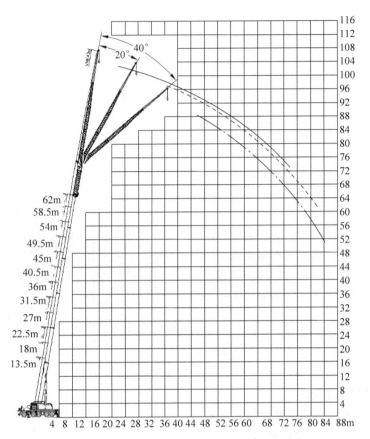

图 3-53　伸缩臂带 36m 四段折叠副臂起升高度曲线

表 3-2　徐工产品型谱

系列	型　号	最大起重量/t	最大起重力矩/(t·m)
XCA系列	XCA60	60	
	XCA100	100	301
	XCA220	220	684
	XCA300	300	920
	XCA350	350	1150
	XCA450	450	1350
	XCA550	550	1650
QAY系列	QAY130	130	444
	QAY180	180	542
	QAY260A	260	798
	QAY500	500	1519
	QAY650	650	1950
	QAY800	800	2400
	QAY1000	1000	3000
	QAY1200	1200	3600
	QAY1600	1600	5000

三一全地面起重机主要以 SAC 系列为主，其产品型谱见表 3-3。

表 3-3　三一产品型谱

系列	型　号	最大起重量/t	最大起重力矩/(t·m)
SAC系列	SAC1800	180	644
	SAC2200	220	742
	SAC2200C	220	742
	SAC2600	260	897
	SAC3000	300	982
	SAC3500	350	1174
	SAC6000	600	
	SAC12000	1200	3670

中联全地面起重机为 QAY 系列，其产品型谱见表 3-4。

表 3-4　中联产品型谱

系列	型　号	最大起重量/t	最大起重力矩/(t·m)
QAY系列	QAY180	180	612
	QAY200	200	680
	QAY260	260	821
	QAY300	300	893
	QAY400	400	1224
	QAY500	500	1551
	QAY800	800	2520
	QAY2000	2000	6122

2. 国外企业产品型谱

特雷克斯 AC 系列全地面起重机的产品型谱见表 3-5。

表 3-5　特雷克斯 AC 系列产品型谱

型　号	最大起重量/t	最大起重力矩/(t·m)
AC40/2	40	105
AC40/2L	40	113
AC 60/3L	60	198
AC 80-2	80	255
AC 100	100	
AC 100/4(L)	100	317
AC 140	140	
AC 140 Compac	140	
AC 160-2	160	
AC 200-1	200	
AC 250-1	250	850
AC 350/6	350	914
AC 500-2	500	1656
AC 700	700	2124
AC 1000	1200	2492

利勃海尔是第一家放弃传统汽车起重机生产，全新研制全地面起重机的企业。其 LTM 系列全地面起重机的产品型谱，见表 3-6。

格鲁夫公司的 GMK 系列全地面起重机的产品型谱见表 3-7。

表 3-6　利勃海尔 LTM 系列产品型谱

型　号	最大起重量/t	最大起重力矩/(t·m)
LTM1030-2.1	35	105
LTM 1040-2.1	40	100
LTM 1050-3.1	50	150
LTM1055-3.2	55	138
LTM 1060-3.1	60	126
LTM 1070-4.2	70	175
LTM1090-4.1	90	270
LTM 1095-5.1	95	285
LTM 1100-4.2	100	300
LTM1100-5.2	100	270
LTM 1130-5.1	130	390
LTM 1160-5.2	180	450
LTM1200-5.1	200	600
LTM 1300-6.2	300	900
LTM 1350-6.1	350	1050
LTM1400-7.1	400	1200
LTM 1500-8.1	500	1500
LTM 1750-9.1	750	2250
LTM11200-9.1	1200	3000

表 3-7　格鲁夫 GMK 系列产品型谱

型　号	最大起重量/t
GMK3055	55
GMK4080-1	80
GMK4100	100
GMK4100L	100
GMK5095	100
GMK5130-2	130
GMK5170	170
GMK5220	220
GMK5250L	250
GMK6300L	300
GMK6400	400
GMK7450	450

多田野公司的 ATF 系列产品，从最初的 ATF 40G 到 ATF 400G，轴数由 2 增加到 6，起

重能力从 40t 增加到 400t。2015 年 6 月,公司新推出的 8 轴起重机 ATF 600G,起重能力达到 600t。目前,ATF 系列共有 12 种产品,产品型谱见表 3-8。

表 3-8　多田野 ATF 系列产品型谱

型　号	最大起重量/t	最大起重力矩/(t·m)
ATF 40G-2	40	122
ATF 50G-3	50	160
ATF70G-4(44M)	70	201
ATF70G-4(52.1M)	70	201
ATF 90G-4	90	300
ATF 100G-4	100	300
ATF 110G-5	110	388
ATF 130G-5	130	429
ATF 180G-5	180	625
ATF 220G-5	220	675
ATF 400G-6	400	1080
ATF600G-8	600	2160

加藤公司的 KA 系列全地面起重机的产品型谱见表 3-9。

表 3-9　加藤 KA 系列产品型谱

型　号	最大起重量/t	最大起重力矩/(t·m)
KA-900	80	272
KA-1000	100	285
KA-1000SL	100	293
KA-1200	120	324
KA-1300SL	130	404
KA-1300R	130	402
KA-2000	200	812
KA-2200	220	796
KA-3000	300	848
KA-4000R	400	1200

3.4.4　各产品技术性能

全地面起重机的产品技术性能按照吨位大小进行分类介绍:小吨位(≤50t)、中吨位(>50t,<300t)、大吨位(≥300t,<1000t)和超大吨位(1000t 及以上)。

1. 中小吨位产品的技术性能与特点

中小吨位全地面起重机产品的主要技术性能见表 3-10～表 3-19。

表 3-10　35～40t 产品技术参数

技 术 参 数	利勃海尔 LTM 1030-2.1	特雷克斯 AC 40/2	特雷克斯 AC 40/2L	利勃海尔 LTM 1040-2.1	多田野 ATF 40G-2
最大额定起重量/t	35	40	40	40	40
最大额定起重力矩/(t·m)	105	105	113	100	122
主臂最大长度/m	30	30.4	37.4	35	35.2
主臂最大起升高度/m	30			35	37
主臂+副臂最大长度/m	45	30.4+15	37.4+8	44.5	44.2
主臂+副臂最大起升高度/m	44	45.4	45.4	44	45
起升速度/(m/min)	120	115	115	120	130
回转速度/(r/min)	2.4	2.2	2.2	2.5	2
行驶速度/(km/h)	80	80	80	80	85
起重臂全伸(缩)时间/s	60	55	90	65	80
总质量/t	24			24	24
爬坡能力/%	60	58	58	60	65
接近角/(°)	17	18	18	17	17.6
离去角/(°)	12	17.7	17.7	12	14.5
最小离地间隙/mm	425			425	341

续表

技术参数	利勃海尔 LTM 1030-2.1	特雷克斯 AC 40/2	特雷克斯 AC 40/2L	利勃海尔 LTM 1040-2.1	多田野 ATF 40G-2
发动机输出功率/kW	205	205	205	205	205
发动机输出转速/(r/min)		2200	2200		2200
外形尺寸(长×宽×高)/ (mm×mm×mm)	10310×2550× 3600	10689×2550× 3380	10789×2550× 3380	10915×2550× 3600	11031×2550× 3551
支腿跨距(横向×纵向)/ (mm×mm)	6000×6305	5950×6255	5950×6255	6000×305	6000×6450
轴距/mm	3580	3550	3550	3580	3500

表 3-11　50～55t 产品技术参数

技术参数	利勃海尔 LTM 1050-3.1	多田野 ATF 50G-3	利勃海尔 LTM1055-3.2	马尼托瓦克 GMK3055
最大额定起重量/t	50	50	55	55
最大额定起重力矩/(t·m)	150	160	138	55
主臂最大长度/m	38	40	40	43
主臂最大起升高度/m	38	41.5	40	
主臂+副臂最大长度/m	54	56	56	58
主臂+副臂最大起升高度/m	54	58.5	56	
起升速度/(m/min)	120	120	130	125
回转速度/(r/min)	1.9	1.9	1.6	2.8
行驶速度/(km/h)	80	85	80	80
起重臂全伸(缩)时间/s	80	100	240	
总质量/t	36	36	36	36
爬坡能力/%	61.70	59	61.70	82
接近角/(°)	15	17.6	15	
离去角/(°)	12	15.3	12	
最小离地间隙/mm	425		425	
发动机输出功率/kW	270	240	270	260
发动机额定转速/(r/min)		2200		
外形尺寸(长×宽×高)/ (mm×mm×mm)	12931×2690×3835	11370×2550×3721	11851×2680×3750	
支腿跨距(横向×纵向)/ (mm×mm)	6400×7151	6300×7205	6300×7359	
轴距① /mm	2750/1650	2675/1650	3000/1650	

① 轴距有多个数值,表示同一台车上的各轴距不同。

表 3-12　60～70t 产品技术参数

技术参数	特雷克斯 AC 60/3L	利勃海尔 LTM 1060-3.1	利勃海尔 LTM 1070-4.2	多田野 ATF 70G-4 (44 M)	多田野 ATF 70G-4 (52.1 M)
最大额定起重量/t	60	60	70	70	70
最大额定起重力矩/(t·m)	198	126	175	201	201
主臂最大长度/m	40/44	48	50	44	52

技术参数	特雷克斯 AC 60/3L	利勃海尔 LTM 1060-3.1	利勃海尔 LTM 1070-4.2	多田野 ATF 70G-4 (44 M)	多田野 ATF 70G-4 (52.1 M)
主臂最大起升高度/m	59	48	50	45	53
主臂＋副臂最大长度/m		64	66	60	67.1
主臂＋副臂最大起升高度/m	62	63	65	61	71
起升速度/(m/min)	115	130	125	130	130
回转速度/(r/min)	1.8	1.6	1.5	2	2
行驶速度/(km/h)	85	80	80	85	85
起重臂全伸(缩)时间/s	105	330	310	320	500
总质量/t		36	48	48	48
爬坡能力/%	55	61.70	60	65	65
接近角/(°)	21	15	15	17	17
离去角/(°)	22	12	13	15.6	15.6
最小离地间隙/mm		425	433		
发动机输出功率/kW	260	270	270	320	320
发动机额定转速/(r/min)	1800			1700	1700
外形尺寸(长×宽×高)/(mm×mm×mm)	11240×2550×3817	11533×2690×3800	12520×2690×3950	12385×2660×3880	12550×2550×3740
支腿跨距(横向×纵向)/(mm×mm)	6300×7230	6300×7359	6300×8009	6400×7905	6400×7905
轴距/mm	2835/1650	3000/1650	1650/2050/1650	1650/2000/1750	1650/2000/1750

表 3-13 80～95t 产品技术参数

技术参数	特雷克斯 AC80-2	马尼托瓦克 GMK4080-1	加藤 KA-900	利勃海尔 LTM1090-4.1	多田野 ATF90G-4	利勃海尔 LTM1095-5.1
最大额定起重量/t	80	80	80	90	90	95
最大额定起重力矩/(t·m)			272	270	300	285
主臂最大长度/m	50	51	45	50	51.2	58
主臂最大起升高度/m			45.7	50	52	58
主臂＋副臂最大长度/m	67.6	72	64.1	76	69.2	84
主臂＋副臂最大起升高度/m			66.2	75	71	82
起升速度/(m/min)		125	11.8	125	115	120
回转速度/(r/min)		1.8	1.95	1.7	2	1.7
行驶速度/(km/h)	80	85	75	80	85	80
起重臂全伸(缩)时间/s			98	330	310	390
总质量/t		48	26.44	48	48	60
爬坡能力/%	50	70	60	61.70	62	55
接近角/(°)		15	13	18	25	
离去角/(°)		17.5	11	18	13	
最小离地间隙/mm				420		425

续表

技 术 参 数	特雷克斯 AC80-2	马尼托瓦克 GMK4080-1	加藤 KA-900	利勃海尔 LTM1090-4.1	多田野 ATF90G-4	利勃海尔 LTM1095-5.1
发动机输出功率/kW	315	290	309	350	320	370
发动机额定转速/(r/min)			1800		1800	
外形尺寸(长×宽×高)/ (mm×mm×mm)			13360×2750× 3930	13270×2980× 3955	12846×2730× 3925	14600×2850× 4000
支腿跨距(横向×纵向)/ (mm×mm)			7400×?①	7009×8587	7200×8541	7000×7368
轴距/mm			1650/2400/1650	1650/2400/1650	1700/2440/1700	2438/1630/ 1615/1650

① 问号表示此数据未查到。下同。

表 3-14 100t 产品技术参数

技 术 参 数	徐工 XCA100	特雷克斯 AC100	特雷克斯 AC100/4(L)	利勃海尔 LTM1100-4.2	利勃海尔 LTM1100-5.2
最大额定起重量/t	100	100	100	100	100
最大额定起重力矩/(t·m)	301		317	300	270
主臂最大长度/m	60	50.2	50/59.4	60	52
主臂最大起升高度/m	160.6			60	52
主臂+副臂最大长度/m	88.2	83.2	81.7	92.4	85
主臂+副臂最大起升高度/m	85.9			91	84
起升速度/(m/min)	130		115	115	130
回转速度/(r/min)	1.7		1.4	1.7	2
行驶速度/(km/h)	85	85	85	80	80
起重臂全伸(缩)时间/s	550		590	400	360
总质量/t	48			48	60
爬坡能力/%	60	40	70	61	55
接近角/(°)	17		11	13	24
离去角/(°)	16.5		14	11	13
最小离地间隙/mm	280			425	425
发动机输出功率/kW		350	340	350	370
发动机输出转速/(r/min)			1700		
外形尺寸(长×宽×高)/ (mm×mm×mm)	13180×2750× 4000		13235×2550× 3856	13503×2890× 4000	13746×2850× 4000
支腿跨距(横向×纵向)/ (mm×mm)	8760×7000		7200×8115	7000×8587.5	7000×7361
轴距/mm			1650/2440/ 1650	1650/2400/ 1650	2500/1630/ 1615/1650

续表

技术参数	马尼托瓦克 GMK4100	马尼托瓦克 GMK4100L	马尼托瓦克 GMK5095	多田野 ATF 100G-4	加藤 KA-1000	加藤 KA-1000SL
最大额定起重量/t	100	100	100	100	100	100
最大额定起重力矩/(t·m)				300	285	293
主臂最大长度/m	52	60	60	51.2	45	45.8
主臂最大起升高度/m				52		46.5
主臂+副臂最大长度/m	79	82	82	69.2	67.1	66
主臂+副臂最大起升高度/m				73		67.5
起升速度/(m/min)	120	120	120	115		6.8
回转速度/(r/min)	1.9	1.9	1.9	2		1.8
行驶速度/(km/h)	85	85	85	85		60
起重臂全伸(缩)时间/s				310		135
总质量/t	48	48	60	48	28.01	28.6
爬坡能力/%	70	70	72	65	46	46
接近角/(°)				19		18
离去角/(°)				19		15
最小离地间隙/mm						
发动机输出功率/kW	335	335	380	320	330	346
发动机额定转速/(r/min)				1700	2200	2200
外形尺寸(长×宽×高)/(mm×mm×mm)				13050×2750×3930	13750×2750×3990	13750×2750×3990
支腿跨距(横向×纵向)/(mm×mm)				7200×8540	7300×?	7800×6790
轴距/mm				1700/2440/1750	2590/1950/1650	2590/1950/1650

表 3-15　110～130t 产品技术参数

技术参数	多田野 ATF 110G-5	加藤 KA-1200	徐工 QAY130	利勃海尔 LTM 1130-5.1
最大额定起重量/t	110	120	130	130
最大额定起重力矩/(t·m)	388	324	444	390
主臂最大长度/m	52	47	58	60
主臂最大起升高度/m	53	47.7	50	60
主臂+副臂最大长度/m	82.1	68	70	92.2
主臂+副臂最大起升高度/m	83	69.2	70	91

续表

技 术 参 数	多田野 ATF 110G-5	加藤 KA-1200	徐工 QAY130	利勃海尔 LTM 1130-5.1
起升速度/(m/min)	130	6.7	94	110
回转速度/(r/min)	1.7		2	1.5
行驶速度/(km/h)	85	75	80	80
起重臂全伸(缩)时间/s	320		360	390
总质量/t	60	36.75	58.5	60
爬坡能力/%	＞61	60	50	55
接近角/(°)	22	16		24
离去角/(°)	14		19	13
最小离地间隙/mm				430
发动机输出功率/kW	390	316		370
发动机额定转速/(r/min)	1800	2200		
外形尺寸(长×宽×高)/ (mm×mm×mm)	14946×2750×3995	14310×3000×3950	14730×3000×4000	15475×2850×4000
支腿跨距(横向×纵向)/ (mm×mm)	7500×7745	7800×?	8360×8300	7500×8070
轴距/mm	2560/1650/ 1810/1700	2540/1650/ 1850/1650		2580/1650/ 2000/1650

技 术 参 数	马尼托瓦克 GMK5130-2	多田野 ATF 130G-5	加藤 KA-1300SL
最大额定起重量/t	130	130	130
最大额定起重力矩/(t•m)		429	404
主臂最大长度/m	60	60	52
主臂最大起升高度/m		61	53.1
主臂+副臂最大长度/m	92	92	78.6
主臂+副臂最大起升高度/m		93	79.6
起升速度/(m/min)	120	130	6
回转速度/(r/min)	1.5	1.6	1.8/0.95
行驶速度/(km/h)	80	85	75
起重臂全伸(缩)时间/s		380	158
总质量/t	60	60	36.62
爬坡能力/%	72	79	60
接近角/(°)		18.3	18
离去角/(°)		16.1	12
最小离地间隙/mm		328	
发动机输出功率/kW	380	390	390

续表

技 术 参 数	马尼托瓦克 GMK5130-2	多田野 ATF 130G-5	加藤 KA-1300SL
发动机额定转速/(r/min)		1800	1800
外形尺寸(长×宽×高)/ (mm×mm×mm)		14909×2750×3990	14565×2990×4000
支腿跨距(横向×纵向)/ (mm×mm)		7500×8030	8400×8520
轴距/mm		2560/1650/ 2000/1700	2740/1650/ 1850/1650

表 3-16　140～170t 产品技术参数

技 术 参 数	特雷克斯 AC 140	特雷克斯 AC 140 Compact	特雷克斯 AC 160-2	马尼托瓦克 GMK5170
最大额定起重量/t	140	140	160	170
最大额定起重力矩/(t·m)	850			
主臂最大长度/m	60	60	63.9	64
主臂最大起升高度/m				
主臂+副臂最大长度/m	93	93	95.9	98
主臂+副臂最大起升高度/m				
起升速度/(m/min)				125
回转速度/(r/min)				1.3
行驶速度/(km/h)	85	85	85	85
起重臂全伸(缩)时间/s				
总质量/t				60
爬坡能力/%	80	73	70	50
接近角/(°)				
离去角/(°)				
最小离地间隙/mm				
发动机输出功率/kW	390	350	129	405

表 3-17　180t 产品技术参数

技 术 参 数	三一 SAC1800	徐工 QAY180	中联 QAY180	利勃海尔 LTM 1160-5.2	多田野 ATF 180G-5
最大额定起重量/t	180	180	180	180	180
最大额定起重力矩/(t·m)	644	542	612	450	625
主臂最大长度/m	62	62		62	60
主臂最大起升高度/m	62.5	62.5	62.5	62	62

技术参数	三一 SAC1800	徐工 QAY180	中联 QAY180	利勃海尔 LTM 1160-5.2	多田野 ATF 180G-5
主臂＋副臂最大长度/m	97	90		101.2	97.2
主臂＋副臂最大起升高度/m	98	86	86.5	99	100
起升速度/(m/min)	130	115	120	134	130
回转速度/(r/min)	1.8	1.3	1.4	1.2	1.2
行驶速度/(km/h)	81	80	75	85	85
起重臂全伸(缩)时间/s	550	500		400	420
总质量/t	60	60	54.9	60	60
爬坡能力/%	54	45	40	55.70	69
接近角/(°)	20	16		14	19
离去角/(°)	17	13		14	13
最小离地间隙/mm	325			408	330
发动机输出功率/kW	385		390	400	405
发动机额定转速/(r/min)	2100		2100		1800
外形尺寸(长×宽×高)/(mm×mm×mm)	15530×3000×4000	15770×3000×4000	15560×3000×4000	15866×2850×4000	15126×3000×3990
支腿跨距(横向×纵向)/(mm×mm)	9000×8500	8900×8300	8900×8300	8306×9204	8300×9046
轴距/mm	2750/1650/2490/1650			2650/1650/2450/1650	2700/1650/2440/1700

表 3-18　200～220t 产品技术参数

技术参数	中联 QAY200	特雷克斯 AC 200-1	利勃海尔 LTM1200-5.1	加藤 KA-2000	徐工 XCA220	三一 SAC2200
最大额定起重量/t	200	200	200	200	220	220
最大额定起重力矩/(t·m)	680		600	818	684	742
主臂最大长度/m		67.8	72	50	73	62
主臂最大起升高度/m	72		72	50	73.5	62.5
主臂＋副臂最大长度/m		100	103.3	104	109	105
主臂＋副臂最大起升高度/m	103		101	106	107	103.5
起升速度/(m/min)	130		140		130	130
回转速度/(r/min)	1.4		1.3	1.3	1.9	1.8
行驶速度/(km/h)	75	85	80	60	84	81
起重臂全伸(缩)时间/s			638		600	550
总质量/t	54.9		60	44.95	55	60
爬坡能力/%	40	80	56	34	67	54

续表

技术参数	中联 QAY200	特雷克斯 AC 200-1	利勃海尔 LTM1200-5.1	加藤 KA-2000	徐工 XCA220	三一 SAC2200
接近角/(°)			17		18	20
离去角/(°)			11		14	17
最小离地间隙/mm			427			325
发动机输出功率/kW	361.1	170	370	191		385
发动机额定转速/(r/min)	1800			1950		2100
外形尺寸(长×宽×高)/ (mm×mm×mm)	15660×3000×4000		15810×3100×4000	16970×3000×4095	15700×2980×3930	15530×2995×4000
支腿跨距(横向×纵向)/ (mm×mm)	8900×8300		8300×8899	9400×9679	8890×8300	9000×8500
轴距/mm			2650/1650/ 2440/1650	2770/1950/ 1650/1700/ 1650		2750/1650/ 2490/1650

技术参数	三一 SAC2200C	利勃海尔 LTM 1220-5.2	马尼托瓦克 GMK5220	多田野 ATF 220G-5	加藤 KA-2200
最大额定起重量/t	220	220	220	220	220
最大额定起重力矩/(t·m)	742	660		675	796
主臂最大长度/m	73	60	68	68	13.6～50(五节)
主臂最大起升高度/m	73.5	60		71	51
主臂+副臂最大长度/m	103.1	103	105	104	50+54
主臂+副臂最大起升高度/m	103.6	101		108	106.9
起升速度/(m/min)	130	130	125	128	
回转速度/(r/min)	1.5	1.8	1.3	1.2	1.4
行驶速度/(km/h)	80	80	85	85	75
起重臂全伸(缩)时间/s	660	360		500	220
总质量/t	54.98	60	60	60	42.74
爬坡能力/%	38	42.80	50	63	50
接近角/(°)	18	15		19	20
离去角/(°)	17	11		18	11
最小离地间隙/mm	325	425			
发动机输出功率/kW	392	370	405	405	188
发动机额定转速/(r/min)	2100			1700	1800
外形尺寸(长×宽×高)/ (mm×mm×mm)	15816×3000×4000	15322×3100×4000		15105×3000×3990	16890×3000×4050
支腿跨距(横向×纵向)/ (mm×mm)	8200×8350	8300×8899		8300×9045.5	9400×10122
轴距/mm	2130/3675/ 1550/1550	2650/1650/ 2440/1650		2700/1650/ 2440/1700	2770/1950/1650/ 1700/1650

表 3-19　250～260t 产品技术参数

技术参数	特雷克斯 AC 250-1	马尼托瓦克 GMK5250L	徐工 QAY260A	三一 SAC2600	中联 QAY260
最大额定起重量/t	250	250	260	260	260
最大额定起重力矩/(t·m)			798	897	821
主臂最大长度/m	80	70	72	73	
主臂最大起升高度/m			71.9	73.5	70
主臂+副臂最大长度/m	113.2	107	103.3	115	
主臂+副臂最大起升高度/m			100	112	108
起升速度/(m/min)	118	125	115	130	137
回转速度/(r/min)	1.0	1.3	1.4	1.7	1.5
行驶速度/(km/h)	85	85	72	80	75
起重臂全伸(缩)时间/s	570		700	600	
总质量/t		60	72	72	72
爬坡能力/%	77	49	50	49	48
接近角/(°)	22		16	16	
离去角/(°)	12		18	18	
最小离地间隙/mm				330	
发动机输出功率/kW	450	405		440	405
发动机额定转速/(r/min)				1800	1800
外形尺寸(长×宽×高)/(mm×mm×mm)	17820×2980×3989		16150×3000×4000	18200×3000×4000	17820×3000×4000
支腿跨距(横向×纵向)/(mm×mm)	8500×8687		8800×8700	8600×8950	8800×8800
轴距/mm	1650/3010/1650/2440/1650			1650/3170/1650/2440/1650	

　　小吨位全地面起重机,相比其他同吨位起重机械产品,具有较好的起重能力;通常都采用闭式液压传动系统;电比例控制的变量马达较多代替了定量马达;因起重能力相对大吨位较小,整车结构相对紧凑轻盈;具有较强的爬坡能力;主臂长度一般在 60m 以下,若有副臂,则副臂长度一般不超过 30m。小吨位全地面起重机的底盘一般在三桥以下。图 3-54 所示为 40t 全地面起重机。

　　中等吨位全地面起重机,具有一定的配重

图 3-54　40t 全地面起重机

自拆卸功能,如中联的 QAY200 型 200t 产品、三一的 SAC2200 型 220t 产品等。副臂结构工况适应性更好,部分采用液压无级变幅,工况变换方便、高效;主臂长度一般均在 80m 以下。全地面底盘的桥数通常在六桥以下,采用单杠插销伸缩机构的臂架节数六节以上。除此之外,部分产品还具有独特的性能与特点。

徐工的 XCA100 型 100t 全地面起重机是国内首台四轴七节臂起重机。其液压系统采用大排量高压电子功率越权控制变量泵,电比例阀后补偿负载敏感技术,具备抗流量饱和特性,可实现多执行元件的复合操作;大通径多路阀,可提升上车作业速度 20%;电比例负载敏感辅助液压系统,可降低辅助系统能耗 40%;智能控制液压独立散热系统,可通过散热器的散热变化实现风扇转速实时控制,散热功率能耗降低 25%。

中联的 QAY200 型 200t 全地面起重机(见图 3-55)是五桥七节臂全地面起重机,带有可自装卸的鹅头架,采用一键式吊臂伸缩控制系统,组合式活动配重可自装卸。

图 3-56 SAC2200 型全地面起重机

图 3-57 LTM 1090-4.1 型全地面起重机

图 3-55 QAY200 型全地面起重机

三一的 SAC2200 型 220t 全地面起重机(见图 3-56)的副臂可机械式变幅,也可选配液压式变幅;主卷扬机可自拆装,以降低整车行驶重量;采用分布式集成总线数据通信网络,双泵合/分流智能调速技术,复合动作柔性切换、无冲击;提供吊装方案的制定和指导,筛选最优吊载方案。

利勃海尔的 LTM 1090-4.1 型 1200t 全地面起重机(见图 3-57)采用四桥底盘,加上随车的 6t 配重,整车质量仅 48t;通过 50m 长的伸缩臂、7m 的主臂延伸和 19m 的双折叠副臂,开创了同等级起重机起吊高度 76m 的新标准;主臂带有电子控制伸缩系统,采用单缸插销技术,可自动伸缩至所需的主臂长度;19m 双折叠副臂可遥控快速安装,具有 0°、20°和 40°不同的安装角度;采用选配装置,折叠副臂的角度还可以通过液压控制无级变幅;装备了独立后轮转向系统,智能化的转向技术保证在公路行驶时第四桥的转向角度可根据前桥进行电液控制,转弯半径小,轮胎的磨损也小;采用整体式液力减速机提高制动安全性,减少了制动器过热的危险,延长了使用寿命;具有定速巡航功能、制动控制器、制动防抱死系统(antilock brake system,ABS)和牵引力控制系统(acceleration slip regulation,ASR)等。

多田野的 ATF 220G-5 型 220t 全地面起重机(见图 3-58)是多田野公司于 2007 年推出的新全球系列的第四个型号,采用五桥底盘。幅度为 2.5m 后方作业时,最大起重能力为 220t,360°作业时;最大起重能力为 182.5t。采用七节主臂,单缸插销伸缩机构,可带载伸缩。配备有电子控制转向系统,可使四桥转向时最高车速达到 25km/h,五桥转向的最高车速达到 50km/h,同时可以减小转弯半径。

图 3-58 ATF 200G-5 型全地面起重机

中大吨位的产品外形尺寸,以徐工产品为例,如图 3-59～图 3-64 所示。

2. 大吨位产品的技术性能与特点

大吨位全地面起重机产品的主要技术性能见表 3-20～表 3-24。

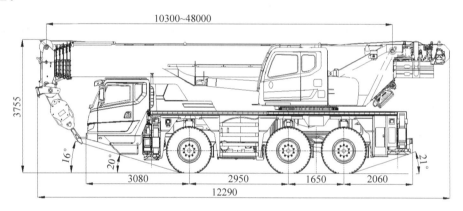

图 3-59 XCA60 型全地面起重机整机外形尺寸

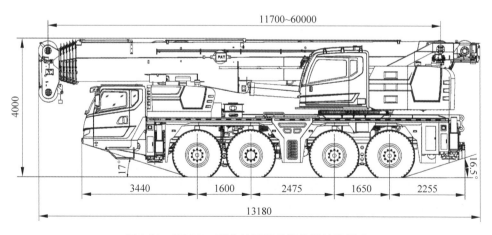

图 3-60 XCA100 型全地面起重机整机外形尺寸

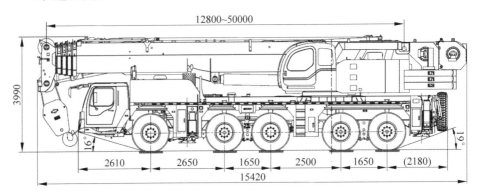

图 3-61　QAY130 型全地面起重机整机外形尺寸

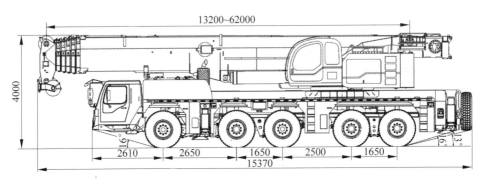

图 3-62　QAY180 型全地面起重机整机外形尺寸

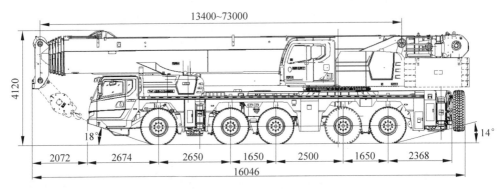

图 3-63　XCA220 型全地面起重机整机外形尺寸

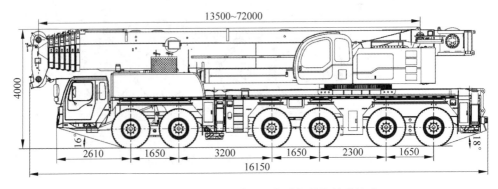

图 3-64　QAY260A 型全地面起重机整机外形尺寸

表 3-20 300t 产品技术参数

技 术 参 数	徐工 XCA300	三一 SAC3000	中联 QAY300	利勃海尔 LTM 1300-6.2	马尼托瓦克 GMK6300L	加藤 KA-3000
最大额定起重量/t	300	300	300	300	300	300
最大额定起重力矩/(t·m)	920	982	893	900		848
主臂最大长度/m	80	80		78	80	50
主臂最大起升高度/m	79.1		80	78		51
主臂+副臂最大长度/m	108	122		113	117	104
主臂+副臂最大起升高度/m	109.7		108	114		106.9
起升速度/(m/min)	127	130	125	130	127	
回转速度/(r/min)	1.2	1.2	1.3	1.6	1.3	1.4
行驶速度/(km/h)	80	80	72	80	85	75
起重臂全伸(缩)时间/s	900	650		800		220
总质量/t	72	72	72	72	72	42.74
爬坡能力/%	50	49	48	50.90	49	50
接近角/(°)	16	16		14		20
离去角/(°)	15	18		9		11
最小离地间隙/mm		330		400		
发动机输出功率/kW		440	405	450	405	188
发动机额定转速/(r/min)		1800	1800			1800
外形尺寸(长×宽×高)/(mm×mm×mm)	17674×3000×4000	18240×3000×4000	17752×3000×4000	17450×3100×4000		16890×3000×4050
支腿跨距(横向×纵向)/(mm×mm)	8930×8530	8600×8950	8800×880	8532×8932		9400×10122
轴距/mm		1650/3170/1650/2440/1650		1650/3100/1650/2440/1650		2770/1950/1650/1700/1650

表 3-21 350t 产品技术参数

技 术 参 数	徐工 XCA350	三一 SAC3500	特雷克斯 AC 350/6	利勃海尔 LTM 1350-6.1
最大额定起重量/t	350	350	350	350
最大额定起重力矩/(t·m)	1150	1174	914	1050
主臂最大长度/m	70	70	64	70
主臂最大起升高度/m	70.3			70
主臂+副臂最大长度/m	112	148	125.7	140.5
主臂+副臂最大起升高度/m	123.8			134
起升速度/(m/min)	130	130	116	140
回转速度/(r/min)	1.2	1.2	1.0	1.1
行驶速度/(km/h)	80	80	85	80
起重臂全伸(缩)时间/s	900	533	440	533
总质量/t	72	72		72

续表

技 术 参 数	徐工 XCA350	三一 SAC3500	特雷克斯 AC 350/6	利勃海尔 LTM 1350-6.1
爬坡能力/%	50	54	77	50.90
接近角/(°)	16	16	20	14
离去角/(°)	15	18	17	9
最小离地间隙/mm		330		400
发动机输出功率/kW		440	450	450
发动机额定转速/(r/min)		1800		
外形尺寸(长×宽×高)/ (mm×mm×mm)	17654×3000×4000	18035×3000×4000	16710×2980×4000	16920×3100×4000
支腿跨距(横向×纵向)/ (mm×mm)	8930×8530	8600×8950	8500×8687	8530×8932
轴距/mm		1650/3170/1650/ 2440/1650	1650/3010/1650/ 2440/1650	1650/3100/1650/ 2440/1650

表 3-22 400t 产品技术参数

技 术 参 数	中联 QAY400	利勃海尔 LTM1400-7.1	马尼托瓦克 GMK6400	多田野 ATF 400G-6	加藤 KA-4000R
最大额定起重量/t	400	400	400	400	400
最大额定起重力矩/(t·m)	1224	1200		1080	1200
主臂最大长度/m		60	60	60	50
主臂最大起升高度/m	70	59		61	51
主臂+副臂最大长度/m		134.3	159	123.9	122.4
主臂+副臂最大起升高度/m	107	130		122	120.2
起升速度/(m/min)	145	150	125	125	
回转速度/(r/min)	1	1.5	1.0	1.1	1.4
行驶速度/(km/h)	75	80	85	85	75
起重臂全伸(缩)时间/s		360		500	
总质量/t	84	84	72	72	44.91
爬坡能力/%	42	39.70	45	53.50	50
接近角/(°)		12		19	20
离去角/(°)		10		12	9
最小离地间隙/mm		400			
发动机输出功率/kW	405	450	405	480	200
发动机额定转速/(r/min)	1800			1800	2600

续表

技术参数	中联 QAY400	利勃海尔 LTM1400-7.1	马尼托瓦克 GMK6400	多田野 ATF 400G-6	加藤 KA-4000R
外形尺寸(长×宽×高)/ (mm×mm×mm)	19450×3000×4000	18435×3100×4000		17898×3000×3989	17990×2990×41200
支腿跨距(横向×纵向)/ (mm×mm)	9840×9900	9510×9998		8500×8901	9200×10118.5
轴距/mm		1650/3200/1650/2200/1650/1650		1800/3150/1700/2440/1700	2770/1950/1650/1700/1650

表 3-23　450～600t 产品技术参数

技 术 参 数	徐工 XCA450	马尼托瓦克 GMK7450	利勃海尔 LTM 1500-8.1	徐工 QAY500	中联 QAY500
最大额定起重量/t	450	450	500	500	500
最大额定起重力矩/(t·m)	1350		1500	1519	1551
主臂最大长度/m	80	60	84	84	
主臂最大起升高度/m	80		84	84.2	87
主臂+副臂最大长度/m		159	142.3		
主臂+副臂最大起升高度/m	130		142	124	122
起升速度/(m/min)	148	130	145	170	145
回转速度/(r/min)	1.2	1.1	1	1	1
行驶速度/(km/h)	76	85	80	75	75
起重臂全伸(缩)时间/s	800		750	960	
总质量/t	84	84	96	96	96
爬坡能力/%	42	36	33.90	35	35
接近角/(°)	16		10	13	
离去角/(°)	17		10	15	
发动机输出功率/kW		420	500		480
发动机额定转速/(r/min)					1800
外形尺寸(长×宽×高)/ (mm×mm×mm)	18137×3000×4000		21395×3230×4000	20710×3000×4000	21700×3000×4000
支腿跨距(横向×纵向)/ (mm×mm)	9600×9600		9600×10012	10125×9600	11000×11000
轴距/mm			1650/1650/2800/1650/1650/2250/1650	1500/1550/2000/1500/2390/1500/2490	

技 术 参 数	特雷克斯 AC 500-2	徐工 XCA550	三一 SAC6000	多田野 ATF600G-8
最大额定起重量/t	500	550	600	600
最大额定起重力矩/(t·m)	1656	1650		2160
主臂最大长度/m	56	90	90	56

续表

技 术 参 数	特雷克斯 AC 500-2	徐工 XCA550	三一 SAC6000	多田野 ATF600G-8
主臂最大起升高度/m		90		57
主臂＋副臂最大长度/m	145.8		132	146.1
主臂＋副臂最大起升高度/m		128		144
起升速度/(m/min)	116	140	130	
回转速度/(r/min)	0.9	1.0	0.9	
行驶速度/(km/h)	75	80	75	85
起重臂全伸(缩)时间/s	420	860	1100	
总质量/t		84	96	
爬坡能力/%	41	58	37.40	
接近角/(°)	19	12.6	12	7.2
离去角/(°)	17	14	18	22.8
发动机输出功率/kW	480		440	460
发动机额定转速/(r/min)			1800	
外形尺寸(长×宽×高)/ (mm×mm×mm)	19295×3000×4000	20820×3000×4000	22745×3000×4000	21747×3200×3935
支腿跨距(横向×纵向)/ (mm×mm)	9600×9622	7500×7100	10800×10800	9605×9600
轴距/mm			1650/1650/2000/ 1650/2500/1650/ 2800	1650/1650/2440/ 1650/3690/3425/ 1650

表 3-24　650～800t 产品技术参数

技 术 参 数	徐工 QAY650	特雷克斯 AC 700	利勃海尔 LTM 1750-9.1	徐工 QAY800	中联 QAY800
最大额定起重量/t	650	700	750	800	800
最大额定起重力矩/(t·m)	1950	2124	2250	2400	2520
主臂最大长度/m	92	60	52	84	
主臂最大起升高度/m	91		52	85.8	90
主臂＋副臂最大长度/m		149.5	159.1		
主臂＋副臂最大起升高度/m	130		154	119.3	140
起升速度/(m/min)	140	136	106	138	130
回转速度/(r/min)	1	0.7	0.9	0.6	0.65
行驶速度/(km/h)	75	75	80	75	72
起重臂全伸(缩)时间/s	1350	480	300	1800	
总质量/t	96		108	93.9	92
爬坡能力/%	40	40	37.80	40	37.50

续表

技 术 参 数	徐工 QAY650	特雷克斯 AC 700	利勃海尔 LTM 1750-9.1	徐工 QAY800	中联 QAY800
接近角/(°)	12	13	10	12	
离去角/(°)	30	25	19	28	
最小离地间隙/mm			398		
发动机输出功率/kW		480	505		480
发动机额定转速/(r/min)					2200
外形尺寸(长×宽×高)/ (mm×mm×mm)	22695×3000× 4000	20685×3000× 3995	21960×3100× 4000	19420×3000× 4000	19800×3000× 4000
支腿跨距(横向×纵向)/ (mm×mm)	11100×10000	12360×12193	12009×11998	12800×13000	13000×13000
轴距/mm		1650/1650/2000/ 1500/2485/1500/ 2615/1500	1610/1590/2150/ 1600/1650/3370/ 3400/1600		

大吨位产品绝大多数配备超起系统和加强型侧拉提升系统,以具备大吨位起重能力。因车身结构较大,公路行驶能力相对中小吨位车型来说灵活性相对较弱。随着吨位提升与车身加长,车桥数对应增长,转向系统随之精确、多变,以确保各工况下整车转向灵活可靠,臂架系统材料更优,臂长、臂位的实时检测等更加精准,控制系统更加智能。此外,部分产品还具有独特的性能与特点。

利勃海尔的 LTM 1300-6.2 型 300t 全地面起重机(见图 3-65),在底盘上仅安装了一台发动机(图 3-66),带有轮式驱动和发动机驱动的液压泵及两个独立的液压电路,可供下车行走与上车作业;自开发的 ECO 节能模式,可由 Liccon 控制系统计算出最佳的发动机转速;当不需要发动机工作时,控制系统自动断开所有

的泵传动,以减少燃料消耗与排放;采用自开发的 Niveaumatik 液压气动悬架装置(图 3-67),液压悬架装置为交叉安装,转弯性能稳定;支腿可非对称伸展,以适应受限工作空间的要求(图 3-68)。

图 3-65　LTM 1300-6.2 型全地面起重机

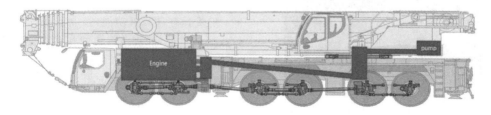

图 3-66　单发动机驱动理念

图 3-67　液压气动悬架装置

图 3-68　受限的工况

马尼托瓦克的 GMK6300L 型 300t 全地面起重机（见图 3-69）采用专有的全轮独立液气悬架系统（图 3-70），增大了离地间隙，而且使所有的轮胎都能保持与地面接触，并可在驾驶室内控制起重机的底盘起升、下降、前、后和侧向倾斜，及自动调平，侧向最大可调整适应 15°的倾斜路面；配置六桥全轮转向 12×6×12 系统（图 3-71），在现场能够最大限度地靠近起吊

图 3-69　GMK6300L 型全地面起重机

物；自研发的 ECOS 电子起重机控制系统通过三块完全相同而独立的控制插卡进行控制，三个插卡具有通用性，可相互借用，因此不会因为计算机主板故障而影响起重机动作的连续完成；80m 主臂再接四节 37m 副臂，吊装高度可以达到 117m，在安装副臂时，主臂不需要回缩；伸缩机构采用单缸插销及全液压双销锁定系统，双销布置在主臂两侧，受力小，便于插拔；折叠副臂可带载通过液压缸无级变幅。

图 3-70　全轮独立液气悬挂运行系统

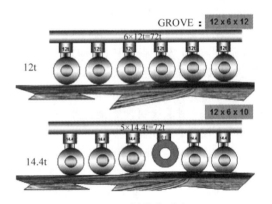

图 3-71　桥载荷对比

徐工的 QAY500 型 500t 全地面起重机（见图 3-72）具有专用风电副臂，QAY650 型 650t 产品上还增加有 E 形支架，改善后几节臂的受力；增加变角度设计，增大臂架以下的作业空间；配重具有自装拆功能，控制系统配置无线远程遥控装置，可实现多模式操作；触摸式屏幕集成控制技术和智能化的人机交互系统使驾驶员能够轻松掌握起重作业的各种状态信息，操作更便捷；变幅副臂增加第三支架，降低了起臂时伸缩缸的最大推力，减小了对臂的冲击，提高了起臂安全性；采用多模式转向系统，

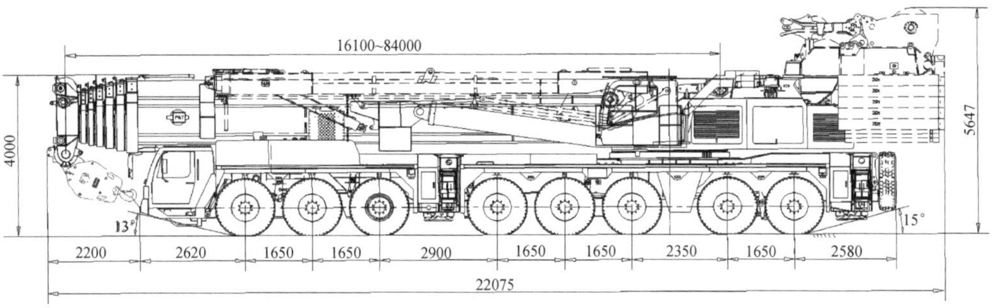

图 3-72　QAY500 全地面起重机整机外形尺寸

以适应各种复杂工况,确保狭小工作场地的转向灵活性和通过能力,同时保证公路高速行驶可靠、安全。

中联的 QAY500 型 500t 全地面起重机(见图 3-73)采用八桥底盘,针对 1.5MW 风机安装、检修并兼顾其他吊装市场需求研制开发;采用棘轮卷扬锁紧液压缸,以防止旋转;具有集成的制动系统、电液比例附加负载技术及远程负载敏感控制技术。

图 3-73　QAY500 型全地面起重机

特雷克斯的 AC 500-2 型 500t 全地面起重机(见图 3-74)拥有最短的 17.1m 车身,使其成为这一吨级中最紧凑的八桥全地面起重机;伸缩臂长 56m,配有延伸臂,最大工作高度可达到 145.8m,可在 12t 轴荷状态下行驶;采用 X 形支腿,能手动或自动调节,仅靠 9.6m×9.6m 的支腿底座便可实现较大的起吊性能。

多田野的 ATF 600G-8 型 600t 全地面起重机(见图 3-75)于 2015 年 6 月在德国发布,采用八轴底盘。其最大特点是采用了三组臂架系统,可提高臂架的抗弯与抗扭性能,使整个

图 3-74　AC 500-2 型全地面起重机

臂架系统更加稳定;配有非对称支腿控制系统,以适应不同作业场地的需求。

图 3-75　ATF 600G-8 型全地面起重机

3. 超大吨位产品的技术性能与特点

超大吨位全地面起重机产品的主要技术性能见表 3-25 和表 3-26。

表 3-25　1000~1200t 产品技术参数

技 术 参 数	徐工 QAY1000	徐工 QAY1200	三一 SAC12000	特雷克斯 AC 1000	利勃海尔 LTM11200-9.1
最大额定起重量/t	1000	1200	1200	1200	1200
最大额定起重力矩/(t·m)	3000	3600	3670	2492	3000
主臂最大长度/m	100	105		100	100
主臂最大起升高度/m	100.6	105	102		100
主臂+副臂最大长度/m				163.3	192.4
主臂+副臂最大起升高度/m	125.5	128			188
起升速度/(m/min)	120	126	130	130	135
回转速度/(r/min)	1	1	0.8	0.65	0.84
行驶速度/(km/h)	75	75	75	85	75
起重臂全伸(缩)时间/s	2200	2800		1260	770
总质量/t	96	95	72		108
爬坡能力/%	40	40	40	38	38
接近角/(°)	12	12	13		11
离去角/(°)	28	28	37		20
最小离地间隙/mm			281		
发动机输出功率/kW			480	480	500
发动机额定转速/(r/min)			1800	1800	
外形尺寸(长×宽×高)/(mm×mm×mm)	19885×3000×4000	20490×3000×4000	20800×3000×4000	24510×3000×4000	19945×3000×4000
支腿跨距(横向×纵向)/(mm×mm)	13000×13000	13000×13000	13800×13800	13540×13538	13016×13030
轴距/mm			1500/2100/1500/1500/3120/1500/3300/1500	1600/2100/1575/1575/1600/3365/3425/1600	1480/2080/1500/1480/3070/1500/3300/1480

表 3-26　1600~2000t 产品技术参数

技 术 参 数	徐工 QAY1600	中联 QAY2000
最大额定起重量/t	1600	2000
最大额定起重力矩/(t·m)	5000	6122
主臂最大长度/m	105	
主臂最大起升高度/m	105	108.9
主臂+副臂最大长度/m		
主臂+副臂最大起升高度/m	178	165
起升速度/(m/min)	140	130
回转速度/(r/min)	0.8	0.8
行驶速度/(km/h)	75	75
起重臂全伸(缩)时间/s	2100	
总质量/t	96	95.85

续表

技 术 参 数	徐工 QAY1600	中联 QAY2000
爬坡能力/%	40	37.50
接近角/(°)	12	
离去角/(°)	39	
最小离地间隙/mm		
发动机输出功率/kW		480
发动机额定转速/(r/min)		1800
外形尺寸(长×宽×高)/(mm×mm×mm)	20175×3000×4000	19900×3000×4000
支腿跨距(横向×纵向)/(mm×mm×mm)	16000×16000	16000×16000

　　超大吨位产品的臂架组合形式更为多样。因臂架尺寸过大,绝大多数伸缩臂可以用单独车辆进行运输,卷扬机与支腿也有可能因运输道路行驶要求进行拆卸分别运输。因载重量过大,故动力源功率与转速也得到很大提升,智能控制与在线监测的精度与灵敏度更高,安全控制与操作方面更加电子化与智能化。此外,各产品也都具有自己独特的技术性能。

　　徐工的 QAY1200 型 1200t 全地面起重机(见图 3-76)可用于 2.0～3.0MW 风机建设和维护。整车配置 8～9 轴全地面专用底盘,X 形支腿结构,全桥转向与制动技术;四节臂头部加装独立臂头,提高了起重能力,适用于桥梁吊装等吊装高度和幅度不大的起重安装作业;八节主臂＋专用风电臂架,可以满足 80～100m 高度的 3MW 的风机安装;采用多轴平衡技术和轴荷检测控制技术,使重载转场时轴荷更均匀,地面附着更充分,驱动性能更强;运用双动力分时驱动技术,提高了大整机重载转场的能力;设计了专门自拆装和辅助拆装装置,实现主臂与配重的自拆装,副臂及与连接架的铰点轴的液压辅助拆装;采用双回路应急转向助力系统,确保在发动机发生故障时能正常转向,提高了行驶的安全性;通过车载计算机实现作业工况查询与工况自动规划;配置了无线遥控装置,可以实现远距离、多模式操作,从而获取吊装作业的最佳操纵视角,提高了安全性;能自动识别车辆当前状态,并自动选择驾驶模式,确保行驶安全;采用可变位操纵室,操作者可以从地面出入,通过机构多角度变位,开阔了操作者视野。

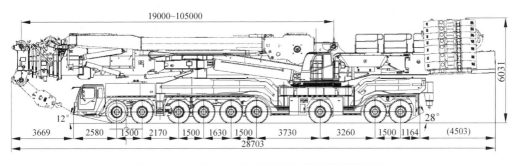

图 3-76　QAY1200 型全地面起重机整机外形尺寸

　　中联的 QAY800 型 800t 全地面起重机(见图 3-77)是针对 2.0～2.5MW 风机吊装需求而研制开发的,它采用等绳长超起装置,最大限度地降低了吊臂旁弯现象;具有风电吊装专用的微变幅动臂技术,微动性达到毫米级,使定位更精准。同时,它还具有回转工况自适应控制技术和吊装方案自动规划系统,使起重机的使用更加安全、方便和智能。

图 3-77　QAY800 型全地面起重机

三一的 SAC1200 型 1200t 全地面起重机（见图 3-78）采用九桥底盘，主臂和配重均设有自拆装系统，可带支腿、转台、变幅液压缸及主副卷扬机在公路上行驶。

图 3-78　SAC12000 型全地面起重机

利勃海尔的新型九桥 LTM11200-9.1 型 1200t 全地面起重机（见图 3-79）的八节伸缩臂全伸长度可达 100m；根据施工需要还可拆除前四节内置伸缩臂，利用剩下的四节臂进行作业；若安装 3m 的桁架臂吊头装置，臂长可以达到 55m，同时还有多种加长桁架臂可供选择；安装有桁架式副臂，最长可达 126m，最大高度可达 170m；在公路上行驶时可自带四个支腿、回转平台和两个卷扬机，总质量为 108t；主臂可实现自装拆。

图 3-79　LTM 11200-9.1 型全地面起重机

特雷克斯的 AC1000 型 1200t 全地面起重机（见图 3-80）采用九桥底盘。安装 50m 主臂后也可以行驶在公路上，且仍能达到小于 12t 的轴负荷极限；安装副臂后，臂架最大组合长度可达 163m。起重机驾驶室可向后倾斜 20°，室内配有集成的 IC-1 触摸屏控制系统，可通过简单地轻触屏幕来快速访问许多重要信息；可变齿轮比转向系统可根据速度电子控制后桥动力转向装置，能够提供优良的机动性和回转稳定性。

图 3-80　AC1000 型全地面起重机

4．桁架臂全地面起重机

桁架臂全地面起重机在传统结构形式基础上进行了融合创新，在转场工作与结构受力方面具有突出特点，随着各公司新型号产品的不断推出，桁架臂全地面起重机的产品型谱也不断丰富。

桁架臂全地面起重机融合了履带起重机桁架臂受力性能优越与全地面底盘转场灵活、越野性能强的特点,在大型吊装场合得到应用。国内徐工、太原重工,国外利勃海尔等公司均有此类产品。

桁架臂汽车起重机是特雷克斯公司的传统产品,源于德马格(Demag)公司的产品,1965年研制出第一台桁架臂汽车起重机,起重能力45t;1979年研制出全球起重能力最强的桁架臂汽车起重机,起重能力达800t;1990年在全球范围内推出起重能力达500t的伸缩臂汽车起重机;1998年设计出起重能力650t的伸缩臂汽车起重机。图3-81是TC2800-1型600t产品,主、副臂最大长度组合可达(96+96)m。

图 3-82　LG1750 型桁架臂全地面起重机

徐工的 XCL800 型 800t 桁架臂全地面起重机(见图 3-83)采用八轴全地面底盘＋桁架臂上车形式,兼顾快速移动和高起重性能,可携带转台、桅杆、底节臂进行短途转场;采用轴荷检测技术检测重载行驶状态下的轴荷变化,通过仪表集中显示,并根据轴荷变化调整控制车速和悬挂、转向状态,实现重载低速安全行

图 3-81　TC2800-1 型桁架臂全地面起重机

利勃海尔的 LG1750 型 750t 桁架臂全地面起重机(见图 3-82)的上车采用 LR 1750 型履带式起重机的回转平台和主、副臂系统,下车采用全新的八轴底盘,四个高刚度、大尺寸的放射形伸缩式支腿,支腿间距可达 16m×16m。主、副臂最大长度组合为(91+105)m。

图 3-83　XCL800 型桁架臂全地面起重机

驶；采用移动式多功能操作平台，可实现对起重机的无线遥控，又可将其挂接在车辆任意固定位置进行有线控制；多种臂架组合适用于不用的起重量、幅度、起升高度等各种工况，满足用户作业差异化需求；采用六排柱式回转支承，与车架设有环形连接装置，通过径向液压缸的插拔实现上、下车快速分体和安装；通过独有的双卷扬机同步起升控制调节方法并具有倾斜自调节功能的吊钩，实现大吨位重物在起升和下落过程中重物防倾斜。

5. GTK1100 型风电专用起重机

马尼托瓦克的 GTK1100 型起重机（见图 3-84）颠覆了传统起重机的概念，结合塔式起重机和伸缩臂起重机的技术特点，将 450t 全地面起重机的上车部分安装在 81m 长的可伸缩塔身上，具有起升高度高、吊装重量大的特点，可将 95t 重物提升至 115m，最大起升能力达 150t，顶部最大高度为 143m，所需操作空间小，操作难度低；采用轮式底盘，塔身顶部采用四根撑杆连接至底座的支腿，以增强稳定性，并具有运输简便、架设快速等优点；其安装场地仅需要 25m×25m，而支腿的占地仅为 18m×18m，现场安装时间短，仅需要 6h 即可完成，运输时仅需要五台拖车即可完成运输，大大节省了运输成本。图 3-85 是 GTK1100 型起重机在风机之间转场的图片。除用于风电

安装、石化炼化建设外，还适用于城市狭小空间以及森林、山地等恶劣的施工环境。

图 3-85　GTK1100 型起重机转场

国内三一开发了 SSC1020 型起重机，如图 3-86 所示。其最大起重量为 100t，最大起升高度为 100m，支腿跨距为 12m×12m。

图 3-86　SCC1020 型起重机

3.5　选型原则与计算

全地面起重机由于自身的特点，成为目前备受青睐的一种机型，广泛应用在石油化工、风电、城市建设等重大工程中。各领域吊装工程的特点可参见 4.5 节，在选型因素说明上可参见 2.5 节。

全地面起重机，尤其是大吨位全地面起重

图 3-84　GTK1100 型起重机

机,由于长臂长且臂架组合工况较多,在操控上不同于小吨位起重机。如何建立起操作者与指挥者的联系,实时监测吊装过程,是这类起重机必须面对的问题。进行吊装过程预演是保证安全作业的有力措施。徐工与大连理工大学合作开发的专用仿真软件可以实现这一功能。该软件还可以仿真出吊装后臂架的变形情况,能有效地防止大件吊装时臂架变形导致的干涉。图 3-87 所示为使用这个软件制作的全地面起重机吊装作业规划。

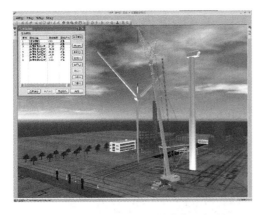

图 3-87　全地面起重机吊装作业规划

起重机的选型是一个非常复杂的过程,需要进行被吊物的重量、尺寸和摆放位置等参数的计算分析,同时也要考虑地理条件等因素,对风险点充分评价。吊装作业不仅要在符合吊装规范的前提下进行,同时在起重机的操作过程中,要严格遵守设备操作手册。实际工作中,即使一再强调安全,事故也时有发生,如超载、支腿处地面塌陷、误操作、指挥不当等均是产生事故的主要因素,尤其是对环境因素如风载荷评估不足导致的大型起重机倒塌事故,近些年发生较多,应引起技术人员和施工人员的注意。

3.6　安全使用

3.6.1　安全使用标准与规范

全地面起重机相关的部分技术标准与规范见表 3-27。

表 3-27　全地面起重机相关标准与规范

序号	标准编号	标准名称
1	GB/T 27996—2011	全地面起重机
2	GB 1495—2002	汽车加速行驶车外噪声限值及测量方法
3	GB/T 3811—2008	起重机设计规范
4	GB 5226.2—2002	机械安全　机械电气设备　第 32 部分:起重机械技术条件
5	GB 6067.1—2010	起重机械安全规程　第 1 部分:总则
6	GB/T 12539—1990	汽车爬陡坡试验方法
7	GB 12602—2009	起重机械超载保护装置
8	JB/T 10559—2006	起重机无损检测　钢焊缝超声检测
9	QC/T 900—1997	汽车整车产品质量检验评定方法

3.6.2　拆装与运输

由于公路法规与道路承载能力的限制,全地面起重机要求每桥轴荷不得超过 12t。对于中小型的全地面起重机,整机重量可完全满足要求。一些大吨位的全地面起重机则需要拆卸后进行分离运输。部件的拆分,原则上是尽量不拆或少拆;主要工作机构尽可能随主车上路行驶。如果存在拆装的情况,一般可拆卸部件为固定副臂、变幅(塔式)副臂、配重、副卷扬机及其托架、支脚盘、伸缩主臂或主臂部分臂节等。

1. 主要部件常用拆装方案

在工作过程中,配重的拆装是比较频繁的,针对大部分的工况变化,都会调整相应的配重,因此配重的装拆方便性非常重要,直接影响到工作效率。此部分内容可参见 3.3 节。

大型全地面起重机,尤其是大吨位全地面起重机,为充分发挥吊装能力,具有塔臂工况,然而塔臂工况在装拆中起臂过程是最危险的状态。其装拆过程可参见 3.3 节。

在运输或更改工况,需要对伸缩臂进行拆装时,通常有部分伸缩臂拆装和整体伸缩臂拆装两种情况。为了减少运营成本,在拆卸过程中应尽量减少使用辅助起重机,而是可以进行自装拆。

伸缩臂部分的拆装可参见利勃海尔LTM1500型全地面起重机,如图3-88(a)、(b)、(c)所示。

对于超大型全地面起重机,为了能够使轴荷符合公路行驶要求,需要对主臂整体进行拆装。如图3-89所示为利勃海尔 LTM 11200 型全地面起重机的主臂拆装现场图片。其安装过程如图 3-90(a)、(b)、(c)所示,可借助专用支承结构,由四个液压支腿缸顶升起主臂,主车开进,对位并进行微调,对接好连接部位,所需要的动力由专供的液压泵站提供。最后,通过一些人工作业,将主臂安装在底盘上。拆卸过程相当于上述过程的逆过程。拆装也分为正前方安装与后方安装两种方式,过程类似。图 3-90 为正前方安装。

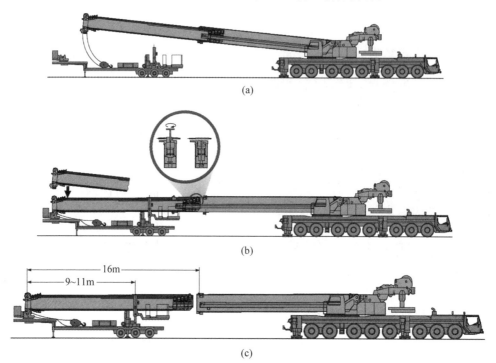

(a)

(b)

16m
9~11m

(c)

图 3-88 利勃海尔 LTM1500 型全地面起重机部分主臂拆卸过程示意图

(a)打好支腿,根据臂架是在车的正后、正侧或正前选择合适的配重,缩回臂架伸缩液压缸;(b)伸出所要求的臂节,使臂销露出,落臂于前支架之上,卸下臂销;(c)缩回臂架伸缩液压缸,将被拆下的臂节置于后支架上,固定好

图 3-89 LTM 11200-9.1型全地面起重机主臂拆装现场

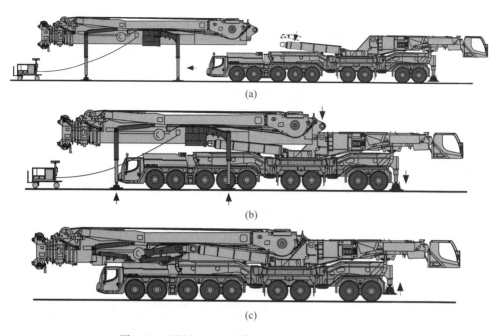

图 3-90 LTM 11200 型全地面起重机主臂拆装过程

(a) 对中,主车开进支承的臂架下方;(b) 主臂下铰点与转台臂架铰点、变幅液压缸与主臂变幅铰点对位,
打好支腿,主臂支承液压缸微调,销连接;(c) 连接好液压及电气管线,收起支腿,完成安装

2. 起重机的运输

为了满足公路法规的要求,除主车外,被拆卸下来的部件还需要通过汽车进行运输。为了减少转场费用,应根据现场需求的吊装工况,有选择地合理进行部件运输。对运输的要求可参见 4.6 节。

不同车型在公路上的运输方式与重量和运输尺寸有关。以 LTM500 型全地面起重机为例,其主臂的公路运输方式可参见图 3-91,在非公路上进行短距离转移可采用图 3-92 所示的行驶状态。超起撑杆的运输参见图 3-93,

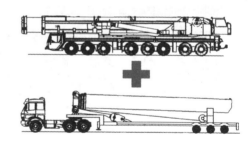

图 3-91 LTM500 型全地面起重机主车三节
臂桥荷 12t/桥×8 桥=96t 和四节臂
公路运输状态

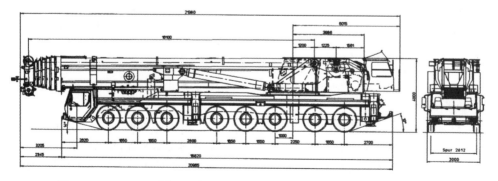

图 3-92 LTM500 型全地面起重机七节臂非公路运输状态:桥荷 14.7t/桥×
4 桥+桥荷 12.5t/桥×4 桥=108.8t

塔臂撑杆及底节的运输可参见图 3-94。为了尽量减少运输空间，塔臂的撑杆、防后倾和底节等折叠后作为一个部件，同时整体运输又减少了现场安装组对时间。对于桁架臂节的运输也可以参见履带起重机的运输方式，但是为了减少运输所占用的空间，要合理地进行桁架臂设计，对于利勃海尔全地面起重机 LTM11200 的部分桁架臂设计如图 3-95 所示，这种方式可以有效地利用空间，减少运输成本。

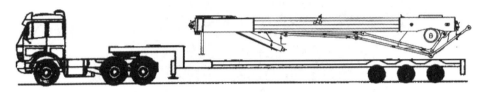

图 3-93　LTM1500 型全地面起重机超起 Y 形支架运输示意图

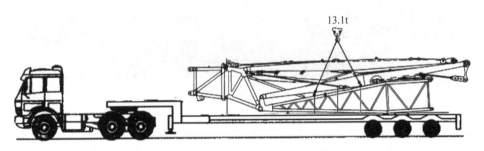

图 3-94　LTM1500 型全地面起重机塔臂撑杆及底节运输示意图

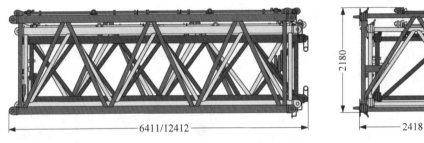

图 3-95　LTM11200 型全地面起重机副臂放置示意图

3.6.3　安全使用规程

1. 显示装置

（1）应设置在操作位置易于观察的视野范围内。

（2）最大起重量 300 t 以上的起重机宜装设在操作位置易于观察的起升速度显示装置，显示误差应小于 5%。

（3）操纵室外应安装三色指示灯。三色指示灯应按以下方式显示起重机的载荷状态：

① 绿灯亮，表示起升载荷在额定起重量的 90% 以下，处于正常状态。

② 黄灯亮，表示起升载荷在额定起重量的 90%～100% 之间，接近危险状态。

③ 红灯亮，表示起升载荷超过额定起重量的 100%，处于危险运行状态。此时应发出声响报警。

（4）应在支腿操纵台附近和操纵室中操作者附近的视线之内分别安装有水平仪，其显示精度不应大于 0.5°。

（5）最大起重量 300t 以上的起重机宜装设回转角度显示装置，显示精度不大于 0.1°。

（6）应装设故障报警显示装置，通常具有以下功能：

① 工作状态显示:发动机的主要工作参数——转速、燃油量、机油压力和水温;液压系统重要部位压力、输入和输出信号(如操作手柄、电磁阀等)。

② 故障显示:控制系统通信故障;力矩限制器系统故障。

③ 报警功能:机油压力过低;水温过高;空气滤清器堵塞;液压系统主要元件堵塞。

(7)起重臂组合长度超过 65m 的起重机,在起重臂顶端应装有风速仪。风速仪应能显示 3s 时距平均瞬时风速,精度不低于 5%。

(8)起重机应设置倒退报警装置,保证起重机倒退行驶时能发出清晰的声光报警信号。

2. 限制器

(1)起重机应装设起重力矩限制器,其要求应符合 GB 12602—2009 的规定。

(2)起重机应装有起升高度限位器。起升高度限位器应能可靠报警并停止吊钩起升,只能作下降操作。

(3)起重机应装有下降深度限位器。吊钩在下降到最大允许深度时,卷筒上的钢丝绳至少应保留 3 圈(除固定绳尾的圈数外)。

(4)由钢丝绳变幅的起重机应装有幅度限位装置和防臂架后倾限位装置,当达到极限位置时应能自动停止运动,并只允许向安全方向操作。

3. 防护装置

(1)控制装置位置的设计应确保安全距离符合 GB 23821—2009 和 GB 12265.3—1997 的规定,避免操作者的手、臂、头及身体的其他部分受到运动部件(如臂架、变幅机构、液压缸)等的挤压。

(2)起重机回转支承及卷扬机的开式齿轮应有防护装置,防止手或胳膊插入齿轮啮合位置。所有正常工作中可能产生危险的位置,如敞开式的钢丝绳及其他运动部件,应有防挤压、防撕裂或阻止手脚进入的保护措施。

(3)防护装置应牢固可靠,除非不可能发生人踩在防护装置的情况,否则防护装置应能承受质量为 90kg 的人,而不会发生永久变形。

(4)防护装置应定位可靠。固定式防护装置只能用于工具拆卸,拆卸后这些固定件(例如固定式紧固件、推拉式紧固件)应保持附着在防护装置或被保护的机件上。

(5)如果提供了个人保护装置(例如安全带和降噪耳塞等),应在产品使用说明书中提供安全使用的说明。

(6)起重机的侧面防护装置应符合 GB 11567.1—2001 的规定,后下部防护装置应符合 GB 11567.2—2001 的规定。

4. 安全警示标志和信号

(1)应在起重机醒目易见的部位设置明显可见的安全警示标志。安全警示标志应符合 GB 15052—2001 的规定。

(2)起重机应设置作业用声响联络信号,起重机开始工作时和工作中需要提醒时,可发出区别于力矩限制器的超载报警信号,以警示起重机附近的人员。

(3)在支腿全伸和允许的中间位置应设置标志。

(4)操作者在操纵支腿时应能清楚地看见活动支腿的运动方向。如果要同时操作另一侧活动支腿,应用声响报警信号,警示起重机附近的人员。

5. 消防

起重机应配备灭火器。灭火器应放置在驾驶室内或司机易接近之处;应能扑灭 A、B 类火灾,灭火剂的质量为 6~20kg。

3.6.4　维护与保养

1. 概述

全地面起重机在运行过程中,随着行驶里程的增加,各机构和零部件会产生不同程度的松动、磨损和机械损伤,如不适时保养修理,会进而导致起重机的使用性能变坏,甚至发生意外事故。因此,必须制定合理的全地面起重机修理制度和技术检验标准,并认真贯彻执行,避免机件的早期损坏,防止或减小故障,延长其使用寿命,从而提高起重机的作业安全性和工作效率。

全地面起重机的保养是一种预防性维护作业,目的在于保持车辆外观整洁,降低零件磨损速度,防止不应有的损坏,及时查明故障和隐患并加以排除。保养的主要内容是清洁、检查、紧固、调整和润滑。

全地面起重机的修理是按需要进行的作业,目的在于及时消除故障、恢复使用性能、节约油料和延长使用寿命。修理作业的范围可分为零件修理,起重机大、中、小修。

全地面起重机的保养分为定期保养和非定期保养两大类。在定期保养中,又分为例行检查、一级保养、二级保养和三级保养;非定期保养包括走合保养、换季保养和对长期停驶或封存起重机的保养。

在保养作业中,常会遇到小修作业,而进行小修时,又必须先做好有关的保养工作,因此必须把二者很好地结合起来才有利于提高保修效果。

1)定期保养

定期保养的周期应根据起重机性能和使用条件而定。全地面起重机在正常使用的情况下,维修检查和保养应按表 3-28 中的规定进行。

表 3-28 全地面起重机例行检查和保养间隔里程

1000km

例行检查	一级保养	例行检查	二级保养	例行检查	一级保养	例行检查	三级保养
5	10	15	20	25	30	35	40
85	90	95	100	105	110	115	120
165	170	175	180	185	190	195	200

例行检查	一级保养	例行检查	二级保养	例行检查	一级保养	例行检查	四级保养
45	50	55	60	65	70	75	80
125	130	135	140	145	150	155	160
205	210	215	220	225	230	235	240

(1)例行检查

例行检查是起重机在出车前、后和运行途中所要进行的保养项目,以清洁、检查以及补给油、水为中心。例行检查是各级保养的基础,属于预防性的日常维护作业,如表 3-29 所示。

表 3-29 全地面起重机例行检查内容

例行检查	检查内容
工作油液液位检查	1. 液压油箱液压油位 2. 分动箱润滑油位 3. 底盘机油油位 4. 冷却液液位
驱动装置检查	1. 有无松动和漏油 2. 有无异常噪声和发热
液压系统检查	1. 液压油箱 2. 液压泵 3. 溢流阀 4. 控制阀 5. 液压缸 6. 管路
回转机构检查	1. 制动器 2. 减速和回转机构
主起重臂变幅机构检查	1. 主起重臂变幅液压缸 2. 平衡阀
主起重臂伸缩机构检查	1. 主臂 2. 主臂伸缩液压缸 3. 副臂 4. 钢丝绳
起升机构检查	1. 减速机 2. 制动器 3. 平衡阀 4. 卷筒 5. 副臂 6. 起重钩和滑轮 7. 钢丝绳
操纵机构检查	1. 起重开关 2. 雨刮器 3. 室内灯 4. 蜂鸣器 5. 全自动力限器 6. 过卷停止装置(高度限位器) 7. 操纵室 8. 操作手柄和踏板 9. 作业灯
支腿机构检查	1. 支腿垂直液压缸 2. 固定支腿箱、活动支腿箱、支腿水平液压缸 3. 支腿控制阀

（2）一级保养

一级保养以润滑、紧固作业为中心，其主要作业内容为：

① 检查、紧固起重机外露部位的螺栓、螺母；

② 按规定在润滑部位加注润滑油（脂）；

③ 检查各规定润滑部位；

④ 清洗空气、燃油、机油三种滤清器。

（3）二级保养

二级保养以检查、调整作业为中心。除执行一级保养的各项作业外，二级保养增加了以下作业：

① 检测气缸压力，必要时消除燃烧室积炭、研磨气门和调整气门间隙；

② 检查连杆轴承松紧度，必要时进行调整；

③ 拆检发动机油泵，必要时在试验台上试验调整；

④ 检查发电机调节器，调整电压值；

⑤ 检查、清洁发电机和电动机，试验其工作性能；

⑥ 拆检、清洁和润滑分电器，检验离心块拉力，清洁断电器触点，检验电容器；

⑦ 检查蓄电池电解液比重，加注蒸馏水或拆下充电；

⑧ 拆检油底壳及机油集滤器，更换润滑油；

⑨ 检查制动踏板，调整踏板自由行程；

⑩ 检查变速器齿轮和换挡机构的磨损情况，添加或更换润滑油；

⑪ 检查传动轴中间支承轴承和万向节十字轴轴承，视需要调换十字轴的方向；

⑫ 拆检差速器，调整轴承松紧度，添加或更换润滑油；

⑬ 检查转向盘的自由转动量，添加或更换润滑油；

⑭ 检查转向节有无损伤；

⑮ 检查前轴、主销与转向节的配合情况，拆检横、直拉杆和转向臂各接头的磨损情况；

⑯ 检查并调整前束；拆捡车轮制动器，润滑制动蹄支承销，清洗并润滑轮毂轴承，调整制动蹄摩擦片与制动鼓之间的间隙；

⑰ 检查手制动器机件的连接紧固情况，调整手制动杆的工作行程；

⑱ 检查减振器的固定情况，视需要添加油液；

⑲ 拆检和润滑钢板弹簧；

⑳ 检查车架有无裂纹，铆钉有无松动；

㉑ 检查驾驶室、仪表板、各种开关、门窗玻璃、升降器、门锁及雨刮器等是否完好；

㉒ 拆卸轮胎，对轮辐除锈，检查内、外胎，按规定进行充气和换位；

㉓ 按照润滑表的规定进行润滑。

（4）三级保养

三级保养以总成解体、清洗、检查、调整为中心，除执行一、二级保养的各项作业外，还增加了以下各项：

① 拆洗发动机，检查各机件的技术状况，清除积炭、油污和结胶；

② 研磨气门，更换活塞环，清洗主油道；

③ 清洗散热器和水泵，检查节温器和分水管的工作情况；

④ 清洗燃油箱、柴油滤清器及油管；

⑤ 检查蓄电池，视需要拆检极板或进行充电；

⑥ 检查各仪表、传感器、保险器与各开关，清理线路；

⑦ 拆检和调整变速器、传动轴、主减速机和差速器，并清洗换油；

⑧ 拆检转向机构，并调整车轮定位；

⑨ 拆检和清洗前轴；

⑩ 拆检手制动器、脚制动器及其管路；

⑪ 气压制动系统视需要拆检空气压缩机、制动阀、气室和凸轮等；

⑫ 拆洗减振器，更换油液；

⑬ 检查车架有无变形，各附件固定是否牢固；

⑭ 检查驾驶室的油漆情况，必要时补漆；

⑮ 按照润滑表的规定进行润滑。

2) 非定期保养

（1）走合保养

新车、大修车及安装使用曾大修过发动机的汽车，在使用初期的正常定台关系着起重机的耐用性、可靠性和经济性。在走合期内，新加工零件的表面比较粗糙，配合间隙较小，因而在使用初期，运动件的润滑条件较差、磨屑较多、工作温度较高。此外，各连接件经过初步使用后也容易松动，车辆技术状况变化较大。因此，在走台期内，应特别做好例行保养工作。走合期满后，应做一次走合保养，使车辆达到正常的技术状况。

（2）换季保养

为使全地面起重机在气候变化的工作条件下仍能正常运行，必须采取相应的措施，即冬季采取预热、保温、防冻、防滑等措施，夏季采取降温、防爆、防气阻等措施。进入冬、夏季之前，应结合二级保养进行一次换季保养。换季保养除执行二级保养的作业内容外，还要增加以下作业项目。

换入夏季：

① 拆除保温套，检查百叶窗；

② 清洗发动机水套，清除散热器水垢，拆洗放水开关；

③ 放出发动机润滑系中的冬季润滑油，并按标准加注夏季润滑油；

④ 清洗燃料系，调拨排气歧管上的预热阀到"夏"字位置；

⑤ 调整发电机调节器，适当降低充电电流和电压，清洁触点，调整蓄电池电解液比重；

⑥ 放出变速器和分动器、除渣器及转向器等处的冬季润滑油，清洗后检查齿轮和轴承的磨损情况，校正主减速机齿轮的啮合间隙，然后加注夏季用润滑油；

⑦ 清洗轮毂轴承，换用夏季用润滑脂；

⑧ 打开机油散热器的开关。

换入冬季：

① 检查百叶窗，加装保温套；

② 在严寒地区，散热器应加注防冻液；

③ 放出发动机润滑系统中的夏季润滑油，清洗并按标准加注冬季润滑油；

④ 清洗燃料系，调拨进、排气歧管上的预热阀到"冬"字位置；

⑤ 调整发电机调节器，适当增加充电电流和电压；

⑥ 调整蓄电池电解液比重；

⑦ 放出变速器、分动器、差速器及转向器等处的夏季润滑油，清洗后检查齿轮和轴承的磨损情况，校正主减速机齿轮的啮合间隙，然后加注冬季用润滑油；

⑧ 清洗轮毂轴承，换用冬季用润滑油；

⑨ 关闭机油散热器开关。

（3）停驶、封存起重机的保养

封存前，起重机应按保养间隔里程进行一次相应级别的保养。封存期间注意防尘、防锈、防腐。封存起重机的附加作业项目主要取决于停驶时间的长短，根据情况进行以下保养：

① 每周除尘一次。检查起重机外表，必要时进行除锈、防锈。

② 每周摇转一次曲轴，以防锈蚀。

③ 停驶一周以上的起重机，应顶起车架，以解除悬挂和轮胎的负荷，每两周检查一次轮胎气压，必要时充气；每月检查一次蓄电池，必要时加蒸馏水，并注意防冻，蓄电池接线柱应清洁并涂上凡士林；每月起动一次发动机，怠速运转 3.5min，检查发动机的工作情况。

④ 需停驶两月以上的起重机，应将发动机与蓄电池进行封存。蓄电池最好采用放电储存。

2. 维护与保养的方法

1）下车保养周期及检修安排

为了能更好地保养全地面起重机，操作者必须对其进行严格的保养与检查。日常维护与保养内容如表 3-30 所示。

2）定期维护与保养项目

（1）整机部分

整机定期维护与保养项目如表 3-31 所示。

表 3-30 日常维护与保养内容

序号	检查项目	示例	备注
1	目测检查起重机各处,应无机油、积水,无垃圾、杂物,无遗漏的工具等		
2	目测各安全装置,应固定可靠、无破损	长度、角度传感器 三圈保护器 高度限位器	
3	检查起重机灭火器和急救箱是否完好		
4	目测检查起重机标识、标牌及安全警示标志,应清晰、无缺失		
5	目测检查各机构操纵手柄,应灵活、无卡阻,挡位手感明确,零位锁有效		
6	目测检查供电电源及电源开关、照明装置及信号装置、仪表显示及雨刮器等,应工作正常		

续表

序号	检 查 项 目	示　例	备注
7	目测检查起重机各系统,应无漏水、漏气、漏油、漏电现象,确保各系统管路无松动、无扭曲、无破损、无老化,冬季需检查气动管路及元件防冻情况		冬季需检查气动管路及元件防冻情况
8	目测检查发动机冷却液、尿素溶液、燃油、润滑脂等油液是否充足	油标尺	
9	检测轮胎气压,应符合要求,轮胎凹槽无杂物		
10	空气滤清器集尘杯排尘、储气筒、燃油滤清器放水		
11	目测检查气动座椅、喇叭等元件,功能应正常,控制阀、安全阀等阀类应作用正常、安全可靠		

续表

序号	检查项目	示　例	备注
12	检查制动系统功能，应正常、可靠		
13	目测检查吊具、索具及其连接部件，应无破损、连接可靠，所有钢丝绳在滑轮和卷筒上应缠绕正常、无错位		
14	检查结构件有无明显变形，油漆有无炸皮、裂纹，若发现，应找专业人员检查		
15	检查各连接处的销轴和弹簧卡有无缺失、损坏，发现缺失或损坏应立即补齐或更换，如若丢失，应更换同等型号零部件		

表 3-31　整机定期维护与保养项目

序号	检查项目		检查方法、内容及要求	处置方式	检查周期							备注
					首次	日常	周	月	季	半年	年	
1	技术文件	随机文件	检查随行图纸、使用说明书、出厂合格证,应完整	整改完善							○	
2		检查记录	检查以往的检查记录,应完整,无未处理的缺陷	整改完善							○	
3		维护记录	检查以往的维护记录,应完整,无未验证的维护	整改完善							○	
4		其他档案	检查设备安装、改造、维修、注册登记等其他档案	整改完善							○	
5	整机	作业环境	目测检查起重机作业环境,应无影响作业安全的因素	按企业管理制度和操作规程处理		○	○	○	○	○	○	
6		外观	目测检查起重机各处,应无垃圾、无杂物、无遗漏的工具等	清洁		○	○	○	○	○	○	
7			目测检查起重机各处,应无机油、无积水、无渗漏	清洁		○	○	○	○	○	○	
8			目测检查起重机各部分表面,应无严重的锈蚀、脱漆、损伤等缺陷	防腐/修理						○	○	
9	金属结构	吊臂、转台、车架、支腿、平衡重及连接装置、桁架臂、超起装置、机构支座	目测检查起重机各(承载)部位金属结构的锈蚀、裂纹和塑性变形,并应符合 GB6067.1—2010 中 3.9 的规定	防腐/修理/更换	○					○	○	
10		结构焊缝	目测检查主要受力结构处外露焊缝,应无可见裂纹	修理	○					○	○	
11	连接件	平衡重、行走系统、主要受力结构件及安全装置连接件	目测检查平衡重、变速器、分动箱、主要受力结构件及安全装置的连接铰轴、连接板和螺栓,应无缺损、无松动,有预紧力矩规定的应符合要求	调整/更换	○			○	○	○	○	
12		起升、回转、变幅等机构、制动装置的连接件	目测检查起升减速机、卷筒、回转支承、回转减速机、变幅液压缸、制动器、联轴器等机构部件的连接螺栓,应无缺损、无松动,保证规定的力矩要求,连接安全可靠	调整/更换	○			○	○	○	○	
13		动力、液压、气动、电气系统的连接件	目测检查发动机、泵、马达、阀类、中心回转接头、电动机、电控箱等部件的连接螺栓,应无缺损、无松动	调整/更换	○			○	○	○	○	

（2）安全装置

安全装置定期维护与保养项目如表 3-32 所示。

（3）电气液压控制系统

电气液压控制系统定期维护与保养项目如表 3-33 所示。

表 3-32　安全装置定期维护与保养项目

序号	检查项目	检查方法、内容及要求	处置方式	首次	日常	周	月	季	半年	年	备注
1	起重力矩限制器	通过功能试验检查起重力矩限制器，应固定可靠、功能有效	调整/更换							○	
2	起重量限制器	通过功能试验检查起重量限制器，应固定可靠、功能有效	调整/更换							○	
3	起升高度限制器	通过功能试验检查起升高度限制器，应固定可靠、功能有效	调整/更换					○	○	○	
4	钢丝绳过放保护装置(三圈保护器)	通过功能试验检查钢丝绳过放保护装置，应功能有效	调整						○	○	
5	幅度指示器	目测检查幅度指示器，应无变形、无损坏、功能有效	修理/更换		○	○	○	○	○	○	
6	水平仪	目测检查水平仪，应无损坏、功能有效	修理/更换						○	○	
7	调平锁定装置	通过空载试验检查调平锁定装置，锁定作用应有效	修理							○	
8	防止臂架向后倾翻装置	目测检查防止臂架向后倾翻装置，应无变形、无缺损、无松动	修理/更换						○	○	
9	风速仪及风速报警装置	目测检查风速仪及风速报警装置，应正常工作	调整/更换							○	
10	作业盲区监视装置	通过功能试验检查作业盲区监视装置，应无损坏、功能有效	修理/更换				○	○	○	○	
11	急停开关	触动急停开关，起重机应立即停机。急停开关不应自动复位。手动复位后，再重新起动，起重机应能恢复正常运行	修理/更换					○	○	○	
12	垂直支腿回缩锁定装置	目测检查垂直支腿回缩锁定装置，应无变形、无缺损、无松动，锁定作用有效	修理/更换				○	○	○	○	
13	回转锁定装置	目测检查回转锁定装置，应无变形、无缺损、无松动	紧固/更换						○	○	
14	回转限位	通过功能试验检查回转限位，应固定可靠、功能有效	紧固/更换				○	○	○	○	
15	平衡重锁定装置	目测检查平衡重锁定装置，应无变形、无缺损、无松动，锁定作用有效	修理/更换						○	○	

续表

序号	检查项目	检查方法、内容及要求	处置方式	检查周期						备注
				首次	日常	周	月	季	半年	年	
16	作业报警装置（声光报警装置）	通过功能试验检查声光报警装置，应工作正常	调整/更换				○	○	○	○	
17	接地保护装置	目测检查接地保护装置，应完好、功能有效	修理/更换				○	○	○	○	
18	电气保护装置	通过目测检查短路、失压、零位、过流等，来判断电气保护装置是否无缺损	更换							○	
19	电气控制连锁保护装置	通过功能试验检查转数、限位、压力、温度、行程、角度等，来判断电气控制连锁保护装置是否工作正常	修理/更换					○	○	○	
20	防护罩、防雨罩	目测检查各旋转部位的防护罩及防雨罩，应牢固、齐全、无破损	紧固/修理						○	○	
21	标示和警示标志	目测检查起重机标牌、吨位牌、安全警示标志，应清晰、无缺失	清洁/更换	○		○	○	○	○		
22	梯子、护栏、平台、走道	目测检查梯子、护栏、平台、走道，应完好且牢固	紧固/修理						○	○	
23	消防器材	目测检查消防器材，应存放位置正确，灭火器在有效期内	调整/更换						○	○	

表 3-33　电气液压控制系统定期维护与保养项目

序号	检查项目		检查方法、内容及要求	处置方式	检查周期						备注
					首次	日常	周	月	季	半年	年	
1	电气系统	供电电源	目测检查供电电源，应工作正常	维护		○	○	○	○	○	○	
2		控制装置	目测检查各按钮，应灵活有效，操纵杆下部绝缘保护应无破损	修理/更换				○	○	○	○	
3			目测检查各机构操纵手柄，应灵活、无卡阻，挡位手感明确，零位锁有效	调整/更换				○	○	○	○	
4			目测检查遥控装置及手电门外壳，应无破损，控制按钮应标识清晰、正确，功能正常	修理/更换				○	○	○	○	

续表

序号	检查项目		检查方法、内容及要求	处置方式	检查周期						备注
					首次	日常	周	月	季	半年	年	
5	电气系统	总电源开关	目测检查总电源开关,应功能正常	调整/更换		○	○	○	○	○	○	
6		控制柜/台及电气设施	目测检查控制柜门开关,应灵活且门锁可靠	调整/更换				○	○	○	○	
7			目测检查控制柜内电气线路及元器件,应无过热、烧焦、融化痕迹;元器件应无外表破损;罩壳应无掉落	更换				○	○	○	○	
8			目测检查电气连接及接地,应可靠,线缆无严重龟裂、破损	调整/更换				○	○	○	○	
9			目测检查各段线路,线标应清晰,接线无松动	清洁/紧固							○	
10			通过功能试验检查线路,应无过热,绝缘电阻、接地电阻应符合要求	修理/更换							○	
11			通过功能试验检查各接线柱、接触器、继电器,应接触良好	调整/更换						○	○	○	
12		通信	通过功能试验检查主机与中央控制室的通信,应畅通	维护		○	○	○	○	○	○	
13		照明、信号	目测检查照明、信号装置,应无缺损	修理/更换		○	○	○	○	○	○	
14	液压系统	系统	目测检查液压系统,应工作正常,无异响、过热等现象	维护		○	○	○	○	○	○	
15		管路	目测检查液压系统管路,应无破损、无泄漏、无松动、无扭曲、无老化	修理/更换	○	○	○	○	○	○	○	
16		油料	目测检查液压油液位	补给					○	○	○	
17			液压油检查参照 JB/T 9737—2013 的规定	滤清/更换	○					○	○	
18			更换液压油							○	○	
19		滤清器	检查吸油、回油滤清器和空气滤清器,更换滤芯	清洗/更换	○						○	
20		液压油箱	检查液压油箱,内部应清洁,液位计无破损、显示正常	清洗/更换	○					○	○	
21		散热器	通过试验检查散热器,应工作正常	修理/更换					○	○	○	
22		蓄能器	检查蓄能器气压,应正常		○					○	○	

（4）动力系统

动力系统定期维护与保养项目如表 3-34 所示。

（5）行驶部分

行驶部分定期维护与保养项目如表 3-35 所示。

表 3-34 动力系统定期维护与保养项目

序号	检查项目	检查方法、内容及要求	处置方式	检查周期							备注
				首次	日常	周	月	季	半年	年	
1	发动机系统	严格按照发动机维修手册要求检查和保养	维护	根据发动机维修手册							
2		目测检查发动机系统，应无漏水、漏气、漏油、漏电现象	清洁/维护	○	○	○	○	○	○	○	
3		通过空载试验检查发动机，应运转正常、平稳，监视仪表显示正常，电气系统无异常及异味	维护	○	○	○	○	○	○	○	
4	管路	目测检查发动机进气管路、排气管路、燃油管路及连接件，确保无松动、无扭曲、无破损、无堵塞	修理/调整	○	○	○	○	○	○	○	
5	油液	目测检查发动机机油液位，应符合要求	补给	○	○	○	○	○	○	○	
6		目测检查机油使用状况，进行机油更换	更换	○					○	○	
7		目测检查发动机冷却液、尿素溶液、燃油的液位，应符合要求	补给	○	○	○	○	○	○	○	同时换滤芯
8		散热器冷却液应清洁，及时清除其中的沉淀物；冷却液定期更换，更换时应放尽旧液，冷却系统清洗干净后换新液	清洗/更换							○	
9	滤清器	检查燃油滤清器和机油滤清器，应清洁、无破损，进行滤芯更换	清洁/维护	○					○	○	
10		清洁空气滤清器的集尘杯	清洁	○				○	○	○	
11		目测检查空气滤清器压差指示器，显示时，清洁其主滤芯，主滤芯清洁两次后或主滤芯损坏时，进行更换	清洁/更换	○				○	○	○	
12	燃油箱	燃油箱内部应清洁	清洗/更换	○						○	
13	散热器	通过试验检查散热装置，应工作正常	修理/更换						○	○	
14		散热器清洗/反转除尘	清洁/维护	○	○	○	○	○	○	○	
15	后处理	检查尿素泵气压，应正常		○					○	○	
16	其他	检查皮带张紧度，应符合要求	调整	○				○	○	○	

表 3-35　行驶部分定期维护与保养项目

序号	检查项目	检查方法、内容及要求	处置方式	检查周期							备注
				首次	日常	例行	一级	二级	三级	四级	
1	传动系统	目测检查变速器、分动箱润滑油油面	补给				○				季度
2		检查变速器、分动箱润滑油使用状况，更换润滑油	更换	○				○			
3		检查变速器、分动箱透气塞(空气滤清器)，应通畅无堵塞	清洁/维护					○			
4		检查传动轴润滑情况，保证润滑油嘴加满但不溢出	维护	○		○	○	○	○	○	
5		目测检查传动轴、联轴器的工作、连接和磨损情况，应无缺损、无松动，运行中无异响和异常振动	维护/调整	○	○						
6	行走系统	通过空载试验检查走行机构，应无异常声响和异常振动	维护	○	○						
7		目测检查驱动桥、从动桥轮毂及轮毂轴承间隙，确保轮毂无缺损、无严重变形或裂纹	专业维护					○	○	○	
8		更换从动轴轮毂润滑脂	更换	○					○	○	
9		检查驱动轴主减速机和轮边减速机液面	补给	○		○					
10		更换驱动轴主减速机和轮边减速机润滑油	更换	○				○	○	○	
11		清洁或更换驱动轴通气装置	清洁/维护				○				
12		通过目测和行驶试验检查悬架的工作情况，运行中应无异响和异常振动	调整				○				
13		检测轮胎气压		○	○	○	○	○	○	○	
14		目测检查车轮上螺栓的紧固情况，车轮轮缘、踏面的磨损和变形应符合GB6067.1—2010中4.2.7的规定	调整/更换				○				
15		四轮定位	专业调整					○			
16	气动系统	通过空载试验检查气动系统，压力应正常，仪表应在有限期内并指示正常	修理/更换		○	○	○	○	○	○	
17		检查气动系统密封性，管路元件及接头应无破损、无扭曲、无松动、无老化	修理/更换	○		○	○	○	○	○	
18		检查气动座椅、喇叭等元件，功能应正常，控制阀、安全阀等阀类应作用正常、安全可靠	修理/更换			○	○	○	○		

序号	检查项目	检查方法、内容及要求	处置方式	检查周期							备注
				首次	日常	例行	一级	二级	三级	四级	
19	制动系统	检查手制动、脚制动、气室,功能应正常、可靠	修理/更换	○	○	○	○	○	○	○	
20		储气筒放水	维护	○	○	○	○	○	○	○	
21		检查干燥器功能是否正常,更换干燥剂	更换					○	○	○	
22		检查及调整调压阀输出压力	专业维护					○	○	○	
23		检查制动蹄摩擦片厚度,调整制动器间隙	专业维护						○	○	
24		清洁车轮制动器	维护						○	○	
25	转向系统	测试和调整前轮定位	调整	○							
26		检查转向系统的功能	调整						○	○	
27		检查和调整转向机、摇臂、拉杆螺栓、螺母的锁固和转向系统的间隙	调整/维护	○						○	
28		转向节、转向摇臂、转向拉杆等铰点润滑	维护					○	○	○	

（6）作业部分

作业部分定期维护与保养项目如表 3-36 所示。

表 3-36　作业部分定期维护与保养项目

序号	检查项目		检查方法、内容及要求	处置方式	检查周期						备注
					首次	日常	周	月	季	半年	年	
1	机构	起升机构	通过空载试验检查起升机构,应无异常声响和异常振动,运行平稳	维护	○		○	○	○	○	○	
2		变幅机构	通过空载试验检查变幅机构,应无异常声响和异常振动,运行平稳	维护	○		○	○	○	○	○	
3		回转机构	通过空载试验检查起重机回转机构,应无异常声响和异常振动	维护	○		○	○	○	○	○	
4		伸缩机构	通过空载试验检查伸缩机构,应无异常声响和异常振动	维护	○		○	○	○	○	○	
5		配重挂接结构	通过空载试验检查液压缸,应伸、缩自如,运行正常	维护	○		○	○	○	○	○	
6		支腿伸缩机构	通过空载试验检查支腿,伸缩机构,应无异常声响和异常振动	维护	○				○	○	○	

续表

序号	检查项目	检查方法、内容及要求	处置方式	检查周期							备注
				首次	日常	周	月	季	半年	年	
7	吊钩	检查吊钩焊缝及吊钩结构,应无影响安全的磨损及变形且应无异响	修理/更换	○			○	○	○	○	
8		目测检查吊钩销轴,应无松动、无脱出,轴端固定装置应安全有效	紧固/修理/更换	○			○	○	○	○	
9		目测检查吊钩闭锁装置和吊钩螺母防松装置,抬起后吊钩应能弹回原位	紧固/修理/更换	○			○	○	○	○	
10		检查锻造吊钩的表面裂纹、变形、磨损、腐蚀情况,应符合 GB/T10051.3—2010 第3.2条的规定	修理/更换	○				○	○	○	
11		目测检查起重横梁结构,应无裂纹和塑性变形	修理/更换	○		○	○	○	○	○	
12		目测检查吊钩其他零部件,应无损坏	修理/更换	○	○	○	○	○	○	○	
13	钢丝绳	按照 GB/T5972—2016 规定的方法检查钢丝绳,应符合其要求	更换	○			○	○	○	○	
14		目测检查钢丝绳,应无明显的机械损伤	修理/更换	○	○	○	○	○	○	○	
15		目测检查卷筒及滑轮上的钢丝绳,应无跳槽或脱槽等现象	紧固/调整	○	○	○	○	○	○	○	
16		目测检查钢丝绳端部的固定和连接情况,应满足 GB 6067.1—2010 中4.2.1.5的要求	紧固/调整	○	○	○	○	○	○	○	
17		钢丝绳润滑(每半个月)	维护	○		○	○				
18		目测检查钢丝绳表面,不应有明显露出的断丝、变形、挤压	更换	○			○	○	○	○	
19	卷筒	目测检查卷筒,应符合 GB 6067.1—2010 中4.2.4.5的规定,卷筒挡边无变形	更换	○				○	○	○	
20	滑轮	目测检查滑轮,应符合 GB 6067.1—2010 中4.2.5的规定	修理/更换	○				○	○	○	
21		目测检查滑轮,应转动灵活	润滑/调整	○				○	○	○	
22		目测检查滑轮防脱绳装置,应安全有效	修理/更换	○			○	○	○	○	
23		目测检查各转动、摆动点润滑情况,应满足相应要求	润滑/调整	○		○	○	○	○	○	

关键部件

续表

序号	检查项目		检查方法、内容及要求	处置方式	检查周期							备注
					首次	日常	周	月	季	半年	年	
24	关键部件	制动器	通过空载试验检查制动器,应灵敏可靠,工作正常	维护	○		○	○	○	○	○	
25			可360°回转时,检查非工作状态制动器的分离情况,应可靠	调整	○		○	○	○	○	○	
26			目测检查制动器,应符 GB 6067.1—2010 中 4.2.6.7 的有关规定	更换	○				○	○	○	
27		联轴器	目测检查联轴器,应无缺损、无松动、无漏油,运行中无异常振动和异常响声	紧固/调整/修理/更换	○	○	○	○	○	○	○	
28		减速机	目测检查运转中的减速机,应无异响、无异常振动,无漏油和过热现象	紧固/修理	○		○	○	○	○	○	
29			目测检查油位,应在要求范围内	加油	○		○	○	○	○	○	
30			更换减速机润滑油	更换	○						○	
31		开式齿轮	目测检查回转机构轮齿,有无塑性变形、裂纹、折断、齿面剥落、点蚀、胶合;齿根磨损情况,应符合 GB 6067.1—2010 中 4.2.8 的规定	更换	○				○	○	○	
32			检查开式齿轮的啮合间隙	专业调整	○						○	
33			润滑开式齿轮齿面		○		○	○	○	○	○	
34			目测检查齿轮装配情况,应无松动,传动应无异响	调整/紧固	○			○	○	○	○	
35		排绳装置	目测检查排绳装置,应工作正常,滑移无卡阻,螺栓无松动	调整/紧固	○				○	○	○	
36		托绳装置	目测检查托绳装置,应工作正常,运行平稳,托绳有效	调整	○				○	○	○	
37		轴承	目测检查轴承,应无异响、无异常温升	更换	○				○	○	○	
38		驾驶室和操纵室	目测检查驾驶室连接部位,应无脱焊、松动和裂纹	紧固/修理	○			○	○	○	○	
39			目测检查驾驶室,应无裸露的带电体,地面应绝缘良好	修理/更换	○			○	○	○	○	
40			目测检查驾驶室门、窗、玻璃、雨刮器、防护栏及门锁,应无缺损,门、窗、玻璃应清洁、视线清晰	清洁/更换	○			○	○	○	○	
41			目测检查移动驾驶室的悬挂装置,应安全可靠	紧固/修理	○			○	○	○	○	

续表

序号	检查项目	检查方法、内容及要求	处置方式	首次	日常	周	月	季	半年	年	备注
						检查周期					
42	空调系统	目测检查操纵室的空调系统,应工作正常	维护	○	○	○	○	○	○	○	
43		目测检查空调系统的管路及接头,应无漏水、无油迹,冷凝器片应无损伤、清洁、无堵塞			○	○	○	○	○	○	

（7）特殊检查项目

特殊检查部位的定期维护与保养项目如表 3-37 所示。

表 3-37　特殊检查部位的定期维护与保养项目

序号	特殊检查的条件	检查项目	检查方法、内容及要求	处置方式
1	安全防护装置的形式或规格改变	安全防护装置	针对被改变的安全防护装置,其检查方法、内容及要求应按上述定期维护与保养项目的相应规定执行	按上述定期维护与保养项目的相应规定处理
2	额定载荷改变	机构、金属结构	通过静载试验、动载试验检查起重机各项性能,应满足使用要求	加固机构和金属结构,减小起重机性能参数
3	主要受力结构件截面特性或材质改变	金属结构	针对被改变的金属结构,其检查方法、内容及要求应按上述定期维护与保养项目的相应规定执行	按上述定期维护与保养项目的相应规定处理
4			通过静载试验检查被改变的金属结构,应满足设计要求	加固金属结构
5	起升机构的形式或规格改变	起升机构	针对被改变的机构或其零部件,其检查方法、内容及要求应按上述定期维护与保养项目的相应规定执行	按上述定期维护与保养项目的相应规定处理
6			通过动载试验检查起重机各项性能,应满足设计要求	更换起升机构/减小起重机性能参数
7	控制系统的形式或规格改变	控制系统	针对被改变的控制系统或其元件,其检查方法、内容及要求应按上述定期维护与保养项目的相应规定执行	按上述定期维护与保养项目的相应规定处理
8			通过功能试验检查起重机的控制性能,应满足设计要求	按上述定期维护与保养项目的相应规定处理
9	动力源的形式或规格改变	动力源	针对被改变的动力源或其元件,其检查方法、内容及要求应按上述定期维护与保养项目的相应规定执行	按上述定期维护与保养项目的相应规定处理

续表

序号	特殊检查的条件	检查项目	检查方法、内容及要求	处置方式
10	钢丝绳性能改变	钢丝绳	目测检查钢丝绳与卷筒、滑轮的匹配情况,应满足 GB/T 5972—2016 的相应要求	按上述定期维护与保养项目的相应规定处理
11	固定吊具改变	机构、金属结构	通过静载试验、动载试验检查起重机各项性能,应满足使用要求	加固机构和金属结构,减小起重机性能参数
12	海浪或水灾侵袭	机械零部件、电控系统	针对被海浪或水灾侵袭的机械零部件、电控系统,其检查方法、内容及要求应按上述定期维护与保养项目的相应规定执行	按上述定期维护与保养项目的相应规定处理
13	风速超出设计范围	风速仪、抗风防滑装置、金属结构	针对风速仪、抗风防滑装置、受风载的金属结构,其检查方法、内容及要求应按上述定期维护与保养项目的相应规定执行	按上述定期维护与保养项目的相应规定处理
14	地震烈度超出设计范围	上述定期维护与保养项目的所有年检项目	按上述定期维护与保养项目的年检规定执行	按上述定期维护与保养项目的相应规定处理
15			通过功能试验、载荷试验、静载试验、动载试验检查起重机各项性能,应满足设计要求	按上述定期维护与保养项目的相应规定处理
16	超载	机构、金属结构	针对受影响的机构及金属结构,其检查方法、内容及要求应按上述定期维护与保养项目的相应规定执行	按上述定期维护与保养项目的相应规定处理
17			通过静载试验、动载试验检查起重机各项性能,应满足设计要求	修复机构和金属结构
18	安全制动器动作对机构造成非正常冲击的急停	起升机构	通过载荷试验检查起升机构及其零部件的各项性能,应满足使用要求	按上述定期维护与保养项目的相应规定处理
19	撞击事故	主要受力结构件、各机构	目测检查主要受力结构件、各机构,应完好;通过功能试验、载荷试验、动载试验检查起重机各项性能,应满足使用要求	按上述定期维护与保养项目的相应规定处理
20	火灾	主要受力结构件、各机构、电控系统	通过目测检查、功能试验或/和载荷试验检查受火灾影响的项目,应符合上述定期维护与保养项目的相应要求	按上述定期维护与保养项目的相应规定处理
21	设备停用一年及以上再次投入使用前	上述定期维护与保养项目的所有年检项目	按上述定期维护与保养项目的年检规定执行	按上述定期维护与保养项目的相应规定处理

注:在进行动载试验或静载试验之前,应确保起重机满足试验条件。

3．全地面起重机的润滑

应按照如下建议，对起重机的活动部位定期润滑。起重机润滑工作开始前应对起重机进行清洁。注意润滑周期、保持润滑剂的油位和使用的润滑剂的型号。有集中润滑系统的车辆，应检查润滑系统是否能正常输送润滑剂。

1）润滑指导

起重机整车的关键润滑点如图3-96～图3-101及表3-38所示。为了更好地提高作业效率和起重机的作业寿命，应按期对规定部位加注润滑脂。

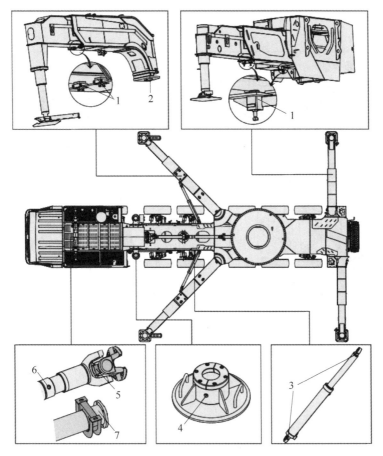

图3-96　关键润滑点示意图1

表3-38　润滑部位及方式查询表

序号	润滑部位	周期	牌号	润滑方法
1	活动支腿滑块	每季度一次	2# 锂基润滑脂	油枪注油
2	摆腿铰点	每季度一次	2# 锂基润滑脂	油枪注油
3	摆动支腿液压缸铰点	每季度一次	冬季 0# 锂基润滑脂；夏季 1# 锂基润滑脂	油枪注油
4	辅助支承支脚盘	每季度一次	2# 锂基润滑脂	油枪注油
5	传动轴伸缩花键	每季度一次	冬季 0# 锂基润滑脂；夏季 1# 锂基润滑脂	油枪注油
6	传动轴万向节	每季度一次	冬季 0# 锂基润滑脂；夏季 1# 锂基润滑脂	油枪注油
7	中间支承传动轴	每季度一次	冬季 0# 锂基润滑脂；夏季 1# 锂基润滑脂	油枪注油

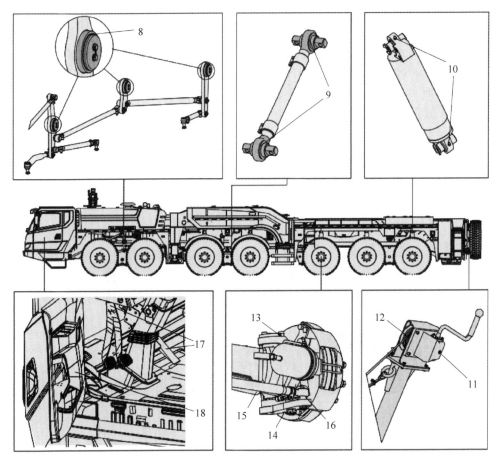

图 3-97　关键润滑点示意图 2

表 3-38　润滑部位及方式查询表（续）

序号	润滑部位	周期	牌号	润滑方法
8	转向摇臂轴承	每季度一次	2# 锂基润滑脂	油枪注油
9	推力杆球头	每季度一次	2# 锂基润滑脂	油枪注油
10	悬挂液压缸铰点	按设定	冬季 0# 锂基润滑脂；夏季 1# 锂基润滑脂	集中润滑
11	备胎蜗轮装置	每季度一次	1# 锂基润滑脂	油枪注油
12	备胎装置钢丝绳	每季度一次	2# 锂基润滑脂	涂抹
13	转向节轴承下铰点上润滑点	按设定	冬季 0# 锂基润滑脂；夏季 1# 锂基润滑脂	集中润滑
14	转向节轴承下铰点下润滑点	按设定	冬季 0# 锂基润滑脂；夏季 1# 锂基润滑脂	集中润滑
15	转向助力液压缸铰点	每季度一次	冬季 0# 锂基润滑脂；夏季 1# 锂基润滑脂	油枪注油
16	转向横拉杆球头	每季度一次	2# 锂基润滑脂	油枪注油
17	油门及制动踏板	每季度一次	2# 锂基润滑脂	油枪注油
18	驾驶室门铰链	每季度一次	2# 锂基润滑脂	油枪注油

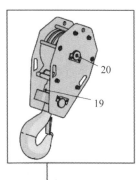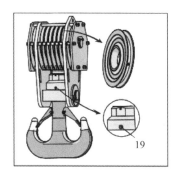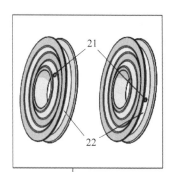

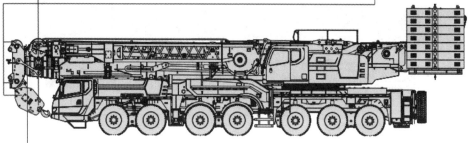

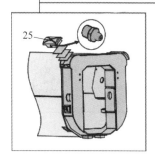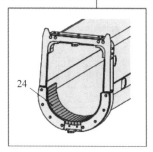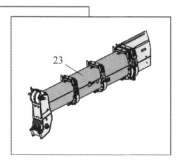

图 3-98 关键润滑点示意图 3

表 3-38 润滑部位及方式查询表(续)

序号	润滑部位	周　期	牌　　号	润滑方法
19	吊钩滑轮组销轴	每周或使用前	2# 锂基润滑脂	油枪注油
20	吊钩横梁轴承	每周或使用前	2# 锂基润滑脂	油枪注油
21	滑轮旋转轴承	每周或使用前	2# 锂基润滑脂	油枪注油
22	滑轮钢丝绳槽	每周或使用前	2# 锂基润滑脂	涂抹
23	二至七节臂滑块经过的外表面	每月	2# 锂基润滑脂	涂抹
24	起重臂臂头滑块	每月	2# 锂基润滑脂	涂抹
25	上滑块	每月	2# 锂基润滑脂	涂抹

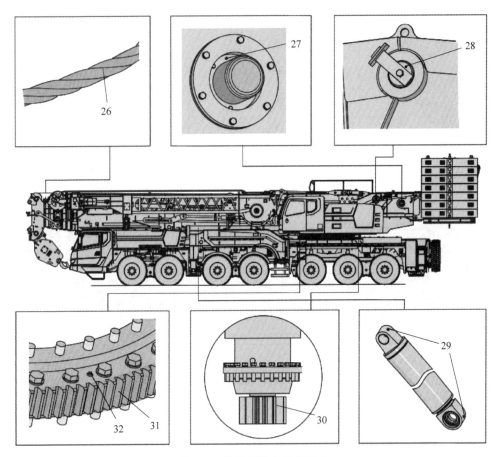

图 3-99　关键润滑点示意图 4

表 3-38　润滑部位及方式查询表（续）

序号	润滑部位	周　期	牌　　号	润滑方法
26	钢丝绳	每周	2# 锂基润滑脂	涂抹
27	主起升卷扬机、副臂变幅卷扬机、穿绳卷扬机轴承	按设定	2# 锂基润滑脂	集中润滑
28	吊臂后铰点	按设定	2# 锂基润滑脂	集中润滑
29	变幅液压缸上、下铰点	按设定	2# 锂基润滑脂	集中润滑
30	回转减速机小齿轮齿面	每周	2# 锂基润滑脂	涂抹
31	回转支承齿面	每周	2# 锂基润滑脂	涂抹
32	回转支承轴承	按设定	2# 锂基润滑脂	集中润滑

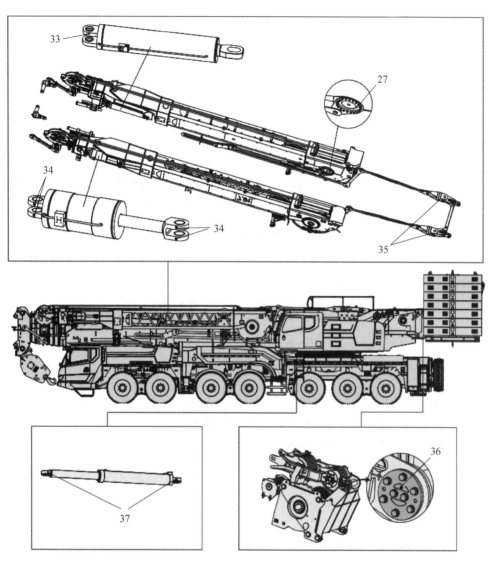

图 3-100　关键润滑点示意图 5

表 3-38　润滑部位及方式查询表（续）

序号	润 滑 部 位	周　期	牌　　号	润滑方法
33	超起变幅液压缸铰点	使用前	2# 锂基润滑脂	涂抹
34	超起展开液压缸铰点	使用前	2# 锂基润滑脂	集中润滑
35	连接支架万向节	使用前	2# 锂基润滑脂	集中润滑
36	变幅副臂滑轮组轴承	按设定	2# 锂基润滑脂	集中润滑
37	操纵室变幅液压缸铰点	按设定	2# 锂基润滑脂	涂抹

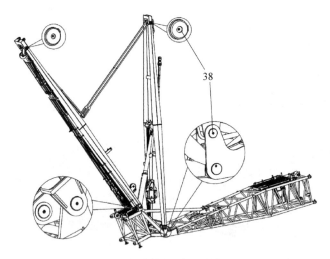

图 3-101　关键润滑点示意图 6

表 3-38　润滑部位及方式查询表（续）

序号	润滑部位	周　期	牌　号	润滑方法
38	变幅副臂安装组件各铰点	使用前	2# 锂基润滑脂	油枪注油

2）集中润滑系统

集中润滑系统一般由泵装置、电控器、分配器、管路、电缆和安全阀等组成，如图 3-102 所示。使用集中润滑系统可有效提高使用效率和延长机器寿命。

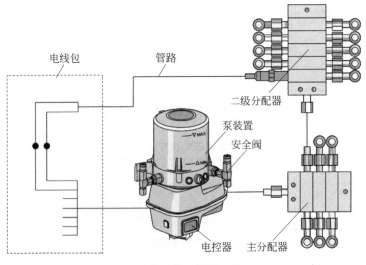

图 3-102　集中润滑系统

（1）操作使用

第一次起动或大修起动之后，油脂罐中必须充入足量油脂，泵要连续不断地工作，直到连接到各个润滑点的管线末端都冒出油脂。这要求：

① 管线连接之前，特别是较长的管线与较

小流量的泵连接之前，管线中必须预先充满油脂。

② 主线的末端最初应是放开的，直到气泡从管线中全部排除，方可进行连接。

③ 按一下强制润滑键，此时电动泵沿油箱上箭头标示的方向旋转，同时通过凸轮盘驱动泵单元进行供油工作，润滑主线应有油脂冒出。

④ 连接主线后，各个分配器的出油口应有油脂冒出。

⑤ 检查润滑点的连接部分是否密封紧密，发现漏油应重新紧固。

⑥ 检查管线连接是否密封紧密，发现漏油应重新紧固。

（2）强制起动

润滑泵具有手动强制润滑按钮，可在安装调试时与手动润滑同时使用，不受控制器控制。手动强制润滑按钮长按时润滑，松开时按钮复位断开。当用户长时间不使用车辆时，管路油脂可能部分风干缺失，因此用户应定期检查车辆第 1 车轴和最末车轴的润滑点是否含油。

（3）润滑脂的填充

透明脂罐可进行人工观察，当脂位低于"min"标记时，要及时加注润滑脂，否则会使空气混入系统管路，造成整个系统的工作失常。填充润滑脂时可用手动或气动黄油枪通过充脂口加注。

（4）润滑点

行驶部分集中润滑系统润滑点和作业部分集中润滑系统润滑点分别如图 3-103 和图 3-104 所示。

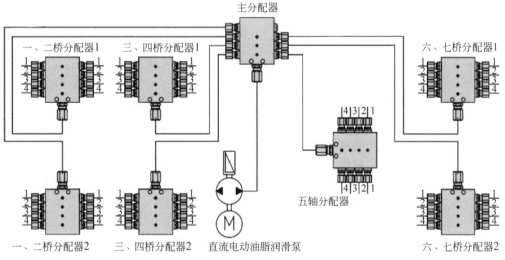

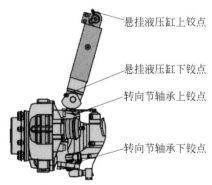

图 3-103　行驶部分集中润滑系统润滑点

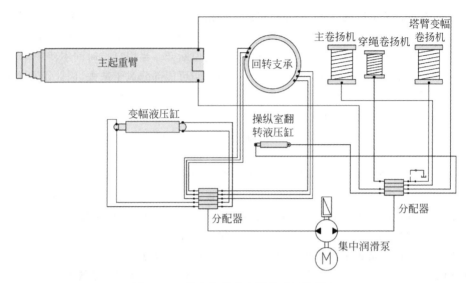

图 3-104　作业部分集中润滑系统润滑点

（5）定期检查与维护

① 必须使用清洁、无污染的指定黏度范围内的润滑脂。不要随意拆卸泵体，谨防混入空气。

② 平常保持油罐中有油，加油不能充满油罐，同时加油的过程中速度要缓慢、均匀。

③ 切勿将泵体本身过度倾斜或倒立。

④ 在运行一周后，要检查所有管线、接头及滤油（脂）器滤芯有无漏油、堵塞及外观损坏，发现问题应立刻检修，更换所有损坏之处。

⑤ 定期对安全阀进行检查、校核。

⑥ 加油口内和注油管中的滤网应每年更换或清洗一次。

⑦ 柱塞副组件要定期进行维护和清洗。

4. 全地面起重机的定期检验

1）概述

起重机在出厂前，已经根据最新的 ISO，FEM 和 DIN 标准或 VGB9 CZH1/21 标准进行了检验。起重机在使用过程中，安全性等级会和出厂时的标准出现偏差，这些偏差是因为生锈、腐蚀、外力、环境的变化和使用情况变化引起的。

操作者应始终注意工作任务的要求以维持出厂时的安全等级。起重机应根据使用情况和使用条件，从初次进行检查算起，至少每年由经验丰富的技师检查一次。可参见 ISO9927-1，EU89/655，VBG9。从初次检查算起，至少每四年由专业工程师检查一次。在使用了 12 年后，必须由专业工程师每年检查一次。

如果对起重机进行了重要的改动，或是对承载部分进行了修理，必须在起重机投入使用前由经验丰富的技师进行检查。

所谓经验丰富的技师，是指由于他们的职业经历和经验，在起重设备（起重机）方面具有丰富的知识，熟悉相关的规定，诸如劳动法、OSHA 规则、事故预防规则，能判断出起重机的实际使用情况与正常和安全状况差异的人。

专业工程师是在设计、制造和维修起重设备（例如起重机）方面经验丰富，对相关的规则和标准有丰富知识的人。他们使用必要的设备来进行检查，以判定起升设备（起重机）是否处于安全状态，并决定为确保以后的安全操作应采取什么措施。

对起重机复检通常是目视检查，由有经验的技师和工程师检查起重机及其部件的情况。通过这种适时地找出缺陷的办法可以防止事故的发生。

对所有的由有经验的技师和专业工程师检查发现的缺陷必须做好记录，采取措施加以解决并重新检查。

2）定期检验的内容

（1）检查承受/携带载荷的钢结构部分

承载钢结构，例如伸缩臂、转台、底盘、支腿系统（滑动臂或折叠支承）至少每年检查一次。即使焊接接缝处通常不是高应力区域，但在检查中还是应特别注意这些部位。

DIN 15018 第 3 部分第 1 条列出了高弹钢的许用应力值及钢结构的预期寿命。但是预期寿命不是仅根据应力值算出的，还取决于起重机操作时的载荷谱图。因此，承受载荷或携带载荷的钢结构部分及焊接接缝处应在定期检查时由授权检验员进行全面的检查。

如果起重机受到额外的应力，如在操作过程中受到不寻常的冲击或碰撞，应立即对受到碰撞的部件进行检查。

如果在钢结构上的任一点上发现有任何损坏（例如发现裂缝），则应由专业人员借助材料分析方法（例如磁粉检测、超声波或 X 射线检测）来检查是否有进一步的损害，并由专业人员确定损坏的部分是采用焊接还是其他方法进行修理。

（2）检查轮辋

轮子和轮辋是关系到车辆安全的重要部件之一。轮辋设计成焊接钢结构，必须按"检查承载钢结构"中的概要对其进行检查。此外，还要按起重机底盘维修中"轮辋安全及维修准则"进行检查。

在至少每年一次的起重机年检中，应检查轮辋有无裂纹，推荐使用颜色渗透法。如果发现有裂纹或开始有裂纹形成，必须立即更换轮辋。

最多运行 40000km 以后，无论实际驱动载荷谱怎样，操作者都应不断地对轮辋进行检查。应特别检查轮辋的基础部分有无裂纹。

（3）检查起升机构和卷扬机

起升机构、牵引卷扬机及旋转机构都是闭式行星传动形式，卷扬减速机是按长寿命设计的，驱动轴和驱动轮也是按耐久性原则设计的。

尽管这些传动装置是为满足长寿命设计的，但只经过外部目视检查是不够的，因为使用寿命会因维护不够（缺油）、密封故障、操作不正确或过度使用而受影响。因此，必须由有经验的技术人员根据表 3-39 所示原则进行检查。

表 3-39　检查起升机构和卷扬机

检查原则	检查内容
检查	检查周期
	检查油位
	检查油的颜色
	检查外来颗粒
	油中外来颗粒物的鉴定
	目视检验
	检查减速机制动
	检查资料完整性
要求监测卷扬机的方法	检查理论使用寿命
	检查理论使用寿命中已用尽的部分

（4）检验吊钩

必须由专业检验员对吊钩进行经常性的检查。检查可以早期发现问题，防止事故的发生。必须将检查中发现的问题记录下来，进行修理后再进行检验。检查和检测程序如下：

① 检查吊钩有无变形。应经常性地，但至少每年一次对吊钩的开口端进行检查。吊钩的开口端不能超出原始值 10%。

② 腐蚀性检查。应将螺母拧下，以检查螺纹的腐蚀及磨损情况。

（5）检查伸缩臂上钢丝绳输送机构

检查缩回钢丝绳预张力。钢丝绳的预计使用寿命应符合 DIN 15020 或 ISO 43090 的规定。

（6）检查伸缩臂锁定系统

检查伸缩臂内部和外部锁定系统的功能，销子的装配、磨损和安全控制装置。

（7）检查安全装置

检查安全控制装置或复位支承上限位开关及 A 字架。

（8）检查氮气储气罐

检查氮气气压是否正常，特别要对复位支承和悬挂蓄能气储气罐的气压进行检查。

（9）检查钢丝绳滑轮

钢丝绳滑轮必须每年进行全面检查，确定有无损坏及裂纹。

如果钢丝绳在起重机操作过程中受到碰撞，或受到了其他外力，则必须对其进行全面检查，确定是否有损坏及裂纹。检查滑轮沟槽的磨损情况，如果沟槽磨损超过钢丝绳直径的1/4，必须更换滑轮。

（10）检查负荷安全系统的功能

臂架最长时，使用吊钩滑轮组作为试验重量来检查力矩限制器显示情况。

在作业幅度最大和最小时，力矩限制器的载荷显示值与实际值的偏差应不超过10%。在作业幅度最小及臂架角度为45°时，力矩限制器的幅度显示值与实际值的偏差应不超过10%。

3.6.5　常见故障及其处理

1. 机械系统故障诊断与排除

1）发动机

柴油发动机是起重机底盘的心脏，由许多机构和系统组成，这些机构和系统都按照一定的规律相互关联、密切配合、有机地组合在一起，保证其良好地工作。在柴油发动机运行过程中，因部分机构或系统的零件出现异常，与相关零部件之间工作有不协调状态时，使其工作受阻，影响了柴油发动机正常工作，这种现象通常称为故障。对柴油发动机故障应仔细分析，找准故障发生的原因，进而采取相应措施予以排除。柴油发动机常见故障的诊断与排除方法如表3-40所示。

表 3-40　柴油发动机常见故障的诊断与排除

故 障 现 象		故 障 原 因	排 除 方 法
发动机怠速不稳		怠速转速调得过低	适当调高怠速转速
		调速器故障，各轴销磨损、间隙过大；铰链点阻滞	检修并调整调速器
		怠速弹簧压缩量过小或折断	检修怠速弹簧
		喷油泵故障，喷油量和喷油压力波动	调整维修喷油泵
		喷油器故障，喷油嘴阀发卡，出油阀密封性不稳定	调整和维修各喷油嘴，使喷油稳定
		燃油中含有水分	更换标准燃油
		喷油正时角度发生变化	调整喷油提前器，调好和紧固连接
		柴油本身有故障	维修柴油机本身
发动机不能起动	起动机转动，但不能带动发动机转动	蓄电池电压低落，充电不足	换一组蓄电池起动
		蓄电池接线柱锈蚀或松动	清理接线柱，拧紧电源线接线
		蓄电池接地线锈蚀或松动；发动机接地不良	清理接地线接地端，拧紧接线
		起动继电器衔铁不能脱开	维修更换起动继电器
		点火开关故障或起动机故障	维修点火开关或维修起动机
	起动机转速正常，发动机不来火	燃油箱无燃油	加注标准燃油
		燃油供给系统管路故障	检查、维修燃油供给系统管路
		燃油系统中有空气	排查空气
		燃油泵故障	检查、维修燃油泵
	起动机不起动	蓄电池充电明显不足	充电或更换
		蓄电池接头松脱	接好蓄电池接线柱和接头
		蓄电池接地线松脱	接好蓄电池接地线
		起动电路不通	检查和修复起动电路
		电磁继电器衔铁黏着	检查并维修电磁继电器
		起动机本身故障	检查并维修起动机

续表

故 障 现 象	故 障 原 因	排 除 方 法
高速大负荷动力不足,上坡无力,加速无力	空气滤清器不清洁,进气量不够	清洗或更换空气滤清器芯子或清除滤芯上的灰尘
	油门控制机构故障	调整油门控制机构
	增压器轴承磨损,压力机及蜗轮的进气管路被污物阻塞或漏气	检修或更换轴承,清洗进气管路、外壳,擦净叶轮,拧紧接合面螺母和卡箍
	柴油机本身使用日久,零部件磨损严重	维修柴油机
中小复合工况不稳定	柴油机个别气缸断续工作	确认、检修
	柴油机油两三个缸工作不好	
	喷油泵工作不稳定	
	喷油器不能正常工作	
	调速器故障	
	油门控制机构故障	调整油门控制机构

2）变速器

变速器常见故障的诊断与排除见表 3-41。表中数字含义如下：

1—驾驶员采用正确的驾驶方法；2—更换零部件；3—松开锁紧螺钉,重新以适度的扭矩拧紧；4—寻找由它引起的损坏；5—用砂纸磨光表面；6—按规定重新调整；7—安装漏装零件；8—检查气管；9—紧固零部件；10—排除零部件所受的干扰；11—重新检查对齿情况；12—清洗零件；13—涂一薄层硅油润滑剂；14—涂密封剂。

表 3-41　变速器常见故障的诊断与排除

故 障 现 象	故 障 原 因	排 除 方 法
变速器换挡困难或不能换挡	换挡机构壳破裂	2
	齿轮受轴扭曲影响,离开对齿位置	2,4
不能互锁	漏装互锁钢球	2
	漏装互锁销	2
噪声大	齿轮受轴扭曲影响,离开对齿位置	2,4
	齿轮有裂纹或齿部有毛刺	5,2
	主轴齿轮公差过大	8
	轴承损坏	2
	油面太低	2,4
	润滑油质量低劣	2,4
	换油不及时	2,4
	不同油料混用	2
空转时齿轮发响	主轴齿轮公差过大	6
	发动机运转不平稳	6
	输出轴螺母拧紧力矩不够	6
	传动轴安装不当	6
	悬架磨损	2,6

续表

故 障 现 象	故 障 原 因	排除方法
主轴垫圈烧坏	油面太低	2,4,6
	车辆拖行或滑行方法不当	2,4,6
输入轴花键磨损或损坏	以太高的挡位起步	1,2
	冲击负载	1 2
过热	齿轮受轴扭曲影响,离开对齿位置	2,4
	轴承损坏	2
	油面太低	8,4
	油面太高	8,4
	润滑油质量低劣	2,6
	变速器工作倾角太大	2,6
	换油不及时	2,6
	不同油料混用	2,6
主轴扭曲	以太高的挡位起步	1,2
	冲击载荷过大	1,2
	油面太低	2,4
	润滑油质量低劣	2,4
	换油不及时	2,4
	不同油料混用	2,4
漏油	通气孔堵塞	10
	壳体有铸造缺陷	2,4
	紧固螺钉松动或滑丝	6,7,14

3) 传动轴

传动轴主要故障的诊断与排除见表 3-42。

4) 驱动桥

驱动桥主要故障的诊断与排除见表 3-43。

表 3-42 传动轴主要故障的诊断与排除

故 障 现 象	故 障 原 因	排 除 方 法
传动轴发响	万向节十字轴、滚针轴承磨损严重,十字轴轴颈磨出凹槽,十字轴与轴承径向间隙过大	检查、更换机件(尽可能更换传动轴总成)
	凸缘和轴管焊接时歪斜或传动轴弯曲	更换传动轴总成
	传动轴总成各零件磨损造成传动不平衡	更换传动轴总成
	传动轴花键键齿和滑动叉键槽磨损	更换传动轴总成
	传动轴两端安装位置改变,造成等速传动条件破坏	按技术要求重新装配
中间支承轴承发响	中间支承轴承座橡胶垫损坏	更换橡胶垫
	中间支承的紧固螺栓松动	按要求力矩紧固
	中间支承轴承总成缺油或损坏	润滑总成或更换

表 3-43　驱动桥主要故障的诊断与排除

故障现象	故障原因	排除方法
漏油	输入轴油封损坏或磨损,油封弹簧松弛	将油封外圈及外壳油封座孔清洗干净,在油封外圈处涂抹乐泰 603 固特胶,将油封打入油封座孔; 应检查桥壳的通气装置
	轮毂油封漏油:两个轮毂油封安装顺序错误	重新安装轮毂油密封
	轴头端盖向外漏油:端盖与行星轮架接触面不密封	拆卸后将端盖与行星架端面清理干净,然后在连接表面不间断涂抹乐泰 587 密封胶重新装配
	桥壳的通风孔向外排油,而轮边减速机经常缺油:半轴油封方向装反或者损坏	检查半轴油封方向或更换
轮毂发热	轮毂轴承预应力过大,轴头花帽扭紧力矩过大导致轴承的预紧力过大	按规定要求重新装配轮毂
	轮毂轴承变形或损坏	修复或更换
制动鼓发热	制动分室及制动控制气路有故障	检查和更换气管路
	制动凸轮轴弯曲变形,轴衬套严重缺油,或者制动凸轮轴支架变形错位	检查、修复及润滑
	制动蹄回位弹簧折断或者松弛	更换
	制动摩擦片与制动鼓间隙过小	调整间隙
	制动过于频繁	提倡使用发动机排气制动减速,尽量避免频繁
中央传动异响	齿轮磨损持续的响声,而且随车速的提高响声逐渐增大	检查并修复轴承或传动齿轮
	正常直线行驶时没有明显的噪声,在拐弯时明显产生不正常的声音	检查差速器齿轮或差速锁啮合套松紧度,修复或更换差速器齿轮
	更换新主、被动齿轮后产生持续的噪声,而且随车速的提高噪声增大	检查主、被动齿轮啮合间隙和齿面接触痕迹是否合格,特别应注意主、被动齿轮是否为配套装配
	桥壳变形	检查和更换
后轮磨轮胎	轮胎钢圈变形	检查、修复或更换
	轮毂轴承松旷	检查、修复或更换
	后桥错位	紧固或更换钢板中心螺钉

5)转向系统

转向系统主要故障的诊断与排除见表 3-44。

6)制动系统

制动系统主要故障的诊断与排除见表 3-45。

表 3-44　转向系统主要故障的诊断与排除

故 障 现 象	故 障 原 因	排 除 方 法
转向器漏油	轴颈处胶圈损坏或溢流阀处胶圈损坏或阀体、隔盘、定子及后盖结合处漏油	更换胶圈；如果结合面处有脏物，则应清洗干净；如果有划伤，则应研磨平，并紧固螺栓（紧固后盖七个螺栓时应有顺序地每隔两个拧一个，要逐渐拧紧，拧紧力矩为 40～50N·m）
转向盘在负荷时转向轻，增加负荷时转向沉重	系统溢流阀压力低于转向系统的工作压力，溢流阀被脏物卡住	调整系统溢流阀压力规定值，将系统溢流阀清洗干净
慢慢转转向盘时感觉轻，快速转转向盘时感觉沉重	油泵供油量不足	选择合适的油泵
快转与慢转转向盘均沉重并且转向无压力	阀体内单向阀失效	如果钢球丢失了，则装入钢球；如果密封带不密实，则修正阀体上的钢球座
发出不规则的响声，转向盘转动而液压缸时动时不动	转向系统中进了空气	排出空气，检查吸油管路是否漏气，回油管是否在油面以下
转向沉重	油箱不满、吸油滤清器堵塞或油液黏度太大	排出空气，检查吸油管路是否漏气，回油管是否在油面以下
	油泵过度磨损，内漏过大，容积效率下降，在系统工作时，油泵供油量小于转向器公称流量，使系统压力建立不起来	更换油泵
	杂质使单向阀钢球与阀座密封不严，单向阀钢球掉入阀套与阀体环槽之间或钢球磨损，导致动力转向时单向阀关闭不严，进出油路连通	更换单向阀
	转向器安全阀过早开启，一种可能是安全阀弹簧断裂或变形，另一种可能是杂质卡住阀芯	更换安全阀或安全阀弹簧，或清除阀芯和阀套之间的杂质
跑偏严重，转动转向盘时液压缸不动	双向缓冲阀失灵	清洗双向缓冲阀，或更换其弹簧
配油关系错乱，转向盘自转或左右摆动	转子与联动轴相互位置装错	重新装配（转子齿底凹槽与联动轴端面冲点标记位置对齐即可）
压力振摆明显增加甚至不能转动	销轴折断或变形，联动轴开口折断或变形	更换销轴，更换联动轴
人力转向时，转向盘转动液压缸起初微动，后来不动	油箱油面过低（因液压缸的油流回油箱）	加油至规定油面高度即可
动力转向时，液压缸活塞达到极端位置，驾驶员终点感不明显；人力转向时，转向盘转动，液压缸不动，打转向盘时无人力转向	因长时期使用，转子与定子的径向间隙或轴向间隙变得过大	更换转子和定子。若因轴向间隙变得过大，可研磨定子端面
	油液黏度太小	使用推荐的转向液压油

表 3-45　制动系统主要故障的诊断与排除

故 障 现 象		故 障 原 因	排 除 方 法
制动不灵	减速或停车时,明显有减速程度不足	制动踏板自由行程过大; 储气筒气压不足; 制动系统漏气或管路堵塞; 制动阀调整不当	调整制动踏板自由行程; 查看气压表压力; 将制动踏板踩到底; 调整车轮制动器
	紧急制动时间、距离过长		
	停车后地面没有轮胎拖擦印迹或印迹很短		
制动跑偏	起重机行驶中使用制动时,其行驶方向发生偏斜,在紧急制动时,车辆出现转向不足或甩尾现象,不能沿直线方向停车	左、右车轮制动器产生的制动力不等	对车辆进行路试,找出制动效能不良的车轮,进一步查出制动器工作不良的原因
		左、右车轮轮胎的花纹、气压不一致	检查左、右车轮的花纹及轮胎气压是否一致,以及车架在使用中是否变形
		前轮前束调整不当或拉杆球头松旷	测量前、后桥两轮间的轴距,检查跑偏是否因前后桥不平行所致
		车辆受力不均匀或车架在使用中变化	检查是否前轮前束调整不良

7) 支腿

支腿主要故障的诊断与排除见表 3-46。

8) 起重臂

起重臂主要故障的诊断与排除见表 3-47。

表 3-46　支腿主要故障的诊断与排除

故 障 现 象	故 障 原 因	排 除 方 法
支腿伸出时,各支腿的伸出量相差很大,导致伸出严重不同步	固定支腿箱变形	一般通过调整活动支腿与固定支腿之间的间隙来解决
在操作起重机支腿伸缩过程中,起重机的支腿发生异响和抖动		

表 3-47　起重臂主要故障的诊断与排除

故 障 现 象	故 障 原 因	排 除 方 法
当主臂伸缩时,主臂抖动	吊臂滑块间隙调整不适当; 滑块上缺润滑脂	按要求调整;涂润滑脂
起重机在工作时,主臂变幅出现抖动	除液压系统故障会产生主臂变幅抖动外,机械故障也可能会引起主臂变幅抖动故障,主要原因为: 连接轴磨损或缺润滑脂; 液压缸上铰接轴承损坏	产生故障后需要逐步检查、修理或更换新件,并加注润滑脂
起重机回缩主臂时,主臂不运动	大臂变形,将主臂卡死不动; 伸缩机构故障,如缸销、跳槽、滑轮损坏等	对吊臂各个部分进行检查,若发现故障原因,及时进行维修

9）网络通信

支腿动作的前提是计算机网络通信正常，若 P4 控制器（见图 3-105）通信在 P5 显示器显示"故障"，一般是控制器断电和通信线路故障。

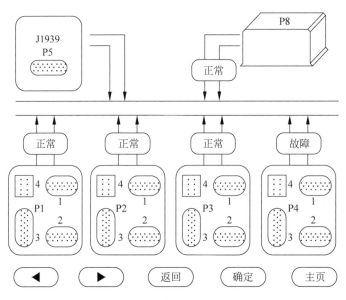

图 3-105　网络通信故障诊断界面

P4 控制器断电的主要原因为熔断器熔断、导线断路器断路、搭铁线路虚以及插接件安装不到位等。只有 24V 直流电供电正常、搭铁良好，P4 控制器才能按照设定的程序周期进行工作。

如果 P4 控制器供电线路正常，需要对通信线路质量进行确认。CANOPEN 总线通信介质一般为带屏蔽的双绞线，一根总线高（CAN_H），一根总线低（CAN_L）。CAN_H 正常通信电压一般为 2.8V 直流电，CAN_L 正常通信电压一般为 2.5V 直流电，CAN_H 和 CAN_L 之间一般存在 0.3V 直流电的电势差。在起重机断电时，CAN_H 和 CAN_L 之间的电阻值应为 60Ω，且 CAN_H，CAN_L 不得搭铁。

如果 P4 控制器供电正常，通信线路可靠，但仍然显示 P4 控制器通信故障，则可能是 P4 控制器程序不正确或控制器的通信端口损坏。

（1）支腿动作混乱故障

支腿动作混乱是指"支腿操纵有效指示灯"亮后，指定开关不能控制对应的支腿伸缩。例如操作左前水平支腿缩开关，却出现右前水平支腿、左后垂直支腿同时伸出的故障。该故障的主要原因有两个：一是开关卡死；二是由于插接件进水、导线短路等引起连电。

诊断时可以借助 P5 显示器观察对应的输入状态进行诊断。首先应检查左、右支腿操纵面板开关，按下开关后再松开，看复位是否正常；其次检查左、右支腿操纵面板后面的插接件是否有水渍、锈蚀、短路等问题；再次检查 P3 控制器上输入针脚是否有水渍、锈蚀、短路等；最后检查线束中间是否因磨损、挤压而引起断路、短路。

（2）输出电磁阀搭铁不良故障

如果出现在 P5 显示器上读取对应支腿控制电磁阀输出有效，取力器工作正常，支腿却不能按照要求伸出的故障，则需要对电磁阀的搭铁进行检查，可能是机架搭铁松动、电磁阀插针悬空、搭铁并线点过多等造成阻抗大。

通常情况下，电磁阀搭铁线与机架之间的阻值小于 0.5Ω，电磁阀即可正常工作。电磁阀插座处信号线与搭铁线之间的电压值即为控制器标准输出值。

基于计算机网络控制的全地面起重机支腿的故障诊断，需要对起重机的机、电、液系统综合考虑。在具备丰富的机械传动、液压传动、电气控制、计算机控制和网络通信知识的基础上，通过对具体故障进行合理的数据采样、分析、判断,才能取得满意的诊断结果和处理方案。

2. 液压系统故障诊断与排除

液压系统是起重机的重要组成部分,其运行情况直接影响起重机的性能及安全操作。液压系统常见故障的诊断与排除方法如表 3-48 所示。

表 3-48　液压系统常见故障的诊断与排除方法

故障部位	故障现象	故障原因	排除方法
液压泵	发出噪声	油量不足	加油
		吸油管路进气	修理、排气
		安装螺栓松动	拧紧
		液压油污染	换油或过滤
		传动轴振动	修理
		万向节磨损	更换
支腿机构	无动作	下车溢流阀压力过低	调整至 20MPa
		污物卡住下车溢流阀芯	拆开清洗
		电磁阀卡滞	拆开清洗,检查电磁铁
	动作迟缓	油泵内泄	修理或更换
		溢流阀调定压力过低	调整
	吊重或行驶状态垂直液压缸自动缩回或伸出	双向液压锁失效	拆洗或换件
		液压缸内泄或外泄	更换相关密封件或换件
回转机构	不回转	液压马达损坏	修理或更换
		回转机构减速机或制动器出故障	修理
		溢流阀压力过低	拆洗或调整
		回转控制电磁阀故障	拆洗或更换
	回转动作迟缓	溢流阀压力过低	拆洗或调整
		液压马达泄漏严重	拆洗或更换
		阀内漏严重或换向不到位	检查、更换密封
	回转冲击大,不平稳	回转控制参数不当	调整
		回转间隙大	调整
		回转制动器出故障	检修
		回转机构磨损严重	检修
	无法实现回转机构的自由滑转—锁紧转换	自由滑转电磁阀卡死不换向或者电磁阀电路出故障	检修、修理
		制动器进油路压力不够	调整主阀低压油源压力
变幅机构	无起幅动作	上车多路阀、溢流阀压力调定过低	调整
		液压缸内泄严重	检修
		主泵内泄严重	检修
	无落幅动作	同无起幅动作的原因	调整或检修
		平衡阀阀芯卡滞	清洗或更换
		平衡阀控制油路堵死	清洗
	落幅时大臂抖动	平衡阀故障	清洗并调整
		平衡阀控制参数不当	调整
	伸缩液压缸自动缩回	液压缸内部泄漏	修理或更换
		平衡阀内泄	清洗或更换

续表

故障部位	故障现象	故障原因	排除方法
伸缩机构	无伸臂动作	主阀伸臂二次溢流阀压力过低	拆洗并调整
		同无起幅动作的原因	调整或检修
		伸缩控制阀故障	检查相关电路,检修控制阀
	无缩臂动作	主阀缩臂二次溢流阀压力过低	拆洗并调整
		平衡阀阀芯卡滞	修理或更换
		同无起幅动作的原因	检修及调整
		伸缩控制阀故障	检查相关电路,检修控制阀
	作业中主臂自然缩回	平衡阀内出故障,锁不住	修理
		液压缸内部泄漏	修理
起升机构	起/落钩无动作	上车多路阀、溢流阀调定压力过低	调整
		液压马达出故障	检修
		主泵内泄严重	检修
		平衡阀控制油路阻塞	清洗
		力限器信号故障	检修
		主阀制动油路故障	检修
其他	系统压力建立不起来	溢流阀故障	清洗并调整
		油泵损坏	检修
		电液换向故障	检修
		总控电磁阀故障	检修电路及电磁阀
	液压油过热,执行机构运动速度慢	主泵内泄漏大	检修
		起升马达泄漏量大	检修
		散热器故障	检修

1) 液压泵

表 3-49 是液压泵常见故障,其中列出的现象都有可能是因为与液压泵相关的故障所引起的,在检查时可以作为参考。这些现象的故障部位非常多,这里只列出了与液压泵有关并且非厂家本身质量问题和设计问题的原因,其他部位故障引起的同类现象的排除请参考其他章节。在现场需仔细分析是油泵本身故障还是安装问题,从而有针对性地进行维修处理。

2) 卷扬马达

表 3-50 是卷扬马达常见故障,其中列出的现象都有可能是因为与卷扬马达相关的故障所引起的,在检查时可以作为参考。这些现象的故障部位非常多,这里只列出了与卷扬马达有关并且非厂家本身质量问题和设计问题的原因,其他部位故障引起的同类现象的排除请参考其他章节。在现场需仔细分析是马达本身故障还是安装问题,从而有针对性地进行维修处理。

表 3-49　液压泵常见故障的诊断与排除

故障现象	故障原因	排除方法
发出噪声	油量不足	加油
	吸油管路进气	修理排气
	安装螺栓松动	拧紧
	液压油污染	换油或过滤
	传动轴振动	修理
	万向节磨损	更换
	液压泵故障	修理或更换

表 3-50　卷扬马达常见故障的诊断与排除

故 障 现 象	与卷扬马达相关的原因
起落钩速度慢	内泄漏大,从泄油管漏出的油很多
	柱塞与缸体孔之间的滑动配合面磨损或拉伤成轴向通槽,使柱塞与缸体孔之间的配合间隙增大,造成压力油通过此间隙漏往马达体内空腔(从泄油管引出)
	弹簧疲劳,配油盘与缸体贴合面不密合
	轴承磨损,缸体产生径向力引起缸体与配油盘之间产生楔形间隙
	排量调节不当
	由于使用的变量马达,其排量调节过大也会导致速度不够
油液泄漏	螺钉松动导致接合面不密合
	接合面的密封件损坏
	输出轴的骨架油封损坏
噪声大、振动大、压力波动大	松靴:滑履与柱塞头之间的松脱叫松靴,是轴向柱塞马达容易发生的机械故障之一
	油液中污染颗粒楔入或使用时间太长
	马达输出轴的联轴器安装不同心、卡滞
	管路接头连接处松动(特别是进油口),有空气进入液压马达
	输出轴两端轴承处的轴颈磨损严重

3) 液压缸

液压缸是液压系统的执行元件,是起重机液压系统的重要组成部分。油的好坏直接关系着液压系统的执行情况,影响着起重机的安全性能,故日常应严格对其进行检查,及时发现故障并予以排除。液压缸常见故障及分析方法如表 3-51 所示。

4) 多路控制阀

上车多路控制阀常见故障的诊断与排除如表 3-52 所示。

表 3-51　液压缸常见故障的诊断与排除

故障现象	故 障 原 因	排 除 方 法
导向套漏油	导向套外圈上的 O 形圈损坏	更换 O 形圈
	导向套内圈上的油封损坏	更换油封
	活塞杆拉伤	更换活塞杆
液压缸无力	活塞外圈上的油封损坏	更换油封
	活塞杆上的 O 形圈损坏	更换 O 形圈
	缸筒拉伤	更换缸筒
	液压油变质	更换液压油
	缸筒圆度不够	更换缸筒
液压缸发抖	活塞内、外圆不同轴	更换活塞
	导向套内、外圆不同轴	更换导向套
	导向环损坏	更换导向环
	活塞杆弯曲	更换活塞杆
	液压缸前、后销轴损坏	更换销或套
	液压缸安装连接不良	重新安装调整

表 3-52　上车多路控制阀常见故障的诊断与排除

故障现象	故障原因	排除方法
滑调不能复位及在定位位置不能定位	复位弹簧变形	更换复位弹簧
	定位弹簧变形	更换定位弹簧
	定位套磨损	更换定位套
	阀体与滑阀之间不清洁	清洗
	阀外操纵机构不灵	调整阀外操纵机构
	连接螺栓拧得太紧,使阀体产生了变形	重新拧紧连接螺栓
外泄漏	阀体两端O形密封圈损坏	更换O形密封圈
	各阀体接触面间O形密封圈损坏	
安全阀压力不稳定或压力调不上	调压弹簧变形	更换调压弹簧
	提动阀磨损	更换提动阀
	锁紧螺母松动	拧紧锁紧螺母
	主阀芯的阻尼孔堵塞	清洗主阀芯,使阻尼孔畅通
	阀芯卡死	清洗
	泵不好	检修泵
滑阀在中立位置时工作机构明显下沉	阀体与滑阀之间因磨损间隙增大	修复或更换滑阀
	滑阀位置没有对中	使滑阀位置保持对中
	锥形阀处磨损或污物	更换锥形阀或清除污物
	R形滑阀内钢球与钢球座棱边接触不良	更换钢球或修整棱边

5)充液阀

充液阀常见故障的诊断与排除见表 3-53。

表 3-53　充液阀常见故障的诊断与排除

故障现象	故障原因	排除方法
充液阀频繁起动充液	蓄能器的压力不足或者充液阀内部的弹簧损坏	若蓄能器油管或接头泄漏,导致蓄能器发生内泄或外泄,应检查、更换泄漏的油管或接头及所有的密封圈
		若蓄能器的充气压力设置偏低或者漏气,应先检查蓄能器的充气压力,如果压力达不到设计压力,则须更换蓄能器
		若蓄能器的油管堵塞,应检查、疏通
		若充液阀不起作用,则须检修或更换
蓄能器充液时间过长	溢流阀压力设定过低或内泄	若蓄能器充液时间过长,检查溢流阀的压力设定是否太低或有内泄,并将溢流阀的压力重新调整至设计压力
	泵产生损坏	若泵的质量不好或者经长期使用磨损使之内泄严重,致使其流量、压力降低,必须测试泵的出口压力,检修或更换液压泵
	充液阀损坏	若充液阀损坏,须检修或更换充液阀
	油箱油位低	若油箱无油或者油位过低,则应检查、补充油液
充液阀频率太快	充气压力过低	若蓄能器的充气压力过低,应检查、调整
	充液阀损坏	若充液阀损坏,须检修、更换

续表

故 障 现 象	故 障 原 因	排 除 方 法
蓄能器充液不能达到压力上限	油箱油位低	若油箱无油或者油位过低,应检查、补充油液
	泵产生损坏	若泵的质量不好或者经长期使用磨损使之内泄严重,必须测试泵的出口压力,检修或更换液压泵
	充液阀损坏	若充液阀损坏,须检修或更换
	溢流阀压力设定过低或内泄	若溢流阀压力设定太低或者内泄,应检查溢流阀的压力设定,并将其压力重新调整至设计压力
充液阀不充液	油箱油位低	若油箱无油或者油位过低,应检查、补充油液
	泵产生损坏	若泵的质量不好或者经长期使用磨损使之内泄严重,必须测试泵的出口压力,检修或更换液压泵
	充液阀损坏	若充液阀损坏,须检修或更换充液阀
	溢流阀压力设定过低或内泄	若溢流阀压力设定太低或者内泄,应检查溢流阀的压力设定,并将其压力重新调整至设计压力
	油管管路存在空气	若充液阀到蓄能器的油管中有空气,充液阀压力达不到要求,则应排气

3．电气系统故障诊断与排除

1）蓄电池故障

蓄电池是起重机上的电源设备之一,最重要的功能是提供起动电流。它主要由蓄电池壳、正负极板、隔板、连接铅条、正负极柱和电解液等组成。其工作原理是通过电解液与极板进行化学反应来实现充电和放电。

过去蓄电池壳采用硬质橡胶为原材料,随着科学技术的发展,新型的塑料壳免维护蓄电池不断涌入市场,由于它具有结构、工艺、材料的新颖性,同时故障率与传统的硬质橡胶壳蓄电池相比很小,所以应用较为广泛。但是由于传统的硬质橡胶壳蓄电池使用时间很早,在社会上流传仍较为广泛,所以本书中介绍的多为硬质橡胶壳蓄电池(以下简称蓄电池)故障。

蓄电池的技术状况好坏,对起重机的用电设备工作可靠性影响很大。如果蓄电池发生故障,会使用电设备工作质量下降。蓄电池常见故障有外部故障和内部故障。其中,外部故障指壳体或盖板裂纹、封口胶干裂、极柱松动或腐蚀等;内部故障有极板硫化、活性物质脱落、极板短路、自行放电、极板拱曲等。

（1）蓄电池壳体破裂

现象:蓄电池壳体破裂是指其外壳、盖板或隔壁等破裂,表现为电解液渗漏或有明显的裂纹。

原因分析:传统的硬质橡胶壳蓄电池的外壳是采用硬质橡胶制成的,弹性较差,当作用在壳体上的外力大于其机械强度时,易使外壳破裂。

作用在蓄电池外壳上的外力来源:①搬运不当。搬运蓄电池时,不慎将蓄电池掉在地上或猛放等,均会产生冲击力,使壳体破裂。②安装不当。安装蓄电池时固定过紧,易形成机械性外力将壳体夹破。③如果蓄电池固定不牢,则起重机作业或在不平的道路上行驶时,会因强烈振动而使其外壳破裂,或与周围的坚硬凸起物接触摩擦而破漏。④冻胀。蓄电池内电解液比重过低时,严寒季节会因冻结而产生膨胀力,将壳体胀裂。⑤蓄电池加液螺塞气孔堵塞。加液螺塞气孔堵塞时,电解液产生的气体不能排出,使壳体产生压力,当压力过大或遇高温而使气体膨胀,易将壳体爆破。⑥封口材料老化。蓄电池上部盖板与外壳之间的缝隙处是用沥青为封口胶来密封的,随着使用时间的推移,加之温度的影响,封口材料会逐渐老化而脆裂。

诊断与排除:蓄电池外壳破裂一般显而易见,如果有内隔壁等处不易发现的隐蔽裂纹,可将极板抽出并倒出电解液,将壳体擦干,然后向怀疑的空格内灌满电解液并用小锤轻击,通过观察渗漏情况便可查明故障部位。若蓄电池壳体隔壁破裂,应更换新品;若外表部分或盖板有裂纹,在途中无更换条件时,可用万能胶水或沥青临时粘补。

(2)蓄电池外部件不良

现象:蓄电池外部件不良主要是指正、负极柱或连接板有虚焊、断裂、腐蚀等。其现象是用电设备工作不正常,甚至不工作。

原因分析:蓄电池是起重机上电的能源装置,为起重机的用电设备提供电能,并通过用电设备转换为其他形式的能量以使起重机正常工作。输入用电设备的电能多少与蓄电池的技术状况有关。蓄电池的技术状况良好时,输入用电设备的能量就大;反之,蓄电池的技术状况差时,输入用电设备的能量就小,降低了用电设备的工作质量,甚至用电设备不工作。例如,发动机上的起动机就是用电设备之一,是一个能量转换装置,即将输入的电能转换为机械能,带动发动机起动。如果输入起动机的能量减少,则输出将机械能就减少,难以带动发动机起动。因此,蓄电池外部件有故障是引起供给用电设备电能减少的原因之一。

造成蓄电池外部件不良的常见原因:①制造质量低劣。制造蓄电池时,极柱熔接不良。②连接不良。导线与蓄电池接柱连接不紧使导电截面减小,接触电阻增大,当起动机工作需输出大量电流时,接触不良处产生过热现象,将极柱烧坏。③线卡选用不当。蓄电池的规格不同,其接柱的粗细也不同,应选用与极柱配套的接线卡。若柱配用了孔径小的线卡,在强行打入时,不仅易将线卡撑坏,还会因击振将极柱焊接处振坏;若细极柱配用了孔径大的线卡,当强行紧缩在极柱上时不仅会使线卡椭圆而且接触不良,同时还会使线卡塑性变形过大而断裂。④安装不当。蓄电池极柱多为圆锥状,安装线卡时,其内圆锥面应与极的外圆锥面相吻合,如果装反则会造成接触不良。⑤导线长度选用不当。如果导线长度选用过短,连接时强行拉紧连接,当行车振动时易将蓄电池极柱或线卡拉坏,使导线截面减小,甚

至完全断开。⑥维护不当。线卡与蓄电池接柱连接时,应涂抹凡士林或黄油,以免极柱氧化、腐蚀而导电不良。否则,会因极柱和线卡氧化、腐蚀造成导电不良,严重时不导电。⑦保修时,用刃器上下刮除蓄电池极柱上的腐蚀物,使极柱形成多边形棱锥柱体,于是与接线卡接触面积减小,从而导致导电不良。

诊断与排除:外观蓄电池极柱,有腐蚀或烧坏故障时,应用开水冲洗后再用砂布打磨,以消除腐蚀物;若有严重烧坏时,应重新熔铸。用手水平转动接线卡,若能扳转,表明线卡接触不紧,应予以紧固。若外观未发现明显的不良现象,多数是内部有连接虚焊情况,应予以修理。

(3)蓄电池硫化

现象:蓄电池硫化是指蓄电池在充电不足的情况下长期放置不用,极板表面逐渐生成一层很硬的粗粒结晶的硫酸铅,充电时它难以溶解,严重影响蓄电池充、放电的现象。

原因分析:放电后的蓄电池若不及时充电,当温度升高时,极板上一部分硫酸铅溶解于电解液中,当温度低时,硫酸铅的溶解度随温度降低而减小,部分硫酸铅再度结晶成为粗粒晶体黏附在极板上,形成硫酸铅,简称硫化。放置时间越长,温度变化次数越多,粗粒结晶层越厚,硫化越严重。

此外,如果电解液面的高度低于极板,液面以上的部分极板会与空气接触发生氧化,当起重机工作时,由于颠簸的作用,电解液上下波动,与极板氧化部分接触也会形成粗粒晶体的硫酸铅,使极板上部硫化。

硫化对蓄电池的影响:①影响蓄电池寿命。由于粗粒结晶硫酸铅有膨胀的特性,当膨胀时,会将部分活性物质从极板栅架上推出来,造成活性材料脱落,影响蓄电池寿命;粗粒结晶硫酸铅膨胀不均匀,还会使极板翘曲变形,促使隔板破裂而形成短路自行放电,使蓄电池早期损坏。②影响蓄电池容量。极板上的硫酸铅的结构很紧密且坚硬,如同砖砌的墙壁上抹了一层水泥砂,这必然会影响蓄电池的容量。

（4）蓄电池自行放电

现象：充足电的蓄电池，放置一定时间后，其电量会自行消失，这种现象称为自行放电。自行放电分正常性放电和故障性放电两种：每昼夜电容量下降不大于2%是正常的；当超过2%时，就是故障性的自行放电。例如，有的起重机在行驶时还能起动发动机，停一夜后，按喇叭按钮喇叭不响，这就是故障性的自行放电。

原因分析：充足电的蓄电池，其正、负极之间有一定的电动势，当两极之间构成闭合电路时，电流就会由蓄电池的正极通过电路到负极，使两极之间的电位差减小即电动势下降，消耗了电能。蓄电池两极之间的电路闭合多是内部或外部构成了闭合电路，能构成闭合电路的常见因素有：①蓄电池内混入了有害的杂质，如铜、铁等，铜杂质附在负极板上与铅构成了一个小电池。铜为正极，铅为负极，电流就会由正极到负极，再经过电解液回到正极，构成闭合电路而自行放电。②蓄电池表面有电解液，在正、负极柱之间构成电路而自行放电。③用电设备放电。停机时没有关掉总开关，当用电设备有短路时便自行放电。

诊断与排除：诊断时，应先大致查明故障所在部位以缩小怀疑范围。①将蓄电池极柱上的线卡安装或拆下时，注意观察有无火花出现，若有火花出现，表明总开关未关，同时用电设备也有短路，应查明用电设备电路的故障所在并对症排除；如果安装线卡时无火花出现，表明在蓄电池内部有短路故障，应查明并予以排除。②外部电路短路的检查。外部电路短路的检查应区分用电设备电路短路和蓄电池外部短路。用电设备电路短路的检查可采用逐个用电设备拆线断路法，即将某一用电设备的电路断开，然后再用线卡刮碰极柱看是否还有火花。若有火花，表明该用电设备没有短路故障，应再用上述同样的方法检查其他用电设备，直至查明为止，并应对症排除。如果蓄电池表面有电解液，或其他杂质，便是引起自行放电的原因所在，应查明电解液漏出的原因，并予以排除。蓄电池表面应用橡胶板覆盖，以免机械杂质落在蓄电池上造成短路。③蓄电池内部有闭合电路的检查可利用向蓄电池充电的方法进行诊断。由于蓄电池内部有闭合电路，具备了消耗电能的条件，故充电时，与良好的蓄电池相比较，充电时间长，电解液的密度增加缓慢，端电压上升也缓慢。严重时，蓄电池内没有气泡产生。这些现象，均能表明蓄电池内有自行放电故障。

为了防止故障性自行放电，需在使用时做到以下几点：①经常保持蓄电池的外部清洁、干燥。②不得添加工业硫酸或非蒸馏水配制的电解液。③发现蓄电池放电时，应急时排除引起放电故障的隐患。

（5）极板活性物质脱落

极板活性物质脱落是指涂在正极板栅架上的二氧化铅脱落，使蓄电池容量减小。蓄电池在正常充电、放电工作过程中，极板膨胀和收缩。随着充电、放电次数的增加，极板上活性物质的松散程度也相应增大，活性物质逐渐脱离极板而下落。正极板较为明显。这种活性物质脱落是缓慢的，是正常的工作能力衰退现象。这里所述的蓄电池极板活性物质脱落是指非正常的，即蓄电池的工作能力早期衰退。

现象：起动机转动无力，照明灯光暗淡，严重时发动机不易发动。

原因分析：多孔性活性物质是较牢固地糊在极板栅架上的，要使活性物质脱离极板栅架，须有一定的破坏它们之间黏结力的作用，主要原因有：①大电流放电，低温使用起动机起动发动机时，会形成大电流急性放电，极板上较密的硫酸铅层膨胀，将栅架上的活物质撑松，如此这样经常反复，极板上的活性物质便会脱落。②大电流充电或过充电。有的驾驶员错误地认为蓄电池充电时间越长越好，因此将发电机调节器调整到电压高于规定值，这样将会使蓄电池形成大电流充电或过充电。当蓄电池大电流充电或过充电时，会产生大量的氢气，氢气从负极板的孔隙向外逸出时，会对极板孔隙造成压力而使活性物质脱落。③振动的影响。如果蓄电池安装不牢，起重机作业或行车时会因振动使其跳动;拆装蓄电池接线时随便敲打,或搬运时重放等引起的振动,均会加速活性物质脱落。

诊断与排除:诊断方法主要是通过充电、放电进行确诊。充电时,如果有脱落的活性物质沸腾起来,极板活性物质脱落。电解液呈混浊状态的现象,如果由于活性物质脱落,蓄电池容量减少,充电完成时间短,同时还会过早沸腾的现象,证明极板活性物质脱落。放电检查,用起动机起动发动机时,起动一下就没电了,这表示蓄电池容量减小的特性之一,可能是活性物质脱落所致。蓄电池自然衰老是难免的,但是如果能对蓄电池正确使用与维护,便会使蓄电池老化和损坏速度得到控制,这就要求驾驶员及维护人员在使用或维护时,应注意不要大电流充电、放电,尽量减少蓄电池的振动。

2)电气仪表

电气仪表有机油压力表、水温表、燃油表、发动机转速表、电压表等,其常见故障及故障诊断方法如下。

(1)机油压力表无指示

故障现象:发动机在各种转速时,机油压力表指针不指示或指示不正确。

故障原因:机油压力表指示值指示是否正确,主要取决于脉冲平均电流的大小,如果系统的电路中额外地增加或减少了电阻,均会使机油压力表指示不正确,即反应机油压力失真。如果系统内电路中的电阻增大,平均电流减小,机油压力表指示值偏低;当电路断路时,

其电路中的电阻为无穷大,则指针不指示。如果机油压力表系统内的电热线圈短路,电路中的电阻减小,则脉冲平均电流增大,使机油压力表的指示值偏大。除此之外,还可能是因为发动机润滑系统出现故障。

诊断与排除:①发动机不工作时,接通点火开关并观察机油压力表指针,若指针不微动,说明该系统电路断路,应予以排除。②用螺丝刀搭接传感器火线接线柱与外壳搭铁,若机油压力表指针摆动,说明传感器损坏,应予以更换;若机油压力表指针仍不摆动,将螺丝刀移至机油压力表出线接柱并与表壳搭铁,若机油压力表指针摆动,说明传感器至机油压力表之间的线路中断,应重新接好,否则是机油压力表损坏,应予以更换。③检查短路。如果接通点火开关后,机油压力表指针指示压力为最高值,说明机油压力表系统有短路故障,应将传感器上的导线拆下,若机油压力表指针回零,说明传感器严重短路,应予以更换;若拆下传感器上的导线表针,指针仍指在压力最高值不动,说明机油压力表本身或表至传感器间的线路有搭铁,应查明原因并予以排除。

(2)燃油表故障

燃油表常见故障的诊断与排除见表 3-54。

3)高度限位开关(防过卷开关)

高度限位开关常见故障的诊断与排除如表 3-55 所示。

4)长度/角度传感器

长度/角度传感器常见故障的诊断与排除见表 3-56。

表 3-54　燃油表常见故障的诊断与排除

故 障 现 象	故 障 原 因	排 除 方 法
接通点火开关后,无论油箱中存油多少,燃油表指针均指向"1"(油满)	燃油表至传感器的导线断路	接通点火开关,拆下燃油表传感器接线柱导线,如指针回到"0"位,说明传感器内部断路,应修理或更换传感器
	传感器内部断路	
接通点火开关后,无论油箱中存油多少,燃油表指针均指向"0"(无油)	传感器内部搭铁	若电源线良好,可拆下传感器上的导线,若此时指针指向"1"处,说明传感器内部有搭铁处或浮子损坏,应拆检
	传感器浮子损坏	

表 3-55　高度限位开关常见故障的诊断与排除

故 障 现 象	故 障 原 因	排 除 方 法
重锤未被托起时,显示屏上提示"高度限位"	开关内部触点粘连,长期闭合	更换开关
	长度/角度传感器中心滑环异常损坏、短路,拉线刮坏、破皮	更换长度角度传感器
	线路连接错误,有搭铁信号进入控制器 A1-11 管脚	清理线路
重锤被托起时,高度限位不起作用	重锤破损,重量不足,不能使开关触点闭合	更换合格的重锤
	开关失效,触点不能闭合	更换开关
	长度/角度传感器中心滑环损坏、断路,拉线局部断路	更换长度/角度传感器
	插接件接触不良,安装端子处连接不良	重新插接
	线路连接错误,搭铁线号未能进入控制器 A1-11 管脚	清理线路
	电磁铁故障或阀芯卡滞	更换或清洗电磁铁

表 3-56　长度/角度传感器常见故障的诊断与排除

故 障 现 象	故 障 原 因	排 除 方 法
显示屏提示长度或角度传感器信号中断	传感器无电源,控制器管脚之间无电压(正常为 5V)输出,管脚损坏	更换控制器
	传感器信号线无输出电压,传感器损坏	更换传感器
	传感器电源线或信号线断路	清理线路
	控制器信号采集管脚损坏	更换控制器
长度、角度值显示不准	传感器电位器漂移,长度传感器电位器电阻初始值在 600Ω 左右,角度传感器电位器电阻初始值在 800Ω 左右	重新标定力矩限制器
	传感器电位器的电阻值变化无规则,电位器损坏	更换传感器
	长度传感器拉绳断	重新连接拉绳
	长度检测器内部传动齿轮打滑	重新调整齿轮啮合间隙
	长度传感器拉绳不回位	拉线重绕,校正出线框
	传感器信号线受干扰或屏蔽线搭铁不良	清理线路

5)起动机

故障现象:接通起动机开关,起动机转动无力或不转动。

故障原因:根据故障现象结合直流电动机工作原理进行分析,起动机转动无力或不转动是直流电动机的磁转矩减小为零,或因摩擦阻力过大所致,即对外输出的有效转矩减小或为零。

诊断与排除:①检查电源电路连接情况和电源总开关技术情况。若线卡与蓄电池接柱接触不良,则应予以排除。②检查蓄电池电压。用放电叉检查蓄电池电压,若电压迅速下降,则需要维修蓄电池;若出现微红火花,则应按蓄电池故障进行处理。③检查起动机开关。接通起动机开关,如果起动机不转动,用金属棒搭接开关两个接线柱,若起动机转动正常,则表明开关有故障,应用砂纸打磨开关接触盘与触电。④检查电枢绕组。观察电枢外圆柱面有无明显的擦痕、导线脱焊、搭铁或短路等,如有上述现象之一,便是故障所在,应进一步查明引起电枢外圆柱面出现明显擦痕、导线脱焊、搭铁或短路的原因,并对症排除。

6)风窗洗涤器

故障现象:所有喷嘴都不工作和个别喷嘴不工作。

故障原因:①清洗电动机或开关损坏;②线路断路或插接件松脱;③清洗液液面过低或连接管脱落;④喷嘴堵塞。

诊断与排除:如果所有喷嘴都不工作,则先确认清洗电动机是否有工作的声音。如果有声音,则检查清洗液液面与连接管是否正常。如果没有声音,先检查清洗电动机电路及插接件是否有断路及松脱处;最后再检查开关和电动机是否正常。如果是个别喷嘴不工作,则是喷嘴堵塞或输液支管出了问题。

7)电动雨刮器

电动雨刮器常见故障的诊断与排除见表 3-57。

8)照明装置

照明装置常见故障的诊断与排除见表 3-58。

表 3-57　电动雨刮器常见故障的诊断与排除

故 障 现 象	故 障 原 因	排 除 方 法
刮水臂摆动无力或不摆动（接通雨刮器电路,刮水片摆动速度过慢或不动作）	冰雪覆盖遮挡	如果风窗玻璃有冰雪,应予以消除
	电路断路	检查传动摩擦阻力
	摩擦阻力过大	检查电动机,用电线将电动机火线与电源接柱搭接,若正常转动,则更换导线;若转动无力,则检修电动机内部
	装配不当	按要求重新装配
刮水臂停位不当（为了不影响驾驶员的视线,雨刮器在停刮时,刮水臂应停在风窗玻璃下缘（或给定位置）。因此,在雨刮器的减速机上设有定位停止开关）	定位停刮电路断路	检查定位停刮电路
	铜环缺口调整不当	调整铜环的缺口位置

表 3-58　照明装置常见故障的诊断与排除

故 障 现 象	故 障 原 因	排 除 方 法
灯光不亮（接通开关后灯不亮）	欲使照明灯亮,灯光电路必须是闭合电路,否则灯不亮。灯泡灯丝折断、灯泡松脱、导线折断或松脱、线接头有严重锈蚀或氧化而绝缘、熔断器烧断、搭铁不良等,均会造成照明灯的电路中断,照明灯无电流通过,不符合电路工作条件,所以照明灯不亮。如果灯开关至灯的线路有搭铁短路,则会使电流未经负载便构成回路,所以灯泡不亮	开灯检查,若全车照明灯都不亮,起动机也不转动,表明故障在蓄电池,应再按蓄电池故障检查方法进行检查。如果起动机能正常起动,表明灯光不亮故障在总熔断器或总灯光电源,应用试灯或导线短路的办法查明,并进而对症排除。如果只有个别灯不亮,表明故障在此灯的灯泡、熔断器、灯座、线路等,可采用试灯、刮火、短路的办法逐段检查出故障所在,查明后予以排除

续表

故 障 现 象	故 障 原 因	排 除 方 法
灯光暗淡 (灯光暗淡是指照明灯发光强度小。其表现为全车灯光均暗淡或在同一电路上两个功率相等的灯泡亮度不等,以及个别灯光暗淡)	电压的影响:如果电源电压降低,会使全车照明装置电功率减小,灯光暗淡。 电阻的影响:电压为一定时,若导线接触不良造成电阻增大,则电功率下降,灯光暗淡。 由上可知,若车灯光均暗淡,表明故障在总电源线路或蓄电池	全车照明灯灯光暗淡,可测量蓄电池电压。如果蓄电池电压低,表明是灯光暗淡的故障所在,应查明蓄电池电压过低的原因,并予以排除。如果蓄电池电压正常,说明是灯光电源电路接触不良所致,应继续查清接触不良的部位。其方法是:用一导线从电源至灯开关逐股短接(取代原导线),即可找出故障部位,查明后消除电阻
灯光闪烁 (照明灯出现非周期性或周期性的闪烁)	照明灯闪烁的原因是经过灯丝的电流时有时无或时大时小,使灯泡时亮时灭或时明时暗。常见有两种情况:一种是因线接头、灯泡或灯壳松动,遇有振动时引起电流时通时断,致使灯光非周期性的闪烁;另一种是因搭铁或其他原因造成通过感温熔断器的电流过大,使复合金属片发生周期性的翘曲,致使通过照明灯电流时通时断	如果照明灯闪烁无规律,应检查导线接头、灯壳、灯泡松动情况。若有松动处,便是照明灯闪烁的故障所在。如果照明灯闪烁是周期性的,应采用逐段拆线法检查感温熔断器至灯座这段线路。如果拆下某关联的线路后,感温熔断器触点不再开闭,说明此线有搭铁故障,应查明搭铁部位,并予以绝缘处理

9) 音响信号装置

音响信号装置常见故障的诊断与排除见表 3-59。

10) 灯光信号装置

灯光信号装置常见故障的诊断与排除见表 3-60。

表 3-59 音响信号装置常见故障的诊断与排除

故 障 现 象	故 障 原 因	排 除 方 法
电喇叭不响 (按下喇叭按钮,喇叭不响)	由喇叭的工作原理可知,电喇叭之所以能够发声,是通过电磁振动机构使膜片振动的结果。如果喇叭不响,很明显是喇叭膜片没有策动力、策动力不发生周期性变化、膜片与中心杆脱节使膜片不振动	检查电源部分; 检查第一层控制电路; 检查第二层控制电路
电喇叭响声不正常 (主要表现为音调过高或过低,声量过大或过小,喇叭音质差)	喇叭的声调高低取决于喇叭膜片的振动幅度,膜片的振动幅度又取决于上铁芯与下铁芯的间隙,下铁芯是可调的,以便改变声调的高低。 喇叭声量的大小取决于喇叭线圈的电流大小,电流大小又取决于断电触点接触力的大小,断电触点的接触力是可调的。当接触力调整大时,声量大,反之触点接触力小,其电流也减小而策动力减小,声量也相应减小。 喇叭膜片或共鸣盘破裂松动,或喇叭安装松动等,均会引起音质变差	按照分析的原因进行调整或修理

表 3-60　灯光信号装置常见故障的诊断与排除

故障现象	故障原因	排除方法
电热式闪光继电器转向信号灯不闪烁 （接通转向信号灯开关后，转向信号灯不闪烁）	转向信号灯的电路中串有电热式闪光器，电热式闪光器内并联有电阻电路，接通转向信号灯电路，电流通过闪光器内的电阻电路时，因该电路中串联着电阻，所以转向信号灯发红暗；电阻电路中的电热丝受热伸长，触点闭合，这时电阻电路被短路，转向信号灯的电阻被隔出，电流又经闪光器内的电磁电路与转向信号灯构成闭合电路，转向信号灯发亮。当电热丝冷却收缩时产生了一个拉力，强行将触点拉开，转向信号灯的电流又恢复原电阻电路而发红暗。重复上述过程，电阻电路与电磁电路交替接通转向信号灯的电路，使电路中电流的大小周期地变化而闪烁。 如果转向信号灯不闪烁，必然是因闪光器的电阻电路与电磁电路没有转向信号灯交替导通使电流的大小不发生周期性的变化之故	检查电源电路； 检查闪光继电器； 检查转向开关
转向信号灯左、右闪烁频率不等 （左、右转向信号灯开关各接通一致，出现左、右信号灯闪烁频率不一致）	正常的转向信号灯闪烁频率为 $50 \sim 110$ 次/min，24V 额定电压闪光继电器负载为 46W。转向信号灯闪烁频率的高低取决于通过闪光继电器电热丝电流强度的大小，通过电热丝电流强度的大小又与负载有关，起重机上的转向信号灯的功率为一定值时，该电路的电阻自然也为一定值。闪光器电热丝的热量与通过的电流强度的平方成正比关系，如果转向信号灯有一个不亮，则并联电路中的总电阻就会增大。根据电路中的部分欧姆定律，电流与电阻成反比关系，则通过电热丝的电流会减小，电热丝产生的热量相应减少，电热丝受热伸长的时间会随着通过电流强度的大小而延长，也就是触点开闭的间隔时间延长，于是转向信号灯闪烁频率减少。某一侧功率损失越多，闪烁频率就越慢。 如果某一侧转向信号灯的电路电流过大，则通过闪光继电器电热丝的电流增大，电热丝产生热量大，伸长快，触点开闭间隔时间短，因而转向信号灯闪烁频率高	若有一侧转向信号灯闪烁频率低，且亮度也异常，表明该侧转向信号灯与示宽灯的引线相互错接，应予以更正。 若闪烁频率低的一侧灯光红暗，表明此灯搭铁不良，应保证搭铁接触良好。 若有一侧信号灯不亮，应检查灯泡是否损坏或松脱，导线是否有松脱或折断，或者接触不良。若查出以上任何一项，便是故障所在，应予以排除。 闪烁频率高的一侧转向信号灯接有大功率灯泡，或有搭铁现象，应查明原因，并予以排除
转向信号灯闪烁频率过高或过低 （正常的转向信号灯闪烁频率 $50 \sim 110$ 次/min，如果闪烁频率高于正常值的上限或低于正常值的下限，即为闪烁频率过高或过低）	转向指示灯闪烁的频率高低，取决于闪光继电器内弹簧片作用于动触点臂的弹力大小和触点间隙的大小。弹簧片作用于触点臂的弹力小，触点间隙大，电热丝伸长时间就长，闪烁频率就会低；反之，则闪烁频率就会高	检查闪光继电器触点间隙，若间隙大，便是闪烁频率过低的原因所在；反之，若间隙小，便是闪烁频率过高的原因所在，应进行调整。 调整方法：用尖嘴针别动固定触点和弹簧片，两者配合调整，使之闪烁频率符合要求

续表

故 障 现 象	故 障 原 因	排 除 方 法
闪光继电器易烧坏 （接通转向开关,出现了转向信号灯不亮或不闪烁等现象）	由于电能产生热效应,再根据焦耳楞次定律,电产生的热量与通过闪光继电器电流强度的平方、通电时间成正比关系。如果通过的电流过大或通电时间过长,会产生较高的热量,而将闪光继电器烧坏。通过闪光继电器线圈的电流是设计好的,一般情况下不会发生故障。如果在使用中不按规定操作,将会使闪光继电器烧坏	若接通某一侧转向信号灯后,闪光继电器易烧坏,且初接通时,转向信号灯闪烁频率较高,表明此侧转向信号线路有短路故障,应通过折线法查明具体短路部位,并进行绝缘处理。 闪光继电器使用寿命很短就烧坏,多是因型号选用不当,应按技术文件要求重新选用配套的闪光继电器。 检查闪光继电器的额定电压是否与本车相适应,如果不适应,应予以更换
电容式转向信号灯不亮 （接通左、右转向开关信号灯均不亮）	接通转向开关,信号灯不亮,必然是其电路没有闭合之故。造成两侧的转向信号灯电路不闭合多数是由于电流经过的线路断路或闪光器触点烧坏而电阻过大所致	首先大体区分故障范围。如果照明灯不亮,故障可能在总电源部分,应检查,并有针对性地予以排除。若照明灯亮,说明转向信号灯不亮的故障在转向信号系统,应检查转向信号系统。首先检查该系统灯开关至电源熔断器是否熔断,若熔断,便是故障所在,应予以更换。然后检查转向信号灯开关、闪光器及线路。检查范围是由转向灯开关至电源电路的结点。检查方法可采用短接法,即用螺丝搭接转向开关的电源接柱和转向信号灯接柱,若信号灯闪烁,表明转向信号灯不亮的故障在转向灯开关,应修理或更换开关。若用螺丝刀分别搭接转向开关两侧信号灯均不亮,再用螺丝刀搭接闪光器进出线接柱,若转向指示灯亮,说明转向信号灯不亮的故障在闪光器,多数是触点接触不良所致,应查明原因并予以处理。若经以上检查均属正常,则转向信号灯不亮的故障原因是由于线路松脱、折断、接头严重氧化或锈蚀所致,应再用导线短接法来检查故障所在,然后有针对性地予以排除

11) 电磁换向阀

(1) 故障现象：按下按钮执行元件不工作。

(2) 故障原因：电磁换向阀是一个能量转换装置，它将电能转换成磁效应，再把磁效应转换成机械能，使换向阀工作，液压系统的执行元件也就按指令动作。如果液压系统的执行元件没有按指令动作，则是电磁换向阀没有进行能量转换或换向阀有故障。引起电磁换向阀不能进行能量转化的原因有：电源电压过低；电源电路的影响；电磁线圈的影响；换向阀的影响。

(3) 诊断与排除：如果液压系统工作时，执行元件不按指令动作，说明换向阀有故障。若液压系统工作时，按下按钮执行元件不工作，说明是电磁换向阀的电路有故障，应检查蓄电池的电压是否符合要求，电路是否有电阻过大、短路或断路现象，电磁线圈是否有短路或断路现象。如果经检查发现有上述情况之一，便是故障原因所在，应予以排除。

12) 皮带断裂指示灯

风冷式柴油机是起重机的动力装置，它通过风来冷却发动机。如果冷却系统风扇皮带断裂，会使发动机冷却不良，将烧坏发动机。为了使驾驶员及早发现风扇皮带断裂或风扇皮带断裂后能使发动机自动停止工作，以确保发动机安全，发动机上设有风扇皮带断裂指示灯。当风扇皮带断裂后，其开关自动闭合，各指示灯电路接通，灯亮，一方面向驾驶员报警，另一方面自动停止发动机工作。电路断路、开关损坏或调整不当以及灯泡损坏，均会起不到上述作用，导致发动机热损坏。所以应定期检查和调整皮带指示灯系统，以保证报警装置有效。

13) 制冷系统

空调制冷系统的常见故障是制冷系统不制冷、制冷效果明显下降、压缩机剧烈振动、噪声增大、蒸发器结冰等。

(1) 完全不制冷

故障原因：离合器故障；制冷剂完全泄漏；压缩机吸、排气阀损坏，使制冷剂不能正常循环；制冷系统堵塞；膨胀阀感温包内的工质完全泄漏；风扇电动机线圈断路或烧毁，无风吹过蒸发器，使空调器无冷气吹出；蒸发器结冰；电路故障，如熔断器熔断、温控失常、线路断路等。

(2) 制冷效果不良

起重机空调的制冷系统在如下情况时，虽能制冷，但效果不理想：①压缩机离合器打滑，使压缩机转速上不去；②制冷剂数量不足、泄漏或制冷剂数量过多；③风机转速不够，致使风量减少，不能把更多冷量带出；④冷凝器通风不良；⑤压缩机效率降低。

(3) 压缩机振动剧烈，噪声增大

故障原因：①皮带过紧或皮带轮安装不正，使工作时产生了一个附加的振动力矩；②制冷剂过多，使大量液滴进缸而造成液击；③进、排气阀片损坏；④活塞敲缸；⑤压缩机托架螺栓松动；⑥传动皮带过松；⑦皮带张紧轮润滑不良；⑧风箱的鼓风机电机松动或磨损；⑨压缩机内部零件磨损等。

(4) 蒸发器结冰

蒸发器结冰的主要原因是蒸发器表面温度过低，低于0℃。其形成原因可能是：恒温器失效恒温开关装在蒸发器上或风箱内，用以控制压缩机的开停。蒸发器温度升高，恒温器开关触点闭合，接通离合器到蓄电池的电路，让压缩机停止制冷。恒温器失效时，会使压缩机停不下来，不停的制冷使蒸发器表面的温度越来越低，低于0℃时便会使流过的空气在蒸发器上析出的水结成冰。更换失效的恒温器便可排除这种故障。恒温器的感温包及其毛细管安装不正确，不能准确感应出蒸发器表面的温度也会引起同上述一样的效果，重新正确安装好即可。温度控制调得太低，却让风机在弱风挡(LO)运行，也会令蒸发器结冰。温度控制调得很低，制冷量大，而弱风挡扇速却使空气流速低，流量小，导致空气过冷而使析出的水结冰。此情况下只要提高风机的转速，便可排除故障。

14) 电气线路

(1) 电气线路常见故障

① 开路(断路)故障：电气线路中应该相

连的两点之间断开,电流无法形成回路,使得电气设备不能正常工作。

② 短路(短接)故障:电气线路中不应该相连的两点之间发生短接,电流绕过部分电气元件或电流被导入到其他电路,使得电气设备不能正常工作。搭铁故障是一种典型的短路故障。

③ 接触不良(接触电阻过大):由于磨损、脏污等原因,造成电气线路中的两点之间接触不实,接触电阻超过了允许范围,使得电气设备工作不可靠或性能下降。

(2)电气线路常见故障的诊断与排除

① 直观法:不使用任何仪器、仪表,凭检修者的直观感觉来检查和排除故障。当电气系统中的某个电器元件发生故障时,会出现冒烟、火花、异响、焦臭、高温等异常现象。通过人体的感觉器官,听、摸、闻、看等对电气系统中的电器元件进行直观检查,可以判断出故障的所在部位。这对于有一定经验的维修人员来说,不仅可以发现一些明显的故障,而且还可以发现一些较为复杂的故障,从而提高检修的工作效率。

② 检查熔断器法:当电气系统出现故障时,首先应查看熔断器是否完好,有些故障只是短时过载使熔断器烧断或处于保护状态。

通过检查熔断器,可以判断出故障部位。例如车辆在行驶中,某个电器突然停止工作,该支路上的熔断器熔断,说明该条回路有过载或线路搭铁故障。电气线路常用的保护装置有三种:双金属片式断路器;熔断器;易熔线,装在主电源与熔断器盒之间,位于蓄电池附近,主要是对主电源进行保护。在进行故障诊断与检修时,应首先对断路器和易熔线进行检查。更换熔断器时,应使用相同规格的熔断器。使用大于额定容量的熔断器会导致电器元件损坏或发生火灾。

③ 试灯法:可以用一个24V的灯泡作为临时试灯,检查线路是否开路或短路。注意:不允许用试灯法对车辆的ECU进行测试,以免造成车辆ECU损坏。

④ 替换法:替换法常用于故障原因比较复杂的情况,能对可能产生的原因逐一进行排除。具体做法是:用一个已知是完好的零部件来替换被认为或怀疑有故障的零部件,这样可以试探出怀疑是否正确。若替换后故障消除,说明怀疑成立;否则,装回原件,进行新的替换,直至找到真正的故障部位。

4. 其他系统的故障诊断与排除

QAY220型全地面起重机集中润滑系统常见故障的诊断与排除如表3-61所示。

表3-61 集中润滑系统常见故障的诊断与排除

故 障 现 象	故 障 原 因	排 除 方 法
泵不工作	综合性电气控制系统故障	更换马达保护罩下部
	电缆连接中断	更换电缆
	泵有故障	更换泵
泵工作但无输出	输送活塞中形成气室	对泵进行排气
	低于最低注脂位	向润滑脂箱中注脂
	泵的元件故障	更换泵元件
所有润滑点均无润滑脂	泵不工作	参见"泵不工作"
	间隔时间太长或润滑时间太短	减少间隔时间或增加润滑时间
	系统阻塞	参见"压力安全阀中溢出润滑脂"
几处润滑点无润滑脂	辅助分配器供油管路破损或有泄漏	更换管路
	螺纹连接处泄漏	拧紧螺钉或更换
某处润滑点无润滑脂	相关供脂管路破损或有泄漏	更换管路
	螺纹连接处泄漏	拧紧螺钉或更换

续表

故 障 现 象	故 障 原 因	排 除 方 法
泵转速下降	系统压力过高或环境温度较低	检查系统或支承点,若无损坏,则进行一到两次中间润滑操作
压力安全阀中溢出润滑脂	系统压力太高	检查系统
	分配器阻塞	更换分配器
	系统阻塞	修理堵塞点或堵住支承点
	阀弹簧故障	更换压力安全阀

第4章

履带起重机

4.1 概述

4.1.1 定义与功能

履带起重机(crawler crane)是将起重作业部分装设在履带底盘上,行走依靠履带装置的起重机,可以进行物料起吊、运输、装卸和安装等作业,具有接地比压小、转弯半径小、爬坡能力大、起重性能好、可带载行走等优点,在石油化工、电力建设、市政工程、交通建设等方面得到广泛使用。

履带起重机的特点如下:

(1) 起重性能优越。履带起重机是由宽大的履带作为支承结构,承载能力高,臂架自重相对轻,因此起重性能高。目前最大起重能力可以达到4000t。

(2) 作业空间大。履带起重机的臂架有多种组合,长度大,可实现较大的作业幅度和作业高度。例如1600t级履带起重机(特雷克斯公司CC8800-1型)主臂长度可达到156m,如图4-1(a)所示。主副臂架最大组合长度可达到(108+120)m,作业高度达到220m,作业幅度达到125m,如图4-1(b)所示。

(3) 可实现原地转弯。履带起重机的行走装置是由两条履带组成的,当两条履带正、反向运动时,可实现原地转弯。

(4) 可带载行走。由于履带行走相对平稳,因此可带载荷缓慢地近距离运行。

(5) 接地比压小。正是因为履带起重机有两条宽大的履带,与地面的接触面积大,因此对地压力小。例如,150t级履带起重机空载状态下的平均接地比压为0.1MPa(10t/m²)。

4.1.2 发展历程与沿革

国外最早的履带起重机是英国的Coles、美国的Norwest Engineering、Bay City Crane和马尼托瓦克等公司在20世纪20年代研发出来的。随后德国的格鲁夫、哥特瓦尔德、克虏伯,美国的P&H、American Hoist等公司相继开发了不同型号的产品。20世纪70年代以后,随着欧美及日本等工业强国和地区的发展,履带起重机的研发和制造技术得到迅速发展,德国的德马格、利勃海尔公司向全系列方向发展,日本的神钢、石川岛(IHI)、日立(Hitachi)、住友(Sumitomo)等公司也开发了系列产品。进入80年代以后,随着电子技术的发展,系列产品的性能与技术得到了进一步发展,现已形成以德国的利勃海尔和德马格、美国的马尼托瓦克、日本的神钢为核心公司的局面,开发了更大吨位的产品,并发展了很多变型产品。

1. 国外履带起重机的发展历程

(1) 20世纪20年代,Coles公司开发了履带底盘的流动起重机,即履带起重机。

(2) 20世纪40年代,苏联开始生产机械式履带起重机。

（3）20世纪60年代，日本液压履带起重机诞生。

（4）20世纪80年代，德马格公司推出了1600t履带起重机。

（5）2002年，德马格公司推出了新一代CC8800型1250t履带起重机，具有超起装置。

（6）2005年，马尼托瓦克公司推出了907t履带起重机，首次采用多履带形式。

（7）2006年，德马格公司推出了当时国际最大吨位的CC8800-1 TWIN型3200t履带起重机，首次采用双臂系统。

（8）2010年，马尼托瓦克公司推出了M31000型2300t履带起重机，将超起配重与转台配重合二为一。

（9）2011年，利勃海尔公司推出了LR13000型3000t履带起重机，臂架采用的是单双臂混合形式。

国内履带起重机历史较短，起源于20世纪50年代，没有专业生产企业，均为兼营。"七五"期间分别从日本、德国引进了中大型履带

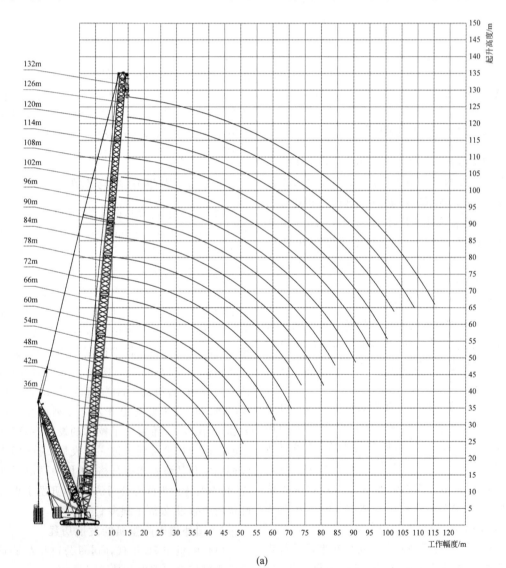

(a)

图4-1 履带起重机作业范围举例

(a) 主臂作业范围；(b) 臂架组合范围空间

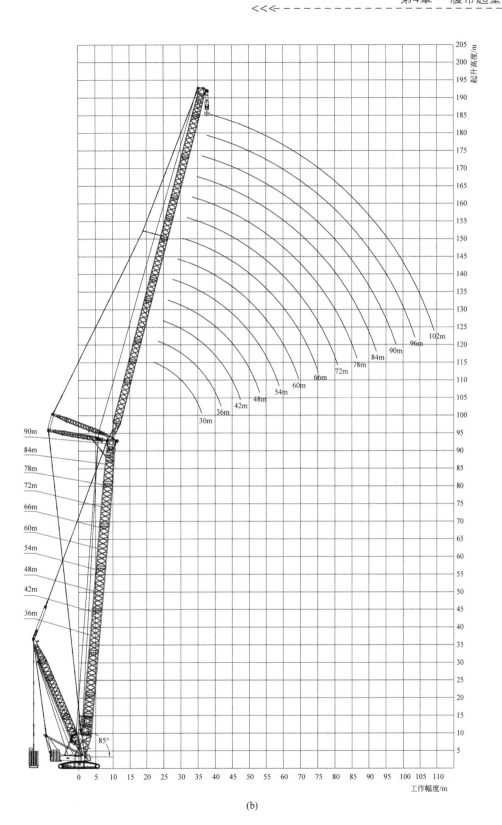

(b)

图 4-1（续）

起重机(50～300t),产品技术水平属国外70年代末期水平。"八五"及近年来,国内有些厂家引进了国外大型履带起重机的生产技术,主要是国外成型的设计图纸,成套的零部件,在此基础上生产了履带起重机,以抚顺挖掘机制造厂(抚挖重工机械股份有限公司前身)为主,在50～150t产品上形成了一定的生产能力。90年代末,随着国家各大建设工程的发展需求,国内企业纷纷开发履带起重机,尤以徐工、中联、三一、抚挖重工机械股份有限公司(以下简称抚挖)为代表,短短10余年,先后开发了50～4000t系列产品,产品性能也随着科技的发展而不断向大型化、自动化、智能化方向发展。

2. 国内履带起重机的发展历程

(1) 1984年,抚顺挖掘机制造厂生产出了国内第一台50t履带起重机。

(2) 2003年,中联推出了国内自主研发的第一台200t履带起重机。

(3) 2006年,徐工和中联分别推出了450t和600t履带起重机。

(4) 2008年,三一推出了1000t履带起重机。

(5) 2011年,中联和三一分别推出了3200t和3600t履带起重机。

(6) 2013年,徐工推出了国际上吨位最大的4000t履带起重机。

4.1.3 国内外发展趋势

国外履带起重机专业制造企业主要集中在德国、美国和日本。此外,作为工程施工企业的美国Lampson(兰普森)公司也拥有自制的1000～3000t履带起重机。国内的履带起重机制造企业主要有徐工、中联、三一、抚挖,见表4-1。这些企业的产品,从50～4000t,型谱齐全,技术先进,引领着行业的技术与产品的发展。

目前履带起重机的主要发展趋势如下。

1. 起重机的大型化

履带起重机已由过去的小吨位、中等吨位发展到大吨位和千吨级的超大吨位产品,目前已拥有千吨级以上产品的企业名称和产品型号见表4-2。

表4-1　国内外履带起重机主要制造企业

国家	企业名称
德国	利勃海尔,森尼波根(Senebogen),德马格(现已被特雷克斯收购)
美国	特雷克斯,马尼托瓦克,兰普森
日本	神钢,住友重机(Hitachi Sumitomo)
中国	徐工,中联,三一,抚挖

表4-2　主要企业的千吨级产品

企业	企业千吨级最大履带起重机		
	型号	起重量/t	起重力矩/(t·m)
兰普森	LTL3000	3000	96000
徐工	XGC88000	3600	88000
三一	SCC86000	3600	83000
中联	ZCC3200	3200	82000
利勃海尔	LR13000	3000	50000
德马格	CC8800-1Twin	3200	44000
马尼托瓦克	M31000	2600	34800

2. 起重机的专业化

为满足市场的需求,履带起重机逐步向专业化方向发展,各企业先后开发了风电专用起重机,如表4-3和图4-2所示。

表4-3　风电专用起重机

企业	产品型号
利勃海尔	LR1400/2w(400t), LR1600/2(600t)
德马格	CC2800-1NT(600t)
马尼托瓦克	M16000(400t),M18000(600t)
徐工	XCL800(800t)
中联	ZAL16020B43W(750t), QUY500W(500t)
三一	SCC2800WE(280t), SCC3000WE(300t), SCC5000WE(500t), SCC6500WE(650t)

图 4-2　风电专用起重机举例

(a) 利勃海尔的 LR1400/2w 型产品；(b) 德马格的 CC2800-1 NT 型产品；(c) 徐工的 XCL800
型产品；(d) 中联的 ZAL16020B43W 型产品；(e) 三一的 SCC2800WE 型产品

例如，中联公司的 QUY500W 型 500t 履带起重机(如图 4-3 所示)，其重型固定副臂专用于风电安装，适宜 2～2.5MW 风机吊装。产品无需超起配置，在风电吊装工况即可实现 80m 塔筒高度下的 110t 起重量，及 90m 塔筒高度下的 95t 起重量，微动性能好；具备重心检测装置，用于实时检测整机重心及显示接地比压，打破了传统单一依靠力矩控制稳定性的方法，让操作人员在非吊重作业状态(如崎岖道路行走时)也能准确掌握整机重心状态，确保人身安全。

3. 混合型起重机

为充分发挥履带起重机的起重能力与带载行走能力，及汽车(全地面)起重机的机动性与灵活性，将这两种起重机的上车和下车分别组合在一起，形成了新型的伸缩臂履带起重机

图 4-3　中联 QUY500W 型 500t 履带起重机

和桁架臂汽车起重机,如图 4-4 所示。伸缩臂履带起重机汲取了履带起重机带载行走和汽车起重机全臂不需拆装而长度任意组合的优势,一般用于中小吨位,如 100t 以下。但利勃海尔也制造出了 1200t 级的此类混合型产品,如图 4-4(a) 所示。桁架臂起重机汲取了履带起重机桁架臂的高起重性能及全地面起重机的机动性,一般用于大吨位,如利勃海尔的 LG1750 型 750t 产品和徐工的 XCL800 型 800t 产品。

(a)　　　　　　　　　　(b)

图 4-4　混合型起重机

(a) 利勃海尔的 LTR11200 型 1200t 伸缩臂履带起重机;
(b) 利勃海尔的 LG1750 型 750t 桁架臂汽车起重机

4. 新材料、新结构

为追求更高性能,降低结构自重,提高结构承载能力,各企业纷纷研究高强材料与新材料的适用性,并设计新结构。目前臂架的材料

普遍使用屈服极限达 700MPa 以上的高强材料,这与以往采用 400MPa 以下的材料相比,自重减半。为进一步降低结构自重,利勃海尔的 LR1300 型 300t 产品选用了碳纤维作为变幅拉板的材料。主机结构的部分材料也由常规的 400MPa 级别的材料提升至 500~600MPa 级别的材料。

在结构方面,考虑运输尺寸与单件自重的限制,应用模块化设计思想,对 3000t 级以上的臂架采用了双臂架形式,增强了臂架的侧向结构稳定性,如图 4-5 所示。为最大限度地提高臂架利用率,利勃海尔的 LR1350 型 350t 产品形成了主臂+塔式副臂+副臂的多副臂组合形式,如图 4-6 所示。

(a)　　　　　　　　　(b)

图 4-5　双臂架形式

(a) 平行臂架形式;(b) 双臂+单臂形式

图 4-6　多副臂组合形式

同样因运输单体尺寸与自重的限制，超大吨位起重机的转台结构、车架结构和履带架结构纷纷采用模块化思想，形成了独立分段设计，各分段之间采用销轴连接方式。回转结构也从原来的标配回转支承形式发展成为了新结构形式。德马格的 CC8800-1Twin 型 3200t 产品，采用回转支承与台车共同承载并实现回转的方式，如图 4-7（a）所示。马尼托瓦克的 M31000 型 2300t 产品采用环轨形式实现回转，如图 4-7（b）所示，可分段拆装，尺寸设计上不受限制。

 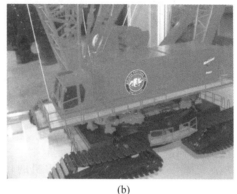

（a）　　　　　　　　　　　　　　（b）

图 4-7　新的回转结构

（a）回转支承＋台车形式；（b）环轨形式

为进一步均布接地比压，马尼托瓦克的 M21000 型 907t 产品和 M31000 型 2300t 产品分别采用八履带和四履带形式，通过平衡梁将载荷尽量作用在履带的几何中心，进而均布对地压力，如图 4-8 所示。

 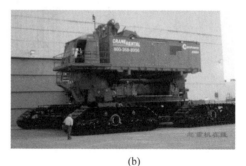

（a）　　　　　　　　　　　　　　（b）

图 4-8　多履带形式

（a）八履带形式；（b）四履带形式

起重机的配重起到保证整机抗倾覆力矩的作用，通常有转台配重和超起配重之分。马尼托瓦克的 M31000 型 2300t 产品将这两者配重合二为一，通过控制连杆机构实现配重的移动，并随吊重的起重力矩变化而变化。除此之外，配重移动的方式还有齿轮齿条结构（MLC300 型 300t 产品和 MLC650 型 650t 产品），如图 4-9 所示。

5. 控制的智能化与可视化

液压系统控制方面，已从全开式系统发展成为开闭式结合系统和全闭式系统。对液压系统的控制，也从液液控制发展成为电液比例控制和电子控制，实现了全功率匹配控制与负荷传感控制及动作的微动性控制。对于大吨位产品，多卷扬机构、多行走机构的同步协调控制，配重随起重力矩的移动控制及主副臂变

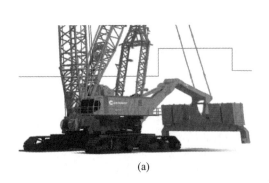
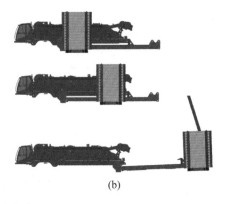

(a)　　　　　　　　　　　(b)

图 4-9　配重移动方式

（a）连杆形式；（b）齿轮齿条形式

幅机构的协调起臂控制都得以应用与推广。

6. 作业信息化

为方便操作者与指挥者了解起重机的作业状态，控制系统实现了起重机各种信息状态与预警显示，如作业状态信息（起重量、幅度、高度、臂长组合、配重大小与位置等）、机构运行状态信息（卷扬速度，出绳长度，系统压力等），如图 4-10 所示，并提供故障诊断信息。

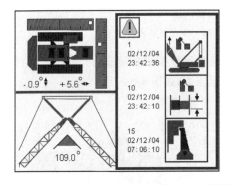
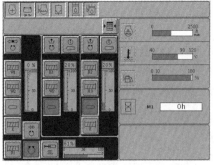

图 4-10　可视化界面显示

为保证作业安全，提前预测可能存在的危险性，还开发了起重机作业仿真系统，实现单机、双机及多机动作仿真，包括刚体仿真和柔性体仿真，可进行仿真中的碰撞检测分析和动作规划，如图 4-11 所示。未来，将逐步从动作仿真发展成为物理仿真。

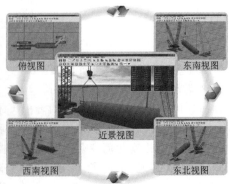

图 4-11　起重机作业仿真

4.2 分类

按吨位大小,履带起重机可分为小吨位(≤50t)、中吨位(>50t,<300t)、大吨位(≥300t,<1000t)和超大吨位(1000t及以上)几种。

按臂架结构形式,履带起重机可分为桁架臂式和伸缩臂式两种。前者是履带起重机臂架的常规形式,后者是结合汽车(全地面)起重机的伸缩臂而衍生的变型产品,一般在中小吨位使用较多(如图4-12所示),便于臂架长度变化,并可带载行走。现在也有更大吨位的应用,如利勃海尔的1200t产品(图4-4(a))。

图4-12 山河智能的SWTC25型伸缩臂履带起重机

按是否有超起装置,履带起重机可分为标准型和超起型,如图4-13所示。前者是履带起重机的标准配备,后者为了提升产品的利用率,增设了必要的部件,如超起桅杆、超起配重及液压元件与机构传动部件等,实现了起重能力的提升,通常用于大吨位产品中。

按传动方式,履带起重机可分为机械式和液压式。机械式履带起重机是较早使用的一种传动方式,随着液压技术的不断发展与应用,目前更多使用的是液压式履带起重机。

按动力源方式,履带起重机可分为发动机式、电动机式和混合动力型三种。由于履带起重机一般都在野外作业,因此采用柴油发动机式的履带起重机很普遍。如果长时间固定在一个工作地点,并能提供充足的电源,也有将

(a)

(b)

图4-13 标准型与超起型履带起重机
(a)标准型(马尼托瓦克的MLC300型300t履带起重机);(b)超起型(马尼托瓦克的21000型907t履带起重机)

电动机作为动力源的履带起重机。目前,从节能减排与环保角度,正在研制混合动力式的履带起重机,即发动机与电动机混合使用,这在挖掘机和装载机上已得到应用。

4.3 工作原理及组成

4.3.1 工作原理

履带起重机可以实现对重物的升降和水平移动。重物升降移动是通过起升机构或变

幅机构改变臂架角度来实现的。重物的水平移动可以通过变幅机构改变臂架角度来实现，也可以通过回转机构将重物以回转中心为圆心进行圆周方向的移动。另外，履带起重机的优势在于可实现带载行走，可以通过行走机构使重物随着起重机一起移动。

履带起重机一般具有较大的起重量和工作幅度，因此必须具备良好的抗倾覆稳定性，这体现了杠杆原理。如图4-14所示，当前方吊有重物时，会相对履带前端的"支点"（倾覆线）产生倾覆力矩，履带起重机的自重会相对支点产生抗倾覆力矩，阻止其向前倾覆。因此为使起重机的起重性能高，履带起重机必须具备合理的自重与重心位置，才能保证整机在吊载时不倾覆。

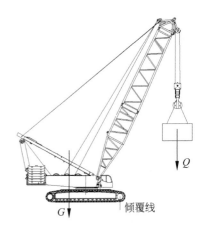

图 4-14　履带起重机工作原理
G—履带起重机自重；Q—起重量

4.3.2　结构组成

履带起重机从上至下可分为臂架、转台、车架和履带架几大承载结构部件，还包括配重及附属配件等。

1. 臂架

臂架可分为主臂、固定副臂和塔式副臂三种，可组合成主臂作业形式、固定副臂作业形式和塔式副臂作业形式，如图4-15所示。

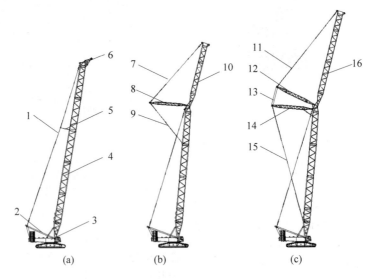

(a)　　　　　(b)　　　　　(c)

图 4-15　履带起重机臂架组合作业形式

(a) 主臂作业形式；(b) 固定副臂作业形式；(c) 塔式副臂作业形式；

1—拉板；2—桅杆；3—转台；4—主臂；5—腰绳；6—鹅头；7—副臂前拉板；8—撑杆；9—副臂后拉板；
10—固定副臂；11—塔式副臂前拉板；12—塔式副臂前撑杆；13—副变幅绳；14—塔式副臂后撑杆；
15—塔式副臂后拉板；16—塔式副臂

主臂作业形式下，主臂根部与转台通过销轴铰接连接，头部与变幅拉板或索具连接，实现主臂的工作角度变化。主臂的截面尺寸相对较大，因此可以承受较大的起升载荷。为防止突然卸载而引起的主臂后仰现象，在主臂与转台之间连接有防后倾装置。

固定副臂作业形式下,其副臂与主臂在作业时没有相对转动,副臂随主臂转动而转动。但副臂可以有几种安装角度(副臂轴线相对主臂轴线的夹角),如15°、30°等。副臂根部与主臂头部通过销轴铰接,两者之间连接有撑杆与前、后副臂变幅拉板或索具。撑杆与主、副臂之间连接有防后倾杆件,防止突然卸载而引起的副臂后仰现象。副臂的截面尺寸较小,更多用于小起升载荷、大幅度的作业场合,如火电维修、海洋平台安装等。

塔式副臂作业形式下,其副臂与主臂有相对转动,主臂的工作角度一般为离散值,如65°、75°、85°等。副臂可实现工作角度连续变化。在主臂和副臂之间连接有两个撑杆,两撑杆之间连接有副臂变幅绳,实现副臂相对主臂的工作角度变化。副臂的截面尺寸介于主臂与固定副臂之间,用于起升高度大、载荷较大的作业场合,如风电的吊装。

无论是主臂还是副臂,其结构组成基本相同,都是由空间矩形截面桁架结构组成,分为底节、标准节和顶节,如图4-16所示。为了便于连接与传递载荷,底节与顶节通常采用变截面形式。为了组合成不同长度的臂架,标准节的长度与数量不唯一,可以是3m节、6m节、9m或12m节。为进一步增加臂架长度而不过量增加自重,也有采用重型臂节和轻型臂节组合在一起的重轻组合臂形式,如图4-16(c)所示。重型臂和轻型臂的截面尺寸大小不同,因此需要通过过渡臂节连接。

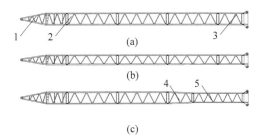

图4-16 臂架结构组成

(a)重型臂;(b)轻型臂;(c)重轻组合臂
1—底节;2—标准节;3—顶节;4—轻型标准节;5—重轻组合过渡节

各节之间采用销轴连接,根据受力可设计成多种连接形式,如图4-17所示。

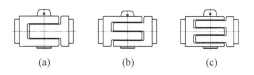

图4-17 臂节间的销轴连接形式

(a)单-双铰接;(b)双-双铰接;(c)三-双铰接

每个臂节都由四肢弦杆与多肢腹杆焊接而成。按弦杆与腹杆节点位置不同,可为交叉焊接形式和点对点焊接形式,如图4-18所示。弦杆主要承担臂架结构轴向载荷和弯矩,杆件规格尺寸相对较大。腹杆主要是保持结构的几何形状,按位置不同,又分为斜腹杆、空间腹杆和横腹杆等。腹杆受力较小,其中斜腹杆主要承担臂架结构的水平载荷即垂直于臂架轴线的载荷,因此杆件规格尺寸相对较小。

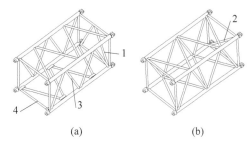

图4-18 臂节结构形式

(a)交叉焊接形式;(b)点对点焊接形式
1,2—空间腹杆;3—斜腹杆;4—横腹杆

2. 转台

转台起到承上启下的作用,将臂架和变幅机构传递来的载荷通过回转支承传递给下车。转台尾部连接有配重,起到阻止倾覆的作用。转台上放置有机构与动力部件。

转台结构按吨位不同可分为开放式转台和封闭式转台。开放式转台一般用于中小吨位产品,由两个小箱形或工字形主梁及横梁组成,与臂架及变幅机构部件通过铰点连接。机构部件的放置位置一般为:沿转台中轴线,从车前方到后方依次为主起升机构、副起升机构、主变幅机构部件(卷筒、马达等)。中轴线两旁分别后置发动机、液压油箱、燃油箱、回转机构等,前置操纵室、电控柜等,如图 4-19 所示。

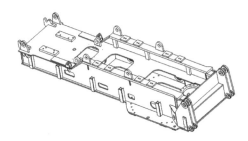

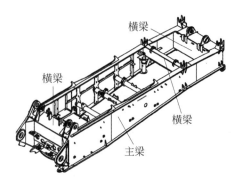

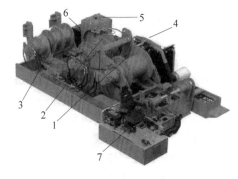

图 4-19　开放式转台结构与布局

1—主起升机构;2—副起升机构;3—主变幅机构;
4—发动机;5—液压油箱;6—燃油箱;7—操纵室

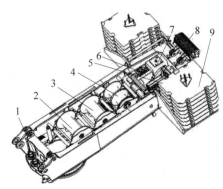

图 4-20　封闭式转台结构与布局

1—回转减速机;2—主起升机构Ⅰ;3—主起升机构Ⅱ;4—主变幅机构;5—发动机;6—液压油箱;7—燃油箱;8—主变幅定滑轮组;9—配重

封闭式转台由两个大箱形或工字形主梁及横梁组成,机构部件等全部布置在主梁之间,从车前方到后方沿转台中轴线依次为主起升机构Ⅰ(主起升机构)、主起升机构Ⅱ(主起升机构或副起升机构)、主变幅机构、发动机、液压油箱和燃油箱,回转机构一般置于转台的最前端,操纵室置于转台的左前方或右前方,如图 4-20 所示。其他起升机构都布置在臂架上。

当起重机吨位更大时,一般将发动机与油箱液压部件形成独立单元外挂在转台侧向。转台受运输尺寸与运输重量限制,往往做成分体式,如图 4-21 所示。

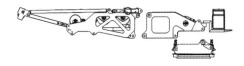

图 4-21　分体式转台

车架与履带架的连接,对于小吨位,一般采用搭接方式;对于大吨位,一般采用铰接方式。

3. 车架

车架是用于连接转台与履带架的结构,其形式一般为 H 形。考虑到运输的方便性,也有做成放射形式的。对大吨位起重机,考虑到运输尺寸与重量的限制,常做成分体式,如图 4-22 所示。

车架上平面安装有回转支承的部件,要求车架具有足够的刚度与强度。为提高整机抗倾覆稳定性,也有在车架前、后安装车身压重的。

4. 履带架

履带架将车架传递来的载荷最终传递到地面,起到支承整机的作用,要求具有足够的强度与刚度。履带架按布置方式不同可分为开放式履带架和封闭式履带架,如图 4-23 所示。前者用于中小吨位产品,支重轮外露,便于维护维修。后者用于大吨位产品,支重轮位于履带架内部,可以增加履带架截面高度,提高其刚度。对于吨位较大的产品,履带架受运输尺寸与重量的限制,也可做成分体式,并采

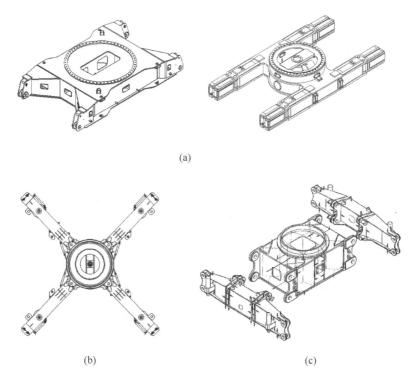

图 4-22 车架结构形式

（a）H 形车架；（b）放射形车架；（c）分体式车架

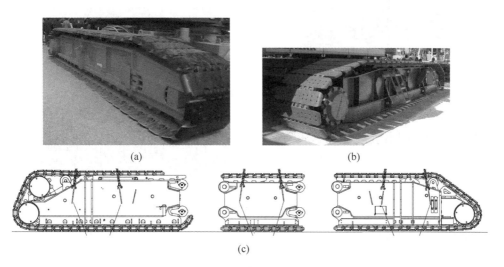

图 4-23 履带架结构形式

（a）开放式履带架；（b）封闭式履带架；（c）分体式履带架

用销轴方式连接。履带架两端连接有驱动轮和从动轮，履带板与履带架的上平面通过拖链轮及耐磨铁块连接。驱动轮、从动轮、拖链轮和履带板形成了俗称的"四轮一带"。

5．超起结构

为了追求更大化的起重能力，充分发挥结构的承载能力，可以在标配履带起重机的基础上，通过增加必要的结构来实现起重能力的提高，这种结构称为超起结构。

从提高起重能力的角度,一方面要改善臂架结构受力,使起重机在小幅度下提升起重能力;另一方面为充分发挥大幅度下的结构强度,增加配重以提高抗倾覆稳定能力。由此超起结构由超起桅杆与超起配重组成,如图4-24所示。超起桅杆位于桅杆与主臂之间,长度要长于桅杆,可以改善变幅拉板的力臂,从而改善臂架轴线受力,提升臂架的承载力。在超起桅杆头部增加超起拉板,用于提升所增加的超起配重,显然超起配重是用于提高起重机抗倾覆稳定性的,从而提升大幅度下的起重能力。

图 4-24　超起结构
1—超起配重;2—桅杆;3—超起桅杆

超起配重可以是悬浮式配重,也可以是小车式配重。悬浮式配重情况下,以回转支承为支点,平衡起重机的起升载荷引起的倾覆力矩,类似跷跷板,因此悬浮式配重的大小要有比较精准的估算,既要防止过轻出现倾覆现象,也要防止过重出现不能离地、上车无法回转的现象。小车式配重情况下,由于小车可随回转支承在地面上转动,因此当配重较重时,也可以实现上车的整体回转,因此其对配重的重量要求不是很苛求。但为实现随回转支承的转动,一般小车设计为可自行式,否则回转支承承担的载荷与力矩较大。小车若采用轮胎方式,由于轮胎承载力不高,需要有支腿协助轮胎转向与支承空载时的配重重量。也有采用履带自行式小车,如图4-25所示,接地比压小,但由于原地转弯阻力大,一般需要有独立的动力单元来驱动。

(a)

(b)

(c)

图 4-25　超起配重形式
(a)悬浮式超起配重;(b)轮胎自行式超起配重;
(c)履带自行式超起配重

4.3.3　机构组成

履带起重机主要由起升、变幅、回转和行走四大机构组成,此外还有超起变幅机构、穿绳卷扬机构、防后倾机构等。

1. 起升机构

起升机构用于垂直升降重物,可分为主起

升机构和副起升机构及鹅头起升机构三种,如图 4-26 所示。主、副起升机构用于提升多倍率的重物,鹅头起升放置在臂架头部,用于快速提升小倍率较轻重物。

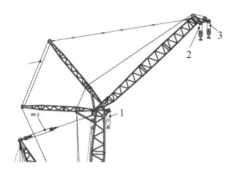

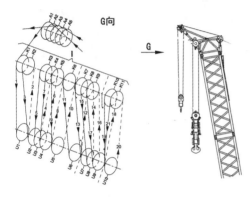

图 4-26　起升机构
1—主起升机构；2—副起升机构；3—鹅头起升机构

无论是主起升机构还是副起升机构或是鹅头起升机构,其组成是相同的,都是由吊钩组、起升钢丝绳、起升滑轮组、卷筒、减速机等部件组成。起升绳通常选用非旋转式多股钢丝绳,减速机选用行星减速机,一般内藏于卷筒中,如图 4-27 所示。卷筒可实现多层缠绕,

图 4-27　内置式减速机

为防止乱绳,通常采用折线型绳槽,如图 4-28 所示。当单机构不能满足起升载荷要求时,往往采用双机构或多机构同步实现,即多组起升钢丝绳缠绕在同一吊钩组上,此吊钩组可以是组合式,图 4-29 所示为 1600t 级的吊钩组。

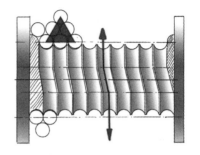

图 4-28　折线型绳槽

图 4-29　1600t 级吊钩组

2. 变幅机构

变幅机构用于实现主臂和副臂的工作角度变化,分为主变幅机构和副变幅机构两种。主变幅机构根据其变幅方式又可分为人字架变幅机构、桅杆变幅机构和人字架桅杆组合变幅机构三种,如图 4-30 所示。人字架变幅形式中,人字架不随臂架工作角度的变化而变化,变幅绳在变幅拉板与人字架之间。人字架高度有限,因此一般用于中小吨位产品中。桅杆变幅形式中,两者之间的变幅拉板长度在作业时固定,因此桅杆随臂架工作角度的变化而变化。变幅绳缠绕在桅杆与变幅卷筒之间。相比于人字架变幅形式,桅杆长度较大,改善了

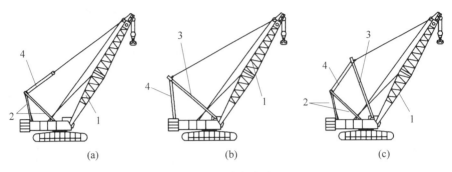

图 4-30　变幅方式
(a) 人字架变幅机构；(b) 桅杆变幅机构；(c) 人字架桅杆组合变幅机构
1—臂架；2—人字架；3—桅杆；4—变幅绳

臂架受力，一般用于中大吨位以上产品。还有一种变幅形式是人字架和桅杆组合形式，变幅绳缠绕在人字架与桅杆之间，此形式综合了人字架变幅和桅杆变幅的优势，但使用时要注意两者的防干涉情况。

变幅机构中的卷筒可以是单联式，也可以是双联式，如图 4-31 所示。其机构由变幅拉板或索具、变幅绳及减速机等组成，与起升机构类似。变幅绳通常处于张紧状态，因此可不必选用非旋转型钢丝绳。

图 4-31　双联卷筒形式

3. 回转机构

回转机构用于实现转台以上部件的 360° 回转动作，主要由回转支承、回转小齿轮、减速机等组成。回转原理是大小齿圈的啮合原理，可以是外啮合式，也可以是内啮合式。如果单机构不能满足驱动要求，还会采取多机构驱动方式，如图 4-32 所示为三驱机构形式。

回转支承一般有三种形式：四点球式、交叉滚子式和三排滚子式，如图 4-33 所示。前两者一般用于小吨位产品，后者用于大吨位产

图 4-32　多回转机构驱动形式

品，承载载荷力矩能力强，同时可以承受一定的水平（径向）载荷。由于回转支承将集中承受较大的垂直载荷和弯矩，因此对连接转台和车架部位的局部结构刚度要求较高，这也是均衡连接件——高强螺栓载荷的重要保证。

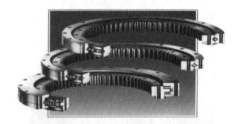

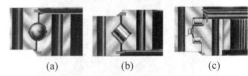

图 4-33　回转支承形式
(a) 四点球式；(b) 交叉滚子式；(c) 三排滚子式

4. 行走机构

行走机构用于实现整机直线与转向行驶，

由"四轮一带"和减速机等组成,如图 4-34 所示。其工作原理是驱动轮与履带板啮合实现转动,通过履带板将旋转运动转换为直线运动。啮合的形式分为两种(见图 4-35):一种是驱动轮上开槽,与履带板上的齿啮合;另一种是驱动轮类似于链轮,与履带板上开的孔啮合,这种可进一步减小驱动轮直径,进而减小行驶阻力矩。

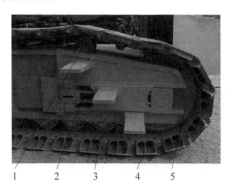

图 4-34 四轮一带

1—托链轮;2—张紧装置;3—支重轮;
4—履带板;5—从动轮(驱动轮)

(a)

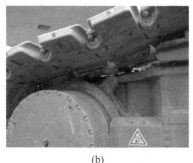

(b)

图 4-35 行走机构啮合形式

(a) 驱动轮槽与履带板齿啮合形式;
(b) 驱动轮齿与履带板孔啮合形式

每个履带架上各配一个行走机构,称为单边单驱形式,如图 4-36 所示。根据行驶阻力大小,也可采用单边多驱形式。

图 4-36 单边单驱行走机构

5. 超起变幅机构

增加超起结构后,需要增加超起变幅机构,其变幅绳置于超起桅杆和主臂变幅拉板之间,实现主臂的工作角度变化。变幅卷筒置于超起桅杆上,如图 4-24 所示。原主变幅机构的变幅绳仍置于桅杆与主变幅卷筒之间,用于实现桅杆的工作角度变化,以控制和调整与超起配重间的载荷分配。超起变幅机构的组成与前述的变幅机构相同。

6. 其他机构

此处所说的"其他机构"包括穿绳卷扬机构和防后倾机构。

1) 穿绳卷扬机构

对于中大吨位起重机,钢丝绳直径大,进行人工穿绳费时费力,可采用穿绳卷扬机构实现半自动化穿绳。穿绳卷扬机构的钢丝绳直径小,因此首先通过人工将此钢丝绳缠绕到滑轮组之间;然后将绳头与作业用的起升或变幅钢丝绳连接后,通过穿绳卷扬机构的收绳运动,自动带动起升或变幅钢丝绳缠绕在滑轮组之间。穿绳卷扬机构一般置于转台的最前端,如图 4-32 所示的回转机构上端。

2) 防后倾机构

防后倾机构,以往采用机械式,即弹簧式。随着科学技术的发展,现发展成为蓄能器式或液压缸式,这样可以更好地控制防后倾的载荷,提高防后倾的效果。主臂、副臂和超起桅杆都设有防后倾装置,如图 4-37 所示。一般在超过允许的最大工作角度时,防后倾机构能起到阻止臂架后仰的作用。考虑其行程不需过长,一般会在转台或臂架上设有滑道。在臂架工作角度较小时,防后倾机构可不必伸出过长,在滑道里运行即可,滑道起到导向作用。

(a)

(b)

(c)

图 4-37 防后倾形式
(a)弹簧式防后倾机构；(b)液压缸式防后倾机构；
(c)蓄能器式防后倾机构

4.3.4 动力系统

履带起重机属于自行式机械,大多工作在野外,因此通常选用动力性和燃油经济性(油耗低、热效率高)优越的非道路用柴油发动机作为动力源。

1. 柴油发动机的工作原理与组成

柴油发动机是内燃机的一种,是将热能转变为机械能的热力发动机,其工作原理是将柴油喷射到气缸,并与空气混合燃烧,依靠燃气膨胀推动活塞作直线运动,通过曲柄连杆机构使曲轴旋转,从而输出机械功。柴油发动机一般由两大机构、五大系统组成,如图4-38所示。

从使用与维护、维修的角度,使用者需要了解润滑系统、冷却系统和电气系统。润滑系统由机油泵、机油滤清器、机油冷却器、机油管路及油底壳等组成。其主要作用是将润滑油供给到运动件的摩擦表面以减少摩擦阻力,减轻机件的磨损,并部分冷却摩擦零件,还可清洁和冷却摩擦表面,另外也能提高活塞环和气缸壁间的密封性能。

冷却系统用于散出机组运行中产生的热量,保持发动机在适宜的温度范围内工作,其组成如图4-39所示。

电气系统主要用于控制发动机起动/喷油、发动机调速、蓄电池充电、发动机停机等方面,由起动机、电子调速机构、充电发电机、蓄电池、燃油开启/关闭阀等组成。发动机的起动方式有三种:人力起动、电动机起动和压缩空气起动。其中,电动机起动应用广泛。电动机起动一般都有充电设备(充电发电机),以供蓄电池放电后及时补充充电。

调速器的作用是根据负荷变化,自动调整供油量,使输出功率与负荷平衡,保持稳定的转速,此外还能限制最高转速和防止飞车事故,同时保证低速空转的稳定性。

相比于汽油机30%的工作效率,柴油发动机的有效机械功占比可达到40%以上(早期的柴油发动机只有2%～5%)。柴油发动机的功率损失中,排气损失为28%,冷却水损失25%,

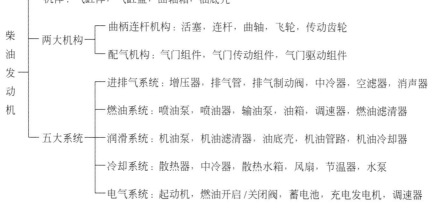

```
柴油发动机 ─┬─ 机体：气缸体，气缸盖，曲轴箱，油底壳
            │
            ├─ 两大机构 ─┬─ 曲柄连杆机构：活塞，连杆，曲轴，飞轮，传动齿轮
            │            └─ 配气机构：气门组件，气门传动组件，气门驱动组件
            │
            └─ 五大系统 ─┬─ 进排气系统：增压器，排气管，排气制动阀，中冷器，空滤器，消声器
                         ├─ 燃油系统：喷油泵，喷油器，输油泵，油箱，调速器，燃油滤清器
                         ├─ 润滑系统：机油泵，机油滤清器，油底壳，机油管路，机油冷却器
                         ├─ 冷却系统：散热器，中冷器，散热水箱，风扇，节温器，水泵
                         └─ 电气系统：起动机，燃油开启/关闭阀，蓄电池，充电发电机，调速器
```

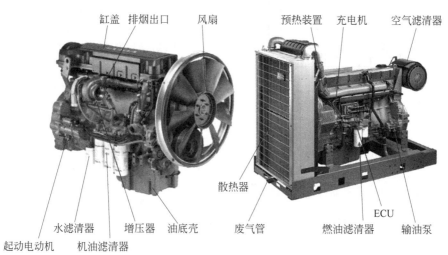

图 4-38　柴油发动机的组成

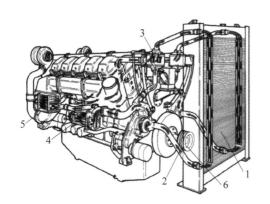

图 4-39　冷却系统的组成

1—散热水箱；2—冷却水管；3—节温器；4—机油冷却器；5—水泵；6—风扇驱动轮

摩擦损失为 7%。

常用的国外柴油发动机有美国的康明斯（Cummins）、瑞典的沃尔沃（VOLVO）、德国的道依茨（DEUTZ）、德国的奔驰（MTU）、英国的珀金斯（Perkins）等，国内有山东潍柴、广西玉柴、上海柴油机等。

2. 柴油发动机的负载特性曲线

与车用发动机相比，工程机械用发动机更注重输出扭矩，因而要求发动机的扭矩储备大，工作转速一般比车用发动机低，且标定的额定功率是持续功率。工程机械工作环境恶劣，作业阻力变化大，发动机常常因为过载而掉速。为了让发动机稳定地工作在额定转速左右，发动机过载掉速时其输出转矩的增加应尽可能多。由于发动机的输出扭矩与功率成正比,与转速成反比,因此在低于额定工作转速 300~400r/min 范围内,发动机的输出功率基本保持不变或反而增加的发动机特性曲线是最理想的曲线。图 4-40 所示的发动机额定功率为 320kW/2000(r/min),最大输出功率为 330kW/1800(r/min),即当额定工作转速 2000r/min 降低到 1800r/min 时,发动机的输出功率有所增加,因此在同等掉速情况下其输出转矩增加相对要多,因而稳定性更好。

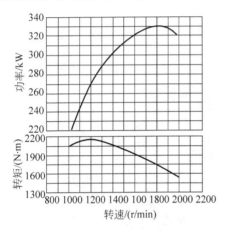

图 4-40　柴油发动机负载特性曲线

3. 柴油发动机的排放与改进

由于燃烧室内混合气不均匀或燃烧不充分等原因,导致柴油发动机排放出的废气污染环境。其主要排放物有氮氧化合物(NO_x)、不完全燃烧的碳氢化物(CH)以及粉尘颗粒物(PM)等。排放法规及柴油发动机技术发展也主要以降低 NO_x 及 PM 为重点。

目前,在非道路移动机械排放标准法规方面,美国和欧盟国家处于领先水平,且每一阶段所采用的限值和测量方法基本一致,主要是实施时间和实施管理方式上有所差别。我国于 2007 年发布了非道路第一阶段和第二阶段排放标准,其中国Ⅰ标准 2007 年 10 月 1 日开始实施,国Ⅱ标准 2009 年 10 月 1 日开始实施,大致相当于车用柴油发动机国Ⅱ排放标准的控制水平。2014 年颁布实施了新标准《非道路移动机械用柴油机排气污染物排放限值及测量方法(中国第三、四阶段)》(GB 20891—2014)。新标准的第三阶段要求与欧盟的ⅢA

阶段和美国的第三阶段控制水平相当;第四阶段要求与欧盟的ⅢB阶段和美国的第四阶段过渡阶段的控制水平相当。新标准实施后,非道路移动机械用柴油机的污染物排放量进一步减少,第三阶段单机 NO_x 减排量在 30%~45%,第四阶段单机 PM 减排 50%~94%。依据新标准,自 2014 年 10 月 1 日起,凡进行排气污染物排放形式核准的非道路移动机械用柴油机都必须符合该标准第三阶段要求。自 2015 年 10 月 1 日起,停止制造和销售第二阶段非道路移动机械用柴油机,所有制造和销售的非道路移动机械用柴油机,其排气污染物排放必须符合该标准第三阶段要求。

不同功率段的发动机满足国Ⅲ标准要求需要改进的技术措施中,对于较大的发动机,可采用共轨、增压中冷、废气再循环(exhaust gas recirculation,EGR)等技术;对于小型发动机,可采用提高油泵、油嘴喷油压力,涡流室、增压中冷等技术。

4. 混合动力技术的发展

工程机械多采用柴油机-液压系统-多执行器驱动方案,耗油高、排放差,主要表现在以下两方面:

(1)柴油机在接近额定功率区效率较高,在低速和低转矩区工作效率比较低。实际工作中,由于负载变化比较频繁、波动比较大,柴油机大多数时间工作在非高效区内,燃料的利用率低,排放质量较差。

(2)在传统的功率匹配控制中,为满足最大负载工况的要求,在工程机械的设计中按照工作过程中的最大功率来选择柴油机,因此柴油机功率普遍偏大,燃料经济性较差。

因此,改善柴油机的工作状况使其工作在额定功率区附近,是提高整体系统效率和改善排放质量的一个关键问题。近年来,一种能够满足上述需要的新型动力系统——混合动力系统(Hybrid)受到了工程机械领域的广泛重视与关注。

混合动力系统是指通过不同动力源的联合工作,使其充分发挥各自的优越性以提高能量的利用率。根据原动机种类的不同,混合动力系统理论上可以有多种形式，而最常用的是发动机与电动机的组合。2003年，日立建机生产出了世界上第一台混合动力驱动的轮式装载机，这是混合动力系统在工程机械上的首次应用。当前，在工程机械上应用的混合动力驱动方式主要有两种：串联式混合动力驱动和并联式混合动力驱动。混联式混合动力驱动由于其系统的布置和控制都比较复杂，目前还没有开展在工程机械上的应用研究。

1）串联式混合动力系统

所谓串联式混合动力系统（见图4-41），是指发动机、发电机、电动机和外载四大基本构成采用"串联"方式组成的驱动系统。发动机输出的动力全部通过发电机发电，实际上发动机和发电机组合可看做是一个电能供应装置，发动机不直接驱动外载，只有电动机驱动外载。当驱动电能多余时，可储存在储能装置中；当驱动电能不足时，储能装置释放电能，协助发电机供电，共同驱动外载。另外当外载制动时，可反向带动电动机旋转发电，实现能量回收，将电能储存于储能装置中。串联式的优点是发动机与外载之间无机械连接，结构简单，设计布置方便，控制系统和控制策略都较简单。缺点是只有电动机驱动模式，其动力特性类似电驱动，发动机和电动机都要具有系统所需的全功率，其装机功率大、体积和重量较大。工作时能量必须经过机械能→电能→机械能两次转换，效率不高，节能效果较不明显。

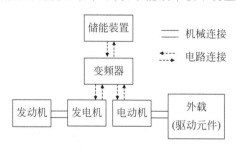

图4-41 串联式混合动力系统

2）并联式混合动力系统

所谓并联式混合动力系统（见图4-42），是指发动机和驱动电动机通过机械连接以并联方式驱动外载，可以实现以下三种驱动模式：发动机单独驱动，发动机和电动机共同驱动，电动机单独驱动。一般发动机驱动为主要模式，电动机驱动为辅助模式。由于发动机和电动机可以功率叠加共同驱动，因此可以采用功率小的发动机和电动机，减小装机功率，使整个动力总成的尺寸较小、重量较轻、价格较低。共同驱动模式下，发动机输出功率驱动外载时，多余的机械能可通过发电机发电储能；当动力不足时，储存电能又能通过电动机补充供能，起到"削峰填谷"的作用。由于有发动机直接驱动模式，能量转换环节少，因此并联系统效率较高，节能效果较好。但并联混合动力系统发动机、电动机和外载之间通过机械相连接，结构设计布置较困难，控制方式和策略都较复杂。

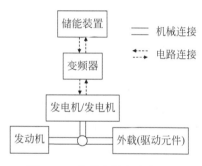

图4-42 并联式混合动力系统

3）混联式混合动力系统

混联式混合动力系统是串联式和并联式相结合，发动机用机械功率分流装置，分别通过离合器与驱动元件、发电机相连，可以通过结合和分离离合器，来实现串联或并联各种不同连接模式的转换，如图4-43所示。混联式扩大了传动方案的可能性，可实现复杂的能量组合和流动形式。设计者可寻找适合不同机械

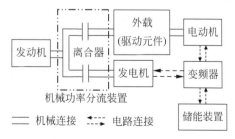

图4-43 混联式混合动力系统

和不同工况下的最佳动力混合形式和复合传动方式。但设计和布置难度增大,系统结构复杂,会导致零部件数量增多,制造成本高,同时操纵和控制更为复杂。该技术目前在汽车上已经得到应用,但在工程机械上的应用尚未见有关具体报道。

5. 柴油发动机控制技术的发展

工程起重机械所采用的柴油发动机,与传统农业、采矿业和建筑业机械相比,在诸如动力强劲性、经济环保性以及可靠性等方面更高,这就需要高技术含量的发动机电子控制系统(engine electronic control system,EECS)作为技术支撑。EECS 以 ECU(电子控制单元)为控制核心,以传感器和执行器为控制基础,以供油时刻、供油量和点火时刻等为控制对象,保证获得与发动机各种工况相匹配的最佳混合气成分和点火时刻,以提高发动机的动力性、经济性、环保性和可靠性。

高压共轨电喷技术是电控燃油喷射系统的前沿技术,德国博世(Boashe)公司目前开发了 CRS-2 共轨系统系列和 CRSN 系列。其中 CRSN3-18 产品可同时满足多种排放标准要求,结合 EDC17CV 电控单元,集成了尿素喷射控制单元(dosing control unit,DCU)的全部功能。此外,该公司还提供了模块化共轨系统,在高压泵和喷油器中储存了一定容量的燃油,替代高压油轨,是柴油机模块化控制的典范。在尾气排放控制方面,开发了尾气后处理系统 Denoxtronic 和 Departronic。前者采用选择性催化还原系统(selective catalytic reduction,SCR),能够帮助降低大约 95 % 氮氧化物排放,并能优化柴油发动机在运行时的燃油消耗量;后者用于密闭柴油颗粒过滤器的主动再生燃油,定量喷射系统,依据传感器信号计算出所需的柴油,定量喷入尾气中并燃烧,可以提高主动再生的效率并且节省燃油消耗。

在柴油机控制技术方面,日本电装(DENSO)公司主要致力于柴油机电控燃油喷射系统方面的研究,研发出了 i-ART(intelligent-accuracy refinement technology)系统。该系统喷油器内置可实时监测压力的传感器,实现由喷油器控制其喷射量、喷射时机。还开发出了可同时实现节能和尾气净化的电控高压共轨系统,通过对部件构造的改良、增加燃油喷射压力等实现高达 250 MPa 的喷射压力,可最大节省 3 % 的油耗。还可将尾气中的有害物质 PM(颗粒物)的产生率最大减少 50 %、NO_x(氮氧化物)的产生率最大减少 8 %,从而有效实现净化尾气。

4.3.5 液压系统

1. 应用与发展

随着液压元件的寿命及工作压力的不断提高,加之大型吊装对平稳性和调速性的要求不断提高,使得液压传动及控制技术在履带起重机中得到了广泛应用。

20 世纪 70 年代初,液压系统开始应用于履带起重机,当时的液压系统非常简单,动力源为齿轮泵,由多路换向阀控制各执行装置,卷扬系统采用一个定量液压马达驱动,并通过离合器分别操纵多个卷扬机工作。

70 年代末稍作改进,液压系统中采用了变量泵和远控阀,用远控阀的二次压力控制变量泵的流量。但是,由于系统中所用的变量泵都按同时克服外载的工况预先设定了每个泵的输入功率,当起重机只有一个或两个装置作业时,系统不能充分利用发动机功率,这是该系统的一个很大的缺陷。

80 年代初期,斜盘式可变量串联泵开始应用于履带起重机。这种系统实行的是泵的全功率控制,即泵输入的是恒定扭矩。泵的全功率控制过程与由发动机转速引起的扭矩变化不相对应,为了避免低速下发动机熄火,有必要将泵的最大输入扭矩设定得比较低。这种控制形式虽然在某种程度上提高了发动机的功率利用率,但与充分利用发动机功率还有很大距离。而卷扬装置虽然采用了定量马达,但因合流供油,卷扬速度还是比较理想的。

80 年代末,机电一体化技术开始应用于履带起重机液压系统。这种系统可实现将卷扬压力反馈给操作杆的负载感应装置,根据发动机设定的最高工作转速与实时工作转速的差值,来控制液压泵的输入功率,可进一步提高发动机的功率利用率。

90年代初期,迎来了机电一体化技术在履带起重机液压系统中的应用兴盛时期。由于发动机转速与泵的流量实行了一元化的联合控制,系统如同采用了液力变矩器传动一样,在不同情况下,泵的输出流量可随发动机的转速而改变;或输出流量与发动机转速无关,使马达呈恒定转速。这种系统可通过对发动机负荷的检测,使其输出扭矩与液压泵的输入扭矩相匹配。

90年代末及21世纪初,随着计算机技术的长足发展,使现代控制理论在液压系统中的应用成为可能,也促进了液压技术的迅速发展。单片机控制的变量泵,大大提高了液压系统的效率。这一时期,人们研制成功了智能型液压工程机械,使工程机械的作业精度及发动机的功率利用率有了显著提高。计算机技术在液压技术中的应用标志着现代工程机械液压传动和液压控制的最高水平。随着计算机技术与液压技术结合的深入,推动了液压系统计算机仿真的发展。在计算机技术的大力支持下,液压系统仿真技术日趋成熟,在液压系统设计的过程中所起的作用越来越大。

随着电子技术的发展,液压传动系统在组成形式也发生了根本性的变革。

1) 开式系统向闭式系统的发展

按液流循环方式的不同,液压系统可分为开式系统和闭式系统,目前也有采用开、闭式结合的系统。

开式系统如图4-44所示,是指液压泵直接从油箱吸油,油液经过各种控制阀后,驱动执行元件,再返回油箱,因此油液的循环必须经过油箱交换。此系统结构简单,可以发挥油箱的散热、沉淀杂质作用。但因油液常与空气接触,使空气易于渗入系统,导致机构运动不平稳等后果。为提高系统的平稳性,有时要在回油路上增加背压阀,以增加回油阻力。

闭式系统中如图4-45所示,液压泵的进油管直接与执行元件(马达或液压缸)的回油管相连,油液在系统的管路中进行封闭循环。此系统结构紧凑,没有开式系统中体积较大的油箱,只有一个体积不大的补油用油箱,因而除补油外,油液封闭式循环,不接触空气,减少了混入空气的机会,故传动较平稳。系统中一般都用双向变量泵,直接通过液压泵的变量机构调节速度与方向,避免了开式系统中换向阀控制方式造成的节流损失与换向冲击。但因没有大体积的油箱,油液的散热和过滤条件较差,一般需要加设冷却器,对滤油要求较高。为补充油液循环过程中的损失,需要加设补油泵及有关液压元件,这使得系统复杂化。

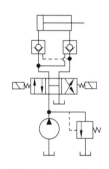 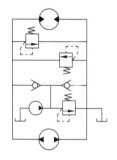

图4-44　开式系统　　图4-45　闭式系统

对于履带起重机,由于开式系统结构简单,原理清晰,因此首先被开发并得以广泛应用,特别以200t以下的产品为主。而随着闭式系统技术的不断成熟,闭式系统也已逐步普及推广。目前德国利勃海尔、美国马尼托瓦克企业采用的均是全闭式系统,德国德马格(现被美国特雷克斯集团收购)采用的开、闭式结合系统(回转机构为闭式回路,其他机构为开式回路)。国内企业中,除三一采用了全闭式系统以外,其他企业基本采用的是开、闭式结合系统。

2) 单泵系统向双泵、多泵系统的发展

按系统中主供油泵数量的不同,液压系统可分为单泵、双泵和多泵系统。

单泵系统构造简单,维修方便。但在有几个执行机构的系统中,油泵压力必须满足工作压力最高的执行机构的要求,流量也必须满足流量最大的执行机构的要求,因而不能充分发挥油泵的作用。通常单泵系统会应用在无需机构复合动作(如推土机等),或有复合动作的小吨位汽车式与轮胎式起重机中等。

当系统中的各机构负载差别较大、复合动作要求较高时,常用双泵或多泵系统。此时各泵可单独为机构供油,互不干扰,实现复杂的复合动作。同时各泵还可以合流为一个机构供油,扩大了机构的调速范围,提高了承载能力。

目前,履带起重机大多都已采用双泵或多泵系统。

3) 定量系统向变量系统的发展

定量系统采用定量泵和定量马达(排量不变),变量系统则采用变量泵或变量马达。定量系统中,由于泵与马达为定量形式,通常采用节流调速方式来调节机构的速度,而多余的流量从溢流阀流出,因此传动效率和功率利用率较低,一般用于速度较为恒定的机构中。变量系统则采用容积调速方式(即改变泵或马达的排量),亦可兼用节流调速方式,从而扩大了调速范围,提高了传动效率和功率利用率,但泵与马达的变量机构控制相对复杂,尤其当变量泵和变量马达并用时。

通常柱塞泵或马达可实现排量的改变,即改变斜盘倾角或缸体摆角,并配有相应的变量机构来实现。例如图4-46是通过控制阀和变量控制缸构成变量机构。变量机构的动力源和控制方式多种多样,但大体上可以分成两类:一类是由外力或外部信号对变量机构进行直接调节或控制;另一类是用泵本身的流量、压力、功率等工作参数为信号,通过改变和控制泵的排量,实现对其流量、压力、功率的反馈控制,进行自动调节。

图4-46中,用先导控制压力来控制泵的排量,在 X_1 孔口接先导控制压力,泵的排量与先导压力成正比。其控制原理是典型的三通阀控缸直接位置反馈原理。控制油口 X_1 的压力作用在控制阀阀芯的左腔,推动阀芯向右移动,控制阀左位工作,来自系统的压力油经阀口进入控制缸的右腔,推动变量活塞杆左移,使泵的排量增大,随着变量缸活塞杆的左移,与活塞杆连接的反馈杆使控制阀的弹簧压缩,

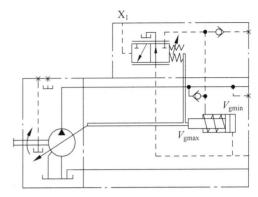

图 4-46　变量机构举例

V_{gmin}—泵的最小排量; V_{gmax}—泵的最大排量

弹簧力增加,控制阀口开度减少,直到与控制压力平衡,阀口关闭,泵的排量因此确定在一个与控制压力成比例的位置。

由于变量系统具有很好的调速性和功率利用率,因此目前已广泛应用于履带起重机的液压系统中。

4) 串联系统向并联系统的发展

在多执行机构的系统中,按液压泵对执行元件的供油路线,可将液压系统分为串联系统和并联系统。串联系统中,前一执行元件回路的回油即为后一执行元件回路的进油,如图4-47所示。此系统中,各执行机构可以同时动作,也可单独动作。只要供油泵压力足够,单泵也能完成各机构的复合动作,而且在使用定量泵时,机构动作速度不受负载变化的影响(忽略容积损失)。但液压泵需按各机构复合动作的最大流量和最高压力选择,不能随时充分发挥作用,而且管路损失较大,末级回路的进油压力较泵出口压力明显降低。

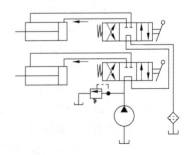

图 4-47　串联系统

并联系统是各执行回路之间并联,如图4-48所示。液压泵排出的油以相同压力同时达到各执行元件的进口,管路损失小。但对于单泵并联系统,液压泵排出的压力油在各执行元件回路中的分配受元件负载大小影响,致使负载大的元件无法动作,而负载小的元件动作速度加快,通过节流控制,即调节回路的节流阻力,可以实现多执行机构的复合动作。

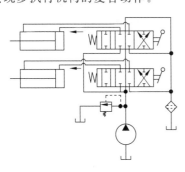

图4-48　并联系统

目前履带起重机中,大多采用并联系统,以减少管路系统的阻力损失。

5)液压控制向多样化发展

(1)控制对象的多样化

多年来,在液压系统中,泵是动力元件,阀是控制元件,通常由压力阀控制系统压力,方向阀控制液流方向,流量阀控制系统流量(即执行机构运行速度),从而形成了阀控系统。而随着变量泵的大量使用,可以通过泵的排量变化控制系统的流量,由此构成了泵排量控制系统,即泵控系统。为了更便于控制,也出现了泵控与阀控联合使用的情况,负荷传感系统的发展就是这种混合控制的典型例子。

阀控系统多用于开式系统和定量泵系统结合使用,一般是对主阀(换向阀)阀口开度的控制,从而实现系统流量的变化,而多余的流量从溢流阀流回油箱,这将造成一定的流量损失。阀口开度越小,溢流损失越大,易造成较严重的发热现象。

泵控系统显然用于变量泵系统,通过控制泵的排量来控制系统流量变化。控制阀通常可选用开关阀。这种从根源上控制系统流

量的方法,可以减少溢流损失、流经阀的能量损失与发热现象。泵在空转时,排量可以调节到最低限度,因而减少了空转时的能量损失。由此可以看出,泵控系统也是节能的一种表现。

对于阀控系统,因阀口的流量特性,其通过的流量随外负载变化而变化,将影响机构运行速度的稳定性,也将产生不同程度的节流损失。为克服节流损失,并保持速度的稳定性,负荷传感系统(load sensing,LS)应运而生。其工作原理如图4-49所示,在主阀前加入定差式减压阀,作为压力补偿阀,来调整主阀前、后的压差保持不变,从而使得通过的流量不随负载变化而变化。

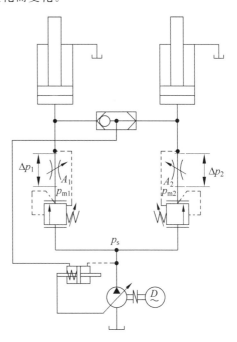

图4-49　负荷传感系统工作原理

Δp_1、Δp_2—压差;A_1、A_2—节流口面积;p_{m1}、p_{m2}—压力

当有多个机构复合动作时,由于装机功率一般不会达到设备各个机构所消耗的最大功率的总和,因此常利用尽可能小的装机功率完成同样所需要完成的工作,这可能导致系统出现流量不饱和情况,即泵提供的流量低于机构运行速度的要求,导致主阀阀口压差很小,压力补偿阀不起作用,与节流系统无异,存在机构间抢油现象,致使负载大的

机构动作减慢甚至停止。因此上述负荷传感系统将失效。

为解决此问题,力士乐公司提出了 LUDV 系统[1],形成了真正意义上的与负载无关的负荷传感系统。与 LS 负荷传感系统不同,它将压力补偿阀放在了主阀之后,而不是之前;负载压力信号取自系统中的最高压力,而不是取自自身。由此,不管各机构负载大小如何,所有对应机构的主阀节流口前、后压差均相等,从而使流经各主阀节流口的流量只与阀口开度相关,而与负载无关。如图 4-50 所示,当系统处于饱和状态时,$\Delta p_1 = \Delta p_2$,泵提供总的与所有阀的开口成比例的流量。当系统处于不饱和状态时,Δp_1 和 Δp_2 的数值有所下降,但 $\Delta p_1 = \Delta p_2$,泵提供总的仍与所有阀的开口成比例的流量,与负载无关。

(2)控制信号的多样化

无论是阀控系统还是泵控系统,在对阀芯的动作或泵、马达的排量进行控制时,可以根据控制信号不同,分为液控和电控两种方式。其中,电控方式是连接现代微电子技术和大功率工程控制设备之间的桥梁,已经成为现代控制工程的基本技术构成之一。它与传统的电液伺服技术相比,具有可靠、节能和廉价等明显特点,形成了颇具特色的技术分支,并得到了广泛应用。电控又分为电液比例控制、电比例控制和开关电控几种。

图 4-51 所示为某小吨位履带起重机主阀芯的液控方式。主阀芯的动作由液压控制油直接与液压控制手柄连接,根据手柄动作大小来实现阀口的相应开度,提供所需的流量与速度。由于直接操纵主阀芯的动作,控制油路的压力不高,因此液控方式通常用于小吨位起重机中。

图 4-52 是电液比例控制主阀,通过电磁铁动作的先导阀来控制主阀芯两端的液压油路压力,从而实现主阀芯的相应开口度,保证流量

与速度。这种形式中,先导阀与电控手柄连接,并不直接控制主阀芯动作,所需作用力小,因此可以用于大吨位起重机中。

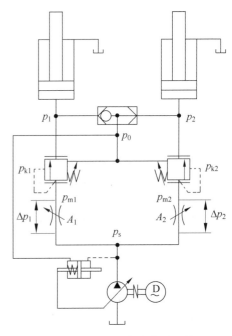

图 4-50 LUDV 负荷传感系统
p_0、p_s、p_1、p_2、p_{m1}、p_{m2}—油路压力; p_{k1}、p_{k2}—调定压力; Δp_1、Δp_2—压差; A_1、A_2—节流口面积

图 4-53 是闭式系统电比例控制主泵,控制泵排量的阀芯动作是通过可调电流信号的电磁铁 a 和 b 来实现的。这种方式通过电流信号直接控制阀芯动作,所需作用力较大,因此如果控制主阀芯动作时,通常用于中小流量系统。

图 4-54 是履带起重机下车电控开关主阀,直接通过电磁铁实现阀的全关和全闭,构成开关型液压阀。

2. 液压基本回路

履带起重机的机构通常分为起升、变幅、回转和行走机构,对应的液压基本回路有起升、变幅、回转和行走四机构基本回路。

---

① LUDV 是德文 Latdruck Unabhangige Durchfluss-Verteilung 的缩写,是德国力士乐公司开发的一种负荷传感系统,对常规的负荷传感系统有改进。

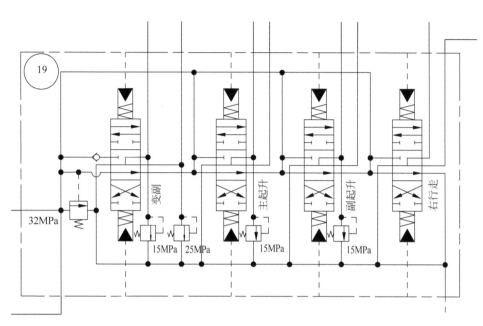

图 4 51 液控主阀

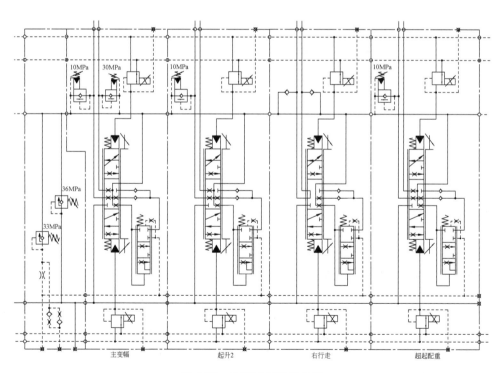

图 4-52 电液比例控制主阀

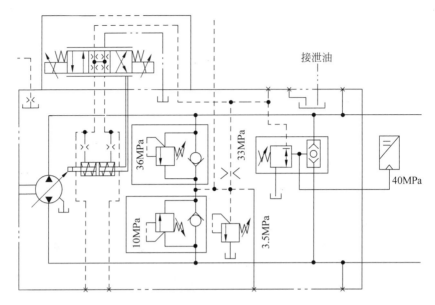

图 4-53　电比例控制主泵

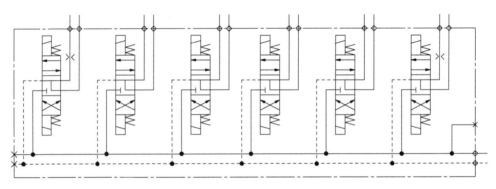

图 4-54　履带起重机下车电控开关主阀

1) 起升/变幅机构液压基本回路

由于履带起重机的起升和变幅机构均是由卷筒、钢丝绳等组成的,因此其液压回路也基本相同。

最典型而基本的起升机构液压回路如图 4-55 所示。P 为从泵过来的进油油路,通过换向阀 1 的换向,实现双向马达的正、反转,从而实现起升机构的收绳和放绳动作,即重物的起升和下降。平衡阀 2 必须装在重物下降时的回油路上,当重物下降时,平衡阀起限速作用,防止重物超速下降,避免事故发生。当制动器失灵或液压油管破裂时,平衡阀又能起到液压锁作用,防止重物突然下落。制动液压缸起到安全制动作用。当有高压油进入油路时,油液将通过节流阀 5 进入制动液压缸有杆腔,打开制动缸,实现马达动作;如果没有高压油进入,则制动缸始终处于制动状态,称为常闭式制动。制动液压缸的形式可以有多种,图示为单作用缸方式,还有双作用缸方式,液压原理略有不同。

图 4-55 所示为开式液压回路,如果去掉换向阀 1 和油箱,直接在回油路和进油路之间连接双向泵,则构成闭式液压回路。

2) 回转机构液压基本回路

履带起重机的回转工作时间较少,不占工作周期的主导地位,但是其转动惯量大,运动冲击大,从而导致的液压冲击较大,因此需要正确设置制动与缓冲补油回路。

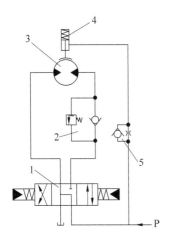

图 4-55　典型的起升/变幅机构液压

基本回路

1—换向阀；2—平衡阀；3—液压马达；

4—制动液压缸；5—单向节流阀

回转机构开式回路的液压原理如图 4-56 所示，通过换向阀 3 控制马达的转向。由于换向阀 3 迅速关闭或换向时，会产生液压冲击，因此可通过缓冲阀 2 起缓冲和补油的作用。

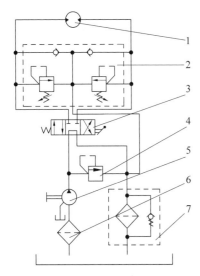

图 4-56　开式回转机构液压基本回路

1—马达；2—缓冲阀；3—换向阀；4—溢流阀；

5—泵；6—吸油滤油器；7—回油滤油器

缓冲阀 2 由两个过载溢流阀和两个单向阀组成。当换向阀 3 关闭或换向时，封闭的高压油可通过缓冲阀溢流出一些，以起到缓冲降压作用。缓冲后的油液进入液压马达的低压

侧，起补油作用。为防止马达的内泄漏造成的补油不够充分，缓冲阀 2 的一端还与油箱接通。其中两个过载溢流阀的调定压力可以不同，以便适应马达正、反转时负载不同的场合。

回路缓冲的方法很多。比如，将小容量的气囊式蓄能器装在产生冲击处的附近。使连接液压元件的管路尽量缩短和减少不必要的弯曲，在振动的地方接入软管等，都可以有效地减小液压冲击，起到缓冲效果。

大型履带起重机在回转作业时，由于转动惯量非常大，起、制动时冲击载荷大，为有效提高回转起、制动的平稳性，目前多采用闭式回路。

以博世力士乐公司的 A4VG 系列泵控液压回路为例。该类泵为斜盘式轴向柱塞变量泵，它将补油泵、溢流阀、缓冲阀等各类控制阀高度集成，使得该闭式回路的结构大为简化，泵的进、出油口直接与马达相连，管路连接非常简单。其液压原理如图 4-57 所示。

通过换向阀 3 与变量控制液压缸 2 联合控制泵的转向与排量变化。回路压力由切断阀 7 来调定。

缓冲阀由缓冲溢流阀 4 和单向补油阀 5 组成，用来减缓马达停止或换向时的液压冲击。当马达停止或换向时，马达其中一侧腔体内的压力由于运动部件的惯性而突然升高，当压力超过缓冲阀内的溢流阀 4 的调定压力时，溢流阀打开溢流，减缓了管路中的液压冲击，保护液压元件不受损坏；同时，通过另一侧缓冲阀中的单向补油阀向系统的低压油路补油。这样，在系统过载时，可有效防止气穴现象及系统反向冲击的发生，保护液压元件。溢流阀 4 的调定压力一般比主油路溢流阀的设定压力高 5%～10%。

补油泵 8 可以向系统补充油液，以补偿泵和马达的泄漏，并使低压油路保持一个恒定的压力值，防止出现气穴现象和空气渗入，同时帮助系统散热，它也是泵变量机构的液压源。补油系统的压力由补油溢流阀 6 调定。

制动器控制阀 13 用于控制马达制动器 11 的开启。当控制阀 13 中的电磁阀通电时，先导

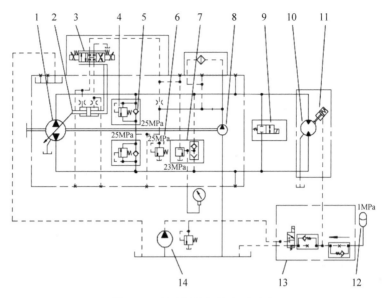

图 4-57　闭式回转机构液压回路

1—变量泵；2—变量控制液压缸；3—换向阀；4—缓冲溢流阀；5—单向补油阀；6—补油溢流阀；7—压力切断阀；
8—补油泵；9—自由滑转阀；10—马达；11—马达制动器；12—蓄能器；13—制动器控制阀；14—先导泵

泵 14 输出的压力油进入马达制动器 11，克服制动器弹簧的弹力，将制动器 11 打开，此时马达可回转工作；电磁阀不通电时，制动器关闭，马达 10 停止转动。

蓄能器 12 用于减缓液压冲击。当液流方向和速度急剧变化时，会产生液压冲击，这往往造成强烈振动，导致仪表、元件等损坏，甚至管道破裂，可通过蓄能器 12 实现液压冲击的减缓作用。制动时，马达制动器 11 接通油箱，此时蓄能器中的压力油流出，防止因回油口压力过低而造成冲击。

自由滑转阀 9 具有控制回转马达 10 两油口通断的功能，实现转台的自由滑转。当自由滑转阀 9 的电磁铁通电时，变量泵 1 的进、出油口接通，压力油不再通过马达 10，此时转台可自由滑转。

3）行走机构液压基本回路

履带起重机行走牵引力大，因此要求行走速度平稳而缓慢，一般采用变量泵或变量马达方式实现调速，可以是开式回路，也可以是闭式回路。图 4-58 是典型行走机构的液压回路，采用变量机构 3 来实现变量马达 2 的排量调

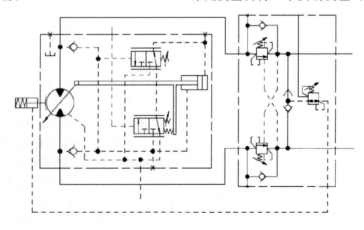

图 4-58　行走机构液压回路

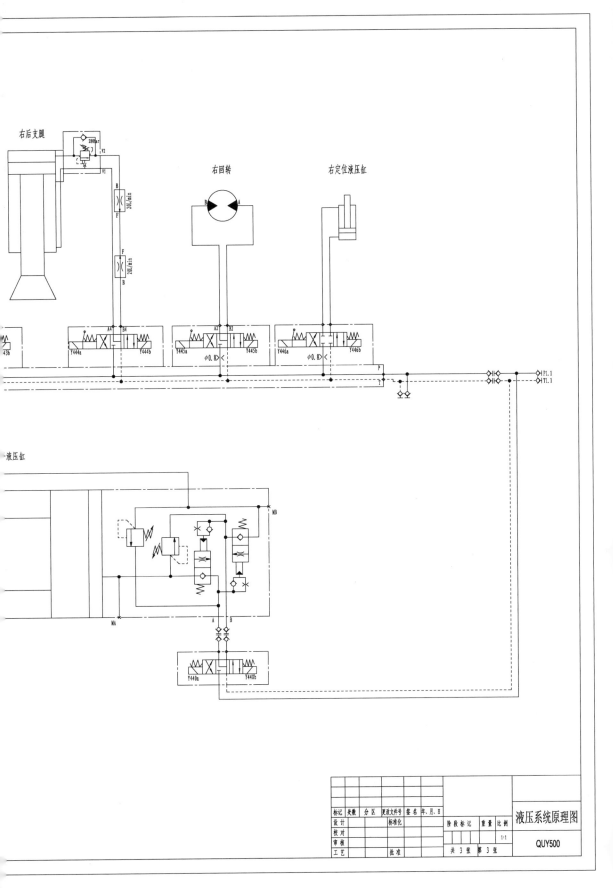

右后支腿

右回转

右定位液压缸

液压缸

标记	处数	分区	更改文件号	签名	年、月、日						液压系统原理图
设计			标准化								
校对					阶段标记	重量	比例				
审核							1:1				
工艺			批准		共 3 张	第 3 张					QUY500

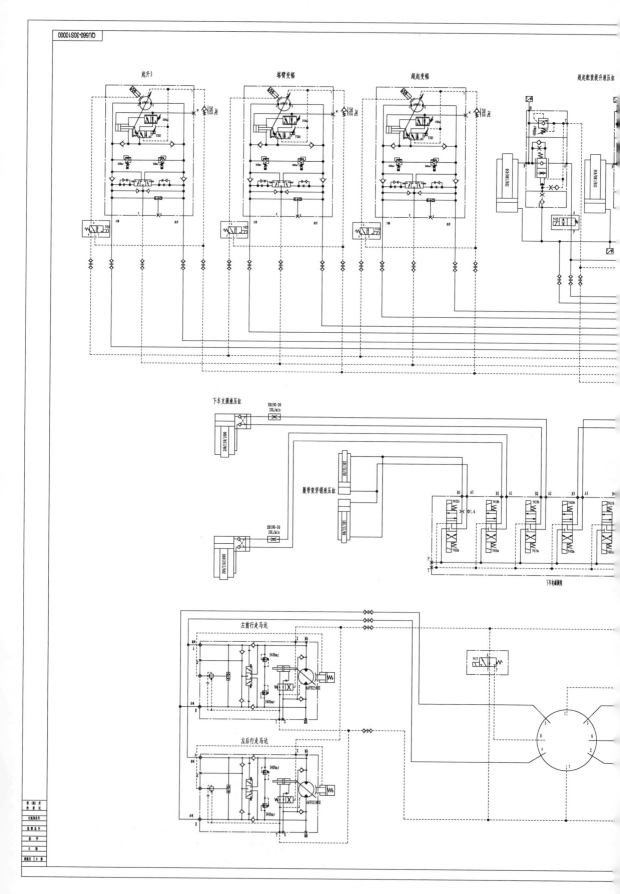

图 4-60

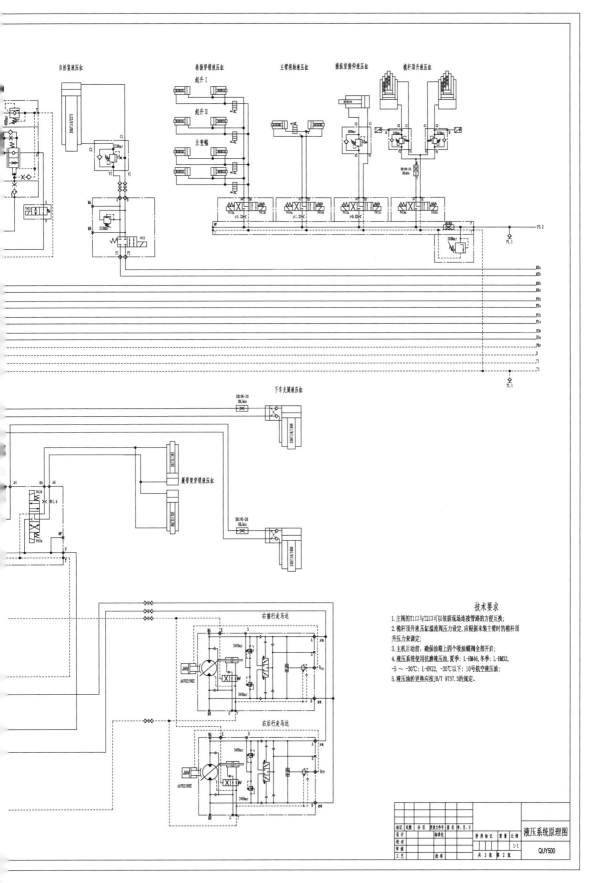

自拆装液压缸　　　　　卷扬穿销液压缸　　主臂根轴液压缸　操纵室俯仰液压缸　桅杆顶升液压缸

起升Ⅰ

起升Ⅱ

主变幅

下车支腿液压缸

履带架穿销液压缸

右前行走马达

右后行走马达

技术要求

1. 主阀的T1口与T2口可以依据现场连接管路的方便互换;
2. 桅杆顶升液压缸溢流阀压力设定, 应根据末装主臂时的桅杆顶升压力来调定;
3. 主机起动前, 确保油箱上四个吸油蝶阀全部开启;
4. 液压系统使用抗磨液压油, 夏季: L-HM46, 冬季: L-HM32, -5 ~ -30℃: L-HV22, -30℃以下: 10号航空液压油;
5. 液压油的更换应按JB/T 9737.3的规定。

标记	处数	分区	更改文件号	签 名	年、月、日			液压系统原理图	
设 计				标准化		阶段标记	重 量	比例	
校 对								1:1	QUY500
审 核									
工 艺			批 准			共 3 张	第 2 张		

(续)

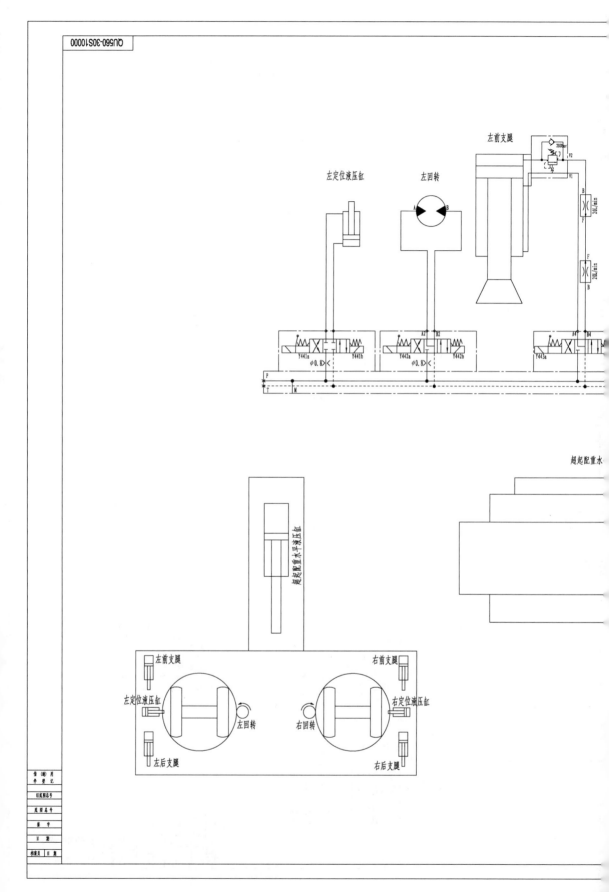

左定位液压缸　　　左回转　　　　　　左前支腿

左回转

右回转

左前支腿

左定位液压缸

左后支腿

右前支腿

右定位液压缸

右后支腿

超起配重水平液压缸

超起配重水

图 4-

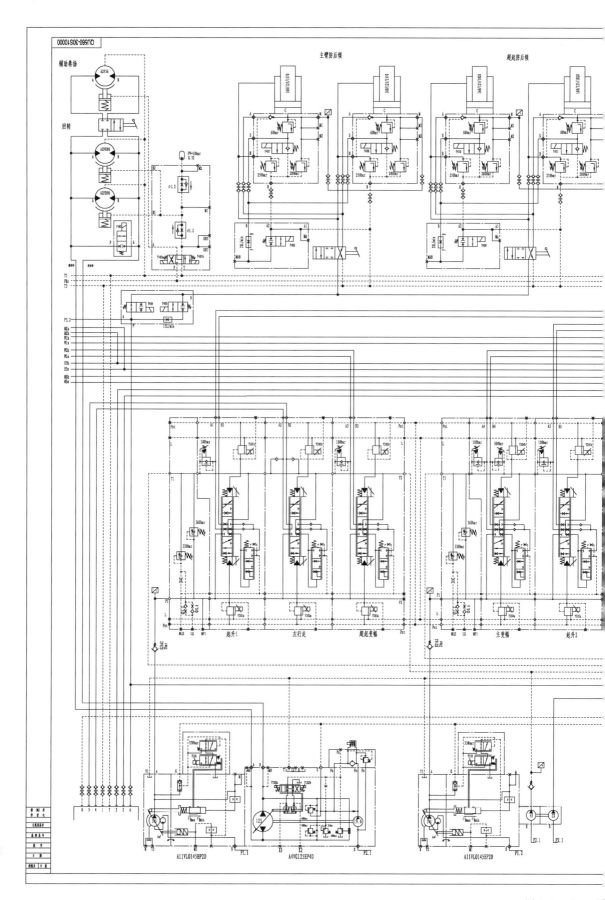

图 4-60　500t 履

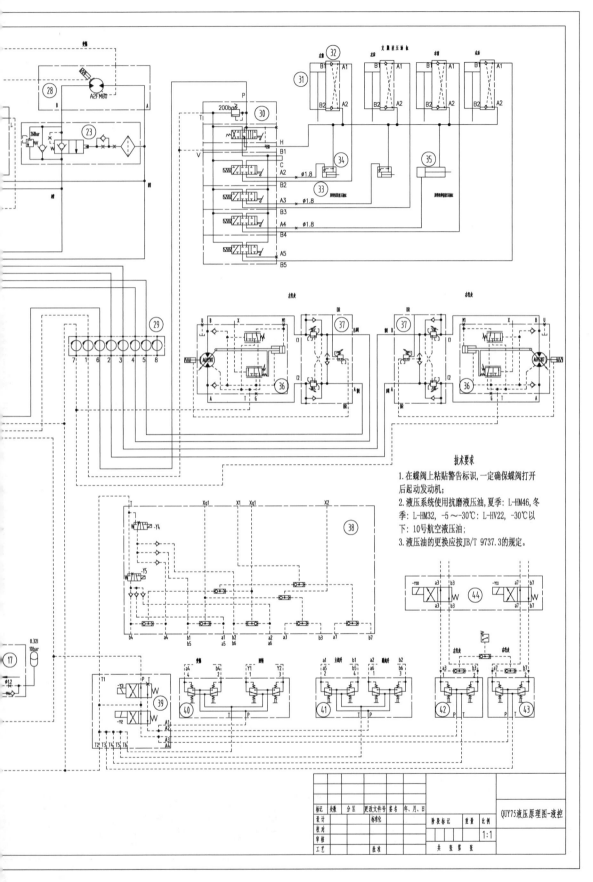

技术要求

1. 在蝶阀上粘贴警告标识,一定确保蝶阀打开后起动发动机;

2. 液压系统使用抗磨液压油,夏季: L-HM46,冬季: L-HM32,-5～-30℃: L-HV22,-30℃以下: 10号航空液压油;

3. 液压油的更换应按JB/T 9737.3的规定。

标记	处数	分区	更改文件号	签名	年、月、日			QUY75液压原理图-液控		
设计			标准化			阶段标记	重量	比例		
校对										
审核								1:1		
工艺			批准							

起重机液压系统

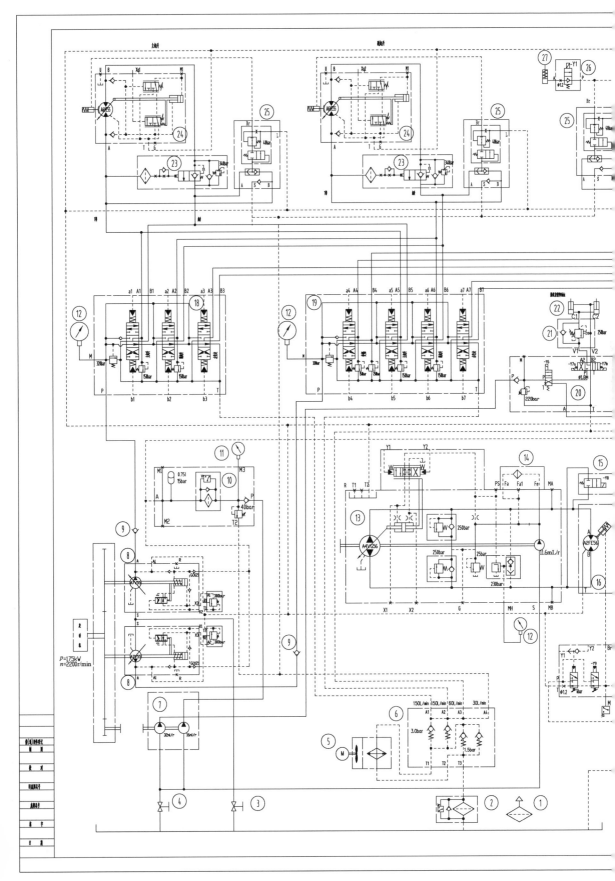

图 4-59　75t 履带

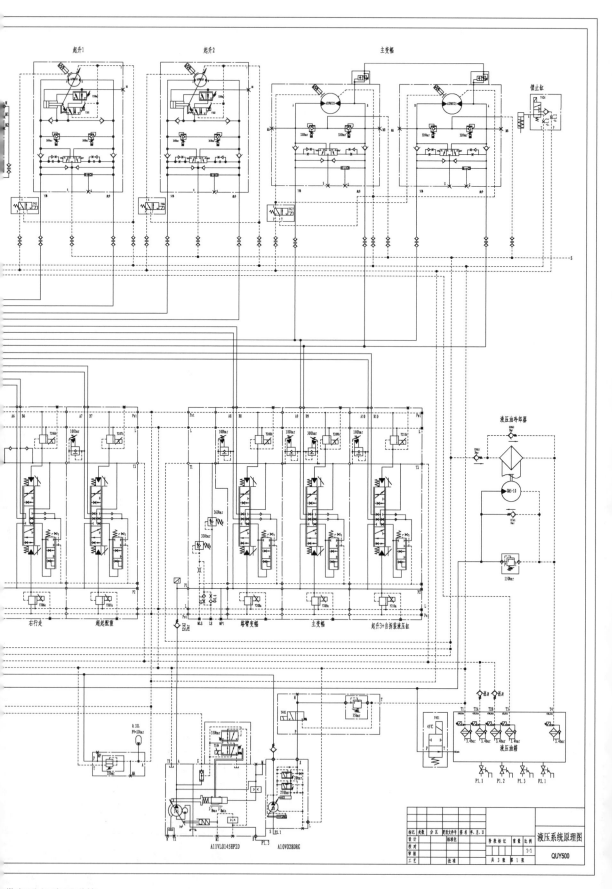

带起重机液压系统

整。通过平衡阀4实现履带行走的前进和后退控制，也可采用液控单向阀来实现。常闭式制动器1用于行走不工作时的制动。

3. 液压系统举例

下面选择几种不同吨位的履带起重机液压系统进行介绍。

1) 75t履带起重机液控液压系统

图4-59所示的75t履带起重机采用液控开式液压系统，包括起升、变幅、回转、行走等主要机构以及辅助液压缸等。除回转机构采用闭式液压回路外，其他机构均采用开式液压回路。系统中泵、阀、马达均采用液压控制。液压手柄输出的控制油，经过逻辑控制阀块，分别对泵、阀、马达进行控制，从而实现整车的操作。相应的系统电磁动作见表4-4。

在该液压系统中，起升/变幅机构回路由液压泵、液控换向阀、液压马达、平衡阀等主要液压元件组成。采用液压控制、外置压力切断功能（或恒功率控制）的轴向柱塞变量泵。方向控制由液控换向阀实现，整体式的液控多路换向阀集成溢流阀、二次溢流阀等，流量与手柄输出的控制油压力成比例调节，达到对机构速度的控制。

卷扬执行机构选用液压控制、带压力切断的轴向柱塞变量马达，可根据手柄的输入信号改变马达排量，并在负载增加时自动调整至大排量，实现重载低速、轻载高速的机构运行要求。马达上安装有平衡阀，防止由于管路爆裂等意外引起的重物或臂架下落，保证安全性。其中，变幅机构除减速机上配备的静态停车制动外，还设有棘轮棘爪的机械锁止机构，以增加其安全性。通过梭阀及减压阀，从高压油侧引出油路来控制制动器的开启。

回转机构回路由液压泵、自由滑转阀、回转液压马达及制动器控制阀组成，是闭式回路。同样采用液压控制、带压力切断功能的轴向柱塞变量泵。执行机构选用定量液压马达，靠泵排量的改变来调节回转速度。回路中并联有两位两通的电磁换向阀，电磁阀得电，泵的出油口及回油口接通，实现回转机构的自由滑转功能。制动器控制阀用于控制回转减速

机制动器的开启，制动器开启油路配有单向节流阀及蓄能器，保证回转制动器启、闭的平稳性。

行走机构分为左行走、右行走两个回路。控制方式与卷扬机构相同，与卷扬机构共用液压泵，通过液控换向阀实现行走的前进和后退控制。采用液控变量、带压力切断的轴向柱塞马达，可实现带载低速行走及空载高速行走的要求。行走机构的制动器由行走平衡阀自带的减压阀输出控制油进行开启控制。

除上述主要机构回路外，还包括辅助液压缸、系统冷却回路等，均采用开式液压系统，由齿轮泵提供压力油，通过切换阀及多路换向阀来实现各机构动作的控制。

2) 500t履带起重机电控开式＋闭式组合液压系统

图4-60所示的是500t履带起重机液压系统，由开式回路和闭式回路组合而成，包括起升、变幅、回转、行走等主要机构，以及辅助机构，如穿绳卷扬机构、液压缸等。除回转机构采用闭式液压回路外，其他机构均采用开式液压回路。系统中泵、阀、马达均采用电比例控制，可更好地实现整机动作的精细化和微动控制。相应的系统电磁动作见表4-5。

在该液压系统中，起升/变幅机构回路由液压泵、电比例换向阀、液压马达、平衡阀等主要液压元件组成。采用电比例控制、带压力切断功能的轴向柱塞变量泵。方向控制由电比例换向阀实现，整体式的电比例多路换向阀集成溢流阀、二次溢流阀、补油阀及压力补偿等，可实现与负载无关的独立流量分配，在复合动作时，流量不受负载大小的影响，按手柄输入信号成比例变化，从而保证复合动作性能。

卷扬执行机构选用电比例控制、带压力切断的轴向柱塞变量马达，可根据手柄的输入信号改变马达排量，并在负载增加时自动调整至大排量，实现重载低速、轻载高速的机构运行要求。马达上安装有平衡阀，防止由于管路爆裂等意外引起重物或臂架下落，保证安全性。其中，变幅机构采用双驱双联卷筒，除减速机上配备的静态停车制动外，还设有棘轮棘爪的

表 4-4　751 履带起重机液压电磁动作顺序表

主起升、副起升

动作		Y1 开关阀	Y2 开关阀	Y3 开关阀	Y206a 开关阀	Y206b 开关阀	Y207a 开关阀	Y207b 开关阀	Y6 开关阀	Y7 开关阀	Y8a 开关阀	Y8b 开关阀	Y9 开关阀	Y10 开关阀	Y201 开关阀	Y202 开关阀
主起升	起升		+	+	+											
主起升	下降		+	+		+										
副起升	起升		+	+			+									
副起升	下降		+	+				+								

主变幅

动作		Y1 开关阀	Y2 开关阀	Y3 开关阀	Y203a 开关阀	Y203b 开关阀	开关阀	开关阀	Y6 开关阀	Y7 开关阀	Y8a 开关阀	Y8b 开关阀	Y9 开关阀	Y10 开关阀	Y201 开关阀	Y202 开关阀
主变幅	起臂	+	+	+	+										+	
主变幅	落臂	+	+	+		+										+

左行走、右行走

动作		Y1 开关阀	Y2 开关阀	Y3 开关阀	Y204a 开关阀	Y204b 开关阀	Y205a 开关阀	Y205b 开关阀	Y6 开关阀	Y7 开关阀	Y8a 开关阀	Y8b 开关阀	Y9 开关阀	Y10 开关阀	Y201 开关阀	Y202 开关阀
左行走	慢速前进		+	+	+				+							
左行走	慢速后退		+	+		+			+							
左行走	快速前进		+	+	+					+						
左行走	快速后退		+	+		+				+						
右行走	慢速前进		+	+			+				+					
右行走	慢速后退		+	+				+			+					
右行走	快速前进		+	+			+					+				
右行走	快速后退		+	+				+				+				

回转

动作		Y1 开关阀	Y2 开关阀	Y3 开关阀	Y301a 开关阀	Y301b 开关阀	开关阀	开关阀	Y6 开关阀	Y7 开关阀	Y8a 开关阀	Y8b 开关阀	Y9 开关阀	Y10 开关阀	Y201 开关阀	Y202 开关阀
回转	顺时针		+	+	+						+		+			
回转	逆时针		+	+		+						+		+		
回转	随动														+	+

俯仰液压缸

动作		Y1 开关阀	Y2 开关阀	Y3 开关阀
俯仰液压缸	液压缸伸			
俯仰液压缸	液压缸缩			

表 4-5　500t 履带起重机液压电磁动作顺序

动作		Y101 比例阀	Y103 比例阀	Y104 比例阀	Y201a 主阀	Y201b 主阀	Y205a 主阀	Y205b 主阀	Y210a 主阀	Y210b 主阀	Y301 比例阀	Y302 比例阀	Y303 比例阀	Y425 开关阀	Y426 开关阀	Y428 开关阀	Y412 开关阀	Y430 开关阀
起升 1	起升	+									+							
	下降	+									+							
起升 2	起升		+		+							+						
	下降		+			+						+						
起升 3	起升			+			+						+			+		
	下降			+				+					+			+		
自拆装液压缸	液压缸伸出			+					+						+		+	
	液压缸缩回			+						+					+		+	

动作		Y101 比例阀	Y103 比例阀	Y104 比例阀	Y203a 主阀	Y203b 主阀	Y204a 主阀	Y204b 主阀	Y208a 主阀	Y208b 主阀	Y209a 主阀	Y209b 主阀	Y304 比例阀	Y306 比例阀	Y424 开关阀	Y427 开关阀	Y429 开关阀	Y430 开关阀
主变幅	慢速起臂			+	+										+			
	慢速下降		+	+		+						+			+			
	快速起臂		+	+	+		+				+				+			
	快速下降		+	+		+		+				+			+			
塔臂变幅	起升			+						+			+			+	+	
	下降			+					+				+			+	+	
超起变幅	起升	+			+									+				+
	下降	+				+								+				+

动作		Y101 比例阀	Y103 比例阀	Y202a 主阀	Y202b 主阀	Y206a 主阀	Y206b 主阀	Y417 开关阀
左行走	慢速前进	+		+				
	慢速后退	+			+			
	快速前进	+		+				+
	快速后退	+			+			+
右行走	慢速前进		+			+		
	慢速后退		+				+	
	快速前进		+			+		+
	快速后退		+				+	+

续表

		Y102a 比例阀	Y102b 比例阀	Y402 开关阀	Y403a 开关阀	Y403b 开关阀
回转	顺时针	+				+
	逆时针		+			+
	随动			+		+
穿绳卷扬	顺时针	+			+	
	逆时针		+		+	
	随动			+	+	

		Y404 开关阀	Y405 开关阀	Y406 开关阀	Y407 开关阀	Y408 开关阀	Y409 开关阀	Y410 开关阀	Y411 开关阀
主臂防后倾液压缸（左）	液压缸伸（安装）	+	+						
	液压缸缩（安装）	+	+						
	液压缸缩（带载 1）				+				
	液压缸缩（带载 2）			+					
	液压缸极限限位								
主臂防后倾液压缸（右）	液压缸伸（安装）	+	+						
	液压缸缩（安装）	+	+						
	液压缸缩（带载 1）					+			
	液压缸缩（带载 2）			+					
	液压缸极限限位								

续表

		Y404 开关阀	Y405 开关阀	Y406 开关阀	Y407 开关阀	Y408 开关阀	Y409 开关阀	Y410 开关阀	Y411 开关阀								
超起防后倾液压缸（左）	液压缸伸（安装）	+	+														
	液压缸缩（安装）	+	+														
	液压缸缩（带载1）							+									
	液压缸缩（带载2）						+										
	液压缸极限限位																
超起防后倾液压缸（右）	液压缸伸（安装）	+	+														
	液压缸缩（安装）	+	+														
	液压缸缩（带载1）						+										
	液压缸缩（带载2）								+								
	液压缸极限限位																

续表

超起配重提升液压缸	Y103 比例阀	Y207a 主阀	Y207b 主阀	Y432 开关阀	Y433 开关阀
液压缸同时伸	+	+			
左液压缸伸	+	+			+
右液压缸伸	+	+		+	
液压缸同时缩	+		+		
左液压缸缩	+		+		+
右液压缸缩	+		+	+	

	Y401 开关阀	Y404 开关阀	Y413a 开关阀	Y413b 开关阀	Y414a 开关阀	Y414b 开关阀	Y415a 开关阀	Y415b 开关阀	Y416a 开关阀	Y416b 开关阀
主臂根轴液压缸伸	+	+			+					
液压缸缩	+	+				+				
驾驶室俯仰液压缸伸	+	+					+			
液压缸缩	+	+						+		
桅杆顶升液压缸伸	+	+							+	
液压缸缩	+	+								+
卷扬穿销液压缸伸	+	+	+							
液压缸缩	+	+		+						

续表

		Y401 开关阀	Y404 开关阀	Y418a 开关阀	Y418b 开关阀	Y419a 开关阀	Y419b 开关阀	Y420a 开关阀	Y420b 开关阀	Y421a 开关阀	Y421b 开关阀	Y422a 开关阀	Y422b 开关阀	Y423a 开关阀	Y423b 开关阀	Y431 开关阀
左履带穿销	液压缸伸	+	+										+			
	液压缸缩	+	+									+				
右履带穿销	液压缸伸	+	+												+	
	液压缸缩	+	+											+		
左前支腿	液压缸伸	+	+				+									
	液压缸缩	+	+			+										
左后支腿	液压缸伸	+	+		+											
	液压缸缩	+	+	+												
右前支腿	液压缸伸	+	+						+							
	液压缸缩	+	+					+								
右后支腿	液压缸伸	+	+								+					
	液压缸缩	+	+							+						
散热风扇	开															
	关															

注：

1. 卷扬穿销液压缸共包括三组，伸缩由 Y413 电磁换向阀控制，由手动阀切换。

2. 防后倾液压缸的"安装"指在自拆装过程中需要控制液压缸伸缩的工况；"带载 1"指正常工作过程中小角度的工况，"带载 2"指正常工作过程中大角度的工况，工况的切换由力限器角度信号来控制；"液压极限限位"指主臂（超起桅杆）达到最大工作角度后，切断油路，由力限器角度信号和液压缸限位开关来冗余控制。

机械锁止机构,以增加其安全性。制动器的开启由单独的电磁换向阀控制,独立于主回路系统,可通过电气控制实现制动器延时开启,以实现防止重物二次下滑的功能。

回转机构回路由液压泵、自由滑转阀、回转液压马达、穿绳卷扬切换阀、穿绳卷扬马达及制动器控制阀组成。同样采用电比例控制、带压力切断功能的轴向柱塞变量泵。执行机构选用定量液压马达,靠泵排量的改变来调节回转速度。回路中并联有两位两通的电磁换向阀,电磁阀得电,泵的出油口及回油口接通,实现回转机构的自由滑转功能。另外,回路中还并联有两位四通的手动换向阀,用于回转机构及穿绳卷扬机构的动作切换。制动器控制阀用于控制回转减速机及穿绳卷扬减速机制动器的开启,可实现回转减速机制动器快开慢关的功能,满足回转机构动作需求。

行走机构分为左行走、右行走两个回路。控制方式与卷扬机构相同,与卷扬机构共用电比例控制液压泵,通过电比例换向阀实现行走的前进和后退控制。采用液压两点变量的轴向柱塞马达,可实现带载低速行走及空载高速行走的要求。行走机构的制动器由行走平衡阀自带的减压阀输出控制油进行开启控制。

该起重机的防后倾装置为液压缸方式,主要包括主臂防后倾、超起防后倾、塔式副臂前防后倾及塔式副臂后防后倾。其中,塔式副臂前防后倾采用油气缸,塔式副臂后防后倾液压缸自带油箱,均为独立的液压缸系统,不需提供外部油路控制。主臂防后倾和超起防后倾则需参与控制,其工作分为三个阶段:第一阶段,液压缸被压缩时,无杆腔油液接通一级限压阀,保证液压缸低背压跟随臂架运动;第二阶段,由角度传感器或限位开关等提供的控制信号,使防后倾液压缸无杆腔油路切换至二级限压阀,产生高压限制液压缸动作;第三阶段,液压缸机械限位、锁死,限制臂架动作。回路主要由防后倾液压缸、压力限制阀、手动操作阀等组成。

除上述主要机构回路外,还包括辅助安装液压缸、系统冷却等回路,均采用开式液压系统,由恒压柱塞变量泵提供压力油,通过切换阀来实现各机构动作的控制。

3) 1600t 履带起重机闭式液压系统

图 4-61 所示的是 1600t 履带起重机液压系统,采用的是电控闭式液压系统,包括起升、变幅、回转、行走等主要机构,以及辅助机构,如穿绳卷扬、液压缸等。其中,起升、变幅、回转、行走机构的驱动采用闭式液压系统、电比例控制,满足机构在起动、换向、停止等过程中的平稳、无冲击运行。辅助机构驱动采用开式液压系统。相应的系统电磁动作表见表 4-6。

在该液压系统中,起升/变幅机构回路由液压泵、回路切换阀、液压马达等主要液压元件组成。采用电比例控制、带压力切断功能的轴向柱塞变量泵,带有压力限制阀,集成化程度高,节省元件安装空间,方便安装。执行机构选用电比例控制、带压力切断的轴向柱塞变量马达,可根据手柄的输入信号改变马达排量,并在负载增加时自动调整至大排量,实现重载低速、轻载高速的机构运行要求。考虑机构复合动作的要求,在不同时工作的回路间设置回路切换阀,可提高系统元件的利用率,降低系统成本。制动器的开启由单独的电磁换向阀控制,独立于主回路系统,可通过电气控制实现制动器延时开启,以实现防止重物二次下滑的功能。

回转机构回路由液压泵、自由滑转阀、回转液压马达、穿绳卷扬切换阀、穿绳卷扬马达及制动器控制阀组成。同样采用电比例控制、带压力切断功能的轴向柱塞变量泵。执行机构选用定量液压马达,靠泵排量的改变来调节回转速度。回路中并联有两位两通的电磁换向阀,电磁阀得电,泵的出油口及回油口接通,实现回转机构的自由滑转功能。另外,回路中还并联有两位四通的电磁换向阀,用于回转机构及穿绳卷扬机构的动作切换。制动器控制阀用于控制回转减速机及穿绳卷扬减速机制动器的开启,可实现回转减速机制动器快开慢关的功能,满足回转机构动作需求。

行走机构分为左行走、右行走两个回路。回路与其他机构共用液压泵,通过回路切换阀进行油路的切换。同样采用电比例控制、带压

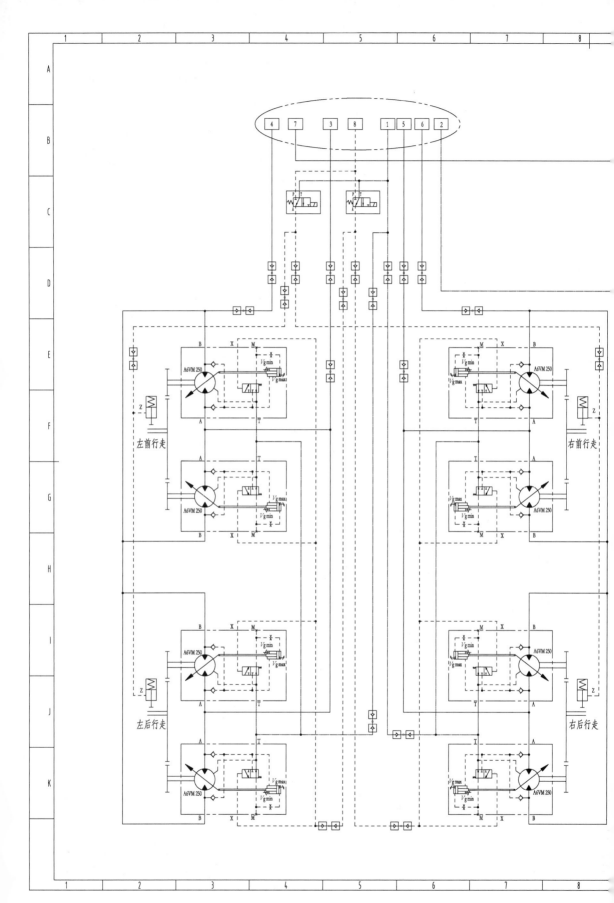

图 4-

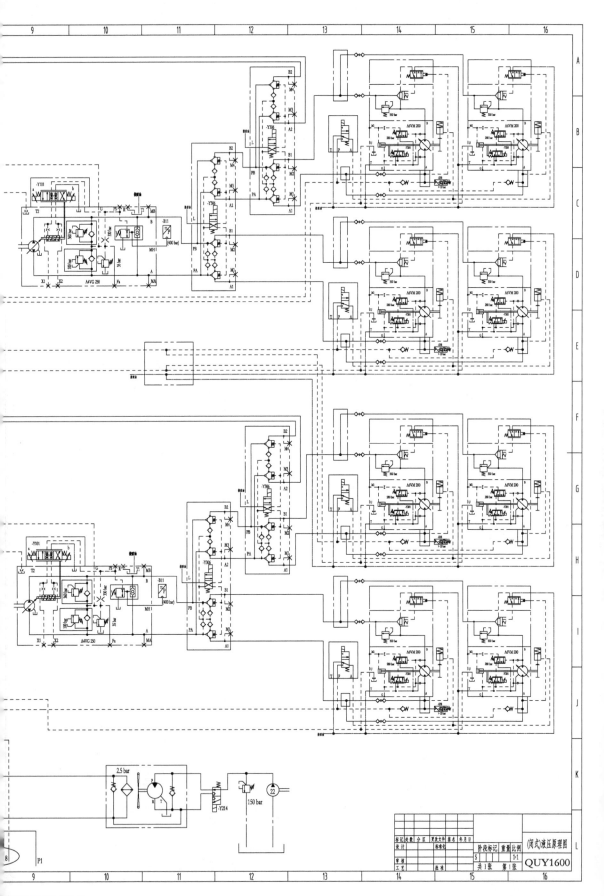

起重机液压系统

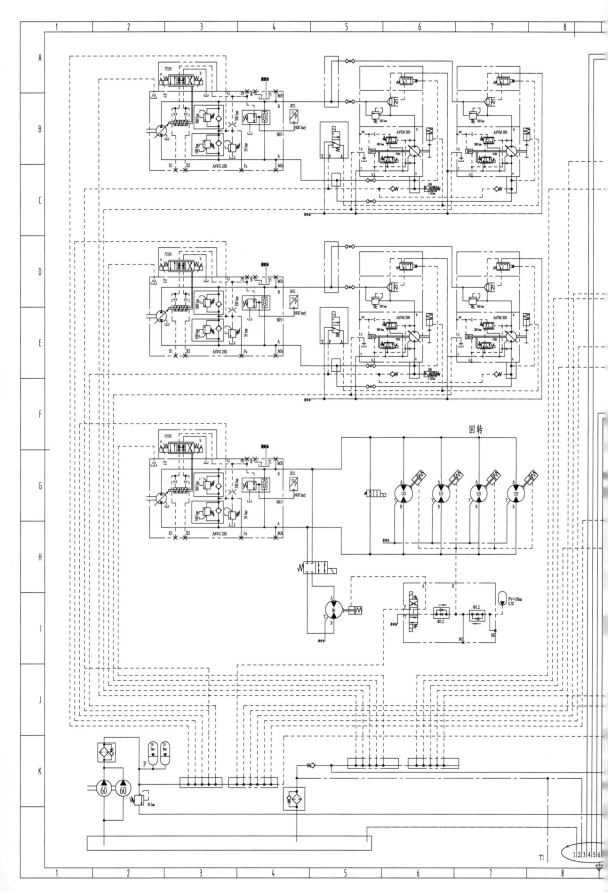

图 4-61 1600t 履带

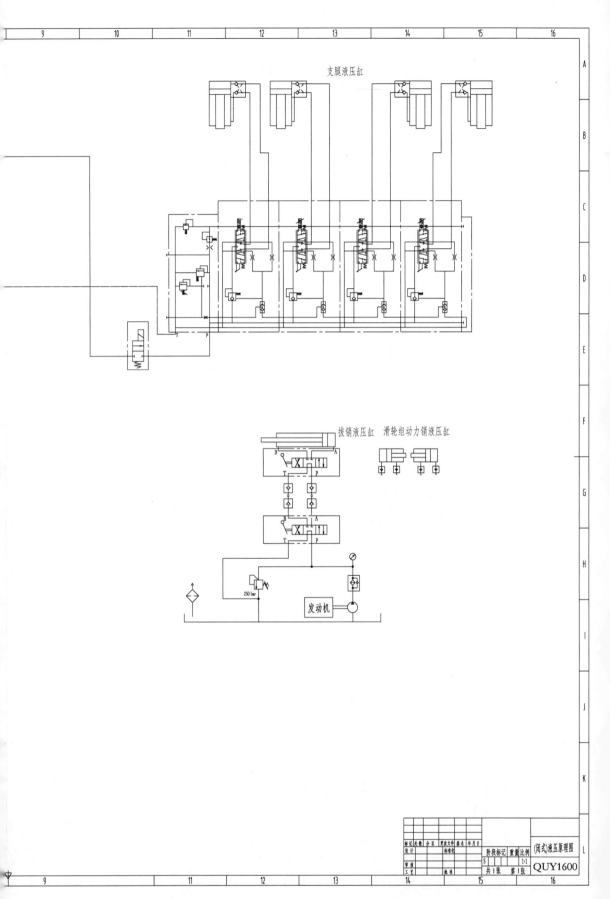

支腿液压缸

拔销液压缸　滑轮组动力销液压缸

250 bar

发动机

（阀式）液压原理图

QUY1600

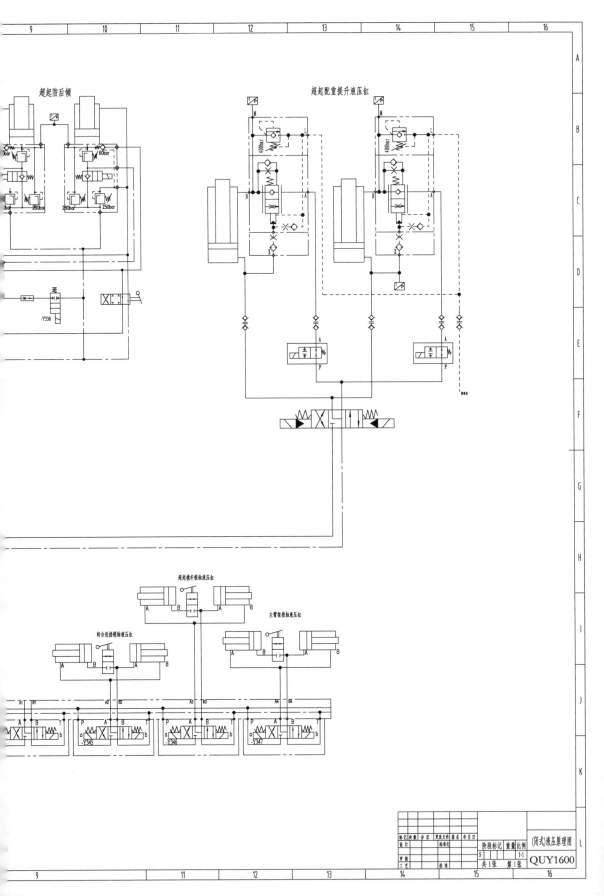

（续）

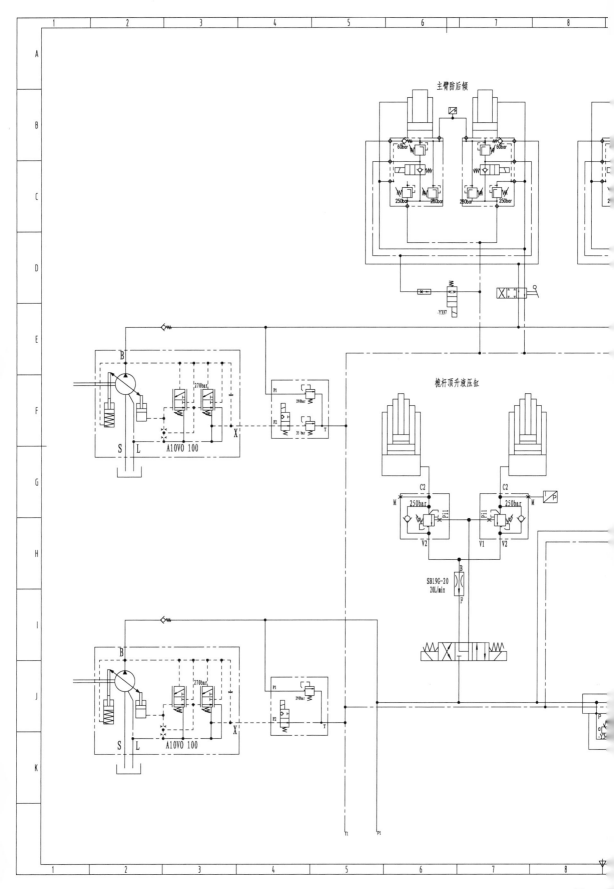

图 4-6

表 4-6　1600t 履带起重机液压电磁动作顺序

起升部分

动作		Y101a 比例阀	Y101b 比例阀	Y102a 比例阀	Y102b 比例阀	Y104a 比例阀	Y104b 比例阀	Y201 开关阀	Y202 比例阀	Y203 比例阀	Y204 开关阀	Y205 比例阀	Y206 比例阀	Y215 开关阀	Y216 比例阀	Y217 比例阀
起升 1	起升	+						+	+	+						
起升 1	下降		+					+	+	+						
起升 2	起升			+							+	+	+			
起升 2	下降				+						+	+	+			
起升 3	起升					+								+	+	+
起升 3	下降						+							+	+	+

变幅部分

动作		Y104a 比例阀	Y104b 比例阀	Y105a 比例阀	Y105b 比例阀	Y210 开关阀	Y212 开关阀	Y213 比例阀	Y214 比例阀	Y218 开关阀	Y220 开关阀	Y221 比例阀	Y222 比例阀	Y223 开关阀	Y224 比例阀	Y225 比例阀
主变幅	起臂	+				+		+	+	+						
主变幅	落臂		+				+	+	+	+						
超起变幅	起升			+							+	+	+			
超起变幅	下降				+						+	+	+			
塔臂变幅	起升			+										+	+	+
塔臂变幅	下降				+									+	+	+

行走部分

动作		Y104a 比例阀	Y104b 比例阀	Y105a 比例阀	Y105b 比例阀	Y210 开关阀	Y211 开关阀	Y218 开关阀	Y219 开关阀	Y243 开关阀	Y244 开关阀
左行走	慢速前进	+				+		+			
左行走	慢速后退		+			+		+			
左行走	快速前进	+					+	+			
左行走	快速后退		+				+	+			
右行走	慢速前进			+					+	+	
右行走	慢速后退				+				+	+	
右行走	快速前进			+					+		+
右行走	快速后退				+				+		+

续表

机构	动作	Y103a 比例阀	Y103b 比例阀	Y207 开关阀	Y208 开关阀	Y209a 开关阀	Y209b 开关阀	Y234 开关阀
回转	顺时针	+				+		
	逆时针		+			+		
	随动			+		+		
穿绳卷扬机构	顺时针	+			+		+	
	逆时针		+		+		+	
	随动			+	+		+	

机构	动作	Y227 开关阀	Y229 开关阀	Y230 开关阀	Y231 开关阀	Y232 开关阀	Y233 开关阀	Y234 开关阀
主臂防后倾液压缸（左）	液压缸伸（安装）	+						
	液压缸缩（安装）	+						
	液压缸伸（带载1）	+	+					
	液压缸伸（带载2）	+			+			
	液压缸极限限位							
主臂防后倾液压缸（右）	液压缸伸（安装）	+						
	液压缸缩（安装）	+						
	液压缸缩（带载1）	+		+				
	液压缸缩（带载2）	+			+			
	液压缸极限限位							

续表

		Y227 开关阀	Y229 开关阀	Y230 开关阀	Y231 开关阀	Y232 开关阀	Y233 开关阀	Y234 开关阀
超起防后倾液压缸（左）	液压缸伸（安装）	+						
	液压缸缩（安装）	+						
	液压缸缩（带载1）	+				+		
	液压缸缩（带载2）	+						+
	液压缸极限限位							
超起防后倾液压缸（右）	液压缸伸（安装）	+						
	液压缸缩（安装）	+						
	液压缸缩（带载1）	+					+	
	液压缸缩（带载2）	+						+
	液压缸极限限位							

续表

		Y228 开关阀	Y235 开关阀	Y236 开关阀	Y237a 开关阀	Y237b 开关阀
超起配重提升液压缸	液压缸同时伸	+				+
	左液压缸伸	+		+		+
	右液压缸伸	+	+			+
	液压缸同时缩	+			+	
	左液压缸缩	+		+	+	
	右液压缸缩	+	+		+	

	Y228 开关阀	Y238a 开关阀	Y238b 开关阀	Y240a 开关阀	Y240b 开关阀	Y241a 开关阀	Y241b 开关阀	Y242a 开关阀	Y242b 开关阀
主臂根轴液压缸伸	+							+	
主臂根轴液压缸缩	+								+
超起桅杆根轴液压缸伸	+					+			
超起桅杆根轴液压缸缩	+						+		
转台连接销轴液压缸伸	+			+					
转台连接销轴液压缸缩	+				+				
桅杆顶升液压缸伸	+		+						
桅杆顶升液压缸缩	+	+							

续表

		Y228 开关阀	Y245 开关阀	Y246a 开关阀	Y246b 开关阀	Y247a 开关阀	Y247b 开关阀	Y248a 开关阀	Y248b 开关阀	Y249a 开关阀	Y249b 开关阀	Y226 开关阀		
左前支腿液压缸	液压缸伸	+	+	+										
	液压缸缩	+	+		+									
左后支腿液压缸	液压缸伸	+	+			+								
	液压缸缩	+	+				+							
右前支腿液压缸	液压缸伸	+	+					+						
	液压缸缩	+	+						+					
右后支腿液压缸	液压缸伸	+	+							+				
	液压缸缩	+	+								+			
散热风扇	开											+		
	关													

注："安装"指在自拆装过程中需要控制液压缸伸缩的工况;"带载 1"指正常工作过程中小角度的工况,"带载 2"指正常工作过程中大角度的工况,工况的切换由力限器角度信号来控制;"液压缸极限限位"指主臂(超起桅杆)达到最大工作角度后,由力限器角度信号和液压缸限位液压缸限位开关来冗余控制。

力切断功能的轴向柱塞变量泵。采用液压两点变量的轴向柱塞马达,可实现带载低速行走及空载高速行走的要求。

防后倾的形式、液压原理与500t履带起重机相同,详见4.3.5节标题3中的第2)部分。

由于是闭式液压系统,因此需要增设补油回路,采用双联齿轮泵来实现,并提供马达变量及制动器开启等所需要的控制油(注:也可采用闭式泵集成补油泵的方式进行)。

除上述主要机构回路外,还包括辅助安装液压缸、系统冷却等回路,均采用开式液压系统,由恒压柱塞变量泵提供压力油,通过切换阀来实现各机构动作的控制。

4.液压系统新进展

1)节能技术的发展

随着世界工业突飞猛进的发展,工程起重机械也发生着巨大的变化。进入21世纪以来,地球生态环境的日益恶化,促使各个国家加紧了对节能减排产品的研发和投入。工程起重机械液压系统节能技术的研究也越来越受到人们的青睐。目前国内外工程起重机械液压系统所采用的节能技术可以归纳为变量泵控制、电液比例控制及混合动力等几种方式。在实际应用中,几种节能途径之间各自采用的技术并不是孤立的,它们往往紧密地结合在一起,互相渗透,形成综合的节能技术。

（1）变量泵控制技术

变量泵可以通过调节排量来适应工程起重机械在作业时的复杂工况要求,采用压力感应控制,有效地利用发动机功率,将节流调速改为容积调速,减少能量损失。由于其具有明显的优点而被广泛使用。变量泵的控制方式多种多样,归纳起来主要有排量控制、LS负荷传感控制和LUDV控制三种基本控制方式。

排量控制是指对变量泵的排量进行直接控制的方式,施加一个控制压力就可以得到一个相应的排量值。排量控制分为正流量控制和负流量控制,主要解决阀在中位时的功率损耗。

如图4-62所示,操纵阀换向的先导压力不仅控制阀的换向,还用来控制液压泵排量。阀中位时,先导压力为零,液压泵摆角最小,排量最小,回油压力很小,功率损失最小。工作位置时,先导压力控制的阀芯行程和泵输出的流量成正比例,所以称为正流量控制。流量是按需提供的,溢流阀只起安全阀作用,功率损失也较小。

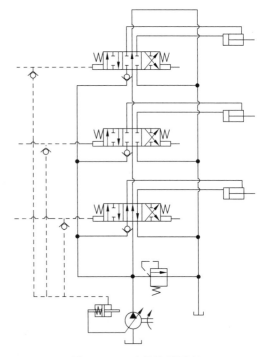

图4-62　正流量控制原理

图4-63所示为负流量控制原理。在阀中位,控制泵摆角的压力取自回油节流阀之前,该压力大小跟泵流量大小相关,泵流量大,压力大,大的压力又反馈回控制泵,摆角变小,从而使流量减小。即控制压力和泵排量成反比,所以称为负流量控制。

中位时泵压力低,控制性能不好。后来相继出现了负荷传感控制系统,所谓"负荷传感",就是系统能感知负载对流量和压力的需求而作出相应改变,以适应负载要求的特性。这种系统,最主要的优点是控制性能优越,中位和工作位置的功率损失也很小,可分为初级负荷传感和次级负荷传感系统。两者的原理与区别在4.3.5节标题1中已介绍过,这里不再赘述。

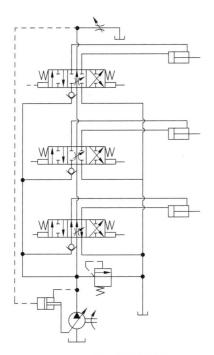

图 4-63　负流量控制原理

（2）电液比例控制智能化

电液比例技术用于工程机械，可以省去复杂、庞大的液压信号传递管路，用电信号传递液压参数，不但能加快系统响应，而且使整个挖掘机动力系统控制更方便、灵活。随着计算机技术的发展，电液比例控制将进一步"智能化"，这种智能化主要体现在计算机能够自动监测液压系统和柴油机的运行参数，如压力、柴油机转速等，并能根据这些参数自动控制整个起重机动力系统，使其运行在高效节能状态，这将是节能技术发展的一个趋势。

（3）混合动力技术

混合动力技术是指在同一车辆中以两种或两种以上储器、能量源或能量转换器作为动力源，通过整车控制系统使两种动力装置有机协调配合，实现最佳能量分配，达到低能耗、低污染和高度自动化的一种新型技术。

采用混合动力的工程机械最早从挖掘机和装载机等开始，因其在运行过程中存在频繁起动和停止及往复运动，减速制动会释放出大量的潜在能量，同时也存在大量势能与动能的

相互频繁转换，混合动力系统通过吸收回馈能源，由储能装置与其他能源混合使得动力源的系统效率得到优化，起到节能作用。

混合动力系统有多种分类方法，根据混合能源的不同，可分为以电能为存储方式的油电混合动力系统和以压力作为储能方式的液压混合动力系统。前者采用电动机作为能量转换装置，根据储能装置的不同，分为蓄电池混合动力系统、燃料电池混合动力系统和超级电容混合动力系统。按动力传动系统的结构不同，混合动力系统可分为三大类，即串联混合动力系统、并联混合动力系统及混联混合动力系统。这在 4.3.4 节中已介绍过，这里不再赘述。

液压混合动力采用液压泵/马达作为能量转换装置，采用液压蓄能器作为能量存储单元，回收制动能和重物势能。在起动和加速时提供辅助能量，从而减小发动机的装机功率，降低油耗。此外，还具有防止发动机超负荷运转等优点。相对于油电混合储能装置，液压蓄能器具有功率密度高、循环效率高及全充和全放能力强等优势。

液压混合动力系统是基于二次调节静液传动技术形成的一种新型传动系统。如应用于起升液压系统中，需增加能量回收/释放子系统。该子系统主要包括二次元件（可进行液压泵/马达的转换元件）、液压蓄能器、控制系统等。在重物正常起升过程中，仅由一次元件的输出功率即可满足。在重物下降过程中，重物势能释放，能量回收/释放系统中的二次元件工作在泵工况，将势能回收储存在液压蓄能器中。在快速起升或节能起升过程中，二次元件工作在马达工况，将蓄能器储存的能量释放，与发动机一起向系统提供动力。

通常意义上来说，油电混合动力系统具有更高的能源储存能力，较适合用于低或中等功率场合；液压混合动力系统在短时间段内具有更高的功率容量。另外，对于制动能量回收，液压混合动力系统要优于油电混合动力系统。

目前履带起重机上还没有应用液压混合动力系统,但在制动能量、升降能量回收与利用方面已开展了相应的研究工作。

2) 双卷扬同步控制

中吨位和大吨位履带起重机常用的双卷扬单吊具结构如图 4-64 所示。两个卷扬机构通过单吊具共同提升或下放载荷,可有效避免单卷扬机构下的因缠绕层数过多而乱绳、因倍率过大而速度慢、因卷扬机构体积过大而不易布置等现象。但双卷扬机构同步作业时,由于液压传动的差异和钢丝绳缠绕误差等因素,容易造成两个卷扬机构在同等时间内的出绳量(或收绳量)不相等,这会导致吊钩滑轮组偏斜,如果偏斜角度过大,长时间工作会损坏滑轮组或磨损钢丝绳。滑轮组偏斜工作致使两个卷扬机构的负荷不均匀,在满载起吊载荷时,其中一个卷扬机构会工作在超载状态,有可能导致安全事故的发生。为了避免上述问题,必须保证两个卷扬机构的运行速度一致、同步。

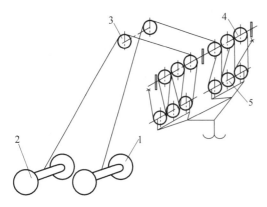

图 4-64 双卷扬单吊具结构示意图

1—卷扬机构Ⅰ;2—卷扬机构Ⅱ;3—定滑轮;
4—吊臂滑轮组;5—吊钩滑轮组

双卷扬同步的控制方法是先对同步状况进行检测,如出现不同步即进行同步调整。双卷扬同步检测的方法有以下三种:

(1)检测吊钩水平度。该检测方法是在吊钩上安装吊钩水平度发射器,如图 4-65 所示。在起重机控制器处连接水平度接收器,接收水平度无线信号,并将其传送至起重机控制系统,判断是否进行卷扬同步控制。

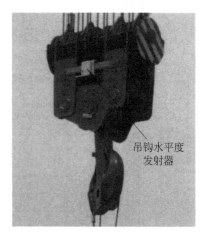

图 4-65 吊钩水平度检测

(2)检测卷扬机滚筒转速及所转圈数。该方法是在每台卷扬机滚筒上设置凸块,并在每台卷扬机构的框架上安装霍尔传感器计数器,如图 4-66 所示。霍尔传感器分别检测卷扬机滚筒凸块的脉冲信号,据此起重机控制器即可计算出每个卷扬机滚筒的转速和所转圈数,判断两个卷扬机构的转速和出绳量,如果数值不同,将进行卷扬同步调节。

图 4-66 卷扬转速检测

(3)检测卷动马达的转速及转数。该方法是在驱动马达的传动装置上安装霍尔传感器计数器,以检测卷扬机驱动马达的转速和转数。该方法和卷扬机滚筒检测原理基本相同,只是检测的部位和精度不同,通常马达检测精度高。

在以上三种检测方法中,第一种方法最直接,但是需要无线数据传输,容易受电磁波干扰,而且需要为吊钩上的水平度发射器设置电源。第二种和第三种方法采用有线数据传输,数据传输较为稳定,但当吊钩滑轮组的倍率较少时,如果钢丝绳的排列不齐,会影响吊钩水平度的调整精度。

双卷扬机构的每个卷扬液压系统相对独立,即独立泵、马达系统。如果检测到卷扬速度不一致,需要进行同步调整,通常是把速度较快的卷扬机变量泵的排量调小,使其与速度较慢的卷扬机变量泵的排量一致。

3) 起升机构二次提升控制

当起重机提升空中重物时,往往需要重新建立系统压力,如果与制动器协调不当,将会出现制动器提前打开,重物下滑现象,这称为二次提升问题。为解决此问题,目前多采用压力记忆法,结合机液或电控来控制。所谓压力记忆法,就是通过液压元件或控制元件记忆重物提升时系统的压力。当进行二次提升时,系统压力只有达到压力记忆值,方可打开制动器,实现平稳提升。

机液控制中,是将蓄能器作为压力记忆元件,如图4-67所示。当重物提升时,系统高压油通过单向阀c流入蓄能器g中,蓄能器中的压力与系统压力相同。当重物在空中停止时,

马达卸荷,由于单向阀c的作用,提升时系统压力记忆在蓄能器中。当重物需要二次提升时,系统油液通过油路进入到行程开关e腔,与蓄能器中的压力共同作用于行程开关,当系统压力平衡或略高于蓄能器压力时,行程开关被接通,致使换向阀电磁铁a通电,制动器油路开通,压力油进入制动器,制动器被打开,系统的压力足以平稳提升重物,不会出现下滑现象。当重物落地时,通过电控系统使换向阀电磁铁b通电,蓄能器中的压力油流回油箱,消除蓄能器的压力记忆。

这种机液控制方式只适用于开式液压系统,不适用于闭式液压系统。而且,当重物在空中停留时间较长时,液压元件不可避免地存在泄漏,会使得专用液压元件记载的负载重力逐渐减小,仍会出现二次下滑现象。因此现在大多采用电控方式。

图4-68是电控方式的原理。系统中增加压力传感器(测量系统压力)和负载传感器(测量负载力矩),控制系统对两个传感器的信号进行对比,当系统压力达到负载压力时,控制系统控制换向阀的电磁体Y425通电,制动器

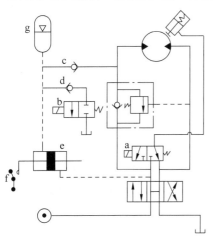

图 4-67　机液控制原理

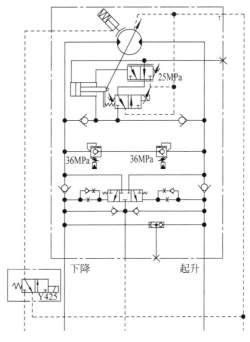

图 4-68　电控原理

开启,系统的压力足以平稳提升重物,不会出现下滑现象。相比于机液控制方式,液压电控原理简单,元件数量少,控制可靠性高。

4.3.6 电气控制系统

履带起重机电气控制系统作为人机沟通的枢纽,虽不直接决定履带起重机的起重性能,但对保障起重机安全作业、优化使用性能、更好地实现人性化作业起着至关重要的作用。

控制系统可分为主控制系统和辅助电气控制系统。主控制系统为操作人员提供大量参考信息及控制输入,如液压控制、安全控制、显示功能等;辅助电气控制系统则体现了起重机的人性化设计,为操作人员带来更为舒适的作业环境,如对照明、空调等设备的控制。

对于小吨位履带起重机,液压机构动作是由液压先导控制的,因此相应的电气控制部分没有专门的可编程控制器(programmable controller,PLC)和专门的显示器。图4-69是液控系统的电气控制框图。其电气布置方式一般为集中式,集中放置于操纵室的电气柜内,方便维修和检查。

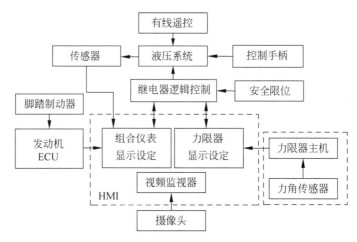

图 4-69 液控系统的电气控制框图

对于中大吨位履带起重机,由于机构动作复杂、操作复杂、安全性能要求高,因此必须对液压执行机构、动力系统、传动系统、安全系统进行合理控制,通常采用 PLC 控制,配合显示器进行输入输出控制。如图 4-70 所示,中大吨位履带起重机控制系统主要由操作输入模块、显示模块、力矩限制器模块、核心控制器模块、液压系统控制模块和发动机控制模块等组成。由于模块较多而复杂,因此其电气布置方式通常采用分布式。图 4-71 所示为特雷克斯公司的起重机的分布式电气布置图,所有控制器都放置于操纵室电气柜内,在转台、下车、臂架等部位布置多个分线盒,将分散的电气元件集于最近的分线盒,分线盒再到操纵室实现分线,线路简单明了,便于布置

与维护。

1. 操作输入模块

操作输入模块是电气控制系统的输入部分,包括主操作输入(手柄、脚踏板等)、辅助操作输入(遥控器等)和按钮开关。图4-72是操纵室的布置图,可以看到,座椅两旁的手柄、前方的显示器、侧面的按钮开关,以及下方的脚踏板,整体布置紧凑而整齐。

1)操作手柄

操作手柄位于操纵室座椅两旁,主要分为液压先导手柄和电比例手柄两种,分别与液控液压系统和电比例控制液压系统配合使用。

图4-73是液压先导手柄,控制起升、变幅、行走、回转等主要动作,在设计和布置上需要遵循相应的标准,如图4-74所示。

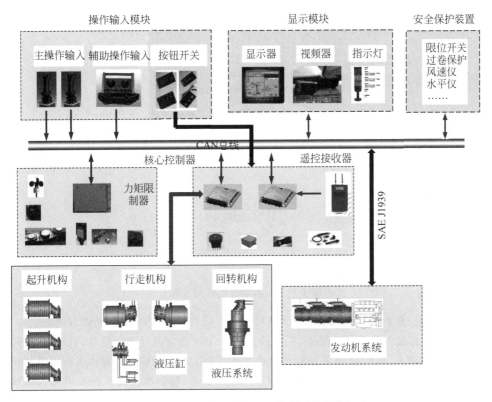

图 4-70 中大吨位履带起重机控制系统模块组成

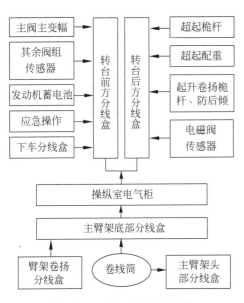

图 4-71 分布式电气布置图

图 4-72 操纵室操作手柄

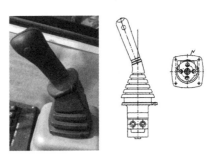

图 4-73 液压先导手柄

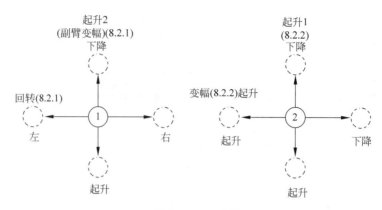

图 4-74　标准规定的手柄方向

电比例手柄一般有电位计型和 CAN 总线型两种，在外形上没有区别，如图 4-75 所示。主要区别在于原理上，电位计型手柄输出的是模拟量信号，如 0～5V 信号，因此，一个十字手柄就相当于两个电位计输出。总线型手柄的输出为 CAN 总线形式，内部的电位计信号已经作了处理，转换成总线型输出，输出精度更高，只需连接四根线即可，包括电源线、地线、CAN_H 线和 CAN_L 线。

图 4-75　手柄的外形

电比例手柄的按钮可以实现使能、速度等功能，不同起重机的对应功能可以自由设置。以下是千吨级手柄按钮的功能举例：

（1）设有使能开关，提高安全性。

（2）设有精细模式调节开关，具备良好的微动性能。

（3）设有快速按钮，可根据现场情况适当提高速度。

（4）回转浮动按钮，操作方便。

（5）设有振动感知装置，更加安全舒适。

（6）手柄功能可依操作者习惯灵活切换。

其中，精细模式调节开关可实现机构的微调设计，通过此开关可对将手柄推到最大角度时对应的运行速度值进行设定，如果设定值较小，则可实现微调动作。机构速度变化快慢可依据手柄动作的快慢来设定。但为保证对液压系统控制的平滑性与平稳性，控制器可对手柄快慢动作设定对应的斜坡控制曲线，如图 4-76 所示。

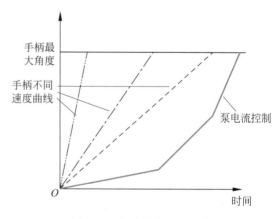

图 4-76　斜坡控制曲线设定

2）脚踏板

脚踏板主要用于控制发动机制动器，也有

部分履带起重机的行走通过踏板实现控制,如图 4-77 所示。输出形式大部分为电位计型,原理与手柄相同。如果是机械式发动机,对应的制动器驱动采用机械拉杆,制动器踏板与拉杆之间采用钢丝连接。

和接触操作元件的控制,分有线遥控和无线遥控两种,可实现液压系统动作、发动机控制、报警提示等多种动作,多用于履带起重机拆装动作,如履带安装液压缸、臂架销轴穿销液压缸的控制。

图 4-77 脚踏板

图 4-78 遥控器的接收器和发射器

3）遥控器

遥控器如图 4-78 所示,可用于起重机主要机构的远程控制,或方便操作人员近距离观察

4）按钮开关

按钮开关可用于对辅助操控系统的控制,如对灯具、空调、雨刮器等的控制,如图 4-79 所示。

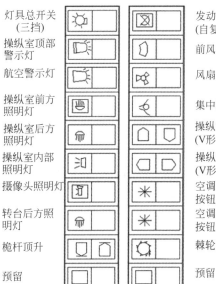

灯具总开关（三挡）		发动机停车（自复位）
操纵室顶部警示灯		前风挡雨刷
航空警示灯		风扇开关
操纵室前方照明灯		集中润滑
操纵室后方照明灯		操纵室倾斜（V形自复位）
操纵室内部照明灯		操纵室旋转（V形自复位）
摄像头照明灯		空调系统相关按钮
转台后方照明灯		空调系统相关按钮
桅杆顶升		棘轮阀关闭
预留		预留

图 4-79 典型的按钮开关机器功能

2. 显示模块

显示模块主要显示起重机的各项信息,可以通过多功能组合仪表、液晶显示器、指示灯等各类显示设备表现。同时,显示器也可以作为操控参数输入的主要界面。

1）多功能组合仪表

在小吨位起重机中,多采用多功能组合仪表来显示发动机参数、其他安全限位信息等,

如图 4-80 所示。它将信息集中显示在一个仪表盘上,可以代替以前普遍使用的压力表、报警灯等,简化了安装和设计,有利于模块化设计。

2）主显示器

中大吨位履带起重机一般通过大屏幕液晶显示器来显示主要工作参数,如卷扬速度、行走速度、油压压力、发动机参数、安全指示参

图 4-80　多功能组合仪表

数等。图 4-81 是特雷克斯公司的履带起重机大屏幕显示器安装位置。图 4-82 是力矩限制器显示界面及控制系统主显示界面,前者主要显示起重机状态信息,后者主要显示发动机、机构等参数信息。由于大吨位履带起重机显示参数多,可以进行翻页设计,便于查看发动机参数、液压系统参数、故障参数等多种信息。

操作者还可根据显示内容通过键盘操作或按键实现对系统的参数设定、信息查询和动作控制等任务。液晶显示器一般具有高的电磁兼容性(electro magnetic compatibility,EMC)抗干扰能力、宽的工作温度范围以及抗冲击振动能力,适合车载应用,通常采用具有 PLC 功能,提供方便的图形、变量及控制功能的开发工具。

图 4-81　特雷克斯公司的大屏幕显示器

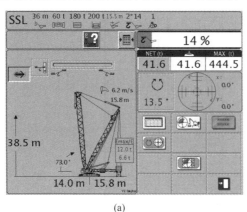

(a)

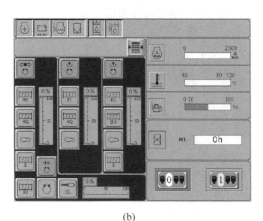

(b)

图 4-82　显示器显示界面
(a) 力矩限制器显示界面;(b) 控制系统主显示界面

3) 辅助显示器

辅助显示器主要指视频监控系统(图 4-83),协助操作员观察无法直接看到的区域或作业盲区,主要由摄像头和视频显示器及相关线路等组成。摄像头安装在所需部位,并具有自动切换功能,如安装在卷扬侧上方,用于观察卷扬机构的排绳问题;安装在臂架头部,用于观察钢丝绳与吊钩作业情况;安装在转台尾部,

用于观察回转时与周围环境的干涉情况等。视频显示器通常放置在操纵室上前方,具有全屏或部分显示功能,而且显示页和视频页具有同步覆盖技术。

4) 警示灯

警示灯主要包括高空警示灯、驾驶警示灯等,如图 4-84 所示。高空警示灯一般安装于臂架最高处,驾驶警示灯一般安装于操纵室顶

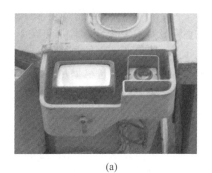

(a)

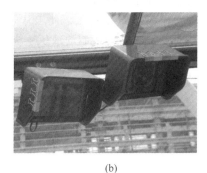

(b)

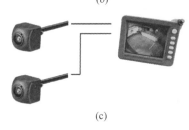

(c)

图 4-83　视频监控系统

（a）转台尾部的摄像头；（b）操纵室中的视频显示器；
（c）视频显示与摄像机；

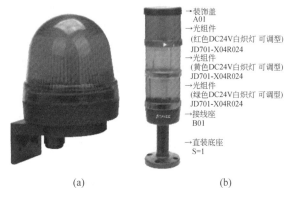

→装饰盖
　A01
→光组件
　(红色DC24V白炽灯 可调型)
　JD701-X04R024
→光组件
　(黄色DC24V白炽灯 可调型)
　JD701-X04R024
→光组件
　(绿色DC24V白炽灯 可调型)
　JD701-X04R024
→接线座
　B01

→直装底座
　S=1

(a)　　　　　　　　　　　(b)

图 4-84　警示灯

（a）高空警示灯；（b）驾驶警示灯

高、故障率低，还可应用 PID 等高级算法实现闭环控制等功能。由于起重机的工作环境会比较恶劣，因此要求控制器具有耐剧烈振动和冲击、高温、低温、高湿度、高粉尘及抗电磁干扰等能力，电路设计尽量简单，布线少，故障率低，并采用模块化设计，方便维护与使用。

图 4-85　主流控制器模块

部，当处于不同工作状态时，显示不同的灯光颜色。

3. 核心控制器与 CAN 总线通信技术

中大吨位起重机一般采用电比例控制液压系统，因此需要配备控制器（图 4-85），来提供与液压系统中电磁阀等控制元件的主要硬件接口，实现对液压电信号的逻辑处理、运算与控制等。这是与液控系统的标志性区别之一。控制器通常是 PLC 可编程控制器，具有数字处理能力和软件功能，可以实现继电器和模拟控制模块难以解决的逻辑、数学运算及复杂的控制功能，具有脉宽调制（pulse-width modulation，PWM）信号输出功能，取代传统的比例放大器，直接控制比例电磁阀，控制精度

现场总线（field bus）控制技术是继气动信号控制技术、模拟电动控制技术、数字计算机集中式控制技术和集散式分布控制技术之后的第五代控制技术，突破了集散式分布控制系统的专用通信网络的局限，将控制功能彻底下放到现场，实现全分布式结构，通过一对双绞线或一条电缆挂接多个设备，大大简化了系统结构。采用数字式传输信号，提高传输准确度与可靠性。提供自诊断信息，方便用户对故障分析定位与排除。通过统一的网络通信协议，对不同厂家的设备与系统，具有良好的互操作性和互用性。因此目前中大吨位履带起重机普遍使用 CAN 总线控制系统与技术。图 4-70 就是基于 CAN 总线技术的电气控制框图，各

个控制模块通过 CAN 总线连接,只需两根线缆即可以完成各个主要元件之间的通信,大大减少了线束连接。目前履带起重机的输出控制主要是对液压元件的直接控制,如液压电磁阀,因此越来越多的传感器和阀采用 CAN 接口,通过总线直接通信控制,这将进一步简化线束连接。但 CAN 总线的应用给故障诊断带来了难度,需要专用诊断工具,对于人员的技术要求也较高。

4. 力矩限制系统

力矩限制器是履带起重机标配安全产品,是决定起重机是否安全工作的重要设备。力矩限制系统主要由核心控制器、显示器、力传感器、角度传感器及线路等附属设备组成。其中,核心控制器用于采集传感器信息,并进行力矩计算、对比和输出。显示器用于显示采集

的起重机状态信息与力矩计算结果。力传感器和角度传感器用于采集外载荷和臂架角度。

1)工作原理

力矩限制系统主要是根据用户提供的臂架组合与长度,以及角度传感器测出的臂架角度,确定起重机的作业状态,查阅起重性能表获知此状态下的额定起重量。然后通过拉力传感器测出起重机的实际起重量,对比额定起重量,给出相应控制与动作及提示信息(图 4-86),并将状态信息等显示在显示器上。此工作过程如图 4-87 所示。对于先导控制的液压系统(用于中小吨位起重机),力矩限制器通过控制继电器的电流开关来控制电磁阀的动作,如图 4-88 所示。对于电控液压系统,则直接通过控制器来控制电磁阀的动作,如图 4-89 所示。

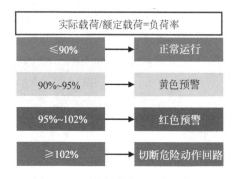

图 4-86　不同负荷率下的警示信息

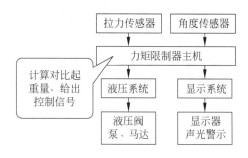

图 4-87　力矩限制器工作过程

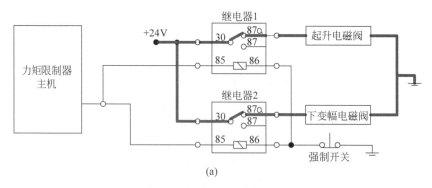

(a)

图 4-88　力矩限制器通过继电器控制液压系统的原理

(a)正常运行状态,继电器失电,电磁阀得电,动作正常;(b)超载后,继电器得电,电磁阀失电,动作停止;(c)强制状态,继电器失电,电磁阀得电,动作正常

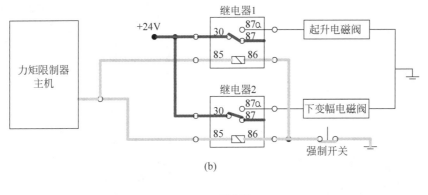

(b)

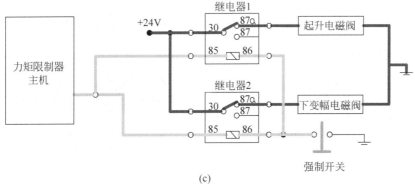

(c)

图 4-88（续）

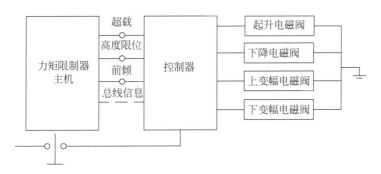

图 4-89 力矩限制器通过控制器控制液压系统的原理

2）硬件组成

力矩限制器的主要硬件组成包括核心控制器、显示器、力传感器、角度传感器及线路等附属设备。其中，核心控制器用于采集传感器信息，并进行力矩计算、对比和输出。显示器是对采集的起重机状态信息与力矩计算结果进行显示。力传感器用于采集起升载荷的数值，可安装在不同位置，相应的算法也有所不同。力传感器的安装位置如下：

（1）安装在变幅系统上的拉力传感器。这是最常用的一种安装方式，一般安装在变幅拉板或索具端部，靠近桅杆侧，如图 4-90 所示。由于未直接采集到起升载荷信息，因此需要根据所采集的变幅载荷通过几何关系和力学关系推算出起升载荷，而这并不是简单的计算公式可以推导的，因此往往要求控制器具有较强的计算能力。

（2）安装在起升绳固定端上的拉力传感器或销轴传感器，如图 4-91 所示。这种安装方式可以根据倍率直接计算出起升载荷。由于安

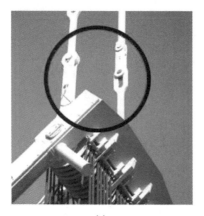

(a)

(b)

图 4-90　变幅系统力传感器安装位置
（a）变幅拉板拉力传感器；
（b）变幅单绳拉力传感器

(a)

(b)

图 4-91　起升绳上的拉力传感器
（a）起升绳固定端的拉力（或销轴）传感器；
（b）三滑轮传感器

装位置较高，或需要随吊钩位置而变动（起升绳固定端在吊钩上），往往采用无线式，这就要求具有较高的抗干扰能力。还有一种较早使用的"三滑轮传感器"，安装在导向轮与卷扬机之间的起升绳上，由于这种方式对钢丝绳磨损较严重，而且测量精度不高，目前应用很少。

（3）对具有超起装置的履带起重机，特别是带有悬浮配重的起重机，在超起状态下，除了要检测起升载荷外，还要检测超起配重被提升的重量，或检测主变幅绳载荷，以了解两者的载荷分配情况，确保超起配重离地，实现上车全回转作业。因此可在连接超起配重的拉板上安装拉力传感器，如拉板上有液压缸，可安装液压缸压力传感器。也可在主变幅绳固定端安装销轴传感器，如图 4-92 所示。

当采用变幅拉板传感器时，通常要配以角度传感器，来测量臂架的工作角度，再根据用户给定的臂架组合方式与臂架长度，来确定臂架系统的几何关系，从而推算出起升载荷。角度传感器通常设置在臂架根部。当臂架长度较大时，受柔性挠度影响，还需要在臂架头部安装一个角度传感器，与臂架根部角度传感器共同推算臂架的实际角度状态。臂架根部与头部的角度传感器安装位置如图 4-93 所示。

图 4-94 是大型履带起重机力矩限制器系统主要传感器的安装位置。

5. 发动机控制模块（发动机自带）

如果是电控发动机，其配套的控制模块具有 SAE J1939 总线接口，可进行发动机的常规控制（如起动、停止和调速等），并可检测发动机的各项状态（如水温、机油压力等），如图 4-95 所示。通过 J1939 接口与系统的通信，可将发动机的控制融合到起重机控制系统中，实现更方便和优化的发动机控制和运行状态信息显示。

(a)　　　　　　　　　　　　(b)

图 4-92　超起用载荷传感器

（a）超起拉板液压缸压力传感器；（b）主变幅销轴传感器

 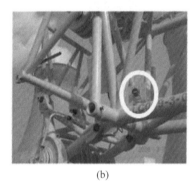

(a)　　　　　　　　　　　　(b)

图 4-93　臂架根部和头部的角度传感器安装位置

（a）根部安装传感器；（b）头部安装传感器

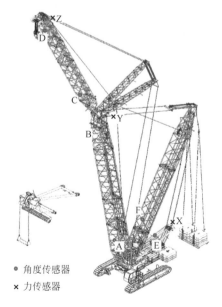

● 角度传感器

× 力传感器

图 4-94　大型履带起重机力矩限制器系统主要传感器的安装位置

X，Y，Z—力传感器；A，B，C，D，E，F—角度传感器

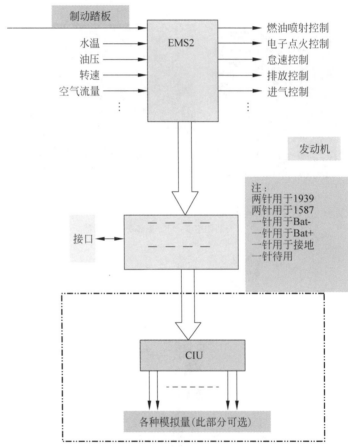

图 4-95　发动机控制模块

在起重机的实际使用中,常常出现发动机与液压系统功率不匹配的现象,导致发动机转速下降过多,偏离最佳工作点,增加油耗,情况严重的还会导致发动机熄火。发动机控制系统可根据当前发动机的转速变化,判断发动机转速的失速状况。如果失速过大,则控制系统自动调节(减小)变量泵的排量,或者同时降低马达的吸收功率,使发动机的输出功率减少至与负载功率相匹配,保障发动机处于较佳的工作状态。

6. 远程监控系统

现代电子技术和通信技术在履带起重机上的应用,使得远程监控得以实现,进而更有效地监管起重机的作业状态及全生命周期的各种信息,甚至机群的全面监控管理,这也为故障诊断提供了有效手段。CAN 总线技术在履带起重机的逐渐普及应用,大大降低了监控系统在线数据采集的设计难度,因此基于 CAN 总线的现场状态数据采集成了主要应用趋势。GSM/GPRS 无线通信网络和GPS 全球定位系统实现了数据的远程传输。由此,数据采集终端模块、GPRS 无线传输模块以及远程监控中心构成了远程监控系统,如图 4-96 所示。

远程监控系统充分利用已有的履带起重机电控系统 CAN 网络,按一定的方式采集CAN 总线中的状态信息与故障代码等,通过嵌入式 GPS 模块采集设备的经纬度全球定位信息,并通过 GPRS 模块与远程监控中心交换数据,实现远程实时监控。如果起重机本身已有的监测参数不能满足远程故障诊断的需要,可通过具有 CAN 总线接口的扩展模块积木式模块化扩展监测点与监测参数。远程监控中心主要负责对 GPRS 无线模块传输到监控中心的起重机工作参数及 GPS 定位信息进行接收,解析后存储到监控中心数据库中,并允许对数

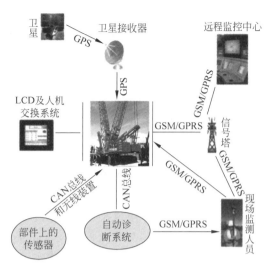

图 4-96 远程监控系统

LCD—liquid crystal display,液晶显示器;GPS—global positioning system,全球定位系统;GSM—global system for mobile communications,全球移动通信系统;GPRS—general packet radio service,通用无线分组业务

据库进行访问和操作,及时查看起重机工作信息状态。

7. 其他安全保护与警示装置

履带起重机的主要安全装置如图 4-97 所示,除前述的力矩限制系统和发动机监测系统外,还包括高度及各种角度限位器、水平仪、风速仪等。

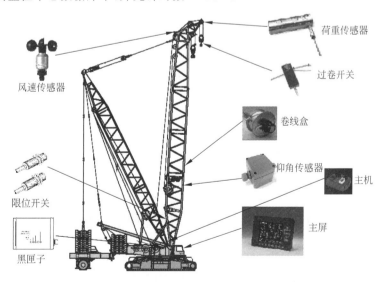

图 4-97 主要安全装置

（1）发动机状态监测，主要监测内容有发动机转速、冷却水温度、冷却水液位低报警、机油温度、机油压力、发动机工作小时、燃油液位、空气滤清器报警等。

（2）液压系统压力保护装置，包括压力传感器和压力开关，用于监测液压回路节点上的压力值是否超过警戒值。

（3）钢丝绳过放保护装置，俗称三圈保护器，主要用于保证卷扬滚筒最后三圈的钢丝绳缠绕，防止钢丝绳出绳过量导致绳头脱落引起事故，如图4-98所示。限位开关放置在最后第三圈卷扬滚筒绳槽里，如果此圈钢丝绳出绳，则限位开关动作，滚筒停止转动，提出警示。

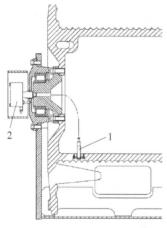

图4-98 钢丝绳过放保护装置
1—检测开关；2—减速开关盒

（4）起升高度限位开关。考虑起升绳收绳时，防止吊钩碰到臂架头部，损坏臂架，特设置了起升高度限位开关，也称为防过卷限位开关，如图4-99所示。目前一般采用重锤式限位开关，重锤通过钢丝绳与限位开关连接，布置在臂架头部。当钩头接触到重锤时，钢丝绳松软，使限位开关断电，切断上行电源。

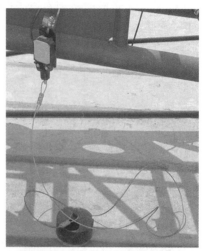

图4-99 起升高度限位

（5）角度限位开关，主要用于臂架、桅杆、防后倾等重要结构件的极限位置控制，如图4-100所示。

（6）主变幅平衡梁限位开关，用于防止平衡梁过于偏斜，以保证两侧出绳量相同，载荷均衡，如图4-101所示。

（7）回转角度传感器，用于监测上车回转角度，如图4-102所示。

（8）风速仪，用于监测臂架顶部风速，一般安装在臂架最高点，如图4-103所示。

（9）水平仪，用于监测上车水平度，有电子式和机械式两种，通常放置在回转平台上，如图4-104所示。

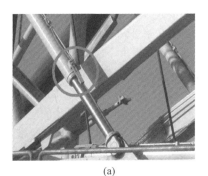

(a)

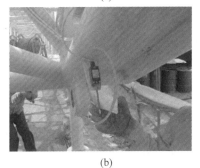

(b)

图 4-100　限位开关

（a）防后倾限位；（b）臂架角度限位

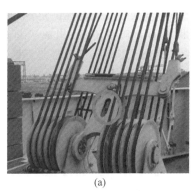

(a)

(b)

图 4-101　主变幅平衡梁偏摆检测

（a）限位开关安装位置；（b）平衡梁偏斜现象

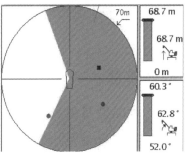

图 4-102　回转角度传感器及其显示界面

图 4-103　臂架头部的风速仪

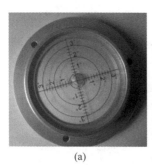 

图 4-104　水平仪

(a) 机械式水平仪；(b) 电子式水平仪

4.4　技术性能

4.4.1　产品型号命名方式

履带起重机型号编制方式如下：

```
ZCC3200NP
        ├── 更新、变形代号
        ├── 主参数代号，起重量或起重力矩
        └── 厂家或品牌代号
```

型号编制中的厂家或品牌代号举例如下：

XGC：徐工集团；

SCC：三一集团；

ZCC：中联；

LR1：利勃海尔公司；

CC：德马格公司；

CKE：神钢公司。

主参数代号采用额定起重量(t、kN)或起重力矩(t·m)表示。例如，徐工的 XGC88000 型履带起重机中 88000 表示产品的起重力矩为 88000t·m，中联的 ZCC3200NP 型履带起重机中 3200 表示产品的额定起重量是 3200t。

更新、变形代号一般在末位表示，例如三一的 SCC36000A 型履带起重机中 A 表示的是更新代号，中联的 QUY500W 型履带起重机中 W 表示的是变形代号，用于风电专用起重机。

4.4.2　主要性能参数

1. 起重量 Q

履带起重机的额定起重量指在正常工作时允许一次提升的最大质量，单位为吨(t)或千克(kg)。具体的是指臂架头部以下的所有质量，包括吊钩、臂架头部到吊钩动滑轮组之间的钢丝绳的质量。起重量主要由结构强度(以臂架为主)与整机倾覆稳定性决定，不同幅度、不同臂长下的起质量不同，构成了起重性能表。表 4-7 列出了某 50t 级履带起重机主臂的起重性能表。

表 4-7　某 50t 级履带起重机起重性能　　　　　　　　　　　t

幅度/m \ 臂长/m	12.0	15.0	18.0	21.0	24.0	27.0	30.0	33.0	36.0	39.0	42.0	45.0	48.0	51.0
3.7	50.0	—	—	—	—	—	—	—	—	—	—	—	—	—
4	48.9	47.0	—	—	—	—	—	—	—	—	—	—	—	—
4.5	40.3	40.2	40.1	—	—	—	—	—	—	—	—	—	—	—
5	33.8	33.7	33.6	33.5	—	—	—	—	—	—	—	—	—	—
6	25.5	25.4	25.3	25.2	25.1	25.0	—	—	—	—	—	—	—	—
7	20.4	20.3	20.2	20.1	20.0	19.9	19.8	19.7	—	—	—	—	—	—
8	17.0	16.9	16.8	16.7	16.6	16.5	16.4	16.3	16.2	—	—	—	—	—
9	14.5	14.4	14.3	14.2	14.1	14.0	13.9	13.8	13.7	13.6	13.5	—	—	—
10	12.6	12.5	12.4	12.3	12.2	12.1	12.0	11.9	11.8	11.7	11.6	11.5	11.2	—
12	—	9.9	9.8	9.7	9.6	9.5	9.4	9.3	9.2	9.1	9.0	8.9	8.8	8.5
14	—	8.1	8.0	7.9	7.8	7.7	7.6	7.5	7.4	7.3	7.2	7.1	7.0	6.9
16	—	—	6.7	6.6	6.5	6.4	6.3	6.2	6.1	6.0	5.9	5.8	5.7	5.6
18	—	—	5.7	5.6	5.5	5.4	5.3	5.2	5.1	5.0	4.9	4.8	4.7	

续表

臂长/m 幅度/m	12.0	15.0	18.0	21.0	24.0	27.0	30.0	33.0	36.0	39.0	42.0	45.0	48.0	51.0
20	—	—	—	—	4.9	4.8	4.7	4.6	4.5	4.4	4.3	4.2	4.0	4.0
22	—	—	—	—	—	4.2	4.1	4.0	3.9	3.8	3.7	3.6	3.5	3.4
24	—	—	—	—	—	3.7	3.6	3.5	3.4	3.3	3.2	3.1	3.0	2.9
26	—	—	—	—	—	—	3.1	3.0	2.9	2.8	2.7	2.6	2.5	2.4
28	—	—	—	—	—	—	—	2.7	2.6	2.5	2.4	2.3	2.2	2.1
30	—	—	—	—	—	—	—	—	2.3	2.2	2.1	2.0	1.9	1.8
32	—	—	—	—	—	—	—	—	2.0	1.9	1.8	1.7	1.6	1.5
34	—	—	—	—	—	—	—	—	—	1.6	1.5	1.4	1.3	1.2

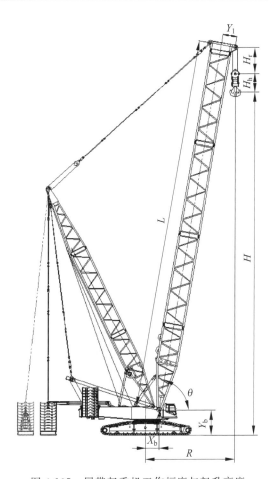

2. 起重力矩 M

履带起重机的起重力矩是指起重量（Q）和其相应的工作幅度（R）的乘积，即 $M=QR$，单位为吨米（$t \cdot m$）。最大起重力矩是指起重机正常工作时起重力矩的最大值，一般在最大起重量附近获得。起重力矩往往更能真实体现起重性能，例如美国特雷克斯公司的 CC8800-1Twin 型履带起重机，最大起重量为 3200t，最大起重力矩为 44000t·m，而美国兰普森（Lampson）公司的 LTL2600 型履带起重机的最大起重量为 2600t，最大起重力矩为 80000t·m。

3. 工作幅度 R

履带起重机的工作幅度是指起重机的吊钩中心到回转中心的水平距离，单位为米（m），如图 4-105 所示。它随着臂架长度与工作角度的变化而变化，可以获得相应的幅度曲线，如图 4-1 所示。计算公式为

$$R = L\cos\theta + Y_1\sin\theta + X_b \qquad (4-1)$$

式中，L——臂架长度，m；

　　　θ——臂架仰角，(°)；

　　　Y_1——臂头滑轮组中心与臂架轴线的垂直距离，m；

　　　X_b——臂架根部铰点与整车回转中心的水平距离，m。

4. 起升高度 H

履带起重机的起升高度是指吊钩中心到地面的垂直距离，单位为米（m），如图 4-105 所示。与工作幅度相同，它也随着臂架长度与工作角度的变化而变化，可以获得相应的起升高

图 4-105　履带起重机工作幅度与起升高度

度曲线，如图 4-1 所示。计算公式为

$$H = L\sin\theta - Y_1\cos\theta + Y_b - H_r - H_h \qquad (4-2)$$

式中，Y_b——臂架根铰点距地面的垂直距离，m；

H_r——限位高度，即臂头滑轮组中心到吊钩滑轮组中心的最小垂直距离，m；

H_h——吊钩滑轮组到吊钩中心的垂直距离，m。

5. 机构工作速度 v

机构工作速度包括起升、变幅、回转和行走四个机构的速度。

1）起升速度

起升速度是指空载状态下起升钢丝绳的最大单绳速度，即钢丝绳缠绕在卷筒上的最外层速度，单位为米/分钟（m/min），最大可达到 120～160m/min。

2）变幅速度

变幅速度是指空载状态下变幅钢丝绳的最大单绳速度，即变幅钢丝绳缠绕在卷筒最外层的速度，单位为米/分钟（m/min）。变幅速度还可用起重机在相应臂长下从最大幅度到最小幅度所需的变幅时间来表示，单位为分钟（min）。

3）回转速度

回转速度是指空载状态下最小作业主臂时起重机回转的最大速度，单位为转/分钟（r/mim）。由于履带起重机是惯性很大的系统，因此要求回转速度平稳而缓慢，以防止过大冲击载荷与惯性载荷的产生，通常在 1.0～3.0r/min 之间。

4）行走速度

行走速度是指空载状态下起重机行走的最大速度，单位为千米/小时（km/h）。由于履带起重机质量大，一般行走速度比较缓慢，通常在 3km/h 以下。

6. 自重 G

履带起重机的自重是指起重机处于工作状态时的全部质量，单位为吨（t）或千克（kg）。技术参数表中给出的自重通常是最小作业主臂时的起重机自重，不含吊钩自重。

7. 接地比压 p

接地比压是指履带单位面积所承受的垂直载荷，单位为兆帕（MPa，N/mm²）。接地比压可分为平均接地比压和实际接地比压，如图 4-106 所示。

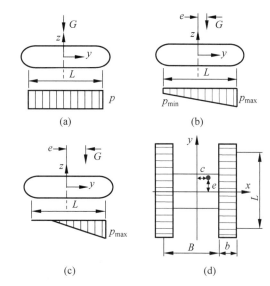

图 4-106　接地比压分布示意

（a）均布；（b）梯形分布；（c）三角形分布；（d）下车俯视图

1）平均接地比压

当整机重心与几何中心重合时，接地比压是均布的，计算公式为

$$p = \frac{G_0}{2bL} \qquad (4\text{-}3)$$

式中，p——履带平均接地比压，MPa；

G_0——整机重力，N；

b——履带宽度，mm；

L——履带接地长度，mm。

技术参数表中给出的是平均接地比压。

2）实际接地比压

当整机重心与几何中心不重合时，接地比压将呈梯形或三角形分布（假设地面变形为线性），计算公式如下：

当 $e \leqslant L/6$ 时，有

$$\begin{cases} p_{max} = \dfrac{G_0}{2bL}\left(1 \pm \dfrac{2c}{B}\right)\left(1 + \dfrac{6e}{L}\right) \\[2mm] p_{min} = \dfrac{G_0}{2bL}\left(1 \pm \dfrac{2c}{B}\right)\left(1 - \dfrac{6e}{L}\right) \\[2mm] p = \dfrac{G_0}{2bL}\left(1 \pm \dfrac{2c}{B}\right)\left(1 + \dfrac{12e}{L^2}y\right) \end{cases} \quad (4\text{-}4)$$

当 $e > L/6$ 时，有

$$
\begin{cases}
p_{\max} = \dfrac{2G_0}{3b(L-2e)}\left(1\pm\dfrac{2c}{B}\right) \\[2mm]
p_{\min} = 0 \\[2mm]
p = \dfrac{G_0}{9b(L/2-e)^2}\left(1\pm\dfrac{2c}{B}\right)(L-3e+y)
\end{cases}
$$

$$(4\text{-}5)$$

式中，e,c——重心偏心距，mm；

$p_{\max}$，$p_{\min}$——最大、最小接地比压，MPa；

p——履带上任意点的压应力，MPa；

B——履带轨距，mm；

y——履带上任意点的纵坐标值。

8．爬坡能力

爬坡能力是指空载状态下履带起重机在正常路面上能爬越的最大坡度，用百分比或度表示。小吨位履带起重机的爬坡能力是重要的行驶能力指标，一般为 30%（17°），大吨位履带起重机通常不作要求。

表 4-8 是某 750t 级履带起重机的技术参数。

表 4-8　某 750t 级履带起重机技术参数

技 术 参 数	数　　值
最大起重量×幅度/(t·m)	750×6
主臂最大长度/m	105
(主臂+副臂)最大长度组合/m	63+105
最大起重量/t	380
起升速度/(m/min)	130
变幅速度/(m/min)	70
回转速度/(r/min)	1.5
行走速度/(km/h)	1.65
接地长度×轨距/(m×m)	10.6×8.8
基本臂时自重/t	420
接地比压/MPa	0.13

续表

技 术 参 数	数　　值
爬坡能力/%	20
发动机功率/kW	400
发动机转速/(r/min)	1800

履带起重机相关的技术标准与规范见表 4-9。

表 4-9　履带起重机相关技术标准与规范

序号	标 准 编 号	标 准 名 称
1	GB/T 14560—2016	履带起重机
2	GB/T 3811—2008	起重机设计规范
3	GB/T 6067—2010	起重机安全规程

4.4.3　各企业的产品型谱

近年来国内建设工程不断深入与改扩建，产品市场也随之蓬勃发展，国内外生产公司也层出不穷，经过市场的不断兼并组合，形成现在相对稳定的格局，具有世界级规模的公司的产品型谱见表 4-10。除此之外，还有很多公司有履带起重机及变形产品，如德国的森尼波根，日本的日立，国内的太原重型机械集团有限公司（简称太重）、山河智能装备股份有限公司（简称山河智能）、安徽柳工、郑州宇通集团有限公司（简称郑州宇通）、合肥神马重工有限公司（简称合肥神马）等。这为产品选型与应用提供了多样性和选择性，而各产品性能又有各自的特点。下面对几大代表性企业的代表性产品的型谱作一介绍，各企业的排序不分先后，具体见表 4-11～表 4-18。

表 4-10　国内外代表性公司的产品型谱

公司简称	产品型谱/t
利勃海尔	104,137,160,220,280,300,350,400,600,750,1350,3000
特雷克斯	72,100,150,208,230,259,300,350,400,450,500,600,650,1000,1250,1600,3200
马尼托瓦克	80,100,110,165,181,200,250,300,400,700,750,907,2300
神钢	55,65,70,80,90,110,120,180,250,300,350,450,600,800
住友重机	30,40,55,70,80,90,120,150,200,275,350,650
徐工	50,75,85,100,130,150,180,260,280,300,400,500,650,800,1000,2000,4000
三一	50,75,80,90,100,125,150,180,250,360,400,500,650,750,1000,1600,3600
中联	55,75,80,100,130,180,260,350,500,650,800,1250,3200
抚挖	35,55,75,85,135,185,225,285,320,400,500,650,750,1250

表 4-11 徐工产品型谱

型号	最大起重量/t	最大起重力矩/(t·m)
XGC55	55	203
XGC75	75	286
XGC85	85	341
XGC100	100	575
XGC130	130	702
XGC150	150	927
XGC180	180	1044
XGC260	260	1450
XGC300	300	1837
XGC400	400	5157
XGC500	500	6267
XGC650	650	7848
XGC800	800	11000
XGC15000	1000	14314
XGC18000	1400	16000
XGC28000	2000	28000
XGC88000	3600	88000

表 4-12 三一产品型谱

系列	型号	最大起重量/t	最大起重力矩/(t·m)
SCC E 系列	SCC550E	55	203.5
	SCC750E	75	284
	SCC900E	90	360
	SCC1350E	140	668
	SCC1800E	180	1080
SCC A 系列	SCC2600A	260	1470
	SCC4000A	400	5250
	SCC5000A	500	6160
	SCC6500A	650	8600
	SCC7500	750	9408
	SCC10000	1000	14000
	SCC16000	1600	25000
	SCC36000A	3600	83000
SCC8 系列	SCC8100-2	100	380
	SCC8150	150	880
	SCC8200	200	1056
	SCC8260	260	1470
	SCC8300	300	1652
	SCC8500	500	6244

表 4-13 中联产品型谱

型号	最大起重量/t	最大起重力矩/(t·m)
ZCC550H	50	185
ZCC750H	75	288
ZCC800H	80	340
ZCC1100H	100	340
QUY130	130	661
QUY180	180	1062
QUY260	260	1400
QUY350	250	3277
QUY500W	500	6000
QUY650	650	7800
QUY800	800	11000
ZCC12500	1250	16000
ZCC3200NP	3200	82000

表 4-14 抚挖产品型谱

型号	最大起重量/t	最大起重力矩/(t·m)
FWX55	55	198
FWX75	75	266
FWX85	85	340
FWX135	135	664
FWX185	185	925
FWX225	225	1125
FWX285	285	1425
QUY400	400	2400
QUY500	500	6240
QUY1750	750	7800
QUY1250	1250	14420

表 4-15 山河智能产品型谱

型号	最大起重量/t	最大起重力矩/(t·m)
SWTC05	5	100
SWTC12	12	408
SWTC16	16	493.5
SWTC25	25	875
SWTC35	35	1240
SWTC55	55	1620
SWTC75	75	2514

表 4-16　合肥神马产品型谱

型　号	最大起重量/t	最大起重力矩/(t·m)
SMQ120A	12	24
SMQ250A	25	75
SMQ350A	35	105
SMQ500A	50	150
SMQ600A	60	180
SMQ800A	80	240
SMQ1000A	100	300

表 4-17　利勃海尔产品型谱

系　列	型　号	最大起重量/t	最大起重力矩/(t·m)
LR 系列履带起重机	LR1100	104.5	411
	LR1130	137.2	600
	LR1160	160	878
	LR1200	220	1144
	LR1250	250	1135
	LR1300	300	1579
	LR135/1	350	2100
	LR1400/2	400	5044
	LR1600/2	600	8118
	LR1750	750	9864
	LR11000	1000	15171
	LR11350	1350	22748
	LR13000	3000	65000
LTR 系列伸缩臂履带起重机	LTR1060	60	188
	LTR1100	100	342
	LTR1220	220	660
	LTR11200	1200	3200
LG 系列桁架臂汽车起重机	LG1750	750	9864

表 4-18　特雷克斯产品型谱

分　类	型　号	最大起重量/t	最大起重力矩/(t·m)
常规履带起重机	HC 50	45	191
	HC 60	55	208
	HC 80	72	289
	HC 110	100	388
	HC 165	150	739
	HC 230	208	1171
	HC 285	259	1294
	Powerlift 1000	55	272
	Powerlift 2000	70	272
	Powerlift 3000	90	360
	Powerlift 5000	120	609
	Powerlift 7000	250	1324
	Powerlift 8000	360	1920
	CC 2400-1	400	5150
	CC 2500-1	500	6140
	CC 2800-1	600	7710
	CC 2800-1NT	537	5700
	Superlift 3800	650	8426
	CC 5800	1000	12680
	CC 6800	1250	13840
	CC 8800-1	1600	24020
	CC 9800	1600	26930
	CC 8800-1 TWIN	3200	43900
桁架臂汽车起重机	TC2500	500	5328
	TC2800-1	600	6000
伸缩臂履带起重机	TCC40	42	133
	TCC45	44	132
	TCC60	60	199

表 4-19　马尼托瓦克公司产品型谱

分　类	型　号	最大起重量/t	最大起重力矩/(t·m)
履带起重机	8500-1	80	282
	11000-1	100	368
	12000-1	110	397
	MLC165	165	760
	777	181	668
	14000	200	865
	999	250	1120
	2250	450	4060
	MLC300	300	4118
	16000	400	2658
	18000	750	9100
	MLC650	700	9102
	21000	907	13200
	2250（环轨）	1300	23400
	31000	2300	34800
伸缩臂履带起重机	GHC50	45	152
	GHC55	50	152
	GHC75	70	224.5
	GHC130	120	420

表 4-20　森尼波根公司产品型谱

分　类	型　号	最大起重量/t	最大起重力矩/(t·m)
常规履带起重机	2200E	80	320
	3300	125	515
	4400	140	568
	5500	180	836
	7700	300	1718
伸缩臂履带起重机	613R	16	43.2
	643R	40	101.6
	673E	70	224.5
	683R	80	287
	6113E	120	420

表 4-21　神钢产品型谱

系　列	型　号	最大起重量/t	最大起重力矩/(t·m)
7000 系列履带起重机	7035	35	95
	7055	55	203
	7065	65	260
	7070	70	280
	7080	80	320
	7090	90	387
	7100	100	550
	7120	120	600
	7200	200	900
	7250	250	1250
	7300	300	1500
	7350	350	2100
	7450	450	2610
	7650	650	3900
	7800/SL13000	800	4200
CKS 系列履带起重机	CKS600	60	60
	CKS800	80	80
	CKS110	110	110
	CKS135	135	135
	CKE1800	180	180
	CKS2500	250	250
	CKE4000	400	400
	7120S	120	120
	7250S	250	250
SL 系列履带起重机	SL4500S	450	450
	SL600S0	600	600
TK 系列伸缩臂履带起重机	TK350	35	35
	TK550	55	55
	TK750	75	75

表 4-22　住友重机产品型谱

型　号	最大起重量/t	最大起重力矩/(t·m)
SCX300	30	111
SCX400	40	148
SCX500	50	192
SCX550	55	205
SCX700	70	260
SCX800	80	312

续表

型 号	最大起重量/t	最大起重力矩/（t·m）
SCX900	90	362
SCX1000	100	380
SCX1200	120	600
SCX1500	150	680
SCX2000	200	1156
SCX2800	275	1250
SCX3500	350	1750
6000SLX	550	4400

4.4.4 各产品技术性能

以下按中小吨位、大吨位、超大吨位来说明各产品的技术性能参数，同时列举伸缩臂履带起重机的技术性能参数，各企业的产品不分先后顺序。

1. 中小吨位产品技术性能与特点

中小吨位履带起重机的主要技术性能见表4-23～表4-32。

表 4-23　小吨位履带起重机产品技术性能

技术参数/型号	三一 SCC500E	中联 ZCC550H	徐工 XGC55	抚挖 FWX55	特雷克斯 Powerlift 1000	住友重机 SCX550E
最大起重量×幅度/（t×m）	50×3.7	50×3.7	55×3.7	55×3.6	55×3.7	55×3.7
主臂最大长度/m	52	52	52	52	55	52.7
主臂+副臂最大长度组合/m	43+15.25	40+28	43+16	43+15	46+15	43.55+15
副臂最大起重量/t	5.5	12	11.4	5.5	5	
起升速度/（m/min）	120	125	125	110	124	75
变幅速度/（m/min）	73	80	87	60	40	62
回转速度/（r/min）	3.2	2.1	2.45	3.1	2.3	3.7
行走速度/（km/h）	1.39	1.6	1.37	1.33	1.5	1.5
接地长度×轨距/（m×m）	5.0×3.74	5×3.84	4.9×2.5	4.9×3.72	4.7×3.6	4.845×3.6
基本臂时自重/t	47.6	50.5	46.12	53	49	50
接地比压/MPa	0.061	0.068	0.06		0.071	0.067
爬坡能力/%	30	30	30	30	40	30
发动机功率/kW	127	140	128	132	155	140
发动机转速/（r/min）	2000	1900	2000	2200	2300	2000

表 4-24　60～75t 履带起重机产品技术性能

技术参数/型号	神钢 CKS600	住友重机 SCX700E	三一 SCC750C	特雷克斯 HC 80
最大起重量×幅度/（t×m）	60×3.0	70×3.7	71×4	72×3.7
主臂最大长度/m	51.8	54	57	61
主臂+副臂最大长度组合/m	39.6+18.3	45+18	42+18	52+18
副臂最大起重量/t	7		10.2	10
起升速度/（m/min）	120	75	110	162
变幅速度/（m/min）	70	62	57	60
回转速度/（r/min）	4.5	3	2.6	3.3
行走速度/（km/h）	2.3/1.5	1.3	1.2	0.8/1.24
接地长度×轨距/（m×m）	4.72×3.75	5.19×3.98	5.4×4.088	5×3.6

续表

技术参数/型号	神钢 CKS600	住友重机 SCX700E	三一 SCC750C	特雷克斯 HC 80
基本臂时自重/t	46.1	64.8	71.1	390
接地比压/MPa	0.06	0.0755	0.07	0.13
爬坡能力/%		30	30	40
发动机功率/kW	213	140	199	139
发动机转速/(r/min)	2100	2000	1900	2200

技术参数/型号	徐工 XGC75	中联 ZCC750H	抚挖 FWX75	特雷克斯 Powerlift 2000
最大起重量×幅度/(t×m)	75×3.6	75×3.6	75×3.55	75×3.8
主臂最大长度/m	58	57	58	54
主臂+副臂最大长度组合/m	43+19	42+18	46+18	42+18
副臂最大起重量/t	12	6.5	7	6
起升速度/(m/min)	128	132	110	120
变幅速度/(m/min)	70	99	60	41
回转速度/(r/min)	3	1.9	3.1	1.7
行走速度/(km/h)	1.4	1.45	1.33	1.4
接地长度×轨距/(m×m)	5.39×4.1	5.44×4.2	5.15×4.0	5.4×4.3
基本臂时自重/t	61.5	62.5	67.2	66
接地比压/MPa	0.08	0.074		0.073
爬坡能力/%	30	30	30	30
发动机功率/kW	155	175	194	176
发动机转速/(r/min)	2000	2200	2000	2300

表 4-25　80～90t 履带起重机产品技术性能

技术参数/型号	徐工 XGC85	三一 SCC800C	三一 SCC900E	中联 ZCC800H	抚挖 FWX85	特雷克斯 Powerlift 3000
最大起重量×幅度/(t×m)	85×4	80×4.3	90×4	80×4.0	85×4.0	90×4
主臂最大长度/m	58	58	61	58	58	57
主臂+副臂最大长度组合/m	49+19	49+18	43.3+31	43.5+34	45.7+36	45+21
副臂最大起重量/t	12	5.16	18.4	15	16	11.4
起升速度/(m/min)	120	110	120	125	105	77
变幅速度/(m/min)	70	73	58	93	60	40
回转速度/(r/min)	2	2.25	3.2	2	2.5	1.9
行走速度/(km/h)	0.9	2	1.5	1.57	1.5	1.4
接地长度×轨距/(m×m)	5.5×4.2	5.4×4.05	5.44×4.15	5.44×4.2	5.56×4.2	5.3×4
基本臂时自重/t	71.2	76.88	85	72.8	76	95
接地比压/MPa	0.087	0.076	0.085	0.083		0.09
爬坡能力/%	30	30	30	30	30	30
发动机功率/kW	200	186	179	199	209	202
发动机转速/(r/min)	1800	2200	2200	1900	2000	2100

续表

技术参数/型号	马尼托瓦克 Jan-00	森尼波根 2200E	神钢 CKS800	住友重机 SCX800HD-2	住友重机 SCX900-2
最大起重量×幅度/(t×m)	80×3	80×4	80×3.0	80×3.4	90×4.0
主臂最大长度/m	61	59.7	54.9	54.5	60
主臂+副臂最大长度组合/m	54.9+18.3	40.1+24.3	39.6+18.3	42.5+18	
副臂最大起重量/t	10.8	17	7	6.6	15
起升速度/(m/min)	120	125	120	110	110
变幅速度/(m/min)	70	30°~80°(40s)		68	46
回转速度/(r/min)	4	4	4	5.1	2.5
行走速度/(km/h)	1.73	1.9	1.7	1.8	2.1
接地长度×轨距/(m×m)	5.44×4.43	5.015×4.2		5.15×4.03	5.375×4.18
基本臂时自重/t	75.1	72	75.1	76.3	85
接地比压/MPa			0.08	0.091	0.096
爬坡能力/%				30	30
发动机功率/kW	213	186	213	212	272
发动机转速/(r/min)	1600	2000	2100	2000	2000

表 4-26　100~110t 履带起重机产品技术性能

技术参数/型号	徐工 XGC100	三一 SCC1000C	三一 SCC8100	中联 ZCC1100H	特雷克斯 HC 110
最大起重量×幅度/(t×m)	100×5	100×5.5	100×3.8	100×3.2	100×4
主臂最大长度/m	73	72	67	67	70
主臂+副臂最大长度组合/m	61+25	60+25	49+18	55+18	61+21
副臂最大起重量/t	15.6	11.5	8.5	8	10
起升速度/(m/min)	120	110	105	129	156
变幅速度/(m/min)	46	73	84	58	55
回转速度/(r/min)	1.4	1.9	2.94	2.3	3
行走速度/(km/h)	1.3	1.0/0.68	2.0	1.25	0.96/1.4
接地长度×轨距/(m×m)	6.6×5.44	6.85×5.4	5.6×4.35	5.44×4.2	5.5×4.3
基本臂时自重/t	104.5	115	88	86	
接地比压/MPa	0.087	0.085	0.112	0.098	
爬坡能力/%	30	30	30	30	30
发动机功率/kW	183	186	183	209	180
发动机转速/(r/min)	2000	2200	2000	2100	2000

技术参数/型号	神钢 CKS900	利勃海尔 LR1100	住友重机 SCX1000A-3	神钢 CKS1100
最大起重量×幅度/(t×m)	100×3.6	104.5×3.1	100×3.8	110×3.6
主臂最大长度/m	61	68	60	70.1
主臂+副臂最大长度组合/m	51.8+18.3	35+66.8	51+28	61.0+21.3
副臂最大起重量/t	10.9	47.3	11	10.9
起升速度/(m/min)	120	136	110	120
变幅速度/(m/min)		15°~86°(44s)	44	

技术参数/型号	神钢 CKS900	利勃海尔 LR1100	住友重机 SCX1000A-3	神钢 CKS1100
回转速度/(r/min)	4	1.8	2.3	3.2
行走速度/(km/h)	1.7/1.1	1.35	2	1.4/1.0
接地长度×轨距/(m×m)		5.36×4.15	5.375×4.18	
基本臂时自重/t	90	109.8	101	102
接地比压/MPa	0.1	0.112	0.113	0.095
爬坡能力/%			30	
发动机功率/kW	213	270	200.6	213
发动机转速/(r/min)	2100	2000	1850	2100

表 4-27 120~140t 履带起重机产品技术性能

技术参数/型号	特雷克斯 Powerlift5000	住友重机 SCX1200-3	住友重机 SCX1200HD-2	三一 SCC1250	森尼波根 3300
最大起重量×幅度/(t×m)	120×5.5	120×5.0	120×5.0	125×5.5	125×4
主臂最大长度/m	73	75	75	75	74.7
主臂+副臂最大长度组合/m	51+46.6	51.35+45		60+25	41.1+52.3
副臂最大起重量/t	35	11		13	37
起升速度/(m/min)	129/101	120	120	110	140
变幅速度/(m/min)	37.6	44	46	73	30°~83°(70s)
回转速度/(r/min)	1.45	1.7	1.9	1.9	3.0
行走速度/(km/h)	1.4	1.5	1.7	1.0	1.8
接地长度×轨距/(m×m)	6.8×5.5	6.84×5.4	6.84×5.4	6.85×5.63	6.6×4.9
基本臂时自重/t	122	122	131	124.5	105
接地比压/MPa	0.097	0.091	0.097	0.093	
爬坡能力/%	30	30	30	30	
发动机功率/kW	202	200.6	272	183	186
发动机转速/(r/min)	2100	1850	2000	2000	2000

技术参数/型号	徐工 XGC130	中联 QUY130	抚挖 FWX135	神钢 CKS1350	利勃海尔 LR1130
最大起重量×幅度/(t×m)	130×5	130×4.5	135×4.92	135×4.5	137.2×3.5
主臂最大长度/m	76	73	75	76.2	80
主臂+副臂最大长度组合/m	61+25	55+31	48.5+49	44.8+53.3	53+78.5
副臂最大起重量/t	18.3	13	34	36	43.3
起升速度/(m/min)	110	105	120	120	136
变幅速度/(m/min)	75	52	48		15°~86°(96s)
回转速度/(r/min)	1.4	2.2	2.7	2.1	3.0
行走速度/(km/h)	1.3	1.3	1.15	1.3/0.9	2.1
接地长度×轨距/(m×m)	7.0×5.6	6.85×5.6	6.76×5.6		6.75×5.35
基本臂时自重/t	121.1	113.8	130	136	146.1
接地比压/MPa	0.094	0.1		0.1	0.106
爬坡能力/%	30	30	30		
发动机功率/kW	206	209	209	271	270
发动机转速/(r/min)	2200	2000	2000	1850	2000

表 4-28 150～180t 履带起重机产品技术性能

技术参数/型号	徐工 XGC150	三一 SCC1500D	三一 SCC8150	特雷克斯 HC165	住友重机 SCX1500A-3	利勃海尔 LR1160
最大起重量×幅度/(t×m)	150×5	150×6	150×5	150×4.9	150×4.5	160×3.7
主臂最大长度/m	81	81	82	82	75	87.5
主臂+副臂最大长度组合/m	66+31	69+31	70.5+31	73+24	63+28	52.1+83
副臂最大起重量/t	24	13	25	14.5	11	59.2
起升速度/(m/min)	110	125	177	165	150	136
变幅速度/(m/min)	32	24×2	80	54	44	15°～86°(104s)
回转速度/(r/min)	1.5	1.8	2.4	2.0	1.7	3.0
行走速度/(km/h)	1.3	1.2	1.3	0.48/2.4	1.5	1.5
接地长度×轨距/(m×m)	7.0×5.7	7.18×5.63	7.239×5.6	6.5×5.3	6.84×5.4	7.2×5.8
基本臂时自重/t	154	122.7	150	560	139	167
接地比压/MPa	0.102	0.09	0.094	0.11	0.103	0.114
爬坡能力/%	30	30	15	30	30	
发动机功率/kW	235	242	242/2100	231	200.6	270
发动机转速/(r/min)	2100	2100	254/1800	2000	150	2000

技术参数/型号	马尼托瓦克 777	马尼托瓦克 MLC165	徐工 XGC180	三一 SCC1800	中联 QUY180	抚挖 FWX185	森尼波根 5500
最大起重量×幅度/(t×m)	160×4	165×4.5	180×5	180×5.8	180×5.0	185×5.0	180×4
主臂最大长度/m	82.3	84	82	85	92	85	80.3
主臂+副臂最大长度组合/m	54.9+51.8	51.0+51.8	52+59	53+52	56+51	58.8+58	52.3+52.3
副臂最大起重量/t	47.4	50	50	48.7	38	48	70
起升速度/(m/min)	150	140	120	125	110	120	140
变幅速度/(m/min)	0～82°(100s)		34×2	24×2	30	30×2	30°～80°(80s)
回转速度/(r/min)	2.7	2.5	1.5	1.8	1.4	2.0	3.0
行走速度/(km/h)	1.7	1.8	1.3	1.2	1.2	1.2	1.4
接地长度×轨距/(m×m)	6.57×5.35	6.9×5.4	7.5×6.2	7.46×5.6	7.75×6.0	7.5×6.1	7.2×5.8
基本臂时自重/t	162	140	163	200	167	180	166
接地比压/MPa			0.105	0.1	0.1		
爬坡能力/%			30	30	30	30	
发动机功率/kW	253	224	242	242	227	242	261
发动机转速/(r/min)	2100	2100	2100	2100	2000	2100	1800

表 4-29　200～230t 履带起重机产品技术性能

技术参数/型号	马尼托瓦克 14000	住友重机 SCX2000A-2	利勃海尔 LR1200	抚挖 FWX225
最大起重量×幅度/(t×m)	200×4.3	200×4.6	220×4.1	225×5.0
主臂最大长度/m	89	85.4	89	85
主臂+副臂最大长度组合/m	59+51.8	57.9+48.7	53+95	58.5+72
副臂最大起重量/t	53.7	25	65.1	61
起升速度/(m/min)	160	200	136	126
变幅速度/(m/min)		64	15°～86°(130s)	28×2
回转速度/(r/min)	2.3	1.7	3.0	1.5
行走速度/(km/h)	1.8	1.2	1.5	1.2
接地长度×轨距/(m×m)	7.1×5.6	7.315×5.86	7.52×5.8	7.8×6.3
基本臂时自重/t	167	186	210	210
接地比压/MPa		0.111	0.114	
爬坡能力/%		30		30
发动机功率/kW	253	272	270	242
发动机转速/(r/min)	1800	2000	2000	2100

表 4-30　250t 履带起重机产品技术性能

技术参数/型号	三一 SCC2500C	神钢 7250S	马尼托瓦克 999	利勃海尔 LR1250	特雷克斯 HC 275	特雷克斯 Powerlift 7000 标准型/超起型
最大起重量×幅度/(t×m)	250×5.0	250×4.6	250×4.6	250×4.1	250×4.8	250×5.3 /250×20
主臂最大长度/m	91.5	76.2	84.4	86	91	91.2
主臂+副臂最大长度组合/m	61.5+61	64.1+51.8	54.9+73.2	53+95	88+30	67.4+60.9
副臂最大起重量/t	71.4	25	72.5	70.7	27	55.6/66.4
起升速度/(m/min)	143	110	150	136	165	149
变幅速度/(m/min)	31×2		0°～82° (170s)	15°～86° (134s)	54	85
回转速度/(r/min)	1.8	2.2	1.8	3.0	1.7	1.1
行走速度/(km/h)	1.04	1.0/0.5	1.61	1.6	0.3/1.8	0.9
接地长度×轨距/(m×m)	7.7×6.63		7.5×5.84	7.52×5.8	8×6	8.8×7
基本臂时自重/t	236	212	197	210		240
接地比压/MPa	0.11	0.123		0.114		0.0115
爬坡能力/%	30				30	
发动机功率/kW	242	271	298	270	242	240
发动机转速/(r/min)	2100	1850	1800	2000	2000	2100

表 4-31 260~285t 履带起重机产品技术性能

技术参数/型号	徐工 XGC260	三一 SCC2600A	中联 QUY260	住友重机 SCX2800-2	抚挖 FWX285
最大起重量×幅度/(t×m)	260×5.3	260×5.0	260×5.0	275×4.3	285×5.0
主臂最大长度/m	93	86	95	91.45	98.1
主臂+副臂最大长度组合/m	60+66	62+63	62+60	60.95+60.95	61.8+63
副臂最大起重量/t	95	90	73.5	27	90
起升速度/(m/min)	108	110	110	275	136
变幅速度/(m/min)	42.5×2	121	29×2	48	54
回转速度/(r/min)	1.1	1.1	1.2	1.5	1.45
行走速度/(km/h)	1.2	1.2	1.0	1.1	1.06
接地长度×轨距/(m×m)	7.1×6.9	8.0×6.78	8.0×6.4	7.86×6.4	8.1×6.4
基本臂时自重/t	219	244	210	223	243
接地比压/MPa	0.116	0.14	0.115	0.124	
爬坡能力/%	30	30	30	30	30
发动机功率/kW	242	242	227	272	242
发动机转速/(r/min)	2100	2100	2000	2000	2100

表 4-32 300t 履带起重机产品技术性能

技术参数/型号	徐工 XGC300	利勃海尔 LR1300	森尼波根 7700	神钢 7300	马尼托瓦克 MLC300 标准型/超起型
最大起重量×幅度/(t×m)	300×5.5	300×4.5	300×4	300×5.0	300×6/295.1×12.0
主臂最大长度/m	96	98	113.9	42.57~97.54	96/120
主臂+副臂最大长度组合/m	66+66	59+113	69.1+80.3	60.96+54.86	48.0+96.0/72.0+96.0
副臂最大起重量/t	135	117	95	80	144.7/145.6
起升速度/(m/min)	120	138	140×2	90	187
变幅速度/(m/min)	42.5×2	15°~86°(137s)	30°~80°(77s)	20	
回转速度/(r/min)	1.0	1.8	2.0	1.9	2.0
行走速度/(km/h)	1.0	1.3	1.4	1.0/0.5	1.3
接地长度×轨距/(m×m)	7.4×7.1	8.5×6.8	8.35×6.8	9.4×7.8	8.4×6.84
基本臂时自重/t	256	290	293	413	300
接地比压/MPa	0.13	0.142		0.178	
爬坡能力/%	30				
发动机功率/kW	338	450	313	345	336
发动机转速/(r/min)	1900	1900	2100	2000	1800

对于小吨位产品,相比其他同吨位起重机械产品,其起重能力比较大,一般采用开式液压传动系统,传动控制通常采用液液控制方式,也有的采用电液比例控制方式。主臂长度一般不超过 55m,副臂采用固定副臂,长度一般在 15m 左右。爬坡能力相对比大吨位的要大,通常在 30% 以上。

对于中等吨位产品,臂架组合通常包括固定副臂和塔式副臂,还有增加超起系统的产品,如特雷克斯公司的 Powerlift 7000 型 25t 产品、马尼托瓦克公司的 MLC300 型 300t 产品等。液压系统选用方式较多,包括开式、开闭式和全闭式。传动控制系统通常选用电液比例控制方式,部分具有良好的微动性能。电控方面配有全面的安全保护装置。考虑产品单件自重较大,一般都具备自装拆系统。此外,部分产品还具有独特的性能与特点,举例如下。

中联的 ZCC800H 型 80t 履带起重机(见图 4-107),采用了液控串联多路阀系统,可实现任意动作的平稳复合操作;每个机构动作由独立的操纵杆操纵,复合动作时,各机构均能达到最高设计速度,且各机构之间互不影响;可同时应用于部分基础施工领域,如柴油锤打桩、振动锤打桩、SMW 工法桩等;通过改进冷却方式、改善冷热空气隔离环境,可以杜绝内循环,有效提升散热效率,能更好地适应热带、亚热带地区的施工要求。

图 4-107　ZCC800H 型履带起重机

中联的 QUY260 型 260t 履带起重机除具有完善的工况组合,还采用重轻组合的臂架方式,以增加臂架长度;采用电比例先导泵控系统,应用电子模块实现对发动机、泵组、换向阀以及执行机构之间的功率、流量、速度的控制;采用独立的闭式液压系统,带可控滑转操纵以实现自由滑移功能,并通过转台前两个机械锁定装置锁定,保证回转的平稳性及精准性;可实现回转的无级调速,微动性能平稳。

中联的 QUY260 型产品与徐工的 XGC260 型 260t 履带起重机相同,都具有盾构专用工况,如图 4-108 所示,即主、副臂同时起吊盾构部件实现翻转作业。

图 4-108　XGC260 型履带起重机

此外,徐工的 XGC260 型产品还可用于风机安装(部分 1.5MW),由此结合常规副臂工况和盾构专用工况实现了三种副臂形式集于一身的特点,如图 4-109 所示。

考虑到用户的购机及使用成本、转运成本,产品还配有配重为 80t、90t、100t 的起重性能表,可实现自成体系的"一机顶三机"所有工况,如图 4-110 所示,使得产品的实用性扩展了 3 倍。这种全工况分级载荷吊装技术自成体系,可量身定制、个性化研发。

神钢的 CKS2500 型 250t 履带起重机是公司的新一代产品,如图 4-111 所示。对于自由落钩制动使用湿式多盘式制动。制动结构中多个圆盘具有自适应、自调节功能。压力油不断对摩擦片降温,可最大限度地提高制动的平稳性。

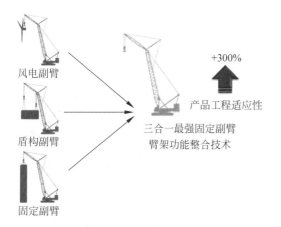

图 4-109　固定副臂功能集成

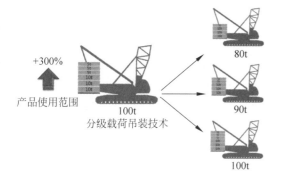

图 4-110　全工况配重分级载荷吊装技术

图 4-111　CKE2500 型履带起重机

马尼托瓦克公司新近研制的 MLC300 型 300t 履带起重机如图 4-112 所示。采用可自动变位的配重系统(VPC,图 4-117),将转台配重和超起配重合二为一,根据吊重力矩自动调整配重位置。配重沿转台纵向轴线移动,根据臂架角度的变化自动定位,与传统起重机相比,可以减少配重重量,方便运输与安装。同时提升

了主臂和副臂组合长度,主、副臂最大组合可以达到 95m＋114m。VPC‑MAX 型配重不接触地面,从而可以扩大其使用范围,工作时需要的地面准备面积仅为同类产品的 10％。

图 4-112　MLC300 型履带起重机

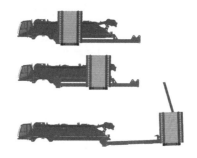

图 4-113　可自动变位的配重

森尼波根的 7700 型 300t 产品(见图 4-114)臂架截面尺寸小,不超过 2.43m,也可用集装

图 4-114　7700 型履带起重机

箱运输,使运输成本降低;组装便捷,无需辅助起重机,配重亦可自组装;主机结构紧凑,轨距仅为 6.8m,履带宽度为 1.5m,主机重心低,保证操作稳定;液压系统与发动机等部件布置合理,方便维护维修,如图 4-115 所示。

2. 大吨位产品技术性能与特点

大吨位履带起重机产品的主要技术性能见表 4-33～表 4-36。

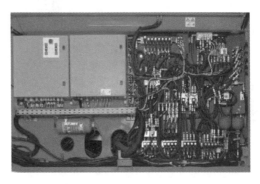

图 4-115　合理的部件布置

表 4-33　350～400t 履带起重机产品技术性能

技术参数/型号	中联 QUY350 标准型/超起型	利勃海尔 LR1350/1 标准型/超起型	特雷克斯 Powerlift 8000 标准型	徐工 XGC400 标准型/超起型	三一 SCC4000E 标准型/超起型
最大起重量×幅度/(t×m)	350×5.0/ 350×5.5	300×6/ 350×6	360×5.2	400×6/ 400×8	400×5/ 400×7
主臂最大长度/m	102/120	102/120	84	108/126	84/117
主臂+副臂最大长度组合/m	54+66/84+84	48+90/84+72	67+69	60+72/84+84	54+63/84+87
副臂最大起重量/t	140/160	148/190	140	142/185	120/180
起升速度/(m/min)	135	160	120	130	140
变幅速度/(m/min)	50×2	80×2	51	51×2	56×2
回转速度/(r/min)	1.0	1.63	1.5	1.1	1.5
行走速度/(km/h)	1.2	1.63	0.9	0.9	1.2
接地长度×轨距/(m×m)	8.76×7.2	8.68×7.2	9.048×7.5	9.6×7.5	9.4×7.6
基本臂时自重/t	280	200	340	345	330
接地比压/MPa	0.115	0.115	0.0145	0.146	0.173
爬坡能力/%	30			30	30
发动机功率/kW	298	270	290	298/338	400
发动机转速/(r/min)	2100	1900	2000	1800/1900	2000
技术参数/型号	抚挖 QUY400 标准型/超起型	利勃海尔 LR1400/2 标准型/超起型	特雷克斯 CC2400-1 标准型/超起型	马尼托瓦克 16000 标准型/超起型	神钢 SL4500S 标准型/超起型
最大起重量×幅度/(t×m)	300×8/ 400×8	400×4.5/ 400×9	378×6/ 400×12	400×6.4/ 379.8×12	400×5.5/ 377×12
主臂最大长度/m	113.5/84	98/119	108/126	96/120	24～96/30～84
主臂+副臂最大长度组合/m	72+66/78+66	49+91/84+84	72+72/96+78	54+84/ 96+84	66+66/78+66
副臂最大起重量/t	116.7/120.3	139/180	190	185.2/185.4	113.5

续表

技术参数/型号	抚挖 QUY400 标准型/超起型	利勃海尔 LR1400/2 标准型/超起型	特雷克斯 CC2400-1 标准型/超起型	马尼托瓦克 16000 标准型/超起型	神钢 SL4500S 标准型/超起型
起升速度/(m/min)	145	134	150	178	110
变幅速度/(m/min)	36×2	70×2	139		28×2
回转速度/(r/min)	1.1	1.2	1.4	2.2	1.2
行走速度/(km/h)	1.2	1.8	2.0	1.24	1.0/0.6
接地长度×轨距/(m×m)	9.32×7.5	9.34×7.5	9×7.2	9×7.3	9.4×7.8
基本臂时自重/t	346	300	233	336	413
接地比压/MPa		0.135	0.13		0.178
爬坡能力/%	30				
发动机功率/kW	298	270	260	372	320
发动机转速/(r/min)	2100	1900	2000	1800	2000

表 4-34　500～550t 履带起重机产品技术性能

技术参数/型号	徐工 XGC500 标准型/超起型	徐工 QUY500W 标准型/超起型	三一 SCC5000A 标准型/超起型	抚挖 QUY500 标准型/超起型
最大起重量×幅度/(t×m)	450×6/500×12	450×6/500×12	500×6/500×12	399×7/500×9
主臂最大长度/m	108/126	108/126	102/126	108/114
主臂+副臂最大长度组合/m	72+72/84+84	54+66/84+84	60+72/84+84	72+72/84+84
副臂最大起重量/t	230/230	140/160	147.6/226.6	185/225
起升速度/(m/min)	130	137	115	140
变幅速度/(m/min)	51×2	49	60×2	50×2
回转速度/(r/min)	1.0	1.0	1.0	1.17
行走速度/(km/h)	1.0	1.0	1.2	1.01
接地长度×轨距/(m×m)	9.9×7.8	9.8×8.0	9.64×7.7	9.84×7.8
基本臂时自重/t	375	370	365	610
接地比压/MPa	0.15	0.139	0.19	
爬坡能力/%	30	30	30	30
发动机功率/kW	360/380	360	447	336
发动机转速/(r/min)	1800/2100	1800	1800	2100

技术参数/型号	特雷克斯 CC2500-1 标准型/超起型	神钢 SL6000S 标准型/超起型	住友重机 6000SLX 标准型/超起型
最大起重量×幅度/(t×m)	400×7/500×9	450×6.7/550×8.3	500×6.0/550×8.0
主臂最大长度/m	108/126	108/126	108/126
主臂+副臂最大长度组合/m	72+72/84+84	60+72/84+84	72+72/84+84
副臂最大起重量/t	222/225	195.1/200	210/250
起升速度/(m/min)	150	100	110
变幅速度/(m/min)	139	28×2	40
回转速度/(r/min)	1.1	0.9	1.0
行走速度/(km/h)	1.4	1.0/0.6	1.5

技术参数/型号	特雷克斯 CC2500-1 标准型/超起型	神钢 SL6000S 标准型/超起型	住友重机 6000SLX 标准型/超起型
接地长度×轨距/(m×m)	9.7×7.8	10.3×8.4	10.1×8.0
基本臂时自重/t	375	444	
接地比压/MPa	0.16	0.144	
爬坡能力/%			
发动机功率/kW	315	320	397
发动机转速/(r/min)	2000	2000	1850

表 4-35　600～650t 履带起重机产品技术性能

技术参数/型号	利勃海尔 LR1600/2 标准型/超起型	徐工 XGC650 标准型/超起型	三一 SCC6500E 标准型/超起型
最大起重量×幅度/(t×m)	600×5.5/600×12	650×6/650×12	650×6/650×10
主臂最大长度/m	102/144	108/138	84/138
主臂+副臂最大长度组合/m	54+96/96+96	66+84/84+96	66+84/96+96
副臂最大起重量/t	242/320	224/340	51.7/171
起升速度/(m/min)	133	130	110/105
变幅速度/(m/min)	78×2	58×2	48×2
回转速度/(r/min)	0.95	0.65	1.2
行走速度/(km/h)	1.52	0.8	1.0
接地长度×轨距/(m×m)	9.89×8.4	11.3×8.8	10.5×7.8
基本臂时自重/t	410	496	510
接地比压/MPa	0.138	0.146	0.15
爬坡能力/%		15	15
发动机功率/kW	370	447/405	400
发动机转速/(r/min)	1900	1800/2100	2000

技术参数/型号	中联 QUY650 标准型/超起型	特雷克斯 CC2800-1 标准型/超起型	特雷克斯 Superlift 3800 标准型/超起型	神钢 7650 标准型
最大起重量×幅度/(t×m)	650×6/650×12	600×6/600×9	634×5.5/650×12	650×6
主臂最大长度/m	102/138	108/138	114/144	102
主臂+副臂最大长度组合/m	66+84/84+96	66+84/96+96	66+96/96+96	78.0+72.0
副臂最大起重量/t	210/310	208/300	269/347	230
起升速度/(m/min)	130	120	130	100
变幅速度/(m/min)	56×2	120	130	50/22
回转速度/(r/min)	0.7	0.7	1.0	0.6
行走速度/(km/h)	0.98	1.2	1.1	1.0
接地长度×轨距/(m×m)	10.5×8.65	10.3×8.4	10.1×8.4	10.3×8.4
基本臂时自重/t	475	360	390	444
接地比压/MPa	0.13	0.11	0.13	0.144
爬坡能力/%	30			
发动机功率/kW	420	390	405	600
发动机转速/(r/min)	1800	1800	1800	2000

表 4-36　700～800t 履带起重机产品技术性能

技术参数/型号	三一	抚挖	利勃海尔	马尼托瓦克
	SCC7500	QUY750	LR1750/2	18000
	标准型/超起型	标准型/超起型	标准型/超起型	超起型
最大起重量×幅度/(t×m)	650×6.5/750×9	650×6/750×7	600×6.5/750×9	750×10
主臂最大长度/m	84/138	84/138	105/140	134.1
主臂+副臂最大长度组合/m	?①/90+102	60+102/96+102	42+105/91+21	91.4+94.5
副臂最大起重量/t	?/400	250/380	280/405	334.6
起升速度/(m/min)	120	130	135	244
变幅速度/(m/min)	60×2	60×2	75×2	0°～82°(366s)
回转速度/(r/min)	1.21	0.75	1.5	1.2
行走速度/(km/h)	1.0	1.0	1.65	1.1
接地长度×轨距/(m×m)	11×8.8	10.98×9.0	10.6×8.8	10.8×9
基本臂时自重/t	610	615	420	686
接地比压/MPa	0.13		0.13	
爬坡能力/%		30		
发动机功率/kW	400	418	455	447
发动机转速/(r/min)	2000	1800	1800	1800

技术参数/型号	徐工	中联	神钢
	XGC800	QUY800	7800/SL13000
	标准型/超起型	标准型/超起型	标准型/超起型
最大起重量×幅度/(t×m)	700×6/800×8	700×6.0/800×12	750×5.6/800×14.0
主臂最大长度/m	108/150	102/138	115.9
主臂+副臂最大长度组合/m	48+102/96+102	60+90/90+90	85.34+73.15/85.34+79.25
副臂最大起重量/t	378/378	254/400	230/396
起升速度/(m/min)	142	128	97
变幅速度/(m/min)	55×2	65×2	26
回转速度/(r/min)	0.6	1.0	0.6
行走速度/(km/h)	1.0	1.0	0.6/0.3
接地长度×轨距/(m×m)	11.975×9.0	11.2×9.0	10.3×8.4
基本臂时自重/t	635	620	444
接地比压/MPa	0.17	0.184	0.144
爬坡能力/%	30	20	
发动机功率/kW	447	420	600
发动机转速/(r/min)	2100	1800	2000

① 问号表示此数据未查到。下同。

大吨位产品基本具备超起系统,以提高结构的利用率与产品的起重能力;具有直观的控制系统与嵌入式安全装置,可将故障停工时间降至最低限度;多数部件具有互换性,可在不同起重机上使用,如配重块、臂架等模块化的结构,节约成本;舒适的人体工程学操纵室,减少操作人员分心的可能性;快捷拆装系统,方便装卸起重机。此外,部分产品还具有独特的性能与特点,举例如下。

徐工的 XGC500 型 500t 履带起重机如图 4-116 所示。其行走机构的四驱动设计(见图 4-117)对恶劣路面的行走适应性更强,尤其针对当前的风电场施工,更具有强大的驱动力;超起配重采用折叠式无级变幅装置(见

图 4-122),变幅范围广,一次安装可在全工作范围内变幅;结合超起配重幅度自动检测装置,主机电控系统实时运算,使各种配重组合下的额定起重量一一对应,实时显示;塔式工况四件套技术,将主臂头部、两撑杆和副臂底节集成运输(见图 4-123),可大幅提高塔式工况的拆装效率。

图 4-118 超起配重的无级变幅装置

图 4-116 XGC500 型履带起重机

图 4-119 塔式工况四件套集成

重,将三种配重合三为一,降低了运输和拆装成本;具有常规和风电专用吊装工况,配有压力补偿马达,弥补以往起重机爬坡速度慢的问题;使用上车支腿,可使辅助安装起重机的吨位大大降低。

图 4-117 行走驱动机构

图 4-120 SCC8500 型履带起重机

作为三一 SCC8 系列履带起重机的杰出代表,SCC8500 型 500t 产品(见图 4-120)可适用作业温度为 −30～50℃、海拔 2000m 以内及大风沙环境下工作;使用发动机离合器装置,使得低温情况下起动更容易;全新形式移动配

住友重机的 6000SLX 型 500t 履带起重机(见图 4-121)拥有轮胎式超起配重小车(称为 SL-B 配置),使超起功能更安全。SL-B 配置将具有行走、转向系统的轮胎式超起配重,用可

调长度的伸缩梁连接到转台本体后部,可以有16m、13.5m 和 11m 三种可调位置。根据超起配重的自重,可选择轮胎为"驱动"或"随动"形式。无论超起配重小车在起重机本体的正后方还是侧向,都可以跟随起重机直行。

图 4-121　6000SLX 型履带起重机

　　三一的 SCC6500E 型 650t 履带起重机(见图 4-122)是公司的升级版产品,突出了模块化设计理念,采用全闭式液压系统,起、制动及换向平稳,便于实现精确和智能控制;采用负荷传感、极限负荷调节及电液比例微速控制,可使各个动作微动性操作更平稳;远程监控系统方便用户进行设备维护与管理;针对风电的吊装工况,具有专用风电 FJ 工况(102m+12m)及 FJDB 工况(108m+12m),适合 3.0MW 及以下各型风力发电机组安装。

　　特雷克斯的 Superlift3800 型 650t 产品(见图 4-123)是风电安装的新机型。每个运输部件的自重大幅降低,以减少安装时间和对辅助设备的需求;结构刚度提高 20%,以提高安装风机时的侧向载荷抵抗能力;带有一系列安全特性,包括特雷克斯特有的坠落保护系统,为高空作业人员提供系索保护,当意外坠落事件发生时,可使坠落人员在到达地面前停止坠落,从而减少受伤情况发生;新型操纵室(见图 4-124)能够为操作员提供优质的工作环境;所有的控制装置都放置在宽大的操纵室的上部区域,在高处作业时,操作员能在观察负荷的同时兼顾到这些控制装置;配置可选的两个侧向外伸支腿,便于长臂起臂,如图 4-125所示。

图 4-122　SCC6500E 型履带起重机

图 4-123　Superlift 3800 型履带起重机

图 4-124　新型操纵室

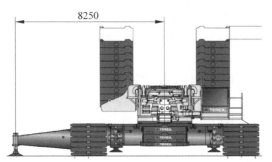

图 4-125 侧向外伸支腿

图 4-126 QUY750 型履带起重机

抚挖的 QUY750 型 750t 履带起重机(见图 4-126)也是针对风电吊装市场的主力机型,可满足不带超起配重吊装 3MW 风电工况;专用的风电臂头设计,结构紧凑;上、下车分离,特殊的滚盘设计,方便运输;所有工况均可实现自起臂,无需辅助起重机;开闭式结合液压系统,操纵性能高,节能高效;智能化安全控制电气系统,保证机器安全可靠地工作;四轮驱动,满足 100%带载行走。

3. 超大吨位产品技术性能与特点

超大吨位履带起重机产品的主要技术性能见表 4-37～表 4-39。

表 4-37 1000～1350t 履带起重机产品技术性能

技术参数/型号	徐工 XGC15000 标准型/超起型	三一 SCC10000 标准型/超起型	利勃海尔 LR11000 标准型/超起型	马尼托瓦克 21000 超起型
最大起重量×幅度/(t×m)	820×7/1000×14	727×7/1000×12	650×8/1000×11	907×12
主臂最大长度/m	114/150	90/120	114/156	115.8
主臂+副臂最大长度组合/m	48+96/96+108	48+96/96+96	54+84/108+114	103+91
副臂最大起重量/t	477/629	340/463	?/573	453.5
起升速度/(m/min)	130	110	120	161
变幅速度/(m/min)	53×2	60×2	60×2	
回转速度/(r/min)	0.9	1.0	0.95	1.0
行走速度/(km/h)	0.8	1.1	1.36	0.7
接地长度×轨距/(m×m)	13.22×10.8	13×11.2	11.01×9.2	14.02×14.49
基本臂时自重/t	850	1106	700	827
接地比压/MPa	0.156	0.165	0.16	0.17
爬坡能力/%	15			
发动机功率/kW	641	579	500	450
发动机转速/(r/min)	2100	2100	2100	2100

续表

技术参数/型号	中联 ZCC12500 标准型/超起型	抚挖 QUY1250 标准型/超起型	利勃海尔 LR11350 标准型/超起型	特雷克斯 CC6800 标准型/超起型
最大起重量×幅度/(t×m)	840×7/1250×11	800×7/1250×8	978×8/1350×12	791×7/1250×8
主臂最大长度/m	102/150	114/150	102/150	114/156
主臂+副臂最大长度组合/m	54+90/96+102	60+96/96+108	54+84/114+84	54+96/150+33
副臂最大起重量/t	346/550	306/500	452/979	339/752
起升速度/(m/min)	133	130	136	110
变幅速度/(m/min)	55×2	60×2	81×2	110
回转速度/(r/min)	1.0	1.0	0.82	1.2
行走速度/(km/h)	1.0	1.0	1.08	1.1
接地长度×轨距/(m×m)	9.8×8.0	13.58×10.5	13.105×11	13×9.6
基本臂时自重/t	790	761	760	560
接地比压/MPa	0.153		0.15	0.11
爬坡能力/%	20			
发动机功率/kW	641	641	641	2×315
发动机转速/(r/min)	2100	2100	2100	1800

表 4-38　1500～1600t 履带起重机产品技术性能

技术参数/型号	徐工 XGC28000 超起型	三一 SCC16000 超起型	特雷克斯 CC8800-1 超起型
最大起重量×幅度/(t×m)	1500×18	1600×11	1600×10
主臂最大长度/m	156	156	156
主臂+副臂最大长度组合/m	108+108	108+108	108+108
副臂最大起重量/t	861		1071
起升速度/(m/min)	120	121	120
变幅速度/(m/min)	40×2	58.3	120
回转速度/(r/min)	0.6	0.8/0.41	0.6
行走速度/(km/h)	0.8	0.52/1.02	0.8
接地长度×轨距/(m×m)	12×11		14×10.5
基本臂时自重/t	1250	1169	
接地比压/MPa	0.26	0.2551	
爬坡能力/%	30		
发动机功率/kW	480×2	746	390
发动机转速/(r/min)	1800	1800	1700

表 4-39　2000t 以上履带起重机产品技术性能

技术参数/型号	马尼托瓦克23000超起型	徐工XGC88000超起型	利勃海尔LR13000超起型	三一SCC3600A超起型	中联ZCC3200NP超起型	特雷克斯CC8800-1TWIN超起型
最大起重量×幅度/(t×m)	2000×15	4000t(88000t·m)	3000×12	3600t(83000t·m)	3200×24	3200×12
主臂最大长度/m	138	144	144	84	120	156
主臂+副臂最大长度组合/m	75+42	108+108	120+126	84+42	96+48	117+117
副臂最大起重量/t	1400	2400	1826.3	1858	1350	1918
起升速度/(m/min)	139		120	96	100	120
变幅速度/(m/min)	139		49×2	110×2	100	60
回转速度/(r/min)	0.5	0.024	0.31	0.6	0.024	0.6
行走速度/(km/h)	0.55	0.37	1.0	0.6	0.4	0.8
接地长度×轨距/(m×m)	20.33×13.4	17.6×14.4	19.83×14	19×14.3	16.0×13.5	16×14
基本臂时自重/t	1824			1550	2067	
接地比压/MPa	0.202			0.24	0.214	
爬坡能力/%				10	20	
发动机功率/kW	447×2	641×3	1000	579×2	390	380
发动机转速/(r/min)	1800	2100	2100	2100×2	1800	2000

超大吨位产品在臂架组合方面更加多样，包括重型臂、轻型臂及重轻混合臂，还出现了双臂系统，保证了臂架的侧向稳定性与起重能力。由于吨位大，安全控制与操作方面更加电子化与智能化，并在单件运输上更为细致考虑、严格控制，模块化的设计思想更加深化，而且也创新出更多新结构形式与机构形式。由此，各产品也都具有自己独特的技术性能，举例如下。

利勃海尔的 LR 11350-P1800 型 1350t 履带起重机（见图 4-127）可选配多种不同幅度的超起系统；配重重心位置可采用液压调节，即使是在负载条件下也可调节；通过液压缸可以补偿长度差距；具有多种配重系统，包括配重拖车和悬浮配重方式，如图 4-128 和图 4-129所示；回转支承、回转平台和中心回转体不拆分运输，因此不需要快速装接，缩短了拆装时间。其最大的特点是装配了 PowerBoom 臂架系统，如图 4-130 所示，将单臂与双臂有机地结合在一起，形成单双臂混合臂架系统，起重能力可提高 50%。

图 4-127　LR 11350-P1800 型履带起重机

马尼托瓦克的 21000 型 907t（1000 美吨）履带起重机（见图 4-131）配备有独特的OCTA-TRAC 八履带系统，可最大限度地减小地面承受压力。从通用性角度出发，每条履带行走装置与公司 2250 型产品的相同；压力分

图 4-128　配重拖车

图 4-129　悬浮配重

图 4-130　PowerBoom 系统

况下,采用 MAX-ER 型超起配重,包括悬挂式和轮式,可最大限度地提高起重机的起重能力。

图 4-131　21000 型履带起重机

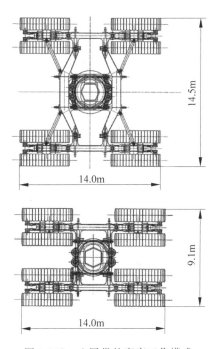

图 4-132　八履带的宽窄工作模式

布均匀,接地比压小,可以组成宽、窄两种工作模式(见图 4-132),提高对工作场地的适应性;采用电子独立控制(electronically processed independent controls,EPIC)系统,可以根据操作者的命令高效精确地吊载,同时优化整机的工作能力;闭式液压系统为各个部分提供动力,增加独立性和工作效率,使得起升、变幅、回转、行走等动作速度更具多样性;在超起工

徐工的 XGC28000 型 2000t 履带起重机(见图 4-133)采用了超起配重无级变幅技术,克服了传统的超起平衡重只有几个固定的位置且场地适应性差的缺点;具备负载反馈功能,根据实际起吊重量实时确定超起配重幅

度,超起工况灵活、高效、安全,工作效率提高 2
倍以上;其椭圆箱形超起配重推移结构(见
图 4-134)使整机回转平稳,回转偏摆量降低
60%以上;整车大部件采用分体式结构,如分体
式超起配重托盘、三分体履带架等(见图 4-135),
实现运输宽度小于 3.5m,且各模块之间采用
机械定位+液压动力销连接,方便快捷;双驱
起升变幅机构相对于单驱机构规格更小而输
出扭矩更大,且与徐工 XGC15000 型产品的机
构通用,可提高作业效率并节约成本;行走机
构为四驱,可提供强大的带载行走驱动力和平
稳性;采用模块化动力系统,标准集装箱式动
力单元(见图 4-136),可有效减小装配空间;两
个发动机形成独立或并行双动力系统,可根据
用户实际吊装工程需要切换成单发或双发工
作,实现节能减排。

图 4-134　超起配重的椭圆箱形推移结构

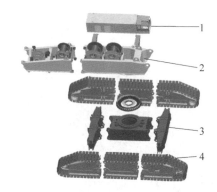

图 4-135　分体式结构
1—集成动力操控单元;2—分体转台;
3—分体车架;4—分体履带架

图 4-133　XGC28000 型履带起重机

　　特雷克斯的 CC8800-1TWIN 型 3200t 产
品(见图 4-137)应用模块化设计理念,最先采
用了平行双臂系统,每一组臂架系统可以独立
成为 CC8800-1 型 1600t 履带起重机的臂架系
统,通过 Twin-kit 连接臂节将两组臂架组合而
成整体;主机由双转台、单车架、两条标准履带
组成;超起配重采用拖车式,而非悬浮托盘式,

图 4-136　标准集装箱式动力单元

可在配重不离地的情况下行走和回转,保证作
业安全,如图 4-138 所示;在 3.5m 直径回转支
承之外增加了直径为 10.5m 的台车架,共同
支承转台以上的重量;履带架长度近 18m,为
了便于运输,可分解为三部分,如图 4-139
所示。

图 4-137　CC8800-TWIN 型履带起重机

图 4-138　CC8800-TWIN 的配重拖车

图 4-139　CC8800-TWIN 的履带架

继特雷克斯的 CC8800-1TWIN 型产品之后,国内中联、三一和徐工分别开发了 3000t 以上的产品。

中联的 ZCC3200NP 型 3200t 履带起重机(见图 4-140)主要针对国内第三代核电建设开发。它采用并联双臂结构、超大轨距底盘、组合式环轨支承连接,抗侧载能力强;前、后履带车作业方式,具有包括"T 形台"在内的多种运行模式,场地适应性好;采用冗余安全设计,三套动力单元分别为前、后车行走及上车卷扬机构提供动力,各动力单元均包含两套动力、传动系统(可互换),并联高效工作,单套运行满足应急需求。

图 4-140　ZCC3200NP 型履带起重机

三一的 SCC36000A 型履带起重机(见图 4-141)采用人字双臂架基本臂及双主弦管单臂节相结合的臂架系统,增强臂架系统承载能力;支持不带超起配重小车作业,此工况下臂架系统可自起臂,相当于一台 1300t 级的履带起重机;主机与超起配重小车均为四履带、八驱动,受力更均匀,接地比压更小;采用全功能数字化样机技术、自动代码生成技术及硬件在环仿真测试(hardware-in-the-loop,HIL)技术,实现主机驱动、超起配重小车随动的回转同步控制及主机与超起配重小车的行走同步控制;采用双泵合流的闭式液压系统,支持双发、单发作业模式;变幅机构采用闭式回路,能无级调速,具有良好的微动性能;回转机构采用六组回转减速机,回转平稳,具有中位自由滑转功能。

徐工的 XGC88000 型 4000t 履带起重机(见图 4-142)是目前世界上起重能力最大的履带起重机。它采用并行八弦杆复合臂架设计及臂架挠度控制技术,实现大臂长大幅度性能

图 4-141 SCC36000A 型履带起重机

的提升；后车采用满配重自行走底盘技术、多榀框架配重均布技术、自平衡配重提升技术，提高了地面适应性，如图 4-143 所示；可拆分成 1800t 级单履带起重机，拓展了超大吨位整

图 4-142　XGC88000 型履带起重机

机功能及使用范围，提高了超大吨位产品工程应用覆盖面及利用率；多动力多机构和前、后履带车的协同控制技术，提高了超大吨位履带起重机的安全可靠性。

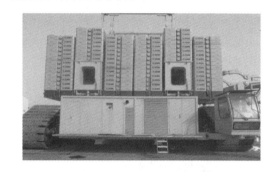

图 4-143　配重自行履带车

利勃海尔的 LR13000 型 3000t 履带起重机如图 4-144 所示，主臂结构独特，称为 PowerBoom，由三大部分组成（见图 4-145），即底部为加强的单臂节形式，中部由双臂组成（可达到 48m），顶部仍为单臂形式。这种形式在 35m 作业幅度时，起重能力可提升约 50%。主臂既可以采用 PowerBoom 形式作业，也可以采用常规单臂形式作业。在 3000t 级上下的履

图 4-144　LR13000 型履带起重机

带起重机,回转支承往往已采用其他形式(环轨)或组合形式(回转支承+台车),而该产品仍采用自制的单回转支承(见图4-146),而且仍可在无超起配重情况下作业,此时转台配重由400t增加至750t(见图4-147),使得起重机尾部回转半径小。

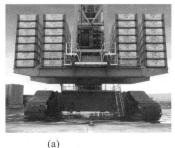

(a)

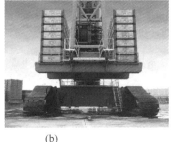

(b)

图 4-147　有/无超起配重时转台配重对比

(a) 无超起配重工况; (b) 带超起配重工况

图 4-145　PowerBoom 型主臂

图 4-146　超强的回转支承

4. 伸缩臂履带起重机产品技术性能与特点

　　伸缩臂履带起重机是由履带起重机的主机与伸缩式箱形臂组合而成的产品。由于采用履带作为底盘,接地面积大,通过性好,适应性强,适用于作业场地凹凸不平的地区,如油田(图4-148)、矿区、建筑施工工地、货站和码头等施工场地,尤其是沼泽等接地比较低的湿地类型地区(图4-149)和沙漠地带。对于轮胎起重机等无法正常工作的区域,此类机型都能发挥其特殊的效能。尤其适用于起重、装卸和短距离带载行走的作业场合,如进行管线的铺设入沟、对接、安装、修复等工作(图4-150),还可用于石油、化工、矿山、城建、水利等工程

图 4-148　SWTC16 型产品在油田施工

>>>

的货物装卸、吊装、堆垛、设备的安装等工作。

图 4-149　SWTC55 型产品在沼泽地施工

该类产品结合了汽车起重机和履带起重机的优点,主要体现在以下几个方面:

(1) 越野能力强,无需打支腿,能够实现带载行驶,作业空间小,方便灵活,转弯半径小,接地比压小。

(2) 采用伸缩式臂架,方便灵活。

(3) 无需拆装,转场方便,省时、省力,方便、高效、快捷,站位空间小。

图 4-150　SWTC35 型产品在秘鲁施工

(4) 全天候地面作业,不受场地限制。

此类产品的国外生产企业主要有利勃海尔、特雷克斯、森尼波根、马尼托瓦克、神钢等,国内生产企业主要有抚挖、山河智能、合肥神马等,主要技术性能见表 4-40。

表 4-40　伸缩臂履带起重机产品技术性能

技术参数/型号	山河智能 SWTC12	合肥神马 SMQ120A	山河智能 SWTC16	森尼波根 613R	山河智能 SWTC35	山河智能 SWTC25
最大起重量×幅度/(t×m)	10.2×4	12×2	14×3.5	16×2	22.5×5.5	25×3.5
主臂最大长度/m	16	38	20	18.8	40	32.2
主臂+副臂最大长度组合/m		38+7.5		18.8+5		
副臂最大起重量/t				4.2		
起升速度/(m/min)	102	130	96	95	125	120
变幅速度/(s/(°))	40/80	45/80	40/80		60/80	48/80
回转速度/(r/min)	3.2	1.8	2.2	2.0	1.5	2.2
行走速度/(km/h)	4.9	2.5	4.9	1.2/2.2	1.5/2.5	1.25/2.5
接地长度×轨距/(m×m)	4.5×3.2	3.7×2.0	4.7×3.3	3.36×3.3	5.7×4.56	4.6×3.95
接地比压/MPa	0.032	0.07	0.031		0.076	0.076
爬坡能力/%	36	40	36		40	40
发动机功率/kW	110	103	132	91	155/158	140/142
发动机转速/(r/min)	2300	2200	2200	2200	2300/2000	1900/2200

续表

技术参数	合肥神马 SMQ250A	合肥神马 SMQ350A	神钢 TK350	山河智能 SWTC55	森尼波根 643R	马尼托瓦克 GHC50
最大起重量×幅度/(t×m)	25×3	35×3	35×2.7	36×4.5	40×2	45×2
主臂最大长度/m	30	39	24	40	30	30.4
主臂+副臂最大长度组合/m	30+6.5	39+6.5			30+13	30.4+13
副臂最大起重量/t					9	10
起升速度/(m/min)	100	120	125	113.5	95	122
变幅速度/(s/(°))	60/80	60/80	49/82	55/80		?/86
回转速度/(r/min)	1.8	1.8	2.6	1.24	2.0	2.0
行走速度/(km/h)	3.2	3.0	1.3	1.4/2.1	1.2/2.7	2.49/1.37
接地长度×轨距/(m×m)	4.3×3.6	4.8×3.7		5.9×4.96	4.4×3.8	4.4×4.1
接地比压/MPa	0.15	0.17		0.07		0.053
爬坡能力/%	40	40		40		
发动机功率/kW	137	153	61.2	155/153	128	129
发动机转速/(r/min)	2200	2200	147	2300/2000	2000	2500

技术参数	合肥神马 SMQ500A	马尼托瓦克 GHC55	神钢 TK550	山河智能 SWTC75	合肥神马 SMQ600A	利勃海尔 LTR1060
最大起重量×幅度/(t×m)	50×3	50×2	55×3	55.8×4.5	60×3	60×2
主臂最大长度/m	40	30.4	30.1	44.2	42	40
主臂+副臂最大长度组合/m	40+7.5	30.4+13			42+11	40+16
副臂最大起重量/t		10				7.9
起升速度/(m/min)	130	122	125	125	120	111
变幅速度/(s/(°))	65/80	?/86	82.5/80	88/80	57/80	55/84
回转速度/(r/min)	1.8	2.0	2.3	1.5	1.8	1.7
行走速度/(km/h)	2.4	2.49/1.37	1.9/1.2	1.4/2.1	2.4	3.0
接地长度×轨距/(m×m)	4.81×4.0	4.4×4.1		6.2×4.96	5.3×4.2	5.212×4.1
接地比压/MPa	0.17	0.053		0.082	0.19	0.086
爬坡能力/%	40			40	40	46
发动机功率/kW	155	129	68.3	176/194	155	129
发动机转速/(r/min)	2300	2500	147	2300/2200	2300	1900

技术参数	马尼托瓦克 GHC75	森尼波根 673E	神钢 TK750	合肥神马 SMQ800A	森尼波根 683R	合肥神马 SMQ1000A
最大起重量×幅度/(t×m)	70×2	70×2	75×3	80×3	80×2.5	100×3
主臂最大长度/m	36	36	30.1	42	42	48
主臂+副臂最大长度组合/m	36+15	36+15		42+11	42+16	48+11
副臂最大起重量/t	10	10			13.7	
起升速度/(m/min)	115	100	120	120	120	130
变幅速度/(s/(°))	?/84		64/83	65/80		70/80
回转速度/(r/min)	2.0	2.0	2.5	2.0	2.0	1.8
行走速度/(km/h)	2.7/0.93	2.7	1.9/1.2	2.5	2/2.5	1.85
接地长度×轨距/(m×m)	5.14×4.1	6.15×4.9		5.14×4.1	5.4461×4.4	5.46×4.1
接地比压/MPa	0.077			0.29		0.29
爬坡能力/%				40		40
发动机功率/kW	164	163	79	194	186	228
发动机转速/(r/min)	2000	2000	235	2200	2000	2200

续表

技术参数	利勃海尔 LTR1100	马尼托瓦克 GHC130	森尼波根 6113E	利勃海尔 LTR1220	利勃海尔 LTR11200
最大起重量×幅度/(t×m)	100×2.5	120×2.5	120×2.5	220×3	1200×2.5
主臂最大长度/m	52	40.2	40.2	60	126
主臂+副臂最大长度组合/m	52+19	40.2+15	40.2+15	60+22	62.4+126
副臂最大起重量/t	12	15.4	15.4	20.9	111
起升速度/(m/min)	110	115	115	130	135
变幅速度/(s/(°))	60/82	?/86.5		50/82	130/86
回转速度/(r/min)	1.8	2.0	2.0	1.5	0.84
行走速度/(km/h)	2.8	2.5	2.5	2.5	1.8
接地长度×轨距/(m×m)	5.36×8.3	6.9×5.4	6.9×5.4	8×6.25	13×13
接地比压/MPa	0.108	0.09		0.116	0.14
爬坡能力/%	46			47	17.6
发动机功率/kW	129	168	168	230	270
发动机转速/(r/min)	1800	2000	2000		

山河智能是国内较早生产伸缩臂履带起重机的公司,主臂采用大圆弧多边形和U形截面高强钢焊接结构(见图4-151),伸缩机构采用双伸缩液压缸加伸缩钢丝绳形式;转台综合了汽车起重机和桁架臂履带起重机转台的布置和结构特点,采用单侧板和槽钢加强的主体结构,卷扬箱高置设计,自拆装式配重系统(见图4-152);转台覆盖件采用封闭式结构,配置符合人机工程学的操纵室(图4-153);配套件选用知名品牌的马达、减速机、回转支承;底盘采用超宽、加长型伸缩式H形履带底盘(见图4-154)确保整机吊载和带载行走的稳定性;配有下车支腿(图4-155),辅助履带架伸缩和整车自拆装;所开发的液压控制系统,采用负载敏感控制或比例正流量控制系统,提升了产品的操纵性与精确性,以及能耗利用率;电气控制系统采用了CAN总线控制形式,力矩限制器具有安全保护和监控作用。

图4-152 自拆装式配重系统

图4-151 U形截面伸缩臂

图4-153 符合人机工程学的操纵室

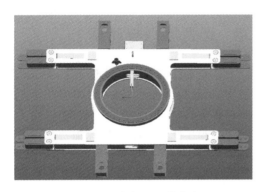

图 4-154 加长型履带底盘

图 4-155 下车支腿

合肥神马的 SMQ1000A 型 100t 伸缩臂式履带起重机如图 4-156 所示,其臂架也是采用 U 形截面紧凑型臂头结构形式;液压系统采用负载敏感电比例泵＋电比例控制阀系统,可实现功率极限载荷控制;起升马达与其制动器之间具有匹配合理、可调节的动作时间,使起升卷筒避免二次下滑;回转采用闭式系统,换向平稳,冲击小。

图 4-156 SMQ1000A 型伸缩臂履带起重机

神钢的 TK750 型伸缩臂履带起重机(见图 4-157)可以自由调整臂架长度,同时可以使用不同属具,配有自由落体防护装置,以适应各种工作状况。即使在臂架水平时仍能够保持优良的稳定性。

图 4-157 TK750 型伸缩臂履带起重机

利勃海尔的 LTR11200 型 1200t 伸缩臂履带起重机(见图 4-158)是目前国际上同类最大

图 4-158 LTR11200 型伸缩臂履带起重机

吨位产品。此产品专为风电吊装而设计，主臂系统的 Y 形超起、固定副臂和变幅桁架副臂均来自 LTM11200-9.1 型全路面起重机；可通过履带在风电场内狭窄的道路上行走，履带轨距最宽仅为 4.8m（见图 4-159），履带板宽 1.2m，也可配选 1.5m 宽的履带板；起重机的移动和支腿支承过程可无线远程遥控，履带底盘的出色稳定性保证了带载状态的安全移动。此外，该产品还可进行海上风电安装，其回转支承以上通过特制的基座安装在自升式驳船上，构成了伸缩臂式起重机驳船，来完成海上风电安装作业，如图 4-160 所示。

图 4-159　窄履带

图 4-160　海上风电安装

4.5　选型原则与计算

履带起重机作为特种起重设备，主要应用于核电、风电、石油化工、海洋等重大工程建设的部件吊装与安装中。无论工程难易，安全一直处于工程建设中的首要位置，而选择合理可行的起重设备是安全吊装与安装的重要体现。由于各领域之间、各吊装工程之间的千差万别，履带起重机的型号、种类与使用工况又多种多样，虽然为选型提供了多样性，但工程复杂性和各种选型因素的影响，要求选型方法要科学、合理。

4.5.1　各领域吊装工程的特点

履带起重机的应用领域广泛，吊装工程种类众多，产品的合理、科学选型与这些吊装工程的特点是分不开的。

1. 核电吊装工程的特点

核电吊装工程中，一般用履带起重机来吊装核岛设备和安全壳等重大设施，这些设施的尺寸大、自重大，因此履带起重机的站位较远，导致作业幅度大，由此带来了幅度大、起重量大、起重力矩大的吊装工程特点。由于吊装工艺的改进，对施工周期的紧缩，使得以往的分体吊装逐渐向整体吊装发展，这促使起重机的起重量和起重力矩进一步加大。例如吊装安全壳的顶封头（见图 4-161），以往将顶封头分成两个模块分别吊装，需要做工装，防止分体变形，然后空中组对焊接。现在随着起重机吨位的提升，实现了顶封头整体吊装，极大地缩短了施工周期，也降低了顶封头制作工艺的难度及空中作业的危险性。

目前核电最先进的 AP1000 技术已在国内三门核电站实施，未来的 CAP1400 技术也将落户到山东荣成石岛地区。表 4-41 列举了 AP1000 核电吊装模块的数据。由此看出，核电吊装的重量大、幅度大，需要的起重力矩达到 40000t·m 以上，能满足吊装要求的只能是 2000t 以上的履带起重机。

(a)

(b)

图 4-161 核电安全壳顶封头的吊装

(a) 以往的分体式吊装；(b) 现在的整体式吊装

表 4-41 AP1000 核电吊装模块参数

模 块 名 称	起升 高度/m	幅度 /m	载荷 /t	起重力 矩/(t·m)
CA20 模块	>60	>44	965	42460
安全壳Ⅲ环	>120	>40	962	38480
安全壳穹顶	>120	>40	791	31640
蒸气发生器Ⅱ	>120	>45	820	36900
蒸气发生器Ⅰ	>120	>30	820	24600

2. 风电吊装工程的特点

风电安装通常是在风场稳定的区域，目前已基本遍布全国各地，包括辽阔的平原、险峻的丘陵、广袤的滩涂等。风机的功率也从以前的 750kW、850kW 发展为 1.5MW、2MW，也逐渐从陆地发展到近海和深海。海上风电的功率将更大，可以达到 5MW、7MW 和 10MW。

这些风机的特点是一致的，即高度高，安装模块重量也随着功率的增加而增大，最重而高的是机舱。表 4-42 列举了不同功率的安装模块数据（不同区域的风机参数会有不同）。由此可见，风电吊装工程的特点是吊装高度高，起重量大，用主臂和塔式副臂工况居多。

表 4-42 风机吊装模块参数

风机功率/MW	塔架高度/m	机舱自重/t
1.5	65～80	60
2.0	85	76
2.5	88	80
3.0	90	102
5.0	110	290
6.0	120	450
7.0	138	620

由于在风场下作业，风速会比较大，加之高度高，路面条件差，因此风电专用起重机得以开发，例如窄轨距履带行走，大跨距支腿作业，不拆解臂架的行走，臂架直立作业等。

海上风电吊装有两种形式：一种是深海风机吊装，一般为整体吊装，通过浮式起重机完成，如图 4-162 所示。另一种是近海风机吊装，可采用分体吊装，一般由带有桩腿的可升降的

图 4-162 深海风机整体运输与吊装

海洋工程平台完成。在吊装时，通过桩腿支承在海床上，平台脱离海平面，类似于陆地作业。平台上放置有陆地用的履带起重机或环轨起重机，如图 4-163 所示，用于风机的分体吊装。

图 4-163　近海风机分体吊装

海洋工程的吊装起重量大，多机使用普遍，以主臂工况使用为主。

图 4-164　多台起重机用于导管架的翻转作业

图 4-165　多个液压顶升装置协同顶升海洋平台

3. 海洋工程吊装的特点

海洋工程的吊装一般表现在平台和模块建设中，对履带起重机的使用分为两大类。一类是对平台和模块上部件进行建造与安装，这些部件的重量和尺寸都不大，相应的起重机吨位也不大，但安装的部件数量多，工作频次高，属于生产用起重机，多采用固定副臂工况作业。另一类是组对平台与模块，具有尺寸大、重量大的特点，通常需要大吨位履带起重机，甚至更多的是多台起重机协同作业情况。例如平台下方导管架的组装，如图 4-164 所示。由于导管架的长度大（可达百米），单片高度高，自重也大（导管架整体可达万吨级，单片可达千吨级），在进行组装与翻转作业时，需要用到的往往不只一台起重机，而且工作场地上带载行走的情况多。在将平台整体安装在导管架的作业中，平台自重有的高达万吨，这已不是履带起重机能完成的吊装，需要用到多台液压顶升装置同步实现，如图 4-165 所示。由此，

4. 石油化工吊装工程的特点

石油化工吊装工程中，主要是对各种塔类反应器做直立翻转与就位工作。由于有翻转作业，因此一般会用到两台起重机协同作业，分别称为主起重机和溜尾起重机。目前随着炼油化工装置产能的不断提高，反应器的尺寸和自重也在不断提升，高的反应器可以达到百米，重的可以达到 2000t。而整体吊装带来的施工周期短的优势使其逐具普遍性，因此石油化工吊装工程的特点是起重量大，高度高，通常用到主臂，在高度高的情况会用到塔式副臂工况。图 4-166 分别列举了徐工 XGC88000 型3600t 履带起重机吊装 1680t 反应器，国外3000t 级环轨起重机吊装 2050t 反应器，以及国外 4300t 环轨起重机和 1600t 履带起重机协同翻转吊装的 1900t 反应器的案例。

5. 各领域工程对履带起重机的要求

下面对以上各领域工程对履带起重机的选用特点进行总结，见表 4-43。

  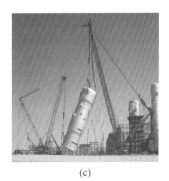

(a) (b) (c)

图 4-166　石油化工吊装案例

(a) 3600t 履带起重机吊装 1680t 反应器；(b) 3000t 级环轨起重机吊装 2050t 反应器；
(c) 4300t 环轨起重机和 1600t 履带起重机协同翻转吊装 1900t 反应器

表 4-43　各领域工程对履带起重机的要求

工程领域	对履带起重机的要求
核电工程	长臂，大幅度，大起重力矩； 标准型主臂工况，超起型主臂工况 为主
风电工程	长臂，小幅度，大起重量； 标准型主臂、塔式副臂工况； 超起型主臂、塔式副臂工况，小副臂工况为主
火电工程	中长臂，小幅度，中等起重量； 标准型固定副臂工况，塔式副臂工况为主
海洋工程	中长臂，小幅度，大起重量； 多机协同工况； 标准型主臂工况，超起型主臂工况为主
石油化工工程	中长臂，小幅度，大起重量； 主、副双机协同工况； 标准型主臂工况，塔式副臂工况； 超起型主臂工况，塔式副臂工况，超短副臂工况为主

4.5.2　履带起重机工作过程描述

履带起重机的工作分为作业前的组装与进场工作，作业中的吊装工作和作业后的拆运工作。

1. 履带起重机作业前的组装与进场

起重机进行作业前的组装时，场地空间要足够。如果条件允许，可直接在站位上组装。如果臂架长度较大，需要组装的场地会更长，而且要保证在起臂的空间上下不得与其他周围设施干涉。组装好的起重机可自行进场到站位处，调整站位姿态。

起重机在作业之前，还要准确掌握就位位置，以及从站位到就位的空间范围和可行的起重机动作序列，即起重机的动作顺序与动作幅度，以防止与周围设施碰撞，防止违章作业和超载作业。

2. 履带起重机作业中的吊装和作业后的拆运

起重机在作业时，应按照既定的动作序列与路线完成吊装工作，而且动作要平稳，时刻观察起重机的负荷率和有否碰撞的可能性。就位时一般要求起重机具有较好的微动性，实现准确就位。

就位后，起重机回到组装场地，完成整机拆分工作，作转场运输准备。

如果是主、副起重机协同工作（见图 4-166(c)），在组装好两台起重机后，调整站位姿态，进行起吊作业。被吊物将在空中翻转,即从水平状态过渡到直立状态。在翻转过程中,主、副起重机的间距随之逐渐减小,这要求其中一台起重机跟随另一台起重机动作,如变幅或行走。两起重机的载荷分配也随之逐渐变化,被吊物的大部分重量会逐渐转移到主起重机上。当被吊物接近直立状态时,易出现不稳定现象(钟摆现象),这时溜尾起重机动作要缓慢而平稳,使被吊物平稳直立,然后摘钩撤离场地,主起重机独立完成被吊物的就位工作。

如果是三台以上起重机同时抬吊和翻转同一被吊物,如图 4-164 所示,载荷分配和协调动作是关键,否则会引起多米诺骨牌现象。

从上述起重机工作过程描述中可以看到,起重机能实现安全作业的重要保证是不超载、不倾覆(不翻车)、不碰撞。下面的产品选型工作也将围绕着这些因素而展开。

4.5.3 履带起重机选型方法和注意事项

一台履带起重机在一个工程建设中可能扮演着不同角色:其一是在整个工程建设中只用于一次吊装任务,称为单机单任务;其二是多次用到,但每次所用的具体任务不同,称为单机多任务;其三是与其他起重机联合使用,称为多机,可以是单任务也可以是多任务。因其扮演的角色不同,在产品选型上也略有差异。单机单任务作业是其他作业的基础,在进行起重机选型时,都首先以此来开展工作。

1. 单机单任务产品选型方法

起重机选型工作包括两方面:一是选择合适的起重机型号,确定起重机的吨位;二是选择此起重机合理的工况组合,如标准工况还是超起工况,主臂工况还是主、副臂组合工况,整机作业幅度与额定起重量等。主要选型依据有以下几种。

1)作业能力

图 4-167 是单机吊装的示意图。从图中可以看出,起重机如果能够安全顺利地完成吊装作业,应具有足够的起升高度,以满足被吊物就位标高要求和相应的作业幅度要求,保证被

吊物不与臂架碰杆,以及在这种起升高度和作业幅度组合下的足够的起重量,以防出现整机倾覆或结构破坏。由此,从作业能力角度,起重机的选型依据与起升高度、作业幅度、起重量及最小净距有关,并由它们来决定。

起重机选型前,首先要确定起升高度。从图 4-167 可以看出,起升高度由被吊物的就位标高、被吊物长度和索具长度及起重机限位高度来决定,这些数据是已知或可以推算出的。由于起升高度越高,所需的臂长越长,起重量会越小,因此在确定起升高度时应尽量靠近最小起升高度。最小起升高度为

$$H_{min} = H_1 + H_2 + H_3 + H_4 \qquad (4-6)$$

式中,H_1——起重机的限位高度(含吊钩高度);

$\qquad H_2$——索具长度;

$\qquad H_3$——被吊物主吊点到其底部的高度;

$\qquad H_4$——被吊物就位标高。

其次是作业幅度,这与起重机站位有关,应能避开与被吊物的碰撞,这可通过被吊物的外形尺寸来推算。对于几何关系复杂的结构,可通过作图法来推算。作业幅度越大,整机倾覆稳定性越差,起重量也越小,因此应尽量选用小的作业幅度。

但这还不够,臂架与被吊物的最小净距也是主要的决定因素。最小净距值是根据臂架变形及动作不稳而产生的可能的晃动等因素而决定的。臂架的组合将对最小净距有较大影响,需要特别注意。如图 4-167 所示的主臂工况和主、副臂组合工况的对比,可以看出在同等幅度下吊装相同被吊物,主、副臂组合工况下的作业空间与最小净距要大于主臂工况,这有助于作业安全性的保证,也使得主、副臂组合工况的选择更占优势。

最后是起重量,主要通过被吊物的自重和索具钢丝绳的自重计算得到。

在确定了起升高度、作业幅度、最小净距和起重量后,即可对起重机的型号和工况组合进行选型。首先,根据作业幅度和起重量估算出起重力矩,筛选出满足此起重力矩的起重机型号;其次,根据作业幅度和起升高度确定臂架组合与臂架长度,据此查询起重性能表,可

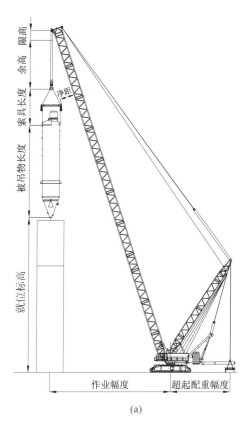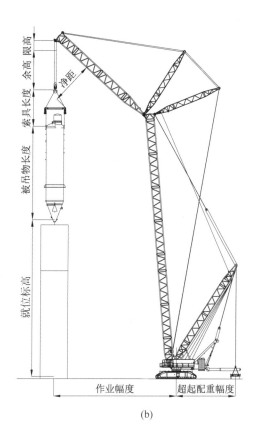

图 4-167　单机吊装

(a) 主臂工况；(b) 主、副臂组合工况

按从小吨位到大吨位的顺序来查询，最终确定出能满足起重量的具体型号。

从上述的选型过程中可以看出，起重机型号和工况组合是根据起升高度和作业幅度来查询到可行的起重量而定的。但起升高度和作业幅度在吊装过程中并不是一成不变的，而是动态的，因此应首先选取吊装过程中相对危险的起升高度和作业幅度组合，再据此选型。

2）工作条件与环境

除了作业能力外，工作条件与环境也是选型依据之一。首先是站位因素，在根据上述作业能力初步选定了起重机站位后，还要看工作环境是否允许这种站位，如站位上是否有其他设施干涉，运转空间是否满足要求等。尤其是对于超起工况下的上车回转或整机转向运动，由于超起配重距离主机较远，因此所需站位空间较大，要满足回转或转向时不与周围设施干涉的要求。站位的位置与起重机初始姿态也很关键，这将影响到后续的起重机动作序列，应尽量减少动作变换次数，保证动作平稳性，缩短作业时间，减少路线距离，做到安全高效吊装。如果站位空间小，就要尽量选用标准工况。

其次是地基因素。由于起重机自重大，被吊物的自重也大，两者合在一起的重量有时是超乎想象的，因此对地基要求较高。尤其整机及被吊物合成的重心位置往往不在整机几何中心上，这会导致履带的接地比压不均匀。如果重心过于偏离几何中心，会加剧不均匀性，这对地基是严格的考验。因此要充分估算接地比压，了解现场地基条件，做到地基坚实平整，具有足够的承载能力，不出现塌陷等现象。如果地基受限制，就要改善工况组合，减小作业幅度,提高负荷率。

再者是风载因素。履带起重机大多工作在室外,而风载对其工作影响很大,因此一定要在规定的作业风速下工作。对于风电工程和海洋工程的作业,要特别注意突如其来的阵风。如果风向来自起重机的侧向,则对起重机的抗倾覆稳定性和结构强度很不利,应尽量避免。众所周知,履带起重机在变幅平面内刚性较强,受力条件好,无论是结构强度稳定性还是整机抗倾覆稳定性都要好于回转平面(即侧向)。回转平面内起重机的约束性能差,刚性较弱,侧载的作用会带来较大的倾覆力矩与弯矩,易导致整机倾覆和结构失稳。因此可根据风向考虑起重机的站位问题。如果实际工作确实很恶劣,无法改善工作条件,可以告知设计者或制造商来特别计算分析此工作条件下吊装安全的可行性。

3)经济效率

在进行选型时,经济效率也是必不可少的选型依据。这主要体现在起重机的拆装成本、运输成本和吊装成本几方面。起重机的主要工作是吊装,但实际上吊装的时间往往还没有组装的时间长。例如,2006年在鄂尔多斯的煤制油反应器吊装作业中,选用了3000t级环轨起重机(图4-166(b)),其真正吊装时间是4~6天,而组装的时间却需要2~3周。因此组装成本会占据总成本不可忽视的比例。此外,从工作效率角度,也应尽量减少这种拆装等辅助时间。显然,组装的部件越少,所需时间越短。由此可以得知,标准工况的组装时间必然少于超起工况的组装时间,主臂工况的组装时间必然少于主、副臂组合工况的组装时间,因此在选型时这也是要考虑的因素之一。

随之也将带来运输成本问题。工况组合的部件数量多,必然带来运输车辆的增多,从而增加运输成本。再有,很多用户也会考虑起重机的就近原则,在作业场地附近,虽然没有所选的起重机型号,但从运输成本角度,有差异可以接受的起重机,就不会再舍近求远。

此外,占据总成本很大比例的是吊装成本,这与起重机的吨位等级有直接的关系,因

此能选用吨位低一级的起重机,尽量不选用高一级的起重机,能选用吨位低一级起重机的超起工况,尽量不选用高一级起重机的标准工况。

在产品选型时,还可能会考虑到其他特殊性能要求。如要求起重机动作精度高,则可提出对起重机微动性的要求;如对起重机运行速度有要求,则可以提出对机构速度及性能的要求;还有起重机的操作舒适性等。在现在繁盛的产品市场中,同吨位不同厂家的产品也很多,进行选择时,可以对比同类产品的技术参数,这主要考虑起重性能、功率能耗、速度性能及控制性能等方面,从中选取性价比较优的产品。

综上,在起重机选型时,需要考虑作业能力、工作条件与环境和经济效率等方面,图4-168进行了归纳。三者之间在选型时相互影响,相互作用,因此选型看似简单,其实是复杂而多变的。

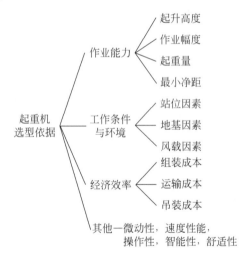

图 4-168　起重机选型依据

2. 单机多任务产品选型方法

如果要考虑多个吊装任务尽量由一台履带起重机完成,首先要分析这些任务的信息,确定各任务的起升高度、作业幅度、最小净距和起重量,然后从中选择差异较大、具有覆盖面的几种组合,依据单机单任务的方式选择确定起重机型号,再对其他任务的信息进行复核。

3. 多机联合作业的产品选型方法

多机联合作业目前主要分为双机主、副溜尾作业和多机同时抬吊或翻转作业,前者多见于石油化工建设工程,后者多见于海洋工程建设中。

对于双机主、副溜尾作业,选型前,首先进行吊装过程的力学分析,了解载荷动态分配情况。一般在开始起吊时,主起重机和溜尾起重机基本平分外载荷。随着被吊物的缓慢翻转,载荷会逐渐转移到主起重机上。如果主起重机和溜尾起重机的力臂相同,这种转移是很不明显的。当被吊物接近直立状态时,载荷分配会突变,这会导致被吊物的摆动,因此溜尾起重机在脱钩前要缓慢动作,保证被吊物平稳直立。直立后,主起重机独立承担外载荷。由此看出,整个吊装过程,两起重机的载荷与动作幅度变化比较大,因此应选取载荷和动作幅值较大的作业状态作为选型的条件。通过分析,主起重机应根据被吊物直立后的各数据信息来选型,而溜尾起重机应根据起吊状态下的各数据信息来选型。

对于多机联合作业,同样在作业过程中载荷的动态分配情况必须掌握,各起重机的作业状态要了如指掌,才能从中选取载荷和动作幅值大的作业状态作为选型的条件。还要特别考虑的是,多机动作的协调性难以控制,协调不当,易出现单机超载现象。因此应严格按照有关标准执行。此外,为了便于协调与控制起重机,多机情况下的各起重机机型应尽量保持一致,除非有明显的载重差异和可靠的载荷分配手段。

选择多机作业还会取决于成本,如果单台起重机和多台起重机均可完成吊装任务,但单台起重机台班成本很高,也会有选择多台起重机联合作业的可能。

4. 生产型起重机产品选型方法

前面介绍的都是安装用履带起重机,中大吨位以上,工作频次不大,但工作强度大,因此工作级别一般为A1~A3。对于小吨位履带起重机,应用面也很广,可用于大型起重机的拆装作业,或用于交通、市政、道路桥梁建设中,

其工作频次高,起重量小,工作级别也会较高。在选用这些用途的起重机时,除了要考虑前面提及的选型要素外,还要特别考虑起重机的工作级别。工作级别过高的,应在订购和租用时特别提出。

所谓工作级别,是工作频次和工作强度的综合性体现。通过工作级别来确定起重机的设计原则。最明显的不同是,工作级别低的起重机,设计时主要考虑结构刚度与强度问题,而工作级别高的起重机,设计时还要考虑结构的疲劳问题。例如,工作在海洋工程建设中的生产型起重机,每天的工作频次及效率很高,一年的工作量可能是安装起重机的许多倍,自然其工作寿命会短(按年计算寿命),通常工作寿命在10年以内出现疲劳破坏,而安装用的起重机工作寿命一般在20~30年。

根据《起重机设计规范》,工作级别的划分与起重机的使用等级和载荷状态级别有关。起重机的使用等级(见表4-44)是指工作循环次数的等级。工作循环次数是工作寿命的准确定义。起重机的一个工作循环是指从起吊一个物品起,到能开始起吊下一个物品时止,包括起重机运行及正常的停歇在内的一个完整过程。起重机的使用等级是将起重机可能完成的总工作循环次数划分成10个等级,用 U_0,U_1,…,U_9 表示。

表 4-44 起重机使用等级

使用等级	工作循环次数 C_T	说　明
U_0	$C_T \leqslant 1.6 \times 10^4$	
U_1	$1.6 \times 10^4 < C_T \leqslant 3.2 \times 10^4$	很少使用
U_2	$3.2 \times 10^4 < C_T \leqslant 6.3 \times 10^4$	
U_3	$6.3 \times 10^4 < C_T \leqslant 12.5 \times 10^4$	
U_4	$12.5 \times 10^4 < C_T \leqslant 25.0 \times 10^4$	不频繁使用
U_5	$25.0 \times 10^4 < C_T \leqslant 50.0 \times 10^4$	中等频繁使用
U_6	$50.0 \times 10^4 < C_T \leqslant 100 \times 10^4$	较频繁使用
U_7	$100 \times 10^4 < C_T \leqslant 200 \times 10^4$	频繁使用
U_8	$200 \times 10^4 < C_T \leqslant 400 \times 10^4$	特别频繁使用
U_9	$400 \times 10^4 < C_T$	

起重机的载荷状态级别(见表4-45)是指在起重机使用过程中,各代表性的起升载荷值

表 4-45 起重机载荷状态级别

载荷状态级别	载荷谱系数 K_P	说 明
Q1	$K_P \leqslant 0.125$	很少吊运额定载荷，经常吊运较轻载荷
Q2	$0.125 < K_P \leqslant 0.250$	较少吊运额定载荷，经常吊运中等载荷
Q3	$0.250 < K_P \leqslant 0.500$	有时吊运额定载荷，较多吊运较重载荷
Q4	$0.500 < K_P \leqslant 1.000$	经常吊运额定载荷

及对应的工作循环次数，与额定起升载荷值及总循环次数的比值情况，表征起重机工作强度，分为 4 个级别，用 Q1，Q2，Q3，Q4 表示。根

据载荷谱系数确定载荷状态级别。载荷谱系数可通过下式计算：

$$K_P = \sum \left[\frac{C_i}{C_T} \left(\frac{P_{Qi}}{P_{Qmax}} \right)^m \right] \quad (4-7)$$

式中，C_i，C_T——与载荷对应的工作循环次数，总循环次数；

P_{Qi}，P_{Qmax}——起升载荷，最大起升载荷；

m——指数，$m=3$。

根据起重机的使用等级和载荷状态级别，可将起重机的工作级别（见表 4-46）划分为 8 个级别，用 A1，A2，…，A8 表示。从表中可以看出，工作循环次数越高，载荷状态级别越高，起重机的工作级别也越高。

除此之外，还应该考虑速度性能要求，以体现高的作业效率。

表 4-46 起重机工作级别

载荷状态级别	载荷谱系数 K_P	起重机使用等级									
		U_0	U_1	U_2	U_3	U_4	U_5	U_6	U_7	U_8	U_9
Q1	$K_P \leqslant 0.125$	A1	A1	A1	A2	A3	A4	A5	A6	A7	A8
Q2	$0.125 < K_P \leqslant 0.250$	A1	A1	A2	A3	A4	A5	A6	A7	A8	A8
Q3	$0.250 < K_P \leqslant 0.500$	A1	A2	A3	A4	A5	A6	A7	A8	A8	A8
Q4	$0.500 < K_P \leqslant 1.000$	A2	A3	A4	A5	A6	A7	A8	A8	A8	A8

5. 算例应用

下面以石油化工系统的反应器吊装为例，仅从作业能力角度介绍起重机的选型。该反应器的信息见表 4-47，要求通过两台起重机协同作业将反应器从水平状态翻转为直立状态，然后送到就位位置。本算例暂不考虑就位和

站位的周围环境，认为是相对开阔的，不会出现干涉现象。

首先分析吊装过程。主起重机的危险工作状态是在就位时，反应器的自重完全由主起重机承担，而且起升高度也是相对最高的。这样，可以将反应器和就位高度通过几何构图表示，并通过作图与计算结合方式，来初选主、副起重机的型号与工况，如图 4-169 所示。

1）起升高度的确定

根据式（4-6），需要确定起升高度中的各参数 H_i（$i=1,2,3,4$）。起重机限位高度 H_1 一般可在起重机样本中获知，5～20m 不等。考虑反应器自重较大，就位高度高，所选用的起重机的吨位会比较大，因此取限位高度（含吊钩高度）为 20m。

接下来是确定索具长度。反应器采用管式吊耳方式吊装，因此上方会设有平衡梁，平

表 4-47 反应器信息

参 数	数 值
反应器长度/m	37.453
反应器直径/m	6.4
反应器自重/t	190
反应器重心	在主吊点与溜尾吊点中间
反应器溜尾吊点距其底部的轴线距离/m	3.8
就位标高/m	56
反应器吊装方式	管式吊耳
最小净距/m	5

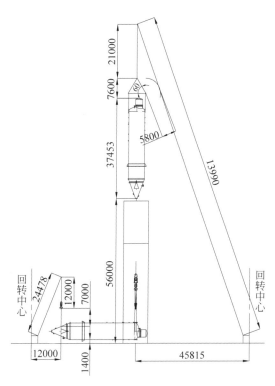

图 4-169　起重机选型估算几何图

衡梁的长度比反应器直径略大，可暂时取为反应器的直径。为了在翻转过程中反应器不与平衡梁碰撞，两者之间要留有一定的空间，取为 2m。平衡梁上方的索具与吊钩连接，根据《大型设备吊装工程施工工艺标准》，索具与平衡梁的夹角至少为 60°，则索具的总长度为

$$H_2 = H_{21} + H_{22}$$
$$= (2 + 6.4 \times \sin 60°) \text{m}$$
$$\approx 7.6 \text{m}$$

式中，H_{21}——平衡梁与反应器顶部的空间距离；

H_{22}——平衡梁上方索具长度。

余下的两个参数是反应器总长 H_3 和就位标高 H_4（H_2 和 H_3 的含义与式(4-6)略有差异，但两者之和的含义是相同的），因此最小起升高度为

$$H_{min} = H_1 + H_2 + H_3 + H_4$$
$$= (20 + 7.6 + 37.453 + 56) \text{m}$$
$$\approx 121 \text{m}$$

此外，反应器在就位前，要先移动到就位高度的上方，势必比就位高度高一些，因此还要留有一定的高度余量，同时还有一些其他未考虑的细节，则暂取 $H_{min} = 123 \text{m}$。

2）作业幅度与臂架组合的确定

起升高度确定后，可根据最小净距确定作业幅度和臂长。本算例选用主臂工况，在图 4-169 中，臂架简化为直线。从图中可以看出，与臂架净距最小的部件是平衡梁端部，则以平衡梁端部为圆心，以此圆心到臂架轴线最小间距（最小净距与 1/2 臂架截面高度之和）为半径做圆弧。臂架截面高度未知，但通常在 3m 以内（考虑运输尺寸等级的限制），所以可以暂定臂架截面高度为 3m，则平衡梁端部到臂架轴线的最小间距为 $(5+3/2) \text{m} = 6.5 \text{m}$。由此，以平衡梁端部为圆心，以此最小间距为半径作圆弧，从起升高度的顶点作直线切于此圆弧，并延长至臂架根部铰点，此直线即可为臂架轴线。臂架根部的铰点也未知，但根据经验，其到起重机回转中心的水平距离在 1.5～3m 之间，取 2.5m。到地面的高度为 2～5m 之间，取 3m。于是作业幅度和臂架长度可以在图上测量出来，分别是 45.8m 和 126m 左右。

3）起重量的确定

反应器的自重已知，$Q_1 = 190 \text{t}$，平衡梁与吊钩及索具钢丝绳的自重可以根据经验估算为 $Q_2 = 15 \text{t}$，考虑动载系数 $\varphi = 1.1$，则起重量可以定为

$$Q = \varphi Q_1 + Q_2 = (1.1 \times 190 + 15) \text{t} = 224 \text{t}$$

4）主起重机选型

根据前面确定的作业幅度、臂架长度和起重量，可以查询起重机的起重性能，寻找合适的机型。通过查询，1000t 级以上的履带起重机超起主臂工况可以满足作业要求。表 4-48 是特雷克斯公司 CC8800 型 1250t 履带起重机主臂超起工况下臂长 126m，悬浮超起配重距回转中心 25m 时的部分起重性能。从表中可以看出，作业幅度 46m，悬浮式超起配重 300t 时的额定起重量为 239t，负荷率为 76%，可以作为主起重机的选型。

表 4-48 1250t 履带起重机主臂超起工况下126m 臂长的部分起重性能

作业幅度/m	悬浮式超起配重/t			
	200	300	400	500
34	294	370	374	—
38	248	316	374	380
42	213	273	333	370
46	185	239	293	341
50	162	211	260	306
54	142	187	233	276
58	126	167	209	251
62	111	150	189	228

5）溜尾起重机选型

溜尾起重机的危险工作状态是在水平起吊时。根据重心位置以及索具和钢丝绳自重，可推算出起重量约为110t。反应器处于水平起吊状态，设离地高度1.4m，则溜尾吊点位置距地面高度约为6.6m。索具长度、限位高度与吊钩高度之和设为19m，则最小起升高度约为（6.6＋19）m＝25.6m。考虑最便捷的站位，即在反应器正后方，履带平行于反应器纵向轴线，则最小作业幅度应避免履带与反应器底部碰撞，由此设定作业幅度为12m左右。选用主臂工况，通过几何构图，可得知臂架的长度约为24.4m。根据臂长、幅度和起重量可查阅有关起重机的起重性能表，可知350t以上的履带起重机都能满足作业要求。表4-49是特雷克斯公司CC2200型350t履带起重机标准主臂工况的部分起重性能。从表中可以看出，臂长24m、作业幅度12m时的起重量为157t，负荷率为70%。可以作为溜尾起重机的选型。

表 4-49 350t 履带起重机标准主臂工况部分起重性能

作业幅度/m	臂长/m		
	24	30	36
8	286.0	284.0	283.0
9	250.0	248.0	247.0
10	210.0	209.0	208.0
11	183.5	182.5	181.5
12	157.0	156.0	155.0
14	124.5	123.5	122.5
16	102.5	101.5	100.5

续表

在前述初选主、副起重机的基础上，经过更为细致的计算与绘图，可以获得更详细的吊装方案图，如图4-170所示。

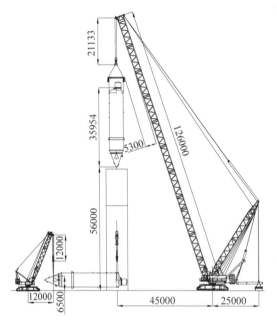

图 4-170 起重机选型方案图

6. 选型中常见的问题

通过前面的选型依据与因素分析及算例应用，可以看出选型过程是一个非常复杂的选择过程，需要考虑的技术参数很多，而且参数间相互影响、相互作用，极易导致选型反复现象。稍一疏忽，可能就会引起选型不当，而酿成严重后果。选型不当，可能引起的问题如下。

1）超载问题

超载会导致整机倾覆或结构件破坏，严重者会有人员伤亡，因此要高度重视超载问题。

为避免超载现象，首先应明确起重量的概念。不同起重机对起重量的定义是不同的，不能混淆。移动式起重机的起重量不仅包括被吊物的自重,还包括臂架头部起升定滑轮以下的起升钢丝绳、吊钩、索具、平衡梁的重量。这与桥门式等起重机的定义不同,桥门式起重机的起重量不含吊钩以上的重量。因此概念不清,会导致起重量估算不足而出现意外。

其次,起重量的估算要相对准确。在一些拆卸工程中,被吊物的自重和重心不易获知,很多操作者会用起重机上的力矩限制器来估算,这种做法是不可取的,极易引起超载翻车现象。小吨位起重机作业时,吊装的部件虽然小而轻,但额定起重量也不大,这往往被操作者忽视而出现超载现象。这些都是忽视起重量估算而可能出现的事故。大吨位起重机,用户对起重量会引起足够的重视,但是对于钢丝绳、索具和平衡梁的重量比较模糊,估计不足。实际上,被吊物的自重较大时,起升倍率多,钢丝绳数量多,所用索具和平衡梁尺寸、自重都会加大,这使得所占总起重量的比例也会有所增加。如果估计不足,就会出现超载的可能。

对于不易准确估算的起重量,应适当减小负荷率,保留一定的安全余量,这是很多工程上采用低于 90% 负荷率规定的原因之一。如果负荷率较高,起重量估算的准确性必须足够高。

此外,地面的不平整度也会造成超载。地面微小的坡度看似不起眼,但是对于竖立在很高高空中的臂架来说,会产生较大的角度偏差,而引起较大的附加载荷,一旦超出承载范围,就会出现意外,因此地面的平整度一定要严格按使用说明书的要求来做。如果不能做到,需要找设计者或制造商进行核算。

2) 地基问题

对于大吨位履带起重机,作业时都要计算接地比压,尤其要计算因重心偏离而引起的不均性问题,因为不均匀情况下的最大接地比压要比平均接地比压超出数倍,极易出现地基局部塌陷、车毁人亡的事故。图 4-171 是典型的案例。因此接地比压的计算要相对准确,也要

留有一定的安全余量,以弥补计算模型与实际情况间的差异。也可通过铺垫路基箱改善不均匀性。

图 4-171 地基引起的倾翻事故

3) 风载与侧载问题

对于臂架系统,从图 4-172 中可以很明显地看出,在变幅平面内的臂架刚性强而受力好,但在回转平面相当于悬臂梁,臂长较长很小的头部侧向载荷,就会导致很大的根部弯矩,而出现臂架失稳和整机倾覆现象。图 4-173 是臂

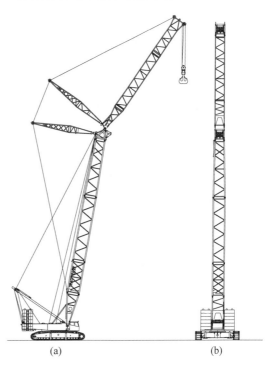

图 4-172 臂架的变幅平面和回转平面

(a) 变幅平面;(b) 回转平面

架侧向失稳而出现的事故现场。侧向载荷的产生可分为两种：一种是风载引起的；另一种是被吊物偏摆引起的。如果风载过大，并作用在臂架侧向，因此对臂架非常不利。图4-174是某起重机在沿海作业时因阵风引起的侧翻事故现场，所吊的载荷为片状结构，迎风面积很大。引起偏摆的原因很多，可以是变速和快速回转、地面不平等、生拉硬拽等。因此在选型时，需要考虑工作场地的环境对侧载的影响，包括站位等，应尽量避免过大的侧载。

关系。起重机作业采用的是杠杆原理，前面有被吊物提起，即使后面的配重选择得当，也会因力矩作用出现翘起，离开地面。如果配重过重，则无法离地。因此选型时要对超起配重大小进行确认。另外，根据受力分析，超起桅杆实际上是超静定结构（见图4-175），头部会受到超起变幅力作用，还会受到超起配重和主变幅力作用，前者通过起重量可计算得到，而后两者只有知道其一才能计算得到另外一个载荷。因此，在一定限度内，两者载荷的合理分配，可以使得超起配重如期离地，这需要现场吊装时不断监测主变幅力，保证主变幅力在要求的范围内。而在选型时，超起配重的合理选择是很重要的。

图4-173　臂架侧向失稳事故

图4-174　侧风引起的倾覆事故

4）采用悬浮式超起配重问题

超起工况下都配有超起配重，可以是悬浮式的，也可以是小车式的。对于悬浮式超起配重，要特别注意必须在配重离地后方可作全回转运动，否则易出现侧载而引起整机倾翻。悬浮式超起配重作业时能否离地与选型有很大

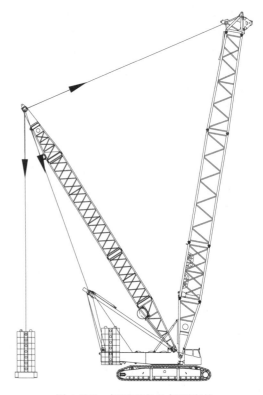

图4-175　侧风引起的倾覆事故

4.6　安全使用

4.6.1　安全使用标准与规范

履带起重机相关的技术标准与规范见表4-50。

表 4-50　履带起重机相关技术标准与规范

序号	标准编号	标准名称
1	GB/T 14560—2016	履带起重机
2	GB/T 3811—2008	起重机设计规范
3	GB/T 6067—2010	起重机安全规程
4	GB/T 5905—2011	起重机试验规范和程序
5	GB/T 17909.2—2010	起重机操作手册第 2 部分：流动式起重机

4.6.2　拆装与运输

由于履带起重机的自重较大以及履带可能对路面造成损害等原因，在使用过程中通常都尽可能避免履带起重机作长距离行走。当需要转移作业场地时，不论起重机吨位大小，都必须进行某些部件的拆卸，然后用其他运输车辆运输。到达后要重新进行组装才能投入工作。通常，由于运输车辆载重量和通过尺寸的限制，吨位越大的起重机，运输时需要拆卸的部件就越多。因此，对于履带起重机而言，拆装工艺性直接影响其工作效率以及使用的经济性。

现代的履带起重机产品都具有一定的自拆装功能。所谓自拆装，就是完全依靠自身的能力，应用已有部件和增设少量的辅助部件进行整机的拆解和组装，其中包括各部件装卸到运输车辆上的工作。对于自拆装功能比较完善的履带起重机，拆装过程中所应用的部件已构成了一个完整的自拆装系统，并在产品的研发阶段就给予充分的考虑，从而使履带起重机具有良好的综合性能。这种良好的自拆装性能在很大程度上提高了产品在市场上的竞争力，同时也给履带起重机这种产品赋予了更强的生命力。

1. 部件拆分原则及实现方法

履带起重机需拆解运输的原因是由于重量和外形尺寸的限制。拆分部分的选取主要是考虑拆分部分与主机之间的连接要简单、拆解操作方便、多次拆装不会对整机的性能产生不利影响等几方面因素。有自拆装能力的还要考虑实现这一能力所需要的动力、机构的布置及传动、拆装后主体的重量分配对其提升能力的影响等。

臂架系统（主、副臂，人字架，桅杆，变幅拉板，防后倾杆等）决定了履带起重机在变幅平面内的尺寸。因此，必须拆解主、副臂和变幅拉板，放平人字架、桅杆、防后倾部件。这时桅杆或人字架的长度和安装位置往往是主机运输状态长度的决定因素。对于无桅杆的中小吨位履带起重机，主臂底节臂是自拆装系统的重要部件之一，因此一般作为非拆卸部件运输。

拆解配重一直是减轻起重机转台部分重量的首选。为了吊装和运输的方便，配重也是组装的，如分成多片、多块等。

对于较大吨位的起重机，主机也可设计成上下可分的结构。上半部分包括主、副起升机构，变幅机构，人字架连接等，各机构的液压驱动，控制都是通过快换接头连接。下半部分包括转台结构、回转支承及车架主要部件。如果吨位较大，则转台、车架也将拆解分开运输，甚至转台和车架自身也要拆解成几个部件运输。

履带轨距决定了起重机的宽度。对于大吨位起重机，运输时拆解履带行走装置可以获得减小横向尺寸、减小主机重量的双重效果。相应的履带行走驱动机构的驱动部件，如液压马达的主油管、泄油管，机构的制动器控制油管等，在适当位置设有快换接头。对于中小吨位的履带起重机，可以将履带行走装置作为主机部分一同运输。为减小整机的运输宽度，履带架可沿轨距方向移动。工作时，履带架向外伸到轨距最大位置，以满足起重机稳定性的要求；运输时，借助液压缸将履带架缩回到最窄位置。

对于无自拆装功能的起重机，各拆解部件通常仅设置相应的吊点及重量标记以方便拆装。对于有自拆装功能的起重机，各拆解部件除了要满足工作状态的承载要求外，还要适应自拆装过程的工艺要求。整个自拆装是一个复杂的吊装作业过程，要严格按设计要求进行。作为自拆装作业核心的履带起重机本体部分,除了要具备吊装各拆解部件的起重作业性能外,自身还要有升降能力,以便上下运输平板车。

履带起重机的自拆装系统的功能决定了其工作过程。不同的起重机生产厂家对于自拆装功能也有不同的处理办法。下面从小吨位、中大吨位和超大吨位角度介绍具体的拆装过程。

2. 小吨位起重机的拆装

对于小吨位履带起重机,由于主机自重一般满足运输重量要求(40t 以内),因此可作为整体一起运输,包括桅杆(或人字架)、臂架底节、转台、回转支承、车架、履带行走装置。桅杆(或人字架)与臂架底节接近水平放置,以降低运输高度,如图 4-176 所示。依靠履带行走装置自行上下运输车,为了减小运输宽度,履带行走装置可沿轨距方向移动调整,运输时靠液压缸的拉力,使履带行走装置回缩到最小轨距。作业时液压缸推出履带行走装置到最大轨距位置,并由相应的固定装置固定。这种小吨位履带起重机,主机部分作为整体运输,到达作业场地后,需要安装的仅是配重和臂节,两者可以通过自装系统实现,最后通过自身变幅能力将臂架由水平变幅到作业角度。

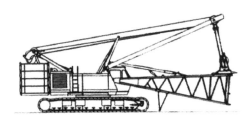

图 4-176　主体运输部分

对于人字架＋臂架变幅方式的履带起重机,在自装配重时,每片配重的提升高度、水平位移都要设计得很准确,否则固定配重的销轴就很难安装。配重的提升利用了变幅系统,原变幅滑轮组的动滑轮部分直接铰接在和起重机本体一起运输的臂架底节臂头部专用的连接处,借助防后倾杆极限行程的支承,自装过程中相当于定滑轮。放开人字架后拉杆的连接销,在变幅绳拉力作用下,人字架撑杆可以绕其下铰点摆动。这样,在人字架顶端设置吊点和适当长度的索具,操纵变幅机构即可完成对两片配重的拆装,如图 4-177 所示。该系统的显著特点是最大限度地利用了起重机原有的机构和结构,拆装工艺简单、可靠。

图 4-177　自装配重

对于桅杆＋臂架变幅方式的履带起重机,桅杆与配重之间,可以通过主起升绳或液压缸连接,这样桅杆的转动角度和提升高度之间的协调可以通过起升绳长度和液压缸行程来实现,相比人字架方式更为灵活,方便拆装配重。

臂节的自装与中大吨位履带起重机的自装相同,详见下述内容。

3. 中大吨位起重机的拆装

中大吨位履带起重机受运输重量和尺寸限制,通常将履带行走装置从主体部分去除,如果还要保证自装功能,则需要增设支腿装置及相关的液压与控制部分,以实现主体部分自如地上下运输车。图 4-178 是这类吨位的履带起重机自装过程示意图。

这类起重机的拆装过程如下:

(1) 主体部分从运输车自行卸下。主体部分包括车架、上部机身、桅杆、人字架、变幅滑轮组,具有动力功能,可以驱动相应机构动作。主体部分通过安装在下车架摆动腿端部的四个垂直液压缸,依靠起重机液压系统的动力将自身顶起,与运输车分离,运输车自行离开。将支腿液压缸下降一定高度,以降低重心。

(2) 桅杆支起前置。桅杆通过摆动液压缸将其从后向前翻起,过垂直位置并张紧变幅绳。然后下放桅杆,安装起升机构钢丝绳和吊

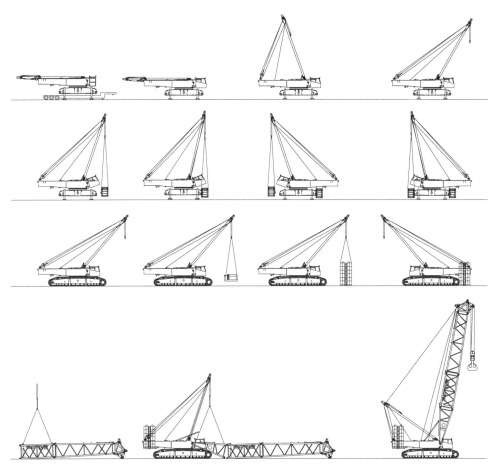

图 4-178　中大吨位履带起重机自装过程

钩组,或拔销将其上的液压缸转动到工作位置。至此,起重机主体部分相当于一个具有一定起重能力固定回转的起重机。通常,其起重能力应大到可以处理履带架的装卸和拆装。

(3)安装履带行走装置。通过起升绳或液压缸及索具安装两侧的履带行走装置,然后收回支承液压缸,起重机即可自由运行。

(4)安装配重。将一块块配重分别从运输车上卸下,在地面上组装好。然后调整起重机的位置,通过转台尾部的顶升液压缸完成配重的顶升,并与转台穿销。

(5)组装臂架。根据作业要求在地面上组装好臂架组合与各臂节(除主臂底节),然后调整起重机位置与桅杆作业角度,将主臂底节与相邻臂节及转台连接,安装防后倾和变幅拉板、电气等部件。

(6)起臂。通过自身变幅系统将臂架从地面起臂到工作角度。至此,整个自装工作结束。

需要指出的是,当臂架长度较大或主、副臂组合时,臂架水平放置时重心位置远离主机,则在起臂时会产生较大的倾覆力矩,这将考验整机的抗倾覆稳定性和主变幅能力,同时接地比压的严重不均(整机重心过于靠前)会导致履带前端压力很大,后端压力小,后端甚至出现翘起不受力的现象。基于此,起臂时,履带通常纵向放置,其接地长度大而有很好的抗倾覆力矩。如果遇特殊情况,也可在侧向起臂,但是需要增加额外支腿,如图 4-179 所示。

在塔式副臂工况时,臂架组合长度较长,通常不能直接将主臂与副臂都在接近水平状态时起臂,此时起重力矩太大,因此需要塔式副臂头部在地面作向主机方向的移动,通过不

图 4-179　侧向起臂增设的支腿

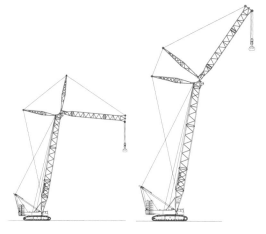

图 4-180（续）

断收主变幅绳和放塔式副变幅绳方式实现主臂的起臂及副臂相对主臂的运动，以减小主臂与副臂的夹角，进而减小起重力矩。当两者夹角达到一定角度后（一般 90°左右），不再释放塔式副变幅绳（塔式副臂与主臂没有相对转动），而是只收主变幅绳，使得主、副臂整体起臂，此时塔式副臂头部离地，主臂达到工作角度后，停止主变幅动作，开启副变幅动作，使得副臂达到作业角度，如图 4-180 所示。如果是超起塔式副臂工况起臂，则仅将主变幅动作改为超起变幅动作即可。

　　如果是超起工况起臂，则首先通过桅杆自装超起桅杆，将超起桅杆拉起到一定角度（不干涉即可），开始组装主臂（需要辅助起重机），连接超起桅杆与主臂之间的超起变幅拉板和超起变幅绳。主臂放置在地面不动，收主变幅绳，放超起变幅绳，使得超起桅杆由前置转为

后置，在过垂直角度时，要时刻保持超起变幅拉板和变幅绳的绷紧状态，防止超起桅杆因自重快速后置。当超起桅杆达到规定的后置角度后，停止主变幅动作，超起变幅绳由放绳改为收绳，起主臂到工作角度，如图 4-181 所示。

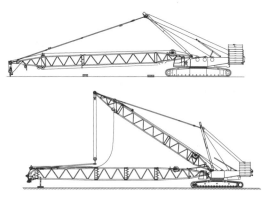

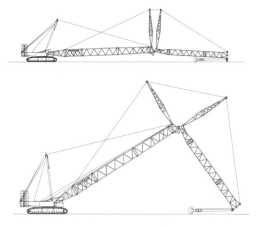

图 4-180　塔式副臂工况的起臂

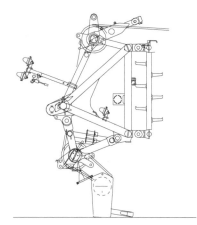

图 4-181　超起工况起臂

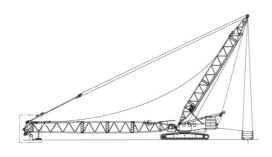

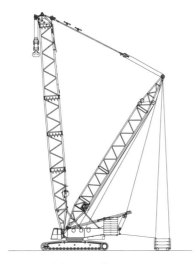

图 4-181（续）

这类起重机的自装最大限度地利用了自身的桅杆和起升机构，为自拆装系统增设了桅杆摆动机构、液压支腿和配重顶升液压缸。

如果转台及机构部件组合在一起仍不能满足运输重量要求，则可以拆除桅杆与机构部件。到作业场地后，需要通过辅助起重机首先安装好桅杆与变幅机构，然后可通过桅杆、变幅机构及液压缸自装起升机构部件，如图 4-182 所示。

图 4-182　起升机构自安装

4. 超大吨位起重机的拆装

对于超大吨位履带起重机，每个独立部件的自重和尺寸都可能超出运输范围要求，这主要体现在主机部分，如转台、车架和履带架，因此很难作为组合体或整体来运输。基于此，在设计这些部件时就采用了模块化设计思想，将这些超重超尺寸的部件分解为若干模块，作为单体运输，并且具备易拆装性。由于每个单体都不具备动力与安装能力，因此需要辅助起重机来实现拆装，吨位在 200～400t。

例如，马尼托瓦克公司的 16000 型 400t 履带起重机，将前面所介绍的主体部分即转台与车架分开运输，中心回转体（回转支承）与车架一起运输。进行自组装时（见图 4-183），转台上设置有较大行程的支腿液压缸，将转台支起到一定高度，与车架上的回转中心体连接。

(a)

(b)

图 4-183　转台分体安装

（a）转台前段与转台中心体之间的安装；

（b）转台后段与前段之间的安装

该公司的 21000 型 1000 美吨（907t）履带起重机，则是将转台分成三个部分：与回转支承连接的转台中心体、转台前段和转台后段，这三者之间都是通过销轴连接，其安装过程和顺序如图 4-184 所示。

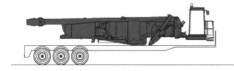

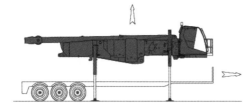

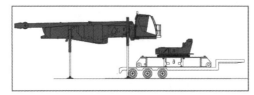

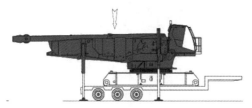

图 4-184 转台前、后段组合后与转台
中心体间的自装

转台尾部的配重由于自重较重，而且位置距离地面较高，因此也很难通过液压缸顶升来自装，因此往往通过辅助起重机一块块地按堆积木的方式进行安装，如图 4-185 所示。

特雷克斯公司将下车的模块化组装做到了极致。例如，特雷克斯公司的 CC8800-1 型 1600t 履带起重机车架的模块化如图 4-186 所示，分为中心回转体和两个车架横梁，三者之间通过销轴连接，运输时将车架拆分成三个模块。履带架也拆分为两个模块运输，如图 4-187 所示。

特雷克斯公司的 CC8800-1Twin 型 3200t 履带起重机的下车模块化如图 4-188 所示，将

图 4-185 配重块的安装

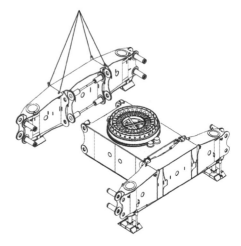

图 4-186 车架的模块化

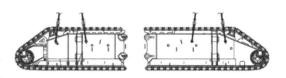

图 4-187 履带架的模块化

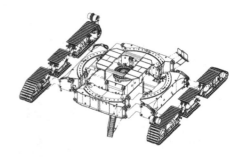

图 4-188 下车的模块化

车架分成了五个模块,将履带架分成了三个模块。

从前述可以看出,各模块之间都是通过销轴连接的,方便于模块间的连接,但往往销轴直径较大,难以人工完成穿销工作,因此可采用液压缸自动穿销方式,通过独立的动力泵站驱动液压缸,将与之连接的销轴安装在耳孔中。例如臂之间的销轴连接,如图 4-189(a) 所示,销轴一端带有细长杆,用来与液压缸连接,液压缸固定在右端带有凹槽的支架上。主臂根部与转台之间连接的销轴(图 4-189(b)),以及车架与履带架之间连接的销轴(图 4-189(c))也是如此。

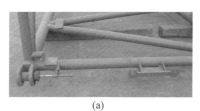

(a)

(b)

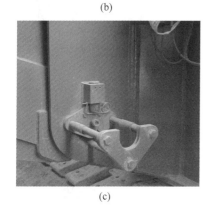

(c)

图 4-189　液压缸穿销
(a)臂节之间的销轴连接;(b)主臂与转台之间的
销轴连接;(c)主臂与转台之间的销轴连接

此外,超大吨位履带起重机的臂架截面尺寸也会较大,因此 3000t 以上的产品一般采用双臂架形式。也有采用单臂架的,但在运输时要将其全部拆解为杆件,杆件和杆件之间通过销轴连接,这不仅增加了拆装的时间,也对拆装工艺的精度提供了更高要求,美国兰普森公司生产的 LTL2600 型 2600t 履带起重机就采用了这种单臂形式,如图 4-190 所示。

图 4-190　臂节内杆件间的销轴连接

5. 起重机拆装举例

利勃海尔公司的 LR1200 型 200t 履带起重机的自组装过程如图 4-191 所示。它属于中等吨位起重机,运输时将转台、回转支承和车架作为主体部分一起运输。到工作场地后,伸出支腿,脱离运输车,桅杆前置,安装主臂底节,与主臂底节一起变幅到安装位置,构成完整的自装体。然后顺序安装履带行走装置、臂架其他臂节、配重,随后与在地面组装好的臂架连接,并连接相应的变幅拉板等附件,最后自起臂,塔式副臂头部随起臂在地面移动,达到副臂两撑杆所能展开的最大角度后,整体起主臂和副臂,主臂达到工作角度后,变幅副臂到达工作角度。

200t 履带起重机的主体运输部分未包含

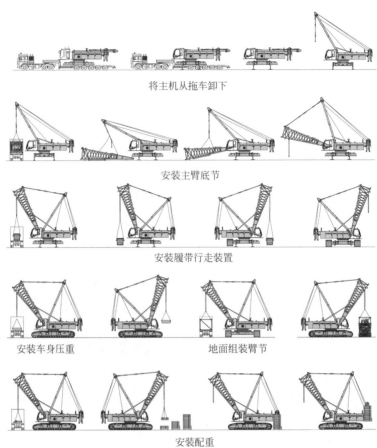

将主机从拖车卸下

安装主臂底节

安装履带行走装置

安装车身压重   地面组装臂节

安装配重

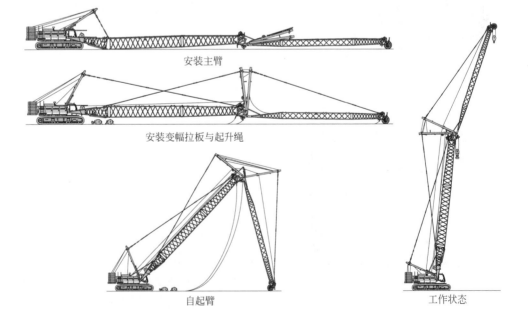

安装主臂

安装变幅拉板与起升绳

自起臂   工作状态

图 4-191　200t 履带起重机自组装过程示意

主臂底节,比它小些吨位的 LR1130 型 130t 履带起重机运输时涵盖了主臂底节,如图 4-192 所示,到达工作场地后,直接将桅杆和主臂底节变幅到安装位置,后续的组装工作与 200t 产品的相同。

利勃海尔公司的 LR1280 型 280t 履带起重机的自组装如图 4-193 所示,与前两种吨位不同的是,它采用桅杆前置来组装其他部件,最后组装臂架其他部件和底节,起臂的过程与前两种吨位相同。

将主机从拖车卸下

图 4-192　130t 履带起重机主体部分自组装过程示意

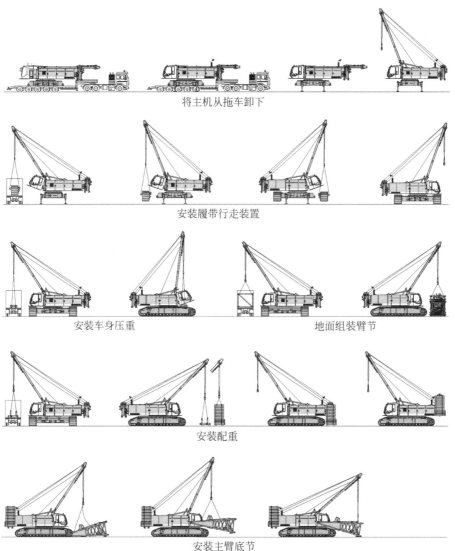

将主机从拖车卸下

安装履带行走装置

安装车身压重　　　　　　　地面组装臂节

安装配重

安装主臂底节

图 4-193　280t 履带起重机自组装过程示意

马尼托瓦克公司的 18000 型 600t 履带起重机的主体部分与前面介绍的利勃海尔公司的中等吨位产品略有不同,如图 4-194 所示。它将转台与车架分开运输,通过转台上的支腿

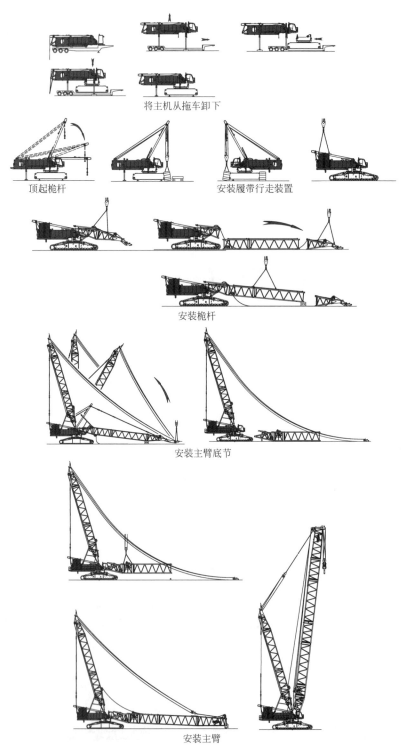

将主机从拖车卸下

顶起桅杆　　　　　　　　　　安装履带行走装置

安装桅杆

安装主臂底节

安装主臂

图 4-194　600t 履带起重机组装示意

将其自身支起到一定高度,与车架连接,桅杆前置,形成自组装体。这里还特别展示了超起桅杆的安装,在其安装好超起桅杆时,并不是将其变幅到较高角度,安装主臂,再变幅超起桅杆到工作角度,而是直接通过主变幅将超起桅杆变幅到工作角度,在过直角时由于没有主臂这样前倾力矩的作用,因此要特别注意自由

后置的现象,此时应通过防后倾装置辅助后置。当超起桅杆变幅到工作角度后再组装臂架,最后通过自起臂将臂架变幅到工作角度。

马尼托瓦克公司的超大吨位产品 31000 型 2300t 履带起重机的组装更为壮观,如图 4-195 所示。由于吨位很大,需要辅助起重机安装。首先将四个车架模块组装在一起,然后组装四条

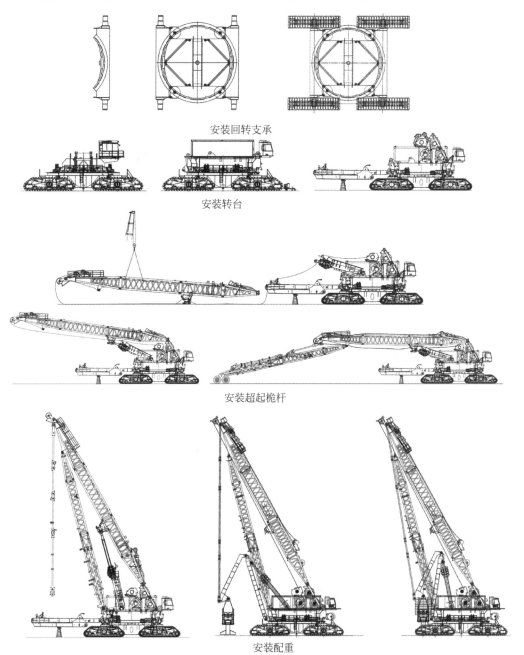

图 4-195　2300t 履带起重机组装示意

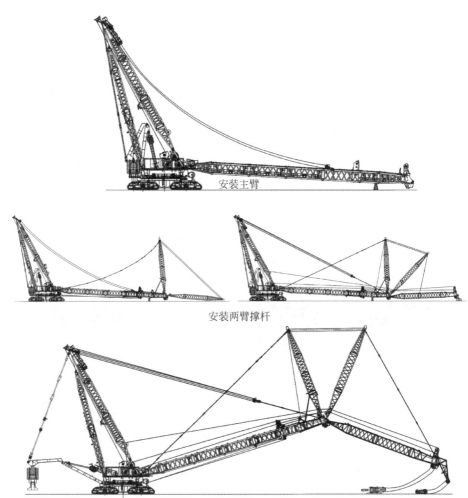

安装主臂

安装两臂撑杆

安装副臂

提升主副臂

图 4-195(续)

履带与连接架,安装转台及机构部件,连接配重连杆,安装超起桅杆,将配重与配重连杆连接,实现配重的前后移动。此配重是将转台配重和超起配重合二为一,通过连杆动作带动配重移动。随后安装主臂、副臂撑杆和副臂,连接变幅拉板等附件,最后自起臂到工作角度。

6. 起重机的运输

起重机的运输可以通过水路、铁路和公路三种方式,通常公路运输更为普遍,要求也更为严格。由于起重机的行走装置是履带形式,尺寸大、自重大,运行时易损坏路面,而且运行速度慢(约 3km/h),因此不能在公路上行驶,这就需要通过运输车来进行转场运输。

履带起重机的每个单件物品体积大、自重大,难以满足常规货物及货车运输尺寸与重量的要求,因此属于大件运输范畴。大件运输应遵循交通部颁发的《道路大型物件运输管理办法》和《超限运输车辆行驶公路管理规定》。

履带起重机拆解成的单件尺寸和重量应控制在规定要求范围内,否则运输成本与运输难度都会加大。对于一些不易拆分的部件,在设计选型时就要特别考虑其尺寸与自重。例如回转支承,大吨位的回转支承要求承载能力高,势必要从增加结构尺寸与自重方面来提高承载力,特别是从尺寸上,这就会使得运输级别升级,因此在设计时会考虑在规定级别的尺寸内对回转支承进行特制,或采用其他改型方式。从特制的角度,回转支承会由原来的在径向上的单组滚子改为两组或多组滚子形式,如图 4-196 所示。也可采用易于拆装的环轨与台车结合的回转方式,如马尼托瓦克公司的31000 型 2300t 履带起重机和特雷克斯公司的CC8800-1Twin 型 3200t 履带起重机(图 4-7所示)。

在运输部件中,容易超限的是主体部分。小吨位起重机,如 50t 以下的,将转台、回转支承、车架和履带行走装置及主臂底节作为主体部分整体运输,自重控制在 40t 以内。为了不超高,将桅杆或人字架及主臂底节接近水平放置。为了不超长,设计时要特别考虑主臂底

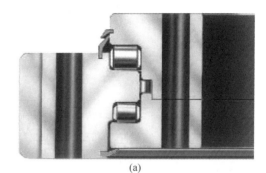

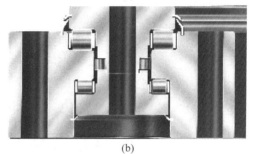

图 4-196　回转支承结构
(a) 常规的单组三排滚子式回转支承截面;
(b) 双组三排滚子式回转支承截面

节、人字架和桅杆平放时的长度。为了不超宽,履带行走装置具有沿轨距方向移动的功能,运输时移动到最窄轨距位置(一般 3.3m 以内),作业时可以移动到最宽轨距(作业轨距)位置,以保证整体抗倾覆稳定性。100t 左右的起重机,为了不超宽,履带行走装置将从主体部分去除,车架纵向与转台纵向保持一致。200~400t 的起重机,为了不超宽和不超长,主臂底节和履带行走装置从主体部分去除。400t以上的起重机,为了不超重、不超高,转台上的机构部件将被拆除,或者转台与车架分离运输。千吨级以上的起重机,转台、车架、履带架都只能拆分运输。

在运输部件中,容易超长但不超重的是臂架部分,因此在设计时臂节长度要考虑运输长度的限制问题,一般控制在 12m 以下。由于臂节的自重较轻,但所占体积较大,因此有主、副臂组合的起重机,会考虑将主、副标准臂节套装的运输方式,即副臂臂节套装在主臂臂节里,并与配重块组合运输,如图 4-197 中第二张图所示的臂节运输。

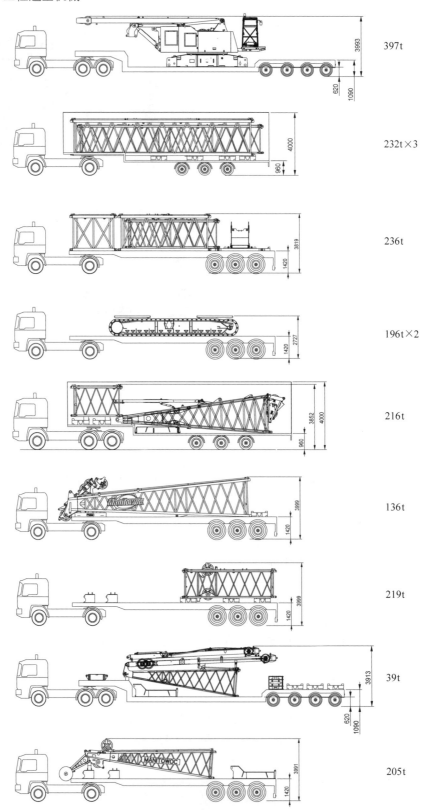

图 4-197 250t 履带起重机的运输示意

因此，在起重机运输时，要进行合理组合与拆分，尽量减少运输车辆的数量。下面是几种有代表性的起重机运输举例。

图 4-197 是中大吨位的马尼托瓦克公司的 CC2500 型 250t 履带起重机的运输示意图，共 12 辆运输车，其中 3 辆用于运输主机，其他的用于运输配重块和臂节。最重的单体是主体部分，39.7t。最长和最高的是臂节的运输。

图 4-198 是大吨位的特雷克斯公司的 CC2800-1 型 600t 履带起重机运输示意图，共 20 辆运输车，其中 3 辆用于运输主机，其他的用于运输臂节、配重块和配件。最重的单体仍是主体部分，82t，如果超重，还要进一步拆解运输，如将转台和车架分离。最长和最高的运输仍是臂节运输。

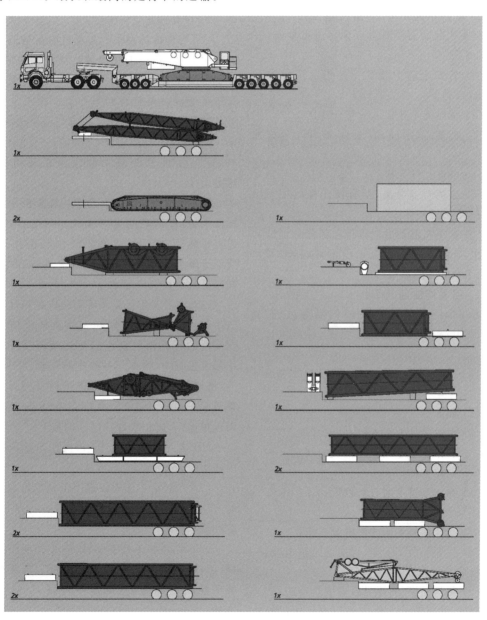

图 4-198 600t 履带起重机的运输示意

4.6.3 安全使用规程

1. 起重机使用前的工作

司机应持特种作业操作证上岗。起重作业前应按相应标准对钢丝绳进行检查。端头的连接应固定、无松动或移位,绳卡的数量、安装方向和相间距离应符合规定,钢丝绳应无损伤、保养良好。

2. 起重机起动前、后的检查工作

起重机起动前要对重点项目进行检查,并符合下列要求:

(1) 各安全防护装置及各指示仪表齐全完好;

(2) 钢丝绳及连接部位符合规定;

(3) 燃油、润滑油、液压油、冷却水等添加充足;

(4) 各连接件无松动;

(5) 主离合器分离,所有操作杆放在空挡位置;

(6) 起重机起动后应将传动部分分别试运转一次,各部操作装置应工作正常,制动器和限位、限载装置应灵敏可靠。

3. 起吊作业前的工作

起吊前应根据现场条件(物品重量、安装位置、起升高度)选配滑轮组倍率、起重臂长及仰角。

有下列情况之一发生时,操作人员应拒绝吊运:

(1) 捆绑不牢、不稳的货物;

(2) 吊运物品上有人;

(3) 起吊作业超过了起重机的规定范围;

(4) 斜拉重物;

(5) 物体重量不明或被埋压;

(6) 吊物下方有人;

(7) 指挥信号不明或没有统一指挥;

(8) 作业场所不安全,可能触及输电线路、建筑物或其他物体;

(9) 吊运易燃、易爆品没有安全措施;

(10) 吊运重要大件或采用双机抬吊没有安全措施,并且未经批准;

(11) 吊钩、钢丝绳在不垂直的状态下;

(12) 起重机回转范围内有障碍物。

4. 起吊作业过程中的要求

(1) 操作员在操作中遇到下列情况时应鸣笛:

① 起升、落下、回转物体时;

② 起吊物件从视界不清处通过时,应连续鸣铃;

③ 吊运货物接近人时;

④ 在其他紧急情况时。

(2) 对地面的要求。起重机应在平坦坚实的地面上作业、行走和停放。如地面松软,应夯实后用枕木在履带板下横向垫实,或用钢板支垫履带板后再进行起重作业。在正常作业时,坡度不得超过规定值,并应与道路边缘、沟渠、基坑等保持安全距离。

(3) 起重臂的最大仰角不得超过出厂规定。

(4) 起重机变幅作业要求。起重机变幅应缓慢平稳,严禁在起重臂未停稳前变换挡位;起重机载荷达到额定起重量的 90% 及以上时,严禁下降起重臂,升降动作慢速进行,并严禁同时进行两种及以上动作。

(5) 试吊工作。起吊重物时应先稍离地面试吊,当确认重物已挂牢,起重机的稳定性和制动器的可靠性均良好后再继续起吊。在重物起升过程中,操作人员要把脚放在制动踏板上,密切注意起升重物,防止吊钩冒顶。当起重机停止运转而重物仍悬在空中时,即使制动踏板被固定,脚仍应踩在制动踏板上。

(6) 起吊重物未放下前,操作员不应离开工作岗位。

(7) 在起吊工作中发现不正常现象或故障时,应放下重物,停止各部运转后进行保养、调整和修理。

(8) 吊运中突然停电时,应立即断开总电源,手柄扳回零位,并将重物放下。对无离合器手控制动能力的,应监护现场,防止意外事故。

(9) 工作中操作员应集中精力,不应与他人闲谈,操纵室内严禁无关人员进入。

5. 双机或多机协同作业

采用双机或多机协同吊装作业时,应选用起重性能相似的起重机进行。作业时应统一指挥,动作应配合协调,载荷应分配合理,单机的起吊载荷不得超过允许载荷的规定值。在吊装过程中,两台起重机的吊钩滑轮组应保持垂直状态。

6. 作业结束后的要求

作业结束后,臂架应转至顺风方向,并降至 $40°\sim60°$ 之间,吊钩应提升到接近顶端的位置,应关停发动机,将各操纵杆放在空挡位置,各制动器加保险固定。操纵室和机棚应关门加锁。

7. 转移作业场地的要求

起重机转移工地,应采用平板运送。特殊情况需自行转移时,应卸去配重,拆短臂架,主动轮应在后面,机身、臂架、吊钩等必须处于制动位置,并应加保险固定。每行驶 $500\sim1000\text{m}$ 时,应对行走机构进行检查和润滑。

用火车或平板拖车运输起重机时,连接车体与地面的搭接板的坡度不得大于 $15°$。起重机装上车后,应将回转、行走、变幅等机构制动,并采用三角木楔紧履带两端,再牢固绑扎。后部配重用枕木垫实,不得使吊钩悬空摆动。

8. 起重机行驶时的要求

起重机行走时,转弯不应过急;当转弯半径过小时,应分次转弯;当路面凹凸不平时,不得转弯。

起重机上下坡道时应无载行走,上坡时应将臂架仰角适当放小,并且应有防滑措施。下坡时应将臂架仰角适当放大。严禁下坡空挡滑行。

当起重机需要带载行走时,载荷不得超过使用说明书的规定,行走道路应坚实平整,重物应在起重机正前方向,重物离地面不得大于 500mm,并应拴好拉绳,缓慢行驶。严禁长距离带载行驶。

起重机通过桥梁、水坝、排水沟等构筑物时,必须先查明允许载荷后再通过。必要时应对构筑物采取加固措施。通过铁路、地下水管、电缆等设施时,应铺设模板保护,并不得在上面转弯。

9. 机构及部件的安全使用

起升机构和变幅机构不得使用编结接长的钢丝绳。使用其他方法接长钢丝绳时,必须保证接头连接强度不小于钢丝绳破断拉力的 90%。起升高度较大的起重机,宜采用不旋转、无松散倾向的钢丝绳。采用其他钢丝绳时,应有防止钢丝绳和吊具旋转的装置或措施。当吊钩处于工作位置最低点时,钢丝绳在卷筒上的缠绕,除固定绳尾的圈数外,不宜少于 2 圈。

卷扬机工作前,应检查钢丝绳、离合器、制动器、棘轮、棘爪等,确定可靠无异常后方可开始吊运。重物长时间悬吊时,应用棘爪支撑。

起重机的电气设备必须保证传动性能和控制性能准确可靠,在紧急情况下能切断电源安全停车。在安装、维修、调整和使用中不得任意改变电路,以免安全装置失效。

电气元件应与起重机的机构特性、工况条件和环境条件相适应。在额定条件下工作时,其温升不应超过额定允许值。起重机的工况条件和环境条件如有变动,电气元件应作相应的变动。

10. 交接班的安全规定

(1) 交接班应在机上进行。

(2) 交班人员应为接班人员提供方便,白班应为夜班创造条件,交接班应切实做好机械的例保工作,完整填写机械运行记录和维护、保养记录。

(3) 接班人员应提前 15min 到达作业岗位,做好接班准备。

(4) 交接双方应做好"五交""三查",即交生产任务、施工条件及质量要求;交机械运行及保养情况;交随机工具及油料、配件消耗情况;交事故隐患及故障处理情况;交安全措施及注意事项。查机械运行及保养情况;查机械运行记录是否准确完善;查随机工具是否齐全。发现问题,应查明原因,协商处理,重大问题应向有关部门报告。

(5) 设备发生故障,应由当班人员处理完毕;若处理时间过长,在取得有关上级部门同意后,可向接班人转交,转交时应将事故的全部经过、处理情况和意见交代清楚。

(6)交接班双方应填写接班记录,并共同签字。

11. 电动起重机的安全使用

(1)接通电源的电器装置后,不应进行任何修理保养。

(2)电器装置跳闸后,应查明原因,排除故障,不应强行合闸。

4.6.4 维护与保养

履带起重机作为附加值较高的起重设备,定期的计划性保养能够减少设备磨损,降低设备突发故障率,避免非计划性停机带来的重大经济损失。同时,可大大提高机器设备的使用寿命、工作性能和安全性能。其经济效益是非常显著的。

1. 动力系统的维护保养

发动机的维护保养应严格按照发动机生产厂家"维护保养手册"的要求进行。

(1)检查发动机零部件外观,确保各零部件完好,功能正常。

(2)确保发动机及燃油系统各管路的气管、油管连接牢固,无破损、无泄漏,机油无泄漏。

(3)发动机及其附属系统的安全螺栓(钉)应紧固可靠,无松动现象。

(4)应确保冷却系统中冷却液的充足。

(5)燃油箱应保持清洁,需定期对燃油箱进行清洗。

(6)定期清洁过滤装置如空气滤清器滤芯、油水分离器滤芯等。

2. 液压系统的维护保养

履带起重机一般无论累计运行时间多短,最好在换油后6个月更换新油以避免油料变质。但每次换油量巨大,若每6个月换一次油花费巨大。因此,可采用对润滑油进行取样并送往有资质的专业机构进行检测以判断润滑油是否变质的方法。一般检验主要包括的项目有:外观、运动黏度、含水量、闭口闪点、总碱值、总酸值、NAS污染度、不溶物、PQ指数、油

液中含有的元素分析等。

有统计数字表明,75%的液压系统故障是由液压油污染引起的。因此,正确使用好液压油,防止液压油的污染,对保护液压系统是极其重要的,因此要做到以下几点:

(1)更换液压油时必须严格遵守作业程序,严禁将杂质带入液压油中。

(2)定期清理油路中的杂质过滤装置并及时清除液压元件脱屑等。

(3)防止水和空气进入液压系统。

(4)拆卸后的元件应放在干净的棉布或塑料布上,组装时应用液压油进行一遍冲洗。

(5)拆装元件时必须小心谨慎,避免对精密的液压元件造成人为损伤。

定期检查的工作如下:

(1)检查液压缸、液压马达是否发生了不正常泄漏,以及长行程液压缸的活塞杆是否有弯曲。

(2)检查油箱中的油量,若发现油量过少,则很有可能液压管路中有泄漏,应立即检查并排除泄漏点后,再向油箱中加入适量的与原油箱中油牌号相同的液压油。

(3)检查液压管路中连接处是否有虚接,油管是否有老化、破损。

3. 运动机构的维护保养

1)起升/变幅机构的检查与维护

(1)制动器的检查:要明确制动闸瓦的开度状况,观察有无元件摩擦,弹簧的弹性是否自如,制动器的灵活度是否正常及带式制动器的钢背衬是否出现了裂纹等。

(2)减速机的检查:主要检查在运行时箱体内是否出现了异常的振动,是否出现了漏油情况。

(3)联轴器的检查:检查是否松动,齿轮和弹性圈是否出现了异常的磨损。

2)回转机构的检查与维护

(1)定期检查回转减速机机油是否充足,检查制动时是否出现了泄漏或功能失常。

(2)定期对回转支承进行润滑,且每次工作之前或者至少每周一次检查回转支承上的螺栓是否松动。

3）行走机构的检查与维护

（1）确保减速机中机油充足，检查是否有漏油现象。

（2）注意对履带各连接部位的润滑以及履带的清洁，否则会使行走时耗费更大的能量，进而导致履带的磨损加重。

（3）检查履带的张紧程度，尤其在使用新履带时，必须每周检查一次履带张紧程度。

4. 电气系统的维护保养

（1）夜间或者长期不作业时应确保电源主开关为关闭状态。

（2）每次作业时应先检查监控系统摄像头是否正常工作，操纵室内液晶屏图像是否清晰。

（3）蓄电池在使用过程中要防止过充电，不经常使用时应从车上拆下并放在通风干燥处，并按相关规定定期对蓄电池补充充电。

（4）定期检查各部分电缆接头是否插紧，防尘盖是否盖好，且每次拆装主机或转运场地时都应检查一次。

（5）定期检查照明系统是否存在故障。

5. 机械结构及零部件的维护保养

1）钢丝绳

对钢丝绳所进行的维护应与起重机的类型、起重机的使用环境以及所涉及的钢丝绳类型有关。钢丝绳应储存在凉爽、干燥的仓库内，且不应与地面接触。应定期给钢丝绳涂以润滑脂或润滑油。钢丝绳的润滑油（脂）应具有渗透力强的特性且符合钢丝绳制造商的要求。检查钢丝绳时应看其有无锈蚀、断丝、扭结、磨损等情况。

2）吊钩

由于吊钩每天的使用情况不同，因此每天都必须对吊钩进行严格检查。注意保持吊钩的清洁，检查所有的螺栓、螺钉，确保所有的开口销齐全且开口张开；检查吊钩是否发生变形和腐蚀，防脱钩装置是否完好。吊钩每年必须由专业人员检查一次。

3）滑轮

检查所有的滑轮是否有损坏痕迹、严重磨损和锈蚀等。每年应对滑轮轴承进行一次全面检查，包括润滑情况、各零件的定位、滚动阻力等。

4）其他零部件

每天应目测检查臂架上各零件装配是否正常、是否损坏；定期检查各部位的防后倾装置是否正常工作、结构件有无严重变形以及各主要焊缝是否有裂纹；定期对臂架油漆进行修补。

4.6.5　常见故障及其处理

履带起重机常见的故障通常表现在液压系统、传动机构、电气系统等方面，其中液压系统故障更为常见。下面以液压系统为例，说明常见的故障排查及处理方法。

液压系统在不同运行阶段的故障产生原因不完全相同，明确各阶段故障产生的原因，对快速诊断故障极有帮助。

1. 液压系统不同运行阶段的主要故障

1）系统空载调试阶段

在空载调试阶段，液压系统的故障率最高，存在的问题较为复杂，其特征是设计、制造、安装以及管理等问题交织在一起。除机械、电气问题外，一般液压系统常见故障有：

（1）元件连接处泄漏。

（2）阀芯卡死或运动不灵活，造成执行机构动作失灵。

（3）阻尼小孔被堵，造成系统压力不稳定或压力调不上去。

（4）阀类元件漏装弹簧或密封件，或管道接错而使动作混乱。

（5）设计、选择不当，使系统发热，或动作不协调。

（6）液压件加工质量差，或安装质量差，造成阀类动作不灵活。

（7）油路块管道设计错误。

（8）控制系统元件工作不正常。

2）液压系统带载试运行阶段

在空载调试完成后，很多问题已得到解决，且经过一段时间的空载运转磨合，系统油液比较清洁，阀芯卡死、运动不灵活及阻尼小孔被堵的现象很少。问题主要表现在以下几方面：

(1) 位置精度、同步精度等达不到要求。

(2) 系统背压过大，设计压力不能驱动负载。

(3) 设计选择不当引起系统发热。

(4) 压力元件设定值不合理。

(5) 滤油器堵塞。

3) 液压系统稳定运行阶段

液压系统在带载试运行一段时间后，会有一段稳定的运行期，基本不会出大的问题。问题主要表现在以下几方面：

(1) 密封老化、损坏及螺栓松动等引起的泄漏。

(2) 过滤器堵塞、油液问题等引起的故障。

(3) 不正确的操作和维护等引起的故障。

如果在前期调试运转时没有控制好系统的清洁度，油液污染严重，在系统工作几个月或更长时间后，会由于严重磨损造成泵和其他元件出现较大的内泄，影响系统的正常工作。

4) 液压系统元件故障率高发阶段

在液压系统运行时间达到元件寿命后，泵、马达等元件开始陆续出现故障，这一阶段的故障诊断主要集中在元件故障甄别。问题主要表现在以下几方面：

(1) 元件磨损严重，造成系统内泄加大。

(2) 压力元件弹簧变软，导致系统压力不正常。

(3) 泵磨损严重，导致供油量和压力达不到要求。

(4) 液压缸密封严重损坏。

2. 常见故障的诊断方法

1) 简易故障诊断法

(1) 询问有经验的人员，了解设备运行状况。

(2) 看液压系统压力、速度、油液、泄漏、振动等是否存在问题。

(3) 听液压系统的声音：冲击声，泵的噪声及异常声，判断液压系统工作是否正常。

(4) 摸温升、振动、爬行及连接处的松紧程度，判定运动部件工作状态是否正常。

2) 液压系统原理图分析法

根据液压系统原理图分析液压传动系统出现的故障，找出故障产生的部位及原因，并提出排除故障的方法。结合动作循环表对照分析、判断故障，提出排除故障的方法。

3) 其他分析法

液压系统发生故障时根据液压系统原理进行逻辑分析或采用因果分析等方法逐一排除，最后找出发生故障的部位。

3. 故障分析示例

1) 整机突然无动作或动作缓慢故障分析与处理

首先应该听泵和发动机处有无异响，看液压油箱的油量是否正常。排除这些易于查找的原因后，基本可以肯定是调压阀的问题。这种情况下不能盲目地调紧调压阀的调压螺杆，应将调压阀解体检查，看导阀弹簧是否折断、导阀密封是否失效、主阀芯是否卡死，尤其要注意主阀芯的阻尼小孔是否堵塞。元件经过检查、维修、清洗后再安装到系统上。为了避免压力过大对系统造成损坏，应先把螺杆拧松一些，再由低向高地调到规定压力。

2) 操纵失灵故障分析与处理

各种安全保护装置和油路系统之间是通过电磁阀和传感器来传递工作信号的，电磁阀和传感器多安装于控制油路上，是整个液压系统中相对脆弱的环节，故障发生频率比较高。当某项操纵失灵时，其故障原因多出现在先导控制油路和电磁控制部分。

例如，某台履带起重机发生了液压缸支腿不能伸出的故障。首先检查控制支腿油路切换的电磁阀，发现该电磁阀不动作（判断电磁阀是否动作，可依靠听、摸等方法来确认，电磁阀动作时，一般可听到"咔嗒"声；用手触摸阀体尤其是阀芯端部时，能感觉到明显的振动）。但用万用表检查电磁阀线圈续流二极管是完好的，线路也一切正常，可以确认故障出现在电磁阀内部。

电磁阀内部的故障可能有以下两方面的原因：

(1) 工作线圈损坏（短路或断路、烧毁）。

（2）阀芯被卡滞。在线圈续流二极管完好的情况下，线圈损坏的概率很小；再进一步用万用表对线圈进行测试，显示的线圈阻值在正常范围内，该线圈完好。将该阀解体发现阀芯被杂质卡住，无法在阀体内滑动。先用汽油对阀体和阀芯反复清洗，确认清洗干净后，再用液压油清洗一遍，然后进行重新装配并安装到原位置，起动机械试机，机器恢复正常。

3）执行元件动作过慢或动作无力故障分析与处理

（1）执行元件动作过慢。有以下原因：①液压马达或液压缸自身故障，如严重内泄或外泄可同时导致动作缓慢和动作无力。②进入液压马达或液压缸的流量减小所致。这又分两方面的原因：一是液压泵的泵出流量减小，如严重内泄；对变量泵来说，有时会因调节不当而造成流量降低。二是各控制阀及管路故障如换向阀卡滞使开口度减小或管路堵塞，致使流量降低。

（2）执行元件动作无力。有以下原因：①系统限压阀（安全阀）的调定压力偏低，或者该阀损坏或工作不良。②系统泄漏，导致部分或整个系统压力不足。

例如，某履带起重机在工作中突然发生了带载后起臂无力的故障。经检查，发现回转换向阀漏油比较严重。该机液压系统的回转与变幅系统靠同一个液压泵供油，回转换向阀的严重泄漏导致与此相通的变幅系统油路内的压力明显降低，在此压力下，空载状态的臂架起落尚能维持，但当臂架负载较重时，无法维持起臂。对此回转换向阀解体检查，发现部分密封件严重老化，其中一只O形圈仅剩残存的很少一部分，致使大量的液压油外泄。更换了新的密封件后，起臂无力的故障得到彻底排除。

4）行走机构跑偏故障分析与处理

履带起重机出现跑偏现象，可从机械和液压驱动两部分来分析其故障原因：

（1）机械部分。主要检查两个方面：①两条履带是否平行；②驱动轮、导向轮、托链轮、支重轮的中心线是否重合。

（2）液压部分。从行走液压系统来看，马达、制动阀、主阀和操纵手柄等元件中的任何一个出现故障，都会造成行走跑偏。根据经验，故障率由高至低的顺序为马达、操纵手柄、主阀和制动阀。

例如，某履带起重机的故障现象为前进时向右跑偏，后退时不跑偏，且大油门时跑偏严重。

首先分析机械部分，检查履带的平行情况及四轮的中心线情况。经过分析，由于故障现象是前进跑偏、后退不跑偏，说明机械部分不存在故障，否则前进、后退都会出现跑偏现象，由此排除机械故障。

其次分析液压部分，根据液压元件的组成，一一分析各元件的情况。马达的故障主要表现为内泄量大，若是右侧的马达内泄量大，容积效率降低，将会造成右侧马达转速低于左侧马达，而这种情况将造成前进、后退都向右跑偏，因此可判定不是马达的故障。为证实这个判定，将右侧马达的泄油口打开，做行走试验，发现液压油从泄油口缓缓外溢，证明内泄量正常，可确认马达没有故障。

操纵手柄的常见故障为阀的内泄量大，提供给主阀的先导压力偏低，造成主阀没有完全开启，输送给马达的液压油流量小而造成跑偏。前进和后退由操纵手柄中的两个独立的阀芯控制，将操纵手柄控制前进、后退的两个出油口调换，若是出现后退跑偏、前进时不跑偏的现象，则证明操纵手柄有故障。调换后试验，发现依然是前进时向右跑偏、后退时不跑偏，说明不是操纵手柄的问题。

主阀的常见故障为阀内泄漏量大，造成流量损失大；或液压系统不清洁，造成阀芯卡滞，阀口开启不完全，流量小。因前进和后退均由主阀中的同一阀芯完成，若是阀内泄漏量大，前进和后退都应跑偏，因此可判定主阀内泄漏量大的故障可能性很小。为分析主阀阀芯是否卡滞，调换一下管路，将控制左马达的主阀出油口接到右马达，控制右马达的主阀出油口接到左马达，若主阀有问题，跑偏方向将改变，行走试验后故障现象没有变化，可证明主阀并无问题。

制动阀的常见故障为阀内泄漏量大或阀芯动作不到位。若是阀内泄漏量大，前进和后退都应跑偏，经判定阀内泄漏量大的故障可能性很小。若阀芯被杂物卡滞或阀内节流口堵塞导致阀芯动作不到位，阀口开度小，液压油通过量小，而造成跑偏，大油门时压力和流量损失大，跑偏就会严重。

为此，在左、右主阀的进油口各接一测压表做行走试验，发现后退时左、右压力基本一样。但前进时若是小油门，左、右压力相差不大；若是大油门，右边压力比左边高出几兆帕，这说明制动阀控制前进方向的阀芯动作不到位，通油不畅。小油门时液压油流量小，压力和流量损失较小，大油门时的压力和流量损失较大，故而造成前进时向右跑偏、后退时不跑偏，且大油门时跑偏严重的故障现象。拆检制动阀发现控制前进方向的节流口被杂物堵塞，清洗后故障随即消失。

由以上分析可知，对于履带起重机的液压系统故障，原因很多，可全盘考虑各种可能因素，以发生故障的机构为起始点，沿着液压管路的方向逐项分析判定，并通过测量和试验来确认故障，以解决故障。

5) 双卷扬机构不同步故障分析与处理

对于大吨位和超大吨位履带起重机，通常采用双卷扬机构连接同一吊钩，同步升降物体。同步控制的原理目前采用检测卷扬机构的转速来调整液压系统参数实现同步性。

因此，根据双卷扬机构的同步检测和控制原理，即可分析出双卷扬机构不同步的原因。一般可采用排除法进行分析判断，从系统的源头开始，逐一进行排查。

(1) 排查检测装置。对于吊钩水平度检测装置，排查方法如下：①用万用表检测水平度接收器的输出端是否有信号，并检测电源是否输出电压；②用万用表检测吊钩水平度发射器电源是否输出电压；③用便携水平仪检查吊钩的水平度值，并将该水平度值与起重机控制器显示数值进行对比，观察是否相符。通过以上检查，可以判断出水平度发射器、水平度接收器是否存在故障。

对于卷扬机滚筒和卷扬机驱动马达转速检测装置，排查方法如下：①在两个卷扬机滚筒同步转动时，观察显示器屏幕中单钩双卷扬同步控制数据输入界面中，卷扬机转速传感器脉冲数是否一致；②用万用表检查霍尔传感器的电阻是否正常，并检查霍尔传感器线路的通断情况；③检查霍尔传感器与卷扬机滚筒上的凸块间的距离是否合适。

(2) 排查控制器。通过电控显示器显示两机构变量泵的参数及主阀的参数的输出与反馈是否一致。如果不一致，应先检查连线是否松动，导线是否有断路。如电路正常，应检查控制器故障码显示信息以及控制初始设置是否正确，必要时请专人维修。

(3) 排查液压系统。方法如下：①排查变量泵是否有故障。先用万用表检查变量泵的调节信号输入是否正常，再检查变量泵的调节装置能否根据调节信号工作。如果这些装置都能正常工作，要用流量计检测变量泵的输出流量是否和调节值对应，以确定变量泵本身是否存在问题。②排查主阀是否有故障。先用万用表检查主阀的得电是否正常，再用流量计检查两个主阀的输入和输出流量是否一致，以确定主阀有无故障。③排查马达是否有故障。与排查主阀的方法类似，主要检查两台马达输入的流量和输出的转速是否一致，如果是变量马达，还要检查两台马达变量机构调整是否一致，以确定马达有无故障。

第5章

随车起重机

5.1 概述

5.1.1 定义与功能

随车起重机(lorry-mounted crane)是由基座上方的转台和固定在转台顶端的臂架系统组成的由动力驱动的起重机。起重机通常安装在汽车(或拖车)上,用于货物的装卸,集起重和运输功能为一体,既能实现起重作业,又不影响汽车底盘的载货运输;同时可以配置各种附加属具,实现高空作业、小型挖掘、钻孔、平整土地等多种功能。随车起重机具有其他轮式起重机无法比拟的多功能优势,在多种工况下可以取代中小吨位汽车起重机,已成为起重运输等行业的重要角色,广泛应用于物料搬运、高空作业、市政工程、消防抢险、事故救援、科学考察、国防建设等领域。

随车起重机的特点如下:

(1) 可左右操作,可全方位旋转。

(2) 相比专用起重机,具有车速高、爬坡能力强、作业空间小的特点。

(3) 可实现快速升降,高效,节能。

(4) 机动灵活、操作方便、安全可靠。

5.1.2 发展历程与沿革

1. 国外发展现状

随车起重机产品在国外已有几十年的发展历史,产品在技术含量、制造工艺、配套件水平、质量控制等方面都达到了很高的水平,且已经形成系列化、规模化。目前,国际上有意大利、奥地利、瑞典、德国、美国、日本、韩国等国家的十几家公司生产的上百种型号的随车起重机。欧洲市场主要以折臂式产品为主,中国、日本、韩国等东亚国家市场及北美市场以直臂式产品为主。国际知名厂商有瑞典的希亚伯(Hiab)公司,奥地利的 Palfinger 公司,意大利的 Fassi 公司、Ferrari 公司、Cormach 公司、Effer 公司,德国的 Tirre 公司,日本的加藤、多田野、古河(Unic)公司,韩国的广林(Kanglim)公司,美国马尼托瓦克集团下的 National Crane 公司等。

欧洲、日韩及北美地区的随车起重机产品各具风格。欧洲市场几乎全部是折臂式产品,其结构十分紧凑,动作灵活,收藏尺寸小;多采用四点支承基座,H 形支腿,重型系列多采用H 形支腿+放射形支腿组合安装在专用拖车上;伸缩臂臂节组合方案多样,组合液压缸实现伸缩臂伸缩,并可加装多种形式的伸缩副臂;辅具功能多样;操作系统智能化、无线遥控化。

欧洲的折臂产品多按小型、轻型、中型、重型、特种型号等系列划分,型谱丰富,如图 5-1 所示。如 Palfinger 公司的小型系列产品共有 7 种型号,起重力矩为 7.1~38.3kN·m,最大起重量 0.45~2t,最大作业幅度 1.6~9.8m。轻型系列产品共有 13 种型号,起重力矩为 43.2~93.5kN·m,最大起重量 3.3~5.7t,最大作业幅度 9.6~16.2m。中型系列产品共有 37 种型号,起重力矩为 98.1~320kN·m,最大起重量 3.3~10t,最大作业幅度 11.5~23.3m,部分型号配置副臂后,作业幅度可达 29.4m。重型系列产品共有 16 种型号,起重力矩为 375~1146kN·m,最大起重量 13~40t,最大作业幅度 21.2~26.8m,部分型号配置副臂后作业幅度可突破 30m,最大型号产品由 9 节伸缩臂及 5 节伸缩副臂组成,最大幅度可达 36m。

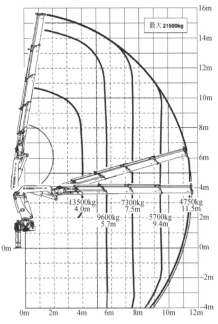

图 5-1　折臂随车起重机

日韩市场的主流产品为直臂式,如图 5-2 所示。直臂随车起重机多采用前置式布局,H 形支腿,伸缩臂由 3~5 节臂组成,同步伸缩或顺序伸缩,截面为五边形或六边形,起升机构

布置在转柱内部,起升钢丝绳位于臂架下部。小吨位多采用三点浮动支承基座。日韩国家的产品具有结构紧凑、操作简单灵活、可靠性高等特点。日本的随车起重机在轮式起重机产品中所占比重很大,达到了 80% 左右。产品按起重量大小划分,如日本古河随车起重机的起重量为 2.6~12t,最大作业幅度为 6.5~12.5m。韩国广林随车起重机的起重量为 3.2~13t,共 8 种型号产品,13t 产品有 5 节伸缩臂,最大幅度可达 16.6m。

图 5-2　日韩市场的直臂随车起重机

北美地区的主流产品多为直臂式,如图 5-3 所示,布局为前置式或后置式,产品按起重量大小划分,支腿为 H 形或 A 形,伸缩臂多采用矩形截面,3~4 节伸缩臂,起升机构布置在臂架后端,起升钢丝绳位于臂架上部。

2．国内发展现状

我国随车起重机行业起步于 20 世纪 70 年代。早期我国物流业不发达、劳动力成本较

图 5-3 北美地区的随车起重机

低、人们的认识不到位等因素制约了国内随车起重机行业的发展。近几年来,伴随着国民经济的突飞猛进,物流行业高速发展,国家在市政基础设施、抢险救援、科学考察、国防建设等领域的投入不断加大,加之劳动力成本增加等因素,随车起重机行业发展迅速,销量逐年递增。2006 年全国随车起重机销量为 2150 台,2010 年销量为 6260 台,2014 年行业销量突破万台,销量的增长远高于其他轮式起重机的增长量。

市场容量增加并不意味着所有企业的销量都会增加,市场越来越集中在少数主流生产企业中。据不完全统计,目前全国共有 160 余家随车起重机生产厂家,企业规模与技术发展水平极不均衡,除少数几家实力较强的企业外,绝大部分企业没有掌握产品的核心技术,以仿制 3～8t 的中小吨位直臂产品为主,尚未形成大、中、小直臂产品和折臂产品的完整系列,产量较低,试验方法简单,无法形成产业规模。另外,产品的设计规范及标准相对落后,与国际标准 ISO15542:2005 同等采用的 GB/T

26473—2011《起重机 随车起重机安全要求》标准直到 2011 年才发布实施。国内直臂产品的典型结构形式与东亚其他国家产品相同,多采用四边形或六边形截面臂架,同步伸缩机构,H 形支腿;而折臂产品多借鉴欧洲风格,由此导致产品缺乏自主创新,相似度高,技术附加值低,工艺相对落后,安全保护装置不齐全,可靠性较差,影响了行业技术水平的发展。

随着中国随车起重机市场的高速发展,徐工、中联、三一等国内知名企业相继进入随车起重机行业。同时,欧洲和日本等国际主流生产企业也纷纷落户中国。

虽然众多厂家纷纷进入国内随车起重机市场,但产品系列的扩展,产品设计、制造、调试、试验、销售及售后网络等体系的建立及完善工作尚需时日,因此,近几年市场份额不会发生巨大的变化,仍然会被徐工随车起重机有限公司(简称徐随)、石家庄煤炭机械有限公司(简称石煤)、牡丹江专用汽车有限公司(简称牡丹江专汽)等传统主要厂家占据。

徐随是国内最大的随车起重机生产厂家,2004—2011 年产品市场占有率连续保持行业第一。产品型谱较为完整,直臂产品涵盖 2～25t 共计 18 种型号产品,其 16t 产品最大作业幅度达 18.5m。折臂产品涵盖 1.5～40t,共计 16 种型号产品,并开发了铁路起重机、林业起重机等非标产品。其在行业内率先采用先进的三维工程软件和力学分析系统,充分保证了产品的可靠性,在总体匹配、控制系统、结构设计等方面处于行业领先水平,如图 5-4 所示。

石煤是国内较早的随车起重机的专业生产厂,20 世纪 80 年代初开始进行随车起重机的开发和生产,市场占有率较高,产品型谱较为完整,直臂式产品涵盖 2～16t,共计 14 种型号产品,其 16t 产品最大作业幅度达 17.6m;折臂式产品涵盖 2～12t,共计 6 种型号产品,如图 5-5 所示。

牡丹江专汽始建于 1964 年,1992 年成立了集专业性和技术性为一体的随车起重机

图 5-4　徐随部分产品

厂。产品型号涵盖 2～16t，50 多个品种，市场占有率较高，并出口到泰国、俄罗斯等国家，如图 5-6 所示。

图 5-5　石煤部分产品

　　泰安古河随车起重机厂由日本古河机械金属株式会社与泰安起重机械厂共同出资创立，主要从事直臂式随车起重机产品的制造与销售。产品型号涵盖 2～12t，并开发了高支腿随车起重机、固定码头起重机、船用起重机和铁路起重机等非标产品及多种辅具，如图 5-7 所示。

　　沈阳广成重工有限公司（简称广成重工）引进韩国广林公司随车起重机的设计与技术，主要供出口。其产品的主要特点是作业半径大、起升高度高，产品系列有伸缩臂式：KS633、KS1153、KS1253、KS1884、KS1886、KS2305、KS2504A、KS2505，起重量涵盖 3.2～13t，折臂式随车起重机 KN900 和 KN1000 系列、特装车系列，如图 5-8 所示。

图 5-6　牡丹江专汽部分产品

图 5-7　泰安古河随车起重机厂产品

图 5-8　广成重工部分产品

5.1.3 国内外发展趋势

从市场情况来看,随车起重机的需求量越来越大。目前,随着科学技术进步的加快,世界各国随车起重机的生产有了较大的发展,从最初的小型单一产品,发展成全系列、大力矩、多功能、外型美观、操作简单、使用安全,并能进行有线或无线遥控的先进产品,可以说,随车起重机的发展已进入了成熟期。由于国外劳动力费用高,强调工作效率,施工中基本不

存在人工装卸,随车起重机有使用灵活、技术成熟等特点,所以在欧洲市场,随车起重机市场前景广阔。我国随车起重机起步较晚,但随着科学技术的进步和市场需求的增加,我国随车起重机的生产水平将会日益发展,系列将不断完善,产品将具有更大的市场潜力。目前,在沿海城市和地区,随车起重机的销售形势正逐步好转,特别是大吨位随车起重机,正受到南方个体用户的青睐,并有向内地推进的趋势。

从产品的技术特点来看,随车起重机正朝着大型化、多功能化和智能化的方向发展。安装随车起重机的底盘已不再局限于箱式货车底盘,越来越多的重型平板车也安装了大吨位随车起重机,以满足其自装卸大型货物的需要。随车起重机的作业装置也不再局限于吊钩,各种高空作业平台、抓具、夹具、吊篮、螺旋钻、板叉、装轮胎机械手、拔桩器等已逐渐被采用。随着随车起重机的吨位越来越大,对安全控制、操作方便及舒适性的要求也越来越高,智能化也被提上日程。

近年来,随车起重机的发展可谓日新月异,汽车起重机生产企业已从16t以下的市场逐步撤离。可以预言,随着我国公路建设的发展和随车起重机技术水平的不断提高及产量的扩大,今后小吨位汽车起重机必将被性能先进、功能齐全的大吨位随车起重机所取代,随车起重机行业很快就要得到大发展。

1. 国内产品发展趋势

当前及今后一段时期内,国内市场将会仍以直臂产品为主,但是也存在一定的地区差异,如广东地区的折臂产品居多。目前国内随车起重机产品正逐步向系列化、大型化、安全化、智能化、多功能化方向发展。

目前市场上销量最大的为5～8t的产品,占销售总量的50%以上。由于生产厂家众多,价格竞争愈演愈烈,产品利润空间越来越窄,所以大吨位产品的利润空间远远超过中小吨位产品。从国内汽车底盘的发展方向来看,大吨位载货汽车的市场增长迅速,中国第一汽车集团公司、第二汽车制造厂、中国重型汽车集

团有限公司等厂家都在加快大吨位载货汽车底盘的研制,因此大吨位随车起重机产品会随大吨位底盘的市场扩大而逐渐增长。2011年,10t以上产品占总销量的比例不足30%。在未来几年,大吨位、系列化的随车起重机产品将有较大的发展空间,需求量呈逐步增长趋势。

因此,大吨位产品的市场已日益受到国内企业的关注,各厂家均加大力度研制大吨位产品,完善产品系列。如徐随推出了25t三节臂产品,石煤推出了16t五节臂产品,一汽推出了12t五节臂产品,泰安古河推出了12t四节臂产品。同时,随着国内汽车起重机生产企业将主要精力投入到50t以上的产品中,国内产品从而逐步从16t以下市场撤离,而随车起重机产品吨位的不断提升、型谱不断完善及产品自身的功能优势,大吨位随车起重机有望逐步替代16t以下吨位的汽车起重机。

随着电气控制技术的发展,随车起重机的控制技术也逐渐向安全化、智能化发展。除了常规电气控制系统外,随车起重机将逐步按照相关规范要求安装力矩限制系统,满足安全作业要求。起重力矩限制器主要由油压传感器、角度传感器、长度传感器、高度限位器、力矩限制器主机、显示器组成,可实现整车工作状态和载荷起升情况的检测、显示,切断危险动作,也可实现对整车安全情况的检测、显示和控制。同时可增设支腿压力传感器、整机倾角传感器等检测装置,检测并控制整机重心情况,防止整机倾覆现象发生。

采用遥控操作方式及人机对话技术能提高操作安全性及便捷性,适应各种不同的作用环境。在满足使用安全的情况下,无线遥控操作方式能有效改善劳动条件,提高劳动生产率,避免因错误动作而造成人员伤亡及财产损失。采用无线遥控装置的随车起重机应满足GB 5226.2—2002标准的9.2.7节要求及GB/T 26473—2011标准中附录E关于无线控制器及控制系统的要求。其主要要求为控制限制、停止装置要求、数据连续性要求、接收器要求、警示标牌及使用信息要求等。

结合人机工程学,随车起重机将逐步完善,统一可视化、形象化、通用化的操作符号、系统设定符号及警示标贴等,避免误操作现象;同时使相关操作系统布置更具有人性化,便于操作,减轻劳动强度。

欧洲市场的发展经验表明,随车起重机在加装了如抓斗、吊篮、板叉、钻具、除雪除草等多种附加辅具后,可扩充功能以完成散装物料装卸、高空作业、建筑板料装卸、小型地面钻孔、平整土地、除雪除草等特殊作业,实现一机多用。只有最大限度地满足用户多方面的需要,才能最大限度地占领市场。因此,今后国内随车起重机企业将会加大科技创新投入,加强附加辅具的研制工作,逐步使随车起重机功能多样化,以适应更加广泛的市场需求。

2. 国内外产品技术及发展趋势

1) 多边形伸缩臂截面优化

随车起重机的箱形伸缩臂结构为以受弯为主的双向压弯构件,其材料及截面主要受整体强度、刚度、局部稳定性等条件约束。目前国内各厂家产品已经由早期的矩形臂架截面逐渐发展到六边形臂架截面,如图5-9所示。六边形截面采用大圆弧过渡,减小了腹板高度,提高了腹板稳定性,且能较好地传递扭矩与横向力,使得受力状况得到改善,较好地发挥了材料的机械性能,减轻了结构自重。

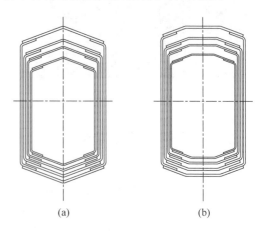

图5-9　六边形及八边形臂架截面示意图
(a) 六边形截面;(b) 八边形截面

在六边形截面的基础上,根据加工工艺及制造成本的要求,发展出八边形截面。在相同截面高度的情况下,进一步减小了上、下翼缘板的计算宽度,提高了上、下翼缘板的稳定性,同时使得材料更加远离中性层,提高了臂架的抗弯截面系数。经过分析对比,同等吨位的产品,八边形截面臂架比六边形截面臂架的截面面积及相应的臂架质量增加 1% 左右,但主惯性矩增幅达到 5.8%～8.02%,抗弯截面系数相应增加 1.44%～4.04%,臂架危险截面的应力降低 8%～10%,挠度值降低 6%～7.5%,因此,八边形截面臂架受力情况进一步改善。

2）多级顺序伸缩液压缸开发

在大吨位、臂节较多的直臂随车起重机上通常采用顺序伸缩加同步伸缩,这样可以大大简化臂架内部结构,提高伸缩机构的可靠性及工作效率。目前在随车起重机上主要通过多联液压控制阀单独控制每个液压缸、利用串联液压缸的面积差等方式实现臂架顺序伸缩。但多联控制油路增加了系统的复杂性、故障率、操作难度及强度。在系统压力不稳定的情况下,利用串联液压缸的面积差控制伸缩顺序的可靠性低,经常出现动作紊乱,且系统压力损失大,系统效率低。近年来,利用机械触碰方式控制液压缸顺序伸缩的技术逐渐成熟。

多级顺序伸缩液压缸的伸出过程为:一级缸伸出,此时由于单向阀作用,液压油无法进入二级缸,如图 5-10(a)所示,因此二级缸不动作;当一级缸伸出到位后,推动缸头阀体内单向阀动作,液压油通过一级缸芯管进入二级缸,推动二级缸伸出,如图 5-10(b)所示。

多级顺序伸缩液压缸的缩回过程为:二级缸缩回,此时由于单向阀作用,液压油无法进入一级缸,如图 5-10(c)所示,因此一级缸不动作;当二级缸缩回到位后,推动缸头阀体内单向阀反向动作,液压油进入一级缸,推动一级缸缩回,如图 5-10(d)所示。

机械触碰方式实现顺序伸缩的多级液压缸采用单一液压控制阀,可减少多联控制油路,触碰方式简单可靠,液压系统压力损失小,工作效率高,是顺序伸缩液压缸技术的主要发展方向。

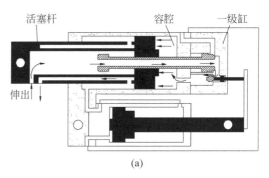

(a)

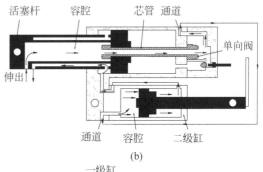

(b)

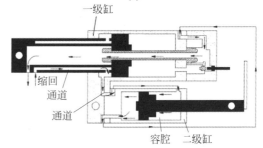

(c)

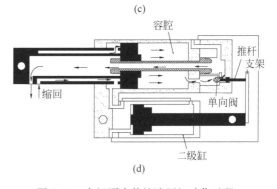

(d)

图 5-10　多级顺序伸缩液压缸动作过程

3）专用回转支承开发及相关标准建立

回转支承是起重机的关键零部件,目前起重机行业主要采用 JB/T 2300—2011 标准进行回转支承的选型及校核,其选型原则为在允许情况下尽量取大值和首选系列产品。这样根据系列选择的回转支承结构尺寸往往较大,与随车起重机整车布置空间紧凑的要求相背。回转支承的大小直接决定了整机结构的尺寸，标准中的回转支承型号不适用于随车起重机，因此专门开发适用于随车起重机的回转支承产品并形成行业专用标准具有现实意义。

如图 5-11 所示，以回转支承滚道中心直径 D 与滚动体直径 d 为设计变量，以滚道接触强度函数、D 与 d 的取值范围（曲线①②③④）、回转支承承载能力函数（曲线⑤）、D 与 d 的比值函数（曲线⑥）等为边界条件，以回转支承体积最小为目标函数对回转支承进行优化计算。优化结果表明，通过增大滚动体直径、减少滚道回转中心半径能够得到适用于随车起重机的回转支承。如果据此建立随车起重机行业的回转支承标准，对于回转支承毛坯锻造、产品制造以及售后服务等行业将有重要的意义。

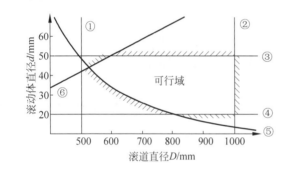

图 5-11　某型号随车起重机回转支承最优化设计的可行域

4）电液控制技术

液压系统换向阀的阀芯与阀体之间多采用间隙密封。系统制动时，在由起吊载荷重力引起的液压油压力及阀芯自身重力的双重作用下，高压油液常会通过换向阀阀芯与阀体之间的微小间隙缓慢泄漏，不能对各机构液压缸或液压马达实现有效地锁紧，因而极易发生载荷下降、臂架回缩、幅度增大、支腿下沉等事故，轻则导致随车起重机无法正常工作，重则导致车辆倾覆、人员伤亡等恶性事故。

为防止上述情况发生，需在液压系统中增加液压锁或平衡阀，提高液压执行元件（液压缸、液压马达）等的密封性，减少内部泄漏，提

高系统稳定性。同时，需在起升机构设置机械式制动器，防止意外事故发生。

5）产品开发技术及发展趋势

在产品的设计周期中，产品方案设计是最首要、最综合的设计工作，设计人员要具有丰富的设计经验，同时要参考大量的法规、规范、标准及技术资料。随车起重机方案设计中涉及的产品参数多、计算项目多、载荷组合及计算工况多、计算过程复杂、迭代次数高，常规的计算工作效率低，错误率高。为此，需要依据随车起重机的相关规范、标准，总结产品方案设计规律，固化计算流程和方法，开发随车起重机产品专用的快速方案计算软件系统。

采用标准化、参数化、模块化的开发思想，将参数分类、分层，形成统一的数据源，避免参数之间的冲突和歧义，避免因参数传递失误造成的计算结果错误。系统的组织构架采用顺序结构（见图 5-12），设计人员根据前处理界面的要求及提示，在输入模块输入相关参数，参数按照后续计算模块调用的需要进行处理，各计算模块依据产品方案设计流程而彼此独立运行，最后将计算结果按照一定的标准模式进行方案结果输出，由工程设计人员完成整机的最终评价与决策工作，实现人机的有效结合。参数化的方案设计计算软件面向产品设计人员，界面设计及软件流程尽量简洁并使用工程语言，设计人员容易掌握。

此外，随着计算机运算功能及存储技术的强大，信息化管理技术、三维同步建模技术、CAD 与 CAE 协同分析技术、动力学仿真技术、机电液联合仿真技术等先进设计手段将会得到更广泛的应用。

到目前为止，我国随车起重机产品在设计手段、加工技术、制造工艺、配套件技术等方面取得了长足的进步，但是与国际先进产品仍存在较大差距，这为我们提供了发展的动力和追赶的目标。企业、科研单位及高等院校只有不断加大科技投入，深入研究新技术、新材料、新工艺，加快新产品研发步伐，完善设计及试验标准，不断缩小与国际先进技术的差距，才能

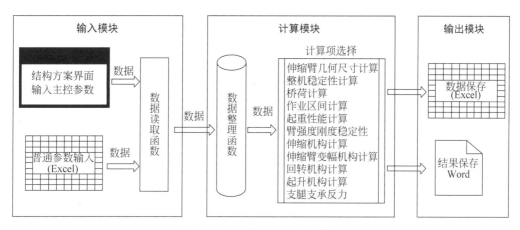

图 5-12 快速设计软件系统构架

使国内随车起重机行业走上良性、快速、可持续发展的道路,从而取得更加辉煌的成绩。

5.2 分类

1) 按整车质量分

按整车质量的不同,可以将随车起重机分为以下三种:6t 以下的为轻型随车起重机;6～14t 的为中型随车起重机;14t 以上的为重型随车起重机。

2) 按起重机类型分

按起重机类型的不同,可以将随车起重机分为以下两种:折臂式随车起重机(简称折臂吊);直臂式随车起重机(简称直臂吊)。如图 5-13 所示。

3) 按臂架结构分

按臂架结构的不同,可以将随车起重机分为以下三种:定长臂随车起重机;接长臂随车起重机;伸缩臂随车起重机。

定长臂随车起重机多为小型机械传动随车起重机,全部动力由汽车发动机供给。接长臂随车起重机可以根据需要,在停机时改变臂架长度,这是大吨位起重机唯一的结构形式。伸缩臂液压起重机,是利用装在臂内的液压缸同时或逐节伸出或缩回。全部缩回时,可以有最大起重量;全部伸出时,可以有最大起升高度或工作半径,目前已发展成为中、小吨位随车起重机的主要品种。

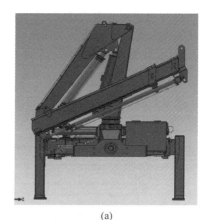

(a)

(b)

图 5-13 随车起重机结构类型

(a) 折臂式随车起重机;(b) 直臂式随车起重机

4）按动力传动方式分

按动力传动方式的不同，可以将随车起重机分为以下三种：机械传动随车起重机；液压传动随车起重机；电力传动随车起重机。

5）按相对于汽车驾驶室和货厢的位置分

按照相对于汽车驾驶室和货厢位置的不同，可以将随车起重机分为以下三种：前置式随车起重机；中置式随车起重机；后置式随车起重机。

前置式随车起重机安装在汽车驾驶室和货厢之间（见图5-14（a））。这种形式可充分利用货厢面积，并保证臂架在允许的伸出长度和相应的运动条件下，达到货厢的所有位置。此外，因液压泵安装的位置距离汽车发动机较近，故液压传动效率比其他形式都高，所以，这种形式得到了最为广泛的使用。不过，采用和使用这种形式的随车起重机应注意防止前轴超载。

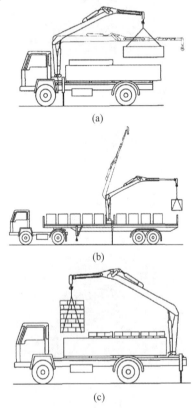

（a）

（b）

（c）

图5-14　随车起重机的3种布置形式
（a）前置式；（b）中置式；（c）后置式

中置式随车起重机安装在汽车车厢中间（见图5-14（b））。这种形式的特点是臂架较短，轴荷分配易于满足设计要求，可基本保持原车的重心位置。但由于随车起重机布置在货厢中部，使货厢面积的利用率降低，故实际应用较少，且仅适合于长轴距载货汽车。

后置式随车起重机安装在汽车货厢后部（见图5-14（c））。这种布置较适用于后部附带有牵引杆挂车（亦称全挂车）的货运车辆，以便组合成牵引杆挂车列车或货车列车。其特点是货厢面积利用率高，臂架能完成载货汽车和挂车之间的装卸作业。但由于这种布置是将随车起重机安放在卡车货厢的尾部，因此带来的不利影响是改变了原车的轴荷分配，使车辆操纵性变差。此外，载货卡车的主车架须作改装设计，并使受载情况变坏。所以，这种形式应用得也不是很多。

5.3　工作原理及组成

5.3.1　工作原理与特点

随车起重机安装于驾驶室和汽车车厢之间。它的工作原理是汽车变速箱取力器驱动液压泵旋转，向液压缸、马达等工作元件提供高压油，从而实现随车起重机起升、变幅、伸缩、回转等各种运动。

5.3.2　结构组成

随车起重机从上至下可分为臂架、转台、基座、支腿和副车架几大承载结构部件，还有回转支承及起升、变幅、回转部件等。

1. 臂架

根据臂架结构的不同，随车起重机可分为直臂式和折臂式两种。这两种形式的起重机在操作性、功能性和安全性等方面也存在着诸多差异。直臂式随车起重机的臂架不能折叠，起升载荷须由起升卷扬机构经钢丝绳带动吊钩来完成，具有结构简单、质量轻、成本较低、操作简便等特点。折臂式随车起重机一般用吊钩直接起吊，以回转、变幅、伸缩等运动完成起重吊装。对于特殊的垂直起吊工况,可以按需要配置液压卷扬机构,同时还可安装伸缩副臂以增大作业高度及幅度,也可与多种附加液压辅具相配,共同完成更为复杂的作业。收藏时整机折叠成"4"字形,宽度与高度都在 2.5m 范围内,满足道路运输要求。因此,折臂式随车起重运输车具有体积小、质心低、动作灵活、功能多等特点,适用于各种复杂作业场合。

1)直臂式随车起重机

如图 5-15 所示,直臂式随车起重机的臂架纵置在车厢之上,臂架以下部分横置在汽车驾驶室与汽车车厢之间。

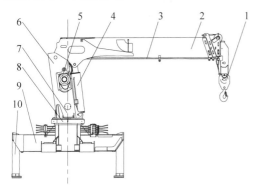

图 5-15 直臂式随车起重机

1—吊钩;2—臂架总成;3—钢丝绳;4—变幅液压缸;5—卷扬机构;6—立柱;7—旋转接头;8—回转支承;9—横梁组;10—支腿机构及控制系统

臂架结构与汽车起重机臂架结构类似,主要由基本臂和几节伸缩臂组成,如图 5-16 所示。在只有一节或二节伸缩臂时,伸缩臂的伸出与缩回靠液压缸推动;而当有多节伸缩臂时,常采用液压缸和钢丝绳排的伸缩方式,此时前两节伸缩臂依次伸出和缩回,其他伸缩臂通过钢丝绳作用同时伸出和缩回。

图 5-16 直臂式的臂架结构示意图

随车起重机的箱形伸缩臂结构为以受弯为主的双向压弯构件,其材料及截面主要受整体强度、刚度、局部稳定性等条件约束。目前国内各厂家产品已经由早期的矩形截面逐渐

发展到六边形臂架截面,如图 5-9(a)所示。六边形截面采用大圆弧过渡,减小了腹板高度,提高了腹板稳定性,且能较好地传递扭矩与横向力,使得受力状况得到改善,较好地发挥了材料机械性能,减轻了结构自重。在六边形截面的基础上,根据加工工艺及制造成本的要求,发展出八边形截面,如图 5-9(b)所示,臂架受力情况得到进一步改善。

2)折臂式随车起重机

折臂式随车起重机的臂架以折叠状态横置在汽车底盘上,与直臂式随车起重机相比,不影响装载货物的高度。图 5-17 所示为折臂式随车起重机展开状态示意图。

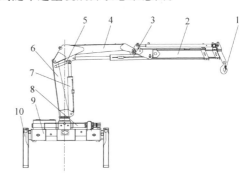

图 5-17 折臂式随车起重机展开状态

1—吊钩;2—伸缩臂;3—折叠液压缸;4—摆臂;5—连杆;6—立柱;7—变幅液压缸;8—回转液压缸;9—横梁组;10—支腿机构及控制系统

折臂式臂架通常由摆臂和伸缩臂两部分组成,通过转轴和折叠液压缸连结在一起。折叠液压缸的作用是使伸缩臂绕摆臂转动。伸缩臂通常由基本臂和几节伸缩臂组成,结构与直臂式臂架结构相同,伸缩臂的伸出与缩回依靠装在臂架上部的液压缸推动。

2. 转台

转台是随车起重机承载的重要连接部件,与底盘基座上的专用座圈相连,通过回转机构驱动,实现转台与臂架的回转。臂架、起升机构、回转机构、变幅机构等均与其直接相连。

随车起重机的转台大多为立柱形式(图 5-18),主要由底部座圈部分、主体结构部分和连接支架部分组成。底板座圈是转台通过回转支承与底盘相连接的基础定位部件。上车在作业过程中,所承受的全部作用力都通过底板座圈传给底盘基座,因此,转台座圈的结构刚性、定位连接面的平面度、与回转支承的连接强度等,都关系到起重机作业的稳定性和可靠性。

图 5-18　随车起重机转台结构

连接支架坐落在底板上方的前部,其作用是连接变幅液压缸的下铰点。其轴孔对转台纵向轴线的垂直度、对座圈基准面的平行度以及两孔对称度等形位公差,直接保证主臂、转台和变幅液压缸三者组装后的对中性,有效地防止主臂吊载作业产生偏载,确保整机的使用性能。

3. 基座

随车起重机的基座是安装在汽车底盘上的设备,在工作过程中,基座通过车辆底盘和支腿支承在地面上。基座是随车起重机工作装置主要的支承件,带有伸缩梁的支腿可以提高随车起重机的稳定性。图 5-19 为随车起重机基座结构示意图。

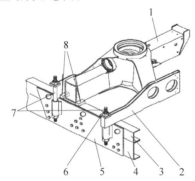

图 5-19　随车起重机基座结构

1—起重机底座;2—摇杆;3—副车架;4—底盘车架;5—底座剪切板;6—垫板;7—螺栓;8—止块

4. 支腿及副车架

随车起重机的支腿主要是保持起重机的平稳和稳定,增加起重性能。由于汽车底盘的宽度和自重都达不到要求,6t 以上随车起重机一般配支腿以增强安全性能。而后支腿又分为固定式和活动式两种,如图 5-20、图 5-21 所示。大吨位起重机选择活动式支腿,安全性相对较高。

图 5-20　固定式液压支腿

图 5-21　活动式液压支腿

固定式液压支腿只能向下伸出,不能向左右伸出,跨距较小,适用于中、小吨位随车起重机。

活动式液压支腿可以沿水平方向伸出,然后向下顶起。这种支腿跨距较大,安全性高,适用于中、大吨位随车起重机。

随车起重机的支腿形式主要有 H 形、A 形及放射形。欧洲大吨位折臂式随车起重机为了保证布置空间需求及通过性要求,支腿采用旋转结构,即支腿在运输状态下可向上旋转 180°。同时,大吨位随车起重机多加装了第五支腿,以保证其稳定性,如图 5-22 所示。

5. 属具

随车起重机上可以安装各种辅具以拓展

(a)

(b)

(c)

图 5-22 支腿结构

(a) H 形支腿；(b) A 形支腿；(c) 旋转支腿第五支腿

起重机的功能。辅具主要加装在臂架头部，常用的是吊钩，如图 5-23 所示。另外，还可以根据工作要求的不同安装各种辅具，如枕木抓、吊篮、螺旋钻、板叉、轮胎机械手等。匹配吊篮后，随车起重机可以进行高空作业，或作为简易桥梁检测作业车使用；匹配不同抓斗的随车起重机可以用来抓取木材、电线杆或水泥、煤炭等；一般大吨位随车起重机可以选配钻具，用来在地面钻孔植树、埋电线杆等。图 5-24 展示了常用的几种辅具。

图 5-23 吊钩

图 5-24 常用属具

5.3.3 机构组成

1. 起升机构

起升机构是用来实现物料的垂直升降或因变幅而产生的垂直和水平运动的机构，是任何形式的起重机中必备的部分，因而是起重机最主要、最基本的机构。它主要由卷扬减速机、液压马达、卷扬钢丝绳、主臂头部下方的定滑轮组、吊钩上的动滑轮组和吊钩等部件组成。

吊钩升降作业的过程：液压马达驱动卷扬减速机回转，主卷扬钢丝绳通过主臂头部下方的定滑轮组和吊钩上的动滑轮组，带动吊钩起升或下降。改变液压马达的供油方向，可以实现吊钩升降作业。为保证吊钩带载作业的平稳性，在液压马达的控制油路中，设有防止带载下降超速失稳的液压平衡阀，使吊钩升降系统工作安全、平稳，防止升降抖动与冲击的产生。

2. 变幅机构

变幅机构是臂架类起重机特有的工作机构，它通过改变臂架的伸出长度和与水平面的角度（臂架的仰角或俯角）来改变起重机的工作幅度。

前面说过,随车起重机的基本结构形式有折臂式、直臂式两种。折臂式随车起重机的折臂部分由回转立柱、主折叠臂、次折叠臂组成(见图5-25)。这三部分由两个铰支点来连接,每一个铰支点的变幅是由摆动液压缸或摆动液压缸与双摇杆四杆机构的组合完成的。两个不同铰支点变幅机构的组合即构成随车起重机多种不同的折叠臂变幅机构系统。

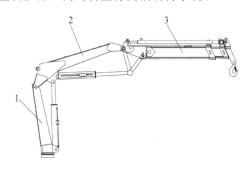

图5-25 折叠臂结构

1—回转立柱;2—主折叠臂;3—次折叠臂

为了更好地研究折叠臂变幅机构,常将用于起重机的折叠臂变幅机构按其构成进行分类。对任一铰支点的变幅方式可归结为6种形式,如图5-26所示。变幅机构的形式有如下特征:一个铰点可以仅由一摆动液压缸实现变幅,液压缸铰支点在四杆的铰点上;另一个铰点在前臂或后臂上,液压缸放置有正置和倒置之分。

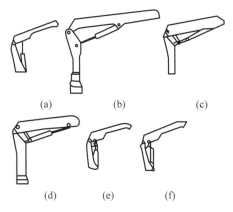

图5-26 折叠臂变幅机构的变幅方式

3. 回转机构

回转机构的功能是使臂架绕着起重机的垂直旋转轴线作旋转运动,从而实现在圆形空间移动物体。

1) 全回转机构

国内随车起重机回转机构多采用回转液压马达、回转减速机与回转支承结构相组合的形式。该种回转机构可以顺、逆时针任意旋转角度,但结构和受力情况较为复杂,所需径向安装尺寸大,适用于中型及以上吨位的随车起重机。随着随车起重机设计及制造技术的不断成熟,用户对回转机构的紧凑性、可靠性和维修性等要求越来越高,如图5-27所示。

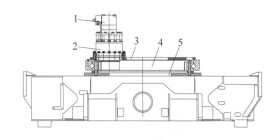

图5-27 全回转机构

1—回转液压马达;2—回转减速机;3—上车转台连接面;4—回转支承;5—底盘座圈

回转机构的工作过程:将上车操纵手柄(或操纵拉杆)扳到转台回转位置时,液压油通过下车管路、中心回转接头、上车管路、上车主阀后,输送给回转减速机的动力元件——液压马达,液压马达驱动回转减速机回转,减速机输出端的小齿轮与回转支承的齿圈啮合,驱动回转支承,并带动转台一起转动,实现起重机360°回转运动。

2) 齿条回转机构

如图5-28所示,空心轴通过第一复合轴承和一个推力轴承安装在轴支座上,且在空心轴上配合有齿轮齿条副,转筒通过花键结构与齿轮同轴连接在一起,在该转筒的上端面固连臂架底座,外圆上通过第二复合轴承同轴装有外护套,外护套下端放置在轴支座上,其上端利用O形圈和密封盖密封。为了使起重机回转机构在轴向得到固定,空心轴的下端镶有弹性挡圈,该弹性挡圈可限制空心轴向上窜动。在上述转筒与空心轴之间还设有转筒的轴向定位机构,该轴向定位机构由转筒内孔臂上端的扩径台阶和设在该扩径台阶上的微调螺母构成,通过该微调螺母调节转筒和齿轮的轴向安装松紧度,进而防止起重机臂架向上窜动。

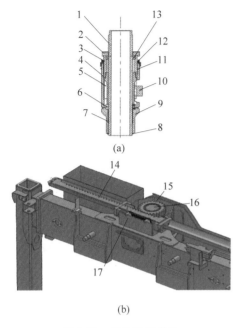

(a)

(b)

图5-28 齿条回转机构

(a) 纵向剖视;(b) 横向剖视

1,16—空心轴;2—吊臂底座;3—转筒;4—外护套;
5,15—齿轮;6—推力轴承;7—第一复合轴承;8—
弹性挡圈;9,17—轴支座;10,14—齿条;11—第二
复合轴承;12—O形圈与密封盖;13—微调螺母

驱动回转机构的齿条作直线往复运动,齿条带动齿轮转动,由于齿轮与转筒花键连接,与空心轴过盈连接,则齿轮、空心轴、转筒、微调螺母及臂架底座一起在外护套内回转,从而实现起重机臂架底座的回转。

4. 伸缩机构

1) 顺序伸缩机构

以三节臂产品为例,伸缩臂内布置两根液压缸,即二级动臂均由液压缸推动。由于1号液压缸活塞杆内设置有向2号液压缸供油的通道,避免了使用软管卷筒为2号液压缸供油。因随车起重机起吊载荷比较确定,臂长要求不高,但载荷较大,采用液压缸直接推动臂是合适的。

2) 同步伸缩机构

(1) 三节臂单缸单绳排伸缩机构

伸缩臂内布置一个液压缸加一套钢丝绳组滑轮系统,液压缸控制二节臂的伸缩,绳排控制三节臂伸缩,原理如图5-29所示。

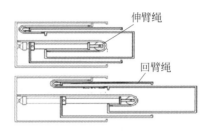

图5-29 三节臂单缸单绳排伸缩机构原理

(2) 四节臂单缸双绳排伸缩机构

伸缩臂内布置一个液压缸加两套钢丝绳组滑轮系统,液压缸控制二节臂的伸缩,绳排分别控制三、四节臂伸缩,原理如图5-30所示。

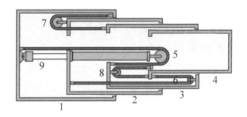

图5-30 四节臂单缸双绳排伸缩机构原理

1—节臂;2—二节臂;3—三节臂;4—四节臂;
5—伸臂轮Ⅰ;6—伸臂轮Ⅱ;7—缩臂轮Ⅰ;
8—缩臂轮Ⅱ;9—伸缩液压缸

当液压缸的无杆腔进油时,液压缸的缸筒前伸。通过液压缸缸筒上的铰点轴带动二节臂伸出,实现二节臂与液压缸同步伸出。三节臂的伸臂绳一端固定在三节臂尾端拉索固定座上。当二节臂与液压缸同步伸出时,在液压缸连接架上的伸臂轮Ⅰ作用下,三节臂的伸臂绳带动三节臂,以液压缸速度的2倍伸出,其原因是伸臂轮Ⅰ行走一段距离,而缠绕滑轮上的伸臂绳要补2倍的行走距离长度才能保证该机构正常工作,从而实现二、三节臂同步伸出。四节臂伸臂绳的一端固定在四节臂尾端铰接轴上,通过三节臂头部的伸臂轮Ⅱ,将绳的另一端固定在二节臂的尾端。在二、三节臂同步伸出的同时,四节臂伸臂绳带动四节臂,以三

节臂伸出速度的 2 倍伸出,即实现二、三节臂同步伸出,从而实现二、三、四节臂同步伸出。

当液压缸有杆腔进油时,液压缸的缸筒回缩。通过液压缸缸筒的铰点轴带动二节臂同步回缩,三节臂缩臂绳的一端固定在三节臂尾端,通过二节臂尾端滑轮架上的缩臂轮 I,将另一端固定在一节臂头部上方的连接架上。在二节臂回缩的同时,通过二节臂尾端滑轮架上的缩臂轮 I 带动三节臂以二节臂 2 倍的回缩速度回缩,即实现二、三节臂同步回缩。四节臂缩臂绳的一端固定在四节臂的尾端,通过三节臂尾端滑轮架上的缩臂轮 II 将另一端固定在二节臂头部上方的连接架上。在三节臂回缩的同时,三节臂尾端滑轮架上的缩臂轮 II 带动四节臂,以三节臂 2 倍的回缩速度回缩,即实现三、四节臂同步回缩,从而实现二、三、四节臂同步回缩。

3)顺序与同步组合伸缩机构

(1)四节臂双缸单绳排伸缩机构

伸缩臂内布置两个液压缸和一套钢丝绳组滑轮系统。1 号缸控制二节臂的伸缩,2 号缸控制三节臂的伸缩,绳排控制四节臂的伸缩,原理如图 5-31 所示。

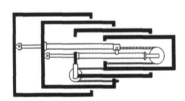

图 5-31　四节臂双缸单绳排伸缩机构原理

(2)六节臂三缸双绳排伸缩机构

在伸缩臂内布置三个液压缸和一套钢丝绳组滑轮系统。1 号缸控制二节臂的伸缩,2 号缸控制三节臂的伸缩,3 号缸控制四节臂的伸缩,绳排控制五、六节臂的伸缩。此种方式液压缸较多,臂架重量大,一般用于臂长较短的随车起重机。其原理如图 5-32 所示。

5. 支腿机构

为提高随车起重机的起重能力,增加整机稳定性,在起重机的底架上装有可收放和伸缩的支腿。支腿按其结构分为蛙式支腿、H 形支

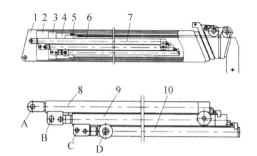

图 5-32　六节臂三缸双绳排伸缩机构原理
1—节臂;2—二节臂;3—三节臂;4—四节臂;5—五节臂;6—六节臂;7—伸缩液压缸;8—1 号液压缸;9—2 号液压缸;10—3 号液压缸

腿和 X 形支腿。

1)蛙式支腿

蛙式支腿的构造及工作原理如图 5-33 所示。蛙式支腿由摇臂 1、伸缩液压缸 3、销轴 2 和 5、脚板 4 组成。当起重机工作时,液压缸 3 的活塞杆外伸,摇臂 1 绕销轴 2 转动,使脚板 4 撑地并使轮胎离地。在摇臂 1 上开有滑槽,增加了液压缸 3 的力臂,从而改善了液压缸的工作条件。

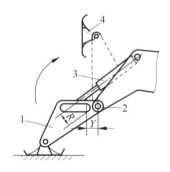

图 5-33　蛙式支腿
1—摇臂;2,5—销轴;3—伸缩液压缸;4—脚板

蛙式支腿的特点是结构简单,只有一个液压缸,因此自重轻。蛙式支腿摇臂尺寸不能过大,所以支腿跨距受到限制。支腿板落地后有水平位移,增加了液压缸的推力。

2)H 形支腿

图 5-34 为 H 形支腿的构造图。支腿外伸后呈 H 形。它由固定在车架 1 上的固定支腿 5、外伸支腿 4、垂直液压缸 3、水平液压缸 2 和支腿盘 6 组成。当水平液压缸 2 外伸时,推动

外伸支腿 4 相对固定支腿 5 外伸。接着垂直液压缸 3 外伸,使轮胎离地。

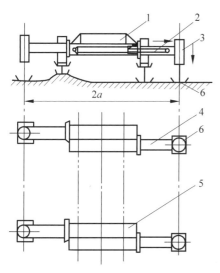

图 5-34　H 形支腿

1—车架;2—水平液压缸;3—垂直液压缸;
4—外伸支腿;5—固定支腿;6—支腿盘

H 形支腿的特点是固定支腿与车架固接,从而加强了车架,改善了车架受力情况。此外,H 形支腿跨距较大,适应性好,易于调平。但 H 形支腿垂直液压缸行程长,缸体超过车架上平面较高,因此影响起重机的作业空间。

3)X 形支腿

图 5-35 为 X 形支腿的构造图。X 形支腿由与车架铰接的支腿 4、伸缩支腿 6、脚板 7、垂直液压缸 1 和水平液压缸 5 组成。当起重机打支脚工作时,首先水平液压缸 5 外伸推动伸缩支腿 6 外伸。然后,垂直液压缸 1 外伸,支腿脚板 7 着地并使整机抬起。工作结束后,垂直液

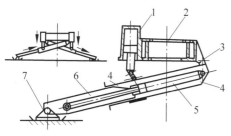

图 5-35　X 形支腿

1—垂直液压缸;2—底盘;3—铰点;4—支腿;
5—水平液压缸;6—伸缩支腿;7—脚板

压缸 1 先回缩抬起固定支腿 4,水平液压缸 5 再回缩收回伸缩支腿 6,使起重机处于运输状态。

X 形支腿的特点是垂直液压缸行程短,液压缸 1 的负荷大,缸径较粗,支腿离地间隙小,支腿盘着地后有水平位移,但稳定性较好。

5.3.4　动力系统与传动形式

1. 动力系统

随车起重机动力系统一般由其所安装的汽车底盘提供。在底盘的变速箱上一般有取力口提供给其他系统使用。当在底盘上安装随车起重机时,通过在取力口处安装取力器(见图 5-36 和图 5-37)实现取力,再通过传动轴(见图 5-38)及泵(见图 5-39)等部件把动力传给随车起重机,实现各种动作的作业需要。

图 5-36　取力口位置图

图 5-37　取力器及输出法兰盘

当随车起重机未安装在汽车底盘上,被用作其他用途时,动力系统有时靠电动机或发动机带动的泵站(见图 5-40)来提供。

当然,安装在底盘上的随车起重机有时也

图 5-38　传动轴

图 5-39　泵

图 5-40　一种电机泵站

配有泵站类的动力系统,当底盘系统出故障时应急使用。

2. 传动形式与原理

动力系统向随车起重机提供动力,主要的传动形式为液压传动方式。其传动顺序如图 5-41 所示。

图 5-41　传动顺序

这种传动的原理是通过动力系统,把动能或电能转化为液压能,再通过人为操纵控制,作用在目标执行机构上,实现操作者的作业意图。

5.3.5　安全控制与操控系统

1. 力矩限制器的形式与原理

随车起重机的作业安全非常重要。力矩限制器作为随车起重机的一种常用安全装置已越来越受到广泛采用。一般力矩限制器可分为电子力限和液压力限两种方式。电子力限方式主要通过采集安装在臂架等部件上的长度、角度等传感器信号,输入到控制器主机进行运算对比,并实时对当前的状态进行显示、警示或自动切断作业动作等。图 5-42 为其主要组成部分。

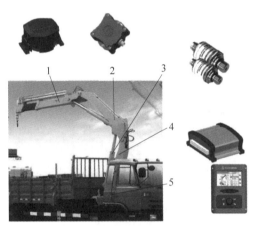

图 5-42　一种力矩限制器的元器件组成
1—长角传感器;2—角度传感器;3—油压传感器;
4—IO_MODULE;5—主机

油压传感器采集变幅液压缸大、小腔的压力;长角传感器采集外臂体的角度和伸出长度;角度传感器采集臂体的角度信号。它们将采集到的信息实时送入主机,主机根据实际情况进行力矩限制、关键参数显示和报警(一般采用多层警灯:绿灯——正常工作,黄灯——90%满载,红灯——超载)。

液压力限方式(见图 5-43)主要通过采集液压缸内部的压力值进行运算对比,超载时会使危险动作受限。液压力限方式相比电子力限方式控制精度要低,成本也相对低些。

图 5-43　液压力限方式

2. 其他安全保护与警示装置

除力矩限制器外,随车起重机一般还装有溢流阀、平衡阀(见图 5-44)、液压锁等安全保护装置,可以在一定程度上防止系统过载及一些其他不可预期的动作发生。在产品的臂架、回转机构等处一般还会有"臂架下严禁站人"(见图 5-45)、"小心挤、压伤"(见图 5-46)等警示标志。

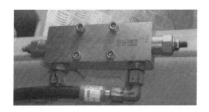

图 5-44　平衡阀

⚠ 起重臂下严禁站人

图 5-45　"臂架下严禁站人"警示标志

图 5-46　"小心挤、压伤"警示标志

3. 操控方式

随车起重机一般有手动和遥控两种操控方式。

手动方式一般在操作位置直接操作手柄完成。常见的手动操控位置有 3 种,如图 5-47 所示。

(a)　　　　　　　　(b)

(c)

图 5-47　常见的手动操控位置
(a)基座座椅操作;(b)转台座椅操作;(c)地面操作

遥控又分为有线遥控和无线遥控两种方式。图 5-48 所示为某种遥控器的发射器。

4. 操控作业及设定功能的符号

随车起重机一般主要有回转、起升、变幅、臂架伸缩等主动作,以及支腿的水平及垂直升降等辅助动作。不同品牌的厂商各个操控动作的设定及作业符号略有差别,但基本相似。应参照 GB/T 26473—2011 附录 F"作业和设定功能的符号"要求执行。表 5-1 所示是一些

图 5-48　一种遥控器的发射器

较常见的各个主要动作的符号。

SPS 25000 L E XXX

- 起重机附加装备代号
- 液压伸缩臂节数代号
- 大臂型号
- 主参数代号，起重量或起重代号
- 厂家或品牌代号

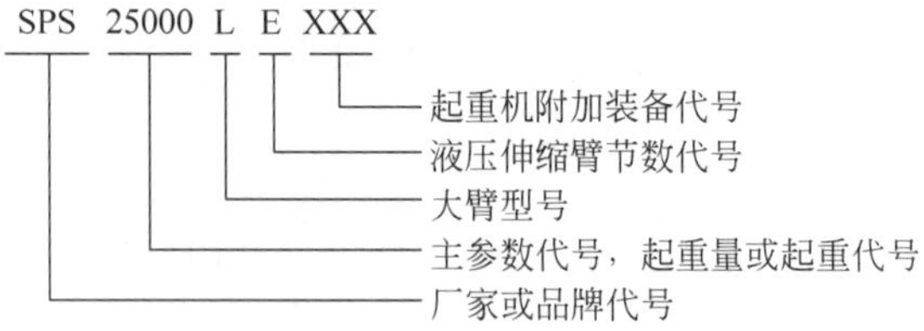

图 5-49　产品型号命名方式

表 5-1　主要操作符号

图　形	符号名称
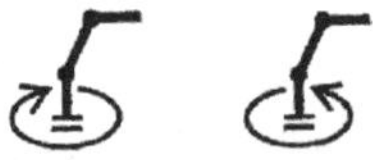	回转操控
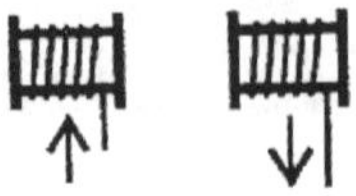	起升操控
	第一变幅操控
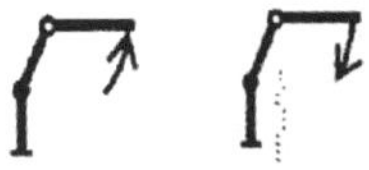	第二变幅操控
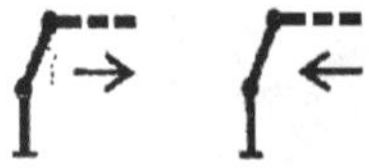	臂架伸缩操控
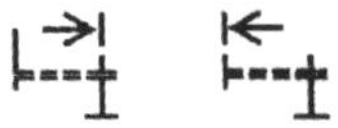	支腿水平伸缩操控
	支腿垂直收放操控

表 5-2　直臂式产品的厂家或品牌代号举例

品牌代号	企业名称
SPS	三一
KS	锦州广林
QYS	石煤
SQ	徐随
ZLC	中联

表 5-3　折臂式产品的厂家或品牌代号举例

品牌代号	企业名称
SPK	三一
KN	广成重工
SYS	石煤
SQ	徐随
XS	HIAB

大臂型号的表示见表 5-4，缺省为标准型。

表 5-4　大臂型号表示

大臂型号	含　义
—	标准型
L	长大臂
EL	超长大臂
T	伸缩大臂

液压伸缩臂节数量的代号表示见表 5-5，缺省表示只有 1 节。

表 5-5　液压伸缩臂节数量表示

代号	伸缩臂节数量
—	1
A	2
B	3
C	4
D	5
E	6

5.4　技术性能

5.4.1　产品型号命名方式

随车起重机型号命名方式如图 5-49 所示。

其中的厂家或品牌代号，各企业根据产品类型不同会有所不同，见表 5-2 和表 5-3。

续表

代号	伸缩臂节数量
F	7
G	8
H	9

5.4.2　性能参数

随车起重机的性能参数是其主要技术指标,也是设计的依据,主要包括:

(1)额定起重量:在不同工作幅度下安全作业所允许起吊物体的最大总质量(包括吊具质量)。

(2)额定起重力矩:额定起重量与相应工作幅度的乘积。

(3)工作幅度:取物装置垂直中心线至回转中心线的水平距离。

(4)起升高度:随车起重机支承面至取物装置最高工作位置之间的垂直距离。

表5-6列出了SQ6.3型随车起重机的技术参数。随车起重机相关技术标准与规范见表5-7。

表5-6　SQ6.3型随车起重机技术参数

最大额定起重量/kg	6300
最大额定起重力矩/(kN·m)	154.5
最大工作幅度/m	19.5
最小工作幅度/m	2.5
最大起升高度/m	21
变幅范围/(°)	0~75
回转范围/(°)	0~360
回转速度/(r/min)	0~3

表5-7　随车起重机相关标准与规范

序号	标准编号	标准名称
1	JB/T 12577—2015	随车起重机
2	GB/T 26473—2011	起重机随车起重机安全要求
3	QC/T 459—2014	随车起重运输车
4	GB/T3811—2008	起重机设计规范
5	GB/T 6067—2010	起重机械安全规程

5.4.3　各企业的产品型谱

国外随车起重机已形成功能多元化、品种系列化、机电液控制一体化的产品体系,除用于普通起重作业外,还广泛用于其他各种行业,如高空作业、桥梁维修、高空架线及检测等。欧洲随车起重机主要的产品结构形式为折叠臂式,具有"多关节""可折叠"等优点,几乎均将有线遥控和无线遥控作为产品的选装部件,提高了产品的使用便利性和操作安全性。日本和韩国的随车起重机生产也较为发达,产品主要以伸缩臂结构为主。

目前,国内随车起重机的主要生产厂家有徐随、中联重科、石煤、牡丹江专汽和山西长治清华专用车公司等。另外,近年来国外随车起重机巨头纷纷觊觎中国市场。瑞典的希亚伯在山东建立基地,日本古河与泰安起重机械厂合资,韩国广林株式会社与锦州重型机械股份有限公司组建的合资公司广林特装车(锦州)有限公司(简称锦州广林)、三一重工与奥地利Palfinger公司合作也开始生产随车起重机。

下面对几大代表性企业的代表性产品的型谱作一介绍,各企业的排序不分先后,具体见表5-8~表5-12。

表5-8　国内外代表性公司的产品型谱(折臂式)

t·m

公司简称	产品型谱
希亚伯	4.6、5.4、9.9、11.1、13.4、16.7、17.3、18.3、31.5、38.4、40.6
Fassi	1、1.5、2、3、3.5、6.3、8、9.5、11.5、13、15、37、51、127、129、131.5、138
徐随	2、3.2、6.72、8.4、10.5、13.2、16、20、30、35、40
中联	1.5、3、8、12、20、25
三一	5.8、7.6、9.5、11.6、14.6、23、30.4、34.8、57.3
石煤	2、4、6.4、8.4、11、13.86、16、20、30、40

表 5-9　国内外代表性公司的产品型谱（直臂式）

t·m

公司简称	产品型谱
希亚伯	0.9,1.2,2.4,2.8,17
古河	0.3961,0.4848,1.111,2.0175,2.025
徐随	4.2,6.8,10,12.5,15.7,20,25,30,35,40
中联	5,6.3,8,10,12,16,20
三一	15.8,20,25,30,35,50
石煤	2,3.5,4.2,6.4,12.5,15.75,24,25,30,36,42

表 5-10　徐随产品型谱

类型	型号	最大起重量/t	最大起重力矩/(t·m)
直臂式	SQ2S	2	4.2
	SQ3.2S	3.2	6.8
	SQ4S	4	10
	SQ5S	5	12.5
	SQ6.3S	6.3	15.7
	SQ8S	8	20
	SQ10S	10	25
	SQ12S	12	30
	SQ14S	14	35
	SQ16S	16	40
折臂式	SQ1Z	1.5	2
	SQ2Z	2	3.2
	SQ3.2Z	3.2	6.72
	SQ4Z	4	8.4
	SQ5Z	5	10.5
	SQ6.3Z	6.3	13.2
	SQ8Z	8	16
	SQ10Z	10	20
	SQ12Z	12	30
	SQ14Z	14	35
	SQ16Z	16	40

表 5-11　三一产品型谱

类型	型号	最大起重量/t	最大起重力矩/(t·m)
直臂式	SPS15800	6.3	15.8
	SPS20000	8	20
	SPS25000	10	25
	SPS30000	12	30
	SPS35000	14	35
	SPS50000	20	50
折臂式	SPK6500	3.3	5.8
	SPK8500	4	7.6
	SPK10000	5.7	9.5
	SPK12000	6.8	11.6
	SPK15500	8	14.6
	SPK23500	10	23
	SPK32080	12/14	30.4/34.8
	SPK42502	14.34	42.3
	SPK61502	21.5	57.3
	SPK62002	22.2	57.8

表 5-12　石煤产品型谱

类型	型号	最大起重量/t	最大起重力矩/(t·m)
直臂式	QYS-1.0Ⅱ	1	2
	QYS-1.0ⅡA	1	3.5
	QYS-1.6Ⅱ	1.6	3.5
	QYS-2ⅡB	2	4.2
	QYS-3.2Ⅰ	3.2	6.4
	QYS-3.2Ⅱ	3.2	6.4
	QYS-5Ⅱ	5	12.5
	QYS-6.3Ⅲ	6.3	15.75
	QYS-8ⅢA	8	24
	QYS-10ⅢB	10	25
	QYS-12ⅢA	12	30
	QYS-12ⅢB	12	30
	QYS-14Ⅲ	14	36
	QYS-16Ⅳ	16	42
折臂式	QYS-1ZⅡ	1	2
	QYS-2ZⅡ	2	4
	QYS-3.2ZⅡ	3.2	6.4
	QYS-4ZⅢ	4	8.4
	QYS-5ZⅢ	5	11
	QYS-6.3ZⅢ	6.3	13.86
	QYS-8ZⅢ	8	16
	QYS-10ZⅢ	10	20
	QYS-12ZⅣ	12	30
	SQ400	16	40

5.4.4 各产品技术性能

以下分别以直臂式和折臂式按小吨位、中吨位、大吨位来说明各产品的技术性能参数，各企业的产品不分先后顺序。

1. 直臂式

1) 小吨位产品的技术性能与特点

小吨位直臂式随车起重机产品的主要技术性能见表5-13～表5-15。

表5-13 3.2t直臂式随车起重机技术参数

技术参数/型号	锦州广林 KS733	石煤 QYS-3.2Ⅰ	徐随 SQ3.2SK1Q	中联重科 SQ73	湖北程力① SQ3.5SA1
最大起重力矩/(t·m)		6.4	6.72	7.35	7
最大起重量/t	3.2	3.2	3.2	3	3.5
最大工作幅度/m	7.5	5.3	5.35	1.4	5.38
最大起升高度/m	9.5	5.5		9.8	7.3
臂架节数	3	2	2	3	2
变幅范围/(°)			75	1～76	73
回转范围/(°)	360	360	360	360	360
起重机重量/t			1.105	1.3	0.95

① 湖北程力专用汽车有限公司,简称湖北程力。

表5-14 5t直臂式随车起重机技术参数

技术参数/型号	湖北程力 SQ5SA2	古河 UR-V553	徐随 SQ5SK2Q	中联重科 SQ112	石煤 QYS-5Ⅱ
最大起重力矩/(t·m)	11.25	11.11	12.5	11.25	12.5
最大起重量/t	5	5.05	5	5	5
最大工作幅度/m	8	2.2	8.5	9	8.2
最大起升高度/m	9.9	10.1	10.6	10.5	8.9
臂架节数	3	3	3	3	3
变幅范围/(°)	1～76	1～78	75	1～76	
回转范围/(°)	360	360	360	360	360
起重机重量/t	1.55		2.074	2	1.9

表5-15 6.3t直臂式随车起重机技术参数

技术参数/型号	牡丹江专汽 SQ6.3HC2W3	徐随 SQ6.3SK2Q	中联重科 SQ141	三一重工 SPS15800	石煤 QYS-6.3Ⅲ
最大起重力矩/(t·m)	12.8	15.7	14.18	15.8	15.45
最大起重量/t	6.3	6.3	6.3	6.3	6.3
最大工作幅度/m	8.61	8.5	9	12.3	10.3
最大起升高度/m	11.4	10.6	10.5	14.4	10.8
臂架节数	3	3	3	4	4
变幅范围/(°)		75	1～76	75	
回转范围/(°)	360	360	360	360	360
起重机重量/t	2.7	2.102	2.05	2.23	

小吨位直臂式随车起重机产品自重轻而且结构非常紧凑,适用于作业空间狭窄的工作场地,以其快速、灵活、高效、便捷以及装卸、运输合二为一的优势,广泛应用于电力抢修与园林维护等方面。

希亚伯直臂式起重机中,HIAB 008T 型起重机自重轻而且紧凑,在功率、效率和可靠性方面性能良好,能够满足大多数作业需求,如图 5-50 所示。

图 5-50　HIAB 008T 型直臂式随车起重机

多田野最大起重量 3.03t 及以下随车起重机的技术特点如下:

(1)集中式控制面板安装在回转臂两侧,起重机作业所需要的操作开关和起重性能图组合在一起并布置在单个面板上,如图 5-51 所示。

图 5-51　集中式控制面板

(2)配有高性能控制阀,具有及时响应性和良好的微调控制特性。根据操作者的命令,操作可快可慢,如图 5-52 所示。

图 5-52　良好的操纵机构

日本古河随车起重机中 URV290 系列产品能够跨越狭窄的道路,完成 2.63t 级起重作业。如果加装吊斗,还可以进行高空作业,如图 5-53 所示。

图 5-53　UR-V290 型直臂式随车起重机

2)中吨位产品的技术性能与特点

中吨位直臂式随车起重机产品的主要技术性能见表 5-16～表 5-18,产品起重能力更强,具有超长臂架。臂架一般由四或五节伸缩臂组成,伸缩臂的伸出与缩回靠装在臂架内部的液压缸和钢丝绳共同推动,作业范围更广;大跨距支腿,具有更强的整机稳定性。

表 5-16　8t 直臂式随车起重机技术参数

技术参数/型号	古河 UR-V803	徐随 SQ8SK3Q	中联重科 SQ200	三一重工 SPS20000	石煤 QYS-8ⅢA
最大起重力矩/(t·m)	20	20	21.5	20	24
最大起重量/t	8	8	8	8	8
最大工作幅度/m		11.5	10.5	14	12.2
最大起升高度/m	11.1	12.5	13.79	16.1	12.3

续表

技术参数/型号	古河 UR-V803	徐随 SQ8SK3Q	中联重科 SQ200	三一重工 SPS20000	石煤 QYS-8ⅢA
臂架节数	3	4	4	4	3
变幅范围/(°)	1～80	75	1～76	75	
回转范围/(°)	360	360	360	360	360
起重机重量/t		3.3	3.5	3.5	4.2

表 5-17　10t 直臂式随车起重机技术参数

技术参数/型号	徐随 SQ10S	中联重科 SQ250	三一重工 SPS25000	三一帕尔菲格[1] SPS25000	石煤 QYS-10ⅢB
最大起重力矩/(t·m)	25	25	25	25	25
最大起重量/t	10	10	10	10	10
最大工作幅度/m	12	12.2	14.5	17.7	13.3
最大起升高度/m	13.6	14.2	16.5	20.1	13.6
臂架节数	4	4	4	5	3
变幅范围/(°)	75	75	75	75	
回转范围/(°)	360	360	360	360	360
起重机重量/t	3.8	3.9	4.2	4.11	4.2

① 三一帕尔菲格特种车辆装备有限公司,简称三一帕尔菲格。

表 5-18　12t 直臂式随车起重机技术参数

技术参数/型号	徐随 SQ12SK3Q	中联重科 ZLC3000T	三一重工 SPS30000	三一帕尔菲格 SPS30000	石煤 QYS-12Ⅲ
最大起重力矩/(t·m)	30	30	30	25	36
最大起重量/t	12	12	12	12	12
最大工作幅度/m	12.5		15	14.5	13.5
最大起升高度/m	14		17.1	16.5	14.2
臂架节数	4	4	4	4	3
变幅范围/(°)	75	0.5～75.5	75	75	
回转范围/(°)	360	360	360	360	360
起重机重量/t	4.2	4.25	4.5	4.2	4.5

多田野最大起重量 4.05t 及以上随车起重机的技术特点如下:

(1) 具备均衡起重机支承系统,在车辆行驶过程中,将载荷均匀施加到地盘车架上,以防止任何一点出现过大的应力集中,进而保护底盘车架,如图 5-54 所示。

(2) 具有紧凑型回转系统,可提高操作效率及性能,如图 5-55 所示。

(3) 外伸支架操作便捷,一个手指便可实现锁定或释放、延长或缩回。新的锁定系统可

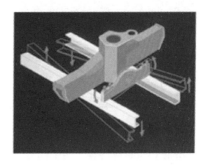

图 5-54　均衡起重机支承系统

图 5-55　全循环紧凑型回转系统

以防止支腿在车辆行驶过程中延伸,使得起重机更加安全,如图 5-56 所示。

图 5-56　外伸支架

(4)自动回转锁可将机械动臂锁定在回转基座上,防止车辆行驶中发生旋转,如图 5-57所示。

图 5-57　自动回转锁

National Crane 是格鲁夫专门生产随车起重机的子公司,该公司以生产直臂式随车起重机见长。所生产的直臂式随车起重机为后置

式,如图 5-58 所示,采用全液压高支点弧线摆出式斜伸支腿,支腿的支承点很高,摆出后成 A 字形,具有较大的跨距,并能在不平的路面上有效地调平。臂架断面为矩形,采用高强度钢制造,节数 2～4 节,可以装设 1～2 节副臂,副臂在主臂侧面折叠存放。臂架为全动力伸缩,回转机构有齿轮齿条式和回转支承小齿轮式两种,后一种由一个抗剪切滚珠轴承和低速大扭矩马达带动的小齿轮组成。

图 5-58　National Crane 公司的直臂式
随车起重机

徐随的产品如图 5-59 所示,其技术特点如下:

(1)整机采用高强度钢板制造,整体重量轻。

(2)自主研发的整体式起升绞车、回转机构结构紧凑,驱动性能强,安全性高。

(3)紧凑的四连杆机构铰点设计,占用空间小,起升能力强。

(4)采用多边形臂架技术,对中性好,截面抗弯能力强。

图 5-59　徐随的直臂式随车起重机

（5）悬浮式三点桥结构设计可以有效降低车辆行驶时底盘大梁所承受的附加应力。

（6）标配防过卷报警等多种装置，确保作业更安全。

（7）有多种操纵形式，可适应不同的客户群。

（8）装有防回转冲击装置，可以有效保护车辆行驶安全。

（9）臂架内置同步拉索伸缩技术，工作效率更高。

（10）采用双排球回转支承，承载能力强，安装空间小，提高了整机的适应性。

3）大吨位产品的技术性能与特点

大吨位直臂式随车起重机产品的主要技术性能见表5-19。

表 5-19　16t 直臂式随车起重机技术参数

技术参数/型号	牡丹江专汽 SQ16SA	湖北程力 SQ16SA2	徐随 SQ16S	中联重科 SQ400 六节臂	三一重工 SPS48000	石煤 QYS-16IV
最大起重力矩/(t·m)	48	48	43.2	40	48	42
最大起重量/t	16	16	16	16	16	16
最大工作幅度/m	14.7	14.7	18.5	17.5	21	17.6
最大起升高度/m	16	16	20.5	20.6	22.5	17.8
臂架节数	4	3	5	6	5	4
变幅范围/(°)	70	10～70	75	22～75	75	
回转范围/(°)	360	360	360	360	360	360
起重机重量/t	7.5	7.5	6.02	7.2	6.3	6

大吨位产品需要承担大载荷，所以结构件采用高强度钢，结构设计合理，抗疲劳能力强，安全可靠；臂架采用多边形截面，结构刚性和抗弯性提高，具有在工艺经济性和结构强度上的最佳匹配；采用创新型顺序伸缩技术，工作压力损失小，顺序动作可靠性高。

希亚伯 ST 170 型 17t 起重机，是非 CE 认证手动控制，采用紧凑式高强度机臂设计，整体尺寸紧凑、自重轻，便于维修和维护，如图 5-60 所示。

图 5-60　ST 170 型直臂式随车起重机

中联重科的 ZLC6500A 型产品如图 5-61 所示，其技术特点如下。

（1）折叠＋伸缩的混合结构形式，主臂分二级变幅，通过四连杆变幅机构的组合实现超过 180°的变幅。

（2）采用上、下车液压互锁，CAN 总线和具有自诊断功能的高比例电比例阀，变幅压力分级，可以有效避免超载，提高安全性。为增加空载时多节臂的伸缩效率，采用了油液再生平衡阀和特殊的回油结构。

（3）采用臂架一键智能展开技术。车辆在收车状态下按设定顺序一键自动展开，减少操作人员的操作、防止误操作；在出现异常时或动作混乱时会自动停止，并可应急操作。

（4）采用变幅液压缸极限位置自动降速技术。当变幅液压缸到达极限位置 5°范围内时，可以自动降速，而与遥控手柄开启的大小无关，从而降低了对操作人员操作技能的要求。

（5）采用等力矩限制技术对起重量进行限制，当起升力矩达到相关设定值时进行预警和报警，报警时切断相应的动作，简化了控制动作,降低了制造成本。

(6) 采用自动动态控制技术。建立起重力矩与变幅速度的负相关关系,起重力矩增大,速度自动下降。当起重力矩达到设定值时,按一定的曲线自动降低变幅和回转的流量,并能检测、反馈、调整速度到设定值,较好地控制变幅和回转速度。

(7) 采用动力提升技术。在遥控操作时激活此功能键,控制速度在最高速度的 5%～10% 范围内,变幅液压缸最大压力可提高 1.1倍,一方面可以提高极限载荷,另一方面可以降低约 80% 的功率,还可以提高微动性,便于精确定位和安装作业。

(8) 采用故障智能诊断技术。能进行开机自检和过程检测及反馈,发现故障时输出代码并报警,自动切断动作。

(9) 采用臂架顺序伸缩技术。主、副臂实现顺序伸缩,可以实现大臂起重较大起重量,起重工况更合理;主臂的第 8、9 节臂在不常用的情况下可以用截止阀关闭,以免影响效率和正常工作。

图 5-61　ZLC6500A 型直臂式随车起重机

三一直臂式随车起重机的 SPS50000 型产品,如图 5-62 所示。其技术特点如下:

(1) 具有超长臂架,作业范围广;采用近U 形多边形臂架截面。

(2) 前支腿两级伸缩,可增大支腿跨距,提高整车稳定性。

(3) 主阀采用比例控制,可降低负载的影响,使起重机工作更加平稳。

(4) 采用专有的顺序伸缩技术,工作压力损失小,顺序动作可靠性高。

(5) 配置力矩限制超载保护系统,可配遥控器。

(6) 上车回转锁紧装置与座椅一体化设计使操作更加便捷。

(7) 自动收钩技术使起重机行车更方便。

图 5-62　SPS50000 型直臂式随车起重机

石煤直臂式随车起重机的 QYS-12ⅢA 型产品如图 5-63 所示。其技术特点如下:

(1) 臂架顺序伸出,在重载情况下,臂架受力更合理。臂架截面小,可减少自身重量,液压缸故障率较少。

(2) 固定臂上设有辅助吊耳,便于起重机维修。

(3) 回转部位设有机械锁紧销,便于起重机固定。

(4) 采用一体式回转支承设计,能承受较大的倾覆力,噪声小,扭矩大,安装方便。

(5) 采用蜗轮蜗杆箱及回转支承,整机回转能力大。

图 5-63　QYS-12ⅢA 型直臂式随车起重机

2. 折臂式

1) 小吨位产品的技术性能与特点

小吨位折臂式随车起重机产品的主要技术性能见表 5-20。

表 5-20 2～6.3t 折臂式随车起重机产品技术性能

技术参数/型号	三一 SPK8500	中联重科 SQ66H	徐随 SQ2ZK1	广成重工 KN1000	Fassi F80AK.21	石煤 QYS-2ZII	希亚伯 XS 066
最大起重力矩/(t·m)	7.6	6.7	3.2	10	8.05	4	5.4
最大起重量/t	4	3	2	5		2	2.04
最大工作幅度/m	9.6	5.9	4.78	7.4		5.85	7.2
最大起升高度/m		9		7.25		6.72	
臂架节数	3	3+1	3+1	3+1		2	
臂架长度/m	5.7		9.755	7.4	5.4		
回转范围/(°)	400	360	370	410	370	360	410
起重机重量/t	1.02	1.2	0.608		0.91	0.9	0.85

对于小吨位折臂式随车起重机,相比其他同吨位起重机产品,其起重能力比较小,采用变幅液压缸进行变幅,臂架截面一般是六边形,折臂里常内嵌液压伸缩臂。臂长不超过 10m,自重不超过 2t,工作灵活,能够在狭小的空间内进行作业。

意大利 Fassi 公司的 M15A.11 型 1.5t 折臂式起重机如图 5-64 所示,为后置式,注重细节的设计。

图 5-64 M15A.11 型折臂式随车起重机

希亚伯的折臂式起重机具有结构简单、紧凑,种类齐全等特点。XS 055 型 5t·m 折臂式起重机如图 5-65 所示,结构紧凑,折叠后的设备高度很低,最大化地利用了货车的载货空间。可加装 4 节液压伸缩臂,工作幅度可达 11.4m。

中联重科的 SQ66H 型 3t 折臂式随车起重机如图 5-66 所示。臂架由主臂、折臂、伸缩臂等组成,伸缩臂为六边形箱形结构,折臂内套

图 5-65 XS 055 型折臂式随车起重机

有两节伸缩臂。变幅角度为 1°～65°,最大起升高度达 9m。

图 5-66 SQ66H 型折臂式随车起重机

徐随的 SQ2ZK1 型 3.2t 折臂式随车起重机如图 5-67 所示。它具有两级变幅机构,货物呈曲线式升降。可加装多种属具,以实现其他的特殊作业工况。上车和下车各单独使用一个操纵阀,采用旋阀进行选择油路。上、下车

互锁,降低了下车误操作的危险。

图 5-67　SQ2ZK1 型折臂式随车起重机

图 5-68　SPK8500 型折臂式随车起重机

三一的 SPK8500 型 4t 折臂式随车起重机如图 5-68 所示。它采用六边形臂架结构、Paltronic50 过载保护装置、E-HPLS 遥控装置、多种可选支腿跨距,使起重机作业更加安全可靠。

石煤的 QYS-2ZⅡ型 4t 折臂式随车起重机如图 5-69 所示。它结构紧凑,可加装各种属具,是可以实现一机多能的起重运输设备,可装配在不同的载货汽车、铁路平板车、船舶及其他特种车辆上。

图 5-69　QYS-2ZⅡ型折臂式随车起重机

2) 中吨位产品的技术性能与特点

中吨位折臂式随车起重机产品的主要技术性能见表 5-21～表 5-24。

表 5-21　6.3～8t 折臂式随车起重机产品技术性能

技术参数/型号	三一 SPK15500	中联重科 SQ186H	徐随 SQ8ZK3Q	Fassi F150AK.21	石煤 SYS-8ZⅡ
最大起重力矩/(t·m)	14.6	19	16	14.65	16
最大起重量/t	8	8	8		8
最大工作幅度/m		7.9	9.755		10
最大起升高度/m		11			11.8
臂架节数	3	2+2	3+3		3
臂架长度/m	6.2	7.9	9.755	5.55	
回转范围/(°)	420	360	360	390	360
起重机重量/t	1.619	2.48	2.97	1.645	2.75

表 5-22　8～12t 折臂式随车起重机产品技术性能

技术参数/型号	三一 SPK23500	徐随 SQ10ZK3Q	希亚伯 XS 322	石煤 QYS-10ZⅢ
最大起重力矩/(t·m)	23	20	31.5	20.4
最大起重量/t	10	10	10	10
最大工作幅度/m		9.75	7.9	10.4
最大起升高度/m				12.2
臂架节数	3	3+2		3

技术参数/型号	三一 SPK23500	徐随 SQ10ZK3Q	希亚伯 XS 322	石煤 QYS-10ZⅢ
臂架长度/m	8.2	9.78		
回转范围/(°)	400	360	420	360
起重机重量/t	2.346	3.477	2.79	3.4

表 5-23　12t 折臂式随车起重机产品技术性能

技术参数/型号	徐随 SQ12ZK3Q	中联重科 SQ300H	三一 SPK32080	希亚伯 XS 422	石煤 QYS-12ZⅣ
最大起重力矩/(t·m)	30	30.6	30.4	38.4	30.6
最大起重量/t	12	12	12	12	12
最大工作幅度/m	9.78	12.2		15.4	12.05
最大起升高度/m		20.3			14
臂架节数	3+3	2+4+2	3		4
臂架长度/m	9.78	16.6	8.1		
回转范围/(°)	360	360	400	400	360
起重机重量/t	4.13	4.5	3.13	4.38	4.5

表 5-24　12～16t 折臂式随车起重机产品技术性能

技术参数/型号	徐随 SQ14ZK4Q	Fassi F385A.2.22	三一 SPK36080
最大起重力矩/(t·m)	35	37.55	34.8
最大起重量/t	14		14
最大工作幅度/m	11.4		
最大起升高度/m			
臂架节数	3		3
臂架长度/m	11.4	8	8.1
回转范围/(°)	360	430	400
起重机重量/t	4.8	4.08	3.65

　　中吨位折臂式随车起重机产品基本具备无线电遥控系统,以提高工作效率;具有直观的控制系统与安全装置,可将故障停工时间降至最低限度;电子、液压和机械相互配合,提高了起重机整体性能。此外,部分产品还具有独特的性能与特点。

　　希亚伯公司的中吨位产品系列中,XS 144 CLX 型 14t·m 产品如图 5-70 所示。它结构紧凑,占用安装空间小,非 CE 认证手动控制,具有卓越的灵活性和大功率。

图 5-70　XS 144 CLX 型折臂式随车起重机

X-CLX 178 型 17t·m 起重机如图 5-71 所示,非 CE 认证手动控制,具有装卸速度快等特点。

图 5-71　X-CLX 178 型折臂式随车起重机

Fassi 公司的中吨位折臂式随车起重机适于安装在两个或三个轴的卡车。图 5-72 是 F65AK.21 型产品。

图 5-72　F65AK.21 型折臂式随车起重机

三一的 SPK12000 型折臂式随车起重机(见图 5-73)是液压系统一体式设计,整机微动性能优良,安全稳定。底座采用固定式高压过滤器,无线电遥控,胶管导轨敷设至臂头,以增加辅具的可用范围。

图 5-73　SPK12000 型折臂式随车起重机

马尼托瓦克集团下的 National Crane 公司开发的折臂式随车起重机,支腿均为 H 形,起升机构以背包式安装在臂架后端。该起重机可装配 1 人用吊篮、2 人用吊篮、集装箱抓具、螺旋钻、遥控装置等,以扩大用途。

石煤的折臂随车起重运输车可安装在不同品牌的汽车底盘上;各液压缸均配置了自锁式、缓冲击单向或双向平衡阀;臂架伸缩液压缸配置了顺序阀,保证各节臂合理顺序伸缩;各液压缸均可独立装配,以满足不同节数需求;可实现正反 360°回转。图 5-74 是 QYS-8Z Ⅲ型产品。

图 5-74　QYS-8Z Ⅲ型折臂式随车起重机

3) 大吨位产品的技术性能与特点

大吨位折臂式随车起重机产品的主要技术性能见表 5-25 和表 5-26。

表 5-25　16~20t 折臂式随车起重机产品技术性能

技术参数/型号	徐随 SQ16ZK4Q	石煤 SQ400	三一 SPK46002	希亚伯 X-HIPRO858 E-10	徐随 SQZ600K
最大起重力矩/(t·m)	40	40	46		54
最大起重量/t	16	16	16.5	18	20
最大工作幅度/m	1	12.03		23.8	

续表

技术参数/型号	徐随 SQ16ZK4Q	石煤 SQ400	三一 SPK46002	希亚伯 X-HIPRO858 E-10	徐随 SQZ600K
最大起升高度/m		14			
臂架节数	3+4	4			
臂架长度/m	11.518				
回转范围/(°)	360	360	420	400	360
起重机重量/t	5	6.6	5	7.77	

表 5-26   20t 以上折臂式随车起重机产品技术性能

技术参数/型号	中联重科 SQ450H	三一 SPK62002	徐随 SQ25ZK6Q	Fassi F1950RA.2.24
最大起重力矩/(t·m)	45.9	57.8	62.5	137.61
最大起重量/t	20	22.2	25	
最大工作幅度/m	14.1	16.2	15.45	
最大起升高度/m	自动伸缩15，手动伸缩17	23.1		
臂架节数	2+4+1		3	
臂架长度/m		16.2	15.45	11
回转范围/(°)	360	370	360	360
起重机重量/t	5.7	5.13	7.945	12.7

大吨位折臂式随车起重机产品功率大，一般配有遥控系统，材料多选用高强钢，以保证臂架侧向稳定性与起重能力。由于吨位大，安全控制与操作方面更加电子化与智能化，单件起重上更为严格，模块化的设计思想更加深化，从而也创新出更多新结构形式与机构形式。由此，各产品也都具有自己独特的技术性能。

希亚伯的 XS 422 HiPro 型 41t·m 产品（见图 5-75）、功率大、自重轻，是 CE 认证遥控式产品。HIAB 的 XS 477 HiPro 型 44t·m 产品（见图 5-76）可在臂架全伸状态下工作及近距离装卸大型、重型货物，是 CE 认证遥控式产品。

Fassi 公司的 F1950RA.2.24 型产品如图 5-77 所示，采用高强材料，结构紧凑，起重能力高。

三一的 SPK62002MH 型产品（图 5-78）有 6 个伸缩液压缸，精致的臂架设计，最佳自重负荷

图 5-75   XS 422 HiPro 型折臂式随车起重机

比。液压伸缩系统可增配 3 节手动伸缩臂安装。双齿条回转系统具有低公差，大力矩的特点。

图 5-76　XS 477 型折臂式随车起重机

图 5-77　F1950RA.2.24 型折臂式起重机

图 5-78　SPK62002MH 型折臂式随车起重机

5.5　选型原则与计算

5.5.1　选型的关键因素

1. 起升高度

起升高度(图 5-79)是衡量随车起重机的一个重要指标。随车起重机在举高作业以及从高处卸载时需要有高度指标去保证。一般要了解随车起重机在最高极限位置时的吊钩中心到地面的距离。还要注意起重机在作业时会不会采用吊辅具去辅助作业,如果采用,还要给吊辅具预留足够的高度空间。

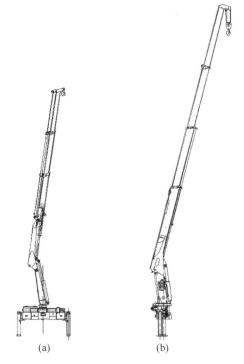

图 5-79　直臂与折臂两类产品在不同臂长下的最大作业高度
(a) 直臂式;(b) 折臂式

2. 作业幅度

作业幅度(图 5-80)是衡量随车起重机的另一个重要指标。

一般情况下,用最大作业幅度来表达产品究竟能起吊多远。这项指标主要表达随车起重机作业范围的最大能力。但有时,为了保证稳定性或保护臂架的受力状态,在实际作业时,臂架通常需要在一定的仰角时才能作业,尤其对于直臂产品,这样可有效地保证臂架的安全。

有时,为了把货物放得离随车起重机或货厢更近,最小作业幅度也会成为一个有影响的因素。

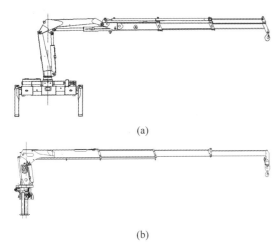

图 5-80　直臂与折臂两类产品在不同臂长下的
最大作业幅度

（a）直臂式；（b）折臂式

3. 起重量与起重力矩

选择随车起重机时,产品在不同幅度下能够起吊的吨位一定要明确。最大起重吨位也只有在厂家标定的最小作业幅度才能完成。臂架伸出越长,起重量会越小,呈逐步下降趋势。比如 10t 随起重机（图 5-81）,常规品牌产品规定一般是在 2.5m 的工作半径时起吊 10t。当工作半径达到 12m 时,虽然不同厂商标出的吊重略有不同,但起重量一般也只有 1.5t 左右了,起重量大大降低。

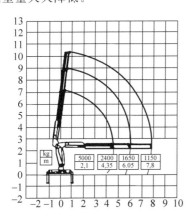

图 5-81　不同幅度下起重量示意图

其实,选择随车起重机主要看起重力矩,2.5m 臂长起吊 10t 的产品,起重力矩为 25t·m,这是起重机的综合能力,并且随着臂长的伸出

会有衰减。

为了更为安全地作业,客户在选择起重机时最好为产品预留一定的富余能力,这也是延长起重机寿命的一项措施。

4. 经济及适用性

同一吨位级别的直臂随车起重机与折臂随车起重机在价格上有一定的差异。不同吨位的产品价格差别也较大,且不同的配置也会影响起重机的售价,用户应该根据自己的实际工况作出相应选择。直臂产品相对工作半径大,因带有的起升卷扬机构能实现货物的垂直升降而为一般民用市场大量采用。折臂产品可灵活应用在空间相对较小的一些场合,如企业厂房、仓库、码头等场所。

5. 底盘

随车起重机的性能要有底盘匹配才能充分发挥出来。在选择底盘时,既要考虑到起重机给底盘运输带来的轴荷变化的影响,也要考虑到起重机在作业时底盘的稳定性等因素,总之,不要给起重机选择太大或太小的底盘,合适才是最好的。

6. 产品公告

产品公告是随车起重运输车必需的信息。用户在选择产品时,一定要让厂商提供或上网查看随车起重机产品有无公告,并对公告参数加以核对,否则有上不了牌照的风险。

作为整车出厂的随车起重运输车产品,根据国家规定,还需要申报环保公告。用户在选择产品时也要注意相关事项。

5.5.2　选型或使用时常见的问题

1. 稳定性

随车起重机与底盘必须做好匹配才能在充分发挥起重机作业性能的同时保证作业的安全。有时需要加装辅助支腿以确保稳定性。

2. 工作条件

在场地要求方面,随车起重机作业时必须要有坚实的地面作业支承（图 5-82）,如果作业时可支承的平台为松软地面,就必须用钢板或木头做支承,从而改善松软地面的支承条件,防止软腿现象,保证作业安全。

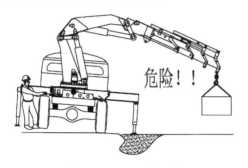

图 5-82　地面工作环境

3. 超载

起重作业禁止超载,以免臂架及起重机损坏,甚至造成安全事故。用户在使用时应注意在各种幅度下的起重机指示,合理进行吊装作业。有力矩安全装置的一定要正确使用和定期检查其工作性能。一般说明书中会有警示。

4. 侧向载荷

不可起吊侧向载荷,以免臂架及起重机损坏。侧载及斜拉等不规范的动作(图 5-83)会给起重机带来不可预计的伤害。起重机的结构设计一般只考虑向下垂直吊重的载荷。当侧载或斜拉时,起重机的受力状态会因超出设计规定的工况而造成事故。

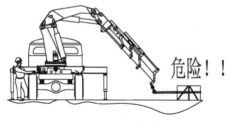

图 5-83　不可斜拉吊装

5. 风载

有时,在沿海等风大的地区,要注意风载对起重机性能的影响。例如在进行回转作业时,由于随车起重机受较大的迎风面积的作用,顺风时要轻松得多,而逆风时则回转比较费劲。在选择时要注意这一点对实际作业的影响。

6. 碰杆

由于选型不当,很有可能在一些作业中出现碰杆现象。这种现象的产生是由于随车起重机的作业性能与臂架在空间形成的状态无法满足用户实际货物的需要。用户在选型时,要对可能出现的常用的吊装工况作系统的策划和评估,比如转运路线和可能用到的辅助器具等情况,最后作出相应的型号选择,以确保作业的顺利和安全进行。毕竟碰杆存在很大的安全隐患。

5.6　安全使用

5.6.1　工作条件

操作起重机的地区除非有其他的防备装置,否则,在高压电线的下方要保持最小 5m 的距离。

操作起重机的场地地面必须坚实、平整,倾斜度不大于 1∶20,工作过程地面不得下陷。

5.6.2　环境条件

在使用起重机之前,为了更安全地工作,要估计一下周围的环境条件(风、温度、闪电)。有闪电、雷雨时不准使用起重机;风速大于 13.8m/s(六级风)时不准使用起重机;一般环境温度应为 -25～40℃。

5.6.3　起重吊索具的要求

起重机起重货物时的吊绳(缆)夹角不宜太小或太大,角度 A 最大不宜超过 120°,否则吊绳承受的拉力太大,容易断裂;角度 A 过小则吊绳太长,在起吊工作时,内臂仰角将会很大,容易造成系统工作压力过高。

5.6.4　安全规则

使用随车起重机时要遵守以下规则:

(1)操作者必须对起重机有一个彻底的理解,并且让起重机保持高效率状态,如果有疑点,请仔细查阅使用说明书。

(2)只有经过操作培训的人员才可以使用和操作起重机。

(3)在载荷提升或起重机运转时,不允许离开控制台。

（4）未经操作人员允许不能进入起重机的操作范围。

（5）吊重时，严禁两种机构同时动作。

（6）为了使载荷分布均匀，不要在沟渠或松软、塌陷的地面操纵起重机。当工作在松软或塌陷下去的地面上时，必须在支腿和地面之间放一块支承板（如木块、铁板等）以增大承载面积。

（7）操作人员应粗略地知道提升载荷的重量，并确保该重量不超出起重机性能曲线图所标定的载荷值。

（8）在载荷的一侧使用操纵控制，以保证载荷最大的可见度。

（9）禁止在起重物下站人。

（10）起吊时载荷不准带角度，确保载荷安全牢固。

（11）不准拖拉或斜拉载荷，不准起吊埋在地里或冻结在地上的重物。

（12）载荷刚离开地面时，要确保载荷在行进方向没有障碍。

（13）当起重机起重的货物质量等于或小于该臂长处于水平位置时对应工作幅度下最大起升质量的 2/3 时，允许伸缩臂往回缩（使整个臂架变短的状态方向），但不允许往外伸出。

（14）当起重机起重的货物质量等于或小于起重机最大幅度起升质量的 2/3 时，允许伸缩臂伸出（使整个臂架变长的状态方向）或缩回。

（15）可以在一定距离处用绳子引导载荷，防止载荷旋转。

（16）严禁使用起重机提升人。

（17）开始提升操作前，一定要检查提升装置（绳索、吊钩、链条或皮带）是否经过安全设计，是否符合所提升的货物要求。为了保险与安全，应将货物固定牢固。

（18）在移动车辆之前，起重机必须是完全缩回和锁定状态。

5.6.5　安全装置

1．固定支腿上的锁紧装置

在起重机左边和右边的固定支腿上均安装有一个锁紧装置。

汽车处于行驶状态时，锁紧装置必须处于锁紧状态。打算拉出活动支腿时，要先将锁紧装置旋转 180°，然后再拉出活动支腿；缩回活动支腿时，要先将锁紧装置旋回 180°，使锁紧控制杆自动嵌入活动支腿孔内。

2．液压缸上的阀

在动力回路软管出现故障及在发动机功率不足的情况下，控制阀仍然能够控制载荷的当前位置并能起到安全保护作用。

3．防回转装置

在操作起重机前请按照基座上销轴套旁边的警示标识进行操作：操作起重机前，要先拔出防回转销轴；起重机工作结束后，要将防回转销轴插入基座上的销轴孔处；行车时，要保持销轴处于锁紧状态。

5.6.6　维护维修保养

1．保养前的注意事项

（1）保养工作必须在汽车熄火和主操作开关断开的情况下进行。

（2）在检修有压线路前，要先通过操纵杆的换向来释放压力（发动机停止）。

（3）保持所有手柄、脚踏板和工作台面没有油污，并加防滑剂以防止其滑落。

（4）在清洗起重机时应把电器元件和电器连接保护起来，因为射流会对电器设备造成损伤。

（5）建议对整机作定期检查，看保护条件是否正常，必要时要重新处理。

（6）在保养、检修完成时，在起动起重机前要检查是否有工具、抹布或其他一些东西丢在了运动零件上。

2．保养日程安排

以下内容是起重机在规定时间周期内需要检查的主要项目。

1）每 50 个小时的维护

（1）检查系统接头是否漏油。

（2）检查液压缸是否渗漏油。

（3）检查固定起重机的螺栓及其他紧固件是否松动。

2）每450个小时或每6个月的维护

（1）转台回转体加黄油。

（2）关节点加黄油。

（3）伸缩臂加黄油。

（4）液压缸活塞杆露出部分加黄油。

（5）检查滑块磨损程度，若损坏应更换。

（6）更换液压过滤器和空气过滤器。

（7）检查钢丝绳磨损程度并及时更换。

3）每900个小时或每一年的维护

（1）检查液压缸。

（2）检查基座螺钉是否松动。

（3）检查液压系统装配和安全装置是否有效。

（4）检查固定起重机的螺栓是否松动。

（5）检查起重机钢结构。

（6）检查/更换调整螺钉和滑块。

（7）更换液压油。

4）起重机在较长时间内不使用时（一般半年以上）的保养、保管措施

（1）擦去机体的灰尘和油垢，保持机体清洁。

（2）将所有液压缸的活塞杆缩回到最短位置。

（3）各运动部位涂抹润滑脂。

（4）清除钢丝绳上的尘砂，重新涂上 ZG-S 钙基石墨润滑脂。

（5）一般应放在通风干燥的库房内，如露天放置，应用防雨布遮盖。

（6）每月起动一次，并空转各机构，观察是否正常。

3．起重机的保养

1）关键部位的润滑

（1）关节点的润滑：各关节点以及滑块的油杯必须定期润滑，将润滑油以一定压力注入，直到润滑油从两连接件间溢出。加完油后，各关节点应进行几次完整动作，然后再多加一点油。

（2）伸缩臂的润滑：在涂新油前必须用橡胶刀刮掉原来的旧黄油，用刷子在伸缩臂整个外表面涂一层黄油。

（3）活动支腿的润滑：完全打开活动支腿，用刷子在活动支腿表面均匀涂一层黄油。

2）油箱液压油油位的检查

把起重机停在全部收拢的状态，检查油液显示表，看油液的水平面是否达到最大油液水平面位置。

3）液压油的更换

先把起重机停在全部收回的状态，找一个足够大的容器来装油箱内的液压油，并把它放在油箱下方。打开液压油箱底部螺塞，让液压油完全排出，重新装上螺塞并保证塞紧。注意：保持适当的警惕，防止与热油接触而发生燃烧的危险。

4）油箱滤油器的更换

滤油器应定期更换，发现其堵塞应随时更换。注意：更换时，小心与热油接触以防发生燃烧的危险。

打开滤油盖，取出滤油器，并换上同样滤网的滤油器，用硝酸基溶剂清洗、润滑并检查盖和滤体之间密封圈位置是否正确，盖好过滤盖。

5）滑块磨损的检查

每隔一定时间必须检查伸缩臂间滑块的磨损情况。滑块过度磨损会引起金属零件间的摩擦，造成伸缩臂没有次序的打开，若滑块过分松动会导致各伸缩臂不能保持在同一直线上。

6）螺钉松紧的检查

振动可能导致固定起重机零件的紧固件松动。必须定期检查下列紧固件的松紧：销轴卡板的螺钉；伸缩臂轴螺母；控制杆的螺钉与螺母；换向阀支承螺钉。

4．起升绞车操作保养使用说明

1）机构的合理使用及润滑保养

（1）起升绞车所用设备不能用于载人。

（2）起升绞车不得在酸碱等腐蚀气体的环境中作业，作业时不得超过其额定载荷，为保证安全，卷筒上至少留3～6圈钢丝绳，并请注意钢丝绳应该在卷筒上排列有序，避免乱绳。如出现乱绳现象，请在专业人员指导下重新排绳。

（3）起升绞车正常工作温度为 －20～80℃，其工作环境应在 －20～40℃的温度范

围内。

（4）润滑油采用抗磨液压油，润滑油应定期更换，建议该机构在第一次使用约30天后更换新油，以后根据情况3～6个月更换新油。润滑油的指定：夏季特性为L-HM46，冬季特性为L-HM32。

2）机构的存放

起升绞车如长期不用（3个月以上），必须

将起升绞车内的存油放净，灌满含酸值较低的透平油；应存放在干燥、无腐蚀气体的环境里，切勿在高温和—20℃下的环境长期存放，以免加速密封件老化。再次使用时，将透平油放出并加入相应牌号的润滑油即可。

3）常见故障原因及排除方法

起升绞车常见故障原因及排除方法见表5-27。

表 5-27　起升绞车常见故障原因及排除方法

序号	故　障	原　因	排 除 方 法
1	马达起动而卷筒不转动	马达安装不正确	检查马达与减速机间的连接（如是否安装了马达键）
		制动器不工作	检查制动系统
		内部故障	与相应公司联系
2	制动器不制动	制动器调整螺钉松动	同时顺时针拧螺钉（四个）相同角度
		回路内有残余压力	检查液压环路
		摩擦片磨损	拆检，更换摩擦片
3	制动器不松开	制动器因存放时间过长而不起作用	施加压力而使制动器转动
		制动器内无压力	更换密封元件
4	振动或噪声大	起升绞车安装不正确	检查安装螺钉是否松动安装面不平，需修整或更换
		内部故障	与相应公司联系
5	机构过热	缺油	加油
		制动器未完全松开	检查制动器，同时逆时针拧螺钉（四个）相同角度，调整制动器压力

5. 回转减速机操作保养使用说明

1）机构的合理使用及润滑保养

（1）装好回转减速机后首次使用前，应仔细检查回转减速机是否按装配要求装好。

（2）回转减速机使用前，应检查起重机上是否有固定转台的销子没有拔出。行车时，检查是否已将固定转台的销子插上，以保护回转减速机受冲击力。

（3）润滑油应定期检查、定期更换。回转减速机应在第一次使用15天左右后更换新油，以后根据情况3～6个月更换新油。润滑油油面高度应达到侧面油标的2/3处。

润滑油使用 L-CKE/P（蜗轮蜗杆油）：

VG-460（冬季）、VG-680（夏季）。

（4）回转减速机正常工作温度为—20～80℃，其工作环境应在—20～40℃的温度范围内。

（5）作业时不得超过其额定载荷。

2）机构的存放

回转减速机如长期不用（3个月以上），应存放在干燥、无腐蚀气体的环境里，切勿在高温和在—20℃以下的环境长期存放，以免加速密封件老化。

3）常见故障原因及排除方法

回转减速机常见故障原因及排除方法见表5-28。

表 5-28　回转减速机常见故障原因及排除方法

序号	故　障	原　因	排　除　方　法
1	马达起动后减速机不转动	马达安装不正确	检查马达与减速机间的连接(如是否安装了马达键)
		内部故障	与相关公司联系
2	漏油	油标松动	拧紧油杯(注意不要用力太大)
		密封损坏	更换密封元件
3	振动、轴头晃动、噪声大	回转减速机安装不正确	检查安装螺钉是否松动安装面不平,需修整或更换
		缺油	加油
		内部故障	与相应公司联系
4	机构过热	缺油	加油

6. 液压油、黄油、齿轮油的特性

根据气候和一般工作条件,应估计是否需要安装用于降温或保持液压油在恰当温度的设备。

液压油的指定:夏季为 YC-N46;冬季为 YC-N32。

黄油:3 号钙基脂。

齿轮油的牌号:夏季为 HL-20;冬季为 HL-30(SY1103-77)。

警告:在添加或更换动力系统液压油时,一般要保证新油与液压管路中的油相融。禁止使用含钼及硫化物的油,因为它们会损坏支承机构。

7. 拆卸

必须和制造商联系才能拆卸起重机。

警告:禁止拆卸阀锁。

5.6.7　常见故障的诊断与排除

随车起重机常见故障的诊断与排除示例见表 5-29。

表 5-29　常见故障与排除方法示例

故障现象	故障原因	排除方法
伸缩液压缸振动,伸缩臂爬行	液压系统内有空气	反复动作多次以排除系统内空气
	伸缩液压缸内密封件老化	更换液压缸密封件
	平衡阀内有污物	清洗平衡阀
	臂架无润滑油	加润滑油
空载时,工作速度仍然太慢	吸油管被挤扁	换吸油管
	有空气从吸油管吸入	拧紧吸油管接头
伸缩臂不能按顺序伸缩	缺少润滑油	加润滑油
	滑块坏了	换滑块
	伸缩臂阀调整有问题	调整伸缩臂阀
起重机不能提升额定重物	液压泵功率不足	更换液压泵
	溢流阀设置错误	重新调整溢流阀压力
	液压泵密封件损坏	更换液压泵密封件
吊重后臂架自动下落	变幅液压缸活塞密封件损坏	更换液压缸密封件
	平衡阀节流口污物堵塞或复位弹簧疲劳破坏	清洗平衡阀并排除污物,更换弹簧

<<< ----------------------------------

续表

故障现象	故障原因	排除方法
起重机不能正确转动	汽车超出所允许的最大倾斜度	把汽车恢复到允许的误差内
	回转缓冲阀内有异物	清洗或更换回转缓冲阀
	齿轮柱内的无油支承套磨损	更换无油支承套
	系统无动力	检查取力装置的连接
关节点或回转吱吱响	缺少润滑油	按规定周期注入润滑油
支腿液压缸支承不住载重	双向液压锁失效	清洗或更换阀锁
	支腿液压缸活塞密封圈损坏	更换密封圈
液压缸渗漏油（外渗漏、内渗漏）	端盖密封件老化残损	更换密封件
	活塞密封圈磨损	
噪声大，压力波动大，液压阀尖叫	吸油管或吸油滤网堵塞	清除堵塞污物
	油的黏度太高	按规定更换液压油或用加热器预热
	吸油口密封不良，有空气吸入	更换密封件，拧紧螺钉
	泵内零件磨损	更换或维修内部零件
	系统压力偏高	重新调整系统压力
卷扬机提升或下放时出现间隙爬行	钢丝绳扭结或在卷筒上排列杂乱	将钢丝绳全部放下并松开，清除应力，重新排卷
	制动器摩擦片损坏或摩擦面积不到80%	更换摩擦片，维修调整有关零件，保证摩擦面积大于80%
	起升马达内有污物	清洗排除污物
	液压泵供油不足，系统压力低	检查液压泵工作是否正常，调整液压油的温度和精度，保证油箱液面高度，并在吊重工况下调整安全阀压力至适当值。如果压力达不到，可更换弹簧

第6章

轮胎起重机

6.1 概述

6.1.1 定义与功能

轮胎起重机(rubber tired crane)是将起重机构安装在加重型轮胎和轮轴组成的特制底盘上的一种移动式起重机,可以进行物料起吊、运输、装卸和安装等作业。

轮胎起重机的用途比较广,主要特点如下:

(1)底盘采用专用底盘,在平坦、坚实地面上可不用支腿进行小起重量吊装及吊物低速短途行驶。作业时必须保证道路平整坚实,轮胎的气压要符合要求,荷载要符合原机车性能的规定,并禁止带负荷长距离行走。

(2)行走驾驶室和起重机操纵室为一个司机室,尺寸紧凑,转弯半径较小,但是不能在公路上长距离行驶。

(3)机动性好,转移方便,适用于流动性作业,应用广泛,比如港口、码头等作业量大的场所。

6.1.2 发展历程与沿革

起重机源于欧洲,后经俄罗斯传入我国。我国于20世纪60年代初期开始生产轮胎起重机,那时生产的都是小吨位机械式桁架臂轮胎起重机,并且产量很少,不带越野功能。

随着吊装作业环境的要求越来越高,开始出现了越野功能的轮胎起重机。早期的大多数越野轮胎起重机是在坦克底盘上改装,采用机械传动结构的桁架式臂架。20世纪中期,随着汽车技术和液压技术的发展,轮胎式液压伸缩臂的越野轮胎起重机得到迅速发展。特别是20世纪80年代末,大型建筑、石油化工、冶炼设备、水电站等大型工程的迅速发展,对起重机的起重吨位、工作效率和安全性提出了更高的要求。随着设计方法与设计技术的成熟,液压技术、电子技术、汽车工业的发展以及新型高强度钢材的不断出现,国外企业开发出了稳定性好、轴距短、转弯半径小、起重量大的越野轮胎起重机。

在国内,从20世纪90年代开始,随着越野底盘技术的发展,部分企业开始生产新型越野底盘的液压式伸缩臂轮胎起重机。作为起重行业的新宠,越野轮胎起重机在欧美和日本市场需求很大,其占有量为全球的90%左右。目前国内只有少数几家企业能生产该类起重机。

越野轮胎起重机产品须采用自制专用底盘和特制的大轮胎,对传动、转向、悬架与控制等要求较高。采用国产配套件的越野底盘的质量距离进口产品还有一定差距,国内用户大部分依赖进口。

20世纪90年代初,哈尔滨工程机械厂(现为哈尔滨工程机械制造有限责任公司,简称哈工)为满足国内市场对越野轮胎起重机的需要,采用技贸结合方式,分别引进了美国格鲁夫、日本加藤、多田野越野轮胎起重机产品技术,结合国内汽车起重机技术开发出了

QYL25C越野轮胎起重机。随着中国经济的迅速发展，为满足油田、沙漠地区、山区、港口码头对越野轮胎起重机的需求，2008年，国内三大工程机械巨头（徐工、中联重科、三一）分别进入该市场。2009年11月，在北京的BICES展会上，三一重工展出了55t越野轮胎起重机。中联重科在2010年3月一次性出口美国25台越野轮胎起重机。尽管多年来经过对引进技术的消化、吸收、移植，国产越野轮胎起重机某些新技术的性能达到了国际20世纪90年代的水平，产品质量、产量也逐年提高，但与国外产品相比，仍然存在差距，主要表现在以下几个方面：

（1）在新型化、美观化、舒适性等方面，国内产品显得比较简陋；在焊接质量、薄板件的平整度、涂漆防腐方面也有明显差距。

（2）产品结构缺乏优化设计，特别是在臂架和车架方面。同等吨位的起重机整机重量比国外重20%左右，产品起重性能差。

（3）产品质量可靠性差，部分产品发生早期故障频繁，主要为液压系统不稳定、使用寿命短。

（4）产品关键部件依靠进口，国内不能提供高质量、高性能的基础配套件，如发动机、变速箱、桥、关键液压件、电子元件等都依靠进口。

（5）产品单一、吨位小，均未形成系列化产品，产品性能自动化、智能化方面与国外差距较大。

（6）产品竞争力低，安全保护方面的设备可靠性差。

目前国内产品与国外产品相比，在价格上有一定优势。

6.1.3 国内外发展趋势

国内外轮胎起重机的主要发展趋势包括以下四点：

（1）起重机大型化：随着各种工程项目向大型化发展，所需构件和配套设备的重量在不断增加，对大型越野轮胎起重机的需求也越来越大。例如，美国的格鲁夫开发出了200t的三桥越野轮胎起重机。

表6-1列出了国内外主要企业最大产品的性能。

表 6-1　国内外主要企业最大产品的性能

企业名称	产品型号	起重量/t	起重力矩/(t·m)
格鲁夫	RT9150E	135	384
加藤	SR700L	70	198.45
多田野	GR-1450EX	145	362.5
特雷克斯	RT 130	118	354
徐工	RT200E	200	
中联重科	TR100	100	333.9
久发[①]	QRY160	160	556
山河智能	SWRT55	55	186.5
哈工程	QLY65NG	65	

① 徐州市久发工程机械有限责任公司，简称久发。

（2）起重臂结构优化：伸缩臂结构不断得到改进，最新采用了单缸自动伸缩系统的椭圆形截面主臂。这种主臂对静、动态应力适应性很强，在减轻结构重量和提高起重性能方面具有良好效果。

（3）人性化和智能化：提高了产品驾驶和操作的舒适性，采用了先进的司机室和控制面板，使操纵更加精确、简单、方便。

（4）新技术融合发展：运用新理论、新方法、新技术和新手段，不断提高产品的设计水平与精度；开展了对轮式起重机载荷变化规律、动态特性和疲劳特性等的研究。

图6-1是以日系为代表的X形支腿越野轮胎起重机。它行驶速度较快，相对起重量小，主要使用钢板弹簧悬架系统。

图 6-1　以日系为代表的 X 形支腿越野轮胎起重机

图 6-2 是以美系为代表的 H 形支腿越野轮胎起重机。它行驶速度较慢,相对起重量大,主要使用液压缸悬架系统。

图 6-2 以美系为代表的 H 形支腿
越野轮胎起重机

图 6-3 是国内越野轮胎起重机的典型代表,目前同样使用液压缸悬架系统。

图 6-3 中联重科 RT100 型越野轮胎起重机

6.2 分类

轮胎起重机有很多种分类方法。表 6-2 比较了几种移动式轮式起重机的特点。

表 6-2 几种移动式轮式起重机的比较

项 目	汽车起重机	全地面起重机	越野轮胎起重机
传动方式	机械/液压	液压	机械/液压
司机室配置	行驶、起重分开	行驶、起重分开	共用
最高行驶速度/(km/h)	65,最大 110	60,最大 90	35,最大 45
结构	简单	复杂	复杂
臂架类型	液压/桁架	液压	液压/桁架
行驶稳定性	一般	好	好
越野性能	差	好	非常好
机动灵活性	一般,轴距较大,转弯半径大	好,全轮驱动转向,可蟹行	好,全轮驱动转向,可蟹行
吊重行驶	不可以	可以	可以
目前最多桥数	6	12	3
整机重量分配	一般	好	好
售价	便宜	相当贵	比较贵
使用条件	好路面,工作时必须打支腿	可在一般路面和高速公路上行驶	在野外行驶,不允许上高速公路

1. 按产品进行分类

轮胎起重机按照产品主要可分为通用轮胎起重机和专用轮胎起重机。通用轮胎起重机包括桁架臂式普通轮胎起重机和箱形臂式越野轮胎起重机;专用轮胎起重机包括轮胎门式起重机、轮胎式正面吊运起重机等,如图 6-4～图 6-7 所示。本书主要介绍通用轮胎起重机。

2. 按传动方式进行分类

轮胎起重机按传动方式分为机械式(QL)、电动式(QLD)和液压式(QLY)。近几年液压式发展快,已逐渐替代了机械式和电动式。

3. 按臂架形式进行分类

轮胎起重机按臂架形式可分为桁架臂轮胎起重机、箱形臂轮胎起重机、混合臂式起重机等。一般的港口轮胎起重机多为桁架臂式,越野轮胎起重机多为箱形臂式。

目前,国外生产的轮胎起重机大部分为越野轮胎起重机,国内生产的为普通底盘轮胎起

图 6-4　桁架臂式普通轮胎起重机

图 6-5　箱形臂式越野轮胎起重机

图 6-6　轮胎式门式起重机

图 6-7　轮胎式正面吊运起重机

重机和越野轮胎起重机,如表 6-3 所示。

表 6-3　轮胎起重机主要制造企业

国 家	企 业 名 称
德国	利勃海尔,德马格
美国	特雷克斯,马尼托瓦克,格鲁夫
日本	加藤,多田野
中国	哈工程,久发,徐工,中联重科,三一,抚挖,京城重工[1],江苏八达[2],山河智能

① 北京市城重工机械有限公司,简称京城重工。
② 江苏八达重工机械有限公司,简称江苏八达。

6.3　工作原理及组成

6.3.1　工作原理

轮胎起重机可以实现对重物的水平移动和垂直高度的提升。重物垂直高度的提升通过起升机构或变幅机构改变臂架仰角来实现;重物的水平移动可以通过变幅系统改变臂架角度来实现,也可以通过回转机构将重物以回转中心为圆心进行圆周移动来实现。

轮胎起重机的优势在于其回转半径小,可以进入狭小作业空间。同时,越野轮胎起重机可实现一定条件下的带小载荷行走,这是汽车起重机不能比拟的优越性。

6.3.2　结构组成

轮胎起重机从上到下的主要结构包括臂架结构、转台结构和底盘三大部分(图 6-8),还包括配重、连接转台和底盘的回转支承等。

图 6-8　轮胎起重机的主要结构

1. 臂架结构

轮胎起重机的臂架结构主要分为桁架臂式和箱形臂式。

普通港口轮胎起重机大多采用桁架臂主臂作业,采用钢丝绳变幅形式。主臂作业形式下,变幅机构采用卷扬钢丝绳变幅方式,主臂根部与转台通过销轴铰接,头部与变幅拉板或索具连接,实现主臂的工作角度变化。

主臂的截面尺寸相对较大,因此可以承受较大的起升载荷。为防止突然卸载而引起的主臂后仰现象,在主臂与转台之间有防后倾装置,如图 6-9 所示。

图 6-9　主臂与转台之间的防后倾装置

轮胎起重机主臂结构由空间矩形截面桁架结构组成,分为底节、标准节和顶节,如图 6-10所示。底节连接于转台,由四个铰点汇集成两个铰点,因此是变截面的形式。顶节连接有起升定滑轮组,用于起升重物。为防止作业时碰

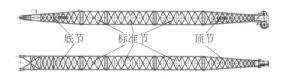

图 6-10　起重机主臂结构组成

杆,考虑到头部弯矩较小,因此通常采用变截面形式。为了组合成不同长度的臂架,标准节的长度与数量不唯一,可以是 3m 节、4m 节、6m 节、8m 节、9m 节或 12m 节。为保证标准节的互换性,不同长度的标准节的截面尺寸和杆件规格完全相同。

每个臂节都由四肢弦杆与多肢腹杆焊接而成。按弦杆与腹杆节点位置不同,可为交叉焊接形式和点对点焊接形式,如图 4-18 所示。弦杆主要承担臂架结构轴向载荷和弯矩,杆件规格尺寸相对较大。腹杆主要保持结构几何形状,按位置不同,又分为斜腹杆、空间腹杆和横腹杆等。腹杆受力较小,其中斜腹杆主要承担臂架结构的水平载荷即垂直于臂架轴线的载荷。因此杆件规格尺寸相对较小。

越野轮胎起重机大多采用箱形臂主臂作业,也可以配备桁架臂副臂作业。越野轮胎起重机的臂架形式主要为箱形臂式,采用液压缸变幅。臂架内部采用伸缩液压缸进行臂架臂节的伸缩运动。臂架的伸缩机构与臂架的总体截面、臂节设计,与汽车起重机的箱形臂设计相类似,这里不作详细介绍。

2. 转台结构

转台起到承上启下的作用,将臂架和变幅

机构传递来的载荷通过回转支承传递给下车。转台尾部连接有配重,起到阻止倾覆的作用。转台上放置机构与动力部件。

轮胎起重机的转台结构一般为开放式,由两个小箱形或工字形主梁及横梁组成,与臂架及变幅机构部件通过铰点连接。机构部件的放置位置一般为转台中轴线上,从车前方到后方依次为主起升机构、副起升机构、主变幅机构部件(卷筒、马达等)。中轴线两旁分别后置发动机、液压油箱、燃油箱、回转机构等,前置司机室、电控柜等,如图6-11所示。

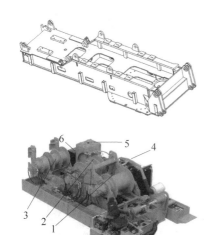

图6-11 开放式转台结构与布局

1—主起升机构;2—副起升机构;3—主变幅机构;
4—发动机;5—液压油箱;6—燃油箱;7—司机室

普通港口轮胎起重机的转台结构外有机罩,如图6-12所示。机罩内部包括起升机构、钢丝绳变幅机构、回转机构、动力系统和配重等部件。

越野轮胎起重机变幅机构采用液压缸式,因此转台结构比较紧凑,一般包括起升机构、回转机构、液压缸变幅机构、动力系统、配重等部件,如图6-13所示。

3. 底盘

轮胎起重机的底盘结构为自制专用底盘,采用车桥形式驱动,同汽车起重机的通用底盘有较大差异,分为港口轮胎起重机底盘和越野

图6-12 港口轮胎起重机的转台结构

图6-13 越野轮胎起重机的转台结构

轮胎起重机底盘。

港口轮胎起重机底盘结构为普通钢板悬架底盘,主要适用于平坦路面上的行驶,比如港口、码头、厂房内部、通用公路等。

越野轮胎起重机的底盘结构为油气悬架结构,减振性能好,能够实现多种转向模式,如图6-14所示的前轮转向、后轮转向、四轮转向和斜行,适用于各种场合的行驶。

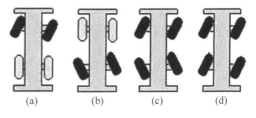

图6-14 转向模式

(a)前轮转向;(b)后轮转向;(c)四轮转向;(d)斜行

底盘支腿以H形居多,也有部分蛙式支腿,如图6-15所示,主要应用于小吨位起重机。

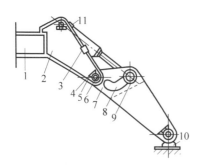

图 6-16　越野轮胎起重机主钩和副钩

图 6-15　蛙式支腿

1—底架；2—固定支腿；3—安全销；4—螺钉；
5—挡板；6—心轴；7—活动支腿；8—导向槽；
9—混动套；10—支腿；11—液压锁

图 6-17　起重机卷筒内置减速机

6.3.3　机构组成

轮胎起重机的主要机构可分为起升机构、变幅机构、臂架伸缩机构和回转机构。此外还有液压传动系统和电气控制系统两个主要系统。

1．起升机构

起升机构用于垂直升降重物。越野轮胎起重机一般有主钩和副钩两种起升机构，如图 6-16 所示。港口轮胎起重机一般只有主钩，副钩较少。

主钩主要用于提升大载荷，速度较慢，倍率大。副钩主要用于提升小载荷，速度较快，倍率一般为单倍率或者 2 倍率。

无论是主钩还是副钩，其组成都是相同的，都是由吊钩组、起升钢丝绳、起升滑轮组、卷筒、减速机等部件组成。起升钢丝绳通常选用非旋转式多股钢丝绳，减速机选用行星减速机，一般内藏于卷筒中，如图 6-17 所示；卷筒可实现多层缠绕，为防止乱绳，通常采用折线形绳槽，如图 6-18 所示。

图 6-18　折线形绳槽

2．变幅机构

变幅机构用于实现臂架的工作角度变化。按照轮胎起重机的类型，港口轮胎起重机主要为钢丝绳变幅，越野轮胎起重机主要为液压缸变幅。

钢丝绳变幅采用人字架形式的结构设计，如图 6-19 所示。

人字架不随臂架工作角度变化而变化，变幅绳在臂架与人字架之间。人字架高度有限，一般用于中小吨位产品中。液压缸变幅的结构形式比较单一，单液压缸变幅比较常见，如

图 6-19 人字架变幅

图 6-20 液压缸变幅

图 6-20 所示。

3. 伸缩机构

伸缩机构用于臂架的伸缩,可以调整臂架的长短,用于不同的工作幅度。其主要由伸缩液压缸、绳排构成。伸缩机构的原理与汽车起重机相同,这里不再赘述。

4. 回转机构

回转机构用于实现转台以上部件作 $360°$ 回转,主要由回转支承、回转小齿轮、减速机等组成。回转原理是大小齿圈的啮合原理,可以是外啮合式,也可以是内啮合式。回转减速机一般为单机构驱动形式。轮胎起重机回转机构的原理与履带起重机、汽车起重机等相同,不再赘述。

5. 液压传动系统

1)原理

液压传动系统用于控制主要机构的动作,由泵组、阀组、液压缸、马达等主要元件构成。某典型型号手动控制的越野轮胎起重机液压传动系统原理如图 6-21 所示。

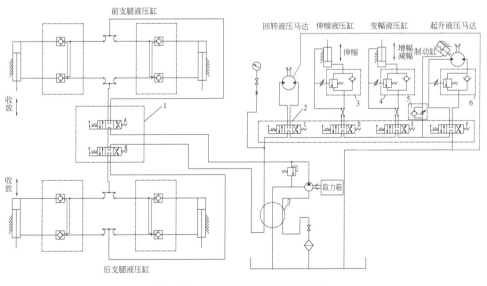

图 6-21 液压传动系统原理示意图

1,2—手动换向阀;3,4,6—平衡阀;5—节流阀;7—中心回转接头

（1）支腿油路

如图6-22所示，起吊时，须由支腿液压缸来承受负载，缸9锁紧后桥板簧，同时缸8放下后支腿到所需位置，再由缸10放下前支腿。

（2）起升油路

重物起升时，手动换向阀18切换至左位工作，油路通过单向阀到液压马达，再经阀18左位回油箱，如图6-23(a)所示。

重物下降时，手动换向阀18切换至右位工作，液压马达反转，回油通过阀19的液控顺序阀，再经阀18右位回油箱，如图6-23(b)所示。

当停止作业时，阀18处于中位，泵卸荷。制动缸20上的制动瓦在弹簧作用下使液压马达制动，如图6-23(c)所示。

（3）臂架伸缩回路

臂架伸缩采用单级长液压缸驱动。臂架缩回时液压力与负载力方向一致，为防止臂架在重力作用下自行收缩，在收缩缸的下腔回油腔安置了平衡阀14，如图6-24所示。

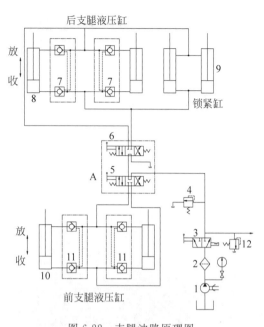

图 6-22　支腿油路原理图

1—液压泵；2—过滤器；3,5,6—手动换向阀；4,12—溢流阀；7,11—液压锁；8,10—支腿液压缸；9—锁紧缸

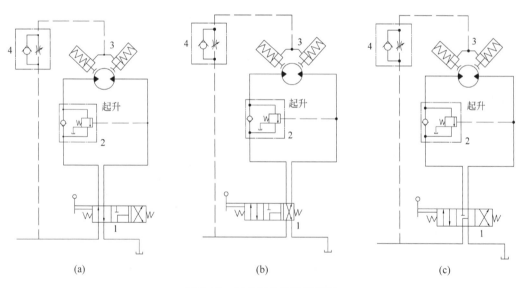

(a)　　　　　　　　　(b)　　　　　　　　　(c)

图 6-23　起升机构油路原理图

（a）起升油路走向原理图；（b）下降油路走向原理图；（c）起升机构停止原理图

1—手动换向阀；2—平衡阀；3—制动缸；4—单向节流阀

臂架变幅机构主要用于改变作业高度和幅度。本机采用两个液压缸并联，提高了变幅机构承载能力。其要求以及油路与臂架伸缩油路相同。

（4）回转机构

回转机构要求臂架能在任意方位进行360°回转作业。

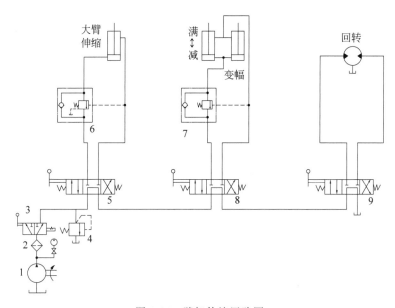

图 6-24 臂架伸缩回路图

1—液压泵；2—过滤器；3,5,8,9—手动换向阀；4—溢流阀；6,7—平衡阀

2）特点

重物在下降时以及臂架收缩和变幅时，负载与液压力方向相同，执行元件会失控，为此，在其回油路上必须设置平衡阀。

采用手动弹簧复位的多路换向阀来控制各动作。换向阀常用 M 形中位机能。当换向阀处于中位时，各执行元件的进油路均被切断，液压泵出口通油箱使泵卸荷，减少了功率损失。

6．电气控制系统

电气系统的主要作用是实现起重机在各种工况下的动作控制及安全监控。配套电气元件的可靠性直接决定了起重机的安全性。配套电气元件的价格在一定程度上影响起重机的经济性。配套厂商的服务品质决定了主机厂的服务品质，影响了主机厂人员的技术水平。

1）分类

电气控制系统分为液控和电控两个类型。液控的主要是继电器逻辑控制，港口轮胎起重机主要为液控式，如图 6-25 所示。电控式主要是 PLC 控制，越野轮胎起重机的底盘控制主要为电控式，如图 6-26 所示。

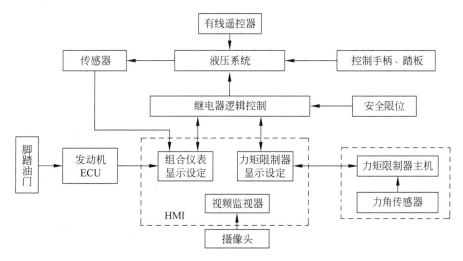

图 6-25 液控式起重机电气控制系统

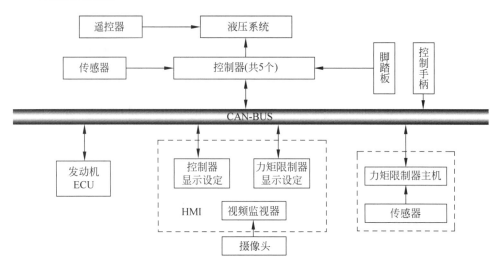

图 6-26　电控式起重机电气控制系统

2）功能模块

（1）发动机监控

发动机监控主要针对发动机参数报警及控制，参数包括：转速、水温、机油压力、机油温度、机油油位、燃油油位、工作计时、保养信息等。

（2）发动机控制方式

发动机控制主要分为脚踏油门与手动油门控制，部分机型可以遥控油门控制。发动机参数与控制通信协议一般采用 SAE J1939协议。

（3）液压系统主要动作控制

液压系统主要动作控制为：起升回路动作控制；防二次下滑控制；变幅回路动作控制；回转回路动作控制；伸缩回路动作控制；辅助安装操作动作控制。

（4）安全监控设备

起重机的安全控制功能主要包括：整机力矩限制器超载控制；臂架上、下限位，防后倾控制；主钩、副钩过卷、过放控制；车体水平监控；环境风速监控。

（5）传感器模块

① 力传感器。力传感器有多种结构形式，但测量原理相同，都是采用应变片测量变形，如图 6-27 所示。

② 角度传感器。角度传感器有阻尼重锤配电位计、电子式等多类，图 6-28 所示的是阻尼式角度传感器。

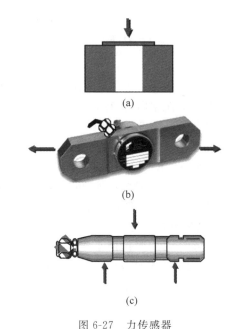

图 6-27　力传感器

（a）压式传感器；（b）拉式传感器；（c）销轴式传感器

图 6-28　阻尼式角度传感器

③ 风速仪。风速仪分为脉冲式(例如每个脉冲对应 0.66m/s)和标准信号(例如 4~20mA 对应 0~30m/s)两种,如图 6-29 所示。

图 6-29 风速仪

④ 水平仪。水平仪基本原理同电子式角度传感器,一般为双轴倾角检测,如图 6-30 所示。

图 6-30 水平仪

⑤ 油压传感器。油压传感器主要利用金属膜片应变来检测液体压力,如图 6-31 所示。

图 6-31 油压传感器

⑥ 速度传感器。速度传感器主要用于测量卷筒的转速,通过对卷筒上的凸块进行计数来测量,如图 6-32 所示。

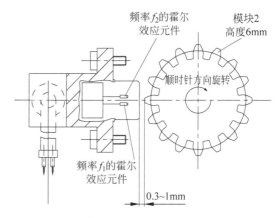

图 6-32 速度传感器

6.4 技术性能

6.4.1 产品型号命名方式

轮胎起重机属于流动式起重机的一种,按照现行的起重机制造许可程序,型号由企业自定,相关部门不再强求规定型号。另外,最新修订的一些标准里也取消了型号的规定,比如最新的 GB/T 14405 和 GB/T 14406 中都取消了型号的规定,型号自定将是一种趋势。

国内的通用港口轮胎起重机的一般命名规则为:

越野轮胎起重机的一般命名规则为:

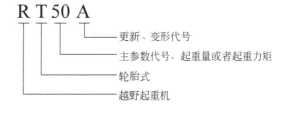

但是针对不同的企业,其命名规则有所差异。

6.4.2 性能参数

1. 起重量 Q

轮胎起重机的额定起重量是指在正常工作时允许一次提升的最大质量,单位为吨(t)或千克(kg)。起重量是指臂架头部以下的所有重量,包括吊钩、臂架头部到吊钩动滑轮组之间的钢丝绳的重量。起重量主要由结构强度(以臂架为主)与整机倾覆稳定性决定,不同幅度不同臂长下的起重量不同,构成了起重性能表,表6-4~表6-6是某35t轮胎起重机在不同支腿形式下的起重性能。由于越野轮胎起重机具有打支腿作业、不打支腿作业和吊重行驶等多种作业形式,因此具有不同的起重性能表。

表 6-4 35t 轮胎起重机主臂起重性能(支腿全伸 100%) kg

工作幅度 /m	臂架长度(支腿全伸 6.15m,360°回转)/m							
	10	12.19	15.24	18.29	21.34	24.38	27.43	31.5
3.05	35000	22997	22100	—	—	—	—	—
3.66	31610	22997	22100	21050	—	—	—	—
4.575	24500	21954	20000	19000	18432	—	—	—
6.1	18200	16670	16000	15800	14764	14145	10400	—
7.625	13630	12764	12156	13050	12288	11716	9400	8600
9.15	—	10121	9131	10407	10383	9906	8250	7900
10.675	—	—	7109	8525	8597	8478	7100	7050
12.2	—	—	5661	6882	6977	7049	6300	6200
13.725	—	—	—	5549	5620	5668	5590	5520
15.25	—	—	—	4480	4610	4653	4660	4660
16.775	—	—	—	—	3777	3848	3860	3870
18.3	—	—	—	—	3097	3201	3220	3240
19.825	—	—	—	—	—	2644	2700	2720
21.35	—	—	—	—	—	2180	2260	2280
22.875	—	—	—	—	—	—	1860	1920
24.4	—	—	—	—	—	—	1530	1600
25.925	—	—	—	—	—	—	—	1300
27.45	—	—	—	—	—	—	—	1050
28.975	—	—	—	—	—	—	—	820

表 6-5 35t 轮胎起重机主臂起重性能(支腿全缩 0%) kg

工作幅度 /m	臂架长度(支腿全缩 2.39m,360°回转)/m							
	10	12.19	15.24	18.29	21.34	24.38	27.43	31.5
3.05	23600	22700	22100	—	—	—	—	—
3.66	15484	16025	16520	16853	—	—	—	—
4.575	10286	10748	11170	11454	11659	—	—	—
6.1	5933	6329	6690	6932	7106	7239	7341	—

续表

工作幅度/m	臂架长度（支腿全缩 2.39m,360°回转)/m							
	10	12.19	15.24	18.29	21.34	24.38	27.43	31.5
7.625	3648	4007	4336	4555	4713	4833	4925	5021
9.15	—	2576	2884	3090	3238	3350	3435	3524
10.675	—	—	1900	2097	2237	2344	2425	2509
12.2	—	—	1190	1379	1514	1617	1695	1776
13.725	—	—	—	836	967	1067	1143	1221
15.25	—	—	—	—	539	636	710	786

表 6-6 35t 轮胎起重机主臂起重性能（吊重行驶）

工作幅度/m	吊重行驶正前方			
	10	12.19	15.24	18.29
3.05	12315	12202	—	—
3.66	10591	10546	—	—
4.58	8596	8664	8800	—
6.10	6214	6441	6577	6600
7.63	4581	4876	5058	5080
9.15	—	3607	3910	3987
10.68	—	—	2689	2883
12.20	—	—	1824	2011
13.73	—	—	—	1362
15.25	—	—	—	860

2. 起重力矩 M

轮胎起重机的起重力矩是指起重量（Q）和其相应的工作幅度（R）的乘积，即 $M = QR$，单位为吨·米（t·m）或千牛·米（kN·m）。最大起重力矩是指起重机正常工作时起重力矩的最大值，一般在最大起重量附近获得。起重力矩往往更能真实体现起重性能。通过不同厂家起重力矩的对比，用户可以获得更好的选择，毕竟最大起重量所处的幅度是很小的，平时工作很少用到。

3. 工作幅度 R

轮胎起重机的工作幅度是指起重机的吊钩中心到回转中心的水平距离，单位为米（m）。它随臂架长度与工作角度的变化而变化，可以获得相应的工作幅度曲线。

4. 起升高度 H

轮胎起重机的起升高度是指吊钩中心到地面的垂直距离，单位为米（m）。与工作幅度相同，它也随臂架长度与工作角度的变化而变化，可以获得相应的起升高度曲线。图 6-33 所示的是结合幅度和高度的作业曲线图。

5. 机构工作速度 v

通用轮胎起重机的机构工作速度包括起升、变幅、回转三个机构的速度。越野轮胎起重机还多了臂架伸缩机构。

起升速度是指空载状态下起升钢丝绳的最大单绳速度，即钢丝绳缠绕在卷筒上的最外层速度，单位为米/分钟（m/min），最大可达到

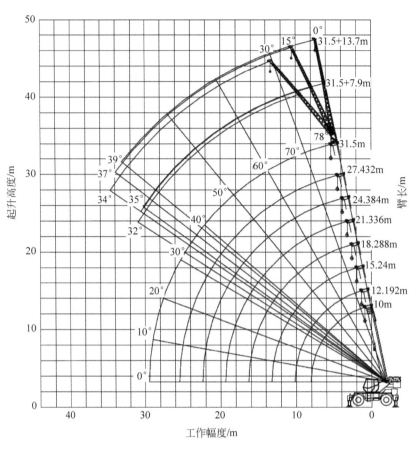

图 6-33　某 35t 越野轮胎起重机作业曲线

120~160m/min。

变幅速度是指空载状态下变幅钢丝绳的最大单绳速度,即变幅钢丝绳缠绕在卷筒的最外层速度,单位为米/分钟(m/min)。变幅速度还可用起重机在相应臂长下从最大幅度到最小幅度所需的变幅时间来表示,单位为分钟(min)。

针对液压缸变幅,指的是空载情况下,变幅液压缸从最短变幅到最长所需要的时间,单位为秒(s)。

回转速度是指空载状态下最小作业主臂时起重机回转的最大速度,单位为转/分钟(r/min),通常为 2.0~3.0r/min。

6. 尺寸参数

起重机主要的尺寸参数主要包括整机全长、整机全宽、整机全高、轴距等。在相同起重性能条件下,尺寸参数越小越有利于现场作业。

7. 行驶参数

行驶参数包括最高行驶速度、最小转弯半径、最小离地间隙、接近角、离去角、最大爬坡度等。

8. 动力参数

动力参数主要包括发动机型号、额定功率、额定扭矩等。

9. 重量参数

重量参数主要包括整机总质量、前轴负荷、后轴负荷等。

25~80t 轮胎起重机的主要技术参数见表 6-7。表 6-8 列出了某 35t 越野轮胎起重机的详细技术参数。

表 6-7　25～80t 轮胎起重机主要技术参数

最大起重量 /t	最小幅度 /m	最大幅度 /m	最大起重力矩 /(kN·m)	起升高度/m	起升速度/ (m/min)	最大回转速度/(r/min)	
						A	B
25	3	16	880	20	60	3	1.5
32	3	18	1120	24	50	3	1.5
40	3	20	1400	24	50	2	1.5
50	3	22	1750	26	50	2	1.5
63	3	24	2150	28	50	2	1.5
80	3	26	2650	32	50	2	1.5

注：A 为 3.1a 和 3.1b 两类起重机；B 为 3.1c 和 3.1d 和 3.1e 三类起重机。引自 GB/T 14743—2009《港口轮胎起重机》。
3.1a：内燃机-液力机械驱动自行式全回转动臂起重机；
3.1b：内燃机-液力驱动自行式全回转动臂起重机；
3.1c：内燃机-电力驱动自行式全回转动臂起重机；
3.1d：内燃机-外界交流电源电力驱动自行式全回转动臂起重机；
3.1e：外接交流电源电力驱动拖行式全回转动臂起重机。

表 6-8　某 35t 越野轮胎起重机的详细技术参数

类　别	项　目		参　数
尺寸参数	整机全长/mm		12150
	整机全宽/mm		2625
	整机全高/mm		3410
	轴距/mm		3720
重量参数	整机总质量/kg		32300
	前轴负荷/kg		16640
	后轴负荷/kg		15660
动力参数	发动机型号		Cummins QSB6.7 Tier 3
	发动机额定功率/(kW/(r/min))		119/2500
	发动机额定扭矩/(N·m/(r/min))		732/1500
行驶参数	最高行驶速度/(km/h)		40
	最小转弯半径(2 轮/4 轮)/m		10.5/6.2
	最小离地间隙/mm		400
	接近角/(°)		23.9
	离去角/(°)		23.3
	最大爬坡度/%		75
工作速度参数	主卷扬机单绳最大起升速度(空载)/(m/min)		140
	副卷扬机单绳最大起升速度(空载)/(m/min)		140
	起重臂全伸/缩时间/s		55/39
	起重臂全起/落时间/s		43/57
	回转速度/(r/min)		2.7
	水平支腿全伸/缩时间/s		31/31
	垂直支腿全伸/缩时间/s		25/25
主要性能参数	最大额定总起重量/t		35
	最小额定幅度/m		3.05
	最大起重力矩	基本臂/(kN·m)	1139
		最长主臂/(kN·m)	743
		最长主臂+副臂/(kN·m)	330
	支腿跨距(横向×纵向)/(m×m)		6.15×6.15
	最大起升高度	基本臂/m	12.9
		最长主臂/m	33.9
		最长主臂+副臂/m	47.4
	起重臂长度	基本臂/m	10
		最长主臂/m	31.5
		最长主臂+副臂/m	45.2
	副起重臂安装角/(°)		0/15/30

6.4.3 各企业的产品型谱

国际上生产越野轮胎起重机的著名企业主要有日本的多田野、加藤（Kato），美国的马尼托瓦克、特雷克斯等。国内生产企业主要有徐工、久发、哈工程、中联重科、三一等。国内外代表性公司的产品型谱汇总见表 6-9，各公司的产品型谱见表 6-10～表 6-17。

表 6-9 国内外代表性公司的产品型谱

公司简称	最大起重量/t
特雷克斯	30,35,42,44,50,60,90,100,118
马尼托瓦克	30,35,45,60,65,75,80,120,135
加藤	30,70
多田野	20,25,50
徐工	25,35,40,50,55,60,70,80,90,100,120,150,200
久发	25,30,30,35,50,55,70,80,100,130,160
哈工程	25,32,40,50,65,70,90
中联重科	25,35,55,60,75,100
三一	35,55,75
京城重工	25,55
山河智能	25,55

表 6-10 徐工产品型谱

系列	型号	最大起重量/t	最大起重力矩/(t·m)
RT系列	RT25	25	98.98
	RT35	35	
	RT40E	40	144.55
	RT50	50	169
	RT50A	50	205.8
	RT55E	55	169
	RT55U	55 美吨	169
	RT60	60	207.5
	RT60A	60	207.5
	RT70E	70	207.5
	RT70U	70 美吨	207.5
	RT80	80	320
	RT90E	90	320
	RT90U	90 美吨	320
	RT100	100	350
	RT120E	120	350
	RT120U	120 美吨	350
	RT150	150	514.5
	RT200E	200	

表 6-11 久发产品型谱

系列	型号	最大起重量/t	最大起重力矩/(t·m)
QRY系列	QRY25	25	100.5
	QRY30	30	92
	QRY30A	30	112
	QRY35	35	112
	QRY50	50	157.5
	QRY55	55	185
	QRY70	70	250.2
	QRY80	80	262.7
	QRY100	100	450
	QRY130	130	510
	QRY160	160	556

表 6-12 哈工程产品型谱

系列	型号	最大起重量/t
全液压系列	QLY25	25
	QLY32	32
	QLY40	40
	QLY50	50
	QLY65	65
	QLY70	70
	QLY90	90
	QLY25G	25
	QLY65NG	65
混合动力系列	QLY25H	25
	QLY40H	40
	QLY50H	50

表 6-13 中联重科产品型谱

系列	型号	最大起重量/t	最大起重力矩/(t·m)
RT系列	RT25	25	98
	RT35	35	134
	RT55	55	196.7
	RT60	60	199.1
	RT75	75	225
	RT100	100	333.9

表 6-14　三一产品型谱

系列	型号	最大起重量/t	最大起重力矩/(t·m)
RC系列	SRC350	35	116
	SRC550C	55	205
	SRC750	75	258
	SRC1200	120	373

表 6-15　特雷克斯产品型谱

系列	型号	最大起重量/t	最大起重力矩/(t·m)
RT系列	RT 230	27	82
	RT 230 XL	27	82
	RT 35	35	105
	RT 345-1 XL	40.8	
	RT 555-1	50	150
	RT 670	64	172
	RT 780	73	218
	RT 75	75	
	RT 100	90	270
	RT 130	118	354
RC系列	RC 30	30	
	RC 35	35	
	RC 40	42	
	RC 45	44	
	RC 60	60	150
Progress	Progress 55	50	
A	A 600	60	180
Quadstar	Quadstar 1100	100	300

表 6-16　马尼托瓦克产品型谱

系列	型号	最大起重量/t	最大起重力矩/(t·m)
RT系列	RT530E-2	30	89.3
	RT540E	35	90.6
	RT600E	40/45	144.5
	RT765E-2	60	178
	RT770E	65	197.8
	RT880E	75	278.2
	RT890E	80	272.8
	RT9130E-2	120	371.6
	RT9150E	135	384

表 6-17　多田野轮胎起重机产品型谱

系列	型号	最大起重量/t	最大起重力矩/(t·m)
GR系列	GR-120NL	20	87.67
	GR-300EX	20	89.70
	GR-500EX	25	98.06
	GR-500EXL	25	104.89
	GR-600EX	50	192.30
	GR-800EX	50	192.30
	GR-1450EX	50	204.79

6.4.4　技术性能

1. 各吨位产品的性能参数

以下列举了部分产品的技术性能,并简要介绍了部分典型产品的技术特点。各企业的产品排名不分先后顺序。各吨位产品性能参数见表 6-18~表 6-25。

表 6-18　30t 以下轮胎起重机产品性能

技术参数	多田野 GR-120NL	中联重科 RT25	徐工 RT25
最大额定起重量/t	12	25	25
最大额定起重力矩/(t·m)	24	98	98.98
主臂最大长度/m	23.8	30.005	30.8
主臂最大起升高度/m	24.5	31	
主臂+副臂最大长度/m	29.3	43.555	30.8
主臂+副臂最大起升高度/m	30	44.8	41.4
起升速度/(m/min)	125	150	120

续表

技术参数	多田野 GR-120NL	中联重科 RT25	徐工 RT25
回转速度/(r/min)	2.4	2.2	22
行驶速度/(km/h)	49	40/25	500
起重臂全伸/缩时间/s		60/60	120/?
起重臂全起/落时间/s		46/50	100/60
水平支腿全伸/缩时间/s			75/45
垂直支腿全起/落时间/s			30/35
总质量/t		28.85	26.365
轴荷(前轴/后轴)/t		14.1/14.75	12.715/13.650
接近角/(°)			22
离去角/(°)			19
爬坡能力/%	53		55
最小离地间隙/mm			345
发动机输出功率/kW	129		142
发动机额定转速/(r/min)	2700		
外形尺寸(长×宽×高)/ (mm×mm×mm)	7540×2000×2815	11790×2610×3600	11703×2700×3385
支腿跨距(纵向×横向)/ (mm×mm)		6600×6500	6300×6300
轴距/mm	2750	3600	3700
轮距/mm		2200	2200
技术参数	久发 QRY25	特雷克斯 RT 230-1	特雷克斯 RT 230-1 XL
最大额定起重量/t	25	27	27
最大额定起重力矩/(t·m)	100.5	82	82
主臂最大长度/m	27.78	28.8	30.5
主臂最大起升高度/m	27.9	28.8	31.2
主臂+副臂最大长度/m	35.08	41.7	43.6
主臂+副臂最大起升高度/m	36	44.8	44.8
起升速度/(m/min)	90	145	145
回转速度/(r/min)	2	2.7	2.7
行驶速度/(km/h)	40	39.4	39.4
起重臂全伸/缩时间/s	80/45	41/36	54/54
起重臂全起/落时间/s	75/75	30/30	30/30
水平支腿全伸/缩时间/s	25/15		
垂直支腿全起/落时间/s	25/15		
总质量/t	27.8	25.369	26.617
轴荷(前轴/后轴)/t	14.28/13.52	13.141/12.228	14.048/11.569
接近角/(°)	24	25.1	25.1
离去角/(°)	21	23.1	23.1
爬坡能力/%	55	112.30	112.30

技术参数	久发 QRY25	特雷克斯 RT 230-1	特雷克斯 RT 230-1 XL
最小离地间隙/mm	400	260	260
发动机输出功率/kW	169	96	96
发动机额定转速/(r/min)	2500	2200	2200
外形尺寸（长×宽×高）/(mm×mm×mm)	11750×2980×3730	11850×2640×3540	12450×2640×3540
支腿跨距（纵向×横向）/(mm×mm)	6080×6500	5790×5900	5790×5900
轴距/mm	3600	3400	3400
轮距/mm	2500	2100	2100

表 6-19   30～39t 轮胎起重机产品性能

技术参数	久发 QRY30	久发 QRY30A	多田野 GR-300EX	加藤 SR300L	徐工 RT35
最大额定起重量/t	30	30	30	30	35
最大额定起重力矩/(t·m)	92	112	90	98.15	
主臂最大长度/m	27.78	31	31	30.5	
主臂最大起升高度/m	27.9	31.2	31.8	31.2	
主臂＋副臂最大长度/m	35.1	38.3	43.8	43.5	
主臂＋副臂最大起升高度/m	36	39.3	44	44.8	
起升速度/(m/min)	90	90	125	125	120
回转速度/(r/min)	2	2	3.2	2.9	
行驶速度/(km/h)	40	40	50	49	38
起重臂全伸/缩时间/s	80/50	80/50		93/?	120/?
起重臂全起/落时间/s	75/75	75/75		40/?	85/55
水平支腿全伸/缩时间/s	25/15	25/15			60/80
垂直支腿全起/落时间/s	25/15	25/15			15/25
总质量/t	27.7	28.36		26.99	30.36
轴荷(前轴/后轴)/t	12.88/13.72	15.9/12.46			15.13/15.23
接近角/(°)	21	21		14	23
离去角/(°)	21	21		13	20
爬坡能力/%	55	55	78	57	55
最小离地间隙/mm	400	400			
发动机输出功率/kW	162	169	160	200	142
发动机额定转速/(r/min)	2200	2500	2500	2600	
外形尺寸（长×宽×高）/(mm×mm×mm)	11750×2980×3600	12570×3080×3690	11245×2620×3535	11360×2600×3475	11952×2980×3450
支腿跨距（纵向×横向）/(mm×mm)	6080×6500	6080×6500		6680×6600	6900×6900
轴距/mm	3600	3600	3500	3650	3700
轮距/mm	2500	2560		2170	2440

续表

技术参数	中联重科 RT35	三一 SRC350	久发 QRY35	特雷克斯 RT 35
最大额定起重量/t	35	35	35	35
最大额定起重力矩/(t·m)	134	113.9	112	105
主臂最大长度/m	31	31.5	31	30.1
主臂最大起升高度/m	34	33.9	33.5	31.2
主臂＋副臂最大长度/m	46.028	45.2	38.3	38.1
主臂＋副臂最大起升高度/m	48.5	47.4	39	40.8
起升速度/(m/min)	150	140	85	105
回转速度/(r/min)	2.5	2.7	2	2
行驶速度/(km/h)	38	37	40	30
起重臂全伸/缩时间/s	70/75	55/39	80/50	92/40
起重臂全起/落时间/s	46/47	43/57	75/75	77/67
水平支腿全伸/缩时间/s		31/31	25/15	
垂直支腿全起/落时间/s		25/25	25/15	
总质量/t	32	32.3	29	24.45
轴荷(前轴/后轴)/t	15.06/16.91	16.64/15.66	14/15	11.3/13.15
接近角/(°)		23.9	26	
离去角/(°)		23.3	25	
爬坡能力/%	110	75	55	98.30
最小离地间隙/mm		400	400	560
发动机输出功率/kW	129	119	169	104
发动机额定转速/(r/min)	2200	2500	2500	2000
外形尺寸(长×宽×高)/(mm×mm×mm)	11840×2980×3600	12150×2625×3410	12610×3060×3760	10869×2530×3340
支腿跨距(纵向×横向)/(mm×mm)	6810×6800	6150×6150	6400×6500	5830×5600
轴距/mm	3820	3720	3950	3200
轮距/mm	2444		2560	

表 6-20　40～59t 轮胎起重机产品性能

技术参数	徐工 RT40E	徐工 RT50	徐工 RT50A	徐工 RT55U
最大额定起重量/t	40	50	50	55 美吨
最大额定起重力矩/(t·m)	144.55	169	205.8	169
主臂最大长度/m		38.2	34.5	38.2
主臂最大起升高度/m	31.7	37.9		37.9
主臂＋副臂最大长度/m		55.2	50.5	55.2
主臂＋副臂最大起升高度/m	45.1	53		53
起升速度/(m/min)	120	130		130
回转速度/(r/min)	2.5	2		2

续表

技术参数	徐工 RT40E	徐工 RT50	徐工 RT50A	徐工 RT55U
行驶速度/(km/h)	38	35	27	25
起重臂全伸/缩时间/s	120/?[①]	130/?	136/?	130/?
起重臂全起/落时间/s	85/55	140/?	80/?	140/?
水平支腿全伸/缩时间/s	60/80	70/?	60/?	70/?
垂直支腿全起/落时间/s	15/25	30/40	30/30	30/40
总质量/t	30.36	38.5	36.365	38.5
轴荷(前轴/后轴)/t	15.13/15.23	18.67/19.83	18.73/17.635	18.67/19.83
接近角/(°)	23	25.8	26	25.8
离去角/(°)	20	21.8	22	21.8
爬坡能力/%	55	55	55	55
最小离地间隙/mm		460	462	460
发动机输出功率/kW	142	149	142	149
额定转速/(r/min)				
外形尺寸(长×宽×高) /(mm×mm×mm)	11952×2980×3450	12032×2980×3530	12762×2980×3550	12032×2980×3530
支腿跨距(纵向×横向)/ (mm×mm)	6900×6900	7000×7000		7000×7000
轴距/mm	3700	3741	3741	3741
轮距/mm	2440	2330	2330	2330

技术参数	久发 QRY50	特雷克斯 RT 555-1	多田野 GR-500EX	多田野 GR-500EXL
最大额定起重量/t	50	50	50	51
最大额定起重力矩/(t·m)	157.5	150	125	127.5
主臂最大长度/m	32	33.5	34.7	42
主臂最大起升高度/m	32	33.2	34.9	42.4
主臂+副臂最大长度/m	47	50.9	49.9	54.7
主臂+副臂最大起升高度/m	47.6	51.8	42.2	56
起升速度/(m/min)	130	151.2	136	150
回转速度/(r/min)	2	2	2.7	2.1
行驶速度/(km/h)	40	36.7	50	48
起重臂全伸/缩时间/s	65/52	85/70		
起重臂全起/落时间/s	55/90	53/52		
水平支腿全伸/缩时间/s	12/12			
垂直支腿全起/落时间/s	14/21			
总质量/t	36.14	34.85		
轴荷(前轴/后轴)/t	19.22/16.92	18.161/16.689		
接近角/(°)	20	20		
离去角/(°)	19	25		

① 问号表示此数据未查到。下同。

续表

技术参数	久发 QRY50	特雷克斯 RT 555-1	多田野 GR-500EX	多田野 GR-500EXL
爬坡能力/%	55	＞100	69	65
最小离地间隙/mm	400	340		
发动机输出功率/kW	198	138	200	200
额定转速/(r/min)	2500	2200	2600	2600
外形尺寸(长×宽×高)/ (mm×mm×mm)	12880×3080×3625	13470×3300×3720	13055×2980×3765	13395×2960×3865
支腿跨距(纵向×横向)/ (mm×mm)	6750×7100	6710×6810		
轴距/mm	3950	3820	3800	3800
轮距/mm	2500	2690		

技术参数	徐工 RT55E	中联重科 RT55	三一 SRC550C	久发 QRY55
最大额定起重量/t	55	55	55	55
最大额定起重力矩/(t·m)	169	196.7	200.9	185
主臂最大长度/m	38.2	34	43	35
主臂最大起升高度/m	37.9	34.8	44.3	35
主臂＋副臂最大长度/m	55.2	51	59	
主臂＋副臂最大起升高度/m	53	52.4	60.6	
起升速度/(m/min)	130	150	150	120
回转速度/(r/min)	2	2.5	2.6	2
行驶速度/(km/h)	25	39	40	40
起重臂全伸/缩时间/s	130/?	100/80	120/130	120/95
起重臂全起/落时间/s	140/?	56/63	55/75	85/85
水平支腿全伸/缩时间/s	70/?		35/30	30/25
垂直支腿全起/落时间/s	30/40		40/35	35/60
总质量/t	38.5	40.2	44.98	43
轴荷(前轴/后轴)/t	18.67/19.83	21.4/18.76	24.8/20.18	20.71/22.29
接近角/(°)	25.8		23	24.5
离去角/(°)	21.8		20	24.5
爬坡能力/%	55	75	75	55
最小离地间隙/mm	460		500	483
发动机输出功率/kW	149	160	198	198
额定转速/(r/min)			2500	2500
外形尺寸(长×宽×高)/ (mm×mm×mm)	12032×2980×3530	13100×3300×3750	14300×3300×3760	12820×3440×3800
支腿跨距(纵向×横向)/ (mm×mm)	7000×7000	6900×6900	7200×7200	7700×7600
轴距/mm	3741	3950	4000	4650
轮距/mm	2330	2605	2502	2652

表 6-21   60～69t 轮胎起重机产品性能

技术参数	徐工 RT60	徐工 RT60A	中联重科 RT60	多田野 GR-600EX	特雷克斯 RC 60
最大额定起重量/t	60	60	60	60	60
最大额定起重力矩/(t·m)	207.5	207.5	199.1	180	150
主臂最大长度/m	43.2	35.5	43	43	40
主臂最大起升高度/m	43.9		45.4	43.4	40.5
主臂＋副臂最大长度/m	62.4	51.5	60	60.7	55
主臂＋副臂最大起升高度/m	59.1		62.2	60.5	57.5
起升速度/(m/min)	125		150	136	95
回转速度/(r/min)	2		2.5	2.4	2
行驶速度/(km/h)	35	35		36	29
起重臂全伸/缩时间/s	130/?	110/?	140/120		180/200
起重臂全起/落时间/s	120/?	80/?	56/63		58/70
水平支腿全伸/缩时间/s	80/?	75/?			
垂直支腿全起/落时间/s	30/40	30/35			
总质量/t	49	40.81	44.26		42
轴荷(前轴/后轴)/t	25.5/23.5	21.07/19.74	25.22/19.04		18.5/23.5
接近角/(°)	20	20			19
离去角/(°)	17.5	17			21
爬坡能力/%	65	65		147	370
最小离地间隙/mm	467	495			465
发动机输出功率/kW	194	194		200	164
额定转速/(r/min)	2200			2600	2200
外形尺寸（长×宽×高)/(mm×mm×mm)	13135×3180×3750	13135×3180×3889	13662×3300×3750	13380×3315×3790	12290×2910×3765
支腿跨距（纵向×横向)/(mm×mm)	7300×7200		6900×6900		8000×7200
轴距/mm	4000	4000	3950	3950	4300
轮距/mm	2400	2400	2605		

技术参数	特雷克斯 A 600	特雷克斯 RT 670	徐工 RT70U	格鲁夫 RT770E
最大额定起重量/t	60	64	70 美吨	65
最大额定起重力矩/(t·m)	180	172	207.5	197.8
主臂最大长度/m	32.4	33.8	43.2	42
主臂最大起升高度/m	33.6	33	43.9	44.5
主臂＋副臂最大长度/m	52.4	51.2	60.7	65.2
主臂＋副臂最大起升高度/m	54.7	51.8	58.1	67.4
起升速度/(m/min)	60	131	130	153
回转速度/(r/min)	2	1.9	2	2.5

续表

技术参数	特雷克斯 A 600	特雷克斯 RT 670	徐工 RT70U	格鲁夫 RT770E
行驶速度/(km/h)	34	37.6	25	0~37
起重臂全伸/缩时间/s	100/80	87/70	130/?	
起重臂全起/落时间/s	50/50	54/50	120/?	
水平支腿全伸/缩时间/s			80/?	
垂直支腿全起/落时间/s			30/40	
总质量/t	40.5	38.87	49	44
轴荷(前轴/后轴)/t	18.4/22.1	20.52/18.35	25.5/23.5	
接近角/(°)	20	18	20	21
离去角/(°)	18	17	17.5	19
爬坡能力/%	84.00	127.60	65	75
最小离地间隙/mm	290	310	467	
发动机输出功率/kW	149	164	194	194
额定转速/(r/min)	2100	2200		2500
外形尺寸(长×宽×高)/(mm×mm×mm)	12750×3000×3580	13990×3450×3810	13135×3180×3750	13607×3333×3603
支腿跨距(纵向×横向)/(mm×mm)	7200×6600	7320×7420	7300×7200	7067×7112
轴距/mm	3800	4000	4000	4064
轮距/mm		2620	2400	2499

表 6-22　70~79t 轮胎起重机产品性能

技术参数	徐工 RT70E	久发 QRY70	加藤 SR700L	特雷克斯 RT 780
最大额定起重量/t	70	70	70	73
最大额定起重力矩/(t·m)	207.5	250.2	198.45	218
主臂最大长度/m	43.2	37	44.5	38.4
主臂最大起升高度/m	43.9	37	45.5	38.7
主臂+副臂最大长度/m	60.7		57.7	55.8
主臂+副臂最大起升高度/m	58.1		58.6	57.9
起升速度/(m/min)	130	120	160	149
回转速度/(r/min)	2	2	1.8	2.2
行驶速度/(km/h)	25	40	49	40.2
起重臂全伸/缩时间/s	130/?	125/95	135/?	103/67
起重臂全起/落时间/s	120/?	85/85	66/?	58/43
水平支腿全伸/缩时间/s	80/?	30/25		
垂直支腿全起/落时间/s	30/40	35/60		
总质量/t	49	48.8	39.75	41.375
轴荷(前轴/后轴)/t	25.5/23.5	22.56/26.24		21.34/20.035
接近角/(°)	20	24.5	17	17
离去角/(°)	17.5	24.5	15	16

续表

技术参数	徐工 RT70E	久发 QRY70	加藤 SR700L	特雷克斯 RT 780
爬坡能力/%	65	55	60	98.90
最小离地间隙/mm	467	530		310
发动机输出功率/kW	194	199	257	205
额定转速/(r/min)		2200	2200	2200
外形尺寸(长×宽×高)/ (mm×mm×mm)	13135×3180×3750	13400×3380×3870	12590×2990×3680	14830×3350×3820
支腿跨距(纵向×横向)/ (mm×mm)	7300×7200	7750×7600	8100×7600	7260×7420
轴距/mm	4000	4650	5300	4000
轮距/mm	2400	2350	2410	2620

技术参数	三一 SRC750	中联重科 RT75	格鲁夫 RT880E
最大额定起重量/t	75	75	75
最大额定起重力矩/(t·m)	252.9	225	278.2
主臂最大长度/m	45	38.5	39
主臂最大起升高度/m	44.5		41.9
主臂+副臂最大长度/m	61	55.5	68.2
主臂+副臂最大起升高度/m	62.5		70.7
起升速度/(m/min)	125	125	156
回转速度/(r/min)	2	2	2
行驶速度/(km/h)	40	41	32
起重臂全伸/缩时间/s	120/130	110/55	
起重臂全起/落时间/s	70/100	110/90	
水平支腿全伸/缩时间/s	20/25		
垂直支腿全起/落时间/s	25/35		
总质量/t	53.44	50	49.5
轴荷(前轴/后轴)/t	27.6/25.84	26.54/23.46	
接近角/(°)	20		23
离去角/(°)	19		20
爬坡能力/%	75	125	75
最小离地间隙/mm	350		337
发动机输出功率/kW	210		205
额定转速/(r/min)	2500		2500
外形尺寸(长×宽×高)/(mm× mm×mm)	14248×3340×3800	14897×3395×3840	15160×3340×3783
支腿跨距(纵向×横向)/(mm× mm)	7400×7520	7380×7300	7523×7315
轴距/mm	4264	4150	4216
轮距/mm	2562	2632	

表 6-23　80t 轮胎起重机产品性能

技术参数	徐工 RT80	久发 QRY80	格鲁夫 RT890E	多田野 GR-800EX
最大额定起重量/t	80	80	80	80
最大额定起重力矩/(t·m)	320	262.7	272.8	240
主臂最大长度/m	46	45.6	43.2	47
主臂最大起升高度/m	46.2	45	45.7	47.1
主臂＋副臂最大长度/m	63.5	63.8	69.8	64.7
主臂＋副臂最大起升高度/m	60.2	62	72.5	64.4
起升速度/(m/min)	125	120	156	149
回转速度/(r/min)	1.8	2	2	1.5
行驶速度/(km/h)	36	40	35	36
起重臂全伸/缩时间/s	125/?	125/95		
起重臂全起/落时间/s	152/?	85/85		
水平支腿全伸/缩时间/s	85/?	30/25		
垂直支腿全起/落时间/s	30/40	35/60		
总质量/t	58	49.8	53	
轴荷(前轴/后轴)/t	30.35/27.65	23.8/26.00		
接近角/(°)	22.5	24	24	
离去角/(°)	20	24	20	
爬坡能力/%	60	55	75	94
最小离地间隙/mm	440	530		
发动机输出功率/kW	209	198	205	200
额定转速/(r/min)		2500	2500	2600
外形尺寸(长×宽×高)/(mm×mm×mm)	14067×3400×3990	14955×3380×3890	14424×3340×3758	14375×3315×3795
支腿跨距(纵向×横向)/(mm×mm)	7800×7600	7750×7600	7523×7315	
轴距/mm	4380	4650	4216	3950
轮距/mm	2554	2520		

表 6-24　90t 轮胎起重机产品性能

技术参数	徐工 RT90E	徐工 RT90U	特雷克斯 RT 100
最大额定起重量/t	90	90	90
最大额定起重力矩/(t·m)	320	320	270
主臂最大长度/m	46	46	53
主臂最大起升高度/m	46.2	46.2	53.2
主臂＋副臂最大长度/m	63.5	63.5	68
主臂＋副臂最大起升高度/m	60.2	60.2	68
起升速度/(m/min)	125	125	72
回转速度/(r/min)	1.8	1.8	1.2
行驶速度/(km/h)	36	36	29.9

续表

技术参数	徐工 RT90E	徐工 RT90U	特雷克斯 RT 100
起重臂全伸/缩时间/s	125/?	125/?	180/120
起重臂全起/落时间/s	152/?	152/?	80/120
水平支腿全伸/缩时间/s	85/?	85/?	
垂直支腿全起/落时间/s	30/40	30/40	
总质量/t	58	58	56.99
轴荷(前轴/后轴)/t	30.35/27.65	30.35/27.65	27.1/29.89
接近角/(°)	22.5	22.5	
离去角/(°)	20	20	
爬坡能力/%	60	60	98.50
最小离地间隙/mm	440	440	642
发动机输出功率/kW	209	209	195
额定转速/(r/min)			2200
外形尺寸(长×宽×高)/(mm×mm×mm)	14067×3400×3990	14067×3400×3990	13847×3296×3950
支腿跨距(纵向×横向)/(mm×mm)	7800×7600	8400×8200	8000×8000
轴距/mm	4380	4380	4450
轮距/mm	2554	2554	

表 6-25   100t 轮胎起重机产品性能

技术参数	徐工 RT100	中联重科 RT100	久发 QRY100	特雷克斯 Quadstar 1100
最大额定起重量/t	100	100	100	100
最大额定起重力矩/(t·m)	350	333.9	450	300
主臂最大长度/m	48	43	50	47.2
主臂最大起升高度/m	48.8	45.6	51	47
主臂+副臂最大长度/m	68.6	61.5	70	67.2
主臂+副臂最大起升高度/m	69	63	70	68
起升速度/(m/min)	125	126	100	138
回转速度/(r/min)	2	2.5	2	1.5
行驶速度/(km/h)	33	24/15	40	30.1
起重臂全伸/缩时间/s	135/?	170/158	280/100	130/100
起重臂全起/落时间/s	150/?	82/69	80/75	70/100
水平支腿全伸/缩时间/s	80/?		30/20	
垂直支腿全起/落时间/s	30/40		30/20	20/?
总质量/t	79.5	67	83.8	59.192
轴荷(前轴/后轴)/t	41.56/37.94	34.2/32.8	40.4/43	28.588/30.612
接近角/(°)	21.1		19	17.9
离去角/(°)	17.3		19	21.2
爬坡能力/%	60	74	50	55

续表

技术参数	徐工 RT100	中联重科 RT100	久发 QRY100	特雷克斯 Quadstar 1100
最小离地间隙/mm	568		600	570
发动机输出功率/kW	224	224	228	194
额定转速/(r/min)	2100	2200	2100	2200
外形尺寸(长×宽×高)/ (mm×mm×mm)	14067×3400×3990	14247×3620×3960	16500×3800×4150	15140×3400×3860
支腿跨距(纵向×横向)/ (mm×mm)	7800×7600	8000×7900	8700×8200	7920×8130
轴距/mm	4380	4600	4900	4570
轮距/mm	2554	2860	2805	

2．徐工产品的性能与特点

徐工 RT100 型越野轮胎起重机如图 6-34 所示,技术特点如下:

图 6-34　RT100 型越野轮胎起重机

(1) 采用两桥越野底盘、5 节大圆弧四边形臂架、H 形支腿,具有两种驱动方式、4 种转向模式、正反向行驶功能、3 种起重作业模式,特别适应狭小场区的作业。

(2) 采用带有闭锁功能的液力变矩器,整机的转移更快捷。

(3) 采用具有车轮自动回正功能的电液比例多模式转向技术,前轴由全液压转向器直接控制,后轴采用电液比例控制,优化电液比例控制系统的响应时间,车轮转角精度可以控制在 0.5°,实现公路行驶、小转弯、蟹行、后桥独立等多种转向模式。

(4) 采用自动刚性切换的摆动式液压悬架技术。该技术采用铰接销轴以及液压缸、阻尼系统和控制阀,形成摆动式液压悬架系统。当车辆行驶时,左、右两侧车轮绕车桥中间的铰接销轴上下摆动来适应路面的不平度,并通过专用阻尼系统来衰减振动;当车辆在轮胎支承、吊重行驶时,根据转台运动和车架摆动情况,通过控制阀自动将悬挂液压缸置于刚性状态,避免车辆左右摆动而影响作业稳定性。该技术克服了目前机械钢板簧悬架无法处于刚性状态,油气悬架结构复杂、成本高、不易操作等缺点。

(5) 采用行车安全自动保护技术。通过实时监测动力、转向、制动、悬架等系统状态,根据专家库信息和系统设定的参数,起重机自动作出判断,实现对转向、制动、悬架等系统的自动控制功能,减少人为误操作造成的安全隐患。另外,当车辆出现故障时,控制系统能够发出信号自动限速、降挡或实施制动,提升了行车的主动安全性。

(6) 采用紧凑型臂架技术。新型臂架系统通过将传统的箱形对接臂头改进为单板插入式臂头结构,同时优化臂尾布置,可将臂头间隙减少 70%、臂尾间隙减少 30%,同等边界条件下增加臂架搭接长度 28%,提升臂架长工况下起重性能 15%。解决了臂架变形造成臂架性能衰减过快的问题,实现了臂架强度和刚度的优化匹配。

(7) 38 项措施全方位安全保障。采用电源管理、信息通信冗余设计的双重保险模式,具有多模式保护功能。转向系统出现故障时,控制系统能够自动限制发动机的转速,使车辆保持在安全的行驶速度范围内。新型悬架自动刚性锁止功能，使得当转台旋转超过±3°时，系统会自动切换至锁止状态，增加了主动安全性。强制功能激活时，按照不同工况强制降速，并发出声光报警，实现实时监控和提醒。反向行驶时，车轮转动方向自动切换，保证车轮转动方向与转向盘转动方向一致，符合驾驶员习惯。

（8）电子越权变功率控制液压系统的应用，可降低油耗约15%，延长元件使用寿命约15%。具有闭锁功能的变矩器，可使高速行驶油耗降低约20%。变幅系统采用重力下降，无需额外动力，节能、环保，既能吊装，又能转运，一机多用。特有的轮胎支承作业性能，使得在狭小场地无法打开支腿时，能够直接吊重行走。

3．中联重科产品的性能与特点

中联重科的25～100t越野轮胎起重机系列产品（图6-35）具有轮距宽、稳定性好、轴距短、转弯半径小的特点，适合于狭窄的作业场所。越野轮胎起重机可360°回转作业，及带载行驶作业。其技术特点如下：

（1）配置四轮驱动、四轮转向的底盘，采用全液压动力转向系统，具有前/后轮转向、四轮转向、蟹行等多种转向模式，具备原地转向能力。整车轴距短、转弯半径小，能在狭窄的空间提供最好的机动灵活性。

（2）整车底盘离地间隙大，接近角和离去角大，越野性能强。

（3）驾驶室与操纵室一体化，采用减振悬浮式座椅，可根据体型调节合适位置，最大限度地减轻驾驶员的疲劳强度，提高作业效率。先进的总线控制系统、故障和安全声光报警装置，可实时保证作业的安全、高效。

中联重科的RT100型100t越野轮胎起重机（见图6-36）的最大起升高度约45.6m，最大行驶速度24km/h，具有越野行驶，两轮、四轮转向与蟹行三种转向控制方式，起重作业带载

RT25型　　　　RT35型　　　　RT55型　　　　RT100型

RT60型

RT75型

图6-35　中联重科轮胎起重机系列产品

行驶等特点。

图 6-36　RT100 型全地面起重机

4. 马尼托瓦克产品的性能与特点

马尼托瓦克公司旗下的格鲁夫产品 RT9150E 型 135t 越野轮胎起重机（见图 6-37），是公司最大吨位产品，主臂长度为 60m。其技术特点如下：

图 6-37　RT9150E 型越野轮胎起重机作业

（1）6 节 TWIN-LOCK™ 主臂能够实现在 54.8m 作业半径下提升 1.724t 重物，并且在连接 17.9m 副臂时可在 67m 作业半径下提升 0.907t 重物。

（2）所采用的 CraneSTAR 系统可通过远程监控起重机运行数据，前、后支腿可拆卸，实现单体运输重量降低 8.552t。

（3）通过仅使用一个伸缩液压缸来伸展臂架，格鲁夫的 TWIN-LOCK™ 系统可降低伸缩臂架的重量，实现起重量的最大化。

（4）采用安全可靠的反作用液压缸，如图 6-38 所示。反向安装液压缸，伸出的活塞杆在外壳的保护之下，避免了与外部恶劣环境接触，降低了损坏频率。

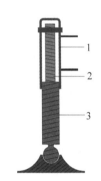

图 6-38　独特的反作用液压缸
1—外壳；2—活塞杆；3—缸筒

（5）四轮驱动与四轮转向 4×4（见图 6-39）使得设备更灵活，能够更方便地接近起吊物。

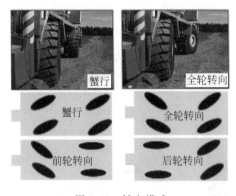

图 6-39　转向模式

（6）U 形椭圆形主臂 MEGAFORM™（见图 6-40）为各节臂提供了自然的弧形顶架位置。在臂架伸缩时，臂架臂节间宽大的滑块保证了 60m 主臂的同心度，并且使重量能在各节之间相对转移。独特的主臂对中装置使主臂可以在任意角度伸缩，并可带载荷伸缩。

图 6-40　新型 U 形椭圆形主臂

（7）主臂安全双销锁定系统 TWIN-LOCK™（图 6-41）使用一个伸缩液压缸，通过两个水平安装的销子，带动需要伸缩的臂节到位。在该处，双销锁定系统的两个直径较大的水平销自动把两节主臂臂杆销接在一起，增强了吊装的安全性。双销位置分布在主臂两侧的中间区域内，因此，无论主臂在任何角度，双销的插拔都可以伸缩自如。

图 6-41　全液压双销锁定系统

（8）电子起重机控制系统 ECOS 和安全力矩限制器 EKS5（见图 6-42）可随时监控起重机的吊装情况，进一步降低了起重机控制系统出现故障的可能性。

图 6-42　显示屏

（9）新型司机室有最大 20°的仰角（图 6-43）。

（10）带载行走，可在 5m 幅度、最大带载 26t 的情况下，以 4km/h 速度行驶。

图 6-43　俯仰式司机室

5．特雷克斯产品的性能与特点

特雷克斯越野轮胎起重机采用 3 种转向模式，结构紧凑坚固，起重臂即使在负载状况下也能伸缩。变速系统提供了 6 个前进挡和 1 个倒挡，4 轮驱动，即使在异常恶劣的地形环境下也能抵达作业地点。司机室设计符合人体工程学原理，可最大限度地缓解操作人员的疲劳感。同时，其维护简便快捷，安全性能出色。其技术特点如下：

（1）采用高强度钢材，可承受极端温度的考验。

（2）车桥和上车结构坚固，能够在泥泞、雨雪等恶劣环境中正常运转。

（3）发动机动力强劲，牵引效率高，爬坡能力强。

（4）司机室安装了暖风及空调系统，为操作人员提供了舒适的作业环境。

6．多田野产品的性能与特点

多田野的 GR-1450EX 形轮胎起重机如图 6-44 所示，技术特点如下：

图 6-44　GR-1450EX 型轮胎起重机

（1）联网系统扩大了实时服务区域。

（2）环保模式下可以实现 CO_2 排放量和燃料消耗量减小 13％（模式 1）和 21％（模式 2），并且能够降低噪声水平。

（3）主动控制系统可根据动作情况控制液压泵释放液压油的水平，对液压泵的控制可以减少 CO_2 排放。

（4）采用实时持续的燃料监测系统，可以防止无意义的加速操作和待命操作。

7. 加藤产品的性能与特点

加藤的 SR300L 型越野轮胎起重机如图 6-45 所示，4 节圆形截面主臂结合 13m 副臂，可实现更广阔的作业范围以及在狭窄空间内便利快捷架设。配有支腿伸出量自动检测装置和工作范围限制功能，使作业更安全。

图 6-45　SR300L 型越野轮胎起重机

8. 郑州新大方重工科技有限公司产品的性能与特点

郑州新大方重工科技有限公司生产的 QLY1250 型动臂轮式起重机是该公司最早开发的风电专用起重机，如图 6-46 所示。其产品技术参数见表 6-26，主要技术特点如下：

（1）采用全液压传动、全回转、智能化、悬挂式的轮胎组作为行走系，风电场内行走时仅需 5m 宽的土路。

（2）趴臂自行，无须拆臂。

（3）采用独立的鹤嘴设计。

（4）举臂可直行、斜行、横行。

表 6-26　QLY1250 型动臂轮式起重机技术参数

技 术 参 数	数　值
最大额定起重量/t	120
最小额定工作幅度/m	8.4
最大额定工作幅度/m	16
最大起重力矩/(t·m)	2150
起升高度/m	95
整车质量（含配重）/t	478
起升速度/(m/min)	0～4
变幅速度/(m/min)	0～3
臂架容许最大仰角/(°)	84
回转速度（360°回转）/(r/min)	0～1.2
行走工况空车速度（不带配重及吊重）/(km/h)	0～5
适应纵坡/%	±5
适应横坡/%	±3
悬挂自调平能力/mm	±300
轮胎接地比压/MPa	0.56
支腿间距/m×m	14×14
每支点容许承载力/t	200
接地比压/MPa	0.45

图 6-46　QLY1250 型动臂轮式起重机施工图

公司新开发的 QLY1560 型轮式桁架臂起重机(见图 6-47)属于风电专用起重机,适应大坡度、急弯道、小机位的施工环境,整个吊装及转场过程操作简单、安全可靠,是一种创新型山地风电施工工法。其技术参数见表 6-27,主要技术特点如下:

图 6-47 QLY1560 型轮式桁架臂起重机

表 6-27 QLY1560 型产品技术参数

技 术 参 数	数 值
额定起重量/t	100
最大起升高度/m	100
工作幅度/m	11.6~45
起升速度/(m/min)	0~5
回转速度/(r/min)	0~0.3
行走速度/(km/h)	0~3
纵向坡度/%	±30
道路路面宽度/m	≥5
整机功率/kW	330
悬挂自调平能力/mm	±300

(1)塔身和臂架均采用桁架式结构,抗侧拉能力强,抗风能力强。

(2)道路通行能力强,悬挂±300mm 的自调能力,在砂石、泥泞路面仍具有较大的爬坡能力,现场土路爬坡度达到 26%;能够实现直行、横行、斜行、八字转向、中心回转、偏摆等多种转向模式,调整对位方便,如图 6-48 所示。

(3)拆装和转场的效率高。塔身及起重臂均采用三级伸缩桁架结构,利用连杆机构将上

(a)

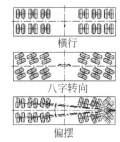

直行　　　　　　　横行

斜行　　　　　　八字转向

中心回转　　　　　偏摆

(b)

图 6-48 QLY1560 型轮式桁架臂起重机的技术特点
(a)土路 26%坡度行走;(b)多种转向模式

车放倒,降低行驶重心。结构伸缩节间采用液压自动穿销,减少高空作业。整机转场行走采用遥控盒和司机室两种操作模式,能根据道路及路面情况适时调整,从而提高操作效率。

(4)作业平台小。整车站位空间小,仅需 20m×20m 的站位空间就可以实现升塔展臂至工作状态,整机仅需 30m×30m。

6.5 选型原则

企业在选购轮胎起重机时,首先要对本企业的使用范围、工作频繁程度、利用率、额定起重量等因素进行综合考虑,选择适合本企业使用要求工作级别的起重机。根据拟定的技术参数,进行市场调研,选择的供货起重机厂家必须是具备特种设备安全许可证的专业起重机制造企业。考察制造厂家加工设备的配套

性、生产的规范性、产品的先进性。对起重机厂家进行比较后再选择价格合理、质量好、性能优良、安全装置齐全的起重机。设备到货后，开箱验收时要检查随机技术资料是否齐全，随机配件、工具、附件是否与清单一致，设备及配件是否有损伤、缺陷等，并做好开箱验收记录。

轮胎起重机的选用应依照相应产品使用说明书规定的起重特性曲线表进行。选择步骤如下：

（1）根据被吊设备或构件的就位位置、现场具体情况等确定起重机的站车位置（幅度）。

（2）根据被吊设备或构件的就位高度、设备尺寸、吊索高度和站车位置（幅度）等，查起重机的特性曲线，确定其臂长。

（3）根据已确定的幅度、臂长，查起重机的特性曲线，确定起重机的承载能力。

（4）如起重机承载能力大于被吊装设备或构件的重量，则选择合格；否则重选。

6.6 安全使用

轮胎起重机安全施工操作规程主要包括如下内容。

（1）起重机的准备工作和起重作业除应严格执行轮胎起重机的有关规定外，根据汽车、轮胎起重机的特点，还须注意以下几点：

① 轮胎气压应充足。

② 在松软地面工作时，应在作业前将地面填平、夯实。机身必须固定平稳。

③ 轮胎起重机作业且必须作短距离行走时，应遵照使用说明书的规定执行。重物离地高度不能超过 0.5m，重物必须在行走的正前方，行驶要缓慢，地面应坚实平整。严禁吊重后长距离走行。

④ 当起重机的起重臂接近最大仰角吊重时，在卸重前应先将重物放在地上，并保持钢丝绳处于拉紧状态，把起重臂放低，然后再脱钩，以防止起重机卸载后向后倾翻。

（2）行驶过程中，轮胎起重机应将吊钩升到接近极限位置，并固定在起重臂上。

（3）轮胎起重机还必须遵守下列各项规定：

① 发动机起动后，将液压泵与动力输出轴结合，在急速下进行预热，液压油温度达到 30℃ 才能进行起重作业。

② 在支腿伸出放平后，立即关闭支腿开关，如地面松软不平，应修整地面，垫放枕木。检查安全可靠后，再进行起重作业。

③ 吊重物时，不得突然升降起重臂。严禁伸缩起重臂。

④ 当起重臂全伸，而使用副臂时，仰角不得小于 50°。

⑤ 作业时，工作半径不得超过额定起重量的工作半径，亦不得斜拉起吊。

⑥ 一般只允许空钩和吊重在额定起重量的 30% 以内使用自由下落踏板。操作时应缓慢，不要突然踏下或放松。除自由下落外，不要把脚放在自由下落踏板上。

⑦ 蓄能器应保持规定压力，低于或大于规定压力范围不仅会使系统恶化，而且会引起严重事故。

⑧ 除上述规定外还应严格按说明书有关规定执行。

⑨ 汽车式和轮胎起重机必须遵守起重机械的一般安全技术规定。

6.6.1 安全使用标准与规范

轮胎起重机的很多标准和规范与汽车起重机相同，这里只列出单独针对轮胎起重机的部分标准和规范，如表 6-28 所示。

表 6-28 轮胎起重机常用标准与规范

序号	标准编号	标准名称
1	GB/T 14743—2009	港口轮胎起重机
2	JT/T 562—2004	港口轮胎起重机安全规程
3	JT/T 474—2002	港口轮胎起重机修理技术规范

6.6.2 拆装与运输

轮胎起重机的基本结构都比较相类似，这

里以某 25t 轮胎起重机为例,介绍其拆装与运输过程。

1. 配重拆装

轮胎起重机的安装方法如下,拆卸方法与安装方法顺序相反:

(1) 用起重机将配重吊起,对准图 6-49 所示的位置。

(2) 插入固定销、装上压板。

(3) 用调整螺栓调整转台尾部和配重间的间隙。

(4) 拧紧固定螺栓。

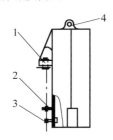

图 6-49　配重安装

1—吊耳;2—固定销;3—调整螺栓;4—固定螺栓

2. A 形架的高度变更

A 形架在运输时需要向后转动以降低高度,如图 6-50 所示。起重作业时恢复到原有高度,如图 6-51 所示。注意:严禁在低 A 形架状态进行起重作业。

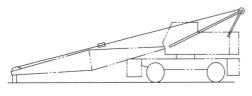

图 6-50　低 A 形架状态

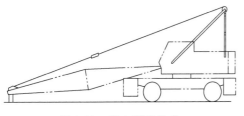

图 6-51　高 A 形架状态

1) A 形架由低到高的变换方法

(1) 将起重机放置成图 6-50 所示状态后,放松变幅钢丝绳。

(2) 将后拉杆的两个固定销拔下,慢慢收卷变幅钢丝绳,将 A 形架升起,如图 6-52 所示。

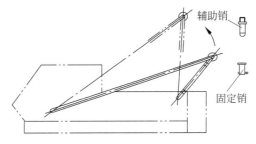

图 6-52　A 形架安装示意图

当 A 形架完全升起后,先在一侧的后拉杆销孔内插入辅助销,防止撑杆落下;然后将固定销插入另一侧的后拉杆销孔内,用弹簧销锁住;最后将辅助销拔出,插入固定销,并用弹簧销锁住。

注意:

① 在插入固定销之前插入辅助销,是为了防止在插销作业中撑杆突然下落,是一种安全的作业方法,请务必遵守。

② 应从 A 形架的内侧插入固定销。当要恢复低 A 形架时,只需从外侧敲击即可将销拔去,不需要人员站在 A 形架中间进行操作,以保证安全。

2) A 形架从高到低的变换方法

(1) 将臂架头部置于台架上,这时应保持变幅钢丝绳处于绷紧状态。

(2) 拔掉 A 形架上一侧的固定销,代之以辅助销,然后拔出 A 形架另一侧的固定销,最后再将辅助销拔出。如果辅助销拔出困难,可慢慢将变幅钢丝绳卷起或放松,调正销孔,便可将辅助销拔出。

(3) 将变幅钢丝绳慢慢放松。

(4) A 形架的撑杆在自重作用下会慢慢下降。当撑杆完全降下后,再将固定销插入,并用弹簧销锁住。

注意:

① A 形架升、降过程中,操作人员不得进入其运动范围内。

② 当 A 形架放下时,变幅钢丝绳有可能

已经松弛,而撑杆没有立即下降,此时应特别注意。

3. 臂架的组装与拆解

臂架共由 4 种臂节组成,包括臂顶节(长4.5m)、臂根节(长4.5m)、中间节Ⅰ(长3.0m)、中间节Ⅱ(长6.0m)。该机臂长标准配置为18m,用户可根据实际情况选购其余几种臂长配置。作业时,可根据需要按图6-53将这4种臂节组合成不同的长度。

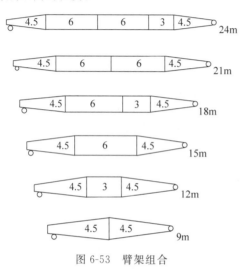

图 6-53　臂架组合

1)臂架的组装

(1)将各中间节置于台架上进行组装,用销轴将各节连接起来。

注意:

① 作为长型臂架使用时,应将中间节Ⅰ连接在臂根节上。

② 应从臂架内侧将固定销插入销孔,并用开口销固定。

③ 应在臂架外侧进行臂架组装作业。

(2)将基本臂头部搭在台架上,如图6-54所示。摘下起升钢丝绳及吊钩,并将起升钢丝绳全部卷进卷筒。放松变幅钢丝绳,将变幅动滑轮组降到臂架根节的平板上,并用销轴将动滑轮组与臂根节连接起来,然后拆下臂架拉索。将变幅钢丝绳拉紧,但不要使臂架抬起,如图6-55所示。摘下开口销,从外侧将下方的两个销轴敲出。把臂顶节完全放下,拔出上方的销轴,如图6-56所示。移动整机,使臂架顶

节与整机完全分离,如图6-57所示。

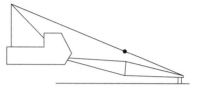

图 6-54　臂架头部安装

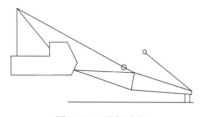

图 6-55　臂架变幅

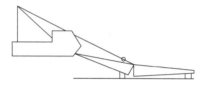

图 6-56　臂架顶节放下

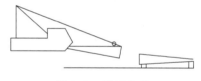

图 6-57　臂架分离

(3)将臂顶节吊到已经组装完毕的中间节的一端,用销轴将两者连接起来,并用开口销固定,如图6-58所示。移动整机,使臂根节上方插头插入中间节上方接头内,并使各销孔对正,从内侧插入销轴,用开口销固定,如图6-59所示。发动机低速运转,同时慢慢收卷变幅钢丝绳,使臂根节与中间节下方的销孔对正。从内侧插入销轴,并用开口销固定,如图6-60所示。注意:此时不能使臂头离开台架。如果臂头离开台架,就会造成臂架损伤。放松变幅钢丝绳,将动滑轮组降到臂根节的平板上。然后用销轴和开口销,将事先已组装好的拉索的两

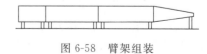

图 6-58　臂架组装

端,分别连接到动滑轮组和臂顶节上。最后再将连接动滑轮组与臂根节的销轴拔出,如图 6-61 所示。

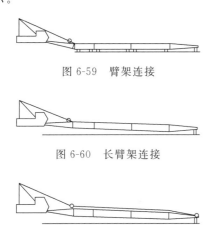

图 6-59 臂架连接

图 6-60 长臂架连接

图 6-61 臂架变幅

(4) 拉出起升钢丝绳,装上吊钩和起升高度限位器,进行电路配线。检查各部位,确认没有问题后,向上变幅将臂架拉起,如图 6-62 所示。

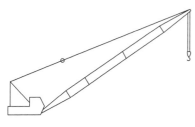

图 6-62 臂架抬起

注意:

① 臂架接长后,只能在车体的前方或后方进行变幅。

② 当臂架仰角在 300° 以下时,尤其是臂架降至地面时,应避免急刹车。

2) 臂架的拆解

臂架拆解失误有可能造成人身伤亡事故。所以,应按照正确的作业顺序进行操作。

(1) 将臂架头部降到台架上,摘下吊钩,收卷起升钢丝绳,如图 6-63 所示。放松变幅钢丝绳,将动滑轮组放在臂根节的平板上,用销轴将其与臂根节连接起来,然后摘下拉索,如图 6-64 所示。将变幅钢丝绳慢慢卷起(注意:

勿将钢丝绳卷乱),拉紧钢丝绳,但不要使臂顶节抬起。从外侧将臂根节与中间节之间下方的连接销轴拆除。向前推变幅操纵杆,使臂架慢慢下降,当中间节下降到台架上时,停止下降,如图 6-65 所示。拆除上方的销轴,移动车体,使臂根节与中间节分离,如图 6-66 所示。

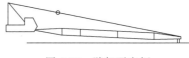

图 6-63 臂架下变幅

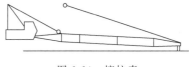

图 6-64 摘拉索

图 6-65 臂架落到台架上

图 6-66 拆除销轴

(2) 将臂顶节与中间节分离,如图 6-67 所示。将臂顶节置于台架上,如图 6-68 所示。移动车体,使臂根节上方的接头插入臂顶节上方的接头内,并使销孔对正。从内侧插入销轴,并用开口销固定,如图 6-69 所示。收卷变幅钢丝绳,使臂顶节与臂根节下部销孔对正。从内侧插入销轴,并用开口销固定,如图 6-70 所示。

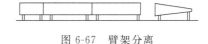

图 6-67 臂架分离

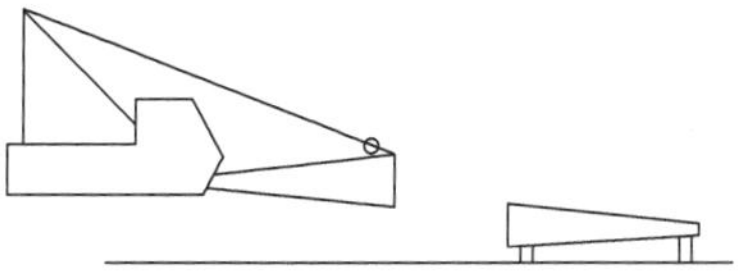

图 6-68 臂顶节置于台架上

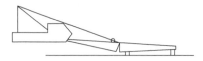

图 6-69　臂顶节和臂底节连接

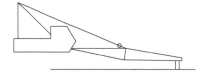

图 6-70　臂架销轴连接

（3）将变幅钢丝绳完全放松，拆下动滑轮组与臂架之间的销轴。用销轴和开口销将基本臂拉索两端分别与动滑轮组和臂顶节连接起来，如图 6-71 所示。拉出起升钢丝绳，装上吊钩和起升高度限位器。检查各部位，确认无异常后，以低速拉起臂架，如图 6-72 所示。注意：在臂架分解、组装时，严禁人员进入臂架下面。

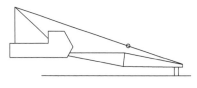

图 6-71　臂架拉索连接

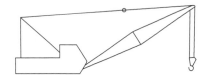

图 6-72　短臂节组装完毕

4．钢丝绳的安装和拆卸

钢丝绳的应用部位如图 6-73 所示。

1）起升钢丝绳的安装与拆卸

（1）如图 6-74 所示，将起升钢丝绳的一端连同楔一起装入起升卷筒内，然后用力拉动钢丝绳，使钢丝绳能够夹牢。注意：如果绳头部分露出卷筒，应将露出部分切下。钢丝绳和楔的安装方向应与图 6-74 所示方向一致。

（2）使卷筒按起升方向转动，将起升钢丝绳收卷到一定长度。

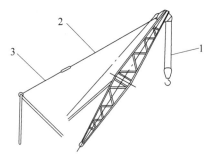

图 6-73　钢丝绳的应用部位

1—起升钢丝绳；2—拉索；3—变幅钢丝绳

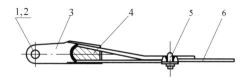

图 6-74　绳套连接

1—销轴；2—开口销；3—绳套；4—楔；

5—绳夹；6—起升钢丝绳

（3）将起升钢丝绳的另一端通过臂顶节滑轮引下，按规定的倍率绕过滑轮，穿过高度限位器重锤孔后引出。

（4）按图 6-75 所示将引出的钢丝绳和楔

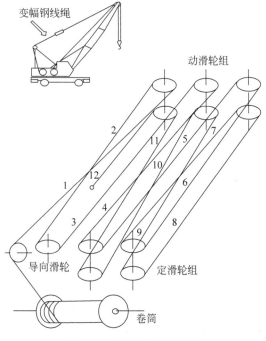

图 6-75　变幅钢丝绳的绕法

装入绳套内,用力拉动钢丝绳,使钢丝绳能够被夹牢,再用绳夹将钢丝绳夹紧。注意:钢丝绳和楔在绳套中的安装方向以及绳夹的安装方向应与图6-74所示方向一致。

（5）用销轴和开口销将绳套连接到臂顶节上。

（6）将臂架抬起并收卷起升钢丝绳。

起升钢丝绳的拆卸顺序与安装顺序相反。

2）变幅钢丝绳的安装与拆卸

（1）用销轴和开口销将动滑轮组连接到臂根节上。

（2）参照图6-74将变幅钢丝绳连同绳楔一起装入变幅卷筒内,然后用力拉动钢丝绳,使钢丝绳能够被夹牢。

注意:① 进行变幅钢丝绳的安装和拆卸时,应将臂架头部搭在台架上。

② 如果绳头部分露出卷筒,应将露出部分切下。

③ 钢丝绳和楔的安装方向应与图6-74所示方向一致。

（3）按向上变幅的方向转动变幅卷筒,将变幅钢丝绳收卷到一定长度。

（4）将变幅钢丝绳的另一端通过 A 形架上的导向滑轮引向动滑轮组。

（5）按图6-75所示将变幅钢丝绳缠绕在动滑轮组和定滑轮组的滑轮上。

（6）参照图6-74,将引出的钢丝绳和楔装入绳套内,用力拉动钢丝绳,使钢丝绳能够被夹牢,再用绳夹将钢丝绳夹紧。

注意:钢丝绳和楔在绳套中的安装方向应与图6-74所示方向相同。

（7）用销轴和开口销将绳套连接到定滑轮组上。

（8）将动滑轮从臂根节上拆下,收卷变幅钢丝绳,将臂架抬起。

变幅钢丝绳的拆卸顺序与安装顺序相反。

5. 运输

轮胎起重机的行走状态有多种,包括:①不带配重,不带臂架。②带配重,带臂根节。③带配重,不带臂架。④带配重,带臂架。

自行时的注意事项:

（1）行走时,回转制动器、转台插销都要锁好,尽量在平坦路面上行驶。在松软、凹凸地面上行驶,以及转弯、爬坡、下坡时应减速。

（2）自行时,应使转台前方与底盘前方或后方保持一致。

（3）应事先对要通过的道路情况进行调查。

如果是铁路运输,应按轮胎起重机包装说明所述内容对起重机进行包装后再运输。

6.6.3　安全使用规程

1. 基本注意事项

1）安全提示

应始终保持安全标牌的整洁。如果安全标牌有破损或丢失,要立即向生产厂家购买并重新粘贴。操作者必须取得指定的操作资格证书。牢记正确的驾驶方法、操作方法、加油方法以及保养方法。要保持设备始终处于正常工作状态下。要在规定的起重性能范围内使用本起重机。不得擅自对设备进行改造,否则,会损害设备的安全性能,导致功能下降,缩短使用寿命,并且设备将被排除在保修范围之外。

2）工作服及护具

应穿着适合作业的工作服,以免钩住操纵杆或设备上的突出部位,导致人身事故的发生。不要穿着粘附油类的工作服,以免着火。应佩戴适合作业的保护用具,如安全帽、安全鞋、护目镜、防尘面罩、保护手套及安全带等。

3）噪声防护

进行发动机保养等操作时,如果长时间暴露在噪声环境中工作,应佩戴耳套或耳塞。

4）身体不适时禁止操作作业

当操作人员过度疲劳、生病、服用药物或饮酒时,会导致注意力不集中,处于不能正常驾驶操作的状态,此时,切勿操作起重机,以免发生事故。

5）与共同作业人员进行作业前的协调

确定作业指挥员及指挥系统,确定信号员并确认信号的指示方法,确定吊装人员并确认吊装方法。配备其他作业的相关人员并确认作业方法。确认起重机的设置位置和地面状态并进行相应修整。检查起吊物和起重能力，确认作业现场内的禁止事项及注意事项等的安全规则。

6）共同作业信号

信号员必须正确地将信号和指示传达给相关操作人员。操作人员应遵从信号员发出的信号，同时，在起动发动机和运转设备时，还应注意设备周围的状况，并鸣笛警告周围人员。

7）常备安全保护用品

应事先掌握事故和火灾发生时的紧急联络方式，并确定处理措施。应事先了解灭火器、急救箱的保管场所和使用方法。

8）禁止进入作业范围内

为了防止人员进入作业现场内，应在作业范围内设置禁止人员进入的设施，同时在作业前还应确认设备周围无人员或障碍物。

9）按规定的作业方式进行作业

错误的作业方式会造成设备的倾翻和损坏，并有导致发生人身伤害的危险。因此，必须按照设备规定的作业方式进行作业。此外，不得随意进行设备改造，如需改造，应事先与生产厂家进行协商。

10）设备的设置

将设备设置于水平状态，并用水平仪加以确认。作业时，支腿应完全伸出，所有的支脚盘应与地面接触支承起设备，使轮胎离地。当进行支腿伸出操作时，人员切勿靠近支腿的动作部位。支腿盘应设置于平坦、坚硬的支承面上。若地面松软，则需要用有一定强度的铁板等进行铺设，使设备处于水平状态。利用铺设铁板等进行地面加固平整时，应确保铁板等能够支承住支腿盘，防止支腿盘下陷。

11）安全装置

不得随意拆除安全装置，以免发生人身伤害事故。掌握正确的使用方法，确保安全装置发挥正常功能。检查安全装置有无缺陷和损伤的部件，如有异常，应及时维修更换。安全装置包括力矩限制器、起升高度限位器、幅度指示器、臂架仰角限位器、变幅机构锁止棘爪及各种报警装置等。

12）上、下设备时的注意事项

上、下起重机时，若不使用扶手和踏板或跳上、跳下设备，有导致人员跌落的危险。上、下设备时，应面向设备并使用扶手和踏板。注意踏板和扶手容易打滑。不要抓握控制装置，以免引起误操作。不要跳上或跳下设备。

13）坐在座椅上操作设备

应坐在司机室座椅上起动发动机和操作设备，以免由于误操作而导致意外发生。

14）禁止搭乘或起吊人员

切勿搭乘无关人员，以免妨碍操作者的视线，影响操作。切勿利用起重机起吊人员，否则会有导致人员跌落事故的危险，如图 6-76 所示。

图 6-76　禁止搭乘或起吊人员

15）防止设备倾翻

当起重机受到振动或发生倾斜时，有可能导致地面下沉和坍塌，从而导致设备倾翻和跌落，造成人身事故，如图 6-77 所示。应使起重机在坚固、水平的地面上作业和行走。应事先检查作业现场的地形、地质、桥梁和结构物等的状态。在松软地面作业时，应铺设有足够宽度和强度的铁板等来加固和平整地面。以下是几种需要加固和平整的地面：

（1）悬崖、路边、深沟附近的地面。

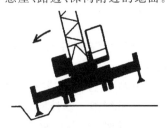

图 6-77　地面塌陷

（2）雨后含水地面。

（3）结冰的地面。

（4）土质疏松的地面。

16）避开输电线

起重机及起吊物与输电线过于接近，有发生触电事故的危险，如图6-78所示。因此，应采取以下措施防止触电：避免人员靠近设备和起吊物周围；配备信号员，并按照信号员的指示进行作业；在电线下通过或在电线附近作业时，必须保持2m以上的距离。在高压线附近作业时，应按有关规定避开；无法避免靠近输电线时，应安装防止触电的绝缘防护件。发生触电事故时要采取以下对策：

（1）立即与电力公司和管理部门联系，以停止输电并按照其指示进行紧急处理。

（2）操作起重机，使其远离带电体。

（3）不要让任何人靠近触电的设备和起吊物，以免发生二次事故。

（4）在设备断电之前，操作人员应始终待在司机室内，如果必须离开，则应使用木梯离开设备，或从设备上跳离到事先准备好的缓冲垫上，着地时避免身体任何部位与设备接触。

（5）事故后，应检查设备的各部件，若发现异常，应进行修理。

图6-78　避免与输电线接触

17）避免因强电波而产生的带电

在电台或电视台附近作业时，钢丝绳和吊钩等会出现带电现象，如果带电作业，可能会出现伤害事故。因此，在吊装作业前应使吊钩接地，以释放电流。

18）雷雨天禁止作业

在有可能出现雷击的情况下，应停止作业。将起吊物降至地面，臂架下降并放倒在地面上。关闭发动机，操作人员离开设备，躲避到安全场所。雷电过后，重新开始作业时，应检查设备的各部件有无烧损或破损，功能是否正常；检查电器部件的工作状态是否正常，若有异常，应维修后再使用。

19）刮风时的注意事项

在强风中作业时，下列情况有发生设备倾翻的危险：

（1）臂架越长、起吊物的位置越高、起吊物的受风面积越大，受风的影响就越大，容易导致设备发生倾翻和破损。

（2）臂架角度为最大状态，且不起吊重物时，若承受来自前方的强风，臂架会仰起，使设备倒向后方。

（3）风力的强度根据地形和地面的高度不同，会有很大的变化，进行作业时要充分注意。

（4）当风速为10m/s以上、15m/s以下时，要终止作业，并采取以下措施：配重迎风设置，将臂架角度设定为60°，如图6-79所示；将吊钩完全收起，施加回转锁定和回转制动。将所有操纵杆置于"中位"位置，将卷筒置于"锁定"状态，关闭发动机。

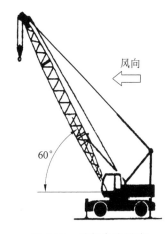

风向

60°

图6-79　臂架角度设定

（5）当风速为15m/s以上、30m/s以下时，终止作业，并采取以下措施：首先将吊钩降至地面，然后再将臂架降至地面，如图6-80所示。施加回转锁定和回转制动，将所有操纵杆置于"中位"位置，将卷筒置于"锁定"状态，关闭发动机。

图 6-80　臂架降至地面

20) 作业结束时的安全措施

作业结束后应将设备置于安全状态, 否则将导致事故发生。设备应停放在水平且坚硬的地面上, 臂架角度设定为 60°, 吊钩完全升起, 将所有的制动器及锁紧装置置于"锁紧"位置, 并将操纵杆置于"中位"位置。拔下发动机钥匙, 将所有的门及盖上锁。在设备停机过程中, 预测到可能起风的情况下, 应根据预测的瞬间风速事先采取"耐风对策"。

2. 操作前的安全事项

1) 作业场地的安全事项

作业前, 应首先确认作业现场的面积、地形、地质状态、作业位置、通道、有无障碍物、起吊物的重量及起重机性能等, 采取最佳的安全措施进行作业。此外, 在道路上作业时, 应配备指挥员并设置围栏, 确保通行车辆及行人的安全。

2) 作业前检查

(1) 检查设备各部件。每天开始作业前都应实施作业前检查, 若有异常, 应及时修理。需要检查的设备有:

① 安全装置: 力矩限制器、起升高度限位器、幅度指示器、臂架仰角限位器、变幅机构锁止棘爪及各种报警装置等。

② 控制装置: 操纵杆、踏板、各种开关等。

③ 制动装置: 起升制动器等。

④ 钢丝绳: 卷扬钢丝绳、变幅钢丝绳、拉索及其连接部件等。

⑤ 吊装用具: 吊钩、吊装钢丝绳、吊链、吊锁及环钩等。

(2) 清理设备。要将扶手、梯子、操纵杆、踏板、地板垫及通道上附着的油污等清理干净, 不要在脚边和通道上放置部件及工具, 避免因滑倒或绊倒而造成人员跌落事故。

(3) 清洁发动机周边。彻底清理设备周围的枯叶、纸屑、油污等, 以免引起火灾。

(4) 确保视线。视线不良将影响安全作业。应将窗玻璃、灯和后视镜擦拭干净。还应调节后视镜的位置, 检查前照灯及工作灯能否正常点亮, 以确保有良好的视线。如有破损或异常, 应及时进行修理。

(5) 确保安全标牌整洁。操作人员应始终保持安全标牌的整洁, 仔细阅读粘贴于设备上的安全标牌, 严格按提示要求进行操作, 避免事故发生。若安全标牌丢失或破损, 则应及时购买新的相同的标牌并粘贴于同一位置。

3) 调节驾驶座椅

应正确调整座椅, 以方便操纵踏板、操纵杆等。

4) 起动发动机前的安全确认

起动发动机前确认以下事项, 并鸣响喇叭, 以引起周围人员的注意。

(1) 检查操纵杆、踏板、开关等的位置是否正确。

(2) 检查发动机周围有无障碍物及无关人员。

(3) 检查发动机上有无被拆卸的部件。

(4) 确认发动机上是否挂有"禁止操作""无水"等字样的警告牌。

5) 进行暖机运转

应进行暖机运转, 直到发动机及液压油被充分预热、水温表开始摆动为止, 否则, 会导致作业时功率不足、缩短使用寿命及功能失灵等现象发生。

6) 起动发动机后的检查

预热操作后, 通过无负荷运转来检查控制装置、安全装置等的工作状态, 若发现异常, 应立即修理。

起动发动机后, 应检查各测量仪表的显示、各装置、部件的运转是否正常。

起重机作业应在周围无其他人员和障碍物的安全场所进行。

7）严禁解除安全装置

严禁解除安全装置，应确认安全装置能够正常工作后，再进行作业。如有异常，应立即修理。

8）检查并调整轮胎气压

在行驶操作前，应检查轮胎气压，必要时进行适当调整。

调整轮胎气压时，不要站在轮胎的正面（见图6-81），应设置好护板后再进行操作，以避免由于轮胎破裂和轮胎部件飞出而造成人身伤亡事故。

图6-81　操作人员的正确站位

9）轮胎的损伤和磨损

行走操作前应检查轮胎，以确认轮胎无损伤和异常磨损，如有异常，应立即更换，以避免因轮胎破裂而导致人身伤亡事故。

3. 操作时的安全事项

1）确认作业现场的状况

作业开始前，应首先确认作业位置、通道、有无障碍物及其他设备的位置等周围的状况；作业过程中，也要始终注意周围的状况变化，避免意外事故的发生。

2）禁止突然操作设备

若突然操作设备，会破坏设备和起吊载荷的稳定性，从而导致意外事故的发生。因此，不得进行突然起动、突然加速、突然停止等急剧操作。

3）要集中注意力

作业时，操作人员应集中注意力，视线不得离开信号员和起吊重物，以免发生意外事故。

4）作业时不得离开驾驶座椅

作业时不得离开座椅，以免发生意外。离开座椅时，应做到以下几点：

（1）将吊起的载荷降至地面。

（2）将操纵杆置于中位位置。

（3）锁紧所有的制动器及锁定装置。

（4）关闭发动机，拔下钥匙。

（5）锁好司机室的门。

5）在额定总起重量的作业范围内作业

应先根据额定起重量表确认臂架长度、作业半径及起重量等，并始终在表中所示的性能范围内进行作业。避免因超出性能范围，造成设备的倾翻和破损，导致发生人身伤害事故。

6）避免起吊重物碰撞臂架

不要让吊起的载荷碰撞臂架，如图6-82所示。如果吊起的载荷碰撞臂架而使其损伤时，应立即中止作业，并将臂架降至地面，委托专业维修人员进行维修。将损伤的臂架降至地面时，要使用辅助起重机。

图6-82　重物与臂架碰撞的危险

7）关闭发动机时的注意事项

作业过程中若关闭发动机，应将起升操纵杆置于中位，避免因吊起载荷的下落而导致发生人身伤害事故。

8）避免与障碍物接触

作业时，应注意避开设备周围及上方的障碍物。万一碰到障碍物，或吊起重物的钢丝绳和载荷被障碍物钩住时，千万不要试图起升吊重载荷，而应设法解除钩挂。这样，可以避免造成设备和障碍物的破损以及载荷的下落,保障操作人员安全。

9)设备出现异常时的对策

当发现设备出现异常噪声、振动和温度变化,仪表指示异常,发出不正常气味时,或发生燃油、液压油及冷却液等泄漏时,应立即停止作业,将设备停放在安全场所,查清原因并进行修理。

10)确保视野

在光线差的场所作业时,应使用前照灯和工作灯,必要时,还应安装其他照明设施,以看清设备及作业状况。此外,由于雨、雪、雾等而无法确保视野时,应终止作业,直到恢复视野为止。

11)寒冷季节应采取的对策

确认安全装置、卷扬机构、制动器等的工作是否正常,必要时进行除雪、解冻及干燥。作业开始时,应缓慢进行轻载操作,以充分预热油和润滑脂等。作业结束后,应采取相应措施,防止起吊物等冻结于地面。

12)进行组合操作时的注意事项

进行组合操作时,应平稳操作设备,避免由于速度急剧变化和误操作等导致意外事故的发生。组合操作时的工作速度,有时低于单独操作时的工作速度。由组合操作变为单独操作时,工作速度会加快,要引起注意。

13)禁止用臂架推拉物体

用臂架推拉物体会造成臂架的损伤,导致发生意外事故。因此,起重机不得用于起重用途以外的其他作业。

14)不要过于依赖安全装置

起重机上安装有力矩限制器、起升高度限位器、幅度指示器、臂架仰角限位器、变幅机构锁止棘爪及各种报警装置等,但这些安全装置的能力是有限的,无法检测出设备的组装是否正确、设备的设置调整是否正确等。使用起重机时要严格按要求进行操作,不要过于依赖安全装置,以防止事故发生。

15)行驶时的注意事项

起重机行驶时注意周围的安全状况,应确认行车踏板的操作方向与行驶方向间的关系

后再进行油门踏板的操作。不要靠近松软的路边行驶,以免翻车,如图6-83所示。

图6-83 靠近松软地面行驶的危险

确认下车的朝向。行驶操作前,应确认下车和司机室的朝向后,再操作油门踏板及行车踏板。下车朝向后方时,行车踏板的操作方向相反。

在不同地面状态下行驶的注意事项:不要让设备靠近崖边和松软的路缘,应在平坦的地面上行驶。起重机行驶前应先确认地面的强度,若地面松软或强度不足,则应铺设必要宽度和强度的铁板等,以加固地面。在有积雪或结冻的地面上行驶时,应采取相应的防滑措施。

16)禁止吊重行驶

在吊起载荷的状态下行驶,会由于载荷的振动和冲击等而造成设备的倾翻和损坏,并有可能导致人身伤害事故的发生。因此,切勿在吊重状态下行驶。

17)回转和倒车时的注意事项

回转和倒车时应配备信号员,并按照信号员的指示进行操作。确认设备周围无其他人员。操作时应鸣响喇叭,以警示设备周围的人员不要进入作业范围内。

18)回转时的注意事项

突然回转、高速回转或突然停止,有可能造成设备的倾翻、损坏以及吊重物的掉落。因此,应低速缓慢地进行回转操作。禁止以回转操作牵引和起升载荷,否则会造成设备的倾翻和损害。在不进行回转操作时,务必用转台插销锁住上车,以免由于设备倾斜或刮风使设备意外地回转。严禁在回转过程中使用回转制动器制动。

19）禁止起重机吊起载荷从人员上方通过

禁止人员站在吊起载荷的下方，以免起吊载荷下落而导致人身伤害事故。

20）臂架变幅操作时的注意事项

严格遵守臂架起升/下降时的条件。禁止利用臂架变幅进行载荷的牵引、起升和使载荷离地。禁止急速变幅操作，以免超载。不要在接近臂架最大角度下进行作业。应先将臂架从最大角度状态下略微下降，然后再缓慢降下吊起的载荷，避免臂架后仰或吊起载荷与臂架碰撞，造成设备倾翻和损坏。

21）臂架不要过长

应在无作业障碍的范围内，尽量缩短臂架长度进行作业。若臂架过长，在作业时会破坏起吊载荷的稳定性，从而导致意外事故的发生。

22）禁止同时起吊多个载荷物

若同时起吊两个以上的载荷物，则无法监测所有载荷的状况，若多个载荷相互碰撞，有导致意外发生的可能。因此，一次不得起吊两个以上的载荷。

23）禁止牵引和拖拽载荷

横向和纵向牵引、拖拽载荷，会导致设备倾翻和损坏，并有导致人身伤害事故发生的危险，如图6-84所示。

图 6-84　禁止牵引和拖拽载荷

24）原则上禁止两台设备共同起吊重物

当不得不进行共同起吊作业时，应严格遵守以下要求：

（1）将起重机设置于水平坚硬的地面上。

（2）应使用性能良好的相同机型起重机进行作业。

（3）应将两台起重机的作业方式设置为相同的臂架长度和作业半径。

（4）开始作业前，指挥人员应就作业内容同两台设备的操作人员协调好。

（5）要以单独操作方式、低速操作起重机，不得进行行驶操作。

（6）应始终保持载荷垂直起吊并呈水平状态，不要使载荷偏向某一台起重机。

25）禁止超载

不得起吊超过额定总起重量的载荷。应事先确定载荷重量，以免因超载造成设备倾翻、破损或吊重物跌落。

载荷处于水中时会因浮力作用而变轻，但脱离水面后浮力消失，因携带水分而使载荷变重。因此，起吊处于水中的载荷物时，要缓慢地起升，以排除水分。

作业中出现超载时，要利用吊钩的卷扬机下降操作，将起吊载荷降至地面。

26）禁止过分用力起吊载荷

禁止过分用力起吊载荷，以免由于设备倾翻、破损导致事故发生。当钢丝绳或起吊重物等被树木、钢筋或其他障碍物钩住时，不要过分用力起吊，应先排除障碍物的钩挂后再进行起升操作。不要试图起吊打入地面或埋于泥沙中的物件。

27）防止吊钩过卷

吊钩过卷（见图6-85），会造成吊钩和起吊载荷与臂架碰撞，从而导致臂架破损和起吊载荷下落等，有导致人身伤害事故发生的可能。即使卷扬机不动，当臂架变幅下降时，也会造成吊钩向上移动而进入过卷状态。在防过卷

图 6-85　过卷的危险

装置起作用前,根据臂架角度和起吊载荷大小的不同,也会出现吊起载荷与臂架相碰撞的过卷状态。

28)增加作业半径时的注意事项

当起吊重物时,作业半径会增加,有时会出现超载现象而造成设备倾翻等事故。

在作业前,应考虑到起升载荷时作业半径的增加量,设定低于规定值的作业半径,或设定低于规定值的额定总起重量。

起吊载荷时,会由于钢丝绳和拉索钢丝绳的伸出而使作业半径增加,而且载荷越重,作业半径增加越明显。

29)不要过分释放钢丝绳

当重物下降时,应使钢丝绳在卷筒上至少保留3圈以上,以免钢丝绳脱落,造成吊起载荷和吊钩下落。

30)防止钢丝绳卷乱和扭结

若钢丝绳出现卷乱和扭结而不及时处理,会造成钢丝绳断裂、起吊载荷下落、吊钩旋转及钢丝绳从滑轮上脱落等事故。如果出现乱绳,应重新将钢丝绳卷绕在卷筒上。如果出现钢丝绳扭结,应进行矫正。

31)吊装作业时的注意事项

(1)应配备信号员,并遵从其指示。

(2)禁止使用不合适的吊装工具。应使用指定强度、无损伤的吊装用钢丝绳、吊链和吊索等。

(3)应检查吊钩防脱装置的功能是否正常。

(4)减小吊装钢丝绳的吊装角度,起吊角度应在60°以下,如图6-86所示。

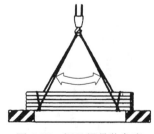

图6-86 钢丝绳吊装角度

(5)吊钩应位于起吊载荷重心的正上方,以免因重心偏离而造成载荷物下落或倾翻。

(6)吊装时,应在棱角和易打滑部位使用垫布。

(7)禁止以单根钢丝绳进行吊装作业。

(8)进行拔桩作业时,不要急剧地提拉。

(9)任何人不得站在吊起载荷物的下方,以免重物下落造成伤害事故。

32)发生火灾时应采取的措施

如果在驾驶起重机时发生火灾,应采取以下措施:

(1)关闭发动机。

(2)如果时间允许,应用灭火器进行初期灭火。

(3)利用梯子和扶手撤离设备。

4. 拆装及运输设备时的注意事项

1)按照正确的顺序进行组装和拆解

对设备进行组装、拆解作业时,要按照正确的顺序进行。

在对正销孔时,应以目测方式或使用工具进行操作,不要将手指放入销孔中。避免销孔错移造成人身伤害事故。

2)改变A形架高度时的注意事项

在改变A形架高度时,如果操作不当,A形架有可能会下落或夹挤伤人。因此,不要使身体进入A形架的下方和内侧,不要同时拆拔后拉杆左右两侧的固定销轴。

3)拆装配重时的注意事项

在拆装配重时,为防止由于设备倾翻或配重下落而发生人身伤害事故,应严格遵守下列事项:

(1)将起重机停放于坚实、平坦的地面上,并插上回转插销。

(2)禁止人员进入配重下方。

(3)在配重未被固定之前,要使用辅助起重机进行支承。

4)拆装臂架时的注意事项

(1)拆装臂架要在台架上进行或使用辅助起重机。

(2)当进行臂架的组装、拆解及更换时,操作人员不得进入到臂架内部或臂架下方进行拆装,以免臂架下落导致人身伤害事故发生,如图6-87所示。

图 6-87 臂架下落的危险

（3）当臂架前端与地面接触时，应注意不要夹挤到起升用钢丝绳，以免造成钢丝绳损伤，如图 6-88 所示。

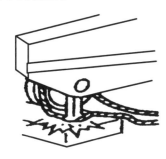

图 6-88 臂架与地面接触时夹挤钢丝绳的危险

（4）当使用敲击方法拆卸臂架的连接销轴时，要注意观察销轴的移动状况，不要站在连接销轴的正面，避免销轴突然飞出，导致意外事故的发生。

（5）在拔出连接销时，要使用辅助起重机或具有足够支承强度的台架牢固地支承住整个臂架，以免臂架下落导致人身伤害事故。

（6）臂架安装完毕后，要检查臂架上是否有放置的工具或零件，然后再进行臂架的起升操作。

5）拆卸、安装钢丝绳时的注意事项

拆卸钢丝绳时，要使用卷盘等缠动钢丝绳将其拉出，以免造成钢丝绳的变形、扭转及绳股松散等现象，缩短其使用寿命。

安装时使钢丝绳沿卷筒整齐地卷绕，不允许出现 S 形扭曲。

6）安装钢丝绳绳楔时的注意事项

检查楔块及钢丝绳绳夹的型号是否与钢丝绳的直径相匹配。检查绳楔的安装方向是否正确。

7）运输时的注意事项

在运输时要了解规定的运输重量、尺寸，以选择合适的运输车辆。在公路上运输时，要事先进行通行限制调查，避免因运输宽度、高度、重量受到限制而无法通过。当通过高架电线、立交桥下方及隧道时，要注意与其之间的距离，以免发生接触或碰撞，导致意外事故。在积雪、结冻及倾斜、不平路面上应低速行驶，以确保安全。

5. 保养时的注意事项

1）使用原厂配件

保养时要使用原厂规定的原装配件，以免造成设备故障。

2）实施定期检查

每天使用起重机之前，应对起重机进行检查，每月进行一次月检，每年进行一次年检，发现异常部件，要立即进行修理、调整或更换。

3）定期更换重要零部件

为了保证使用安全，指定了需要定期更换的重要零部件，如果不按规定进行更换，有可能导致意外事故的发生。

零部件会由于时间推移而产生老化，因此，即使没有发现异常，当到达定期更换时间时，也要用新的零部件进行更换。即使没有到定期更换时间，如果发现异常，也要进行更换或修理。

4）与相关作业人员进行协调

在保养前，要事先与相关作业人员对工作内容及作业步骤等进行沟通，以确保用正确的方法进行保养。

5）操作时的注意事项

（1）保养设备应在安全、坚固且平坦的地方进行。

（2）整理不必要的工具及妨碍作业的物品，并擦净洒溅出的油和润滑脂等，避免操作人员在行走时绊倒或滑倒。

（3）当打开门或盖时要进行锁紧，以防止突然刮风而夹挤伤人。

（4）在室内进行保养时要打开门窗，注意通风换气，以免因废气、燃油、清洗液及油漆等污染而造成操作人员中毒。

(5) 将"禁止操作"的警告牌挂在门上或操纵杆等容易看到的地方,以免其他人员意外起动发动机或移动起重机,造成人身伤害事故。

(6) 高空保养作业时,要使用安全带;登上高处或从高处下来时,要用梯子和扶手牢靠地支承住身体,防止发生跌落事故。

(7) 在无保护的状态下进行作业,或在有灰尘、砂石及金属碎片飞溅场所进行作业时,要根据工作内容佩戴安全保护用具。

6) 保养时发动机的状态

要在关闭发动机的状态下进行保养,以免接触到转动的部件而导致人身伤害事故。

如果必须在发动机运转状态下或在起重机移动状态下进行保养,要由两人以上来操作,并严格遵守以下事项:

(1) 一人坐在司机室内,始终保持能够关闭发动机或将起重机停止,同时要避免碰到其他操纵杆,引起误操作。

(2) 保养人员要避免身体、衣服、工具等与设备的回转部位或转动部件接触或接近。

7) 制动器保养时的注意事项

要在轮胎处设置挡块,以防止溜车。应将臂架降至地面。施加卷筒锁紧和回转装置锁止。

8) 禁止进入设备的运转部件

当设备运转时,臂架与上车转台之间、液压缸与支架之间及各连杆机构之间的间隙会发生变化。因此,不要将手、脚等伸进设备的运转部件,以免由于夹挤、碾压等而发生人身伤害事故。

9) 使用蓄电池时的注意事项

不要在蓄电池周围产生火花,或使明火接近蓄电池。不要使蓄电池两端发生短路。蓄电池的连接要牢固,以防因松动而导致接触不良。不要对结冻的蓄电池进行充电,应在其温度达到 16℃ 以上时再进行充电。

处理蓄电池时,要佩戴护目镜、保护手套,并穿着长袖工作服。如果蓄电池的电解液接触到皮肤或衣服时,要立即用大量清水冲洗;万一电解液进入眼中,要立即用大量清水冲

洗,并接受医生的治疗。当蓄电池的电解液液位低于下限液位时,如果继续使用或进行充电,会导致蓄电池损坏或爆炸。

10) 注意高压油

如果被飞射出的高压燃油、液压油或液压油路的盖、塞等击中身体,有造成人身事故的危险。在进行保养前,要排放液压油路的压力。进行高压油渗漏检查时,要佩戴护目镜及保护手套,并用厚纸或木板进行检查。

11) 添加燃油及机油时的注意事项

关闭发动机,要在通风良好的地方加油。不要使明火靠近,要拧紧燃油箱及机油箱的盖。应及时将洒溅出来的燃油及机油擦拭干净。

12) 使用合适的照明设备

当检查燃油、机油、蓄电池电解液时,要使用防爆型照明器具,禁止用明火照明,防止发生爆炸。

13) 保养电气系统时的注意事项

在保养电气系统时,要断开蓄电池的电缆,以免发生火灾,造成人身伤害。

14) 清洗设备时的注意事项

操作人员要佩戴护目镜,以免飞溅的泥灰侵入眼睛。不要将水喷溅到电气部件上,以免造成短路。

15) 对油漆面进行焊接时的注意事项

要在室外通风良好的地方进行操作,以免油漆面因加热而产生有毒气体,造成人身伤害。当使用砂轮等除去油漆层时,要佩戴护目镜及防尘面罩,避免油漆层的碎屑、灰尘进入眼睛或被吸入体内。

16) 禁止对液压部件及配管类加热

禁止对液压部件、配管及在其周围进行加热、焊接及气割等操作,以免管件破裂,导致人身伤害事故的发生。

17) 臂架保养时的注意事项

要将臂架降至地面或置于台架上再进行修理。当臂架有损伤时要进行更换,修理需要专业人员进行。禁止在臂架上焊接其他部件,否则会使臂架强度下降和损坏,并有导致人身伤害事故发生的危险。

18）钢丝绳的保养

出现下列任何一种情况时就要对钢丝绳进行更换：

（1）一定长度的钢丝绳断线数量超过总钢丝数的 10%。

（2）直径的减小量超过公称直径的 7%。

（3）发生扭曲。

（4）明显变形或发生腐蚀。

19）正确组装钢丝绳

检查绳楔、绳夹、楔块的尺寸是否适合于钢丝绳的直径。检查钢丝绳在卷筒上的安装方向及绳楔的方向是否正确。检查绳夹的安装方向是否正确。

20）防止火灾

（1）在保养过程中严禁吸烟。

（2）添加燃油时要在室外进行，并关闭发动机，远离明火。

（3）为了避免添加燃油时产生电火花，要将加油软管的油嘴与燃油箱接触。

（4）进行打磨和焊接作业时要远离易燃物。

（5）检查软管及配管有无松动或破损，是否有燃油、润滑油及液压油的泄漏，如有泄漏、要擦拭干净并进行修理。

（6）检查电气配线连接及其覆盖材料处有无损伤。

（7）油和油脂应放置于远离明火且通风的场所。

（8）在清洗零部件时，要使用不易燃的清洗液。

（9）要事先确认灭火器等消防用具的放置场所及使用方法。

（10）一旦发生火灾，要立即关闭发动机，并离开设备。

（11）如果可以进行初期灭火，应在随时可以避险的状态下进行灭火操作。

21）防止烫伤

在设备运转状态下或结束运转后，各个部件及冷却液、润滑油、液压油等均为高温状态。在高温状态下进行保养，有造成烫伤的危险。因此，要在充分冷却后再进行保养操作。

22）使用、保管轮胎时的注意事项

要使用指定的轮胎。行驶时，必须使轮胎气压达到规定值，不要超载。轮胎及车轮的更换、分解、修理和组装均需要专用的设备和技术。进行轮胎保养时，应委托专业人员进行。在保管轮胎时，不要将轮胎直立放置，以免其滚动或翻倒。

23）牵引时的注意事项

要使用具有足够强度的钢丝绳进行牵引操作。人员不要进入牵引车辆与被牵引车辆之间。要以规定的低速行驶，不要突然加速。牵引车辆与被牵引车辆要在一条直线上。

24）处理废弃物的注意事项

排放废液要用容器接取，不要让废液渗流到地面，或倒入河流、湖泊中。当处理润滑脂、燃油、冷却液、过滤器、蓄电池以及其他有害物质时，要遵守相关的法律法规。

25）空调的保养

不要接触制冷剂，以免进入眼睛或沾到皮肤上，以免造成失明或冻伤。为了保护环境，不要将制冷剂随意排放到大气中。当废弃空调时，要回收充入的制冷剂。

26）保养后的注意事项

在完成保养后，要检查各装置的运转情况，并确认是否漏油、螺栓连接是否紧固。以低速运转发动机，并缓慢进行各操作，确认无异常后，再提高发动机转速进行再次确认，直到确认设备可以正常运转为止。

6.6.4　维护与保养

1. 调整检查

1）离合器

（1）检查离合器摩擦衬片的厚度（应在磨损量最大的部位测量）是否超过规定的极限值。

（2）将离合器液压缸上的棘轮从面向液压缸方向看顺时针转动，使离合器蹄片与离合器毂紧密接触，这时离合器毂被锁住。

（3）将棘轮沿相反方向转动半圈，并调整离合器衬片与离合器接触面之间的间隙约为 0.5mm。

2）起升制动器

当起升制动器衬带消耗磨损，制动不灵敏时，请按如下要领进行调整：

（1）检查制动器摩擦衬片的厚度是否超过规定的极限值（应在磨损量最大的位置测量）。

（2）踏下起升制动器踏板，在完全制动的状态下，拧动调整螺母和调节螺母，调整钢带，使起升钢丝绳单绳拉力在 4.6t 时，制动毂与衬带之间没有相对滑动。

（3）拧动调整螺杆上的螺母，使制动器松开时，衬带与制动毂之间的间隙均匀，并在 0.5～1mm 之间。

注意：①钢带调得过紧会使脚踏力过大。②如果有水、油等附着在制动器衬片上，有可能导致制动器打滑，而使起吊载荷因失去控制而落下。因此，摩擦衬片表面必须保持清洁、干燥。

3）蓄能器充气压力的检查

起重机安装的蓄能器，是为了保证控制管路液压油的压力恒定。如须检查蓄能器内的充气压力，应按照下述方法进行：

（1）起动发动机，向蓄能器内充压，然后将发动机熄火。

（2）不断扳动离合器操纵杆，使离合器反复分离、接合。

（3）在此过程中，压力表指针最初缓慢地下降，而到一定压力指示位置时，会突然降到零。压力表指针变化突然加快的压力指示位置，即为蓄能器内的充气压力。

2．润滑

起重机所需的润滑油脂以及液压系统的液压油，对于平稳地操作各部件和减少磨损是必不可少的。定期、适量地加注优质润滑油脂，有助于延长起重机的寿命。因此，请务必进行正确的润滑操作。

1）润滑须知

（1）应将注油口及其周围清理干净，不得使灰土、水等进入其中。

（2）将润滑脂注入到轴衬和轴承中，直到旧润滑脂排出为止。润滑臂架根部的销轴时，应边进行变幅边加注润滑脂。

（3）润滑钢丝绳时，应使用刷子、布等将润滑脂适量地涂在钢丝绳上。

（4）在加注润滑脂和齿轮油时，必须使用同一牌号的油脂。

（5）润滑脂的更换周期是按照起重机在正常条件下工作制定的，因此在灰尘多、重载条件下作业时，应缩短更换周期。

2）润滑方法

臂架及滑轮组的润滑见表 6-29，上车的润滑见表 6-30，下车的润滑见表 6-31。

表 6-29　臂架及滑轮组的润滑

序号	注油部位	油脂种类	给油点	容量/L	换油时间/h	首次换油时间/h
1	吊钩	锂基润滑脂 ZL-2	1	适量	40	20
2	防翻支承杆	钙基润滑脂 1ZG-3	2	适量	250	250
3	臂架根部销轴	锂基润滑脂 ZL-2	2	适量	40	20
4	拉板架	锂基润滑脂 ZL-2	2	适量	40	20
5	导向滑轮	锂基润滑脂 ZL-2	1	适量	40	20

表 6-30　上车的润滑

序号	注油部位	油脂种类	给油点	容量/L	换油时间/h	首次换油时间/h
1	钢丝绳	石墨钙基脂 ZG-4	2	适量	250	50
2	发动机油底壳	SAE15/40 CF 级（含 CF 级）以上	1	23	250	100

续表

序号	注 油 部 位	油 脂 种 类	给油点	容量/L	换油时间/h	首次换油时间/h
3	主、副油箱	ISO6743-4 ISO6743-6 ISO 黏度 46	2	360	1000	500
4	变幅轴承座	锂基润滑脂 ZL-2	1	适量	250	150
5	变幅减速机	ISO6743-6 极压工业齿轮油 CLP220-LS2（L＋S 油组）	1	4	1000	500
6	卷扬减速机	ISO6743-6 极压工业齿轮油 CLP220-LS2（L＋S 油组）	1	6	1000	500
7	回转减速机	ISO6743-6 极压工业齿轮油 CLP220-LS2（L＋S 油组）	1	6	1000	500
8	中心回转接头	锂基润滑脂 ZL-2	1	适量	250	150

表 6-31 下车的润滑

序号	注 油 部 位	油 脂 种 类	给油点	容量/L	换油时间/h	首次换油时间/h
1	转向液压缸	锂基润滑脂 ZL-2	4	适量	100	50
2	前桥制动凸轮轴	锂基润滑脂 ZL-2	2	适量	100	50
3	主销轴	锂基润滑脂 ZL-2	4	适量	100	50
4	梯形杆销轴	锂基润滑脂 ZL-2	2	适量	100	50
5	变速箱	极压车辆齿轮油 GL-580W-90	1	14	1000	500
6	传动轴	锂基润滑脂 ZL-2	2	适量	250	100
7	回转支承	锂基润滑脂 ZL-2	4	适量	250	50
8	后桥制动凸轮轴	锂基润滑脂 ZL-2	2	适量	250	50
9	差速器齿轮箱	极压车辆齿轮油 GL-585W-90	1	10	1000	500
10	回转支承内齿轮	锂基润滑脂 ZL-2	1	适量	150	100
11	轮边减速箱	极压车辆齿轮油 GL-585W-90	2	4×2	1000	500
12	支腿盘	锂基润滑脂 ZL-2	4	适量	250	150

3．钢丝绳的使用

1）使用钢丝绳的有关规定

（1）应使用手册中规定的钢丝绳。

（2）一根钢丝绳，只要断丝数达到或超过总丝数的 10％就应报废。

（3）当钢丝绳的直径减少量超过公称直径的 7％时就应报废。

（4）钢丝绳应无扭结，无明显变形或腐蚀。

（5）起吊用钢丝绳应具有足够的长度，当吊具位置降到最低时，也能在卷筒上保留 3 圈以上。

（6）当臂架降到最低位置时，臂架变幅用钢丝绳应在变幅卷筒上保留 3 圈以上的长度。

2）使用新钢丝绳的注意事项

（1）更换新钢丝绳后，最初应以小负荷、低转速作适应性运转，这样可延长钢丝绳寿命（采用长臂架，减少吊钩倍率效果会更好）。

（2）如果可能在作业前试吊单绳拉力为 3.5t 的负荷，对钢丝绳进行初期拉延，这样对延长使用寿命有利。试吊载荷不能超出钢丝绳安全系数允许范围和起重性能规定值。

3）避免钢丝绳卷乱的方法

（1）钢丝绳第一层应缠绕紧密、整齐。钢丝绳间不能留有间隙。

（2）在卷筒两侧壁旁换层时（如从第二层换到第三层），钢丝绳应紧贴侧壁。

（3）把钢丝绳收紧到卷筒上时，应对钢丝绳施以一定的拉力。否则，在起吊重物时，钢丝绳就会挤进缝隙，造成乱卷，甚至绞断钢丝。建议拉力值为：钢丝绳直径为 14mm 时为 0.25～0.75t；钢丝绳直径为 20mm 时为 1～3t。

（4）为改变钢丝绳方向，卷筒前装有导向滑轮，如果导向滑轮转动、移动不灵活，也会造成卷乱。因此，应当经常向导向滑轮内注油。

注意：由于某种原因发生卷乱时，应立即停止作业，待排除卷乱后再继续作业，否则，会使钢丝绳的变形难以矫正。

4）检查断丝的方法

如果发生断丝，应查明断丝数及部位，断丝部位相互间的距离，断丝是否为同一股、同一单线。当局部发生断丝时。可截短断头以防止局部损伤扩展。但当断丝数量超过总丝数的 10％时，钢丝绳就应报废。有时，在外观上，单线断丝很少的钢丝绳其内部也可能发生断丝，因此，在检查时应将钢丝绳弯曲（弯曲半径最小应为钢丝绳直径的 5 倍）来检查内部有无断丝。

5）磨损的限度

钢丝绳的直径采用游标卡尺测量。测量时请掌握正确的方法，测量部位可选择在钢丝绳最易磨损的地方、承受载荷最多的地方和经过目测认为最细的地方等处。当钢丝绳直径的减少量超过公称直径的 7％时，就应立即报废。

4. 液压装置的使用保养

（1）对液压油必须妥善管理。

（2）必须在干净的场所进行液压元件、管路的分解、组装。

（3）液压油箱内不得进水，要定期放出液压油箱内凝结的水。

（4）根据环境温度不同而更换不同黏度的液压油，使用效果会更好。

（5）注意使用方法，避免使液压油氧化和变质，不得将不同种类、不同牌号的液压油混合使用。

（6）要经常检查液压油箱的油位。

（7）不要随便调整各液压阀的压力。

（8）必须保持液压油的清洁，一旦发现滤油器被堵塞，应立即清洗或更换滤芯。

（9）推荐使用福斯优质抗磨液压油。

5. 定期检查项目

1）月检项目

（1）钢结构件，包括臂架、A 形架、支腿、车架、转台、拉板有无弯曲、变形等损伤，焊缝有无开裂。

（2）发动机，包括冷却水量、机油量、电瓶、燃油量、起动机等。

（3）传动轴，包括连接部分有无松动；花键部分有无松弛、振动；万向节的润滑状态、有无损伤。

（4）液压油箱，包括液压油量及污染程度；滤油器的污染程度；油箱的安装状态，有无损伤。

（5）液压泵，包括安装零件有无松弛、损伤；有无异常噪声、振动和发热现象；有无漏油。

（6）液压阀，包括各溢流阀的动作状态、溢流压力；充压阀的充压范围；电磁阀的动作状态；各操纵阀、液动阀的动作状态，有无漏油；平衡阀的动作状态，有无漏油。

（7）支腿，包括支腿动作状态，支腿操纵阀的动作状态，有无漏油；垂直液压缸是否下沉，有无漏油；双向水平仪的显示功能。

（8）操纵机构，包括各操纵杆、踏板的动作状态；杆系各杠杆的弯曲安装状态。

（9）安全装置，包括起升高度限位开关、臂架仰角限位开关的动作状态；变幅棘爪的动作状态；幅度指示器的动作状态和指示精度；指示灯、开关、熔断器的状态。

（10）起升机构，包括起升马达有无异常噪声、振动和发热现象；起升减速箱的油量，有无异常噪声、振动和发热现象；起升钢丝绳的润滑状态,以及有无卷乱、变形和异常磨损;起升卷筒的磨损情况,有无裂纹和其他损伤。

(11)回转机构,包括机构的动作状态;回转减速机的油量,有无异常噪声、振动、发热和漏油,固定螺栓是否松弛;回转支承有无变形,回转时有无异常噪声;回转制动器的动作状态。

(12)变幅机构,包括变幅机构的动作状态;变幅马达有无异常噪声、振动和发热现象;减速机的油量,有无噪声、振动和发热现象;钢丝绳的润滑状态,有无卷乱、变形和异常磨损;变幅卷筒的磨损情况,有无裂纹和其他损伤;固定螺栓是否松弛。

(13)行走机构,包括行走马达有无异常噪声、振动和发热现象;行走变速箱、主传动差速器、轮边减速机有无异常噪声、振动和发热现象,润滑情况如何;转向液压缸的动作状态,有无漏油;前、后桥的润滑情况;行车制动器、停车制动器的动作状态;轮胎气压,轮胎损伤情况,紧固螺母有无松弛;高、低速变换是否正常。

(14)制动器、离合器,包括安装和动作状态;摩擦衬片有无异常磨损,调整间隙是否合适;回转接头的动作状态,接头管路有无漏油;动力缸的动作状态,有无漏油。

(15)吊钩,包括吊钩的磨损情况,有无裂纹和其他损伤;轴承转动是否灵活,润滑是否充分。

(16)各种配管和软管,包括安装状态,管夹是否脱落;软管有无损伤和漏油;配管有无损伤。

(17)其他部件,包括拉索有无损伤和异常磨损;各滑轮和滑轮组的润滑情况;各销轴有无弯曲、变形、裂纹。

(18)各机构共同检查事项,包括各机构螺栓、螺母是否松弛、脱落,各机构的润滑情况等。

2)年检项目

除了月检项目之外,年检项目还需要包括起升机构的起升性能、变幅速度、回转速度、行走速度等参数的检测。

6.**检修数据**

(1)蓄能器系统油压(蓄能器压力表显示)。

(2)先导控制压力(先导压力表显示)。

(3)变幅主溢流阀调整压力,下降二次压力。

(4)卷扬起升主溢流阀调定压力,卷扬下降二次溢流阀压力。

(5)回转双向缓冲阀调整压力。

(6)回转阀溢流压力。

(7)行走限速调压阀压力(前进、后退)(发动机低速、发动机高速)。

(8)支腿操纵阀溢流压力。

(9)蓄能器氮气压力。

(10)离合器摩擦衬片使用极限厚度。

(11)起升制动器摩擦衬片使用极限厚度。

(12)先导蓄能器氮气压力。

6.6.5　常见故障及其处理

1.应急措施

起重机在得到正确的操作维护保养后,作业时一般不会出现重大问题。为了以防万一,当油路系统出现问题而采用一般方法排除故障又可能造成事故时,可先采用应急措施,将重物放下,再给以卸荷,然后再排除故障,比如越野轮胎起重机出现以下故障时,就要采取应急措施。

(1)变幅不能下降:将重物落地,拧开进变幅液压缸上腔的油管接头,然后拧松平衡阀至变幅液压缸下腔的油管接头,让油慢慢溢出,落下臂架。

(2)臂架不能缩回:拧开进伸缩液压缸上腔的油管接头,然后拧松平衡阀与伸缩液压缸下腔相通的油管接头,缓慢起臂,使臂架缩回。若靠自重尚不能缩回时,可在臂架上适当加载,使其缩回。

2.常见故障现象与排除方法

起重机如在吊重作业过程中出现故障,应进行全面的调查与分析,找出故障的真正原因,采用恰当的方法予以排除。现将常见故障现象及排除方法列于表6-32。

表 6-32　常见故障现象及排除方法

故障现象	故障原因	排除方法
取力器控制失灵	气压不够	提高气压
	气路堵塞或漏气	检修气路
	取力器开关失灵	修理或更换
	气路电磁阀卡死	修理或更换
油路漏油	接头松动	拧紧接头
	密封件损坏	更换密封件
	管路破裂	焊补或更新
油压升不上去	油箱液面过低或吸油管堵塞	加油或检查吸油管
	溢流阀开启压力过低	调整溢流阀
	油泵供油量不足	加大柴油机转速
	压力管路和回油管路串通或元件泄漏过大	检修油路,特别注意各阀、中心回转接头、马达等处
	油泵损坏或泄漏过大	检修油泵
油路噪声严重	管路内存有空气	来回动作几次,以排除元件内部气体,检修油泵,吸油管不能漏气
	油温太低或油太脏	低速转动油泵,将油加温或换油
	管道及元件没有紧固	紧固
	滤油器堵塞	更换滤芯
	油箱油液不足	加油
油泵发热严重	管路或阀内部堵塞	检修元件
	压力过高	调节溢流阀
	环境温度过高	停车冷却
支腿收放失灵	双向液压锁失灵	检修双向液压锁
吊重时支腿自行缩回	双向液压锁中的单向阀密封性不好	检修双向液压锁中的单向阀
	液压缸内部漏油	修活塞上的密封元件
压力表不指示	阻尼孔堵塞	检修
	压力表损坏或进油路堵死	
臂架伸缩时压力过高或有振动现象	平衡阀阻尼孔堵死	清洗平衡阀
	固定部分或活动部分摩擦力过大或有异物堵阻	检修或在滑块处涂润滑脂
变幅落臂时有振动	缸筒内有空气	空载时多起落几次进行排气补油
	平衡阀阻尼孔堵塞	清洗平衡阀
吊重制动停止时重物缓缓下降	制动器摩擦片严重磨损	更换摩擦片
油门操纵调速失灵	钢丝绳松脱	调节钢丝绳
空载油压过高	整个管路系统有异物堵塞	拧开接头,排除异物
	滤油器堵塞	调换、清洗滤油芯子
吊重不能起升	油压过低	检查、调整泵及溢流阀
不能回转	油压过低	检查、调整泵及溢流阀
	双向缓冲阀开启压力过低	调整双向缓冲阀开启压力,检查弹簧是否失效

参 考 文 献

[1] 王金诺.起重机设计手册[M].2版.北京:中国铁道出版社,2013.

[2] 杨长揆.起重机械[M].北京:机械工业出版社,1982.

[3] 徐格宁.机械装备金属结构设计[M].北京:机械工业出版社,2009.

[4] 顾迪民.工程起重机[M].2版.北京:中国建筑工业出版社,2004.

[5] 王庆远,唐红美.汽车起重机发展趋势浅析[J].工程机械文摘,2012(2):48-50.

[6] 宋金云.汽车起重机行业市场分析与未来展望[J].建设机械技术与管理,2015(1):64-67.

[7] 王守方.QY50P汽车起重机变幅系统研究[D].西安:长安大学,2013.

[8] 蔡福海.全地面起重机油气悬架系统仿真与优化[D].大连:大连理工大学,2006.

[9] 王彪.全地面起重机伸缩臂截面优化设计[D].长春:吉林大学,2014.

[10] 卢贤票.全地面起重机双机构动作协同控制研究[D].大连:大连理工大学,2013.

[11] 程磊.QAY125全地面起重机关键技术研究[D].长春:吉林大学,2005.

[12] 蔡福海,高顺德,王欣.全地面起重机发展现状及其关键技术探讨[J].工程机械与维修,2006(9):66-70.

[13] 杨超.全地面起重机塔臂工况回转对主臂力学性能影响研究[D].大连:大连理工大学,2013.

[14] 滕儒民,姚海瑞,陈礼,等.全地面起重机超起装置对臂架受力影响研究[J].机械设计,2012(291):91-96.

[15] 王超.起重机行业发展综述[J].工程建设.2011,43(5):50-53.

[16] 国家质量监督检验检疫总局.全地面起重机:GB/T 27996—2011[S].北京:中国标准出版社,2011.

[17] 于成龙.某大吨位全地面起重机性能计算[D].长春:吉林大学,2013.

[18] 贾体锋,张艳侠.全地面起重机关键技术发展探析[J].建筑机械,2011(Z1):54-61.

[19] 潘成功.全地面起重机臂架及超起结构研究[D].长春:吉林大学,2014.

[20] 卢毅非.全地面起重机的最新发展[J].建设机械技术与管理,2005(12):15-24.

[21] 谢德祥.起重机的保养与维修[J].科技传播,2010(14):26-30.

[22] 朱长建,丁宏刚,朱林.全地面起重机支腿故障的诊断方法[J].工程机械与维修,2011(5):12-19.

[23] 杨红旗.工程机械履带——地面附着力矩理论基础[M].北京:机械工业出版社,1990.

[24] 王欣,高顺德.国外履带起重机的特点及国内市场现状[J].建筑机械,2006(7):12-16,4.

[25] 张明辉,王欣,高一平.履带起重机超起装置[J].建设机械技术与管理,2006(9):66-68.

[26] 王欣,高顺德.国外履带起重机新技术新特点及国内生产研发现状[J].石油化工建设,2005,27(6):16-18.

[27] 王欣,高顺德.大型吊装技术与吊装用起重设备发展趋势[J].石油化工建设,2005,27(1):58-62.

[28] 王欣.大型履带起重机设计的关键问题研究及软件系统研制[D].大连:大连理工大学,2000.

[29] 国家质量监督检验检疫总局.起重机设计规范:GB/T 3811—2008[S].北京:中国标准出版社,2008.

[30] 国家质量监督检验检疫总局.流动式起重机稳定性的确定:GB/T 19924—2005[S].北京:中国标准出版社,2005.

[31] 国家质量监督检验检疫总局.起重机安全规程:GB/T 6067—2010[S].北京:中国标准出版社,2010.

[32] 国家质量监督检验检疫总局.履带起重机:GB/T 14560—2016[S].北京:中国标准出版社,2011.

[33] 王少军.工程机械用柴油发动机的选型与应用[J].工程机械,2006(2):39-40,53.

[34] 李伟雄,黄宗益.混合动力在工程机械中的应用[J].建筑机械化,2010(4):35-38.

[35] 王庆丰,张彦廷,肖清.混合动力工程机械节能效果评价及液压系统节能的仿真研究[J].机械工程学报,2005,41(12):135-140.

[36] 国家质量监督检验检疫总局.非道路移动机械用柴油机排气污染物排放限值及测量方法:GB 20891—2014[S].北京:中国标准出版社,2014.

[37] 田建涛,苏沛,赵悟.工程机械用柴油机和液压系统控制新技术与展望[J].工程机械文摘,2014(5):63-66.

[38] 于春宇.履带起重机起升机构闭式液压系统仿真研究[D].大连:大连理工大学,2009.

[39] 马永辉.起重运输与工程机械液压传动[M].北京:机械工业出版社,1989.

[40] 李壮云,葛宜远.液压元件与系统[M].北京:机械工业出版社,1999.

[41] 吴晓明,启殿荣.液压变量泵(马达)的变量机构和变量调节原理[M].北京:机械工业出版社,2012.

[42] 吴航,王宪国,张剑.液压阀控系统的发展[J].建设机械技术与管理,2013(7):107-110.

[43] 徐绳武.泵控系统在国外的发展[J].液压气动与密封,2010(3):1-4.

[44] 徐绳武.恒压泵控系统取代溢流阀控系统的发展动向[J].液压气动与密封,2005(2):7-11.

[45] 李秋莲.浅谈工程机械液压系统节能技术的发展[J].流体传动与控制,2015,68(1):63-66.

[46] 汪世益,方勇,满忠伟.工程机械液压节能技术的现状及发展趋势[J].工程机械,2010,41(9):51-57.

[47] 李军.工程机械双动力系统研究[D].西安:长安大学,2010.

[48] 吴建华,陈晓敏.履带起重机双卷扬同步控制技术的探讨[J].科技创新与生产力,2013,234(7):95-96,99.

[49] 孙影.履带起重机双卷扬同步控制原理及故障排查方法[J].工程机械与维修,2013(9):184-186.

[50] 王剑华.柔性拉索单臂架起重机臂架防后倾分析[J].工业安全与环保,2014(4):22-23.

[51] 乔为禹.大型履带起重机臂架防后倾系统仿真[D].大连:大连理工大学,2009.

[52] 刘永平.闭式液压系统二次起升动态特性仿真分析[D].大连:大连理工大学,2012.

[53] 徐丽.起重机液压起升机构二次起升下滑仿真及其改进研究[D].长沙:长沙理工大学,2013.

[54] 徐尤喜.基于CAN总线技术的电液比例控制研究[D].哈尔滨:哈尔滨工业大学,2013.

[55] 干奇银,孙大刚,王军.汽车起重机远程监控若干问题的探讨[J].建设机械技术与管理,2008(12):102-104.

[56] 何创新,刘成良,李彦明,等.基于CAN总线与GPRS的液压履带起重机远程状态信息采集系统研究[J].工程机械,2009,40(11):1-5,47.

[57] 李强,钱夏夷,吴国华.流动式起重机远程监控系统的设计[J].煤炭技术,2014,33(2):34-36.

[58] 屈福政,王欣.论履带起重机的自拆装系统[J].工程机械与维修,2001(7):54-56.

[59] 交通部.道路大型物件运输管理办法:交通部交公路发[1995]1154号文[A].

[60] 林远山.计算机辅助起重机选型及吊装过程规划研究[D].大连:大连理工大学,2013.

[61] 易怀军.一种基于逆向求解的双机吊装动作规划研究[D].大连:大连理工大学,2014.

[62] 陈勇.AP1000核电3000吨级履带式起重机组装前的维护保养[J].低碳世界,2015(10):31-32.

[63] 国家能源局.履带起重机安全操作规程:DL/T 5248—2010[S].北京:中国电力出版社,2010.

[64] 孙影.履带起重机行走跑偏故障分析一例[J].工程机械,2003(2):45-46.

[65] 唐建富.起重机械液压系统故障分析[J].起重运输机械,2007(7):86-88.

[66] 中国国家标准化管理委员会.起重机随车起重机安全要求:GB/T 26473—2011[S].北京:中国标准出版社,2011.

[67] 中国国家标准化管理委员会.随车起重运输车:GB/T 459—2004[S].北京:中国标准出版社,2004.

[68] 中国国家标准化管理委员会.机械安全机械的电气设备:GB 5226.2—2002[S].北京:中国标准出版社,2002.

[69] 中华人民共和国工业和信息化部.回转支承

JB/T 2300—2011[S].北京：机械工业出版社,2011.

[70] 吴建强,张启君,陈建波.随车起重机发展概况[J].建筑机械化,2007(6)：11-16.

[71] 徐达,蒋崇贤.专用汽车结构与设计[M].北京：北京理工大学出版社,1998.

[72] 滕儒民,王忠元,王鑫.随车起重机产品发展状况及技术发展趋势：上[J].建设机械技术与管理,2012(11)：92-93.

[73] 滕儒民,王忠元,王鑫.随车起重机产品发展状况及技术发展趋势：下[J].建设机械技术与管理,2013(2)：87-92.

[74] 刘惟信.机械最优化设计[M].北京：清华大学出版社,1994.

[75] 任志杰.国内随车起重机的发展态势[J].起重运输机械,2009(1)：1-3.

[76] 王欣,刘军,王鑫,等.baumaChina2012展会上的随车起重机[J].建设机械技术与管理,2013(1)：64-66.

[77] 彭冰凌.越野轮胎起重机臂架稳定性研究和改进设计[J].建设机械技术与管理,2016(8)：62-63.

[78] 孙朝晖,梁建军.轮胎起重机支腿缸漏油的处理[J].科技尚品,2016(1)：25.

[79] 王靖昊.港口轮胎起重机对滑轮的使用要求[J].山东工业技术,2015(17)：288-289.

[80] 郭洪亮,黄振斌.QLY25型轮胎起重机"滑钩"故障的排查方法[J].工程机械与维修,2015(3)：87.

[81] 张成玉,严沾谋.港口轮胎起重机臂架有限元分析[J].现代机械,2014(6)：43-46.

[82] 陆阳陈.浅析越野轮胎起重机底盘[J].建设机械技术与管理,2014(12)：109-111.

[83] 杜志运.中联重科：以北美市场为轴心的越野轮胎起重机[J].建设机械技术与管理,2014(7)：32-37.

[84] 王自韧,洪斌,郑龙飞.多用途港口轮胎起重机装卸工艺及关键技术研究[J].港口装卸,2014(3)：34-36.

[85] 洪斌,王自韧,郑龙飞,等.位能负载能量回收及再利用新技术在港口轮胎起重机上的应用[J].港口装卸,2014(3)：41-43.

[86] 张建军.国外越野轮胎起重机底盘技术发展状况[J].建设机械技术与管理,2014(4)：115-116.

[87] 徐立,罗成汉,郑习龙.轮胎起重机混合动力系统仿真研究[J].工程机械,2008(9)：6,22-26.

[88] 李河清,谭青,林光霞.25t轮胎起重机液压系统的可靠性分析[J].液压与气动,2007(5)：43-46.

[89] 张东民,洪涛.QLY25轮胎起重机臂架有限元分析[J].工程机械,1995(9)：5-7,41.

[90] 唐修俊,任利有.全地面起重机[Z].三一重工股份有限公司,2011.

[91] 孙朝岐.汽车起重机[Z].三一重工股份有限公司,2007.

各企业产品样本：
[1] 利勃海尔公司产品样本
[2] 德马格公司产品样本
[3] 力士乐公司液压元件样本
[4] 特雷克斯公司产品样本
[5] 马尼托瓦克公司产品样本
[6] 森尼波根公司产品样本
[7] 神钢建机公司产品样本
[8] 住友重机公司产品样本
[9] 徐工集团产品样本
[10] 三一集团产品样本
[11] 中联重科公司产品样本
[12] 抚挖重工公司产品样本
[13] 山河智能公司产品样本
[14] 郑州新大方公司产品样本
[15] 合肥神马科技集团产品样本

第3篇

提升设备

第7章

施工升降机

7.1 概述

7.1.1 定义与功能

施工升降机(construction hoist)主要是指建筑施工用升降机,如图7-1所示,是一种用吊笼或平台、料斗等载人、载物并沿导轨作上下运输的施工机械。

图7-1 施工升降机

施工升降机有以下特点:

(1)能随着建筑物主体的升高而接高,特别适合于高层建筑施工。

(2)吊笼容积较大,附着于建筑物外,占用

工作场地较小,上下运行方便、快速,生产效率高,安全程度较高。

基于上述特点,施工升降机广泛应用于高层建筑施工中,除此之外,还可应用在大桥的建设中,及大型化工厂的冷却塔、发电厂的烟囱、广播电视塔以及煤矿等多种施工场合,已成为建筑行业中必不可少的机械设备。

7.1.2 发展历程与沿革

人类对垂直运送的需求与对文明的需求一样久远。最早的升降机使用人力、畜力和水力来提升重量。升降装置直到工业革命前都一直依靠这些基本的动力方式。古希腊时,阿基米德开发了经过改进的、用绳子和滑轮操作的升降装置,它用绞盘和杠杆把提升绳缠绕在绕线柱上。

公元80年,角斗士和野生动物乘坐原始的升降机到达罗马大剧场中的竞技场。中世纪的记录中包括无数拉升升降装置的人和为孤立地点进行供给的图案。其中最著名的是位于希腊圣巴拉姆修道院的升降机。这个修道院位于距离地面大约61m高的山顶上,提升机使用篮子或者货物网,运送人员与货物上下。1203年,位于法国海岸边的一座修道院的升降机使用一个巨大的踏轮,由毛驴提供提升的动力,通过把绳子缠绕在一个巨大的柱子上,提升负重。

18世纪,机械力开始应用于升降机。

1743 年,法国路易十五授权在凡尔赛的私人宫殿安装使用平衡物的人员升降机。

1833 年,一种使用往复杆的系统在德国哈尔茨山脉地区用于升降矿工。

1835 年,一种被称为"绞盘机"的用皮带牵引的升降机在英国的一家工厂中投入使用。

1846 年,第一部工业用水压式升降机出现。然后其他动力的升降装置紧跟着很快出现了。

1854 年,美国技工奥蒂斯发明了一个棘轮机械装置,在纽约贸易展览会上展示了安全升降机。

1889 年,埃菲尔铁塔建塔时安装了以蒸汽为动力的升降机,后改用电梯。

1892 年,智利阿斯蒂列罗山的升降设备建成,直到现在,15 台升降机仍然使用着 110 多年前的机械设备。

目前,瑞士格劳宾登州正在兴建的"圣哥达隧道"是一条从阿尔卑斯山滑雪胜地通往欧洲其他国家的地下铁路隧道,全长 57km,2016 年建成通车。在距地面大约 800m 的"阿尔卑斯"高速列车站,兴建了一个直接抵达地面的升降机。这是世界上升降距离最长的一部升降机。旅客通过升降机抵达地面后,便可搭乘阿尔卑斯冰河观光快速列车,两个小时后就能到达山上的度假村了。

现代的施工升降机也是建筑施工中必不可少的人、货垂直运输机械。自从 1973 年第一台国产齿轮齿条式施工升降机诞生以来,经过 40 多年的发展,国产升降机在结构形式、功能用途、性能质量、安全装置等方面都有了很大的变化和发展。同时,施工升降机也是我国城市和城镇化建设中不可缺少的装备。从我国经济发展长期向好的角度看,城镇化建设与发达国家的差距正在缩小,保障性住房的建设及基础设施的大规模投入,使建筑机械依然有着良好的发展前景。国家政策规定,高于 30m 的楼房须用到 SC 型施工升降机。可见,这个领域未来的主要发展趋势是生产高品质、多元化、高附加值的产品。

7.1.3 国内外发展趋势

目前,国外施工升降机生产制造业主要分布在西班牙、瑞典、美国、英国、德国、法国、丹麦、日本、意大利和俄罗斯等国家。其中,西班牙的 Pega 公司和瑞典的安利马赫(Alimark)公司最具代表性。国内的制造企业有徐州建机、徐州万都机械科技有限公司(简称徐州万都)、方圆集团有限公司(简称方圆集团)、湖北江汉建筑工程机械有限公司(简称湖北江汉)、广西建工集团建筑机械制造有限责任公司(简称广西建工)等。国内以电动施工升降机为主。

随着科学技术的不断发展和市场需求的不断提高,施工升降机将在以下方面得到更高、更快的发展:

(1)变频技术的广泛应用。随着高层和超高层建筑量的不断增加,提高施工升降机的速度特性显得尤为重要。提升速度的同时,还要具备良好的运行性能、安全性和可靠性。因此,变频器在现代施工升降机上应用得越来越广泛。采用变频技术的国内外施工升降机的速度可达 120m/min。

(2)起重量的大幅提升。随着高层建筑的发展,为满足更高的生产率,不仅要求提升速度更快,对起重量也有更大的要求。国外产品的单笼额定载重量在 3t 以上。国内产品的单笼额定载重量基本上不超过 2t,也有少部分厂家的产品达到了 3.2t 甚至更大。

(3)智能化与节能环保相结合。现在施工升降机逐步配备了专门用于智能化控制的多种装备,如载荷电子限制器、防违章操作监控系统、驾驶员人脸识别监控系统(图 7-2)、远程监控系统(图 7-3)等,能够在很大程度上杜绝由于违章操作带来的安全隐患。此外,升降机控制系统与网络技术相结合将是未来升降机设计的主流趋势。

(4)符合工程实际形状的升降机新型结构。由于建筑结构物外形尺寸特殊,对于特殊结构的施工升降机的需求也越来越多,如曲线形行走的升降机、折线形行走的升降机等。

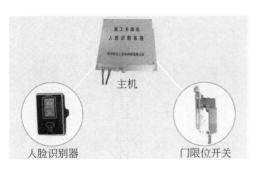

图 7-2 施工升降机人脸识别系统

图 7-3 施工升降机监控系统

7.2 分类

施工升降机按传动构造,可分为齿轮齿条式、钢丝绳卷扬式和混合式;按配重方式,可分为无对重式和有对重式;按吊笼数目,可分为单吊笼式和双吊笼式;按金属结构,可分为双塔架门式、单塔架桅杆式和单塔架附着式;按传动方式,可分为液压式和电动式。

7.3 工作原理及组成

7.3.1 工作原理

下面以齿轮齿条式、钢丝绳式和混合式3种施工升降机来说明其工作原理。

1. 齿轮齿条式施工升降机的工作原理

齿轮齿条式升降机是依靠布置在吊笼上的传动装置中的齿轮与安装在导轨架上的齿条啮合,使吊笼沿导轨架作上下运动,来完成人员和物料运输的施工升降机。导轨架多为单根,由标准节拼接组成。截面形式可分为矩形和三角形两种。导轨架的加节可由安装在吊笼上的吊杆完成,也可由安装在升降机附近的塔机协助完成。导轨架由附墙架与建筑物相连,刚性较好。吊笼的构成分为双笼和单笼。吊笼上面有传动机构与吊笼连接以驱动吊笼。早期也有将传动机构安装在吊笼内部的升降机,驱动电动机一端装有减速机,并通过齿轮与齿条啮合;另一端装有电磁制动器,电磁制动器上装有手控制动柄,可在紧急情况下将施工升降机从高空中手动下降。防坠落安全器(见图7-4)上的齿轮与齿条啮合,其作用是当传动机构失速时,吊笼下坠,当吊笼下降速度达到防坠落安全器标定速度时,防坠落安全器动作,小齿轮渐进式地停止,最终使吊笼停在空中。吊笼与传动机构连接处装有超载传感器,防止超载。导轨架上端与最下部分别安装减速限位碰铁和限位开关碰铁,保证吊笼运行不会"冒顶"或"冲底"。

图 7-4 防坠落安全器

齿轮齿条式施工升降机具有运行平稳,无噪声,安全系数高等特点,如图7-5所示。

2. 钢丝绳式施工升降机的工作原理

钢丝绳式升降机由布置在地面(或天架上)的卷扬机通过提升钢丝绳使吊笼沿着导轨

图 7-5　齿轮齿条式施工升降机

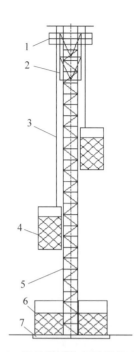

图 7-6　钢丝绳式施工升降机示意图
1—工作平台；2—外套架；3—钢丝绳；4—吊笼；5—导轨器；6—底笼；7—基础

架作上下运动,多用于建筑工程物料的垂直运输。其工作原理如下:

卷扬机牵引钢丝绳使吊笼在导轨架上作上下运行。导轨架分单导轨架、双导轨架和复式井架等形式。单导轨架和双导轨架多由标准节拼装组成,并有用于自身加节的外套架和工作平台。双导轨架多由附墙架与建筑物相连接,也可采用缆风绳形式固定。复式井架为组合式拼接形式,没有标准节,整体一次拼接到架设高度。吊笼可分为单笼、双笼和三笼等形式,如图 7-6 和图 7-7 所示。

3. 混合式施工升降机的工作原理

混合式施工升降机是一种把齿轮齿条式和钢丝绳式混合为一体的施工升降机。其中一个吊笼由齿轮齿条驱动,另一个吊笼采用钢丝绳提升。

这种结构形式具有前两种形式的优点:工作范围大,输送速度快,导轨架均为单根,截面为矩形,由标准节组成,并用附墙架与建筑物相连接。

7.3.2　结构组成

施工升降机基本上由基础(升降机基础)、

图 7-7　钢丝绳式施工升降机

地面防护围栏(底笼)、导轨架和附墙架、吊笼、吊杆、传动机构、电缆导向装置、电缆滑车、对重系统等部分组成,如图7-8所示。

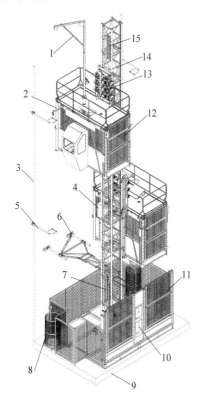

图7-8 施工升降机的组成

1—吊杆;2—电缆臂架;3—脚手架;4—电控箱;5—电缆护线架;6—附墙架;7—限位碰铁;8—电缆卷筒;9—升降机基础;10—电源箱;11—底架护栏;12—吊笼;13—驱动系统;14—导轨架;15—限位碰铁

1. 基础

混凝土基础由预埋底架、地脚螺栓和钢筋混凝土组成,承受其上面的升降机的全部重量和负荷重量,并对导轨架起定位和固定作用。

基础的尺寸依据升降机单、双吊笼确定,单吊笼升降机多为4000mm×4000mm,双吊笼升降机多为 4000mm × 6000mm;厚度在300mm左右,若为高速升降机,基础厚度则在400mm左右。

1)基础承载力 P

基础承载力为

$$P = n \cdot G \cdot g / 1000 \qquad (7\text{-}1)$$

式中:P——基础承载力,kN;

n——考虑运行中的动载、风载及自重误差对基础的影响,取安全系数 $n=2$;

G——各种质量的总和,kg,$G = G_1 + G_2 + G_3 + G_4 + G_5 + G_6 + G_7$,其中,$G_1$ 为吊笼质量(含驱动系统);G_2 为吊笼额定质量;G_3 为底架护栏质量;G_4 为导轨架质量;G_5 为附件质量;G_6 为附墙架质量;G_7 为对重质量;

g——重力加速度,取 $9.8\mathrm{m/s^2}$。

则式(7-1)可以转化为

$$P = 2 \times G \times 9.8\mathrm{m/s^2} / 1000$$
$$\approx 0.02G \qquad (7\text{-}2)$$

【例 7-1】 某工地计划安装 SC200/200C 型施工升降机,架设高度为 150m,选用$\mathrm{II_D}$型附墙架。已知:吊笼自重(含驱动系统)$G_1 = 2000\mathrm{kg} \times 2 = 4000\mathrm{kg}$;吊笼额定载重 $G_2 = 2000\mathrm{kg} \times 2 = 4000\mathrm{kg}$;底架护栏自重 $G_3 = 1300\mathrm{kg}$;导轨架自重 $G_4 = 145\mathrm{kg} \times 100 = 14500\mathrm{kg}$;电源电缆、电缆导向装置、紧固件等附件重量 $G_5 = 2000\mathrm{kg}$;$\mathrm{II_D}$附墙架重量 $G_6 = 146\mathrm{kg} \times 16 = 2336\mathrm{kg}$;对重自重 $G_7 = 0\mathrm{kg}$(无对重)。求基础承载力 P。

解:

$$P = 0.02G$$
$$= 0.02 \times (4000 + 4000 + 1300 + 14500 + 2000 + 2336)\mathrm{kN}$$
$$= 562.72\mathrm{kN}$$

即混凝土基础及地基所能承载的最大载荷为562.72kN。

若基础设置的面积 A 为 $23.56\mathrm{m^2}$,则混凝土基础及地基的最大承载压力 S 为

$$S = P/A$$
$$= 562.72\mathrm{kN}/23.56\mathrm{m^2}$$
$$= 23.88\mathrm{kN/m^2}$$

或者

$$S \approx 0.024\mathrm{MPa}$$

2)混凝土基础制作注意事项

(1)混凝土基础下的地基地耐力应满足表 7-1 的要求。

表 7-1　混凝土基础下的地基地耐力要求

序号	导轨架高度 h/m	承载能力 p/MPa
1	$h \leqslant 100$	$p \geqslant 0.10$
2	$100 < h \leqslant 300$	$p \geqslant 0.15$
3	$300 < h \leqslant 500$	$p \geqslant 0.2$

（2）混凝土基础旁应按施工现场的条件设置排水沟。

（3）混凝土基础的预埋座（底座螺栓钩）应与基础内的钢筋网片固定连接。

（4）浇注混凝土时，预埋框的螺栓孔需临时用木板遮住或加塑料塞等其他填充物予以保护，防止混凝土进入螺栓孔内，其端面比混凝土表面高 1mm。

（5）混凝土基础的制作应按照《钢筋混凝土工程施工与验收规范》（GBJ 204—1983）执行。

① 混凝土基础内的钢筋直径不得小于 12mm，钢筋构成的网格间距为 200mm × 200mm，材质为 HPB235 或 HRB335。

② 浇注基础的混凝土级别应大于 C30。

混凝土基础的施工技术强度应满足《钢筋混凝土工程施工与验收规范》（GBJ 204—1983）及施工升降机的安装要求。

3）基础的设置形式

基础的设置有三种形式，如图 7-9 所示。

（1）地面式：基础设置在地面上。其优点是不需要挖坑，不需要排水；缺点是门槛较高。

（2）地平式：基础上表面与地面相平。优点是排水较容易；缺点是有门槛。

（3）地下式：基础表面低于地面。优点是地面与吊笼底板间无门槛；缺点是容易积水，必须有较好的排水措施，以免基础腐蚀。

4）有关附墙架的混凝土基础选型

附墙架类型不同，及是否带有司机室，所选型的基础也不同。例如，CM3238 型基础适用于Ⅰ型附墙架，具体参数见表 7-2，表中的 A、B、C 与 L 参数含义见图 7-10；CM4438 型基础适用于Ⅱ型、Ⅲ型附墙架，不带司机室的具体参数见表 7-3，带司机室的具体参数见表 7-4。混凝土基础中间的预埋框示意图如图 7-11 所示。

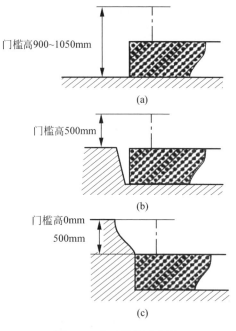

图 7-9　基础设施形式图
（a）地面式；（b）地平式；（c）地下式

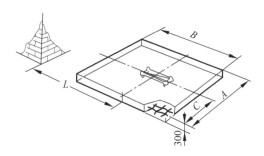

图 7-10　CM3238 型基础

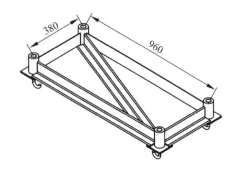

图 7-11　预埋框示意图

表 7-2　Ⅰ型附墙架参数

规　　格	数　　值
吊笼规格/(m×m)	3.2×1.5/3.0×1.3
基础离墙距离 L/mm	1800～2500
A/mm	3200
B/mm	4000
C/mm(左笼/右笼)	2200/1000

表 7-3　Ⅱ型、Ⅲ型附墙架不带司机室参数

规　　格	数　　值
吊笼规格/(m×m)	3.2×1.5/3.0×1.3
基础离墙距离 L/mm	3000～3600
A/mm	4400
B/mm	4000
C/mm	2200

表 7-4　Ⅱ型、Ⅲ型附墙架带司机室参数

规　　格	数　　值
吊笼规格(m×m)	3.2×1.5/3.0×1.3
基础离墙距离 L/mm	3000～3600
A/mm	6200
B/mm	4000
C/mm	3000

2．底笼

底笼如图 7-12 所示,主要由底架和防护围栏组成。

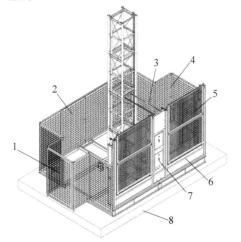

图 7-12　底笼示意图

1—侧护栏;2—后护栏;3—门支撑;4—侧护栏;5—外护栏门;6—门槛架;7—电源箱;8—升降机基础

底架如图 7-13 所示,由方管和型钢拼焊而成,四周与地面防护围栏相连接,中央为导轨架底座。它承受施工升降机上的全部载荷。底架通过地脚螺栓与基础预埋件紧固在一起。

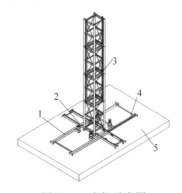

图 7-13　底架示意图

1—主底架;2—缓冲弹簧架置;3—导轨架;4—副底架;5—升降机基础

防护围栏由折弯板、钢丝网或冲孔板组合而成,将施工升降机吊笼和导轨架包围起来,形成一个封闭区域。在防护围栏入口处设有护栏门,底笼门上装有机电连锁装置。

3．导轨架和附墙架

1) 导轨架

导轨架是施工升降机的运行通道,由多节标准节通过高强度螺栓连接而成,作为吊笼上下运行的导轨。标准节由无缝钢管或焊管、角钢、冷弯型钢焊接而成,每根齿条通过 3 个内六角螺钉紧固,标准节主弦管的壁厚配置也不相同,标准节长度为 1508mm。

标准节 4 根主弦杆下端焊有止口,齿条下端设有圆柱销,便于标准节安装时准确定位。

标准节为矩形截面时,一般常用的有两种规格:立柱中心距为 650mm×650mm 和 800mm×800mm,如图 7-14 所示。

导轨架的顶部装有上限位开关碰铁、极限开关碰铁和减速限位开关碰铁,如图 7-15 所示。该装置将吊笼限制在规定的安全范围内运行。一旦吊笼上的减速限位开关与碰铁相碰时,吊笼将减速运行;当限位开关与碰铁相碰时,会使吊笼自动停车;若常用的上限位开关失灵,三相交流极限开关与碰铁相碰时,系统就会立即切断所有电源,使升降机停止工作。

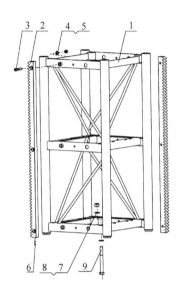

图 7-14　标准节结构

1—基础节；2—齿条；3—螺钉 M16×80；4—垫圈
16；5—螺母 M16；6—定位销；7—垫圈 24；8—螺
母 M24；9—螺栓 M24×220

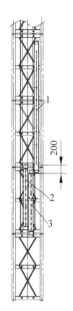

图 7-16　下部分限位碰铁示意图

1—减速限位开关碰铁；2—下限位开关碰铁；
3—极限开关碰铁

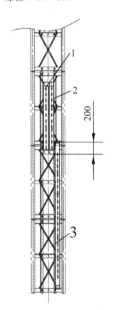

图 7-15　上部分限位碰铁示意图

1—上限位开关碰铁；2—极限开关碰铁；
3—减速限位开关碰铁

同样，在导轨架底部也同样有着下限位开关碰铁、极限开关碰铁和减速限位开关碰铁等装置，旨在防止吊笼冲底，如图 7-16 所示。

升降机安装高度不同，标准节配置也不同，标准节主弦管壁厚随着安装高度的增加而

配置不同，在不同主弦管壁厚的标准节之间必须设置转换节。图 7-17 所示即为各种导轨架高度 H 下的标准节配置。

为了区分不同壁厚标准节和转换节，在每节标准节的中间框非齿条安装面上都有表示主弦管壁厚的数字和一小块喷有不同颜色的漆加以区分，安装时注意区分。

2）附墙架

附墙架的一端与标准节的框架角钢用 V 形螺栓相连，另一端与嵌入建筑物内的预埋件用螺栓连接，最终起到固定导轨架的作用。

为适应用户对施工升降机现场施工的实际需要，施工升降机所配置的附墙架共分 4 种类型（各种类型有多种规格可组合），供用户选用。各类型附墙架的适用范围如下：

（1）Ⅰ型附墙架，仅供单吊笼施工升降机选用，如图 7-18 所示。

（2）Ⅱ型附墙架，可供有对重或无对重、有司机室或无司机室的单吊笼或双吊笼施工升降机选用，如图 7-19 所示。当工地现场具有脚手架或登楼连接平台时，此附墙架可以替代Ⅲ型附墙架使用。

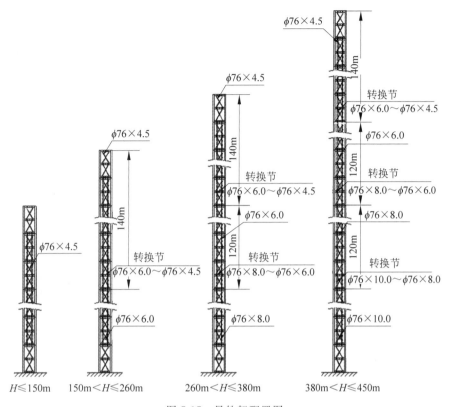

图 7-17 导轨架配置图

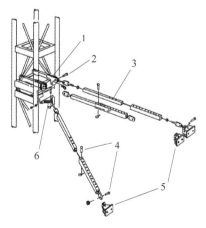

图 7-18 Ⅰ型附墙架

1—后连接杆；2—螺栓；3—连接管；4—螺栓；5—附墙座；6—转动销轴

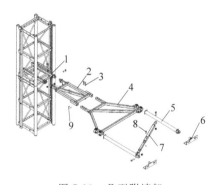

图 7-19 Ⅱ型附墙架

1—后连接杆；2—小连接架；3,8—销轴；4—大连接架；5—前连接杆；6—附墙座；7—可调连接杆；9—开口销

（3）Ⅲ型附墙架，适用范围与Ⅱ型附墙架相同，如图 7-20 所示。此附墙架必须配置过道竖杆、短前支撑及过桥联杆（效果：使用登楼连接平台可直接搁置在导轨架上）。

（4）Ⅳ型附墙架，可供单吊笼或双吊笼、无对重、无司机室的施工升降机选用，如图 7-21 所示。

4．吊笼

吊笼为一种钢结构框架，如图 7-22 所示。吊笼侧面装配冲孔铝板或钢丝网，两侧有单、双开门，顶部设有天窗，通过随机带有的梯子可方便地攀爬到吊笼顶部进行安装和维修。

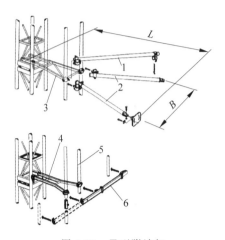

图 7-20　Ⅲ型附墙架

1—斜支撑；2—1# 支架；3—2# 支架；4—3# 支架；5—φ76 支管；6—槽钢连接架

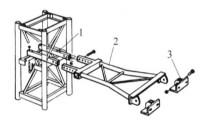

图 7-21　Ⅳ型附墙架

1—后连接杆；2—连接架；3—附墙座

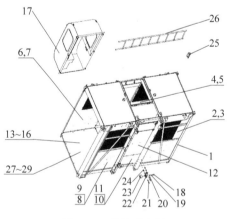

图 7-22　吊笼示意图

1—吊笼结构；2,4,6,8—冲孔铝板；3,5,7,9,11—防护板；10—维修门；12—铝板；13—竹胶板；14,15,16—花纹板；17—司机室；18,21—螺栓；19—弹垫；20,28—垫圈；22—正滚轮支座；23—滚轮总成；24,29—螺母；25—梯子支架；26—爬梯；27—螺钉

吊笼顶部有护栏。吊笼单、双开门和天窗装有电气连锁装置。在吊笼运行时，如果各个限位开关没有关闭到位，吊笼则无法正常起动，从而确保吊笼内人员的安全。

吊笼分为有司机室和无司机室两种。一般出口产品无司机室，方便运输。国内内销产品带有司机室，全部开关均设在司机室内供司机操作使用。

吊笼骨架采用型材制作，四壁采用冲孔铝板或钢丝网围成，吊笼顶板和底板均采用花纹钢板，表面防滑，底板下面铺设一层竹胶板，此举既可以保证承重强度，也可以减轻吊笼重量。

吊笼内部安全器板上装有防坠落安全器，上、下减速限位器及上、下限位器。吊笼立柱上装有 14 只导向滚轮，滚轮经调节后，可以啮合在标准节主弦杆上，在传动机构的驱动下，载着人、货沿导轨架运行，最终实现吊笼上下运行。

5. 吊杆

吊杆是实现施工升降机自动加节或减节的部件，如图 7-23 所示。当施工升降机的基本

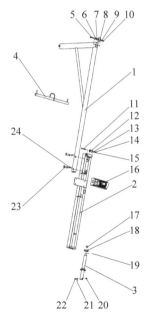

图 7-23　吊杆示意图

1—吊臂；2—底架；3—轴；4—吊具；5—销轴；6—挡圈；7,18—轴承；8—轮；9—轴套；10,15,20—螺母；11,22—螺栓；12—滚轮；13—垫圈；14—弹垫；16—电动葫芦；17—套；19,21,23,24—销

单元安装完毕后,即可用吊杆进行标准节的安装。反之,当导轨架进行拆卸作业时,吊杆可以将标准节自上而下拆除。

6.电缆导向装置

电缆导向装置如图 7-24 所示,包括电缆卷筒、电缆护线架和电缆臂架等。该装置是用来收、放电缆的部件。因受风力及电缆自重影响较大,电缆导向装置通常只用于安装高度不大于 100m 及风力较小的场合。

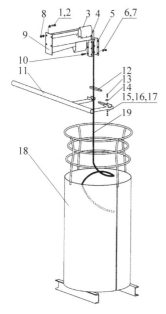

图 7-24　电缆导向装置

1,6,15—垫圈;2,10,13—螺栓;3—撞板;4—螺钉;5—夹板;7,8,17—螺母;9—电缆臂架;11—电缆护线架;12—聚氨酯;14—大垫片;16—垫圈;18—电缆卷筒;19—电缆

当吊笼向上运行时,吊笼上的电缆臂架带动主电缆向上运行,且电缆活动范围局限在电缆护线架里,摆动幅度不会太大,以免挂碰到脚手架。

当吊笼向下运行时,主电缆缓缓收入电缆筒内,防止电缆四处散落。

7.电缆滑车

当施工升降机安装高度较高时(一般超过 120m),受供电电压、电缆自重及风力的影响较大,可选用电缆滑车,如图 7-25 所示。电缆滑车主电缆一端固定在吊笼上,另一端通过固定在导轨架中间部位的电缆挑线架与地面的电源箱相连。电缆滑车安装在吊笼下部,结构简单,安装方便。该升降机的导轨架也是电缆滑车的运行轨道。电缆滑车为组合式,可左右互换。

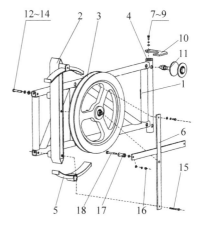

图 7-25　电缆滑车

1—滑车架;2—大滑轮座;3—大滑轮组;4—小滑轮座;5—保护架;6—支架;7,12,15—螺栓;8,9,13,14—垫圈;10—防脱板;11—滑轮组;16—螺母;17—滚轮;18—轴

8.对重系统

型号中标有"D"的施工升降机配有对重系统,用于在传动机构输出功率不变的情况下提高升降机的额定载重量。对重系统主要由对重导轨、对重体、天轮、钢丝绳和吊笼顶部的钢丝绳转向器和钢丝绳卷筒等组成,吊笼和对重通过钢丝绳连接,悬挂钢丝绳一端固定在对重体上部,穿过天轮后另一端固定在吊笼顶部的钢丝绳转向器上,用于改变吊笼运行高度的多余钢丝绳储存在笼顶卷筒上。吊笼上行时对重下行,对重对吊笼产生一个提升力。对重体两端都装有导向滚轮或滑靴,并安装防脱轨保护装置,以保证对重体沿对重导轨运行。对重体的重量一般超过 1t,悬挂钢丝绳不得少于 2 根且相互独立,并要求设置自动平衡装置和防松绳保护装置。对重系统示意图如图 7-26 所示。

7.3.3　传动机构组成

传动机构实现吊笼的升降运动,主要由电动机、联轴器、减速机、齿轮组成。

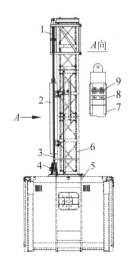

图 7-26　对重系统示意图

1—天轮；2—对重体；3—钢丝绳；4—钢丝
绳转向器；5—吊绳；6—导轨架；7—对重导
轨；8—防脱轨装置；9—导向轮

电动机为起重用盘式制动三相异步电动机，其制动器电磁铁可随制动盘的磨损实现自动跟踪，且制动力矩可调。

减速机为蜗轮蜗杆减速机，具有结构紧凑、承载能力高、机械效率高、使用寿命长、工作平稳等特点。也可使用锥齿伞齿减速机，其承载能力高、传动效率较蜗轮蜗杆减速机高。

联轴器为挠爪式，两联轴器间有弹性元件（梅花弹性体）以减轻运行时的冲击和振动。

变频调速施工升降机驱动系统配置变频调速系统，能提高起制动的平稳性；运行速度可在一定范围内实现无级调速；降低起动电流，降低机械磨损，延长易损件寿命；提高工作效率；节约能源。

传动机构如图 7-27 所示。

一般每个吊笼配置两套或三套独立的传动单元，如图 7-27 和图 7-28 所示。如果配置三套传动机构，可以保证吊笼运行时，若有一套机构损坏，剩余的两套传动机构可以保证将吊笼安全下放到地面。

传动机构通常安装在吊笼内带有背轮的传动底板上，或安装在吊笼顶部与吊笼的两根承载槽钢柱上。

传动底板上还安装有防坠安全器。防坠安全器上的齿轮与齿条啮合。当吊笼的下坠运行速度超过正常运行速度的 1.3～1.6 倍时，防坠安全器靠离心力动作，能使吊笼停止运行，并切断电动机电源。

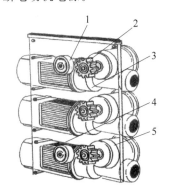

图 7-27　传动机构

1—背轮；2—驱动齿轮；3—联轴器；
4—制动电动机；5—减速机

7.3.4　电气控制系统

1. 电气控制系统的组成

电气控制系统是施工升降机的机械运行控制端口，施工升降机的所有动作都是由电气控制系统操纵运行的。电气控制系统包括底笼电控柜、主电控柜、操纵台、笼顶操作盒、交流极限开关、各种限位及电缆线等。变频系统的主电控柜还包括变频柜、电阻箱，对于高端机型还配备有自动平层装置、人脸识别装置和物联网技术等。下面介绍几种主要的部件。

1）底笼电控柜

底笼电控柜安装在升降机底笼前护栏上。箱内装有两组空气开关或漏电保护器、两组交流接触器，有的底笼电控柜内还配有变压器，由安置在升降机附近的工地配电箱供电，可分别控制左右两边吊笼电源的接通和分断，而且对电气控制系统有过载、过流及短路保护的作用。

2）主电控柜

主电控柜安装在升降机的吊笼内，由主电缆供电，司机通过操纵台发出动作信号，控制电控柜内的 PLC，从而输出各种指令，控制电气元件的逻辑动作，接通或分断电动机电源，控制吊笼的起动、运行、加减速和停止,同时柜内还设有微断、相序保护器、热继电器等保护元件,以保障电气控制系统安全运行。同时,PLC与GPS进行通信,可以实时监控施工升降机的位置、使用工况及资产保全等,如图7-28所示。

图 7-28 主电控柜

3)变频器柜

对于变频控制系统,则需要在吊笼内增加一个变频控制柜,内部安装变频器,如图7-29所示。

图 7-29 变频控制柜

变频器柜是变频调速升降机的专用电气柜,PLC发出指令至柜内的变频器,从而控制着电动机的正、反转及速度变化,实现电动机的软起动、停止。它可对电动机的电流、电压、功率、运行时间等参数进行监测,同时具有过压、欠压过流保护功能,是变频调速控制系统的核心器件。

4)操纵台

操纵台如图7-30所示,安装在升降机司机室内,驾驶员可以通过台上的触摸屏进行各种操作,如故障诊断、自动平层、无线呼叫、GPS定位及解锁、语音提示、起重量显示、黑匣子等功能。

除此之外,操纵台上还具有操纵手柄、总起动、紧急停止、电铃等按钮,通过操作按钮和手柄进而操纵升降机上升和下降。

图 7-30 操纵台

与此同时,操纵台上还配备了人脸识别功能,驾驶员必须通过人脸识别系统(图7-31)及操纵台上的插卡身份识别后方能进行施工升降机的升降操作。

图 7-31 人脸识别装置

5)电阻箱

电阻箱(图7-32)一般固定在吊笼顶部,用来消耗变频调速施工升降机在下降过程中反馈给变频器的能量,防止变频器因母线电压过大被烧毁。

图 7-32 电阻箱

2.电气控制系统的原理

1)非变频电气控制原理图

图7-33~图7-36所示为SC200/200P型非变频施工升降机的电气原理图,包含主电路、制动电路及变压器、控制电路、PLC控制电路等。

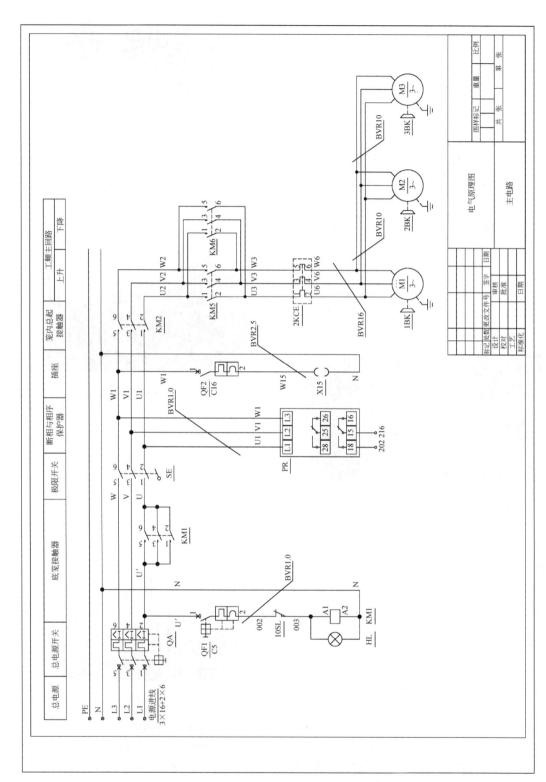

图 7-33　电气原理图图 1

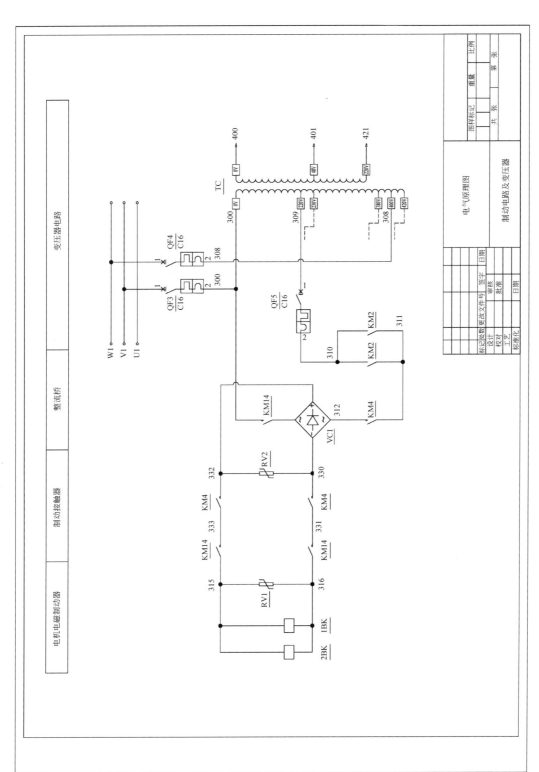

图 7-34 电气原理图 2

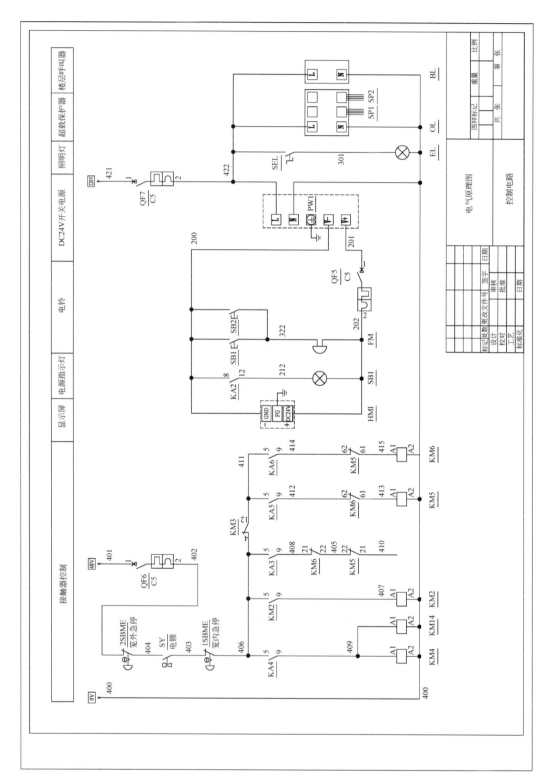

图 7-35　电气原理图 3

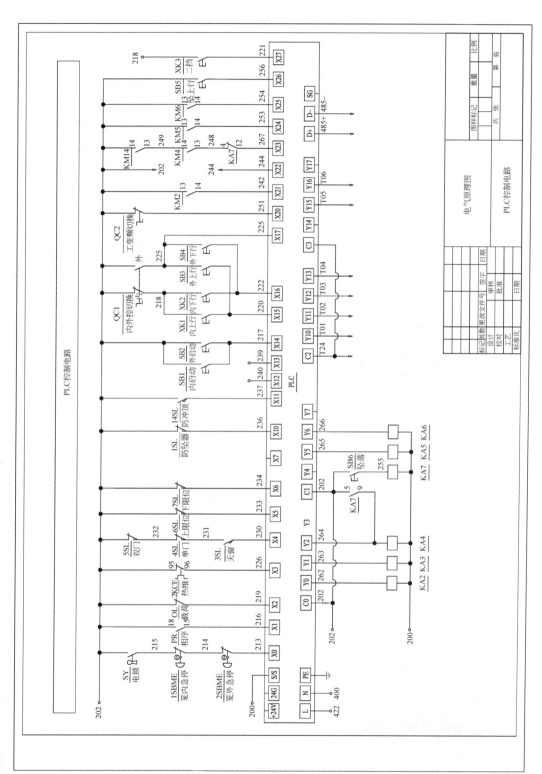

图 7-36 电气原理图 4

2）非变频控制系统电气控制原理

控制电路里设有各种断路器、接触器、保护器、限位和安全控制装置，在升降机运行发生异常情况时可以及时制动或自动切断电源。

（1）相序保护器 PR

PR 具有对错断相、过压、欠压等功能的保护，可有效保证电动机旋转方向的正确性，以及防止因电压过高或过低引起的电气元件烧毁的情况。

（2）交流极限开关 SE

交流极限开关（图 7-37）是升降机控制系统中安全保障的最后一道关卡，安装在主电路前端，当吊笼运行过程中的上或下限位失灵时，SE 接触到碰铁，从而全车断电，有效制止吊笼"冒顶"或"冲底"。

图 7-37　交流极限开关

（3）上、下限位开关及门限位开关

上、下限位开关（图 7-38）的作用是当吊笼运行至接近导轨架最上端时，上限位开关动作，将信号输入至 PLC 内，PLC 输出信号从而停止吊笼运行；反之，当吊笼运行至导轨架最下端时，下限位开关起相同作用。

图 7-38　上、下限位开关

底笼门限位开关和吊笼单、双开门限位开关（图 7-39）及天窗限位（图 7-40）的作用同理，当有任何一个门没有达到关闭状态时，控制系统就无法运行。

图 7-39　门限位开关　　图 7-40　天窗限位开关

（4）PLC 可编程控制器

PLC 可编程控制器（图 7-41）是控制系统的核心，各种控制信号输入至 PLC 内，编制完程序后输出各种信号，将信号发送至执行元件。PLC 的使用大大减少了电器元件的使用，也降低了故障率。程序一旦固化，基本不出现错误，方便维护，提高了产品档次。

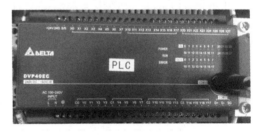

图 7-41　PLC 可编程控制器

3）变频电气控制原理图

图 7-42～图 7-44 所示为 SC200/200K 型变频调速升降机的电气原理图，包含主电路、制动电路及变压器、PLC 控制电路等。

4）变频控制系统电气控制原理

变频控制系统电气控制原理与非变频控制系统基本相同，并在上述基础上增加了变频器，各项电气元件的选型和功能相同。经过 PLC 程序控制后最终由变频器驱动电动机，实现平稳运行，缓起缓停。

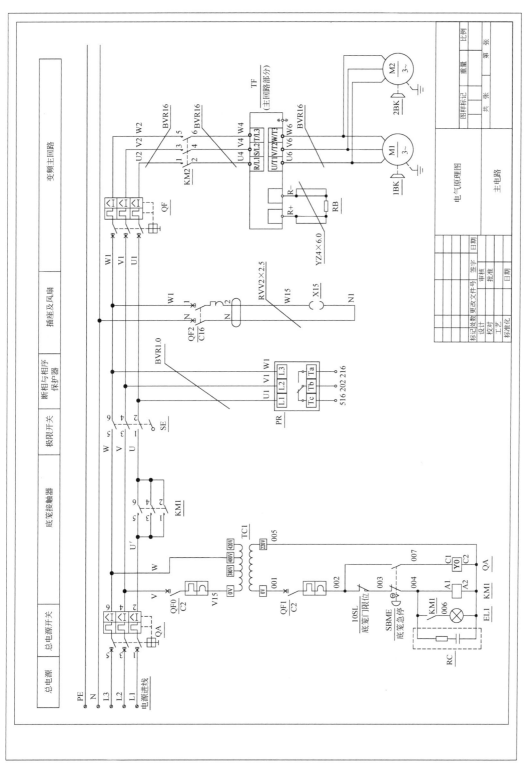

图 7-42　电气原理图 1

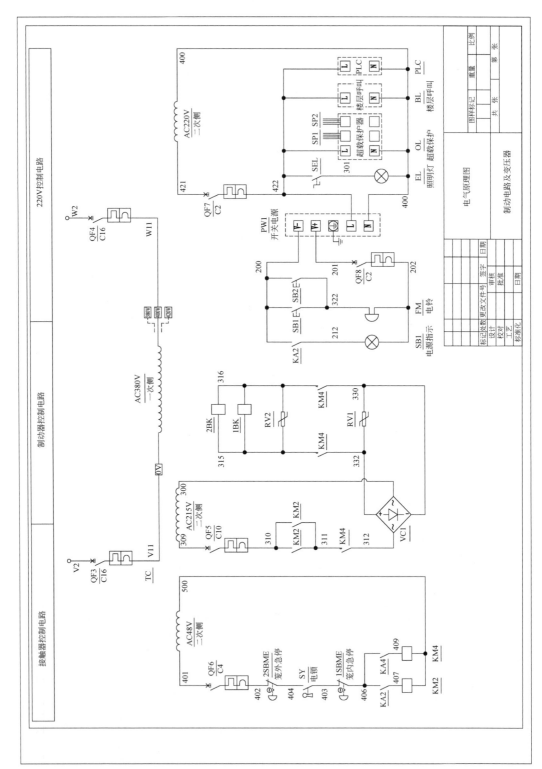

图 7-43 电气原理图 2

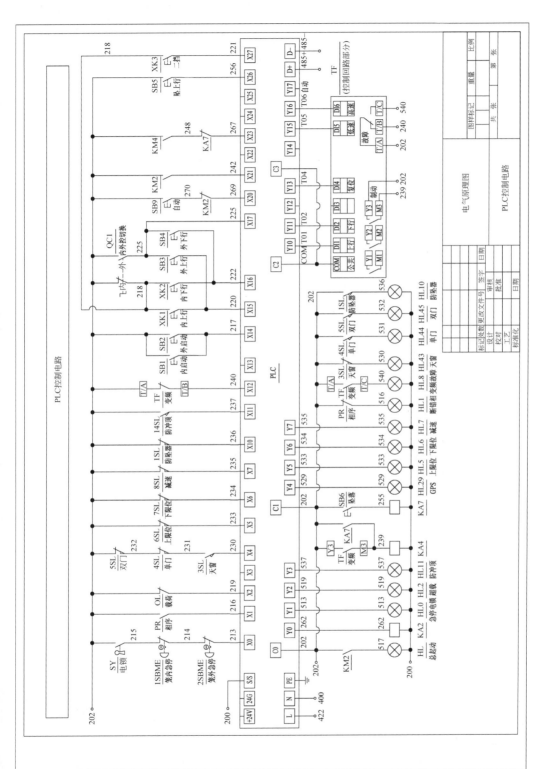

图 7-44 电气原理图 3

7.4　技术性能

7.4.1　产品型号命名方式

1. 编号方式

施工升降机型号由组、型、特性、主参数和变型更新等代号组成,如图 7-45 所示。

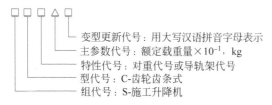

变型更新代号:用大写汉语拼音字母表示
主参数代号:额定载重量×10^{-1}, kg
特性代号:对重代号或导轨架代号
型代号:C-齿轮齿条式
组代号:S-施工升降机

图 7-45　施工升降机型号编制方式

型号说明如下:

(1)组、型代号,表示施工升降机的不同种类。例如,SC 表示齿轮齿条式施工升降机,SS 表示钢丝绳式施工升降机。

(2)特性代号,表示施工升降机两个主要特性的符号。

① 对重代号:有对重时标准 D,无对重时省略。

② 导轨架代号:对于齿轮齿条式施工升降机,三角形截面标注 T,矩形或片式截面省略。倾斜式或曲线导轨架则不论何种截面均标注 Q。对于钢丝绳式施工升降机,导轨架为两柱时,标注 E,单柱导轨架内包容吊笼时标注 B,不包容吊笼时省略。

(3)主参数代号,表示额定起重量×10^{-1}。如果是双笼,则要标注出每个吊笼的额定起重量,用符号"/"分开。

(4)变型更新代号,表示产品的不同版本。例如,SC100 表示单笼,起重量为 1000kg 的齿轮齿条式施工升降机。SC200/200 表示双笼,每个吊笼起重量为 2000kg 的齿轮齿条式施工升降机。

2. 典型参数

齿轮齿条式施工升降机的产品系列参数见表 7-5 和表 7-6。钢丝绳式施工升降机的产品系列参数见表 7-7 和表 7-8。

表 7-5　齿轮齿条式施工升降机主参数系列

型　　　号	额定起重量/kg
20	200
30	300
40	400
50	500
60	600
80	800
90	900
100	1000
110	1100
120	1200
140	1400
160	1600
180	1800
200	2000
250	2500
320	3200
400	4000

表 7-6　齿轮齿条式施工升降机基本参数

额定速度/(m/min)	18～24	24～30	30～35	≥35
最大高度/m	20～60	40～100	≥50	≥80

表 7-7　钢丝绳式施工升降机主参数系列

型　　　号	额定起重量/kg
12	120
16	160
20	200
25	250
32	320
40	400
60	600
80	800
100	1000
120	1200
160	1600
200	2000
250	2500
320	3200
400	4000

表 7-8　钢丝绳式施工升降机基本参数

额定速度 /(m/min)	10～15	15～20	20～25	≥25
最大高度/m	5～30	10～50	≥25	≥30

7.4.2　性能参数

1. 徐州建机产品性能与特点

徐州建机生产的施工升降机至少有 4 种型号,涵盖工频、变频、工变频、出口、中速等机型。应用轻量化技术和模块化设计理念,可配置自动平层技术、指纹及人脸识别等功能。其典型产品的技术参数见表 7-9。

SC200/200P 型施工升降机具有 3 个传动机构,标配为电缆桶供电方式。SC200/200C型施工升降机采用工变频双动力控制系统,可有效保障产品可靠性。传动系统、变频器及电器元件均为高端配置。SC200/200K 型施工升降机采用全变频控制系统,属于高效节能经济型产品,运行平稳,振动噪声低。SC200/200M型施工升降机为中速升降机,全变频控制系统,变频器、电器元件、传动系统均为高端配置。

2. 徐州万都产品性能与特点

徐州万都施工升降机根据起重量不同、运行速度不同、钢结构形式不同进行了系列化设计,形成了起重量从 1t 到 3.2t,速度从低速到中、高速,结构形式分带对重、不带对重、倾斜导轨、单双笼,控制系统分普通和变频器等覆盖齐全的系列型谱,见表 7-10,其典型产品的外形如图 7-46 所示。

产品采用组合式设计,可根据用户需求组合成不同速度、不同起重量的施工升降机。标准节截面有 650mm×650mm、800mm×800mm两种。运行速度分为低速 0～33m/min、0～40m/min,中速 0～63m/min,高速 0～96m/min。超高速施工升降机配置能量回馈系统。加装变频调速功能及 PLC 控制系统后,可实现自动选层、平层,远程控制,故障诊断,自动驾驶等功能。所有滚轮、导向轮均采用防脱技术,吊笼整体及各结构件全部采用特殊工艺进行静电喷涂或镀锌,防锈蚀能力强。

表 7-9　徐州建机施工升降机产品性能参数

项　　目	SC200/200P	SC200/200C	SC200/200K	SC200/200M
额定起重量/kg	2000×2			
额定安装起重量/kg	1000×2			
额定速度/(m/min)	0～36			0～60
最大提升高度/m	450			
吊笼尺寸(长×宽×高)/(mm×mm×mm)	3200×1500×2500			
电源电压/V	(1±5%)380			
电源频率/Hz	50			
电动机功率/kW	11×3×2 (JC[①]＝25%)	15×2×2 (JC＝25%)	15×2×2	18.5×3×2
额定工作电流/A	24×3×2	32×2×2	32×2×2	38.5×3×2
电源功率/(kV·A)	13×3×2	18.5×2×2	18.5×2×2	24×3×2
标准节尺寸(宽×高×长)/(mm×mm×mm)	650×650×1508			
标准节主弦管壁厚/m	4.5/6.0/8.0/10.0			
标准节自重/kg	145/160/180/195			
吊笼自重(含电控系统)/kg	1600×2			
驱动系统自重/kg	600×2	450×2	450×2	800×2
安全防坠器型号	SAJ40-1.2	SAJ40-1.2	SAJ40-1.2	SAJ50-1.4

① JC 表示接电持续率。

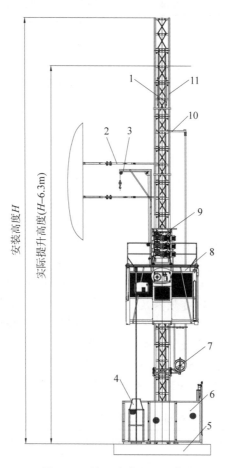

图 7-46 施工升降机整机外形

1—限位碰铁；2—附墙架；3—电动吊杆；4—电缆卷筒；5—升降机基础；6—底架护栏；

7—电缆滑车；8—吊笼；9—驱动系统；10—电缆固定线架；11—导轨架

表 7-10 徐州万都施工升降机产品系列型谱

升降机分类		规格型号	额定载重/kg	最大高度/m	提升速度/(m/min)	电动机功率/kW	对重重量/kg	标准节尺寸/(mm×mm×mm)
低速升降机	单笼	SC100	1000	250	33	11×2	—	650×650×1508
		SC150	1500	250		13×2	—	
		SC200	2000	250		11×3	—	
		SCD200	2000	150		11×2	1000	
	双笼	SC100/100	1000×2	250		11×2×2	—	650×650×1508
		SC150/150	1500×2	250		13×2×2	—	
		SC200/200	2000×2	250		11×3×2	—	
		SCD200/200	2000×2	150		11×2×2	1000×2	

续表

升降机分类		规格型号	额定载重/kg	最大高度/m	提升速度/(m/min)	电动机功率/kW	对重重量/kg	标准节尺寸/(mm×mm×mm)
低速变频升降机	单笼	SC100BP	1000	250	0～40	11×2	—	650×650×1508
		SC150BP	1500	250		13×2	—	
		SC200BP	2000	250		13×2	—	
		SCD200BP	2000	150		11×2	1000	
	双笼	SC100/100BP	1000×2	250		11×2×2	—	650×650×1508
		SC150/150BP	1500×2	250		13×2×2	—	
		SC200/200BP	2000×2	250		13×2×2	—	
		SCD200/200BP	2000×2	150		11×2×2	1000×2	
		SC270/270BP	2700×2	250		16.5×3×2	—	800×800×1508
		SCD270/270BP	2700×2	150		15×2×2	1500×2	
		SC320/320BP	3200×2	250		18.5×3×2	—	
		SCD320/320BP	3200×2	150		18.5×2×2	2000×2	
中速升降机	单笼	SC100Z	1000	450	0～63	13×3	—	650×650×1508
		SC200Z	2000	450		18.5×3	—	
		SCD200Z	2000	150		15×2	1000	
	双笼	SC100/100Z	1000×2	450		13×3×2	—	650×650×1508
		SC200/200Z	2000×2	450		18.5×3×2	1000×2	
		SCD200/200Z	2000×2	150		15×2	1500×2	
		SC270/270Z	2700×2	450		15×3×2	—	800×800×1508
		SCD270/270Z	2700×2	150		18.5×3×2	1500×2	
		SC320/320Z	3200×2	450		18.5×3×2	—	
		SCD320/320Z	3200×2	150		22×3×2	2000×2	
高速升降机	单笼	SC100GS	1000	450	0～96	13×3	—	650×650×1508
		SC200GS	2000	450		18.5×3	—	
	双笼	SC100/100GS	1000×2	450		13×3×2	—	
		SC200/200GS	2000×2	450		18.5×3×2	—	

注：

1. 吊笼尺寸推荐规格（长×宽×高）(mm×mm×mm)：3000×1300×2200，3200×1500×2500，3600×1500×2500，3800×1500×2500，4000×1500×2500，4200×1500×2500，4200×1680×2500。

2. 型号中带"GS"者是采用德国 SEW 公司（赛维传动有限公司）电机减速机的高速升降机。

1）SC200/200 型施工升降机

SC200/200 型施工升降机的主要性能参数见表 7-11，其主要特点如下：

（1）传动机构分为三电机、两电机、节能型多种形式；

（2）传动板安装在吊笼顶部，可有效防止冲顶事故发生；

（3）操作面板集成楼层呼叫、超载控制器、电源电压等显示装置，使操作方便、舒适。

2）SC200/200BP 型施工升降机

SC200/200BP 型施工升降机的主要性能

参数见表 7-12，其主要特点如下：

（1）属于低速变频施工升降机，起、制动运行平稳；

（2）速度可在 0～40m/min 范围内无级调节；

（3）可实现重载低速、轻载高速功能。

3）SCD200/200 型施工升降机

SCD200/200 型施工升降机的主要性能参数见表 7-13，其主要特点如下：

（1）采用新型双绳对重系统；

（2）配备稳定可靠的防松、断绳锚头装置；

表 7-11　SC200/200 型施工升降机主要性能参数

项　目	参　数				备　注
	普通型		节能型		
	三驱	两驱	两驱	中置式	
额定起重量/kg	2000×2				
额定提升速度/(m/min)	33				
最大提升速度/(m/min)	250				
电动机功率/kW	11×3×2	15×2×2	13×2×2	13×2×2	
额定工作电流/A	23.2×2×2	32×2×2	27×2×2	27×2×2	可订制
安全防坠器型号	SAJ40-1.2A				
电源电压/V	380				
电源频率/Hz	50				
标准节尺寸/(mm×mm×mm)	650×650×1508				
吊笼尺寸(长×宽×高)/(mm×mm×mm)	3000×1300×2200/3200×1500×2500				冲孔板或钢丝网

表 7-12　SC200/200BP 型施工升降机主要性能参数

项　目	参　数				备　注
	普通型		节能型		
	三驱	两驱	两驱	中置式	
额定起重量/kg	2000×2				
额定提升速度/(m/min)	33				
最大提升速度/(m/min)	250				
电机功率/kW	11×3×2	15×2×2	13×2×2	13×2×2	
额定工作电流/A	23.2×2×2	32×2×2	27×2×2	27×2×2	
变频器功率/kW	37×2				可订制
安全防坠器型号	SAJ40-1.2A				
电源电压/V	380				
电源频率/Hz	50				
标准节尺寸/(mm×mm×mm)	650×650×1508				
吊笼尺寸(长×宽×高)/(mm×mm×mm)	3000×1300×2200/3200×1500×2500				冲孔板或钢丝网

表 7-13　SCD200/200 型施工升降机主要性能参数

项　目	参　数	备　注
额定起重量/kg	2000×2	
额定提升速度/(m/min)	33	
最大提升高度/m	150	
电机功率/kW	11×2×2	
额定工作电流/A	23.2×2×2	
安全防坠器型号	SAJ3.0-1.2	可订制
电源电压/V	380	
电源频率/Hz	50	
对重重量/kg	1000	
标准节尺寸/(mm×mm×mm)	650×650×1508	
吊笼尺寸(长×宽×高)/(mm×mm×mm)	3000×1300×2200/3200×1500×2500	冲孔板或钢丝网

（3）采用填充式对重体。

4）SC200/200Z 型施工升降机

SC200/200Z 型中速施工升降机如图 7-47 所示，主要性能参数见表 7-14，配置自动平层装置，速度调节范围达 0~68m/min，其主要特点如下：

（1）适用于超高层建筑施工工程；

（2）标配 GPS 定位系统；

（3）可选配自动平层、选层，远程控制，故障诊断，自动驾驶等功能。

5）SC320/320BP 型施工升降机

SC320/320BP 型施工升降机如图 7-48 所示，主要性能参数见表 7-15，其主要特点如下：

（1）采用变频器控制；

（2）配置自动平层、自动选层、自动故障报警装置，可自动实现轻载高速、重载低速；

（3）具有手动与自动驾驶两个功能，减轻操作者劳动强度；

（4）速度调节范围达 0~45m/min；

（5）具有超大、超宽吊笼，可配置侧开门，载货范围增加，适用于超高层建筑施工工程。

图 7-47　SC200/200Z 型施工升降机整机外形

图 7-48　SC320/320BP 型施工升降机整机外形

表 7-14　SC200/200Z 型施工升降机主要性能参数

项　　目	参　　数	备注
额定起重量/kg	2000×2	可订制
额定提升速度/（m/min）	0~63	
最大提升高度/m	450	
电机功率/kW	18.5×3×2	
额定工作电流/A	39×2×2	
变频器功率/kW	75×2	
安全防坠器型号	SAJ5.0-1.4	
电源电压/V	380	
电源频率/Hz	50	
标准节尺寸/（mm×mm×mm）	650×650×1508	
吊笼尺寸（长×宽×高）/（mm×mm×mm）	3000×1300×2200/3200×1500×2500	冲孔板或钢丝网

表 7-15　SC320/320BP 型施工升降机主要性能参数

项　　目	参　　数	备　　注
额定起重量/kg	3200×2	可订制
额定提升速度/(m/min)	0～40	
最大提升高度/m	450	
电机功率/kW	18.5×3×2	
额定工作电流/A	39×2×2	
变频器功率/kW	75×2	
安全防坠器型号	SAJ6.0-1.2	
电源电压/V	380	
电源频率/Hz	50	
标准节尺寸/(mm×mm×mm)	800×800×1508	
吊笼尺寸(长×宽×高)/(mm×mm×mm)	4200×1680×2500/4000×1500×2500/3800×1500×2500	冲孔板或钢丝网

3．方圆集团产品性能与特点

方圆集团的产品主要为齿轮齿条式施工升降机,系列型谱见表 7-16,最大提升高度可达 300m,具有带缓冲装置的驱动机构笼顶设置,吊笼运行更平稳。

表 7-16　方圆集团施工升降机产品系列型谱

型　　号	SC200/200	SC200/200BP	SCD200/200	SC200/200B
配置	标配	变频	带对重	出口型
额定起重量/kg	2000/2000			
吊笼尺寸 L×W×H/(mm×mm×mm)	3000×1300×2200			
乘员人数	16/16			
最大提升高度/m	150	300	150	150
最大自由端高度/m	9			
起升速度/(m/min)	33	0～60	33	33
小吊杆吊重/kg	200			
标准节尺寸 L×W×H/(mm×mm×mm)	650×650×1508			
电动机　形式	盘式制动电机			
电动机　功率/kW	11×3/11×3	11×3/11×3	11×2/11×2	11×3/11×3
限速器　动作速度/(m/s)	1.2	1.45	1.2	1.2
限速器　额定制动载荷/kN	40	40	30	40

型　　号	SCD200/200B	SC100/100	SCD200
配置	带对重	无对重	带对重
额定起重量/kg	2000/2000	1000/1000	2000
吊笼尺寸 L×W×H/(mm×mm×mm)	3000×1300×2200		
乘员人数	16/16	12/12	16
最大提升高度/m	150		

续表

型　　号	SCD200/200B	SC100/100	SCD200
最大自由端高度/m	9		
起升速度/(m/min)	33		
小吊杆吊重/kg	200		
标准节尺寸 $L \times W \times H$/(mm×mm×mm)	650×650×1508		
电动机　形式	盘式制动电机		
电动机　功率/kW	11×2/11×2	11×2/11×2	11×2
限速器　动作速度/(m/s)	1.2		
限速器　额定制动载荷/kN	30		

4．湖北江汉产品性能与特点

湖北江汉的产品主要为齿轮齿条式施工升降机,包括变频高速施工升降机、倾斜式施工升降机、大吨位施工升降机、专用于电厂建设的多功能升降机,最大架设高度可达400m。

1）大吨位施工升降机

大吨位施工升降机的技术参数见表7-17,其主要特点如下:

(1) 采用变频调速＋能量回馈单元构成的能量回馈系统技术;

(2) 起动电流小,降低了电缆规格的要求,超大对重提高了起重量;

(3) 无级调速,可以实现重载低速、轻载高速;

(4) 起、制动平稳,机械磨损低;

(5) 可采用斜齿轮伞齿减速机传动,提高了传动效率;

(6) 可采用单电缆滑车牵引方式,并配置滑车电缆保护架。

表 7-17　湖北江汉大吨位施工升降机技术参数

项　　目	数　　值
型号	SCD320/320
配置码	LPI
额定起重量/kg	3200×2
标准节截面尺寸/(mm×mm)	900×650
电机配置	11×3×2
额定运行速度/(m/min)	0～40

2）常规不带对重施工升降机

常规不带对重施工升降机的技术参数见表7-18,其主要特点如下:

(1) 安装、拆卸、维修方便;

(2) 拥有完备的机械、电气安全保护装置;

(3) 标配超载保护装置;标配防坠安全装置;

(4) 可选配楼层呼叫系统。

3）常规带对重施工升降机

常规带对重施工升降机的技术参数见表7-19,其主要特点如下:

(1) 采用双绳对重系统,钢丝绳采用无损夹持方式;

(2) 采用开启式天轮装置;

(3) 拥有完备的机械、电气安全保护装置;

(4) 标配超载保护装置;

(5) 标配防坠安全装置;

(6) 可选配楼层呼叫系统。

4）变频中速施工升降机

变频中速施工升降机的技术参数见表7-20,其主要特点如下:

(1) 可实现0～63m/min无级调速运行;

(2) 起、制动平稳,机械磨损低,最大架设高度400m;

(3) 采用电缆滑车牵引方式,并配置滑车电缆保护架。

5）变频高速施工升降机

变频高速施工升降机的技术参数见表7-21,其主要特点如下:

(1) 可实现0～90m/min无级调速运行;

表 7-18　湖北江汉常规不带对重施工升降机技术参数

型号	配置码	额定起重量/kg	标准节截面尺寸/(mm×mm)	电机配置	额定运行速度/(m/min)
SC100/100B	P	1000×2	650×650	11×2×2	35
	K	1000×2	800×800	11×2×2	35
	G	1000×2	800×800	11×2×2	35
SC200/200B	P	2000×2	650×650	15×2×2	35
	K	2000×2	800×800	15×2×2	35
	G	2000×2	800×800	15×2×2	35
	PI	2000×2	650×650	11×3×2	35
	KI	2000×2	800×800	11×3×2	35
	GI	2000×2	800×800	11×3×2	35
	TPI	2000×2	650×650	11×3×2	35
	TKI	2000×2	800×800	11×3×2	35
	TGI	2000×2	800×800	11×3×2	35

注：

1. 所有的机型均按照标牌上型号＋[配置码]来表示：如 SC200/200B-P,SC200/200B-TPI。

2. 吊笼尺寸推荐规格(长×宽×高)(mm×mm×mm)：3000×1300×2500,3200×1500×2500。可根据用户要求制作。

3. 安装高度 140m 以上,可配置电缆滑车系统。

表 7-19　湖北江汉常规带对重施工升降机技术参数

型号	配置码	额定起重量/kg	标准节截面尺寸/(mm×mm)	电机配置	额定运行速度/(m/min)	对重体重量/kg
SCD200/200	P	2000×2	650×650	11×2×2	35	1100
	K	2000×2	800×800	11×2×2	35	1100
	G	2000×2	800×800	11×2×2	35	1100

注：

1. 所有的机型均按照标牌上型号＋[配置码]来表示：如 SCD200/200-P,SCD200/200-TK。

2. 吊笼尺寸推荐规格(长×宽×高)(mm×mm×mm)：3000×1300×2500,3200×1500×2500。可根据用户要求制作。

3. 安装高度 140m 以上时,可配置电缆滑车系统。

表 7-20　湖北江汉变频中速施工升降机技术参数

型号	配置码	额定起重量/kg	标准节截面尺寸/(mm×mm)	电机配置	额定运行速度/(m/min)
SC120/120B	BPI	1200×2	650×650	11×3×2	0～63
	BKI	1200×2	800×800	11×3×2	0～63
	BGI	1200×2	800×800	11×3×2	0～63
SC200/200B	BPI	2000×2	650×650	15×3×2	0～63
	BKI	2000×2	800×800	15×3×2	0～63
	BGI	2000×2	800×800	15×3×2	0～63
SCD200/200	BP	2000×2	650×650	15×2×2	0～63
	BK	2000×2	800×800	15×2×2	0～63
	BG	2000×2	800×800	15×2×2	0～63

注：

1. 所有的机型均按照标牌上型号＋[配置码]来表示：如 SCD200/200-BP。

2. 吊笼尺寸推荐规格(长×宽×高)(mm×mm×mm)：3000×1300×2500,3200×1500×2500。可根据用户要求制作。

3. 可配置电缆滑车系统。

表 7-21 湖北江汉变频高速施工升降机技术参数

型号	配置码	额定起重量/kg	标准节截面尺寸/ (mm×mm)	电机配置	额定运行速度/ (m/min)
SC200/200B	HPI	2000×2	650×650	15×3×2	0~90
	HKI	2000×2	800×800	15×3×2	0~90
	HGI	2000×2	800×800	15×3×2	0~90
SC100/100B	HPI	1000×2	650×650	18.5×3×2	0~90
	HKI	1000×2	800×800	18.5×3×2	0~90
	HGI	1000×2	800×800	18.5×3×2	0~90
SCD200/200	HP	2000×2	650×650	15×2×2	0~90
	HK	2000×2	800×800	15×2×2	0~90
	HG	2000×2	800×800	15×2×2	0~90

注:

1. 所有的机型均按照标牌上型号+[配置码]来表示:如 SCD200/200-HK。

2. 吊笼尺寸推荐规格(长×宽×高)(mm×mm×mm):3000×1300×2500,3200×1500×2500。可根据用户要求制作。

3. 可配置电缆滑车系统。

(2)可采用能量反馈模式,节能环保;

(3)起、制动平稳,机械磨损低;

(4)最大架设高度450m;

(5)采用电缆滑车牵引方式,并配置滑车电缆保护架。

6)变频节能施工升降机

变频节能施工升降机的技术参数见表7-22,

其主要特点如下:

(1)比常规升降机节能30%~50%;

(2)起动电流小于额定电流;

(3)智能调速,可实现轻载高速、重载低速运行;

(4)起、制动平稳,机械磨损低;

(5)最大架设高度150m。

表 7-22 湖北江汉变频节能施工升降机技术参数

型号	配置码	额定起重量/kg	标准节截面尺寸/ (mm×mm)	电机配置	额定运行速度/ (m/min)
SCD200/200	LPJ	2000×2	650×650	7.5×2×2	0~40
	LKJ	2000×2	800×800	7.5×2×2	0~40
	LGJ	2000×2	800×800	7.5×2×2	0~40

注:

1. 所有的机型均按照标牌上型号+[配置码]来表示:如 SCD200/200-LPJ。

2. 吊笼尺寸推荐规格(长×宽×高)(mm×mm×mm):3000×1300×2500,3200×1500×2500。可根据用户要求制作。

7)变频低速施工升降机

变频低速施工升降机的技术参数见表7-23,其主要特点如下:

(1)电能利用率高;

(2)起、制动平稳,机械磨损低;

(3)对供电质量适应性强,可长距离供电;

(4)控制电流小,降低接触器的烧毁故障率。

8)经济型施工升降机

经济型施工升降机的技术参数见表7-24,其主要特点如下:

(1)主要结构件经过优化设计;

(2)标配超载保护装置;

(3)标配防坠安全装置;

(4)可选配楼层呼叫系统。

9)倾斜式施工升降机

倾斜式施工升降机的技术参数见表7-25,其主要特点如下:

(1)可应用于桥梁、烟囱、化工厂、发电厂、竖井、石油钻机,安装、拆卸、维修方便;

(2)安装倾斜角在10°以内(大于10°须定制);

表 7-23　湖北江汉变频低速施工升降机技术参数

型　号	配置码	额定起重量/kg	标准节截面尺寸/（mm×mm）	电机配置	额定运行速度/（m/min）	对重体重量/kg
SC100/100B	LP	1000×2	650×650	11×2×2	0～40	—
	LK	1000×2	800×800	11×2×2	0～40	—
	LG	1000×2	800×800	11×2×2	0～40	—
SC200/200B	LP	2000×2	650×650	15×2×2	0～40	—
	LK	2000×2	800×800	15×2×2	0～40	—
	LG	2000×2	800×800	15×2×2	0～40	—
	LPI	2000×2	650×650	11×3×2	0～40	—
	LKI	2000×2	800×800	11×3×2	0～40	—
	LGI	2000×2	800×800	11×3×2	0～40	—
SCD200/200	LP	2000×2	650×650	11×2×2	0～40	1100
	LK	2000×2	800×800	11×2×2	0～40	1100
	LG	2000×2	800×800	11×2×2	0～40	1100

注：

1. 所有的机型均按照标牌上型号＋[配置码]来表示：如 SC100/100B-LP，SC200/200B-LK。

2. 吊笼尺寸推荐规格（长×宽×高）（mm×mm×mm）：3000×1300×2500，3200×1500×2500，2500×1300×2500，2500×1300×2100，可根据用户要求制作。

表 7-24　湖北江汉经济型施工升降机技术参数

型　号	配置码	额定起重量/kg	标准节截面尺寸/（mm×mm）	电机配置	额定运行速度/（m/min）
SC100/100F	F	1000×2	650×450	7.5×2×2	28
SC200/200F	F	2000×2	650×450	15×2×2	28
SC100/100E	E	1000×2	650×650	7.5×2×2	28

注：

1. 所有的机型均按照标牌上型号＋[配置码]来表示：如 SC100/100E-E，SC200/200F-F。

2. 吊笼尺寸推荐规格（长×宽×高）（mm×mm×mm）：3000×1300×2500，3200×1500×2500，2500×1300×2500，2500×1300×2100，可根据用户要求制作。

表 7-25　湖北江汉倾斜式施工升降机技术参数

	型　号	配置码	额定起重量/kg	标准节截面尺寸/（mm×mm）	电机配置	额定运行速度/（m/min）	备　注
单笼	SCQ150	N	1500	450×285	5.5×2	21	—
	SCQ50	N	500	450×285	7.5	21	—
双笼	SCQ 100/100	P	1000	650×650	11×2×2	35	倾斜角度在6°以内
		K	1000	800×800	11×2×2	35	倾斜角度在10°以内
	SCQ 200/200	P	2000	650×650	15×2×2	35	倾斜角度在6°以内
		PI	2000	650×650	11×3×2	35	倾斜角度在10°以内
		K	2000	800×800	15×2×2	35	倾斜角度在10°以内
		KI	2000	800×800	11×3×2	35	倾斜角度在10°以内
		BKI	2000	800×800	16.5×3×2	0～63	倾斜角度在10°以内
		BPI	2000	650×650	16.5×3×2	0～63	倾斜角度在10°以内

注：

1. 所有的机型均按照标牌上型号＋[配置码]来表示：如 SCD200/200-P，SC200/200B-P，SC100/100F-E。

2. 吊笼尺寸推荐规格（长×宽×高）（mm×mm×mm）：3000×1300×2500，3200×1500×2500，2500×1300×2500，2500×1300×2100，可根据用户要求制作。

3. 可配置电缆滑车系统。

（3）标配超载保护装置；

（4）可采用电缆滑车牵引方式，配备滑车电缆保护架；

（5）可选配楼层呼叫系统。

10）多功能施工升降机

多功能施工升降机的技术参数见表7-26，其主要特点如下：

（1）可应用于发电厂、烟囱、冷却塔；

（2）采用电缆滑车牵引方式；

（3）安装最大架设高度可达400m；

（4）吊笼底部安装有混凝土运输器具；

（5）吊笼侧面安装有钢筋运输器具；

（6）可采用十字支承式附着方式；

（7）可配置安装平台，附着、安装、拆卸安全方便。

11）载人升降机

载人升降机的技术参数见表7-27，其主要特点如下：

（1）所有电器设备均经过防爆处理；

（2）断电时，可手动释放防爆电动机的制动机构，将轿厢降到合适停层；

（3）导轨架采用小截面高强度标准节构成，安装轻巧快捷；

（4）电控系统可采用变频调速控制。

表 7-26　湖北江汉多功能施工升降机技术参数

型号	配置码	额定起重量/kg	标准节截面尺寸/（mm×mm）	电机配置	额定运行速度/（m/min）
SC200/200B	KMI	2000×2	800×800	11×3×2	35
	BPMI	2000×2	650×650	16.5×3×2	0～63
	BKMI	2000×2	800×800	16.5×3×2	0～63

注：

1. 所有的机型均按照标牌上型号＋[配置码]来表示：如 SC200/200B-KMI。

2. 吊笼尺寸推荐规格（长×宽×高）(mm×mm×mm)：3000×1300×2500，2200×1200×2500。可根据用户要求制作。

3. 可配置电缆滑车系统。

表 7-27　湖北江汉载人升降机技术参数

参　　数	SCQ50	SCQ100	SCQ150
额定起重量/（kg/人数）	500/6	1000/8	1500/8
额定运行速度/（m/min）		21	
吊笼地板尺寸/（mm×mm）		1700×1000	
吊笼高度（内空）/mm		2200	
吊笼自重/kg	约800	约1200	约1400
导轨架设倾斜角度/（°）		0～8	
最大允许架设高度/m		100	
标准节截面尺寸/（mm×mm）		450×285	
驱动功率/kW	7.5	2×5.5	2×5.5

注：

1. 所有的机型均按照标牌上型号＋[配置码]来表示：如 SC200/200B-PI，SC200/200B-TPI。

2. 吊笼尺寸推荐规格（长×宽×高）(mm×mm×mm)：3000×1300×2500，3200×1500×2500。可根据用户要求制作。

3. 安装高度140m以上，可配置电缆滑车系统。

5. 广西建工产品性能与特点

广西建工公司产品的系列型谱见表7-28，具有如下特点：

（1）高效的硬齿面传动装置配以先进的变频电控系统使升降机的使用更加节能。施工梯下行时实现了重力势能与动能的几乎等效转化，从而使电动机的运行电流几乎为零，实现了比国内普通施工升降机能耗降低50%的节能效果。

（2）滑触线电缆系统的推广。滑触线可以

避免传统电缆的运行自重,无论多高的楼层,其使用过程中对传动机构的重量为零,避免了传统电缆由于自重在运行中产生的延伸及扭曲,大大延长了电缆的使用寿命,后期维护成本几乎为零。

(3)核心部件模块化设计。在出厂前校调好传动机构电动机的正反转、电控系统的工况运行,核心部件以整体模块化安装发货,客户在使用过程中只需直接安装即可使用,避免了繁杂的调试过程,大大降低了劳动成本。

(4)具有自动平层、超载保护控制、楼层呼叫三合一智能操作台。实现了施工升降机的智能自动平层,保证了升降机能一次准确就位,减少了整机的磨损及冲击,同时也减缓了司机频繁操作的疲劳程度。

(5)先进的变频调速控制系统,使得电动机在起、制动过程可实现无级调速,缓解了机械上的冲击,增加了运行平稳性,延长了整机使用寿命。由于可实现零速制动,从而延长了制动器的寿命。

表7-28 广西建工施工升降机系列型谱

项 目	SC200Ⅱ型 蜗轮蜗杆三驱三传动	SC200/200Ⅲ型C式 正齿两驱两传动	SC200/200Ⅳ型 中速三驱三传动
电动机功率/kW	11×3	15×2	15×3
变频器功率/kW	37	37	75
额定起重量/kg	2000		
运行速度/(m/min)	0~36	0~51	0~63
防坠器型号	SAJ40-1.2	SAJ40-1.4	SAJ40-1.4
齿条安装方式	正装		
吊点形式	柔性双吊点		
满载起动电流/A	≤100	≤100	≤150
满载上行电流/A	≤70	≤70	≤120
满载下行电流/A	≤2		
标准节质量/kg	200/180/165/150 (10mm/8mm/6mm/4.5mm)		
标准节截面/(mm×mm)	650×650		
吊笼质量/kg	1200×2		
吊笼净空/(mm×mm×mm)	3200×1500×2400		
起重量/kg	250		
设计高度/m	460		

SC200/200Ⅱ型施工升降机采用蜗轮蜗杆减速机与三驱三传动形式,带自锁功能,冲击对电动机影响比较小,起动、运行及制动平衡。

SC200/200Ⅲ型C式施工升降机采用正齿两驱两传动形式,具有如下特点:

(1)分体传动板各自驱动,使其对电动机的同步要求降低,同时最大限度地降低了传动装置对标准节导轨高度方向误差叠加造成的不良影响。

(2)减速机输入轴的轴承为整体式装配,保证输入轴几乎无跳动,保证不漏油,大大延长了减速机的使用寿命。

6.安利马赫公司产品性能与特点

安利马赫公司典型产品的技术参数见表7-29。

表 7-29 安利马赫公司施工升降机技术参数

项 目	650 XL 型	650 FC-S 型	650 型	450 型
最大起重量/kg	2400～3000	2400～3200	1500～3200	2000
速度/(m/min)	0～54/0～100	0～100	38～65	0～54
最大提升高度/mm	250/400	250	250	150
轿厢宽度（内部）/mm	2000	1500	1500	1400
轿厢长度（内部）/mm	3200～5000	3200～3900/ 3900～4600	3200～3900/ 3900～4600	2000～3200
轿厢高度（内部）/mm	2800	2300	2300	2130
电动机控制方式	变频控制(FC)	变频控制(FC)	DOL/FC	DOL/FC
电动机数量	3	3	2～3	1～2
防坠安全器型号	GFD-Ⅱ	GFD-Ⅱ	GFD-Ⅱ	GF
电源电压/V	400～500	400～500	380～500	380～500
电源频率/Hz	50/60	50/60	50/60	50/60
电源相数	3 相	3 相	3 相	3 相
桅杆类型	650	A-50	A-50	450
标准节长度/mm	1508	1508	1508	1508
标准节质量/kg （含 1 个支架）	118	118	118	68
支架模块	5	5	5	5

项 目	SC 65/32	SC 45/30 型	SC 65 型	SC 45 型
最大起重量/kg	2000	2000	1500～3200	2000
速度/(m/min)	36/60/90	36/60	38～65	0～54
最大提升高度/m	150/300	150/180	250	150
轿厢宽度（内部）/mm	1500	1400	1500	1400
轿厢长度（内部）/mm	3200	3000	3200～3900/ 3900～4600	2000～3200
轿厢高度（内部）/mm	2500	2130	2300	2130
电动机控制方式	DOL/FC/FC-S	DOL/FC	DOL/FC	DOL/FC
电动机数量	2～3	2	2～3	1～2
防坠安全器型号	SAJ40-1.2A SAJ40-1.4 SAJ50-2.0	SAJ30-1.2 SAJ40-1.4 Alimak GF	GFD-Ⅱ	GF
电源电压/V	380～500	380～500	380～500	380～500
电源频率/Hz	50/60	50/60	50/60	50/60
电源相数	3 相	3 相	3 相	3 相
桅杆类型	650	450	A-50	450
标准节长度/mm	1508	1508	1508	1508
标准节质量/kg （含 1 个支架）			118	68
支架模块	8	5	5	5

1) 650 XL 型施工升降机

650 XL 型施工升降机的技术参数见表 7-29，其主要特点如下：

（1）是超大型客货两用施工升降机，轿厢内部最大长度 5m，宽 2m，高 2.8m，超过了目前所有单桅杆配置标准；

（2）输送速度最高可达 100m/min，起重量最大可达 3000kg；

（3）没有采用配重块，兼容适用于 650 系列的全套模块和附加组件。

2) 650 FC-S 型施工升降机

650 FC-S 型施工升降机的技术参数见表 7-29，其主要特点如下：

（1）具有超高速，最大速度可达 100m/min；

（2）没有采用配重块，有单轿厢或双轿厢两种配置，起重量为 2400～3200kg/厢，最大标准提升高度可达 400m；

（3）三台变频控制电动机通过一个高效率的齿轮箱驱动整个系统。

3) 650 型施工升降机

650 型施工升降机的技术参数见表 7-29，其主要特点如下：

（1）采用现代化的微处理器控制系统 ALC-Ⅱ，可对多达 6 台施工升降机轿厢进行群控，当应用于大型建筑工地时，有助于解决庞乱纷杂的现场物流问题；

（2）带有故障诊断装置，及在线远程监控系统 A3，可收集并显示各类操作信息，减少停机的发生；

（3）可配备闭路变频控制器（FC），起动与制动平稳，起动电流低，对设备的磨损小；

（4）最大速度可达 65m/min；

（5）有单轿厢和双轿厢两种配置，轿厢完全采用模块化设计，提供 3.2～3.9m 和 3.9～4.6m 的多种轿厢长度，更有多种规格的门型或登乘踏板可供选择；

（6）起重量为 1500～3200kg/厢，标准最大提升高度为 250m。

4) SC 65/32 型施工升降机

SC 65/32 型施工升降机的技术参数见表 7-29，其主要特点如下：

（1）是客货两用施工升降机，采用斜齿轮传动，驱动装置更可靠；

（2）新型标准节采用高强度材料定制生产，运行过程低能耗、高效率，为终端用户降低成本；

（3）通过采用基于微处理器的控制系统 PLC，使升降机的操控性得到了完善，能够更好地解决工地的物流问题；

（4）有垂直门、对开门和登踏门 3 种类型可供选择，登踏门易于着层，无须建立特殊的登陆桥。

5) SC 65 型施工升降机

SC 65 型施工升降机的技术参数见表 7-29，其主要特点如下：

（1）有单轿厢或双轿厢两种配置可选；

（2）起重量为 1500～3200kg/厢，标准最大提升高度为 250m；

（3）当选装专用管架时，独立桅杆高度为 22.5m；

（4）配备 2～3 个 FC 变频控制器，最大速度可达 65m/min。

7.5 选型原则与计算

7.5.1 总则

目前国内高层建筑施工主要分为结构施工和内外装修施工两大阶段。一般在主体建到 20m（6～7 层）时就应该安装升降机，这时施工流程应是主体与内装修同时进行。也就是说，高层建筑施工中，只有设立升降机后才真正进入施工高峰期。施工高峰期如按标准层面积 1000m² 设计，则在各施工楼层上的作业人员为 150～200 人，这些人及各种施工物料要求在上班后不久即输送到各工作岗位，而砂浆等散料是用手推车运送，占地较宽，进出吊笼费时较多，因此升降机是工地上最繁忙的施工机械之一。

升降机在高层建筑施工中主要用于人员输送及内外装修物料输送，在场地狭窄且工期要求较紧的情况下选用双笼升降机为宜。因为施工中一般升降机提升速度约 35m/min,如建筑标准层面积以 1000m² 设计,施工高峰期投入作业人员约 180 名,建筑物以 20 层计,则升降机运送人员上下往返一次 4～5min,如果采用双笼升降机,仅送人只需半个小时;若用单笼升降机,则需 1 个小时。此外,在运送物料时常出现一台吊笼被占用或出故障等待维修的现象,此时双笼升降机的另一笼能机动地去应付别的工作,而单笼却做不到,以致影响工作。一般来说,双笼升降机的两个吊笼同时发生故障的情况较少。

现在单笼升降机的生产及使用较为普遍,如果施工工期比较长,相应的吊笼起落不那么频繁。若有空闲现象,那么装单笼也行。但在高层建筑施工中如何选用升降机,采用单笼还是双笼,应该根据建筑工程具体情况事先分析,在综合考虑各种因素后作出选择。

7.5.2 选型原则

选型需要综合考虑拟建建筑物的高度、平面形状、尺寸及周边场地情况和经济效益。

针对超高层建筑施工,表 7-30 是国内典型工程的施工升降机配备。

表 7-30 国内 400m 以上超高层建筑施工升降机配置

工 程 名 称	建筑高度/m	建筑规模/m²	升降机型号	配置数量/台
广州西塔	432	249422	SCD200/200 (2 台双笼,8 台单笼)	10
武汉中心	432	271170	SC200/200G (双笼)	5
京基 100 大厦	438	240000	SC200/200GS(5) SCD200/200(2)	7
上海环球金融中心	441	377300	SCD200/200V(4) SCD300/300(1)	5
中国尊	492	350000	SC200/200G SC270G SC200GZ	10 (12 个笼)
广州东塔	527	370000	SC270/270GZ (5 台双笼,1 台单笼)	6
高银 117 大厦	539	370000	SC200/200G	6
深圳平安金融中心	600	377525	SC200/200G(6)	6
上海中心	597	377525	SC200/200G 2 台单笼,9 台双笼	11
武汉绿地中心	600	410139	SC200/200G(7) SC270/270G(1) SC200/200-XH(2)	10

通过分析表 7-30 中的数据可知,施工升降机的选用和安装一般需要考虑以下因素。

1) 施工升降机的配备原则

(1) 每个吊笼的服务面积在 20000～30000m² 比较合理,400m 以上超高层建筑一般吊笼数量不宜少于 10 个,具体数量根据工程的结构形式变化及具体情况而定。

(2) 超高层施工一般采用中、高速施工升降机。一般情况下,运行速度 0～63m/min 的中速施工升降机服务于中低区垂直运输,高区施工宜采用最大运行速度为 96m /min 的高速施工升降机,以提高运力。

(3)施工升降机单、双笼的选择取决于升降机布置处的结构形式、空间大小以及垂直运输需求。

(4)施工升降机的数量确定前,须根据既定的施工部署,分别计算每个月的作业人员数量及材料运输量,结合吊笼的容量,选择合理的运行速度及中间消耗的时间,进行施工升降机的垂直运力分析。

(5)施工升降机选型及吊笼大小须考虑运输材料的尺寸及自重,如须运输幕墙板块或较大尺寸的装修材料,须采用定制尺寸的货用吊笼。

2)超高层施工升降机的布置原则

超高层建筑多采用"不等高同步攀升施工工艺"施工,核心筒领先外框结构一定楼层,为了满足不同高度施工需要,施工升降机一般需在核心筒内、外布置。布置于核心筒内的施工升降机主要解决人员的上下,材料运输量相对较小;布置于核心筒外墙或外框结构外侧的施工升降机,除了满足水平结构施工人员的上下外,还需要运输大量的建筑材料,尤其是装饰装修阶段,因此,外框的施工升降机一般布置在建筑立面比较规则且场地开阔、材料运输通道畅通的位置。

超高层施工升降机布置的一般原则如下:

(1)满足内、外筒运输要求,一般内、外筒同时布置;

(2)要尽量减少对后续工序的影响;

(3)应考虑总平面布置的影响;

(4)应考虑结构形式;

(5)应考虑基础的承载力;

(6)核心筒内的施工升降机布置须考虑与其他大型设备之间的相互影响因素;

(7)应考虑人员疏散需求;

(8)布置于结构楼板(内筒或外筒)处的施工升降机,必须选择次要结构部位以及容易预留施工缝的部位;

(9)核心筒高区施工升降机应尽量避开正式升降机安装调试周期较长的和高区直达正式升降机的井道。

选择施工升降机时涉及的主要参数有以下几种。

1. 提升高度

升降机的提升高度可以根据建筑物的最大高度要求选取,现在 SC200 系列升降机高度都能达到 250m 以上,能够满足一般的工地需要。

2. 提升速度

施工升降机的速度有低速、中速、高速三种类型。

低速升降机的应用场所主要为 10 层以下的场所,其额定速度一般为 30~40m/min 以下。

中速升降机额定速度一般为 40~60m/min 左右,可以应用于升降机的大部分场所。

高速升降机额定速度一般为 60~80m/min,主要应用于超高层建筑。

3. 额定起重量

SC 型施工升降机常用型号为 SC200/200C、SC200/200K、SC200/200P、SC200/200M 几个型号,其额定起重量为 2000×2kg,为双笼配置,是应用最为广泛的型号,一般中高层使用都可以满足,对于超高层建筑,可以适当选用 SC270 或者 SC300 等大容积升降机。

4. 安装位置

主要为附墙件的设置间隔,国家标准规定为每 9m 一道。针对大高度的设置位置,可以采取 60m 前每 9m 一道,高度大于 60m 每 6m 一道。

5. 电源容量

1)电源电压波动不得大于±5%,如波动过大,应考虑增加相应功率的稳压器。

2)升降机专用电源应直接从工地配电室引入专用配电箱,距离最好不超过 30m。一般每个吊笼需配置一根大于 4×25m 的铜芯电缆,如距离过长,应适当增加电缆的截面积。

3)专用配电箱内每一吊笼均用一开关控制,电源箱需采用冲击波无动作型漏电保护开关。

4)用接地电阻测试仪测量升降机钢结构及电器设备金属外壳的接地电阻,不得大于

4Ω。用500兆欧表测量电动机及电器元件的对地绝缘电阻应不小于1MΩ。

7.6　安全使用

7.6.1　安全使用标准与规范

下述标准与规范是施工升降机研发过程中不可缺少的引用文件,规定了吊笼有垂直导向的人货两用施工升降机制造和安装应遵守的技术和安全准则。

(1) GB 26557—2011《吊笼有垂直导向的人货两用施工升降机》

(2) GB/T 10054—2005《施工升降机》

(3) GB 12602—2009《起重机械超载保护装置》

(4) JGJ 215—2010《建筑施工升降机安装、使用、拆卸安全技术规程》

(5) GB/T 3480.5—2008《直齿轮和斜齿轮承载能力技术第5部分:材料的强度和质量》

(6) GB/T 3811—2008《起重机设计规范》

(7) DB11/807—2011《施工现场钢丝绳式施工升降机检验规程》

(8) GB 5226.1—2008《机械电气安全　机械电气设备　第1部分:通用技术条件》

(9) GB 5226.2—2002《机械安全　机械电气设备　第32部分:起重机械技术条件》

(10) GB/T 5972—2016《起重机　钢丝绳　保养、维护、安装、检验和报废》

(11) GB 7588—2003《电梯制造与安装安全规范》

(12) GB/T 8196—2003《机械安全　防护装置　固定式和活动式防护装置设计与制造一般要求》

(13) GB 12265.3—1997《机械安全　避免人体各部位挤压的最小间距》

(14) GB 14048.4—2010《低压开关设备和控制设备第4-1部分:接触器和电动机起动器　机电式接触器和电动机起动器》

(15) GB 14048.5—2008《低压开关设备和控制设备第5-1部分:控制电路电器和开关元件　机电式控制电路电器》

(16) DB11/T 636—2009《施工现场齿轮齿条施工升降机检验规程》

(17) GB/T 15706—2012《机械安全　设计通则风险评估与风险减小》

7.6.2　拆装与运输

1. 安装调试总体程序

(1) 安装前的安全培训;

(2) 安装底架、缓冲弹簧及底下4节标准节;

(3) 安装底架护栏;

(4) 安装吊笼、驱动系统、笼顶护栏及吊杆;

(5) 安装电气控制系统和超载保护器;

(6) 安装导轨架底部限位碰铁,进行电力驱动升降试车;

(7) 整机调试;

(8) 坠落试验;

(9) 导轨架加高(同时安装附墙架),安装导轨架顶部限位碰铁;

(10) 安装电缆导向装置和楼层呼叫系统。

2. 升降机安装前的准备

为确保速捷、安全地做好施工升降机的安装全过程的作业,用户在安装前必须做好下列准备工作:

(1) 确保所选施工升降机的施工安装地点满足相关安全标准、规范所规定的要求,且已经过相关机构检测,并获得检测合格许可证。

(2) 确保施工升降机的施工安装现场有供电、照明、起重设备和其他必需的工器具;道路和场地具有运输周转和停放施工升降机各部件的需求范围。安装工地应具备能量足够的电源,并必须配备一个专供升降机使用的电源箱,每个吊笼均应由一开关控制。供电熔断器的电流参见升降机性能参数表。

(3) 现场供电箱与施工升降机底架护栏上电源箱的距离应尽可能短,一般不应超过20m,每个吊笼配备1根截面积≥25mm²的铜线电缆连接,如距离过长,应适当增加电缆截面积,以确保供电质量。按有关规定和要求,设置保护接地装置,接地电阻≤4Ω。

(4)应具备合适的起重设备及安装工具。应具备运输和堆放升降机零件的道路及场地。

(5)安装前应备置2~3套附着装置、电缆导向装置,以及附着装置用的各种连接件和标准件。确定附墙架与建筑物连接方案,按需要准备好预埋件或固定件等。

(6)根据用户需要,自备站台附件,如过桥板、安全栏杆、站台层门等。

(7)当现场配有其他起重设备(如塔机、汽车吊等)协助安装时,可在地面上将4~6节导轨架(标准节)事先用M24×230的专用螺栓组装好,将管接口处及齿条两端的泥土等杂物清理干净,并在管接口处涂抹润滑脂。

(8)准备好必要的辅助设备:5t及以上的汽车起重机(现场可利用的塔机)一台、经纬仪一台。

(9)需用户自备的零部件:

① 按照要求制作的升降机基础,以及一些2~12mm厚的钢垫片,用来垫入底架,调整导轨架的垂直度。

② 按要求配备的专用电源箱以及用来连接专用电源箱和升降机底架护栏上的电源箱电缆。

③ 除随机配备的专用工具外,用户须准备一套安装工具,见表7-31。

表7-31 安装工具

序号	名　称	规　格　型　号	数量
1	平口螺丝刀	3吋、5吋	1
2	"十字"螺丝刀	Ph3、Ph4	各1
3	开口扳手	M24、M30	各1
		M5、M6、M8、M10、M12	各1
4	活络扳手	8吋、12吋	各1
5	套筒扳手	$\phi13$	1
6	内六角扳手	3、4、5、6、8、12、14、17	各1
7	尖嘴钳	—	1
8	虎口钳	—	1
9	万用量表	—	1

续表

序号	名　称	规　格　型　号	数量
10	美工刀	—	1
11	压线钳	250mm	1
12	加力管	$\phi12×\phi21×400mm$	1
13	撬棍	—	1
14	电锤	—	1

3.安装前的注意事项

(1)进入现场必须遵守安全生产纪律。

(2)施工现场应设置安全警戒区域,并派专人监护。

(3)安装作业人员不准穿硬底鞋、高跟鞋;衣着紧身、灵便;佩戴安全带。

(4)高空作业人员在安装、拆卸导轨架(标准节)等悬空作业时,必须在各自的作业岗位上寻找安全适当的位置,系好安全带,挂好保险钩。

(5)施工升降机安装工序中,严禁缺损螺栓、轴销、开口销等紧固件;报废的绳索具、起重机具等不得使用。

(6)在安装前必须全面了解施工升降机各部件的机械功能及电气性能。

(7)未经允许,不得更换升降机电气线路。

(8)安装前,须将待安装的标准节、附墙架等零部件的接口、销孔、螺孔等连接处的锈蚀、毛刺去除,并在这些部位及齿条涂抹适当的润滑脂,以确保滚动部件润滑充分,转动灵活。

(9)施工升降机在风速超过12.5m/s或雷雨天、雪天的恶劣天气不能进行安装/拆卸作业。

(10)严禁夜间或酒后进行安装。

(11)升降机运行时,人员的头、手严禁露出笼顶围栏外,安装人员及物品严禁依靠在笼顶围栏上。

(12)当有人在导轨架上或是附墙架上工作时,严禁开动升降机。

(13)安装升降机时,必须将操作盒拿到吊笼顶部,严禁在吊笼内操作。

(14)安装运行时,必须按升降机额定安装起重量装载,不允许超载运行。

（15）利用吊杆进行安装时，不允许超载，吊杆只可用来安装和拆卸升降机的零部件，不得用于其他用途。升降机运行时，吊杆上严禁悬挂重物。

（16）切勿忘记拧紧标准节及附墙架的连接螺栓。

（17）混凝土基础必须经过规定的混凝土强化凝固周期。

4．底架、标准节及底架护栏的安装

（1）将基础表面清扫干净。

（2）将底盘运至安装位置，确定安装位置和方向，调平底盘平面（用水平尺找平），用 M30×180 的螺栓将底盘连接在基础座预埋件上（或连接到预埋螺栓上），但暂不拧紧。

（3）安装第 1 节标准节（通常不带齿条，安装前将标准节两端管子接头处及齿条销子处擦拭干净，并加少量润滑脂，安装时注意齿条方向）。

（4）用同样的方法安装第 2～4 节标准节，用钢垫片插入基础底架和混凝土基础之间位置，以调整基础底架的水平度（用水平仪校正）。用经纬仪、水平仪或线坠测量、调整导轨架的垂直度，保证导轨架的各个立管在两个相邻方向上的垂直度≤1/1500，检查后用 600N·m 的预紧力矩拧紧底盘与基础预埋件之间的连接螺栓。

（5）用 M16 的螺栓将主底架和副底架连接起来，并用钢片垫实副底架。

（6）将缓冲弹簧装置用螺栓安装在缓冲座上。

（7）将底架护栏的后护栏、侧护栏、门框架、中间盒体分别用 M10 的螺栓与主底架和副底架相连，暂不拧紧。

（8）安装门支承，调节门框架的垂直度，使门框架的垂直度在两个相近方向≤1/1000；调节后护栏、侧护栏的垂直度，并拧紧所有连接螺栓。

（9）安装外护栏门、门配重滑道及门配重。

（10）安装吊笼门碰铁及外护栏门锁，调节门锁及外护栏门的距离，使门锁能锁住外护栏门。

（11）把电源箱安装在底架护栏中间盒体上。

5．吊笼、传动系统、笼顶护栏及吊杆的安装

（1）在围栏底架上放一枕木或其他钢材（高度大于弹簧缓冲装置的高度）。

（2）导轨架顶部站一安装工作人员，指挥和引导吊笼及传动系统的对准，用起重设备（汽车起重机或塔吊）将吊笼从导轨架顶部缓慢放下，使吊笼停放在先前准备的枕木或钢材上。用同样方法吊装另一只吊笼。

（3）松开传动系统上 3 个电动机的制动器，方法是：旋紧制动器上的两个螺母（务必使两个螺母平行旋进），直至制动器松开可随意拨动制动盘为止；用起重设备将传动系统从吊笼顶部缓慢放下，当传动系统上连接耳板距离吊笼的连接耳板 400mm 时，松开驱动系统上 3 个电动机的螺母使其复位，用相同方法将另一个驱动系统吊装就位，如图 7-49 和图 7-50 所示。

图 7-49　吊笼及传动系统的安装

（4）将笼顶护栏的长护栏、短护栏、两端护栏插入到相应的插管中，用螺栓将各护栏连接紧固。注意：各护栏安装时，有挡板的一端安装在吊笼内侧，如图 7-51 所示。

（5）变频调速施工升降机应把电控箱和电阻箱吊装到笼顶，并用螺栓固定在笼顶护

图 7-50　电动机制动器

将螺母拧紧

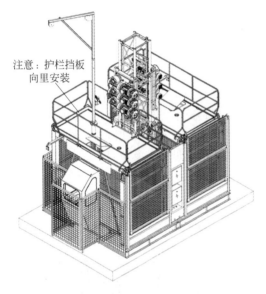

注意：护栏挡板
向里安装

图 7-51　吊笼部件的装配

栏上。

（6）在地面上将吊杆组装好，用起重设备把吊杆吊装到位并插入吊杆孔，装好后吊杆转动轴应灵活。

（7）安装电缆臂架。

6．导轨架的安装

（1）将标准节两端管子接头处及齿条销子处擦拭干净，并加少量润滑脂。

（2）将吊杆上的吊钩放下，并钩住三爪吊具。

（3）用标准节吊具钩住一节标准节（带锥套的一端向下）。

（4）将标准节吊至吊笼顶部并放稳。一次可同时吊装 2～3 节标准节。

（5）起动升降机。当传动板顶升至接近导轨架顶部时，应点动行驶，直至顶部距离导轨架顶部大约 300mm 时停止。

（6）用吊杆吊起标准节，对准下面标准节立管和齿条上的销孔放下吊钩，待标准节对接完毕后用螺栓紧固。

（7）松开吊钩，将吊杆转回，用 300N·m 的拧紧力矩紧固全部螺栓。

（8）按上述方法将标准节依次相连直至达到所需要的高度为止。随着导轨架的不断加高，应同时安装附墙架，并检查导轨架安装的垂直度。

（9）如果施工升降机安装现场有塔机配合工作，可先在地面上用螺栓按 300N·m 预紧力矩接装好 3 节标准节，用吊运工具将其吊运到已安装好的标准节上，再用对接螺栓按 300N·m 预紧力矩连接。

（10）待导轨架加高到 10.5m 后，需在离地面 9m 处设置第一道附墙架（附墙架的安装按 7.6 节所述要求进行），并用经纬仪或其他检测仪器在两个垂直方向检查导轨架整体的垂直度，导轨架的垂直度误差≤5mm，继续加高至 15m。导轨架安装后的垂直度允许偏差见表 7-32。

表 7-32　导轨架的垂直度允许偏差

序号	导轨架高度/m	垂直度偏差值/mm
1	≤70	不大于导轨架架设高度的 0.5/1000
2	>70～100	≤35
3	>100～150	≤40
4	>150～200	≤45
5	>200	≤50

注：

1．安装垂直度可用经纬仪或其他检测垂直度的仪器或方法来测量。

2．如标准节上有对重滑道，应确保接缝处的错位阶差≤0.5mm。

7．电气设备和控制系统的安装

施工升降机供电电缆的安装方法与采用的电缆导向装置形式有关。电缆导向装置分为电缆卷筒式和电缆滑车式两种形式，其中电缆滑车式又有一根电缆供电和两根电缆供电之分。

（1）用工地自备的电缆（截面积≥25mm²）连接工地供电箱和底架护栏电源箱，将电缆一端接在底架护栏的电源箱上，另一端通过电缆臂架接入吊笼内的接线盒端子上。

电源接线应当注意：①保证相序的正确性。②打开外笼门时，保证笼内控制变压器不断电。

如果是电缆卷筒，则直接按电缆导向装置的安装方法把电缆放入电缆卷筒内。如果是电缆滑车，则分为以下两种情况：如果为一根电缆供电，则直接执行上面的步骤。如果为两根截面大小不同的电缆供电（其中截面较大的一根固定在导轨架上，称为固定电缆；截面较小的一根随电缆滑车一起上下运行，称为随行电缆），则取随行电缆执行上面的步骤。

（2）将驱动系统电机线接入到笼内电控箱相应位置。如配电箱安装在笼顶，笼顶操作按钮则集成在配电箱上。

（3）接通底笼电源箱的电源开关，关上外笼门、吊笼门、天窗门，在笼顶进行操作，把笼顶操作盒的转换开关拨到笼顶位置，点动操作盒，检查接入电源的相序是否正确（当点动上升按钮时，驱动系统上升，说明接入相序正确；否则说明相序接反了，必须交换接线位置）。

（4）检查各安全控制开关，包括吊笼门限位开关，天窗门限位开关，上、下限位开关，减速限位开关（变频调速施工升降机），极限开关，底架护栏门限位开关及断绳保护开关。

（5）用接地电阻测试仪测量施工升降机钢结构及电气设备金属外壳的接地电阻，不得大于4Ω；用500V兆欧表测量电动机及电器元件的对地绝缘电阻，应不小于1MΩ。

注意：在进行所有接线时，必须切断电源。

8. 超载保护器的安装

（1）在笼顶利用笼顶操作盒操作驱动系统上或下，对接传动小车与吊笼的连接耳板，穿入超载传感销并插上开口销，使开口销处于张开状态。

（2）将传感销的接线端与超载保护器主机的接线端连接。

（3）参照《超载保护器使用说明书》对超载保护器进行设定，持续按住"清零"键3～5s，当听到"嘀"的一声后，表示校准完毕。当实际重量达到吊笼额定载荷的95％时，预警功能实现，预警指示灯点亮，蜂鸣器发出断续响声；当实际重量超过吊笼额定载荷的110％（此参数可设置）时，报警功能实现，报警指示灯点亮，报警输出继电器动作，蜂鸣器发出连续的响声。

图7-52为超载保护器安装示意。

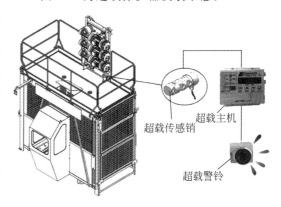

图7-52　超载保护器的安装

9. 导轨架底部限位碰铁的安装及电力驱动升降试车

（1）在笼内操作时，变频调速施工升降机必须用低速挡进行操作，将升降机（装载额定起重量）开到吊笼底与外笼门槛平齐，按下急停按钮，安装下限位碰铁和极限开关碰铁（下限位碰铁和极限开关碰铁均用钩形螺栓紧固在导轨架标准节的框架上；极限开关碰铁的安装位置必须保证吊笼在碰到缓冲弹簧之前动作）。变频调速施工升降机必须安装减速限位碰铁，碰铁安装位置为减速限位的下端面，且低于下限位的上端面约200mm，如图7-16所示。

（2）在升降机完成电气设备、控制系统和超载保护器的安装后方可进行电力驱动升降试车。按通电源，由专职驾驶员在笼顶谨慎地操作手柄，使空载吊笼沿着导轨架上、下运行数次，行程高度不得大于5m。要求吊笼运行平稳，无跳动、无异响等故障，制动器工作正常。同时进一步检查各导向滚轮与导轨架的接触情况以及齿轮齿条的啮合情况。须注意：①齿轮与齿条的啮合间隙应保证0.2～

0.5mm。②导轮与齿条背面的间隙为0.5mm。
③各个滚轮与标准节立管的间隙为0.5mm。

（3）空载试车一切正常后，在吊笼内安装
额定起重量的载荷进行带载运行试车，并检查
电动机、减速机的发热情况。

（4）试车时，因导轨架顶部尚未安装上限
位挡板，故操作时须谨慎。在检查时，必须按
下急停按钮或将电源关闭，以防误操作。

10. 整机调试

施工升降机主机就位后（导轨架高度在
15m以内），可进行通电试运转检查。

检查前，确认施工现场供给电源的电压和
功率应满足要求，漏电保护装置应灵敏、可靠；
吊笼内的电动机运转方向及起、制动应正确、
有效，电源相位保护、电源极限、上/下限位、减
速限位、各门限位以及紧急断电等开关均应灵
敏、可靠。

1）导向滚轮的间隙调整

调整驱动系统及吊笼的滚轮偏心轴，使吊
笼两个立柱及驱动系统立柱相对于标准节对称
放置，各滚轮与标准节立管间隙0.3～0.5mm，
如图7-53所示。调整后必须紧固所有螺栓。

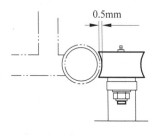

图7-53　各滚轮与标准节立管之间的间隙

2）齿轮与齿条的啮合间隙调整

施工升降机在齿条上运行的各齿轮，应确
保其规定的齿轮与齿条啮合间隙。检查时可
用压铅法检查其啮合间隙，要求在0.2～
0.5mm之间，如图7-54所示。具体可用锉铁
调整驱动板和安全器板位置（啮合间隙），调整
后应紧固相关的螺栓。

3）背轮与齿条的间隙调整

施工升降机上的各背轮，应相对于齿条背
面中心对称设置。其背轮与齿条背面的安装
间隙为0.5mm，如图7-55所示。具体应予以

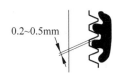

图7-54　齿轮与齿条啮合间隙

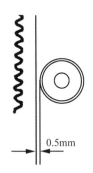

图7-55　背轮与齿条之间的间隙

调整背轮的偏心套，调整后应紧固背轮螺栓。

11. 坠落试验

1）防坠安全器使用要求

（1）安全器出厂时，安全器均已调整好并
用铅封，因此不得随便拆开安全器。

（2）在坠落试验时，若安全器不正常动作，
即不在规定距离制动时，应查明原因或重新调
整安全器。

（3）若安全器有异常现象（如零件损坏），
应立即停止使用，更换新的安全器。

（4）安全器起作用后必须按照规定进行调
整使其复原，否则不允许开动升降机。

（5）不得向安全器内注入任何油性物质，
包括润滑油。

2）坠落试验的说明

（1）首次安装使用的升降机、转移工地后
重新安装及大修后的升降机，必须进行一次坠
落试验。升降机正常运行时，每隔3个月定期
进行一次坠落试验或按当地有关规定定期
进行。

（2）根据中国国家标准，安全器在出厂1
年后（按标牌或试验报告上的日期）必须送厂
检测（包括1年内未曾使用过）且在使用过程中
每年必须送厂检测，经检验合格后，方可继续
使用。安全器的寿命为5年。

3) 坠落试验方法

（1）将导轨架加高到 15m 左右（9m 处安装一道附墙）。

（2）升降机装载 125% 额定重量。

（3）将坠落试验盒接入吊笼内的电控柜上，然后将坠落试验盒穿过门放到地面，要确保坠落试验时电缆不会被卡住，并关闭所有门。

（4）合上总电源开关；按坠落试验按钮盒上的"上行"按钮使驱动系统升高到距地面10m 左右位置（注意驱动系统不要冒顶）。

（5）按住"坠落"按钮不要松开，吊笼将自由下落，下落至一段距离后，防坠安全器动作将吊笼锁住。（制动距离应从听见"喔啷"声音后算起，安全器使吊笼制动的同时能通过机电连锁切断电源。）

表 7-33 所示为安全装置制动距离。

表 7-33　安全装置制动距离

升降机额定速度 $v/(m/s)$	安全装置制动距离/m
$v \leqslant 0.65$	0.10～1.40
$0.65 < v \leqslant 1.00$	0.20～1.60
$1.00 < v \leqslant 1.33$	0.30～1.80
$1.33 < v \leqslant 2.40$	0.40～2.00

12. 防坠安全器的复位

（1）防坠安全器动作后，必须对安全器进行调整，使其复位，未复位前严禁继续操作施工升降机。

（2）除坠落试验外，在安全器复原前，应先查明安全器动作原因，同时须确认以下事项：

① 电动机的电磁制动器工作应正常。

② 蜗轮传动副和联轴器应完好。

③ 吊笼导向滚轮、背轮与齿条应工作正常。

④ 齿轮、齿条应完好，其相互啮合应正常。

⑤ 防坠安全器内的微动开关应工作正常（复位前，发出向上的指令，吊笼不应起动）。

（3）复位前的各项检查无误后，首先应切断电源，按以下步骤使防坠安全器复原，如图 7-56 所示。

① 卸下尾部端盖 2。

② 拆下铜螺母 4 的紧固螺钉 3。

③ 用专用扳手 5 和杆杠 7 按铜螺母上箭头指示旋转方向旋松铜螺母 4，直到指示销 6的末端和防坠安全器外壳端面齐平为止，此时限位开关电路接通。

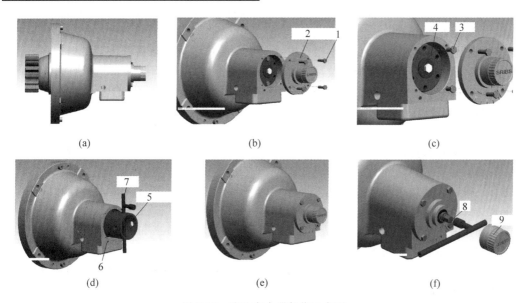

图 7-56　防坠安全器复位示意图

（a）防坠安全器整体图；（b）卸下尾部端盖；（c）卸下铜螺母；（d）调整指示销；（e）安装端盖；（f）拧紧螺栓

1,3—螺钉；2—尾部端盖；4—铜螺母；5—专用扳手；6—指标销；7—杠杆；8—螺栓；9—罩壳

④ 装上螺钉 3、尾部端盖 2 及螺钉 1,接通三相开关,驱动吊笼向上运动 20cm 以上,使防坠器安全器复位。

⑤ 对于有尾部释放机构的防坠安全器,取下罩壳 9,将螺栓 8 往里拧紧后,用杆杠 7 顺原来拧紧方向旋转 20°,再将螺栓 8 退回,最后装好罩壳 9。

13. 导轨架顶部限位碰铁安装

导轨架加高完成以后,安装上限位开关碰铁、极限开关碰铁,其中极限开关碰铁的安装位置应满足以下要求:

(1) 当额定速度小于或等于 0.85m/s 时,极限开关碰铁的安装位置应保证极限开关触发碰铁后,吊笼顶部至少有 1.8m 的安全距离。此外,吊笼上任何高过吊笼的部件和设备,其上方应有至少 0.3m 的安全距离。

(2) 极限开关碰铁的安装位置应保证极限开关触发碰铁后,吊笼顶部至少有 1.8m 的安全距离。此外,吊笼上任何高过吊笼的部件和设备,其上方应有至少 0.3m 的安全距离。

上限位开关碰铁的安装位置应满足以下要求:在正常工作状态下,上限位开关触发上限位碰铁后,极限开关的臂杆与极限开关碰铁下端的距离为 150mm。

变频调速施工升降机除安装上限位开关碰铁、极限开关碰铁外,还必须安装减速限位碰铁。减速限位碰铁的安装位置为:减速限位碰铁上端面高于上限位碰铁下端面约 200mm,如图 7-15 所示。

14. 附墙架的安装

附墙架的安装应与导轨架的加高安装同步进行。作业人员应了解附墙架的安装间距和导架最大自由端高度的要求,掌握被安装附墙架各部件的连接要求、调节方法等。

附墙架的吊运方法可参照标准节的吊运方法,用吊笼上的安装吊杆吊装或用吊笼运送。用吊笼运送附墙架时,亦需在吊笼顶部进行操纵。

用户可以根据现场的使用要求选择Ⅰ型、Ⅱ型(包括Ⅱ_A、Ⅱ_B、Ⅱ_C、Ⅱ_D)、Ⅲ型、Ⅳ型附墙架等;附墙架可以安装固定在建筑物的混凝土楼板面、承力墙、承力梁或承力钢结构上,但决不允许安装在类似于脚手架的非承力结构上。各类型附墙架的安装程序如下。

1) Ⅰ型附墙架的安装

Ⅰ型附墙架的安装过程如图 7-18 所示。

(1) 用 4 个 M16 螺栓或 M16 的 U 形螺栓将附墙架的后连接杆固定在标准节上、下框架角钢上(后连接杆必须对称放置),同时在后连接杆之间安装转动销轴,先不必将螺栓拧得太紧,以便调整位置。

(2) 用 8.8 级 M24 螺栓将附墙架的安装座固定在建筑物上。

(3) 用 M20 螺栓将连接管与后连接杆、转动销轴和安装座连接在一起。

(4) 按要求校正导轨架垂直度和附墙架水平度。

(5) 校正完毕后,旋紧所有连接螺栓。然后慢慢起动升降机,确保吊笼及对重不与附墙架相碰。

2) Ⅱ型附墙架的安装

Ⅱ型附墙架的安装过程如图 7-19 所示。

(1) 用 4 个 M16 螺栓或 M16 的 U 形螺栓将附墙架的后连接杆固定在标准节上、下框架角钢上(后连接杆必须对称放置),先不必将螺栓拧得太紧,以便调整位置。

(2) 用 8.8 级 M24 螺栓将附墙架的附墙座固定在建筑物上。

(3) 用 M24 螺栓将小连接架和后连接杆连接在一起。

(4) 用 $\phi20$ 连接销将小连接架与大连接架连接在一起。

(5) 用 M24 螺栓将前连接杆和附墙座连接在一起,并将前连接杆与连接架管卡连接。

(6) 在附墙座和连接架间安装可调连接杆,用 $\phi20$ 销子连接。

(7) 按照要求校正导轨架垂直度和附墙架水平度。

(8) 校正完毕后,旋紧所有连接螺栓。然后慢慢起动升降机,确保吊笼及对重不与附墙架相碰。

3) Ⅲ型附墙架的安装

Ⅲ型附墙架的安装过程如图 7-20 所示。

（1）安装 $\phi 76$ 支管,带豁口的一端向上,用涨紧管卡插入两管之间拧紧螺栓。

（2）约距地面 9m 高处,将 2# 支架安装在导轨架与 $\phi 76$ 支管之间,向上每间隔 9m 装一个。

（3）在 2# 支架的上方或下方 300mm 处, $\phi 76$ 支管与建筑物之间,每隔 9m 安装一套 1# 支架及斜支撑。

（4）在每个停层站台处安装一个槽钢连接架,可用做过桥平台的支撑,用水平仪测量确保安装的水平度。如果两停层站间距离过长,则必须保证约间隔 3m 安装一个槽钢连接架。

（5）在槽钢连接架的上方或下方小于 300mm 处安装一个 2# 或 3# 支架。

（6）通过调整 1# 支架,校正导轨架的垂直度,可采用钢丝绳等拉紧装置进行调整。

（7）安装后必须检查,确保所有螺栓已经紧固。

（8）确保吊笼和其他运动部件与附墙架之间没有干涉或碰撞。

4）Ⅳ型附墙架的安装

Ⅳ型附墙架的安装过程如图 7-21 所示。

（1）用 4 个 M16 螺栓或 M16 的 U 形螺栓将附墙架的后连接杆固定在标准节上、下框架角钢上(后连接杆必须对称放置),先不必将螺栓拧得太紧,以便调整位置。

（2）用 M24 螺栓将附墙架的附墙座固定在建筑物上。

（3）用螺栓将连接架与后连接杆和附墙座连接在一起。连接架与后连接杆之间用 M16 螺栓连接。连接架与附墙座之间用 M24 螺栓连接。

（4）按要求校正导轨架垂直度和附墙架水平度。

（5）校正完毕后,旋紧所有连接螺栓。然后慢慢起动升降机,确保吊笼及对重不与附墙架相碰。

15. 电缆导向装置的安装

电缆导向装置有电缆卷筒和电缆滑车型

导向装置两类。

1）电缆卷筒及电缆护线架的安装

在完成导轨架、吊笼、附墙架、底笼、电控系统等部件的安装后,安装电缆卷筒。其步骤如下:

（1）用起重工具将电缆卷挂于电缆卷筒上方。

（2）放出约 5m 的电缆,以便把电缆接到电源箱上。

（3）从电缆卷筒底部拉出电缆,牵引至电源箱,暂不要连接。

（4）将电缆一圈一圈顺时针放入电缆卷筒中,尽量使每圈一样大,其直径略小于电缆卷筒直径,如图 7-57 所示。

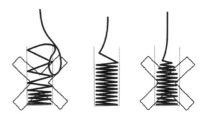

图 7-57　电缆释放示意图

（5）将电缆固定在电缆臂架上,将电缆接头接入相应的接线端子上。

（6）将电缆接至电源箱上,起动升降机检查电缆是否缠绕。

（7）在导轨架加高的过程中要同时安装电缆护线架。

（8）调整电缆护线架及电缆臂架的位置,确保电缆在电缆护线架 U 形中心。

2）电缆滑车型导向装置的安装

（1）一根电缆供电时,安装程序如下:

① 把两台吊笼都开到最底端,在右笼底下用刚性物体支承吊笼(确保在吊笼底下安装电缆滑车时没有危险)。

② 把右笼的电缆拆除,用起重设备把右笼的电缆起吊放在左笼上。

③ 如果导轨架安装高度小于预定架设总高度的一半加 3m 时,则把吊笼开至导轨架顶端,在导轨架的顶端标准节上安装电缆固定线架。如果导轨架安装高度达到或已超过预定

架设总高度的一半加 3m 时,则将吊笼开至导轨架一半高度位置,在导轨架一半高度加 1m 的位置安装电缆固定线架。

④ 把电缆的一端通过右边的电缆固定线架并垂直往下放线至外笼底盘,然后顺着底盘表面将电缆线牵引至电源箱内,另一端也垂直下放到地面。

⑤ 驱动左笼缓慢下降,每隔 1.5m 安装一个卡子,把右笼的电缆从电缆固定线架至外笼电源箱的一段电缆固定在导轨上,每隔 6m 安装一个电缆护线架,安装电缆护线架时须保证电缆滑车架的两侧板和吊笼电缆臂架均能在导向架 U 形缺口的橡胶片中间通过。

⑥ 驱动左笼到底端,在电缆滑车的一侧取下两个滚轮,并将电缆滑车安装在吊笼底下方,重装滚轮,只用手拧紧螺钉即可,调整滚轮轴使各滚轮与立管的间隙为 0.5mm,试拉动电缆滑车,应无卡阻现象。将电缆的自由端穿过电缆滑轮,重新接入吊笼内的接线盒内,穿线时必须确保电缆不会旋钮,拆除吊笼下面的支承物,不提起滑车,在吊笼顶上向上拉直电缆,然后再次提拉电缆,使滑车与吊笼底部接触。随后,放下被再次提拉起来的电缆一半长度,并夹紧吊笼进线架上的夹板,将电缆固定住,卷起所剩电缆,将其固定于笼顶安全护栏上,打开主电源,并确保电缆接线相位正确,运行升降机,安装完剩余的电缆护线架,完成右笼电缆滑车型导向装置的安装。

⑦ 同理,利用右笼完成左笼电缆滑车导向装置的安装。

(2) 两根电缆供电时,安装程序如下:

① 把两台吊笼都开到最底端,在右笼底下用刚性物体支承吊笼(确保在吊笼底下安装电缆滑车时没有危险)。

② 把右笼的随行电缆拆除,用起重设备把右笼的随行电缆和固定电缆都起吊放在左笼上。

③ 驱动左笼,执行一根电缆供电时的步骤③。

④ 将固定电缆的一端连接在中间接线盒上,另一端垂直往下放线至外笼底盘,然后顺着底盘表面将电缆线牵引至电源箱内,所剩的电缆用胶带固定在导轨架上(固定线架位置),必须确保电缆不与吊笼等运动部件干涉。

⑤ 将随行电缆的一端(从电源箱拆除的一端)接到中间接线盒。

⑥ 驱动左笼缓慢下降,每隔 1.5m 安装一个卡子,把右笼的电缆从电缆固定线架至外笼电源箱的一段电缆固定在导轨上,每隔 6m 安装一个电缆护线架,安装电缆护线架时须保证电缆滑车架的两侧板和吊笼电缆臂架均能在导向架 U 形缺口的橡胶片中间通过。

⑦ 驱动左笼执行一根电缆供电时的步骤⑥,完成右笼电缆滑车型导向装置的安装。

⑧ 同理,利用右笼完成左笼电缆滑车型导向装置的安装。

3) 电缆滑车型导向装置的加高

如果在加高导轨架后,电缆挑线架的安装高度低于导轨架的一半高度加 3m,那么当再次加高导轨架之前要将挑线架向上移动,如图 7-58,方法如下:

(1) 放松剩余盘在笼顶的电缆(放松时将吊笼开至最底层),再次锁紧电缆。如果升降机使用一种规格的电缆,则放松的长度等于 3 倍电缆固定线架上移的高度;如果升降机使用两种规格的电缆,则放松的长度等于 2 倍电缆固定线架上移的高度。

(2) 将吊笼往上开至离电缆固定线架约等于放松长度的位置,把下端电缆连同电缆滑车固定在电缆臂架上,使电缆固定线架不受力。

(3) 吊笼继续开至电缆固定线架位置,确认电缆固定线架至外笼电源箱段的电缆固定牢固。

(4) 拆下电缆固定线架,将吊笼开至电缆固定线架新的安装位置,安装电缆固定线架。

(5) 将电缆固定连接在电缆固定线架上。

(6) 慢慢将电缆和电缆滑车送至自由状态。

(7) 缓慢开动吊笼试运行,检查各部件间有无干涉或碰撞。

4) 滑触线的安装

(1) 滑触线固定件的安装。在第 1、2 节标

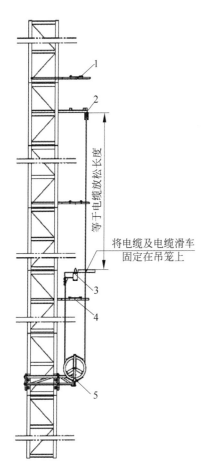

图 7-58　电缆滑车导向装置加高示意图

1,4—电缆护线架；2—电缆固定线架；

3—电缆臂架；5—电缆滑车

准节及第2、3节标准节连接处各安装一个滑触线固定件，并应确保居中、水平，如图7-59所示（标准节的序号均是从地面向高处排列，以下均同）。

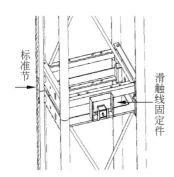

图 7-59　滑触线固定件安装示意图

（2）防坠装置的安装。利用防坠装置上的带钩螺栓将防坠装置固定在第一个标准节中间角钢的中间位置，调节螺杆，使螺杆上的托架与固定板之间的距离为 30～50mm，把防坠滑触线槽置于托架上，再将进线滑触线置于防坠滑触线槽上端（应先套上进线滑触线与防坠滑触线槽之间的塑料接头），固定好1、2 及 2、3标准节滑触线内的固定件（见图 7-60）。

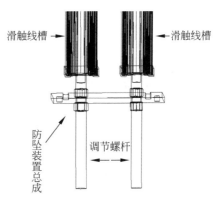

图 7-60　防坠装置安装示意图

（3）总电源的连接。松开调节螺杆，取下防坠滑触线槽，依照进线滑触线（A/B/C/N/PE)标志将电缆线鼻与进线铝排连接好，电缆线要在滑触线外侧，并与动力配电柜对应端子连接。将防坠滑触线恢复到托架上，调节螺杆，使防坠滑触线槽顶住进线滑触线，锁紧调节螺杆底部的螺母。最后再把电缆线的另一端与配电箱接通。

（4）集电器的安装。首先应检查各集电器内置碳刷等配件是否完整且安装到位，检查各碳刷弹簧的压力是否均衡正常，再将集电器分别套入左、右两个滑线槽内，然后将导向器固定件固定在传动小车的安全钩上，通过调整集电器导向器上的螺母，调整好集电器导向器与集电器的相对位置，使集电器导向器前端安装区位于集电器伸出滑触线部分的中间位置，集电器导向器横向端安装区位于集电器中间，安装完成后应使集电器留有上下、左右摆动的空间，以保证集电器运动时的通畅性。集电器及导向器不得与外笼门撑杆相碰，建议外笼门撑杆安装在第2个标准节底部，如图7-61和图7-62所示。

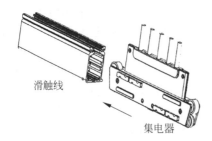

图 7-61　集电器安装示意图

滑触线

集电器

图 7-62　集电器安装示意图

（5）集电器的接线。打开接线盒，依照红、黄、绿对应 A、B、C 三相，蓝色为零线，黄绿双色线为地线的标识，将集电器的端子与吊笼内的极限开关或配电柜接线端连接。

（6）调试。接通电源试运行，应注意下列事项。

① 通电前应最后再仔细检查一遍各线路的连接是否正确，确认无误后，调试人员可进入操作岗位，其他人员应撤离现场或进入安全地区。

② 接通电源后，不要急于开动施工升降机，先观察静态通电是否正常，检查相序是否正确，然后起动施工升降机，检查吊笼运行是否正常，上下运行几趟，应特别注意集电器导向器及导向器固定件与护墙支架等有无碰擦，若发现下述情况，应立即纠正：如果滑触线有较大异动，应调整滑触线或修正集电器导向器；如果集电器运行时有异常声响，应检查滑触线连接点是否平坦。

（7）续接滑触线前的准备。以上各步骤完成后，通电并将左、右吊笼提升到一定位置（以安装人员够得着安装第 2 节滑线高度为宜），先使左、右吊笼的高度一致，再断开总电源。确认两滑线导电体无电（断开总电源）后方可进

行下一步操作。

（8）向上续接第 2 节滑触线。在两吊笼顶部铺放一块合适的厚木板以便于操作，安装人员作业前将安全带固定连接在标准节架上。在 3、4 及 4、5 标准节的横挡上分别固定好两个滑触线固定件（固定时应保证滑触线固定件居中、水平）。先将一根对应滑触线放入滑触线固定件的槽形架框内，将滑触线的一端与已经安装好的滑触线对插，再将另一根滑触线放入滑触线固定件的槽形架框内，将滑触线的一端与已经安装好的滑触线对插，两根滑触线都插好后要相互平行，并与前一根已装好的滑触线保持竖直，确认无误后，再将内滑触线固定件安装上，锁紧滑触线固定件上的螺母。

（9）向上续接更高的滑触线。再往上接时，应先打开总电源，将左、右吊笼同步升高同样的高度后，再断开总电源，重复步骤（7）即可。

（10）防水盖的安装。全部滑触线安装完成后，将防水盖套盖在滑触线最顶端。

16. 楼层呼叫器的安装

各楼层应当设置与升降机操作人员联络的楼层呼叫系统，具体安装方法可参照《升降机楼层呼叫系统使用说明书》，如图 7-63 所示。应注意：

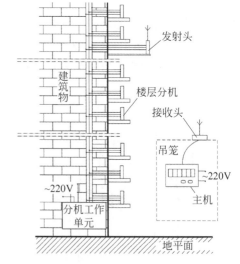

图 7-63　楼层呼叫器安装示意图

（1）在各楼层安装无线遥控楼层分机，将发射器楼层码与楼层数对应。

（2）发射器采用拨码开关操作，数字显示为当前楼层号。用户如须更改楼层号，可通过对应数字上下的"－"或"＋"来实现。

（3）楼层分机为无线安装，客户不需要准备和安装导线。

17. 拆卸

1）拆卸安全准备程序

拆卸前，施工人员应了解掌握拆卸的详细规定，并执行拆卸作业的如下程序：

（1）进入拆卸施工现场必须遵守安全生产纪律。

（2）拆卸施工现场应设置安全警戒区域，并派专人监护。

（3）施工人员不准穿硬底鞋、高跟鞋；衣着要紧身、灵便；要佩戴安全带。

（4）高空作业人员在安装、拆卸标准节等悬空作业时，必须在各自的作业岗位上寻找适当的安全位置，系好安全带，挂好保险钩。

（5）施工升降机拆卸程序中，不得使用报废的绳索具、起重机具等。拆卸下的螺栓、轴销、开口销应保管妥当。

（6）施工升降机在降节过程中，严禁作垂直运输等运行。

（7）施工升降机降节时，必须随时注意吊笼的导向轮与下扶持标准节的紧密贴切。

2）拆卸作业准备阶段

（1）施工升降机拆卸前，应检查各机构的运行情况，确认正常后方能进行拆卸施工。

（2）施工升降机拆卸前，应检查拆卸施工升降机的基础部位及附着装置，确认正常后方能施工。

（3）清理拆卸作业场地，确保作业场地路面平整、坚实，不得有任何障碍物。

（4）场地空中区域应无高压电线电缆，如有，应得到有关部门确认。

（5）施工升降机的拆卸施工方应编制《施工升降机装拆施工任务交底单》与《施工升降机拆卸施工组织方案》的程序文件，并做好相关的签证确认手续。

（6）施工升降机的拆卸施工方应编制详细的《施工升降机拆卸施工技术方案》。

3）拆卸作业实施阶段

（1）施工人员应阅读、熟悉被拆卸施工升降机的使用说明书与拆卸技术施工方案，确保整个拆卸过程严格按被拆卸施工升降机的有关操作规定执行。

（2）督促进入现场施工的有关人员，遵守现场施工的安全纪律。

（3）按现场施工的条件，遵守施工升降机降节的操作规定，将施工升降机降节到指定高度，同时拆卸相关的附着装置。

（4）根据被拆卸施工升降机的拆卸程序，逐一按部就班地进行施工升降机拆卸的安全作业。

（5）在施工升降机拆卸过程中，施工人员应认真检查各就位部件的连接与紧固情况，发现问题及时整改，确保拆卸时施工升降机工作安全可靠。

（6）施工升降机拆卸完成后，应及时地清理打包、运输转移，并做好转移使用或入库保养等工作。

4）拆卸作业程序

施工升降机的拆卸程序与安装程序基本雷同，只是顺序完全相反。在此仅介绍几个拆卸重点。

（1）把笼顶操作盒（变频调速施工升降机的笼顶操作按钮集成在笼顶电控箱上）拿到笼顶进行拆卸作业。

（2）在吊笼顶部装上吊杆。将吊笼驱动到导轨架顶部，拆卸上限位开关碰铁、减速限位碰铁（变频调速施工升降机）及电源极限开关碰铁。

（3）拆卸导轨架（标准节）、附墙架，同时拆卸电缆导向装置。保留3节标准节组成的最下部导轨架，然后拆除安装吊杆，拆卸吊笼下的缓冲弹簧和底部的下限位开关、减速限位开关、极限开关挡块。

（4）在围栏底架上放置两根适合的枕木。拉起电动机制动器的松闸把手，让吊笼缓缓地滑到枕木上停稳。切断地面电源箱的总电源，拆卸连接至吊笼的电缆。把驱动系统吊离导轨架。把吊笼吊离导轨架。

（5）拆卸围栏和保留的3节标准节。

（6）拆卸导轨架时，要确保吊笼的最高导向滚轮的位置始终处于被拆卸的导轨架（标准节）接头之下，且吊具和安装吊杆都已到位，然后才能卸去连接螺栓。

（7）在风速超过12.5m/s或雷雨天、雪天等恶劣天气不能进行拆卸作业。在吊笼顶部进行拆卸作业时，必须按下操作盒的急停按钮。

18. 运输

施工升降机一般使用汽车运输。现以一台长度17.5m的大型挂车运输两台60m高度的施工升降机为例介绍运输方案。

在整机装车之前，通常将多个小件先装至吊笼内，以节约空间。

1）装笼方案

左吊笼装笼方案如图7-64所示，相应部件见表7-34。

表 7-34　左吊笼装笼部件

序号	笼内部件名称	数量
1	底笼司机室后护栏	2个
2	底笼左右后护栏	2个
3	底笼侧护栏	4个
4	底笼维修门	1个
5	底笼司机室侧护栏	4个
6	底笼电控柜架	1个
7	吊杆	1个
8	撑杆	1个
9	辅助底架1	2个
10	辅助底架2	2个

右吊笼装笼方案如图7-65所示，相应部件见表7-35。

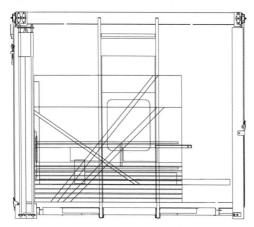

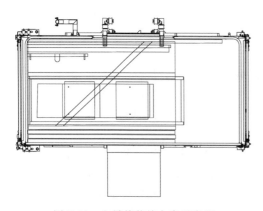

图 7-64　左吊笼装笼方案示意图

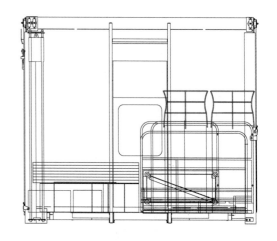

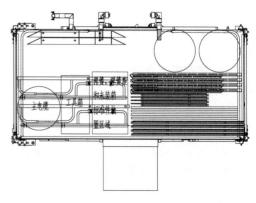

图 7-65　右吊笼装笼方案示意图

表 7-35　右吊笼装笼方案部件

序号	笼内部件名称	数量
1	电缆筒	2 个
2	吊笼护栏 1	2 个
3	吊笼护栏 2	2 个
4	吊笼侧护栏	4 个
5	吊笼护栏 3	2 个
6	吊笼护栏 4	2 个
7	极限碰铁	8 个
8	传动小车挡雨罩	2 个
9	基础模具	1 个
10	弹簧组件和未装箱标准件	若干
11	工具箱	1 个
12	主电缆 2 根	2 根,每根 70m
13	电缆护线架	20 个

2）装车方案

待各散件在吊笼内装货完毕后,就要考虑整机装车方案了。由于标配高度为 60m,目前市场上普遍采用 17.5m 长的大型挂车运输,经过布局,一车可以同时运输 2 台施工升降机。

装车方案如图 7-66 所示,相应部件见表 7-36。所有部件摆放完毕后要及时用绳索捆扎牢固,并根据现场及车辆自身情况适当调整,确保每个部件都被固定牢固,运输过程中不能移动。如有漏装的零部件,可视装车情况,放置在吊笼内或者整车上空留的位置上。所需随机资料清单、随机工具和随机备件见表 7-36～表 7-39。

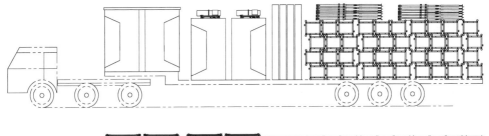
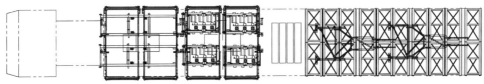

图 7-66　装车方案示意图

表 7-36　装车部件名称

序号	装车部件名称	数量
1	标准节	80 个
2	左吊笼	2 个
3	右吊笼	2 个
4	主底架	2 个
5	附墙架	12 个
6	底笼门	4 个
7	传动小车	4 个

表 7-37　随机资料清单

序号	资料名称	数量
1	使用说明书	1 本
2	产品合格证	1 份

续表

序号	资料名称	数量
3	产品装箱单	2 份
4	电动机说明书	1 份
5	电动机合格证	6 份
6	减速机说明书	1 份
7	减速机合格证	6 份
8	防坠器说明书	1 份
9	防坠器合格证	2 份
10	超载装置资料	2 份
11	超载装置合格证	2 份
12	制造许可证复印件	1 份

表 7-38　随机工具

序号	工具名称	规格	数量
1	试电笔	380V	1件
2	钢丝钳	180mm	1件
3	十字型螺丝刀	150mm	1件
4	一字型螺丝刀	150mm	1件
5	黄油枪	A400	1件
6	锂基润滑脂		3袋
7	活动扳手	204mm(8″)	1件
8	单头呆扳手	24mm	2件
9	单头呆扳手	36mm	2件
10	单头呆扳手	46mm	1件
11	内六角扳手	17mm	1件
12	防坠器专用工具	—	1件
13	月牙扳手		1件
14	滚轮调节扳手	—	1件
15	三爪吊具	—	1件
16	尼龙扎带	8×300	10个

表 7-39　随机备件

序号	名称及规格	数量
1	侧滚轮	2组
2	滚轮总成	2组
3	接触器	1件
4	开关电源	2件
5	整流桥	1件
6	消防警铃	1件

7.6.3　安全使用规程

（1）升降机操作人员必须熟悉各个零部件的性能及操作技术，经省级建设行政主管部门考核合格，取得建筑施工特种作业人员操作证书后方可上岗。

（2）施工升降机在投入使用前，必须经过坠落试验，使用中每隔 3 个月应做一次坠落试验，对防坠安全器进行调整，切实保证坠落制动距离在规定范围内，试验后以及正常操作中每发生一次防坠动作，均必须对防坠安全器进行复位。防坠安全器的调整、检修或鉴定均应由生产厂家或指定的认可单位进行，坠落试验

时应由专业人员进行操作。

（3）作业前应重点做好例行保养并检查。作业前应重点检查的内容如下：

① 接零接地线、电缆线、电缆线导向架、缓冲弹簧应完好无损；电控系统无漏电，安全装置、电气仪表灵敏有效。

② 施工升降机标准节、吊笼整体等结构表面无变形、锈蚀；标准节连接螺栓无松动及缺少螺栓情况。

③ 驱动传动部分应工作平稳、无异声；齿轮箱无漏油现象。

④ 各部结构应无变形，连接螺栓无松动，节点无开（脱）焊现象，钢丝绳固定和润滑良好，运行范围内无障碍，装配准确，附墙牢固并符合设计要求；卸料台（通道口）平整，安全门齐全，两侧边防护严密良好。

⑤ 各部位钢丝绳无断丝、磨损超标现象；夹具、索具紧固、齐全，符合要求。

⑥ 齿轮、齿条、导轨、导向滚轮及各润滑点保持润滑良好。

⑦ 安全防坠器的使用必须在有效期内，超过标定上日期要及时鉴定或更换（无标定应有记录备案）。施工升降机制动器调整松紧要适度，过松吊笼载重停车时会产生滑移，过紧会加快制动片磨损。

⑧ 施工升降机上下运行行程内无障碍物，超高限位灵敏可靠。吊笼四周围护的钢丝网上不准用板围起来挡风，特别在冬天。采用板挡风，会增加吊笼（吊笼）摇晃，对施工升降机不利。

（4）操纵台手柄应在零位。电源接通后，检查电压是否正常，有无漏电现象，电器仪表应有效、指示准确；进行空车升降试运行，试验各限位装置、吊笼门、围护门等处，电气连锁限位应良好可靠。测定传动机构制动器的制动力矩，应满足规定要求。确认无误、无损、无异常后再运行作业。

（5）作业中的操作技术和安全注意事项如下：

① 合上地面配电箱的电源开关，关闭底笼及吊笼门，合上吊笼内的交流极限开关，然后

按下起动按钮,施工升降机起动(操纵杆式应把操纵杆推向欲去的方向并保持在正确位置上)。在顶部和底部施工升降机停靠站时不准通过限位开关碰限位板来自动停车。

② 对于变频调速施工升降机,在施工升降机停靠前,要把开关转到低速挡后再停车。

③ 施工升降机在每班首次运行时,必须从最底层往上开,严禁自上而下。当吊笼升离地面1～2m时,要停车试验制动器性能。如发现不正常,要及时修复,确认正常可靠后方准使用。

④ 吊笼内乘人、装物时,载荷要均匀分布,防止偏重。严禁超载运行乘人。不载物时,每次载人不得超过9人(含司机)。吊笼顶上不得载人或货物(安装、拆卸除外)。

⑤ 施工升降机应装有灵敏可靠的通信装置,并与指挥联系密切,根据信号操作。开机前必须响铃鸣声示警,在施工升降机停在高处或在地面未切断电源开关前,操作人员不得离开操作岗位,严禁无证开机。

⑥ 施工升降机在运行中如发现机械有异常情况,应立即停机并采取有效措施将吊笼降到底层,排除故障后方可继续运行。在运行中发现电控系统失控时,应立即按下急停按钮,在未排除故障前不得打开急停按钮。检修均应由专业人员进行,不准擅自检修。如暂时维修不好,在乘人时应设法将人先送出吊笼(通过吊笼顶部天窗出入口进入脚手架或楼层内)。

⑦ 施工升降机运行中不准开启吊笼门,乘人不应倚靠吊笼门。

⑧ 施工升降机运行至最上层和最下层时,严禁用行程限位开关作为停止运行的控制开关。

(6)遇有大雨、大雾、六级及以上大风以及导轨架、电缆等结冰时,必须立即停止运行,并将吊笼降到底层,拉闸切断电源。暴风雨后,应对施工升降机的电气线路和各种安全装置及架体连接部位等进行全面检查,发现问题及时维修加固,确认正常后方可运行。

(7)上班人多的时间,地面应有专人维持秩序。

(8)作业后,将吊笼降到底层,操纵台手柄复位到零位,依次切断电源,锁好电源箱,闭锁吊笼和围护门,做好清洁保养工作。

(9)填写好台班工作日志和交接班记录。严格执行施工升降机定期检查维修保养制度。

7.6.4 维护与保养

施工升降机的维护保养分为日检查、周检查、月检查、季检查、年检查和专项检查。

1.安全注意事项

(1)必须由具有相关资格的人员进行操作,如电气检查人员必须具有电工操作证,并经过相关知识培训。

(2)在进行电气检查时,必须穿绝缘鞋。

(3)在进行电机检查时,必须切断主电源10min后才能检修。

(4)检查人员应遵守高处作业安全要求,包括必须戴安全帽、系安全带、穿防滑鞋等,不得穿过于宽松的衣服,应穿工作服。

(5)严禁夜间或酒后进行操作、检查。

(6)升降机运行时,操作人员的头、手绝不能伸出安全围栏外。

(7)除了进行天轮、附墙架连接、标准节连接和电缆导向装置检查时需要将吊笼停在相应检查位置之外,在进行其他检查时都应将吊笼停在底层。

2.每日保养

(1)目测检查随行电缆与固定电缆的外观,应良好,无扭转、破损现象。

(2)目测检查各紧固螺栓的紧固状况,应良好;目测检查各导向滚轮、背轮的运行状况,应良好,无运行偏摆现象。

(3)检查外护栏门的连锁开关,打开底笼门,吊笼应不能起动。

(4)检查上、下限位,上/下减速限位(变频施工升降机)和极限开关,应灵敏可靠、安全有效。

(5)逐一分别进行下列开关的安全试验,并在试验中吊笼不应起动:

① 打开吊笼进料门或出料门;

② 打开外护栏门；

③ 触动断绳保护装置；

④ 按下急停按钮。

(6) 检查吊笼及对重通道，应无障碍物。

(7) 检查电缆、电缆轮、标准节立管或齿轮、齿条上有无粘附如水泥或石头等坚硬杂物，如有发现，应及时清理。

(8) 变频调速升降机应检查笼顶电控箱的散热风扇是否正常工作，变频器及电阻发热是否正常。

3. 每周保养

(1) 按操作说明，每天检查润滑情况。

(2) 确定小齿轮和压轮在驱动底板上可靠坚固，同时检查驱动底板螺栓的固定情况。

(3) 根据说明书中制动器制动力矩的检查要求，检查制动器的制动力矩。

(4) 检查减速机的油位，必要时补充新油。

(5) 检查吊笼门和围栏门的连锁装置，上下行程等安全保护开关。

(6) 检查吊笼所有门的安全连锁装置。

(7) 检查电缆导轨架上的上限块位置是否正确。

(8) 检查电缆导向架的护栏情况。

(9) 检查电缆支撑壁和电缆导架间的相对位置。

(10) 检查所有标准节和斜支撑的连接点，同时检查齿条的紧固螺栓。

(11) 保持电动机冷却翼板及机构清洁。

(12) 确保电动电缆与电气线路无破损。

(13) 检查对重导向轮的调整和固定情况。

(14) 检查钢丝绳的均衡装置，天轮和对重钢丝绳托架。

(15) 检查附壁支架支杆梁之间螺栓，扣环紧固情况，松动变位的应校正坚固。

4. 每月保养

(1) 检查每周检查项目。

(2) 检查吊笼门，确保吊笼门不会脱离门框轨道，可通过调整门轮的位置，使门与两轨道之间的间隙保持一致。

(3) 检查吊笼及外护栏门锁是否有松动或变形。

(4) 用塞尺检查蜗轮减速机的蜗轮磨损情况，检查导向轮磨损与间隙情况。

(5) 调整各导向轮与标准节主弦管的0.5mm规定间隙，如图7-53所示。

5. 每季检查

(1) 检查每月所检查项目。

(2) 检查滚珠轴承的间隙，吊轮导向轮的磨损。如滚轮被磨损，必须调整或更换。如轴承被磨损，则更换导向轮和周轮。

(3) 通过坠落试验检查安全限速器制停距离是否符合要求。

(4) 检查制动盘及制动块的磨损情况。用塞尺检查，最小极限尺寸为0.3mm。

(5) 检查防坠安全器的可靠性，按防坠安全器的规定试验周期，做坠落试验。

(6) 检查附着装置连接部位的紧固情况，应良好。

(7) 检查各个冷却风扇，应无异常振动与声响。

(8) 检查电动机的绝缘电阻、电气设备及金属外壳、钢结构的接地电阻，应符合规定要求。

(9) 对于变频调速施工升降机还应作如下检测：

① 检查变频器外部端子、单元的安装螺钉、接插件是否松动；

② 检查电阻是否有灰尘堆积，如有，则用 $4\sim6$kg/cm^2 压力的干燥空气吹掉。

6. 每年检查

(1) 检查随行/固定电缆的外观状况，如有严重扭转、破损及老化等现象，应立即更换。

(2) 检查电动机与减速机之间的联轴器的弹性元件(聚氨酯橡胶)，如有破损及老化等现象，应立即更换。

(3) 检查所有可能腐蚀的结构件、磨损的零部件，对其进行专门的鉴定，对于严重腐蚀、磨损及损伤的结构件/零部件应予以更换。

(4) 对于变频调速施工升降机还应检查变频器的滤波电解电容是否有异常，如变色、异臭等。

7．设备转场保养

（1）检查电动机和蜗轮减速机之间的联轴器，并拆检减速箱，清洗各部件和密封件，更换过度磨损和变形的零件及润滑油。

（2）对吊笼及导轨架等结构件锈蚀进行清理、除锈、补漆，对锈蚀比较严重的受力杆进行补强处理。

（3）调整修复各安全门及机械连锁装置。

（4）检查润滑钢丝绳和各扣卡件，有磨损过度情况的必须更换。

（5）检查、清洗天轮架总成，修复或更换新件。

（6）检查、清洗、休整电气控制线路及操作台板开关器件，如线路有老化现象必须更换。

（7）检查、清洗驱动齿轮及导向轮，如有过度磨损必须更换。

（8）检查限速器使用期限是否过期，如超出使用期限，必须送有检测资质的认可单位检测标定。

8．专项检查

1）传动齿轮的检测

如图7-67所示，用齿轮公法线千分尺检查传动齿轮的磨损情况：新齿尺寸37.1mm；磨损极限尺寸35.1mm。

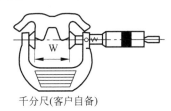

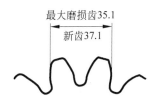

图7-67　传动齿轮检测示意图

2）齿条的检测

如图7-68所示，用专用的齿条测量量规检查齿条的磨损情况：新齿齿厚尺寸为12.56mm；磨损极限尺寸为10.6mm；若用齿条测量量规可接触到齿厚截面的底部，则应更换齿条。

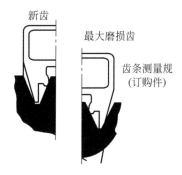

图7-68　齿条检测示意图

3）蜗轮齿的检测

如图7-69所示，用专用的蜗轮齿测量量规检查蜗轮齿的磨损情况：打开蜗杆减速机侧面的检查孔，用蜗轮齿测量量规标有100%的一端垂直测量蜗轮齿。如蜗轮齿测量量规的测量槽插入蜗轮齿，则此蜗轮磨损较为严重，应适当予以更换；否则在一般情况下，可用蜗轮齿测量量规标有50%的一端去测量，以检测磨损是否超出或小于50%，以供正常使用作参考。

图7-69　齿条检测示意图

4）制动力矩的检测

如图7-70所示，用一杠杆和弹簧秤检测电动机的制动力矩：具体电动机扭矩的测定以杠杆的距离（m）乘以弹簧秤的拉力（N）为测量单位，即N·m。

（1）11kW的电动机扭矩为$120(1\pm10\%)$N·m。

（2）15kW的电动机扭矩为$170(1\pm10\%)$N·m。

（3）18.5kW 的 电 动 机 扭 矩 为 190(1±10%)N·m。

其他功率的电动机扭矩参见所对应电动机的使用说明书。

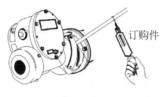

订购件

图 7-70　制动力矩检测示意图

9. 润滑

每次安装施工升降机在正式使用之前必须进行一次各部件的全面润滑,正常运行时按厂家出厂操作说明书执行。

在进行润滑前,必须将沾有灰砂的润滑部位清洗干净,特别是齿轮、齿条和滚轮等部件。

（1）施工升降机在新机安装后,使用满一周后应清洗并更换蜗杆减速机内的润滑油,以后每隔半年更换一次。蜗杆减速机的润滑油应按照减速机铭牌上的标注进行润滑,亦可按厂家出厂操作说明书的要求进行操作,不能混用（表 7-40）。

（2）施工升降机的结构件及零部件的各部位润滑应参照表 7-41 的规定操作。

表 7-40　润滑油/脂选择参照表

名称	种类	工作范围	黏度(40℃)/(mm²/s)	国产品牌	Mobil 品牌	SHELL 品牌
蜗轮减速机(SH0094)	润滑油	0～40℃	288～352	L-CKE/P 320 蜗轮油	Mobilgear 636 GXl40	Shell Omala Oil 680
		−20～25℃	198～242	L-CKE/P 220 蜗轮油	Mobilgear 630 GXl40	Shell Omala Oil 220
常规用途	润滑油(GB5903)	0～40℃	135～165	L-CKB 150 齿轮油	Mobil Glygoyle 30	Shell Tivela Oil WB
	润滑脂			钙基润滑脂(GB491) 锂基润滑脂(GB7324)	Mobilux 3	Shell Alvania Grease R3

表 7-41　结构件/零部件润滑部位操作表

周期	项目	润滑部位	润滑剂	用量	备注
每周	1	减速机	详见厂家的出厂操作说明书	适量	检查油位,必要时添加
	2	齿轮齿条	2# 钙基润滑脂	适量	涂刷
	3	对重滑道	2# 钙基润滑脂	适量	涂刷
	4	导轨架主弦管(φ76)	2# 钙基润滑脂	适量	涂刷
每月	5	安全器	2# 钙基润滑脂	适量	油枪加注
	6	滚轮	2# 钙基润滑脂	适量	油枪加注
	7	背轮	2# 钙基润滑脂	适量	油枪加注
	8	门导向轮及门滑轮	2# 钙基润滑脂	适量	涂刷
	9	对重导向轮	2# 钙基润滑脂	适量	油枪加注
	10	门滑道及门配重滑道	2# 钙基润滑脂	适量	涂刷
每季	11	天窗铰链	2# 钙基润滑脂	适量	油枪加注
	12	电箱铰链	20# 齿轮油	适量	滴注
	13	电动机制动器锥套	20# 齿轮油	适量	滴注,切勿滴到摩擦盘上
每半年	14	减速机	详见厂家的出厂操作说明书	1.5L	清洗后更换润滑油

7.6.5 常见故障及其处理

施工升降机的维修保养主要针对电气系统、机械系统和传动系统三大部分。施工升降机的维修保养人员必须具有相关资质证书。电气系统常见故障及处理方法见表7-42,机械系统常见故障及处理方法见表7-43,传动系统常见故障及处理方法见表7-44。

表 7-42 电气系统常见故障及处理方法

序号	故障现象	故障原因	故障诊断及排除
1	总电源开关合闸即跳	电路内部损伤、短路或相线对地短接	找出电路短路或接地的位置,修复或更换
2	安全断路器跳闸	电缆、限位开关损坏,电路短路或对地短接	更换损坏的电缆或限位开关
3	施工升降机突然停机或不能起动	停机电路及限位开关被起动,安全断路器起动	释放"紧急按钮";恢复热继电器功能;恢复其他安全装置
4	起动后吊笼不运行	连锁电路开路(参见电气原理图)	关闭门或释放"紧急按钮";查连锁控制电路,即接线端子各挡限位装置的逐级电路情况应良好
5	电源正常,主接触器不吸合	有个别限位开关没复位	复位限位开关
		相序接错	相序重新连接
		元件损坏或线路开路断路	更换元件或修复线路
6	电动机起动困难,并有异常响声	电动机制动器未打开或无直流	复制动器功能(调整工作间隙)
		整流元件损坏	恢复直流电压(更换整流元件)
		严重超载	减少吊笼载荷
		供电电压远低于380V	恢复供电电压至380V
7	运行时,上、下限位开关失灵,电源极限开关有效	上、下限位开关损坏	更换上、下限位开关
		上、下限位碰块移位	恢复上、下限位碰块位置
8	操作时,动作时正常时不正常	线路接触不好或端子接线松动;接触器粘连或复位受阻	恢复线路接触性能,紧固端子接线;修复或更换接触器
9	吊笼停机后,可重新起动,但随后再次停机	控制装置(按钮、手柄)接触不良、松弛	修复或更换控制装置(按钮、手柄)
		相序继电器松动	紧固相序继电器
		门限位开关与挡板错位	恢复门限位开关挡板位置
10	吊笼上、下运行时有自停现象	上、下限位开关接触不良或损坏	修复或更换上、下限位开关
		严重超载	减少吊笼载荷
		控制装置(按钮、手柄)接触不良或损坏	修复或更换控制装置(按钮、手柄)
11	接触器易烧毁	供电电源压降太大,起动电流过大	缩短供电电源与施工升降机的距离或加大供电电缆截面

续表

序号	故障现象	故障原因	故障诊断及排除
12	电动机过热	制动器工作不同步	调整或更换制动器
		长时间超载运行	减少吊笼载荷,适当运行调整
		起、制动过于频繁	
		供电电压过低	调整供电电压
13	运行没高速(变频调速施工升降机)	减速限位开关没有回位	调整或更换减速限位开关
		主令手柄接线不良	确认主令手柄接线
14	操作开关手柄置于上下行位置,接触器不吸合	吊笼门安全开关,上、下限位开关损坏;操作开关内部接点松动或损坏;操作开关电缆损伤、断路等	检修或更换各安全开关;检修线路
15	接触器释放有延时现象	接触器的触点上有油污	检修接触器
16	断路器迅速跳闸或控制熔断器迅速烧断	短路,设备接地	检查电缆、按钮、极限开关等相关部件是否损坏,检查电源箱
17	断路器跳闸或熔断器在接通一段时间后烧断	设备部分接地、过载	检查限位开关、接线盒、门锁等相关部件周围是否存在湿气或水滴的情况,检查设备接线是否正确

表 7-43　机械系统常见故障及处理方法

序号	故障现象	故障原因	故障诊断及排除
1	吊笼运行时振动过大	导向滚轮连接螺栓松动	紧固导向滚轮连接螺栓
		齿轮、齿条啮合间隙过大或缺少润滑	调整齿轮、齿条啮合间隙或添注润滑油
		导向滚轮与背轮间隙过大	调整导向滚轮与背轮的间隙
2	吊笼起动或停止运行时有跳动现象	电动机制动力矩过大	重新调整电动机制动力矩
		电动机与减速机联轴节内橡胶块损坏	更换联轴节内橡胶块
3	吊笼运行时有电动机跳动现象	电动机固定装置松动	紧固电动机固定装置
		电动机橡胶垫损坏或失落	更换电动机橡胶垫
		减速机与驱动板连接螺栓松动	紧固减速机与传动板连接螺栓
4	吊笼运行时有跳动现象	导轨架(标准节)管对接阶差过大	调整导轨架(标准节)管对接阶差
		齿条螺栓松动,对接阶差过大	紧固齿条螺栓,调整对接阶差
		齿轮严重磨损	更换齿轮
5	吊笼运行时有摆动现象	导向滚轮连接螺栓松动	紧固导向滚轮连接螺栓
		支承板螺栓松动	紧固支承板螺栓

续表

序号	故障现象	故障原因	故障诊断及排除
6	吊笼起、制动时振动过大	电动机制动力矩过大	重新调整电动机制动力矩
		齿轮、齿条啮合间隙不当	重新调整齿轮、齿条啮合间隙
7	空载时吊笼不能起动	护栏门限位、吊笼门限位或极限开关动作不正常	检修护栏门、天窗、单开门、双开门限位,检查各开关、触点是否锈蚀,若有问题,则予以修复或更换
		电锁未打开或急停开关未旋出	打开电锁或旋出急停开关
		吊笼未通电或缺相	接通电源,查明缺相原因并排除
		总极限开关动作	手动复位总极限开关
		接触器触点接触不良或损坏	更换或修复
		热继电器常闭接点断开	按下热继电器复位钮,根据负载调整热元件整定值
		电动机制动器未分离	测试制动线圈直流电压,检查整流块性能,修复或更新
8	吊笼起动困难	设备离电源距离太远,电缆截面过小,造成电压损失过大	缩短电源距离或增加电缆截面积
		电源质量不行,电压过低或缺相	改善电源质量,防止缺相运行
		接触器触点烧蚀,触头接触面积减少,电阻增大	更换接触器
		超载	减轻载荷
9	吊笼冲顶或蹲底	上、下限位开关失灵	重新调整上、下限位碰块或更换损坏的限位开关
		总极限开关失灵	重新调整总极限开关碰杆
10	吊笼制动时下滑距离过长	电动机制动力矩太小	适当调整电动机尾端调节套;更换制动块(制动盘)
		超载	减轻载荷
		制动器太松	重新调整制动器
		电压过低	改善电源质量
11	上升或下降动作不连续	操纵台手柄开关触点接触不良或鼓轮磨损变形	检修或更换手柄开关
12	吊笼停车或无法起动	限位开关动作	关紧吊笼门
		熔断器烧断无电源	检查是否存在过载或误操作现象
		热继电器动作	关紧天窗门
		防坠安全器微动开关动作	检查供电网电力供应情况
		供电网电力中断	
13	吊笼停车后,可以重新起动,但立即又停车	连锁保护电路中断,限位开关动作	适当检查、调整松绳开关、门开关与碰块之间的间隙
14	正常运动时安全器动作	标定速度太低;离心甩块弹簧松脱	重新检测、维修防坠安全器

表 7-44　传动系统常见故障及处理方法

序号	故障现象	故障原因	故障诊断及排除
1	制动块磨损过快	制动器止推轴承内润滑不良,不能同步工作	润滑或更换轴承
		供电电源压降太大,制动电压不够,制动器打不开	缩短供电电源与施工升降机的距离或加大供电电缆截面,提高工作(制动)电压
2	制动器噪声过大	制动器止推轴承损坏	更换制动器止推轴承
		制动器转动盘摆动	调整或更换制动器转动盘
3	减速机蜗轮磨损过快	润滑油品型号不正确或未按时更换	更换润滑油品
		蜗轮、蜗杆中心距偏移	调整蜗轮、蜗杆中心距
4	电动机温升过高	电动机绕组局部短路,工作电流过大或三相不平衡	检测、修理电动机
		起动过于频繁或超载运行时间过长	严禁超载运行,尽量减少起动次数
		传动系统润滑不良	检查滴滑情况,添加或更换润滑油
		吊笼运行有异常摩擦阻力,电动机过载	检查异常故障所在,采取有效措施排除
		制动器动作不同步	调整制动器
		供电电压过低	改善供电电压
5	传动机构温升过高	润滑油变质或不足	更换润滑油
		吊笼运行有异常摩擦阻力	检查异常摩擦故障并排除
6	减速机漏油	减速机骨架油封损坏	更换油封
		减速机观察孔盖螺栓未拧紧	拧紧螺栓
		减速机 O 形型密封圈损坏	更换 O 形密封圈
7	减速机通气塞漏油	油量太多	减少润滑油至适当位置
		通气塞安装不正确	重新正确安装通气塞
8	减速机有异常的不稳定的运转噪声	油已污染	换油
		油量不足	补充润滑油
		轴承损坏	更换轴承
		传动零件损坏	更换损坏的零部件
9	制动器噪声大	制动器止推轴承损坏	更换轴承
		转动盘摆动	检修制动器,固定转动盘
10	电动机转动,但传动齿轮不转	减速机、电动机或联轴器轴的键连接受损	修复键连接

参 考 文 献

[1] 章崇任.施工升降机综述[J].中国特种设备安全,2010(8):58-60.

[2] 何振础.施工升降机的安全使用[J].建筑机械技术与管理,2014(12):88-90.

[3] 郑培,张氢,卢耀祖.超高层建筑用施工升降机结构的建模与分析[J].武汉大学学报(工学版),2009(3):353-357,381.

[4] 中华人民共和国国家质量监督检验检疫总局.施工升降机安全规程:GB 10055—2007[S].北京:中国标准出版社,2007.

[5] 范楚忠.浅谈施工升降机的选用及安装[J].轻工设计,2011(3):1-2.

[6] 中华人民共和国国家质量监督检验检疫总局.施工升降机分类:GB/T 10052—1996[S].北京:中国标准出版社,1996.

[7] 中华人民共和国国家质量监督检验检疫总局.吊笼有垂直导向的人货两用施工升降机:GB 26557—2011[S].北京:中国标准出版社,2011.

[8] 张军.施工升降机远程监控管理系统研究与开发[D].南京:南京理工大学,2014.

[9] 曹玉超.施工升降机自动控制系统应用研究[D].太原:中北大学,2013.

[10] 何清.施工升降机安全监测系统的设计与实现[D].长沙:湖南大学,2012.

[11] 张波.基于 ANSYS 的施工升降机设计与分析[D].成都:西华大学,2012

[12] 闫江峰.浅谈 IC 卡电梯智能控制系统[J].建筑工程与设计,2016.

[13] 龙涛,徐炳成,王思臻.浅谈指纹控制系统在建筑施工电梯中的应用[J].建筑工程与设计,2016.

[14] 程俊,廖爱军,王俊彤.一起施工升降机坠落事故分析[J].建筑机械化,2016(5):72-73.

[15] 夏文武.论建筑施工升降机管理中的安全使用管理[J].江西建材,2015(7):278.

[16] 刘仁强.施工升降机的快速平层智能化系统设计及应用[J].电子制作,2015(2):56.

[17] 蒋琳琼,周顺先.超高频 RFID 施工升降机电源故障检测算法仿真[J].计算机仿真,2014(5):260-263.

[18] 黄莉,朱晨.防坠安全器常见问题分析及解决措施[J].现代冶金,2013(3):69-70.

[19] 杨展勇.SC 施工升降机防坠安全器噪声分析[J].安全与健康,2013(6):44-45.

[20] 蓝涛.施工升降机防坠安全器检定后产生噪声的原因分析[J].大众科技,2013(5):109-110.

[21] 张玲玲,秦小屿.基于 ANSYS 的施工升降机安全钳楔块分析与优化设计[J].实验室研究与探索,2013(5):97-100.

[22] 李生泉.SC 施工升降机吊笼坠落试验及其制动距离的测量方法[J].建筑监督检测与造价,2013(2):56-58.

[23] 阎鹏蛟.钢结构施工中 SC 型施工升降机导轨垂直度调节及测量方法[J].中国建筑金属结构,2013(8):4.

[24] 黄莉,朱晨.防坠安全器常见故障原因分析及解决措施[J].现代冶金,2013(2):53-54.

[25] 杨展勇.浅析 SC 施工升降机振动原因与调整方法[J].福建建材,2013(2):87-88.

[26] 陈敢泽.施工升降机常见故障原因与排除[J].中国特种设备安全,2010(8):58-60.

[27] 史晓军.室内施工升降机及其在超高层建筑工程中应用研究[J].装备制造,2009(9):135,138.

[28] 宋鸣.施工升降机的静载荷检测装置[J].机械,2008(12):79-80.

[29] 陈振宇.防坠安全器检测的常见问题探讨及故障分析[J].福建建设科技,2007(1):70,71-77.

[30] 张晓峰.施工升降机的接地保护[J].建筑机械,2001(5):40-42.

[31] 令狐延,孙晖,李杰.超高层建筑施工电梯关键技术研究与应用[J].施工技术,2016(1):4-9.

[32] 武超,周杰刚,李健强.超高层建筑施工中施工电梯的合理应用[J].施工技术,2015(23):40-44.

[33] 周杰刚,朱海军,王健,等.超高层建筑施工电梯滑移式附着系统设计与应用[J].施工技术,2015(11):22-25.

[34] 李岳徵.高层建筑工程外用施工电梯管理[J].河南科技,2011(1):82,83.

[35] 朱森林.高层建筑施工中施工电梯的选用[J].建筑机械化,1993(4):8,9.

[36] 兰荣标.施工升降机对重系统危险性探讨[J].建筑机械,2012(13):113-114.

工程起重机械典型产品

TWT320-20型20t平头塔机

资料来源：中联重科股份有限公司

QTZ80A型60t·m塔帽式塔机

XGTL1600型1600t·m动臂塔机

资料来源：徐工集团徐州建机工程机械有限公司

QY12L4型12t汽车起重机

资料来源：徐工集团徐州重型机械有限公司

XCT25L5型25t汽车起重机

XCT90型90t汽车起重机

资料来源：徐工集团徐州重型机械有限公司

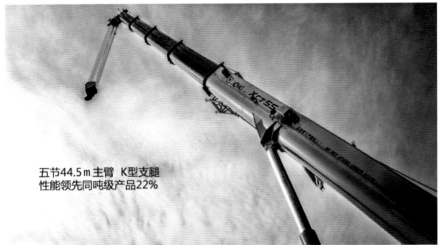

五节44.5 m主臂 K型支腿
性能领先同吨级产品22%

新型节能液压系统，微动性更好
（起升：2.5m/min，回转：0.1°/s）

XCT55L5型55t汽车起重机

资料来源：徐工集团徐州重型机械有限公司

QY80V型80t汽车起重机

资料来源：中联重科股份有限公司

XCT220型220t汽车起重机

资料来源：徐工集团徐州重型机械有限公司

XCA60型60t全地面起重机

XCA100型100t全地面起重机

资料来源：徐工集团徐州重型机械有限公司

六节70m主臂
42m固定副臂

全桥转向
三驱/四驱自由转换

XCA350型350t全地面起重机

资料来源：徐工集团徐州重型机械有限公司

QAY500型500t全地面起重机

资料来源：中联重科股份有限公司

XCA550型550t全地面起重机

资料来源：徐工集团徐州重型机械有限公司

XCA1200型1200t全地面起重机

资料来源：徐工集团徐州重型机械有限公司

QAY2000型2000t全地面起重机

资料来源：中联重科股份有限公司

XCL800型800t桁架臂全地面起重机

资料来源：徐工集团建设机械分公司

XGC300型300t履带起重机

资料来源：徐工集团建设机械分公司

QUY500W型500t风电用履带起重机

资料来源：中联重科股份有限公司

SL.X6000型550t履带起重机

资料来源：住友重机械建机起重机株式会社

M LC650型650t履带起重机

资料来源：马尼托瓦克起重设备(中国)有限公司

QUY750型750t履带起重机

资料来源：辽宁抚挖重工机械股份有限公司

QUY1250型1250t履带起重机

资料来源：辽宁抚挖重工机械股份有限公司

M31000型2300t履带起重机

资料来源：马尼托瓦克起重设备(中国)有限公司

GTK1100型风电专用起重机

资料来源：马尼托瓦克起重设备(中国)有限公司

ZCC3200NP型3200t履带起重机

资料来源：中联重科股份有限公司

XGC88000型4000t履带起重机

资料来源：徐工集团建设机械分公司

SWTC5型5t伸缩臂履带起重机

SWTC26型26t伸缩臂履带起重机

SWTC55型55t伸缩臂履带起重机

资料来源：山河智能装备股份有限公司

SMQ250A型25t伸缩臂履带起重机

SMQ250C型25t伸缩臂履带起重机

资料来源：合肥神马重工有限公司

SWTC75型75t伸缩臂履带起重机

资料来源：山河智能装备股份有限公司

SWTC100型100t伸缩臂履带起重机

资料来源：山河智能装备股份有限公司

站位空间 　　　　　　　　　　　伸展臂架

伸展臂架过程中 　　　　　　臂架就位 　　　　　　　臂架作业

QLY1250型专用风电起重机

资料来源：郑州新大方重工科技有限公司

SQ16Z型号16t随车起重机

资料来源：徐州徐工随车起重机有限公司

ZLC2000T型20t随车起重机

ZLC4000T型40t随车起重机

资料来源：中联重科股份有限公司

RT60型60t轮胎起重机

RT75型75t轮胎起重机

资料来源：中联重科股份有限公司

RT100型100t越野轮胎起重机

资料来源：徐工集团徐州重型机械有限公司

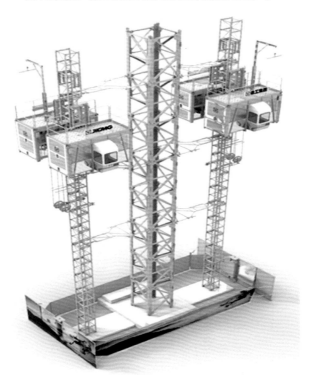

SC200/200M型施工升降机

资料来源：徐工集团徐州建机工程机械有限公司